Kurd Bürkner

Lehrbuch der Ohrenheilkunde

Für Studierende und Ärzte.

Kurd Bürkner

Lehrbuch der Ohrenheilkunde
Für Studierende und Ärzte.

ISBN/EAN: 9783744696234

Hergestellt in Europa, USA, Kanada, Australien, Japan

Cover: Foto ©berggeist007 / pixelio.de

Weitere Bücher finden Sie auf **www.hansebooks.com**

BIBLIOTHEK DES ARZTES.

- - -

EINE SAMMLUNG MEDICINISCHER LEHRBÜCHER

FÜR

STUDIRENDE UND PRAKTIKER.

LEHRBUCH

DER

OHRENHEILKUNDE

FÜR

STUDIRENDE UND ÄRZTE.

VON

DR· KURD BÜRKNER,

A. O. PROFESSOR DER MEDICIN UND DIRECTOR DER UNIVERSITÄTS-POLIKLINIK FÜR OHRENKRANKE IN GÖTTINGEN.

Mit 136 Holzschnitten nach Originalzeichnungen des Verfassers.

STUTTGART.

VERLAG VON FERDINAND ENKE.

1892.

Vorwort.

Wenn ich hiermit ein Lehrbuch der Ohrenheilkunde der Oeffent-
lichkeit übergebe, so geschieht dies nicht, weil ich in weiteren Kreisen
ein Bedürfnis danach voraussetzte, denn das kann mir bei der grossen
Zahl zum Theil vortrefflicher neuerer otologischer Werke nicht in den
Sinn kommen, sondern hauptsächlich in der Erwägung, welche mir
mancher academische Lehrer wird nachfühlen können, dass in keinem
der vorhandenen Bücher der Lehrstoff in der Weise verarbeitet ist,
welche mir als die zweckmässigste erscheint und welche ich meinen
Vorlesungen zu Grunde zu legen pflege.

Wenn ich nun auch, als ich mich entschloss, dem Wunsche des
Herrn Verlegers nach einem Lehrbuche nachzukommen, zunächst vorwiegend an meine Schüler gedacht habe, so war es doch gleichzeitig
meine Absicht, dem Bedürfnisse der practischen Aerzte gerecht zu
werden. Dementsprechend soll das vorliegende Buch zwar nicht eine
erschöpfende Darstellung der gesammten Otologie, sondern zuvörderst
eine eingehendere Schilderung der practisch wichtigen diagnostischen
und therapeutischen Kapitel, ausserdem aber auch einen orientirenden
Ueberblick über das Gebiet bringen, welches der Ohrenarzt beherrschen
muss und von dessen Ausdehnung und Bedeutung jeder gebildete Arzt
wenigstens eine Vorstellung haben sollte.

Auf eine systematische Behandlung der Anatomie des Ohres habe
ich verzichtet, da eine solche meines Erachtens nicht in ein Lehrbuch
der Ohrenheilkunde gehört; wohl aber habe ich überall, wo es für die
practischen Verhältnisse nothwendig erschien, kurze topographische Angaben in den Text eingeflochten.

Ferner habe ich theoretische Erörterungen thunlichst vermieden
und nur feststehende Thatsachen vorzubringen gesucht, was freilich,

zumal in dem Abschnitte über die Krankheiten des inneren Ohres, nicht
immer möglich war.

Was die Litteraturangaben betrifft, so sollen auch diese keineswegs vollständig sein, sondern dem Leser, welcher sich mit einem
Kapitel eingehender beschäftigen will, die wichtigsten monographischen
Bearbeitungen der entsprechenden Gegenstände und besonders interessante casuistische Mittheilungen nachweisen.

Möchte das Buch seinen Zweck erfüllen: zu der Verbreitung ohren-
ärztlicher Kenntnisse beizutragen, an welchen es leider noch vielen
Medicinern gebricht!

Göttingen, 1. December 1891.

K. Bürkner.

Inhalts-Uebersicht.

—––

VIII   Inhalts-Uebersicht.

Allgemeiner Theil.

A. Diagnostik.

Zu einer vollständigen Untersuchung von Ohrenkranken gehört das **Krankenexamen**, die **Inspection** des äusseren Ohres, Gehörganges und Trommelfelles, die **Functionsprüfung**, die **Untersuchung der Ohrtrompete** sowie der Nase und des Rachens. Während bei einzelnen einfachen Erkrankungen des äusseren Ohres unter Umständen von der Hörprüfung und der Untersuchung der Tube mit ihrer Umgebung wird abgesehen werden können, darf, sobald eine Affection des Mittelohres oder des inneren Ohres in Frage kommt, keines der diagnostischen Hülfsmittel übergangen werden. Erst durch eine Zusammenfassung und gegenseitige Ergänzung der aus sämmtlichen Untersuchungsmethoden gewonnenen Ergebnisse lässt sich in einer grossen Zahl von Fällen ein Bild der vorliegenden Erkrankung gewinnen, und die in der Praxis täglich zum Schaden der Patienten vorkommenden diagnostischen Irrthümer entspringen, wenn nicht etwa, wie so oft, völlige Unkenntniss in otologischen Dingen von Seiten des Arztes vorlag, aus der Unterlassung oder ungenügenden Durchführung des einen oder anderen Theiles der Krankenuntersuchung.

I. Das Krankenexamen.

Bei der Aufnahme der **Anamnese** ist es, wenn auch nicht das kürzeste, so doch das sicherste Verfahren, den Kranken seine Mittheilungen zunächst frei und möglichst ohne Unterbrechung durch Fragen vortragen zu lassen. Man erfährt auf diese Weise zuweilen manche für die Beurtheilung des Falles wichtigen Verhältnisse, welche leicht bei einem blossen Verhör nicht zur Sprache kommen. Die gefürchtete Weitschweifigkeit der Ohrenleidenden zeigt sich vorwiegend nur bei hochgradig Schwerhörigen, welche, durch ihr Gebrechen mehr oder weniger von der Aussenwelt abgeschlossen, sich besonders genau beobachten und in jeder geringfügigen Erscheinung ein wichtiges Merkmal ihres Krankheitszustandes erblicken. Auch der humanste Arzt wird

mittel und grosse Uebung in deren Handhabung. Da wir am Trommelfelle auch die in der Paukenhöhle sich abspielenden Krankheitsprocesse
abzulesen genöthigt sind und weitaus die meisten Erkrankungen gerade
das Mittelohr betreffen, so gewinnt die objective Untersuchung ganz
besondere Bedeutung.

Während man sich in früheren Zeiten allgemein des direct in
den Gehörgang einfallenden künstlichen oder Sonnenlichtes bediente,
ist jetzt fast ausschliesslich die durch Anton v. Tröltsch eingeführte
Untersuchungsmethode mittelst des durch
einen Spiegel reflectirten Lichtes in Gebrauch.

Fig. 1. Ohrspiegel.

Der **Ohrspiegel** (Fig. 1) ist ein central durchbohrter Hohlspiegel von etwa 7 cm
Durchmesser und 15 cm Brennweite. Da
es für die Untersuchung mit Hohlspiegeln
wesentlich ist, dass der zu inspicirende
Gegenstand in den Brennpunkt gerückt wird,
so muss die Entfernung des Reflectors vom
Objecte eine feststehende sein: für Myopen
und Hypermetropen ist daher häufig ein
Brillenglas unentbehrlich, welches am Spiegel selbst befestigt werden kann. Kurz-
sichtigen geringeren Grades ist es indessen
entschieden anzurathen, wenn irgend möglich ohne Brille zu otoskopiren, da gerade
das myopische Auge vermöge seiner grossen
Accommodationsfähigkeit die ungemein feinen Nuancen im Trommelfellbefunde, auf
welche es bei der objectiven Untersuchung
ankommt, besonders scharf zu erkennen
vermag.

Der Ohrspiegel trägt gewöhnlich einen
Handgriff, doch sind zahlreiche Modificationen der Fixirung angegeben worden, so von
Weber-Liel und von Lucae Mundhalter,
von Trautmann ein Daumenring; am
zweckmässigsten befestigt man den Reflector vor dem Auge mit Hülfe einer Stirn-
binde, welche so construirt sein muss, dass die Gelenkverbindung des
Spiegels mit ihrer Pelote eine möglichst freie Beweglichkeit und doch
auch leichte Feststellung des Reflectors in jeder beliebigen Stellung
gestattet.

Des Stirnspiegels bedient man sich, wenn man sich nicht etwa
von vornherein daran gewöhnt, ihn auch bei der Untersuchung zu
tragen, jedenfalls stets bei operativen Eingriffen im Ohre. Es ist zwar
richtig, dass man auch hierbei, wie Schwartze hervorhebt, auf jeglichen Fixirapparat verzichten kann, da fast stets nur eine Hand zur
Führung des Instrumentes benutzt wird, die zweite also für den Spiegel
frei bleibt: doch bedarf man, wenn man mit der zweiten Hand den
Reflector halten muss, eines geübten Assistenten, welcher das für die
Beleuchtung des Trommelfells, wie wir sehen werden, nothwendige Ab-

ziehen der Ohrmuschel besorgt. Binoculare Beleuchtungsspiegel sind von verschiedenen Autoren construirt worden, so von De Rossi und von Eysell; doch haben sich dieselben nicht eingebürgert, da sie keine praktische Bedeutung besitzen.

Ausser dem Ohrspiegel erfordert die Untersuchung des Ohres einen **Ohrtrichter** (Speculum). Derselbe hat den Zweck, den Gehörgang, in welchen er eingeführt wird, gerade gestreckt zu halten und zuweilen auch die Härchen, welche den knorpeligen Theil des Ohrcanales auskleiden, bei Seite zu schieben.

Bis vor etwa 30 Jahren bediente man sich allgemein gespaltener Specula mit zwei oder mehr Branchen, welche wie eine Scheere oder Zange geöffnet werden konnten. Das bekannteste Instrument dieser Art, welches auch jetzt noch von manchen Aerzten benutzt wird, ist das von Kramer modificirte Speculum von Fabricius Hildanus (S. 47). Diese Dilatatorien sind durchaus unzweckmässig, weil sie, sobald sie geöffnet werden, durch den auf die Gehörgangswände ausgeübten,

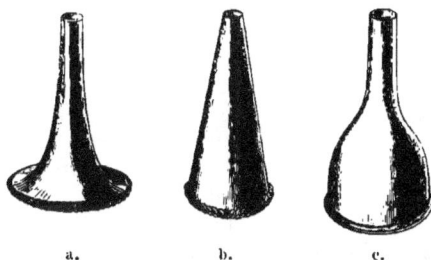

Fig. 2. a. Ohrtrichter nach v. Tröltsch, b. Ohrtrichter nach Wilde, c. Ohrtrichter nach Jos. Gruber.

ganz unvermeidlichen Druck dem Kranken Schmerzen verursachen und weil sich in die Zwischenräume, welche bei der Oeffnung zwischen den Branchen entstehen, Härchen, Cerumentheilchen und Epidermisschollen ins Lumen hineindrängen, wodurch der Einblick in die Tiefe erschwert oder verwehrt wird. Da der Gehörgang nur im knorpeligen Theile und auch hier nur in ganz geringem Maasse ausdehnungsfähig ist, so würde überdies, sofern nicht etwa eine Schwellung des Gehörganges besteht, der Hauptbeweggrund für die Anwendung gespaltener Specula wegfallen.

In neuerer Zeit bedient man sich fast ausschliesslich der röhrenförmigen Specula, deren es eine grosse Zahl giebt. Man bedarf in jedem Falle eines Satzes von Instrumenten verschiedener Grösse; der Satz enthält meist 3, zuweilen 4 Nummern.

Die besten Ohrspecula sind die unter Wilde's Namen eingeführten konischen Ohrtrichter in drei verschiedenen Grössen (Fig. 2, b). Dieselben sind von Silber, 3,5 bis 4 cm lang, an dem mit einem wulstigen Rande versehenen weiten (äusseren) Ende 1,5 cm, an dem wohlgeglätteten und abgerundeten inneren Rande ca. 5, bezw. 4 und 3 mm weit.

Dieser Wilde'sche Trichter hat Veränderungen erfahren durch Toynbee, welcher ihm, weil der Gehörgang eine mehr ovale Röhre

wird; entzündet man diesen. so wird der übergestülpte Schlauch sofort weissglühend. Bei einiger Vorsicht kann man den Auer'schen Brenner. obwohl die Asche natürlich leicht zerbrechlich ist. jahrelang benutzen: wird einmal ein Glühkörper untauglich. so ist er in wenigen Minuten durch einen neuen ersetzt. Das Auer'sche Licht eignet sich zugleich vorzüglich zum Mikroskopiren und für die Studirlampe.

Um eine genauere Anschauung von feineren Details des Trommelfellbildes zu gewinnen, erscheint mitunter eine Vergrösserung desselben wünschenswerth. Diesem Zwecke dienen eine ganze Reihe von Ohrlupen und Ohrmikroskopen: die gebräuchlicheren sind die Lupen von Voltolini und von Trautmann, die Mikroskope von Weber-Liel und von Czapski. Alle diese Instrumente sind indessen überflüssig und im gegebenen Falle durch eine einfache vor den Trichter zu haltende Convexlinse zu ersetzen.

Unentbehrlich ist hingegen der von Siegle angegebene pneumatische Ohrtrichter (Fig. 4), mittelst dessen man die Beweglichkeit des Trommelfelles prüfen, abnorme Verwachsungen und Erschlaffungen nachweisen kann. Dieser kleine Apparat stellt einen an seinem weiten Ende durch ein Glasfenster geschlossenen Trichter dar, in welchen ein mit einem Gummischlauch verbundenes Röhrchen seitlich einmündet. Hat man den Trichter luftdicht bis in den knöchernen Gehörgang eingeführt, so genügt eine geringe Einblasung oder Aussaugung von Luft durch den Gummischlauch, sei es mit dem Munde oder mit einem Gummiballon, um den Luftdruck im Gehörgange zu verdichten oder zu verdünnen und dadurch das Trommelfell nach innen oder aussen zu bewegen. Der Apparat ist von Eysell, von Gruber u. A. verbessert worden.

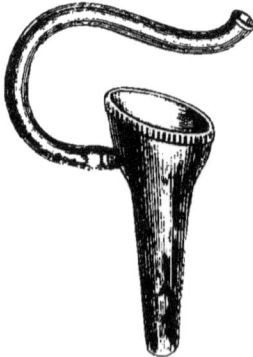

Fig. 4. Pneumatischer Ohrtrichter nach Siegle.

Will man bei der Untersuchung das Trommelfellbild einem Ungeübten demonstriren, so kann man dies entweder mit dem etwas complicirten Demonstrations-Auriskop von Hinton oder besser noch mit dem einfachen auf den äusseren Rand des gewöhnlichen Trichters mit Hülfe einer Gabel in schräger Stellung zur Trichterachse aufgesteckten kleinen Planspiegel von Grünfeld bewerkstelligen. Auch genügt nach Lucae's Vorschlag bei Beleuchtung mit Sonnenlicht ein central durchbohrter Planspiegel, in welchem. wenn der Demonstrirende ihn als Reflector benutzt. der zweite Beobachter das Spiegelbild des Trommelfelles aufsuchen kann.

b. Ausführung der Untersuchung.

Der Kranke wird so gegen das Fenster (die Lampe) gesetzt, dass das zu untersuchende Ohr von diesem abgewandt ist und die Sagittalebene des Schädels mit der Ebene des Fensters einen Winkel von ungefähr 45° bildet: hierauf wird der Kopf des Patienten so weit nach ziehen der Ohrmuschel besorgt. Binoculare Beleuchtungsspiegel sind von verschiedenen Autoren construirt worden, so von De Rossi und von Eysell; doch haben sich dieselben nicht eingebürgert, da sie keine praktische Bedeutung besitzen.

Ausser dem Ohrspiegel erfordert die Untersuchung des Ohres einen **Ohrtrichter** (Speculum). Derselbe hat den Zweck, den Gehörgang, in welchen er eingeführt wird, gerade gestreckt zu halten und zuweilen auch die Härchen, welche den knorpeligen Theil des Ohrcanales auskleiden, bei Seite zu schieben.

Bis vor etwa 30 Jahren bediente man sich allgemein gespaltener Specula mit zwei oder mehr Branchen, welche wie eine Scheere oder Zange geöffnet werden konnten. Das bekannteste Instrument dieser Art, welches auch jetzt noch von manchen Aerzten benutzt wird, ist das von Kramer modificirte Speculum von Fabricius Hildanus (S. 47). Diese Dilatatorien sind durchaus unzweckmässig, weil sie, sobald sie geöffnet werden, durch den auf die Gehörgangswände ausgeübten,

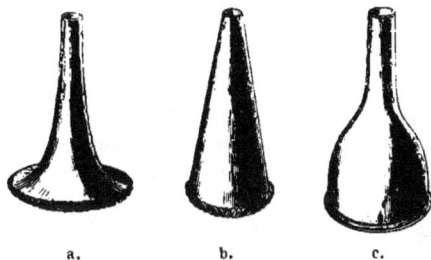

a.   b.   c.

Fig. 2. a. Ohrtrichter nach v. Tröltsch, b. Ohrtrichter nach Wilde, c. Ohrtrichter nach Jos. Gruber.

ganz unvermeidlichen Druck dem Kranken Schmerzen verursachen und weil sich in die Zwischenräume, welche bei der Oeffnung zwischen den Branchen entstehen, Härchen, Cerumentheilchen und Epidermisschollen ins Lumen hineindrängen, wodurch der Einblick in die Tiefe erschwert oder verwehrt wird. Da der Gehörgang nur im knorpeligen Theile und auch hier nur in ganz geringem Maasse ausdehnungsfähig ist, so würde überdies, sofern nicht etwa eine Schwellung des Gehörganges besteht, der Hauptbeweggrund für die Anwendung gespaltener Specula wegfallen.

In neuerer Zeit bedient man sich fast ausschliesslich der röhrenförmigen Specula, deren es eine grosse Zahl giebt. Man bedarf in jedem Falle eines Satzes von Instrumenten verschiedener Grösse; der Satz enthält meist 3, zuweilen 4 Nummern.

Die besten Ohrspecula sind die unter Wilde's Namen eingeführten konischen Ohrtrichter in drei verschiedenen Grössen (Fig. 2, b). Dieselben sind von Silber, 3,5 bis 4 cm lang, an dem mit einem wulstigen Rande versehenen weiten (äusseren) Ende 1,5 cm, an dem wohlgeglätteten und abgerundeten inneren Rande ca. 5, bezw. 4 und 3 mm weit.

Dieser Wilde'sche Trichter hat Veränderungen erfahren durch Toynbee, welcher ihm, weil der Gehörgang eine mehr ovale Röhre

wird; entzündet man diesen, so wird der übergestülpte Schlauch sofort weissglühend. Bei einiger Vorsicht kann man den Auer'schen Brenner, obwohl die Asche natürlich leicht zerbrechlich ist, jahrelang benutzen: wird einmal ein Glühkörper untauglich, so ist er in wenigen Minuten durch einen neuen ersetzt. Das Auer'sche Licht eignet sich zugleich vorzüglich zum Mikroskopiren und für die Studirlampe.

Um eine genauere Anschauung von feineren Details des Trommelfellbildes zu gewinnen, erscheint mitunter eine Vergrösserung desselben wünschenswerth. Diesem Zwecke dienen eine ganze Reihe von Ohrlupen und Ohrmikroskopen: die gebräuchlicheren sind die Lupen von Voltolini und von Trautmann, die Mikroskope von Weber-Liel und von Czapski. Alle diese Instrumente sind indessen überflüssig und im gegebenen Falle durch eine einfache vor den Trichter zu haltende Convexlinse zu ersetzen.

Unentbehrlich ist hingegen der von Siegle angegebene pneumatische Ohrtrichter (Fig. 4), mittelst dessen man die Beweglichkeit des Trommelfelles prüfen, abnorme Verwachsungen und Erschlaffungen nachweisen kann. Dieser kleine Apparat stellt einen an seinem weiten Ende durch ein Glasfenster geschlossenen Trichter dar, in welchen ein mit einem Gummischlauch verbundenes Röhrchen seitlich einmündet. Hat man den Trichter luftdicht bis in den knöchernen Gehörgang eingeführt, so genügt eine geringe Einblasung oder Aussaugung von Luft durch den Gummischlauch, sei es mit dem Munde oder mit einem Gummiballon, um den Luftdruck im Gehörgange zu verdichten oder zu verdünnen und dadurch das Trommelfell nach innen oder

Fig. 4. Pneumatischer Ohrtrichter nach Siegle.

aussen zu bewegen. Der Apparat ist von Eysell, von Gruber u. A. verbessert worden.

Will man bei der Untersuchung das Trommelfellbild einem Ungeübten demonstriren, so kann man dies entweder mit dem etwas complicirten Demonstrations-Auriskop von Hinton oder besser noch mit dem einfachen auf den äusseren Rand des gewöhnlichen Trichters mit Hülfe einer Gabel in schräger Stellung zur Trichterachse aufgesteckten kleinen Planspiegel von Grünfeld bewerkstelligen. Auch genügt nach Lucae's Vorschlag bei Beleuchtung mit Sonnenlicht ein central durchbohrter Planspiegel, in welchem, wenn der Demonstrirende ihn als Reflector benutzt, der zweite Beobachter das Spiegelbild des Trommelfelles aufsuchen kann.

b. Ausführung der Untersuchung.

Der Kranke wird so gegen das Fenster (die Lampe) gesetzt, dass das zu untersuchende Ohr von diesem abgewandt ist und die Sagittalebene des Schädels mit der Ebene des Fensters einen Winkel von ungefähr 45° bildet; hierauf wird der Kopf des Patienten so weit nach dem Fenster zu geneigt, dass das Licht auch von oben her den vor das Ohr gehaltenen Spiegel treffen kann.

Der Untersuchende steht oder sitzt neben dem Kranken auf dessen dem Fenster abgekehrter Seite. Im Allgemeinen ist das Sitzen vorzuziehen, weil man dabei mehr Sicherheit und Ruhe hat, doch gewinnt man zuweilen im Stehen, namentlich wenn auch der Patient steht. mehr Licht. Kinder stellt man sich vor oder zwischen die Knice oder lässt sie von einem Erwachsenen auf dem Schoosse halten, kann sie auch selbst auf den Schooss nehmen.

Der Arzt nimmt den Reflector in die Hand, und zwar bei der Untersuchung des rechten Ohres in die rechte [1]. bei der Besichtigung des linken Ohres in die linke, fixirt das Ohr durch das centrale Loch und bringt ihn durch Drehungen nach verschiedenen Seiten in eine derartige Stellung, dass das aufgefangene Licht auf oder in das Ohr reflectirt wird. Die Entfernung des Spiegels resp. Auges von dem zu beleuchtenden Theile muss genau der Brennweite des Reflectors entsprechen. Die andere Hand fasst zwischen den dritten und vierten Finger die Ohrmuschel und zieht dieselbe nach hinten oder hinten und oben, um die winkelige Krümmung des äusseren Gehörganges auszugleichen. In manchen Fällen, namentlich bei alten Individuen mit sehr weiten und wenig behaarten Gehörgängen, wird man das Trommelfell schon ohne Ohrtrichter ganz oder theilweise zu sehen bekommen; jedenfalls ist es gut, ehe man den Trichter einführt, den Gehörgang zu beleuchten, weil man sonst leicht eine erkrankte Stelle an den Wänden desselben verdecken und übersehen kann.

Der Trichter, und zwar stets ein möglichst weiter, wird entweder mit zwei Fingern der den Reflector haltenden Hand oder, was ich für besser halte, gleich mit Daumen und Zeigefinger derjenigen Hand, welche die Ohrmuschel hält, langsam unter sanft rotirender Bewegung so weit in den Ohrcanal eingeführt. als es ohne Widerstand möglich ist. Diese Manipulation darf nicht schmerzhaft sein; zuckt der Kranke, so ist das bei normalem Verhalten des Ohres ein Zeichen, dass der Trichter zu gewaltsam oder zu tief eingeschoben oder gegen eine Wand des Gehörganges angedrückt worden ist. Zu weite Trichter lassen sich nicht tief genug einführen; zu enge Trichter hingegen gelangen zu tief in den knöchernen Gehörgang, erzeugen dort Schmerzen oder in Folge von Reizung des Ramus auricularis vagi Husten. Die richtige Stellung gewinnt der Trichter, indem man sein weites Ende — unter fortwährendem Abziehen der Ohrmuschel — mit Daumen und Zeigefinger so lange nach verschiedenen Seiten dreht, bis das Trommelfell sichtbar wird.

Die kunstgerechte Haltung des Reflectors und Trichters bereitet dem Anfänger oft recht grosse Schwierigkeiten; er bekommt kein deutliches Bild. weil er den Abstand des Spiegels vom Trommelfelle nicht richtig gewinnt und innehält, oder er bekommt überhaupt nichts vom Trommelfell zu sehen, weil er den vielleicht zu weiten Trichter nicht

---

[1] Es ist auch zweckmässig, aber für den Anfänger unbequemer, den Spiegel stets in der rechten Hand zu halten, und die Ohrmuschel ausschliesslich mit der linken abzuziehen, weil man dann für etwaige Operationen in jedem Falle die rechte Hand frei behält. sobald man den Stirnspiegel aufsetzt.

farbe des Trommelfelles ein je nach der Blutfülle der Schleimhaut
mehr gelber oder röthlicher Ton beigemischt, während jene Stellen,
welche von der gegenüberliegenden Wand weit entfernt sind, namentlich der vordere und obere Theil, dunkler grau bis schwärzlich erscheinen. Nahezu weiss zeigt sich der Rand; hier bilden bekanntlich
die Trommelfellfasern mit einem bindegewebigen Ringe und eingelager-
ten Knorpelzellen unter Betheiligung des Periosts einen Wulst, den
Sehnenring, Annulus tendineus oder cartilagineus, vermittelst
dessen die Membran am Sulcus tympanicus befestigt ist; wo letzterer
fehlt, ist auch die weisse Umsäumung unterbrochen.

Der in die Propriaschicht des Trommelfelles eingewebte Hammerhandgriff verläuft, besonders nach vorn durch seine äussere Kante
scharf begrenzt und durch seine knochengelbe Farbe von dem Grau der
Membran entschieden abstechend, vom vorderen oberen Rande nach der
Mitte. Er ist meist schwach gekrümmt und endigt am Umbo in eine
schaufelförmige Verbreiterung, in deren Umgebung häufig durch an-
gelagerte Knorpelzellen ein sichelförmiger gelber Fleck entsteht. Am
oberen Ende des Manubrium springt in Gestalt einer weissen, perlen-
artigen Hervorwölbung der kurze Fortsatz nach aussen, von welchem
in der Richtung nach hinten eine normaler Weise flach convex erscheinende Leiste, die hintere Falte, weniger deutlich nach vorn eine entsprechende, ganz kurze vordere Falte abgeht. Die über dem Processus brevis gelegene von den Falten nach unten begrenzte, schlaffere
Parthie, Membrana flaccida Shrapnelli, welche der Propriafasern
und des Knochenfalzes entbehrt, erscheint meist etwas vertieft. Zuweilen geht dieser die Incisura Rivini ausfüllende Theil der Membran so unmerklich in die Haut der oberen und vorderen Gehörgangswand über, dass er nur schwer zu erkennen ist.

Der Hammergriff erleichtert als besonders auffallendes Gebilde die
Orientirung am Trommelfelle und wird deswegen bei der Inspection
zuerst aufgesucht. Betrachten wir ihn als Radius des Trommelfelles,
was er thatsächlich nicht ist, da er etwas mehr nach vorn gelagert
ist, so können wir, indem wir ihn uns nach hinten und unten verlängert und durch einen senkrechten Durchmesser gekreuzt denken,
vier Quadranten am Trommelfelle unterscheiden: einen vorderen-
oberen, einen hinteren-oberen, einen hinteren-unteren und einen vorderen-
unteren. Diese Eintheilung dient zur näheren Bezeichnung der verschiedenen Regionen der Membran.

Vom Umbo bis nahe an die Peripherie des Trommelfelles verläuft im vorderen-unteren Quadranten, mit der Spitze nach dem Centrum gewandt, ein hellglänzendes Dreieck, der Lichtkegel. Derselbe
verdankt seine dreieckige Gestalt der Trichterform des Trommelfelles
und seine Entstehung überhaupt dem Umstande, dass in Folge der
Convexität, welche die Membran an dieser Stelle bildet, unsere Seh-
achse hier senkrecht auf die glänzende Trommelfelloberfläche auffällt.
An jedem beliebigen Trichter kann man einen solchen dreieckigen Reflex
bei geeigneter Stellung beobachten. Auch am kurzen Fortsatze und der
darüber gelegenen Shrapnell'schen Membran sehen wir meist einen hell-
glänzenden Fleck, weil auch an diesen Punkten das Licht senkrecht
einfällt. Springt die hintere Falte stärker hervor, was normaler Weise
nicht der Fall zu sein pflegt, so hat auch diese einen scharfen Glanz.

dem Fenster zu geneigt, dass das Licht auch von oben her den vor das Ohr gehaltenen Spiegel treffen kann.

Der Untersuchende steht oder sitzt neben dem Kranken auf dessen dem Fenster abgekehrter Seite. Im Allgemeinen ist das Sitzen vorzuziehen, weil man dabei mehr Sicherheit und Ruhe hat, doch gewinnt man zuweilen im Stehen, namentlich wenn auch der Patient steht, mehr Licht. Kinder stellt man sich vor oder zwischen die Kniee oder lässt sie von einem Erwachsenen auf dem Schoosse halten, kann sie auch selbst auf den Schooss nehmen.

Der Arzt nimmt den Reflector in die Hand, und zwar bei der Untersuchung des rechten Ohres in die rechte [1]), bei der Besichtigung des linken Ohres in die linke, fixirt das Ohr durch das centrale Loch und bringt ihn durch Drehungen nach verschiedenen Seiten in eine derartige Stellung, dass das aufgefangene Licht auf oder in das Ohr reflectirt wird. Die Entfernung des Spiegels resp. Auges von dem zu beleuchtenden Theile muss genau der Brennweite des Reflectors entsprechen. Die andere Hand fasst zwischen den dritten und vierten Finger die Ohrmuschel und zieht dieselbe nach hinten oder hinten und oben, um die winkelige Krümmung des äusseren Gehörganges auszugleichen. In manchen Fällen, namentlich bei alten Individuen mit sehr weiten und wenig behaarten Gehörgängen, wird man das Trommelfell schon ohne Ohrtrichter ganz oder theilweise zu sehen bekommen; jedenfalls ist es gut, ehe man den Trichter einführt, den Gehörgang zu beleuchten, weil man sonst leicht eine erkrankte Stelle an den Wänden desselben verdecken und übersehen kann.

Der Trichter, und zwar stets ein möglichst weiter, wird entweder mit zwei Fingern der den Reflector haltenden Hand oder, was ich für besser halte, gleich mit Daumen und Zeigefinger derjenigen Hand, welche die Ohrmuschel hält, langsam unter sanft rotirender Bewegung so weit in den Ohrcanal eingeführt, als es ohne Widerstand möglich ist. Diese Manipulation darf nicht schmerzhaft sein; zuckt der Kranke, so ist das bei normalem Verhalten des Ohres ein Zeichen, dass der Trichter zu gewaltsam oder zu tief eingeschoben oder gegen eine Wand des Gehörganges angedrückt worden ist. Zu weite Trichter lassen sich nicht tief genug einführen; zu enge Trichter hingegen gelangen zu tief in den knöchernen Gehörgang, erzeugen dort Schmerzen oder in Folge von Reizung des Ramus auricularis vagi Husten. Die richtige Stellung gewinnt der Trichter, indem man sein weites Ende — unter fortwährendem Abziehen der Ohrmuschel — mit Daumen und Zeigefinger so lange nach verschiedenen Seiten dreht, bis das Trommelfell sichtbar wird.

Die kunstgerechte Haltung des Reflectors und Trichters bereitet dem Anfänger oft recht grosse Schwierigkeiten: er bekommt kein deutliches Bild, weil er den Abstand des Spiegels vom Trommelfelle nicht richtig gewinnt und innehält, oder er bekommt überhaupt nichts vom Trommelfell zu sehen, weil er den vielleicht zu weiten Trichter nicht

---

[1]) Es ist auch zweckmässig, aber für den Anfänger unbequemer, den Spiegel stets in der rechten Hand zu halten, und die Ohrmuschel ausschliesslich mit der linken abzuziehen, weil man dann für etwaige Operationen in jedem Falle die rechte Hand frei behält, sobald man den Stirnspiegel aufsetzt.

farbe des Trommelfelles ein je nach der Blutfülle der Schleimhaut
mehr gelber oder röthlicher Ton beigemischt, während jene Stellen,
welche von der gegenüberliegenden Wand weit entfernt sind, namentlich der vordere und obere Theil, dunkler grau bis schwärzlich erscheinen. Nahezu weiss zeigt sich der Rand; hier bilden bekanntlich
die Trommelfellfasern mit einem bindegewebigen Ringe und eingelager-
ten Knorpelzellen unter Betheiligung des Periosts einen Wulst, den
Sehnenring, Annulus tendineus oder cartilagineus, vermittelst
dessen die Membran am Sulcus tympanicus befestigt ist; wo letzterer
fehlt, ist auch die weisse Umsäumung unterbrochen.

Der in die Propriaschicht des Trommelfelles eingewebte Hammerhandgriff verläuft, besonders nach vorn durch seine äussere Kante
scharf begrenzt und durch seine knochengelbe Farbe von dem Grau der
Membran entschieden abstechend, vom vorderen oberen Rande nach der
Mitte. Er ist meist schwach gekrümmt und endigt am Umbo in eine
schaufelförmige Verbreiterung, in deren Umgebung häufig durch an-
gelagerte Knorpelzellen ein sichelförmiger gelber Fleck entsteht. Am
oberen Ende des Manubrium springt in Gestalt einer weissen, perlen-
artigen Hervorwölbung der kurze Fortsatz nach aussen, von welchem
in der Richtung nach hinten eine normaler Weise flach convex erscheinende Leiste, die hintere Falte, weniger deutlich nach vorn eine entsprechende, ganz kurze vordere Falte abgeht. Die über dem Processus brevis gelegene von den Falten nach unten begrenzte, schlaffere
Parthie, Membrana flaccida Shrapnelli, welche der Propriafasern
und des Knochenfalzes entbehrt, erscheint meist etwas vertieft. Zuweilen geht dieser die Incisura Rivini ausfüllende Theil der Membran so unmerklich in die Haut der oberen und vorderen Gehörgangswand über, dass er nur schwer zu erkennen ist.

Der Hammergriff erleichtert als besonders auffallendes Gebilde die
Orientirung am Trommelfelle und wird deswegen bei der Inspection
zuerst aufgesucht. Betrachten wir ihn als Radius des Trommelfelles,
was er thatsächlich nicht ist, da er etwas mehr nach vorn gelagert
ist, so können wir, indem wir ihn uns nach hinten und unten verlängert und durch einen senkrechten Durchmesser gekreuzt denken,
vier Quadranten am Trommelfelle unterscheiden: einen vorderen-
oberen, einen hinteren-oberen, einen hinteren-unteren und einen vorderen-
unteren. Diese Eintheilung dient zur näheren Bezeichnung der verschiedenen Regionen der Membran.

Vom Umbo bis nahe an die Peripherie des Trommelfelles verläuft im vorderen-unteren Quadranten, mit der Spitze nach dem Centrum gewandt, ein hellglänzendes Dreieck, der Lichtkegel. Derselbe
verdankt seine dreieckige Gestalt der Trichterform des Trommelfelles
und seine Entstehung überhaupt dem Umstande, dass in Folge der
Convexität, welche die Membran an dieser Stelle bildet, unsere Seh-
achse hier senkrecht auf die glänzende Trommelfelloberfläche auffällt.
An jedem beliebigen Trichter kann man einen solchen dreieckigen Reflex
bei geeigneter Stellung beobachten. Auch am kurzen Fortsatze und der
darüber gelegenen Shrapnell'schen Membran sehen wir meist einen hell-
glänzenden Fleck, weil auch an diesen Punkten das Licht senkrecht
einfällt. Springt die hintere Falte stärker hervor, was normaler Weise
nicht der Fall zu sein pflegt, so hat auch diese einen scharfen Glanz.

Bei sehr durchscheinendem und zwar nicht allein bei abnorm verdünntem Trommelfelle schimmert zuweilen hinter dem Hammergriffe, unterhalb der hinteren Falte der untere Rand der Tröltsch'schen Tasche mit der Chorda tympani und annähernd parallel mit dem Manubrium, aber nicht so weit herabreichend, der absteigende Ambossschenkel, mehr oder minder deutlich in seinen Umrissen zu erkennen, durch, auch der im rechten Winkel von seinem unteren Ende abgehende äussere Steigbügelschenkel kann sichtbar sein; noch häufiger bemerkt man im hinteren-unteren Quadranten das Promontorium, das der ihm gegenüberliegenden Trommelfellpartie dann eine entschieden gelbliche Färbung verleiht, in Form einer gewölbten, nach hinten schroff abschneidenden Fläche.

Wenn man längere Zeit hindurch das Trommelfell besichtigt, kommt es nicht selten vor, dass sich unter den Augen des Beobachters ein Gefäss, welches dem Hammerhandgriff entlang verläuft, lebhaft injicirt: dies braucht durchaus nicht auf einen abnormen Zustand des Trommelfelles oder der Paukenhöhlenschleimhaut zu deuten, muss uns aber veranlassen, nach der unbedeutendsten Veränderung, welche etwa sonst noch vorliegen mag, zu suchen.

Da sowohl die Farbe als der Grad der Durchsichtigkeit und die Differenzirung der einzelnen Gebilde am Trommelfelle ungemein variirt, so ist es für den Anfänger schwierig zu beurtheilen, wo die Grenze des Normalen und des Pathologischen zu ziehen ist; und in der That kommen so häufig Abweichungen vom typischen Trommelfellbilde vor, auch ohne dass irgend welche Functionsstörungen damit verknüpft sind, dass man zuweilen unter einer Anzahl vollkommen gut hörender Menschen nach einem solchen suchen muss, dessen Trommelfelle sich zur Demonstration eignen.

Mit Rücksicht auf diese Schwierigkeiten kann es dem Arzte nicht genug ans Herz gelegt werden, sich möglichst viel im Gebrauche des Ohrenspiegels zu üben und bei jeder Untersuchung mit peinlichster Gründlichkeit vorzugehen. Auch die besten Abbildungen können das Studium am Lebenden niemals ersetzen, sondern nur einen Hinweis auf das geben, was der Untersuchende am Trommelfell sehen soll [1]. Man kann ein Trommelfell nicht lange genug fixiren und wird bei genügendem Zeitaufwand und immer von Neuem veränderter Einstellung des Reflectors und des Trichters mitunter noch Veränderungen auffinden, welche dem Auge anfangs entgangen waren.

III. Die Hörprüfung.

Die Hörprüfung ist in jedem Falle vorzunehmen, in welchem auch nur der Verdacht einer vorhandenen Functionsstörung besteht. Sie ist um so wichtiger für die Diagnostik, als sie für manche Krankheitsformen, bei welchen die Inspection des Trommelfelles ein negatives Resultat liefert, nicht allein den Grad der Gehörsabnahme, sondern

---

[1] Die wichtigsten pathologischen Veränderungen finden sich in dem Werke des Verfassers; „Atlas von Beleuchtungsbildern des Trommelfells". II. Auflage. Jena 1890, in farbigen Bildern dargestellt.

zweckmässig ist, hat neuerdings Bing[1] empfohlen: ich ziehe vor, mir
für wenige Mark ein altes Spindelwerk, wie man es bei jedem Uhr-
macher findet, in einen Holzrahmen fassen und mit einem Hemmstift
versehen zu lassen.

Die Hörweite bezeichnet man in Form eines Bruches, in dessen
Nenner die für die Uhr festgestellte normale Hörweite, in dessen
Zähler die jeweilige Entfernung, in Centimetern ausgedrückt, gesetzt
wird, in welcher das Uhrticken vom Kranken wahrgenommen wird.
Hört z. B. ein Patient die normaler Weise auf 250 cm percipirte Uhr
auf 12 cm, so ergiebt sich als Formel der Hörweite **für die Uhr**

$$H = \frac{12}{250}.$$

Sprache. Auch mit der Sprache prüfen wir beide Ohren geson-
dert, also unter möglichst festem Verschluss des zweiten Ohres. Als
Grundregel ist festzuhalten, dass man möglichst leise spricht und nicht
etwa Fragen stellt, weil in diesem Falle der Patient, auch wenn er
nur einzelne Worte verstanden hat, auf dem Wege der Combination
zufällig zu einer ganz richtigen Antwort kommen könnte; man muss
vielmehr einzelne Worte oder kurze Sätze vorsprechen und den Kranken
anweisen, dieselben genau, laut und deutlich nachzusprechen.

Reicht das Hörvermögen des Kranken so weit, so prüft man zunächst mit der Flüstersprache, welche normaler Weise 20—25 m
weit percipirt wird. Da ein so weiter Raum meist nicht zur Verfügung steht, richtet man den Versuch so ein, dass man sich möglichst
weit von dem mit dem Gesichte gegen die Wand gekehrten Patienten,
ihm den Rücken drehend, aufstellt: diese „doppelt abgewandte" Flüstersprache wird schon bei geringeren Hörstörungen nicht weit verstanden.
Auch die Probe mit der einfach „abgewandten" Flüstersprache, wobei
wir aus möglichst grosser Entfernung mit dem Gesichte dem Rücken
des zu Untersuchenden zugekehrt, flüstern, wird dann meist im Stiche
lassen, und wir flüstern alsdann seitlich vom Patienten stehend, so dass
der Schall in der Verlängerung der Gehörgangsachse entsteht; doch
müssen wir stets, wenn unsere Stellung zum Patienten es diesem erlauben würde, uns ins Gesicht zu sehen, darauf halten, dass er die
Augen schliesst, denn Schwerhörige gewinnen oft rasch eine erstaun-
liche Fertigkeit im Ablesen von den Lippen.

Hört der zu Untersuchende die Flüstersprache überhaupt nicht,
so gehen wir unter denselben Cautelen in einen lauteren Ton über und
sprechen etwa mit der Intensität, mit welcher im gewöhnlichen Verkehre gesprochen wird; ganz Schwerhörige werden wir mit erhobener
Stimme oft aus nächster Nähe prüfen müssen.

Die Abschätzung der Tonstärke gewinnt man bald durch Uebung,
so dass man Messapparate entbehren kann; doch giebt es deren in verschiedener Weise; der bekannteste ist der von Lucae[2] angegebene
Phonometer, bei welchem ein Fühlhebel die Stärke des Ausschlages
einer durch die Schallwellen ausgebauchten Membran an einem Quadranten angiebt.

---

[1] Vorlesungen über Ohrenheilkunde. Wien 1890, S. 40.
[2] Archiv f. Ohrenhlkde. XII. 282.

Da die verschiedenen Vocale und Consonanten, ihren Schwingungszahlen entsprechend, sehr verschieden weit gehört werden, kann es nicht gleichgültig sein, welche Worte man für die Prüfung wählt. Nach Oskar Wolf[1]) beträgt die Hörweite nach Schritten bemessen für A 360, O 350, Ei 340, E 330, I 300, Eu 290, Au 285, U 280, Sch 200, M und N 180, S 175, F 67, K und T 63, R 41, B 18, H 12 Schritte. Man wird daher mit schwerer verständlichen, aus den in der Reihe zuletzt stehenden Lauten zusammengesetzten Worten beginnen (Hundert, Bunt, Ruder) und erst, wenn diese falsch wiederholt werden, zu leichteren (Schall, Sechs, Soldat, Vater) übergehen. Besonders beliebt als Prüfungsworte sind die Zahlen, zumal sie zu den Worten gehören, welche Kranken aller Stände geläufig sind. Doch sollte man sich hüten, viele Zahlwörter hinter einander vorzusprechen, weil dann der Patient seinem Gehör leicht durch das Errathen undeutlich vernommener Laute zu Hülfe kommen kann.

Bemerkenswerth, wenn auch nicht regelmässig zutreffend, sind die Resultate, welche O. Wolf[2]) in eingehenden neueren Untersuchungen über die Auswahl der geeignetsten „Hörprüfungsworte" mit Rücksicht auf ihre speziellere diagnostische Verwerthbarkeit gefunden hat. Wolf theilt dieselbe in drei Gruppen: 1. hohes und starkes S-, Sch-, G-molle, hohes und schwaches F; bei Affectionen des Schallleitungsapparates werden die Zischlaute schlechter verstanden, F bei sehr verschiedenen Erkrankungen; wird dieser Laut in nächster Nähe nicht percipirt, so kann dies auf eine isolirte Erkrankung einzelner Schneckenfasern (Hämorrhagie) deuten. 2. Explosivlaute mittlerer Tonhöhe: B, K, T; dieselben werden meist auch von Schwerhörigen gut verstanden. 3. Tiefe und schwache Laute: Zungenspitzen-R, Flüster-U. Patienten mit Trommelfelldefecten hören F statt R. Werden die genannten tiefsten Töne bei Intactsein des schallleitenden Apparates schlecht percipirt, so kann man auf eine Labyrinthaffection schliessen. Die von Wolf angeführten Versuchsworte der drei Gruppen sind: 1. Messer, Strasse, Säge, Feder, Frankfurt; 2. Teppich, Kante, Kette, Kappe; 3. Ruhe, Bruder, Ruhrort, Reiter.

Prüfung mit Tönen. Zur Prüfung der Hörfähigkeit für Töne, welche nothwendig ist, wenn man den bei manchen Affectionen (des inneren Ohrabschnittes) vorkommenden Perceptionsausfall für bestimmte Töne constatiren will, kann man sich verschiedener Vorrichtungen bedienen: als solche sind, ausser dem Klavier, Serien verschieden abgestimmter Stimmgabeln mit Resonatoren, Glockenspiele, König'sche Klangstäbe, Zungenwerke gebräuchlich. Besonders zweckmässig für Prüfungen auf höchste Töne ist die kleine Galton'sche Pfeife (Fig. 8), welche durch einen Gummiball angeblasen, mittelst einstellbarer Verlängerung oder Verkürzung des Schallraumes Töne von 6461—84000 Schwingungen hergiebt.

Auch kann man von der Stimmgabel, welche bei der Prüfung der Perception vom Knochen eine Hauptrolle spielt, Gebrauch machen, indem man sie nach Conta's[3]) Vorschlage entweder in den Gehörgang

---

[1]) Sprache und Ohr. Braunschweig 1871, S. 71.
[2]) Zeitschrift f. Ohrenhlkde. XX. 200.
[3]) Archiv f. Ohrenhlkde. I. 107.

einsetzt oder ihren Ton durch einen Hörschlauch dem Ohre zuführt
und beobachtet, wie lange er gehört wird. Es lässt sich bei diesem
Versuche ein sehr merklicher Unterschied zwischen einem normalen
und einem kranken Ohre feststellen, zumal wenn man nach Urbantschitsch's[1]) Verfahren mit Hülfe eines T-Schlauches den Stimmgabel-

Fig. 8.   Fig. 9.   Fig. 10.
Galton'sche Pfeife.   Stimmgabel mit Klemmen.   Graduirte Stimmgabel nach Lucae.

ton gleichzeitig dem eigenen (normalen) und dem zu untersuchenden
Ohre zuführt.

Die in der Ohrenheilkunde gebräuchlichen Stimmgabeln haben
prismatische Zinken, welche man, (Fig. 9) um die Obertöne abzuschwä-
chen, mit Klemmschrauben belasten kann. Es ist vortheilhaft, recht grosse
Stimmgabeln zu verwenden, und, da für eine eingehende Prüfung ein
einziger Ton niemals ausreicht, nothwendig, dass man entweder eine
Reihe von verschieden abgestimmten Instrumenten oder mindestens eine
graduirte Stimmgabel (Fig. 10) besitzt, wie sie Lucae[2]) empfohlen

---

[1]) Lehrbuch d. Ohrenhlkde. III. Aufl., S. 37.
[2]) Archiv f. Ohrenhlkde. V. 108.

hat. Die verschiebbaren Klemmen derselben gestatten, wenn sie auf bestimmte Marken auf den Zinken eingestellt werden, die Tonhöhe innerhalb gewisser Grenzen zu variiren.

b. Cranio-tympanale Leitung (Knochenleitung).

Differentialdiagnostische Hülfsmittel für die Localisation der Krankheit.

Den bekannten Vorgang der Schallübertragung auf das Labyrinth durch Vermittelung der Schädelknochen dürfen wir uns nach den Versuchsergebnissen von Lucae [1]), Politzer [2]) u. A. nicht so vorstellen, als ob die Schwingungen, in welche die Kopfknochen durch die anprallenden Schallwellen versetzt werden, lediglich unmittelbar dem Labyrinthe mitgetheilt würden; vielmehr kommt neben dieser directen Uebertragung in sehr erheblichem Maasse eine Fortleitung der Schwingungen von den Knochen auf den Schallleitungsapparat in Betracht, und Bezold [3]) ist der Ansicht, dass der Unterschied der Perception vom Knochen gegen die Luftleitung nur der ist, dass bei ersterer das Trommelfell und Ligamentum annulare nicht wie bei der Luftleitung von der Fläche, sondern von der Kante getroffen werden.

Der Vorschlag von Hensen [4]), die Perception vom Knochen nicht, wie es früher geschah, als „Kopfknochenleitung" schlechthin, sondern als „cranio-tympanale Leitung" zu bezeichnen, erscheint daher sehr zweckmässig.

Die cranio-tympanale Leitung lässt sich mit Hülfe der auf die Schläfe, den Processus mastoideus oder andere Kopfstellen aufgedrückten Taschenuhr sehr leicht nachweisen, doch darf man dabei aus dem Ausbleiben der Schallwahrnehmung keineswegs, wie dies vielfach geschieht, ohne Weiteres auf eine Läsion des Labyrinthes schliessen; einmal nämlich wird von älteren Personen, meist vom sechsten Decennium ab, das Uhrticken in Folge seniler Vorgänge im Hörnervenapparat nicht mehr vom Knochen aus gehört, andererseits kommen auch, wie schon Politzer [5]) bemerkte und von mir [6]) bestätigt wurde, Fälle vor, in welchen eine von Secretions- und Circulationsanomalien abhängige intermittirende Perceptionsfähigkeit für das Uhrticken besteht und in welchen die zunächst fehlende Wahrnehmung der Uhr, z. B. durch eine Lufteinblasung durch die Tube, sofort wieder zum Vorschein gebracht werden kann.

Wird hingegen die Taschenuhr von einem Schwerhörigen vom Knochen aus gehört, so berechtigt das zu dem Schlusse, dass die Ursache der Functionsstörung ihren Sitz nicht im schallempfindenden, sondern im schallleitenden Apparate hat.

Weit mehr als die Taschenuhr kommt für die Prüfung der cranio-

---

[1]) Archiv f. Ohrenhlkde. I. 303.
[2]) Archiv f. Ohrenhlkde. I. 318.
[3]) Erklärungsversuch zum Verhalten der Luftleitung und Knochenleitung beim Rinne'schen Versuch. Aerztliches Intelligenzblatt. München 1885, Nr. 24.
[4]) Hermann's Handbuch der Physiologie. II. Theil. S. 27.
[5]) Lehrbuch der Ohrenhlkde. II. Aufl., S. 115; Archiv f. Ohrenhlkde. I. 346.
[6]) Archiv f. Ohrenhlkde. XIV. 96.

tympanalen Leitung die Stimmgabel in Betracht. Indessen genügt
es nicht festzustellen, ob der Ton der Stimmgabel überhaupt vom
Scheitel, dem Warzenfortsatze oder einer anderen Stelle des Kopfes
aus wahrgenommen wird, sondern es bedarf einer Reihe von Versuchen, aus deren Ausfall sich mit grösserer oder geringerer Sicherheit
Schlüsse auf die Natur und den Sitz des Leidens ziehen lassen. Die
Resultate, welche bisher aus diesen Versuchen gewonnen wurden,
widersprechen sich leider theilweise in einer bisweilen so verwirrenden
Weise, dass ihrer allgemeinen praktischen Verwerthung noch enge
Grenzen gesteckt sind; und wir können uns daher hier nur auf eine
kurze Besprechung der Methoden, soweit sie für den praktischen Arzt
von Nutzen sein können, beschränken.

1. Der Weber'sche Versuch.

Setzt man eine schwingende Stimmgabel auf den Scheitel, so wird
der Ton von beiderseits normal Hörenden an der Ansatzstelle (zuweilen
auch in beiden Ohren gleichmässig) wahrgenommen; verstopft der
Normalhörende bei diesem Versuche beide Ohren, so hört er den Ton
gleich stark in beiden Ohren; verschliesst er hingegen nur ein Ohr,
so springt der Ton von der Ansatzstelle deutlich in dieses über, er
wird also auf derjenigen Seite, auf welcher ein Schallleitungshinderniss
gesetzt worden ist, verstärkt.

Eine befriedigende Erklärung dieser Erscheinung fehlt noch. Die
Theorie von Mach, dass die Schallverstärkung auf dem verstopften
Ohre durch den behinderten Schallabfluss aus dem Schädel bedingt sei,
ist nicht für alle Fälle haltbar, während andererseits auch die Annahme einer verstärkten Resonanz nach Rinne und Politzer, einer
dadurch bedingten Drucksteigerung im Labyrinthe nach Lucae, einer
vermehrten Spannung der Gehörknöchelchen nach Bezold nicht immer
zutreffend sein können. Wahrscheinlich kommt bald die eine, bald die
andere Erklärung in Betracht.

Dieselbe Erscheinung nun der Tonverstärkung auf dem für die
Luftleitung schlechteren Ohre tritt beim Weber'schen Versuche ein,
sobald bei einseitiger Affection auf einem Ohre ein Schallleitungshinderniss, z. B. eine Cerumenansammlung, besteht; ja der Ton klingt
bisweilen so intensiv auf der erkrankten Seite, dass er auf der gesunden
gar nicht wahrgenommen wird, und je entschiedener das Hervortreten
der Tonwahrnehmung auf der kranken Seite ist, um so sicherer sind
wir berechtigt, die Hörstörung auf eine Affection im äusseren oder
Mittelohre zurückzuführen, ohne indessen geringere Läsionen des
Labyrinthes ausschliessen zu können. Wird hingegen der Stimmgabelton bei bedeutender einseitiger Herabsetzung des Gehörs von allen
Stellen des Schädels ausschliesslich auf dem gesunden Ohre percipirt,
so liegt meistens eine Affection des Nervenapparates auf der erkrankten Seite vor.

Auch wenn bei bilateraler Schwerhörigkeit ein Ohr bedeutend
schlechter ist als das andere, kann aus dem erheblichen Ueberwiegen
der Schallperception auf dem schlechteren Ohre auf eine hier bestehende
Affection des äusseren oder des Mittelohres geschlossen werden; je
geringer indessen die Differenz in der Hörschärfe beider Ohren ist, um
so unsicherere Angaben macht der Kranke, und man wird deshalb

gut thun, in diesem Falle gänzlich auf den Weber'schen Versuch zu verzichten.

2. Der Rinne'sche Versuch.

Obwohl bereits im Jahre 1855 beschrieben [1], ist der Rinne'sche Versuch erst durch Lucae [2] als diagnostisches Hülfsmittel verwandt worden. Es haben dann verschiedene Autoren, namentlich Brunner [3], Bezold [4], Schwabach [5], Barth [6], Rohrer [7], Hartmann [8], Steinbrügge [9], Jacobson [10], Dennert [11], Eitelberg [12], sich bemüht, Gesetze aufzustellen, nach welchen die Resultate dieses Versuches für die Differentialdiagnose zwischen den Affectionen des schallleitenden und des schallempfindenden Apparates nutzbar gemacht werden sollen.

Setzt man eine tönende Stimmgabel, nach Bezold am besten eine grosse, tiefgestimmte, auf den Warzenfortsatz des normalen Ohres, so wird deren Ton nach einer bestimmten Zeit nicht mehr gehört werden, „verklungen sein", sofort aber wieder zur Wahrnehmung gelangen, wenn sie, ohne vorher wieder angeschlagen zu werden, vor die Ohrmuschel gehalten wird. Dieses Versuchsergebniss wird als **positiver Ausfall des Rinne'schen Versuches** bezeichnet. Während also normaler Weise die Luftleitung über die cranio-tympanale Leitung prävalirt, wird das Verhältniss ein anderes, sobald eine Affection des äusseren oder des Mittelohres besteht; alsdann wird bei derselben Versuchsanordnung der Stimmgabelton, nachdem er vom Warzenfortsatze aus verklungen ist, auch **vor dem Ohre nicht mehr gehört: negativer Ausfall des Rinne'schen Versuches** oder nach Politzer „ausfallender Rinne". Man ist demnach, wenn bei einer erheblichen Hörstörung eines oder beider Ohren der Rinne'sche Versuch negativ ausfällt, in gewissem Maasse berechtigt, die Diagnose auf ein Schallleitungshinderniss zu stellen; ein positives Ergebniss des Rinne-schen Versuches bei bestehender Schwerhörigkeit sollte hingegen nur dann als Beweis für eine Labyrinthaffection gedeutet werden, wenn alle übrigen zu Gebote stehenden Untersuchungsmethoden das gleiche Ergebniss liefern.

Eine gewisse Controle hat man in dem „umgekehrten Rinne-schen Versuche", d. h. bei einer Versuchsanordnung in der Weise, dass die Stimmgabel zuerst vor die Ohrmuschel und nach ihrem Abklingen auf den Warzenfortsatz gehalten wird. Der an einer Affection des schallleitenden Apparates Erkrankte wird den vor der Ohrmuschel

---

[1] Prager Vierteljahrsschrift, Bd. I, 1885, S. 72.
[2] Archiv f. Ohrenhlkde. XVI. 88; XIX. 74.
[3] Zeitschrift f. Ohrenhlkde. XIII. 263.
[4] Aerztliches Intelligenzblatt. München 1885, Nr. 24; Zeitschrift f. Ohrenheilkde. XVII. 153; XVIII. 193; XIX. 212.
[5] Zeitschrift f. Ohrenhlkde. XIV. 61.
[6] Der Rinne'sche Versuch. Zürich 1885.
[7] Zeitschrift f. Ohreuhlkde. XVI. 51.
[8] Zeitschrift f. Ohrenhlkde. XVII. 105; XVIII. 30, 36.
[9] Zeitschrift f. Ohrenhlkde. XVII. 67; XVIII. 44.
[10] Zeitschrift f. Ohrenhlkde. XVIII. 10; XIX. 139.
[11] Archiv f. Anatomie und Physiol. Physiol. Abth. 1888, S. 189; Archiv f. Ohrenhlkde. XXV. 11; XXVIII. 41.
[12] Berliner Klin. Wochenschrift 1881, Nr. 18; Archiv f. Ohrenhlkde. XXIX. 68.

verklungenen Ton vom Warzenfortsatze aus von Neuem hören, während
der an einer Affection des Perceptionsapparates Leidende und der
Normalhörende ihn dann nicht wieder wahrnehmen wird.

Da nun zahlreiche Fälle vorkommen, in welchen der Rinne'sche
Versuch vollständig im Stiche lässt, so dass er z. B. bei bestehender
Paukenhöhlenaffection positiv ausfällt, so hat man versucht [1]), durch
die Prüfung der Dauer, während welcher ein Stimmgabelton
vom Knochen percipirt wird, etwas zuverlässigere Anhaltspunkte
zu gewinnen. Besonders verdienstvolle Untersuchungen hat in dieser
Beziehung Schwabach [2]) angestellt und dabei constatirt, dass die
Perceptionsdauer vom Knochen verlängert war bei Affectionen
des Schallleitungsapparates in 88,8 %, verkürzt bei Affectionen des
schallempfindenden Apparates in 96,87 %. Da diese Ergebnisse in der
That weit günstiger sind, als die durch den Weber'schen und Rinne-
schen Versuch gewonnenen, so verdient die Prüfung der Perceptionsdauer vom Knochen für die diagnostische Verwerthung in vielen Fällen
den Vorzug vor jenen anderen Methoden.

Nach den besonders eingehenden Studien von Rohrer lässt sich
eine gewisse Uebereinstimmung zwischen dem Rinne'schen und dem
Weber'schen Versuche sehr häufig feststellen; es ergab sich, dass
wenn der Rinne'sche Versuch auf beiden Ohren verschieden ausfiel,
in $^7/_{10}$ der Fälle beim Weber'schen Versuche der Stimmgabelton nach
derjenigen Seite übersprang, auf welcher der Rinne'sche Versuch ein
negatives Resultat erzielte; nur bei $^3/_{10}$ der Fälle wurde die Stimmgabel auf der Seite des positiven Rinne'schen Versuches besser gehört. Indifferente Resultate des Weber'schen Versuches fielen stets
mit beiderseits gleichartigem Ergebnisse des Rinne'schen Versuches
zusammen.

Was den Werth des Rinne'schen Versuches für die Differentialdiagnose betrifft, so scheint mir derselbe nur ein relativer zu sein. Da
nämlich häufig bei ganz gleichartigen Fällen, ja an einem und demselben Individuum die Resultate gänzlich verschieden ausfallen und der
Versuch mitunter gerade in den typischsten Fällen im Stiche lässt,
wird man ihn nur dann als Stütze für die Diagnose betrachten können,
wenn noch andere Untersuchungsmethoden ein übereinstimmendes Ergebniss liefern und besonders, wenn der Ausfall des Weber'schen Versuches sich mit dem des Rinne'schen deckt.

3. Eine Erweiterung des Rinne'schen Versuches hat Gruber [3])
angegeben. Er führt, nachdem der Stimmgabelton vor dem Ohre vollständig verklungen ist, einen Finger in den Gehörgang des zu untersuchenden Ohres, ohne indessen einen festen Verschluss zu bilden. Wird
auf diesen Finger die nicht mehr percipirte Stimmgabel aufgesetzt, so
erscheint der Ton sofort wieder und hält noch eine Zeitlang an. Gruber
glaubt, dass sich bei diesem Verfahren eine einseitige Taubheit sicherer
erkennen lässt, als mit dem einfachen Rinne'schen Versuche.

---

[1]) Archiv f. Ohrenhlkde. XXXI. 81 ff.
[2]) Lucae, Archiv f. Ohrenhlkde. XV. 273; S. Hartmann, Deutsche Med.
Wochenschrift 1885, Nr. 15.
[3]) Zur Hörprüfung. Monatsschrift f. Ohrenheilkunde 1885, Nr. 2.

4. Der Versuch von Gellé [1]).

Gellé setzt auf die Stirn des zu Untersuchenden eine tönende Stimmgabel und comprimirt mit Hülfe eines an einem Gummischlauche befestigten Ballons die Luft im Gehörgange. Normaler Weise verliert bei jedem Drucke der Ton an Intensität, während er, wenn ein Schallleitungshinderniss vorliegt, unverändert bleibt; bei bestehender Labyrinthaffection ohne Stapesfixation wird der Ton bei Luftverdichtung schwächer percipirt, aber es tritt Schwindel und Ohrenklingen ein.

Der Versuch von Gellé ist indessen weit unzuverlässiger als der Rinne'sche: bereits Politzer [2]) hat nachgewiesen, dass sowohl bei der Mehrzahl der Fälle von Mittelohrerkrankungen mit mässiger Schwerhörigkeit der Stimmgabelton während der Verdichtung der Luft ebenfalls abgeschwächt wird und andererseits bei Labyrinthaffectionen mit hochgradiger Schwerhörigkeit der Ton unverändert bleiben kann.

5. Der Versuch von Corradi [3]).

Wird eine auf dem Proc. mastoideus schwingende Stimmgabel, nachdem ihr Ton verklungen ist, entfernt und dann wieder nach etwa 2 Sekunden genau an ihre frühere Stelle aufgesetzt, so erneut sich in vielen Fällen die Empfindung und dauert längere oder kürzere Zeit fort; derart kann sich die Perception bei normalem Gehörorgan 1-, 2-, 3-, höchstens 4mal wiederholen.

Die erste Empfindung nennt Corradi die primäre, die folgenden secundäre. Vermehrung der secundären Empfindungen kann in normalen Fällen durch Verstopfung des Gehörganges erzeugt werden und wird bei Veränderungen des Schallleitungsapparates beobachtet. Vollkommenen Mangel secundärer Empfindungen fand Corradi in Fällen von unzweifelhafter Labyrintherkrankung.

Da man bei positivem Ausfall des Weber'schen Versuches auf der kranken Seite nicht bestimmen kann, ob die Nervenelemente gesund sind, so kann Corradi's Versuch nach Angabe des Autors, wenn er auch eine Verkürzung der Perception durch die Knochen ergiebt, die Diagnose einer gleichzeitig bestehenden Erkrankung des schallempfindenden Apparates sicherstellen.

Vermehrung der secundären Empfindungen bei bedeutender Schwerhörigkeit fasst Corradi als Zeichen von Irritabilität des Acusticus auf; wenn bei hochgradiger Schwerhörigkeit mit bedeutender Verkürzung der Schallempfindung durch die Knochen und anderen auf Labyrintherkrankung deutenden Symptomen keine secundären Empfindungen wahrzunehmen sind, so ist wahrscheinlich, dass die pathologische Alteration der Nervenelemente schon einen hohen Grad erreicht hat.

Bei diesem Versuche, welchen Corradi durch das zeitweise eintretende Ruhebedürfniss des Acusticus erklärt, muss man natürlich sorgfältig vermeiden, das erneute Aufsetzen der Stimmgabel auf den Warzenfortsatz zu derb auszuführen, da sonst neue Schwingungen eintreten würden.

---

[1]) Tribune médicale 1881, 23. October.
[2]) Lehrbuch der Ohrenhlkde. II. Aufl., S. 121.
[3]) Archiv f. Ohrenhlkde. XXX. 175.

6. Der Versuch von Eitelberg[1]).

Ein weiteres Experiment zur Erleichterung der Differentialdiagnose
hat Eitelberg angegeben. Derselbe lässt, um die Ausdauer des
Acusticus zu prüfen, 15—25 Minuten hindurch eine grosse Stimmgabel immer von Neuem und mit Hülfe einer besonderen Vorrichtung
immer in derselben Stärke vor dem Ohre des zu Untersuchenden
ertönen und schliesst aus der Grösse der nach Secunden gemessenen
Perceptionsdauer der einzelnen Anschläge auf die Beschaffenheit des
nervösen Apparates. Wo die Perceptionsdauer innerhalb einer viertel-
stündigen Prüfung zunimmt, ist eine Erkrankung des schallempfindenden Theiles auszuschliessen, wo sie sinkt, eine Läsion desselben anzunehmen.

Die Ausführung dieses Versuches ist so zeitraubend und erfordert
eine so bedeutende Intelligenz und Glaubwürdigkeit von Seiten des
Patienten, dass sie nur ausnahmsweise angewandt werden kann.

7. Das Interferenzotoskop von Lucae.

Die Diagnose des Sitzes eines Ohrleidens kann schliesslich noch
unterstützt werden durch das von Lucae[2]) angegebene Interferenzotoskop. Der Ton einer horizontal liegenden grossen Stimmgabel
wird durch eine zwischen deren Zinken gleichfalls waagerecht angebrachte Metallröhre vermittelst eines Gummischlauches, welcher dicht
unterhalb der Gabelung eines Doppelotoskops (nach Art des Differential-
stethoskops) mündet, den beiden Ohren des zu Untersuchenden zugeführt. Der Arzt kann mit Hülfe eines ebenfalls an der Gabelung des
Otoskops angebrachten Schlauches durch abwechselndes Schliessen oder
Oeffnen der beiden Otoskopschenkel den Schall aus dem rechten oder
linken Ohre des zu Untersuchenden reflectiren lassen. Klingt der Ton,
welcher vom schlechteren Ohre zurückgeworfen wird, schwächer als
auf dem gesunden, so ist auf eine Affection des centralen Ohrabschnittes
zu schliessen, während eine abnorme Fixation des Trommelfelles und
des Paukenhöhleninhaltes sich durch vermehrte Reflexion der Schallwellen auf dem schlechteren Ohre äussert, also eine Verstärkung des
vom Arzte vernommenen Geräusches bedingt.

c. Die Diagnose der simulirten Taubheit.

Der Arzt und zumal der Militärarzt kommt nicht selten in die
Lage, über einen der Simulation Verdächtigen sein Gutachten abgeben
zu müssen. In vielen Fällen wird die Untersuchung des Trommelfelles
bestimmte Anhaltspunkte dafür liefern, ob eine Erkrankung und ob
speziell die Wahrscheinlichkeit einer Funktionsstörung vorliegt; mindestens ebenso häufig ergiebt jedoch die Inspection negative oder doch
unbestimmte Resultate, und man wird gezwungen sein, eine oder mehrere
besondere Methoden anzuwenden, um Gewissheit darüber zu erlangen,
ob der Verdacht der Simulation begründet war. Dies ist bei Simulation einseitiger Taubheit zuweilen nicht schwer, und es stehen
eine ganze Reihe von Versuchen zur Verfügung.

[1]) Wiener Med. Presse 1887, Nr. 10 f.
[2]) Archiv f. Ohrenhlkde. III. 186, 299.

1. Moos[1]) setzt die tönende Stimmgabel auf den Scheitel des zu Untersuchenden (Weber'scher Versuch); derselbe wird angeben, den Ton auf der gesunden Seite zu hören; darauf wird das angeblich gesunde und als intact befundene Ohr verstopft; giebt der zu Untersuchende nun an, gar nichts zu hören, so ist er ein Simulant.

2. Schwartze[2]) empfiehlt, die Thatsache zu benutzen, dass ein gesundes Ohr nicht vollkommen ausgeschaltet werden kann. Das angeblich intacte Ohr wird verstopft und laut in der Nähe desselben gesprochen; giebt der zu Untersuchende an, gar nicht zu hören, so ist er ein Simulant.[3])

3. Ein von Coggin[4]) angegebenes Verfahren habe ich wiederholt mit Erfolg angewandt: Der verticale Schenkel eines T-Rohres wird mit einem Schallbecher (Hörrohr), die horizontalen durch Gummischläuche mit je einem Ohre des zu Untersuchenden verbunden; während man möglichst leise in den Becher spricht, drückt man unbemerkt abwechselnd beide Schläuche zusammen und verwirrt auf diese Weise meist sehr bald den Simulanten, so dass er auch bei Verstopfung des zum angeblich gesunden Ohre führenden Schlauches reagirt.

4. L. Müller[5]) armirt beide Ohren des zu Untersuchenden mit je einem Schallfänger und spricht zunächst möglichst rasch und leise in das angeblich gesunde Ohr; der Patient wird vorher angewiesen, alles nachzusprechen. Hierauf spricht ein zweiter Beobachter in das angeblich taube Ohr, wobei der Simulant nichts zu hören vorgeben wird; sprechen alsdann beide Beobachter gleichzeitig in je ein Ohr, so werden sich die Eindrücke beim Simulanten verwischen, während der thatsächlich einseitig Taube unbeirrt das in das gesunde Ohr Gesprochene richtig wiederholen wird.

5. Ein Verfahren von Teuber[6]) beruht auf demselben Princip, doch wird durch zwei in ein Nebenzimmer geleitete Röhren, welche nicht nur mit beiden Ohren des zu Prüfenden, sondern auch mit denen eines Zeugen in Verbindung stehen, abwechselnd gesprochen. Der Simulant wie der Normalhörende (Zeuge) wird sehr bald die zu beiden Ohren gelangenden Eindrücke confundiren und ermüdet werden, der einseitig Taube aber immer nur das hören, was in das gesunde Ohr gesprochen wird.

6. Gellé[7]) fügt in jedes Ohr der der Simulation verdächtigen Person ein Manometer und spricht leise zu ihr. Da bei dem angestrengten Lauschen eine unwillkürliche Contraction der Muskeln der Auricula eintritt (immer?). so muss das Manometer beim Simulanten einen Ausschlag geben, während es beim Tauben unverändert bleibt.

Die Simulation doppelseitiger Taubheit ist zuweilen nur mit Hülfe einer List zu beweisen. So hat man Simulanten wiederholt durch Anrufen während des Schlafes, in der Trunkenheit, durch verletzende Aeusserungen, durch die Ankündigung einer Operation über-

[1]) Archiv f. Augen- und Ohrenheilkunde, I. 1, S. 240.
[2]) Die chirurgischen Krankheiten des Ohres, S. 62.
[3]) Monatsschrift f. Ohrenhlkde. 1882, Nr. 9. Voltolini.
[4]) Zeitschrift f. Ohrenhlkde. VIII. 294.
[5]) Berliner Klin. Wochenschrift 1869, Nr. 15.
[6]) Berliner Klin. Wochenschrift 1869, Nr. 9. (Lucae.)
[7]) Gazette méd. de Paris 1877, Nr. 8.

führt. In einem von mir beobachteten Falle, bei welchem die verschiedensten Mittel versagt hatten, genügte schliesslich die in harmlosem Tone der Würterin gegebene Weisung, „das grosse Messer" zu holen, um den hartnäckigen Simulanten zum Geständniss zu bringen.

Auch das Mienenspiel der Simulanten ist für die Beurtheilung zu verwerthen: während nämlich der thatsächlich Taube sich die grösste Mühe giebt, das Gesprochene zu verstehen oder von den Lippen abzulesen, und dabei einen aufs höchste gespannten Gesichtsausdruck annimmt, bestrebt sich der Simulant, ein gänzlich gleichgültiges Gesicht zu zeigen.

Schwartze[1] berichtet, dass Simulanten doppelseitiger Taubheit sich ihm öfters dadurch verriethen, dass sie die Schwingungen einer grossen und tiefen Stimmgabel weder vom Schädel noch von den Fingerspitzen aus fühlen wollten. Auch empfiehlt derselbe Autor den Vorschlag Casper's, mit dem zu Untersuchenden ein lautes Gespräch zu beginnen, dann aber allmählich die Stimme sinken zu lassen. Schlaue Simulanten wird man indessen dadurch kaum überraschen.

IV. Die Untersuchung der Eustachischen Röhre.

Die Eustachische Röhre spielt in der Aetiologie und Symptomatologie der Ohrenkrankheiten eine äusserst wichtige Rolle und muss speziell in allen Fällen von Mittelohraffectionen in den Bereich der Untersuchung gezogen werden. Eine gewisse Vertrautheit mit den hierbei in Betracht kommenden Methoden ist für den Arzt um so nothwendiger, als dieselben nicht allein zu diagnostischen, sondern gleichzeitig auch zu therapeutischen Zwecken dienen müssen.

Die Tube ist bekanntlich in ihrem membranösknorpeligen Abschnitte in der Ruhestellung geschlossen, indem sich die membranöse Wand an die Knorpelrinne fest anlegt, und öffnet sich durch die Wirkung des Musc. sphenosalpingostaphylinus (Abductor tubae nach v. Tröltsch) bei Contractionen der Schlingmuskeln. Fehlt also schon im normalen Zustande ein Lumen, so wird um so leichter ein der Wirkung des Abziehmuskels widerstehender, fester Verschluss zu Stande kommen, sobald die bei Rachen- und Nasenkatarrhen so oft in Mitleidenschaft gezogene Tubenschleimhaut abnorm geschwollen und mit Secret bedeckt ist.

Die Untersuchung der Tuba bezweckt denn auch in erster Linie, die Durchgängigkeit für Luft, eventuell den Grad und Sitz einer Schwellung festzustellen.

a. Das Valsalva'sche Verfahren.

Das Valsalva'sche Verfahren, d. h. die Eintreibung von Luft in die Paukenhöhle durch eine forcirte Exspiration bei Mund- und Nasenverschluss, kann mitunter Aufschluss darüber verschaffen, ob die Tube durchgängig ist, da der Arzt während der Luftverdichtung in der Paukenhöhle Veränderungen am Trommelfell sehen kann. Meist zeigt

---

[1] Die chirurgischen Krankheiten des Ohres, S. 65.

sich eine geringe Abnahme des Glanzes am Lichtkegel, während am
Rande des hinteren-oberen Quadranten in Folge der Ausbauchung der
Membran ein vorher nicht vorhandener Reflex entsteht. Ist das Trommelfell defect, so kann man die Perforation, wenn sie klein ist, meist
deutlicher beim Luftentweichen erkennen als vorher, auch hört man
zuweilen während des Versuches die Luft mit lautem Pfeifen aus dem
Ohre herauszischen, und leider ist diese Erscheinung für manche Aerzte
die einzige, an welcher sie die Anwesenheit eines Trommelfelldefectes
zu erkennen vermögen.

Das Valsalva'sche Verfahren versagt indessen nicht allein bei
pathologischen Fällen, sondern auch bei vollkommen normaler Beschaffenheit der Tuben so häufig, dass ein negatives Ergebniss unbedingt nicht als ein Beweis für die Undurchgängigkeit der Eustachischen Röhre gelten kann. Ebenso wenig darf man aber aus dem
Gelingen des Verfahrens den Schluss ziehen, dass die Tuben wirklich
normal durchgängig sind.

Mit Recht ist von verschiedenen Autoren darauf hingewiesen
worden, dass bei der gewaltsamen Exspiration, welche das Verfahren
erfordert, jedesmal eine Hyperämie im Kopfe auftreten muss; dieselbe
gefährdet nicht nur das Ohr, indem sie zu dauernden Circulationsstörungen führen kann, sondern kann auch, wie bereits von Tröltsch[1])
angeführt hat, bei älteren Leuten mit atheromatösen Hirngefässen, bei
mit Herzfehlern oder mit Lungenemphysem Behafteten lebensgefährlich
werden.

Wenngleich es nun nicht in Abrede zu stellen ist, dass das Valsalva'sche Verfahren hier und da mit Erfolg als diagnostisches Hülfsmittel benutzt werden kann und dass seine Wirksamkeit sich auch nicht
selten an Ohrleidenden darin äussert, dass es eine vorübergehende Verminderung der auf Tubenverschluss beruhenden Symptome hervorrufen
kann, so werden wir es doch sowohl mit Rücksicht auf die Gefahren,
welche es mit sich bringt, als auch auf die Unzuverlässigkeit seiner
Resultate höchstens ausnahmsweise bei der Untersuchung, noch weniger
aber therapeutisch verwenden.

Ganz unbrauchbar für die Diagnose ist der negative Valsalva-
sche oder Toynbee'sche Versuch[2]), eine Schlingbewegung bei ge-
schlossener Nase: das dabei entstehende Geräusch rührt vom Abheben
der membranösen Tubenwand von der knorpeligen her und beweist die
Durchgängigkeit der Eustachischen Röhre nicht. Dasselbe ist überdies so wenig prägnant, dass es leicht mit anderen bei der Schluck-
bewegung zu Stande kommenden Geräuschen verwechselt werden kann.

h. Der Katheterismus der Tuba Eustachii.

Der Ohrkatheter (Fig. 11) ist eine Röhre, an welcher der
Schaft, ein trichterförmig erweitertes und ein schnabelförmig gekrümmtes
Ende unterschieden werden kann. Ueber die jeweilige Stellung des
Schnabels orientirt bei eingeführtem Instrumente eine in der gleichen
Ebene mit jenem angebrachte Marke in Gestalt eines Ringes, einer
Scheibe oder eines Knopfes.

---

[1]) Lehrbuch der Ohrenhlkde. VII. Aufl., S. 247.
[2]) The diseases of the ear. London 1860. S. 196.

Es sind Katheter von Silber, Neusilber, Nickelin und von
Hartgummi in Gebrauch; die elastischeren aus Gummi mögen dem
Patienten, zumal wenn der Arzt wenig geübt ist, manchmal angenehmer
sein und besitzen den Vorzug, dass man ihnen nach längerem Eintauchen in heisses Wasser jede beliebige Form geben kann; doch ver-
schiebt sich nicht selten die an ihnen mittelst eines Metall-
reifs befestigte Marke, auch sind sie zerbrechlicher und
vor Allem nicht so gründlich zu reinigen wie die Metall-
katheter, welche ich unbedingt vorziehe, da sie eine
genauere Sondirung gestatten und das Auskochen vertragen. In einer einigermaassen geübten und zarten Hand
bereiten die Metallinstrumente dem Patienten durchaus
nicht mehr Beschwerden als die Gummikatheter, und die
ihnen anhaftende Kälte lässt sich leicht durch Reiben mit
einem Tuche oder mit Verbandwatte beseitigen.

Die Länge der Katheter schwankt zwischen ziemlich weiten Grenzen. Schwartze[1]) braucht solche von
16—17 cm Länge, während die von Lucae[2]) angegebenen nur 10—15 cm lang sind. Für den Anfänger erscheinen mir die kürzeren Instrumente geeigneter, da beim
Einführen des zur Luftdouche erforderlichen Gummiballons
ein kleinerer Hebelarm das Stossen verringert; für meinen eigenen Gebrauch ziehe ich indessen die grossen
Instrumente vor.

Da der untere Nasengang, durch welchen der Katheter passiren muss, sehr verschieden gebaut ist, bedarf man mehrerer Instrumente von verschiedener Krümmung und Länge des Schnabels und von verschiede-
nem Kaliber. Die gewöhnlichen Dickenmaasse betragen
2—3 mm im Lichten, zuweilen auch etwas mehr, und
zwar soll man stets den dicksten Katheter anwenden, welcher ohne Beschwerden eingeführt werden kann. Wesent-
licher als die Dicke ist die Beschaffenheit des Schnabels;
die Krümmung des letzteren gegen den Schaft entspricht
am besten einem Winkel von 140—150°, die Länge kann
2, 2,5 und 3 cm betragen. Eine birnförmige Anschwellung am Schnabelende, wie sie von Möller[3]) angegeben
und von Tröltsch bevorzugt wurde, ist überflüssig, sofern das Ende gut abgerundet ist; ebenso sind die an
manchen Instrumenten durch Feilenstriche hergestellten

Fig. 11.
Tubenkatheter.

und mit Ziffern versehenen Graduirungen verwerflich,
weil sie die Einführung kaum erleichtern können und die
Reinigung erschweren.

In neuerer Zeit hat Fergusson[4]) für Fälle mit schwieriger
Nasenpassage einen Katheter von weichem rothem Gummi empfohlen,
der innen mit einer Spiralfeder versehen und dessen Krümmung durch

[1]) Die chirurgischen Krankheiten des Ohres. Stuttgart 1885. S. 21.
[2]) Archiv f. Ohrenhlkde. XV. 289.
[3]) Citirt bei Schwartze, Die chirurgischen Krankheiten. S. 22.
[4]) Zeitschrift f. Ohrenhlkde. XIV. 240.

einen feinen Leitstab aufgehoben ist: entfernt man letzteren nach der
Einführung durch die Choanen, so tritt die übliche Krümmung wieder
ein. Uebrigens benutzt auch Urbantschitsch [1] schwächer gehärtete,
geschmeidigere, dunkelbraune Hartgummikatheter, welche nicht so leicht
brechen sollen wie die härteren schwarzen.

Die von Corradi [2] angegebene winkelige Schnabelkrümmung
ist selten erforderlich, dürfte sogar meist störend sein: das Instrument
dieses Autors ist 16 cm lang und hat einen Schnabel von 1,5—2 cm
Länge: der Krümmungswinkel beträgt 60°. Politzer [3] empfiehlt in
jüngster Zeit Katheter mit ovaler Oeffnung.

Ausführung des Katheterismus.

Beim Einführen des Katheters sitzt sowohl der Arzt als der
Patient; der Kopf des letzteren braucht in der Regel, zumal wenn ein

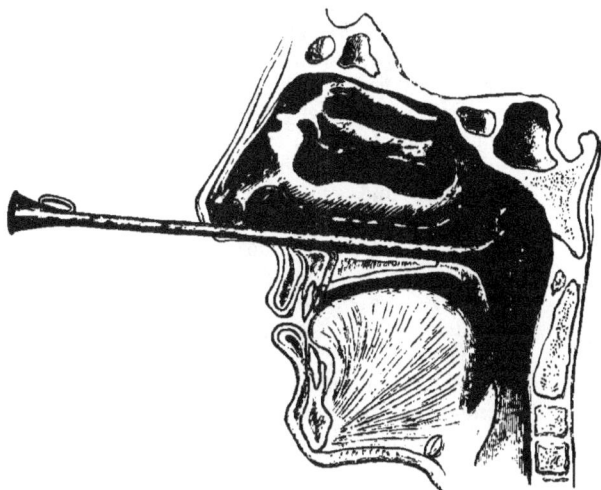

Fig. 12. Lage des Katheters nach der Einführung.

hochlehniger Stuhl vorhanden ist, durchaus nicht gestützt zu werden,
da bei einigermaassen geschickter Handhabung des Katheters, wenn die
Verhältnisse in der Nase nicht besonders ungünstig sind, ein nennenswerther Schmerz nicht entsteht, wohl aber viele Kranke, sobald sie an-
gehalten werden, den Kopf gegen eine Stütze zu lehnen, ängstlich
werden und die Operation dadurch erschweren. In Ausnahmefällen
genügt es fast stets, dass der Arzt mit der während des Einführens
des Katheters allenfalls entbehrlichen linken Hand den Hinterkopf des
Patienten fixirt. Assistenz ist nur erforderlich, wenn man es mit un-
gebärdigen Kranken zu thun hat: jüngere Kinder lässt man am besten
von Erwachsenen auf dem Schoosse halten.

---

[1] Lehrbuch der Ohrenhlkde. III. Aufl., S. 9.
[2] Rivista Veneta di Science medic. 1887.
[3] Archiv f. Ohrenhlkde. XXXI. 237.

Der Katheter wird ganz leicht am Trichterende wie eine Schreib-
feder mit Daumen, Zeige- und Mittelfinger der rechten Hand gefasst
und in das Nasenloch unter horizontaler Haltung des dem Kranken zugewandten Schnabels eingeführt; sobald das Schnabelende den Boden
der Nasenhöhle berührt, wird der Schaft des Instrumentes horizontal
gestellt und mit stets nach unten gerichtetem Ringe rasch, aber sehr
vorsichtig und sanft, durch den unteren Nasengang in die Tiefe geschoben, bis der Schnabel nach Passirung der Choane an die hintere
Rachenwand anstösst. Hierauf wird das Instrument unter geringer
Hebung des Trichterendes so weit wieder nach vorn zurückgezogen,
bis der Schnabel die hintere Fläche des weichen Gaumens berührt
(etwa 1,5 cm); eine Drehung des Katheters um etwa $^3/_8$ eines Kreises
nach aussen und oben genügt nun, um den Schnabel
in das Tubenostium einzuschieben.

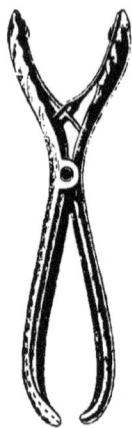

Fig. 13.
Nasenklemme
nach Bonnafont.

Die linke Hand hat bei der Operation die Aufgabe,
zuerst die Einführung in den unteren Nasengang durch
Heben der Nasenspitze zu erleichtern, sodann aber den
Katheter zu fixiren; zu diesem Zwecke werden zwei bis
drei Finger auf den Nasenrücken aufgelegt, während
Daumen und Zeigefinger dicht unter der Nasenspitze den
in die Tiefe gleitenden Katheter ganz locker zwischen
sich fassen und, sobald er richtig sitzt, möglichst fest,
aber ohne einen Druck auszuüben, in seiner Lage halten.
Auch beim Ausführen des Instrumentes, das genau im
entgegengesetzten Sinne wie die Einführung vor sich
geht, muss die linke Hand den Katheter stützen, bis das
Schnabelende das Nasenloch verlässt.

Fixirpincetten, welche den Katheter in der Nase
festhalten, sind nur nothwendig, wenn mit der Operation
besondere Maassnahmen verbunden werden sollen. Die
zweckmässigsten Instrumente dieser Art sind die Klemmen (Fig. 13) von Bonnafont[1]) und von Delstanche[2]).

Das oben beschriebene, von Kramer[3]) herrührende, mehrfach
modificirte Verfahren führt den Anfänger meist am sichersten zum Ziele,
wenngleich Irrthümer, wie namentlich eine zu frühzeitige Drehung des
Schnabels, wodurch derselbe in die Rosenmüller'sche Grube geräth,
nicht selten vorkommen. Man kann indessen noch verschiedene andere
Methoden, deren brauchbarere hier angeführt werden sollen, benutzen.

Methode von Frank[4]), gewöhnlich nach Löwenberg[5]), der sie
neuerdings wieder eingeführt hat, benannt. Nachdem der Katheterschnabel wie beim Kramer'schen Verfahren die hintere Rachenwand
erreicht hat, wird er horizontal nach innen gedreht und nach vorn
gezogen, bis er sich am hinteren Rande des Vomer fängt, was man

---

[1]) Traité théorique et pratique des maladies de l'oreille. III. Aufl. Paris
1873, S. 41.
[2]) Archiv f. Ohrenhlkde. IX. 243.
[3]) Lehrbuch der Ohrenhlkde. Berlin 1867, S. 127.
[4]) Practische Anleitung zur Erkenntniss und Behandlung der Ohrenkrankheiten. Erlangen 1845. S. 101.
[5]) Archiv f. Ohrenhlkde. II. 127.

dadurch erleichtert, dass man das Trichterende möglichst weit nach aussen, d. h. der zu katheterisirenden Seite, hindrängt; durch eine hierauf erfolgende Drehung nach unten, aussen und oben um etwa 220° wird der Katheter in die Tube geleitet.

Dieses Verfahren gelingt Anfängern, wenn die Verhältnisse im Nasenrachenraume typische sind, bisweilen besser als das Kramer'sche, weil die hintere Vomerkante einen fixeren Punkt abgiebt, als der weiche Gaumen; doch lässt es im Stich, wenn der Nasenrachenraum eng ist oder der hintere Raum des Septum durch Schleimhautschwellungen verdeckt ist.

Methode von Kuh[1]), gewöhnlich nach Politzer[2]) benannt. Der bis zur hinteren Rachenwand vorgeschobene Katheterschnabel wird nach aussen in die Rosenmüller'sche Grube gedreht und horizontal stehend über den Tubenwulst nach vorn gezogen, worauf er an das Ostium pharyngeum der Tube gleitet, in welches er dann durch eine Drehung nach aussen und oben eingeschoben wird.

Dieses Verfahren ist, wenn der Tubenwulst deutlich fühlbar ist, das einfachste, für den Patienten aber das schmerzhafteste; auch ereignet es sich sehr oft, dass der Katheter beim Uebergleiten über den Tubenwulst mit einem merkbaren Ruck so heftig abrutscht, dass er über die Tubenöffnung hinaus nach vorn getrieben wird. Bing[3]) schlägt deshalb vor, den in die Rosenmüller'sche Grube hineingedrehten Katheterschnabel in einer halben Spiralwindung längs des Wulstes herab und von unten her in die Tube einzuführen.

Levi[4]) lässt den Patienten, nachdem der Katheter die hintere Rachenwand erreicht hat, tief inspiriren, und gleitet alsdann mit dem Schnabel des Instrumentes über die hintere Fläche des jetzt vollständig gespannten Gaumensegels, um mit einer raschen Drehung ins Tubenostium zu gelangen.

Derselbe Autor erwähnt ferner ein Verfahren von Sapolini, welches darin besteht, dass der Katheter, an der hinteren Pharynxwand angelangt, etwas nach aussen gedreht wird, worauf der Patient ihn durch einige gewaltsame Schluckbewegungen in die Tube befördern soll.

Lucae[5]) endlich schlägt für Anfänger folgende Methode vor: Man misst, indem man die Convexität des Katheterschnabels im Munde an die Grenze zwischen harten und weichen Gaumen, den Schaft des Katheters an die oberen Schneidezähne anlegt und die Stelle, an welcher die letzteren das Instrument berühren, durch Andrücken der Finger markirt, den Abstand zwischen Nasen- und Choanenöffnung. Mit unverrückt am Katheter gelassenen Fingern entfernt man hierauf den Katheter aus dem Munde und führt ihn durch den unteren Nasengang ein, bis die Finger die Nasenöffnung berühren; das Instrument wird hierauf bei gleichzeitiger Drehung nach aussen und oben sanft

---

[1]) Lincke, Handbuch der theoretischen und practischen Ohrenheilkunde, III. Bd. Leipzig 1845, S. 360.
[2]) Lehrbuch der Ohrenhlkde. II. Aufl., S. 75.
[3]) Allgem. Wiener Med. Zeitung 1878, Nr. 7.
[4]) Annales des maladies de l'oreille 1878, S. 34.
[5]) Real-Encyclopädie der Medic. von Eulenburg, Bd. III, S. 94, 102.

weiter in die Tiefe geschoben und gelangt auf diese Weise in die
Tuba.

Das directe Einschieben in die Eustachische Röhre lässt sich von
Geübteren auch ohne die recht umständliche vorherige Messung, welche
De Rossi[1]) sogar für Anfänger entbehrlich findet, unschwer bewerkstelligen. Wer häufig katheterisirt. bedarf überhaupt keines besonderen
Orientirungsmittels und wird sich kaum an eine bestimmte Methode
halten. So pflege ich den Katheter von Anfang an mit der linken
Hand einzuführen und, nachdem der Schnabel direct in die Tube eingeschoben ist, fixirt zu halten, ein für Anfänger indessen nicht geeignetes Verfahren.

Welche Methode man auch beim Katheterisiren anwenden wolle.
in jedem Falle gilt der Grundsatz, dass man möglichst zart vorgehen
muss. Schon beim ersten Einführen des Schnabels verweile man nicht
zu lange im Nasenloch, weil sonst ein sehr lästiger Kitzel hervorgerufen
wird, welcher leicht zum Niesen führt; namentlich aber unterlasse
man, wenn sich etwa dem weiteren Vordringen des Instrumentes ein
Hinderniss entgegenstellt. jede Gewaltanwendung, sondern suche es
durch eine Auswärtsdrehung des Instrumentes zu umgehen.

Die am häufigsten vorkommenden Hindernisse sind Deviationen
des Septums, meist nach links, partielle Protuberanzen an der Scheidewand und den Muscheln, diffuse Schleimhautschwellungen, Neubildungen.
In allen schwierigen Fällen wird man sich durch die Rhinoskopie
Aufschluss verschaffen können. in welcher Weise man vorzugehen hat.
und Löwenberg[2]) empfiehlt mit Recht, in Fällen von Nasenenge den
Katheterismus mit der Ocularinspection der Nasenhöhle zu combiniren.
Indessen wird der Geübte meist durch blosses Sondiren mit dem Katheter den richtigen Weg zu finden wissen. auch wenn die Nasenhöhle
so verengt ist, dass das Instrument eine völlige Achsendrehung (tour
de maître) oder selbst mehr als einen Kreis während des Eindringens
beschreiben muss.

In den verhältnissmässig seltenen Fällen von absoluter Undurchgängigkeit einer Nasenhälfte kann man von der entgegengesetzten
Nasenhöhle aus katheterisiren, wenn man sich eines langschnäbeligen
Instrumentes bedient. oder nach dem Vorschlage von Pomeroy[3]) und
von Kessel[4]) eine besonders konstruirte, S-förmig gekrümmte Röhre
durch den Mund einführen.

Ist der Katheterschnabel an der hinteren Rachenwand angelangt,
so vermeide man ein unnöthiges Hin- und Hertasten und Kratzen, wie
es Ungeübte aus Verlegenheit zu thun lieben, sorge vielmehr, dass das
Aufsuchen der Tuba mit möglichst wenigen, aber entschiedenen Bewegungen ausgeführt werde. Schwierigkeiten pflegen dabei nur durch
Verengerungen des Nasenrachenraumes zu entstehen, welche
meist auf Hypertrophie der Tonsillen oder adenoiden Vegetationen beruhen. können aber auch bei abnorm weitem Schlundkopfe vorkommen, wenn der Katheterschnabel zu kurz ist.

---
[1]) Ferreri. Lo Sperimentale 1883, 7. Heft.
[2]) Archiv f. Ohrenhlkde. II. 117.
[3]) Archiv f. Ohrenhlkde. VIII. 287.
[4]) Archiv f. Ohrenhlkde. XI. 218.

Bei der Berührung der Rachenschleimhaut kommt es nicht selten, und zwar besonders in Folge ungeschickter Handhabung des Instrumentes, zuweilen aber auch ohne Schuld des Arztes, zu reflectorischen Contractionen der Schlingmuskeln, durch welche der Katheter vollständig festgeklemmt werden kann. Man suche in diesem Falle niemals das Instrument mit Gewalt zu befreien, sondern warte ruhig das Ende des Krampfes ab, bevor man weitere Bewegungen vornimmt.

Sorgfältig ist ferner darauf zu achten, dass der Katheter, wenn der Schnabel den unteren Nasengang erreicht hat, horizontal gestellt wird und bleibt. Hält man das Instrument schräg, so geräth es beim weiteren Eindringen aus dem unteren in den mittleren Nasengang, welcher viel empfindlicher ist und von welchem aus man nur ausnahmsweise das Tubenostium erreichen kann. Unterstützt wird das Einschlagen des falschen Weges durch die nicht selten vorkommende „kielförmige" Erhebung des Nasenbodens, welche sich durch anfängliches Schrägrichten des Katheters meist leicht umgehen lässt.

Sitzt der Katheter richtig, so darf er weder das Schlucken, noch das Sprechen wesentlich beeinträchtigen; auch darf der Schnabel nicht weiter nach oben gedreht werden können, weil er von dem gekrümmten Tubenknorpel aufgehalten wird. Weitere Anhaltspunkte für die richtige Stellung des Katheters gewährt die noch zu besprechende Auscultation.

Auch bei kunstgerechter, leichter aber natürlich bei ungeschickter Einführung des Katheters kommen mitunter üble Zufälle vor. Dahin gehört das Nasenbluten, welches die Kranken sehr zu erschrecken pflegt, auch wenn sich nach der Operation nur Blutspuren in dem ausgehusteten Secret zeigen; ferner Würgebewegungen, anhaltendes, bisweilen äusserst heftiges Husten, Nieskrämpfe. Seltener kommt es zu Ohnmachten, zu Gleichgewichtsstörungen [1]. hysterischen Krämpfen [2] und ähnlichen Reflexerscheinungen, welche sich mit der Empfindlichkeit der Schleimhaut nach einigen Wiederholungen des Katheterismus zu verlieren pflegen.

Luftdouche.

Der eingeführte Katheter wird für die Diagnose erst nutzbar gemacht durch die Luftdouche in Verbindung mit der Auscultation.

Zum Einblasen von Luft kann man sich verschiedener Apparate bedienen. Früher blies man mit dem Munde in den Katheter, ein Verfahren, das jedenfalls nur in Ausnahmefällen seine Berechtigung haben kann und welches fast allgemein verlassen wurde, nachdem Deleau [3] seinen birnförmigen Gummiball (Fig. 14a) mit kegelförmigem Ansatze zum Einschieben in den Kathetertrichter angegeben hatte. Ich gebe diesem einfachen Ballon den Vorzug vor sämmtlichen dem gleichen Zwecke dienenden Vorrichtungen, da der damit erzeugte Druck (bis ungefähr 0,3 Atmosphären) fast in allen Fällen ausreicht und bei einiger

---

[1] Urbantschitsch, Lehrbuch der Ohrenhlkde. III. Aufl. Wien 1890, S. 17.
[2] Revue mensuelle de Laryngologie etc. 1886, Nr. 12.
[3] Traité du cathétérisme de la trompe d'Eustache et de l'emploi d'air etc. Paris 1838.

Uebung schneller und unmittelbarer zu reguliren ist als bei den meisten
anderen. Nur ist darauf zu achten, dass der Ansatz des Ballons leicht,
aber luftdicht in den Katheter passe.

Da der Ballon nach seiner Entleerung in den Katheter stets von
Neuem mit Luft gefüllt werden muss, so kann man, wenn man das
öftere Ein- und Ausführen vermeiden will, nach Gruber's [1]) Vorschlage
ein während der Compression mit einem Finger zu verschliessendes
Loch in der Wand des Ballons anbringen oder besser noch einen
Ballon mit einem nach innen sich öffnenden Ventil benutzen. Ich halte
beides für ebenso überflüssig wie das von Urbantschitsch [2]) u. A.

Fig. 11 a. Ballon zur Luftdouche. b. Ansatz zum Politzer'schen Verfahren.

empfohlene elastische Zwischenstück zwischen Ballon und Katheter, obwohl dasselbe das bei Anfängern vorkommende, für die Patienten unangenehme Stossen beim Luftentleeren vermindern mag.

Der Ballon muss zur rechten Seite des Arztes auf dem Tische
liegen, für die rechte Hand leicht erreichbar. Man fasst ihn entweder
so, dass der engere Theil zwischen den 3. und 4. Finger genommen
und der Daumen, der den Druck ausüben soll, an den convexen Boden
angelegt wird, oder nach Politzer [3]) in die volle Hand, indem man
den Daumen auf die eine, die übrigen Finger auf die andere Seite des
Ballons legt. Ich halte den Ballon in der Weise wie Politzer, lege
aber den kleinen Finger auf die Seite des Daumens und erziele dadurch eine ruhigere Haltung. Die Compression muss stets schwach

---

[1]) Lehrbuch der Ohrenhlkde. II. Aufl., Wien 1890, S. 213.
[2]) Lehrbuch der Ohrenhlkde. III. Aufl., S. 10.
[3]) Lehrbuch der Ohrenhlkde. II. Aufl, S. 82.

beginnen und allmählich zunehmen, wobei jedes Stossen zu vermeiden ist.

An Stelle des Gummiballs von Delean empfahl Lucae[1]) einen Doppelballon nach Art der an Sprayapparaten angebrachten Vorrichtungen. Derselbe giebt zwar keinen sehr erheblich stärkeren, aber einen constanteren Druck als der einfache Ballon und hat vermöge seiner Ventile den Vorzug, dass er, einmal mit dem Katheter verbunden, sich von selbst wieder füllen kann. Der recht zweckmässige Apparat kann vermittelst eines Hakens in einem Knopfloche des Arztes befestigt werden, was die Handhabung sehr erleichtert.

Schwartze[2]) benutzt neben diesem Lucae'schen Apparate einen auf dem Boden liegenden Tretballon und zwar neuerdings einen von Beerwald[3]) angegebenen, mit Luftreservoir versehenen, welchen er zwischen zwei durch Charniere verbundenen Brettern befestigen liess.

In weitaus den meisten Fällen wird man mit dem einfachen oder dem Doppelballon einen zur Eröffnung der Tube hinreichenden Druck entfalten können; immerhin kommen aber Fälle vor, welche die Anwendung besonderer Compressionsvorrichtungen erheischen. Der zweckmässigste Apparat ist die von v. Tröltsch[4]) eingeführte Luftpumpe, welche in zahlreichen Modificationen verbreitet ist. Sie liefert nicht nur einen verhältnissmässig hohen, sondern auch einen constanten Druck, wenn man durch erneute Bewegungen des zur Füllung dienenden Spritzenkolbens für stetigen Ersatz der ausströmenden comprimirten Luft Sorge trägt. Auch ein von Hartmann[5]) angegebener Compressionsapparat, der zugleich zur Erzeugung und Injection von Dämpfen dienen kann, ist recht brauchbar; er besteht im Wesentlichen in einer grossen Wulff'schen Flasche, welche durch mit Quetschhähnen versehene Gummischläuche einerseits mit einem Tretballon, andererseits mit einem Manometer und dem Katheter verbunden ist.

Ein complicirter Mechanismus zur Erzeugung des für die Luftdouche erforderlichen Druckes, welcher sich vorwiegend für klinische Anstalten eignet und das Vorhandensein einer Wasserleitung voraussetzt, ist das von Lucae[6]) empfohlene Wasserstrahlgebläse.

Die Lufteinblasungen müssen, wie wir bereits gesehen haben, stets unter einem geringen Drucke beginnen, und zwar darf erst dann eine stärkere Compression erfolgen, wenn man sich von der richtigen Stellung des Katheters durch die Auscultation (siehe unten) überzeugt hat. Die Unterlassung dieser Vorsichtsmaassregel kann ein traumatisches Emphysem herbeiführen. Enthält nämlich die Rachenschleimhaut in der Umgebung des Tubenostiums Erosionen, so wird, wenn der Katheterschnabel an eine solche defecte Stelle geräth, sehr leicht ein Theil der eingeblasenen Luft durch dieselben in das submucöse Bindegewebe hineingetrieben und führt zu einer zuweilen recht umfangreichen Geschwulst, welche meist auf den Rachen beschränkt

[1]) Deutsche Klinik 1866, Nr. 8.
[2]) Archiv f. Ohrenhlkde. XXVII. 298.
[3]) Archiv f. Ohrenhlkde. XXVI. 240.
[4]) Lehrbuch der Ohrenhlkde. VII. Aufl., 1881, S. 241.
[5]) Archiv f. Ohrenhlkde. XIII. 1.
[6]) Archiv f. Ohrenhlkde. XX. 161.

bleibt, aber auch auf den Hals, die Backe, selten auf den Gehörgang und das Trommelfell ¹) oder auf den Kehlkopf übergreifen kann. In der Mehrzahl der Fälle wird die Schleimhaut des Rachens erst durch ungeschicktes Vorgehen mit dem Katheter, namentlich durch derbes Tasten nach der Tubenmündung, eingeritzt und das Emphysem durch vorzeitiges starkes Ausdrücken des Ballons erzeugt.

Die Entstehung des Emphysems ist meist dem Kranken sofort anzumerken: unmittelbar im Anschlusse an eine Luftcompression greift derselbe plötzlich mit ängstlichem Gesichtsausdrucke und meist auch unter Zurückwerfen des Kopfes nach der Halsgegend unterhalb des Kieferwinkels und klagt über Beschwerden beim Schlucken und Athmen: das Sprechen klingt schwerfällig und undeutlich und wird fortwährend durch Husten und Schlingbewegungen unterbrochen. Bei der Palpation der aufgeblasenen Gegend fühlt man eine pralle, wenig nachgiebige Geschwulst, in welcher ein deutliches Knistern fühlbar ist.

Diese höchst beängstigenden Erscheinungen steigern sich mitunter, zumal wenn der Patient sich öfters schneuzt, in den ersten Stunden nach dem Eintritt des Traumas, nehmen dann aber, immer jedoch erst im Verlaufe einiger Tage, ab.

Ist die Schleimhaut des Rachens sehr stark aufgeblasen und erreicht namentlich der weiche Gaumen eine solche Ausdehnung, dass der Luftzutritt wesentlich erschwert wird, so wird man stets gut thun, mit einer Scheere die Schleimhaut einzuschneiden, worauf ein theilweises Entweichen der Luft erfolgt. Die Beseitigung des Hals- und Gesichtsemphysems kann entschieden unterstützt werden durch Massage der lufthaltigen Körperstellen.

Selbstverständlich ist, sobald ein Emphysem entsteht, von weiteren Lufteinblasungen, und zwar mindestens auf eine Woche, abzusehen.

Bedrohliche Erscheinungen habe ich niemals gesehen, obwohl mir im klinischen Unterricht nicht selten durch ungeschickte Praktikanten Gelegenheit gegeben war, ein traumatisches Emphysem zu beobachten.

Ein anderer übler Zufall, welcher bei zu starker Druckentfaltung beim Katheterismus zuweilen vorkommt, ist die Ruptur des Trommelfelles. Bei normalem Trommelfelle habe ich diesen Vorgang niemals gesehen, wohl aber, wenn die Membran durch bestehende oder überstandene Entzündungsprocesse pathologisch verändert war: am häufigsten bei Narbenbildung. Die Ruptur wird vom Patienten zuweilen gar nicht bemerkt, doch pflegt ein plötzlicher Knall und eine auffallende Erleichterung den Kranken auf die Verletzung aufmerksam zu machen. Schmerzen fehlen fast stets, und es tritt meistens nicht nur keine Herabsetzung, sondern eine Verbesserung der Hörfähigkeit ein. Nach wenigen Tagen ist der Riss in der Regel geheilt.

Desinfectionseinrichtungen. Da wir zum Einblasen in die Tube die mit Staub und Mikroorganismen gemischte Zimmerluft benutzen, so ist es nothwendig, zwischen dem Compressionsapparat und dem

¹) Schwartze, Die chirurgischen Krankheiten des Ohres, S. 32.

Katheter eine Filtrirvorrichtung einzufügen. v. Tröltsch[1]) bediente sich bereits eines am Austrittshahn seiner Luftpumpe angebrachten Badeschwamms, welchen Schwartze[2]) durch Watte ersetzte. In neuerer Zeit hat zuerst Zaufal[3]) Desinfectionskapseln am Ballon angebracht, welche, mit Bruns'scher Watte gefüllt, die durchstreichende Luft von fremden Beimengungen reinigen. Lucae[4]) zog es vor, diese Vorrichtung an den Katheter selbst zu verlegen. Die in die Kapseln eingelegte Watte muss bei häufigem Gebrauche öfters gewechselt werden, wobei man sich jedesmal überzeugen wird, dass sie eine grosse Menge Schmutz aufgenommen hat.

Noch wichtiger als die Reinigung der einzublasenden Luft ist die Desinfection der Katheter nach jedesmaligem Gebrauche. Nach unseren heutigen Anschauungen über die Infectionsstoffe kann dieselbe mit sicherem Erfolge ausschliesslich durch Auskochen erzielt werden. Dies geschieht am zweckmässigsten in einem Blechgefässe, wie es Lucae[4]) empfohlen hat. Ich bediene mich seit langer Zeit eines über einem Bunsenbrenner angebrachten Kupferblechkastens mit Drahtnetzeinsatz; der letztere kann an zwei Handgriffen leicht herausgehoben werden, und kühlt sich dann so schnell ab, dass man die darin liegenden Instrumente alsbald mit den Fingern fassen kann.

Das Auskochen des Katheters sollte man niemals unterlassen: abgesehen von anderen Infectionen, welche durch unreine Instrumente hervorgerufen werden können, muss uns diese Vorsichtsmaassregel schon mit Rücksicht auf die Möglichkeit einer Uebertragung von Syphilis vermittelst des Tubenkatheters, wie sie durch Coutagne[5]), Burow[6]) u. a. beobachtet worden ist, nahegelegt werden.

Die Auscultation.

Bei der Auscultation des Mittelohres bedienen wir uns nach dem Vorgange von Toynbee[7]) des Otoskopes oder Auscultationsschlauches (Schwartze), eines etwa $\frac{3}{4}$ m langen Gummischlauches von 6—8 mm lichter Weite, welcher an dem einen, für das Ohr des zu Untersuchenden bestimmten Ende einen schwarzen, an dem anderen Ende für den Arzt einen weissen, schlank-olivenförmigen Ansatz trägt. Schwartze[8]) erklärt diese Ansatzstücke für entbehrlich und führt den etwas zugespitzten Schlauch direct in das Ohr des Kranken ein; für die Auscultation mag dies von Vortheil sein, allein, da sich die Reinigung bei den Ansätzen von Elfenbein und Hartgummi besser bewerkstelligen lässt als bei dem elastischen Schlauchende, so halte ich deren Vorhandensein nicht für gleichgültig.

Hessler[9]) macht darauf aufmerksam, dass das Lumen des Gummischlauches auf die deutliche Wahrnehmung tiefer Auscultationsgeräusche

[1]) Lehrbuch der Ohrenhlkde. VII. Aufl., S. 241.
[2]) Archiv f. Ohrenhlkde. XVII. 2.
[3]) Archiv f. Ohrenhlkde. XVII. 1.
[4]) Archiv f. Ohrenhlkde. XIX. 132.
[5]) Gazette méd. 1866, 4. Mai; Referat im Archiv f. Ohrenhlkde. III. 324.
[6]) Monatsschrift f. Ohrenhlkde. 1885, Nr. 5.
[7]) The diseases of the ear. London 1860, S. 195.
[8]) Die chirurgischen Krankheiten des Ohres, S. 33.
[9]) Archiv f. Ohrenhlkde. XVIII. 247.

Einfluss übe und schlägt die Anwendung von Otoskopen verschiedener
Stärke vor.

Den Auscultationsschlauch lasse man vom Patienten nur dann im
Ohre fixiren, wenn er ohne Stütze herausfallen würde; hält der Kranke
den Ansatz, so kommt es leicht vor, dass er den Schlauch knickt oder
quetscht oder durch Bewegungen der Finger störende Nebengeräusche
erzeugt. Besondere Schlauchhalter, wie sie Katz[1]) empfiehlt, sind
vollkommen entbehrlich.

Niemals versäume man, den Auscultationsschlauch ein-
zuschalten, bevor man den Katheter einführt, damit man diese
Operation nicht unterbrechen muss.

Bläst man durch den Katheter Luft, so wird man, falls er richtig
sitzt und die Verhältnisse in der Tube und Paukenhöhle normale sind,
stets ein deutliches Geräusch wahrnehmen. Man hat aber darauf zu
achten, dass das Instrument nicht gegen eine Wand der Eustachischen
Röhre stösst oder etwa eine Schleimhautfalte des Tubenostiums mit dem
Schnabel nach innen gezerrt wird, weil sonst die Oeffnung des Katheters
versperrt werden könnte. Tritt dieser Fall einmal ein, was sich durch
die Unmöglichkeit der Ballonentleerung zu erkennen giebt, so muss
man das Instrument aus dem Ostium herausziehen und von Neuem
einführen.

Die durch die Tube gepresste Luft erzeugt unter normalen Verhältnissen ein scheinbar dicht am eigenen Ohre entstehendes,
weiches, hauchendes Auscultationsgeräusch (bruit de pluie
nach Deleau), welches v. Tröltsch[2]) „Blasegeräusch" oder,
wenn es durch das stärkere Anprallen der Luft an das Trommelfell
einen charakteristischen Beiklang erhält, „Anschlagegeräusch" genannt hat. Der „weiche" Klang geht dem normalen Auscultationsgeräusche ab, wenn die Schleimhaut abnorm trocken ist („hartes"
Blase- oder Anschlagsgeräusch).

Bei stärkerer Reibung der Luft in der Tube, also bei Schwellungs-
zuständen und Verklebung durch zähes Secret, ist das Blasegeräusch
weniger „breit" als im normalen Zustande, es klingt „dünner",
„fadenförmig" und pflegt dann auch nicht continuirlich, sondern mit
Unterbrechungen hörbar zu sein; meist wird man dann auch die
Empfindung haben, dass das Geräusch entfernter vom Ohre entsteht und an einem gewissen Widerstande beim Auspressen des Ballons
fühlen, dass die Tube schwerer durchgängig ist.

„Rasselgeräusche" deuten stets auf die Anwesenheit von
Secret; klingt das Rasseln entfernt, so entsteht es in der Tube, hört
man es besser durch directe Luftleitung als durch den Auscultationsschlauch, so wird nur das Secret im Rachen aufgewirbelt. Auch die
Qualität des Rasselgeräusches kann eine sehr verschiedene sein: aus
„grossblasigem Rasseln" oder „Knattern" schliessen wir auf eine
dickliche Beschaffenheit des Secretes, aus „feinblasigem Rasseln"
oder „Knistern" auf dünnflüssiges, seröses Exsudat. Dauern gross-
blasige Rasselgeräusche noch nach Beendigung der Luftdouche einige
Sekunden lang an, so handelt es sich voraussichtlich um sehr zähes

---

[1]) Archiv f. Ohrenhlkde. XXX. 124.
[2]) Lehrbuch der Ohrenheilkde. VII. Aufl., S. 231.

Secret; geht dem Rasseln ein „Knacken" voraus, so war der membranöse Theil der Tube mit dem knorpeligen oder, wenn das Knacken sehr nahe am eigenen Ohre entsteht, das Trommelfell mit der inneren Paukenhöhlenwand verklebt; ist nur im Anfang der Einblasung Rasseln, später ein Anschlagsgeräuch zu vernehmen, so ist Secret aus dem Wege geräumt worden, ohne dass es indessen wirklich aus der Tube oder Paukenhöhle herausgeschleudert sein müsste.

Besonders charakteristisch ist das „pfeifende" oder „zischende" Geräusch, welches entsteht, wenn die eingeblasene Luft die Paukenhöhle durch einen Trommelfelldefect verlässt. Dieses sogen. „Perforationsgeräusch" ist um so lauter und höher, je kleiner die Perforation ist; ja, nicht selten kann man es ohne Auscultationsschlauch viele Meter weit vernehmen. Auf der anderen Seite kann das Perforationsgeräusch gänzlich fehlen und durch ein dem Blasegeräusch ähnliches, meist etwas unbestimmtes Geräusch ersetzt werden, wenn der Defect des Trommelfelles sehr gross ist. Bei sehr ausgesprochenem Perforationsgeräusch fühlt man in der Regel die frei durch den Schlauch streichende Luft deutlich am eigenen Trommelfelle.

Die hier beschriebenen Geräusche können in der mannichfaltigsten Weise variiren und neben einander bestehen. Für den Anfänger haben die Ergebnisse der Auscultation deswegen sehr leicht etwas Verwirrendes, zumal wenn auch die Einführung des Katheters noch Schwierigkeiten bereitet. Aber auch der Geübteste wird in nicht seltenen Fällen zweifelhaft sein, wie er gewisse unbestimmte Geräusche aufzufassen und welchen Werth er ihnen für die Diagnose beizulegen hat. Es kann deshalb von Wichtigkeit sein, nach dem Vorschlage von v. Tröltsch[1]) während oder unmittelbar nach der Luftdouche das Trommelfell zu inspiciren. Partielle oder totale Verwachsungen, Absackungen von Exsudat, theilweise Verdickungen oder Verdünnungen der Membran werden sich, wenn das Trommelfell von innen her durch den Luftstrom getroffen und nach aussen getrieben wird, häufig noch deutlicher als mit Hülfe des oben beschriebenen Siegle'schen Trichters (S. 8) erkennen lassen, und ihr Nachweis wird für die Erklärung zweifelhafter Auscultationserscheinungen fast immer zu verwerthen sein.

Nicht allein über den Zustand der Tuba und der Paukenhöhle, sondern auch über den Luftgehalt des Warzenfortsatzes kann uns die Auscultation während der Luftdouche Aufschluss verschaffen. Wie Michael[2]) fand, nimmt man mit einem auf den Proc. mastoideus aufgesetzten Auscultationsschlauche, dessen eines Ende durch einen Ohrtrichter ersetzt ist, bei normaler Tube und intactem Trommelfell ein sausendes Geräusch wahr, welches nahe am eigenen Ohre zu entstehen scheint. Dringt die Luft nicht mit breitem Strahle in die Paukenhöhle ein oder ist im Trommelfelle eine mässig grosse Perforation vorhanden, so wird das Geräusch nicht oder nur schwach gehört. Ist es deutlich zu percipiren, so kann man mit Bestimmtheit behaupten, dass die Warzenzellen mit Luft gefüllt sind, fehlt es bei normaler Tube und

---

[1]) Lehrbuch der Ohrenhlkde. VII. Aufl., S. 236.
[2]) Archiv f. Ohrenhlkde. XI. 46.

intactem Trommelfelle, so ist mit Sicherheit ein pathologischer Zustand im Proc. mastoideus anzunehmen.

Wenngleich es keinem Zweifel unterliegt, dass die Auscultation des Warzenfortsatzes in dieser Weise Resultate liefern kann und dass die von Michael aufgestellten Behauptungen häufig zutreffend sind, so darf man doch nicht allzu viel Gewicht darauf legen. An operirten oder zur Obduction gekommenen Fällen habe ich mich nämlich wiederholt überzeugt, dass bei vollkommen normalem Luftgehalt der pneumatischen Zellen leerer Schall und umgekehrt bei hochgradiger Eiteransammlung im Antrum mastoideum ein normales Geräusch entstehen kann. Für viele Fälle dürfte die Erklärung dieser auffallenden Thatsache in den Dickenverhältnissen der Corticalis des Proc. mastoideus zu finden sein.

c. Die Sondirung der Eustachischen Röhre.

Mit dem Katheterismus kann man auch die Sondirung der Tuba verbinden. Dieses diagnostische Hülfsmittel ist eine Zeit lang, namentlich durch Kramer, entschieden überschätzt worden, ist aber andererseits auch nicht völlig entbehrlich, wie manche Ohrenärzte meinen.

Sonden für die Tuba werden aus Darmsaiten (Kramer[1]), Kautschuk (Bonnafont[2]), Pergament (Guye[3]), aus dem Material der englischen Harnröhrenbougies (d. h. feinem, mit harzigen Stoffen imprägnirtem Seidengewebe) (Schwartze[4]), aus Fischbein oder Catgut (Buck[5]) hergestellt; für therapeutische Zwecke kommt am häufigsten Laminaria digitata zur Verwendung (Schwartze). Ich ziehe für die meisten Fälle mit Urbantschitsch[6]) und Politzer[7]) cylindrische Celluloidsonden vor, benutze aber zuweilen auch für die Diagnose Laminariabougies.

Die Länge der Tubensonden beträgt 20—25 cm, die Dicke $\frac{1}{2}$ bis 2 mm; das in die Eustachische Röhre einzuführende Ende muss geknöpft oder wenigstens sehr gut abgerundet sein.

Ausführung der Sondirung. Der Katheter, welcher für diesen Zweck möglichst kurz und mit starker Krümmung gewählt werden muss, wird tief in die Tube eingeführt und sehr fest gehalten; die Sonde erhält vorher an der Stelle, welche dem Anfang des Kathetertrichters entspricht, wenn die Spitze genau in der Schnabelöffnung steht, eine Marke, z. B. einen Tintenstrich; eine zweite und dritte Marke, 25 mm und 10 mm von der ersteren entfernt, können die Länge der knorpeligen und knöchernen Tuba andeuten, was die Orientirung sehr erleichtert. Nachdem man sich durch die Auscultation von der richtigen Lage des Katheters überzeugt hat, wird die Sonde, und zwar zunächst

[1]) Lehrbuch der Ohrenhlkde. 1867, S. 135.
[2]) Traité théorique et pratique etc. S. 58.
[3]) Archiv f. Ohrenhlkde. II. 16.
[4]) Die chirurgischen Krankheiten des Ohres, S. 43.
[5]) Transactions of the American Otological society. 1875.
[6]) Lehrbuch der Ohrenhlkde. III. Aufl., S. 24.
[7]) Lehrbuch der Ohrenhlkde. II. Aufl., S. 251.

eine dünne Nummer, bis zur ersten Marke durch den Katheter gesteckt und von da an sehr vorsichtig unter rotirender Bewegung und langsam in die Tube vorgeschoben. Weiter als bis an die dritte Marke, welche ungefähr die Lage des Sondenendes im Ostium tympanicum der Tube anzeigen würde, vorzugehen, ist verwerflich.

Geringe Verengerungen werden mit dünnen Sonden meist leicht bei Seite geschoben, und man fühlt, wenn die Stenose passirt ist, ein freieres Vordringen. Sobald die Sonde im Verlaufe der Tuba auf ein entschiedenes Hinderniss stösst, ist sie zu entfernen, indem man sie mit den Fingern dicht ausserhalb des Kathetertrichters fasst, um danach abmessen zu können, wie weit die Verengerung vom Ostium pharyngeum entfernt ist.

Es ist übrigens, wie schon Magnus [1]) betont hat, sehr wichtig, dass der Kopf des Patienten bei der Sondirung sehr gut fixirt ist, weil nur dadurch die unbedingt nothwendige Sicherheit und zarte Tastempfindung zu erreichen ist.

Sehr vorsichtig muss man vorgehen, wenn man nach der Anwendung der Tubensonde die Luftdouche ausführen will, da die Gefahr des Emphysems stets naheliegt; dieser üble Zufall ist von Guye [2]) u. A. mehrfach beobachtet worden, und der schwerste Fall von traumatischem Emphysem, welchen ich je gesehen habe, war gleichfalls im Anschlusse an eine Bougirung eingetreten. Am besten ist es, wenn man unmittelbar nach der Sondirung gar nicht katheterisirt, und Urbantschitsch [3]) hat gewiss Recht, wenn er empfiehlt, sobald das Sondenende blutig aus der Tube ausgezogen wird, die Einblasungen unbedingt für diesen Tag ausfallen zu lassen.

Wenngleich, wie Urbantschitsch [4]) bemerkt, mitunter Verengerungen der Tube, besonders in der Gegend des Isthmus, durch die Sonde in Fällen nachgewiesen werden, in welchen die Luft scheinbar normal in die Paukenhöhle dringt, so halte ich doch dafür, dass als einzige Indication für die diagnostische Sondirung das negative Resultat des Katheterismus zu gelten hat, stimme also nahezu mit Schwartze [5]) überein, welcher die Bougirung für gestattet hält, wenn bei einem Luftdruck von 0,5 Atmosphären (für gewöhnlich wird ein solcher von 0,2—0,3 angewandt) das Einstreichen der Luft in die Paukenhöhle nicht deutlich hörbar ist. Jedenfalls sollte die Operation, da sie mit recht erheblichen Beschwerden für den Patienten verbunden zu sein pflegt, nur wo sie wirklich nothwendig ist, zur Diagnose verwandt werden.

In einem Theile der Fälle, in welchen die Sonde als diagnostisches Hülfsmittel in ihr Recht tritt, wird auch ihre Anwendung zu therapeutischen Zwecken indicirt sein: wir werden auf diesen Punkt später zurückzukommen haben.

---

[1]) Archiv f. Ohrenhlkde. VI. 252.
[2]) Archiv f. Ohrenhlkde. II. 16.
[3]) Lehrbuch der Ohrenhlkde. III. Aufl., S. 26.
[4]) Wiener Med. Presse 1883, Nr. 1—3.
[5]) Die chirurgischen Krankheiten des Ohres, S. 42.

d. Das Politzer'sche Verfahren.

Das von Adam Politzer[1]) im Jahre 1863 beschriebene „Neue Heilverfahren gegen Schwerhörigkeit in Folge von Unwegsamkeit der Eustachischen Ohrtrompete" dient dazu, Lufteinblasungen in die Paukenhöhle ohne Zuhülfenahme des Katheters zu bewerkstelligen. Da dieses Verfahren, obwohl es im Wesentlichen zu therapeutischen Zwecken empfohlen worden ist, auch in vielen Fällen für die Diagnose verwerthet werden kann, so halten wir es für angemessen, es im Zusammenhange mit dem Katheterismus zu behandeln. (Siehe auch im Abschnitt „Allg. Therapie".)

Da sich bekanntlich bei jeder Schlingbewegung die Tubenwände etwas von einander abheben, während das Gaumensegel, indem es sich gegen die hintere Rachenwand legt, den Nasenrachenraum vom Mundrachenraume abschliesst, so muss bei jeder im Moment des Schlingens bewirkten Verdichtung der Luft in der Nase ein Theil der Luft durch die Tuben in die Paukenhöhle eintreten.

Das auf diesen Thatsachen fussende, von Politzer angegebene Verfahren ist folgendes:

Der Kranke wird angewiesen, etwas Wasser in den Mund zu nehmen, aber erst auf ein zu gebendes Zeichen zu verschlucken. Nach Einschaltung des Auscultationsschlauches führt der Arzt ein auf den birnförmigen Ballon aufgesetztes Ansatzstück (Fig. 15b) in ein Nasenloch und verschliesst gleichzeitig die Nase luftdicht. Sobald nun auf das Commando „jetzt" oder „eins, zwei, drei" der Kranke zu schlucken begonnen hat, drückt der Arzt den Ballon zusammen.

Durch den Auscultationsschlauch wird man oft nur ein unbestimmtes Geräusch vernehmen, doch meistens daraus wenigstens so viel schliessen können, dass die Tube durchgängig ist und ob eine Perforation im Trommelfelle besteht oder nicht; feinere auscultatorische Erscheinungen gehen unter den beim Schlucken im Pharynx entstehenden Nebengeräuschen verloren, auch ist der Moment des Lufteinströmens in die Paukenhöhle ein so rasch vorübergehender, dass man niemals Zeit zu längerer Beobachtung hat.

Da der ursprünglich von Politzer angegebene katheterförmige Nasenansatz, auch wenn er nach Löwenberg's[2]) Empfehlung mit einem Stück Gummischlauch gepolstert ist, leicht Schmerz im Naseneingange erzeugt, wendet man zweckmässiger oliven- oder kegelförmige Ansätze aus Horn oder Hartgummi an, welche entweder dem Ballon fest aufsitzen oder besser durch ein elastisches Zwischenstück mit letzterem verbunden sind. Ich benutze ausschliesslich konische Ansätze (Fig. 14b) und setze sie, um sie leicht wechseln und isolirt in Sublimat oder kochendes Wasser legen zu können, auf einem am elastischen Zwischenstücke angebrachten geriften Horncylinder auf. Das Einschieben in das Gummirohr würde umständlicher sein und den Kautschuk schnell abnutzen.

---

[1]) Wiener Med. Wochenschrift 1863, Nr. 6.
[2]) Citirt bei Urbantschitsch, Lehrbuch, III. Aufl., S. 19.

Je vollständiger der Ansatz das Nasenloch ausfüllt, um so leichter und schonender lässt sich der für das Gelingen des Verfahrens nothwendige luftdichte Abschluss bewerkstelligen. Man wird daher Ansätze von verschiedener Grösse vorräthig haben müssen.

Beim Einführen fassen Daumen und Zeigefinger der mit der Vola dem Kranken zugewandten linken Hand den Ansatz am Stiel oder am Aufsatzstück und schieben ihn in ein Nasenloch, während sich der dritte und vierte Finger zu beiden Seiten der Nase legen. Das Comprimiren des Ballons besorgt die rechte Hand. Hierbei hat man darauf zu achten, dass die Luft genau zur rechten Zeit verdichtet werde; man kann den Moment des Schluckens entweder am Auge des Patienten ablesen oder an der Hebung des Kehlkopfes erkennen. Alte Leute schlucken meist langsamer als jüngere Individuen und werden deshalb eines längeren Intervalles zwischen dem Commando und der Luftcompression bedürfen. Ebenso können pathologische Veränderungen im Nasenrachenraume die Schlingbewegung beeinträchtigen, und hierbei ereignet es sich besonders häufig, dass der Gaumenabschluss gesprengt und das Wasser durch den nicht genügend Widerstand leistenden Mund herausgespritzt wird. Man stelle oder setze deswegen die Kranken und besonders Kinder so vor sich hin, dass der Mund abgewandt ist. Gelingt es schwer, die Luft durch die Tuben zu pressen, so kann man nach Gruber's [1] Vorschlag den Kopf des Kranken auf die Seite neigen lassen; diese Kopfstellung begünstigt, wie Urbantschitsch [2] meint, durch vermehrte Anspannung des Bewegungsapparates der oben gelagerten Tube, die Eröffnung dieses Organes.

Anstatt des birnförmigen Ballons wird zuweilen auch die Compressionspumpe zur Erzeugung des nöthigen Luftdruckes verwandt, wodurch gerade ein Hauptvorzug des Politzer'schen Verfahrens, die Einfachheit, verloren geht. Auch der von Lucae [3] angegebene, mit einer Nasenolive versehene Doppelballon scheint mir entbehrlich zu sein.

Die subjectiven Erscheinungen, welche mit der Luftverdichtung in der Paukenhöhle verbunden sind, sind beim Politzerschen Verfahren häufig sehr prägnant. Kinder pflegen, wie schon Pagenstecher [4] beobachtet hat, mit beiden Händen nach den Ohren zu greifen oder kauende und schluckende Bewegungen zu machen; meist wird angegeben, dass ein helleres oder dumpferes Gefühl im Ohre entstanden sei. Doch kann jegliche subjective Empfindung ausbleiben, auch wenn die Auscultation oder Inspection ergiebt, dass die Luftdouche vollständig gelungen war.

Modification von Lucae. Da das Wasserschlucken in einem bestimmten Augenblick häufig schwer und bei kleinen Kindern überhaupt nicht erreicht werden kann, ist eine Modification von Lucae [5] sehr zweckmässig, welche statt des Schlingaktes die Phonation substituirt. Der Kranke wird angewiesen, „A" zu intoniren und die hierbei ein-

[1] Monatsschrift f. Ohrenhlkde. 1875, Nr. 10.
[2] Monatsschrift für Ohrenhlkde. 1876, Nr. 6.
[3] Archiv f. Ohrenhlkde. XII. 5.
[4] Archiv f. Ohrenhlkde. II. 11.
[5] Virchow's Archiv, Bd. 64, S. 503.

tretende Anlagerung des weichen Gaumens an die hintere Rachenwand
benutzt man, um die Luft ganz wie beim Politzer'schen Verfahren
zu comprimiren. Bei kleinen Kindern bietet sich in der Regel die
Phonation in Gestalt des Schreiens von selbst dar, und, wo auch dieses
ausbleibt, gelingt zuweilen die Einblasung ohne sie.

Die Modification von Lucae ist von Gruber [1]) noch dahin ab-
geändert worden, dass statt „A“ „hck“ mit Einfügung der verschiedenen
Vocale intonirt wird; es soll dabei ein vollständigerer Nasenabschluss
erzielt werden und zwar am besten, wenn der Patient „huck“ sagt,
schwächer bei den übrigen Vocalen in umgekehrter alphabetischer Reihenfolge. Dass dieser Anordnung des Verfahrens besondere Vortheile gegenüber der Methode von Lucae nachzurühmen wären, habe ich niemals
finden können.

Während nach meinen Erfahrungen das Politzer'sche Verfahren [2])
im Allgemeinen wirksamer ist als die Modification von Lucae, vermeidet die letztere mit dem Wasserschlucken neben der grösseren Um-
ständlichkeit einen bei der ursprünglichen Methode nicht selten vorkommenden Uebelstand, nämlich die Sprengung des Gaumenver-
schlusses durch die nun mit Gewalt in den Magen eindringende
comprimirte Luft. Das in diesem Falle zu Stande kommende drückende
und beängstigende Gefühl geht zwar fast stets in kurzer Zeit bei Gelegenheit eines Ructus wieder vorüber, ist aber vielen Kranken so
lästig, dass sie sich einer Wiederholung der Luftdouche in dieser Form
widersetzen. Auch andere üble Zufälle, welche beim Politzer'schen
Verfahren sich zuweilen einstellen, werden bei der gelinderen Methode
der Phonation, die allerdings für die Diagnostik der lauten Nebengeräusche wegen noch weniger exacte Resultate liefert als jenes, seltener
beobachtet. Hierher gehören zunächst die Kopfschmerzen; dieselben
treten gewöhnlich unmittelbar, zuweilen auch einige Minuten nach dem
Politzer'schen Verfahren auf und dauern nicht selten halbe und ganze
Tage lang. Auch Schwindel stellt sich hier und da ein, in der Regel
wohl nur bei übermässig starker Compression des Ballons. Roosa
und Ely [3]) berichten über einen Fall, in welchem eine tiefe Ohnmacht durch das Politzer'sche Verfahren hervorgerufen wurde. Urbantschitsch [4]) sah eine rasch vorübergehende Parese der oberen und
unteren Extremitäten mit nachfolgender Schwäche eintreten. In besonders unglücklichen Fällen können auch persistirende subjective
Geräusche dem Politzer'schen Verfahren ihre Entstehung verdanken,
wie ich mich in Uebereinstimmung mit anderen Autoren mehrfach überzeugt habe. Trommelfellrupturen kommen, wie wir oben (S. 36)
gesehen haben, auch bei der Lufteinblasung durch den Katheter, häufiger
aber zweifellos beim Politzer'schen Verfahren vor. Eines anderen
Uebelstandes, welcher in der gleichzeitigen Wirkung der Ein-
blasungsmethoden ohne Katheter auf beide Ohren begründet ist,

[1]) Monatsschrift f. Ohrenhlkde. 1875, Nr. 10.
[2]) Urbantschitsch (Lehrbuch, III. Aufl., S. 21) giebt auf Grund manome-
trischer Versuche an, dass für das Politzer'sche Verfahren die geringste Druckstärke, 0,03—0,12 Atmosphären, genügt, während für Gruber's Modification 0,05
bis 0,13, für Lucae's Methode 0,09—0,17 Atmosphären erforderlich sind.
[3]) Zeitschrift f. Ohrenhlkde. IX. 335.
[4]) Lehrbuch der Ohrenhlkde. III. Aufl., S. 22.

werden wir später gedenken, wenn wir die unschätzbare Bedeutung des
Politzer'schen Verfahrens für die Therapie zu würdigen haben.

Ausser der allein practisch wichtigen Modification von Lucae
hat das Verfahren von Politzer noch eine grosse Reihe von Abänderungen erfahren, die aber durchweg nicht als Verbesserungen bezeichnet
werden können. So empfiehlt Dragumis [1], den Ballon durch den mit
Luft gefüllten Mund des Patienten zu ersetzen und nicht Wasser schlucken,
sondern eine leere Schlingbewegung machen zu lassen. Roustan [2]
lässt eine gekrümmte Glasröhre in den Mund nehmen, durch welche
der Patient vermittelst eines mit einem Ansatze versehenen Gummischlauches in die luftdicht verschlossene Nase sich selbst Luft einbläst,
ein Verfahren, das Levi [3] wiederum, in der Erwägung, dass das Blasen
mit dem Munde ähnlich wie das Valsalva'sche Verfahren zu Congestionen führen kann, dahin abändert, dass das Einblasen mit Hülfe eines
Ballons unter Verschluss der Nase passiv geschieht. Kessel [4] bläst
durch eine hakenförmig gekrümmte Röhre, welche er vom Munde aus
hinter den weichen Gaumen führt, bei verschlossener Nase Luft in den
Nasenrachenraum und umgeht dadurch das Eindringen von Luft in den
Magen. Alle diese Methoden werden in manchen Fällen practisch zu
verwerthen sein, sind aber für die Diagnostik viel unbrauchbarer, als
das Politzer'sche Verfahren in seiner ursprünglichen Gestalt.

Als diagnostisches Hülfsmittel muss vielmehr der
Katheter in erster Linie in Betracht kommen. Wenn es
sich um die Gewinnung genauer Auscultationsresultate handelt, sollte
man nur, wenn seine Verwendung unthunlich ist, z. B. bei kleinen
Kindern, schwachen Kranken oder Greisen, bei entzündlichen Affectionen
der Nasen, bei schmerzhaften Ohrleiden, Ersatz im Politzer'schen
Verfahren suchen.

V. Die Rhinoskopie.

Mit Rücksicht auf den innigen anatomischen Zusammenhang des
Ohres mit dem Nasenrachenraume ist es in zahlreichen Fällen von Ohraffectionen unbedingt nothwendig, die Nase und den Rachen einer
gründlichen Untersuchung zu unterziehen. Dies geschieht vorwiegend
mit Hülfe der Rhinoskopie oder Pharyngoskopie, deren Aufgabe es ist, den Nasenrachenraum vermittelst eines Spiegels zu beleuchten und gleichzeitig zu inspiciren. Das Verfahren sei hier kurz
beschrieben.

Man bedarf zur Rhinoskopie eines Beleuchtungsapparates,
welcher ein ziemlich helles Licht liefert. Ich bediene mich des Tobold-
schen Laryngoskopes, welches ich über einen Auer'schen Gas-
brenner (siehe S. 7) stülpe, ersetze jedoch den am Apparat angebrachten Reflector durch einen Stirnspiegel von 20 cm Brennweite. Die in den Pharynx einzuführenden Rachenspiegel müssen

[1] Archiv f. Ohrenhlkde. IX. 248.
[2] Société de Chirurgie de Paris, Tome II, 685.
[3] Annales des maladies de l'oreille 1878, 142.
[4] Archiv f. Ohrenhlkde. XI. 223.

oval oder rund und rechtwinkelig an dem schwach **S**-förmig gekrümmten
Stiel angebracht sein; Kehlkopfspiegel lassen sich ohne Weiteres nicht
gut verwenden.

Der Patient sitzt etwas höher als der Arzt neben und etwas vor
der Lampe, neigt seinen Kopf etwas nach vorn und öffnet den Mund
möglichst weit. Die Zunge ist tief herabzudrücken entweder mit einem
soliden Charnierspatel oder. wie Schwartze mit Recht empfiehlt, mit
dem Zeigefinger. Bei der Einführung des Rachenspiegels ist sehr darauf
zu achten, dass weder der Zungengrund. noch die Uvula, die Gaumenbögen oder die hintere Rachenwand berührt werden. weil sonst Würgebewegungen eintreten, an denen in einer grossen Zahl der Fälle die
Untersuchung zunächst scheitert. Vermindern lässt sich die Reizbarkeit
dieser Organe durch Bepinselung mit Cocain. wodurch gleichzeitig
das schlaffe Herabhängen des weichen Gaumens, welches eine wichtige
Vorbedingung für das Gelingen der Rhinoskopie bildet, befördert wird.

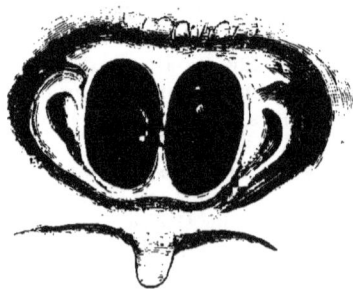

Fig. 15. Rhinoskopisches Spiegelbild.

Das Abziehen des weichen Gaumens mit einem Zäpfchenschnürer
oder Gaumenhaken. wie es namentlich der um die Rhinoskopie sehr
verdiente Voltolini gelehrt hat, ist unzweckmässig und misslingt häufig
wegen der lebhaften Contractionen der Pharynxmusculatur; bei einiger
Uebung und Geduld kommt man besser zum Ziele, wenn man jede
Berührung des Gaumensegels vermeidet.

Dreht man den hinter dem Gaumen bis nahe an die hintere
Rachenwand eingeführten und mit Hülfe des Stirnreflectors focal be-
leuchteten Rachenspiegel succesive nach allen Seiten, so wird man in
ihm sämmtliche Wände des Nasenrachenraumes nach einander erblicken.
Man stelle zunächst unter erheblicher Senkung des Spiegels das Rachendach ein, was in ausgiebiger Weise allerdings nur möglich ist, wenn
der Abstand zwischen dem Gaumen und der hinteren Rachenwand nicht
zu klein ist. Die Schleimhaut ist hier in der Regel etwas unregelmässig
wulstig, und besonders in der Rachentonsille, welche einen grossen
Theil des Raumes einnimmt, zeigen sich bisweilen tiefe Lacunen. Nach
vorn und unten erblickt man median gelegen das oben und unten ver-
breiterte, in der Mitte kantige Septum und zu beiden Seiten desselben
die Choanen in Gestalt zweier ovaler, scharfrandiger Höhlen, in denen
mehr oder minder deutlich die Nasenmuscheln sich von ihrer schwarzen
Umgebung abheben. Fast regelmässig lässt sich die mittlere Muschel

nebst dem mittleren Nasengange am leichtesten einstellen, während die obere und namentlich die untere nicht immer zum Vorschein zu bringen ist. Die Farbe der Muscheln ist blaugrau oder rothgrau, meist nur dann tiefer roth, wenn das cavernöse Gewebe, das sich in ihrem hinteren Abschnitt vorfindet, stark gefüllt ist. Die Nasengänge erscheinen tiefschwarz.

Durch Rotation des Spiegels nach aussen gewinnt man den Ueberblick über die äussere Wand des Nasenrachenraumes. Hier bildet der scharf vorspringende Tubenwulst, nach hinten von der Rosenmüller'schen Grube begrenzt, einen Bogen, innerhalb dessen nach unten und vorn das Ostium pharyngeum tubae liegt; dasselbe ist von abgerundet dreieckiger Gestalt, mit der Basis nach der Choane zugewandt und hebt sich besonders deutlich dadurch ab, dass der Tubenwulst roth, die Gegend zwischen diesem und dem Choanenrande hingegen blass, gelblich-weiss gefärbt erscheint.

Auch von vorn her kann man einen Einblick in die Nasenhöhle gewinnen mit Hülfe der Rhinoscopia anterior. Man bedient sich dazu des Ohrreflectors und eines zur Offenhaltung der Nasenlöcher dienenden Speculums; das letztere kann wie die Ohrtrichter, die auch dazu benutzt werden können, geschlossen sein oder, wie die Specula von

Fig. 16. Ohrspeculum von Kramer. (Nasenspeculum.)

Charrière, Voltolini, v. Tröltsch, Fränkel, Roth u. A., Branchen besitzen. Ich benutze, wenn ich die Nase dilatiren will, am liebsten den Kramer'schen Ohrspiegel (Fig. 16) oder, wenn ich ein röhrenförmiges Instrument anwenden will, einen Elfenbeintrichter in der Form eines vergrösserten konischen Ohrtrichters (Fig. 17).

Man erblickt bei der vorderen Rhinoskopie zunächst das vordere Ende der unteren Muschel und den unteren Nasengang, welchen man oft bis an die Choanen verfolgen kann; unter normalen Verhältnissen sieht man nicht selten bis auf die hintere Rachenwand, während die Seitenwände sich unseren Blicken fast immer entziehen.

Bei der Inspection der tieferen Nasenabschnitte kann man sich auch der an einer Seite erweiterten 10—12 cm langen, 3—7 mm weiten von Zaufal beschriebenen cylindrischen Nasenrachentrichter aus Metall oder Hartgummi bedienen, deren Anwendung indessen häufig schmerzhaft ist.

Fig. 17. Nasentrichter.

Schliesslich leistet für viele Fälle die Digitaluntersuchung des Nasenrachenraumes recht gute Dienste, zumal bei Kindern, bei welchen die Pharyngoskopie oft unausführbar ist.

Man stellt sich dabei neben den sitzenden Patienten, fixirt dessen Kopf durch Auflegen der einen Hand auf den Scheitel und führt den

nach oben gekrümmten Zeigefinger der anderen Hand in den weit ge-
öffneten Mund möglichst hoch hinter den weichen Gaumen hinauf. Bei
schnellem Vorgehen wird man weder fürchten müssen, gebissen zu
werden, noch auch durch Contractionen der Schlingmuskeln allzu sehr
behindert sein. Septum narium, Rachendach, Tubenwulst sind meist
leicht zu fühlen und das Vorhandensein von Neubildungen, für deren
Diagnose die tactile Untersuchung zuweilen vollkommen hinreicht, ist
fast immer ohne Schwierigkeit festzustellen.

B. Allgemeine Therapie.

Schilderung der am häufigsten vorkommenden otiatrischen Proceduren.

I. Das Ausspritzen des Ohres.

Ausspritzungen wendet man an, wenn man den Gehörgang oder
die Paukenhöhle von Fremdkörpern, Secretmassen oder De-
squamationsproducten befreien will. Die Spritze ohne Indication
zu benutzen, ist unerlaubt, da Ausspritzungen durchaus nicht immer
indifferent sind und z. B. wenn sie bei Perforation des Trommelfells
eine gesunde Paukenhöhlenschleimhaut treffen, höchst schädlich wirken
können. Die Gepflogenheit mancher in der otologischen Diagnostik
unerfahrenen Aerzte, bei jedem Schwerhörigen, weil die Hörstörungen
zufällig durch Cerumenansammlungen bedingt sein könnten, auf's Ge-
rathewohl zu spritzen, hat in der That schon oft schwere Paukenhöhlenentzündungen zur Folge gehabt.

Die Ohrspritze kann von Metall, Hartgummi oder Glas ange-
fertigt sein. Die grossen Glasspritzen mit Ansatz und Fassung von
Hartgummi haben den Vorzug, dass man jederzeit, ohne sie öffnen zu
müssen, controliren kann, ob das Innere sauber ist; aber leider ist nicht
nur der Glascylinder, sondern auch die Kautschukfassung so zerbrechlich, dass sie sich für einen häufigen Gebrauch nicht eignen. Die ganz
aus Hartgummi hergestellten Instrumente [1]) sind zwar leichter als alle
anderen und deshalb für ohrenärztliche Bestecke zu empfehlen, aber
gleichfalls weniger dauerhaft als die Metallspritzen (Fig. 18), welchen
ich den Vorzug gebe; die besten sind diejenigen, welche etwa 100 g
Wasser fassen und einen schlanken, kegelförmigen Ansatz sowie zur
Aufnahme der Finger drei Ringe — einen am Stempel für den Daumen, zwei am abschraubbaren Verschlussstück für dritten und Zeigefinger   tragen.   Einschnitte am Rande des Cylinders zum Umfassen

---

[1]) Wie vorsichtig man übrigens mit neuen Hartgummispritzen sein muss,
lehrt ein Fall von Schalle (Arch. f. Ohrenhlkde. X. 272), in welchem beim ersten
Gebrauch einer solchen ein 7 mm langes und 5 mm breites Kautschukstück bei
der Nasendouche durch die Tube ins Mittelohr gelangt war.

mit den Fingern gewähren der Hand niemals einen so sicheren An-
griffspunkt.

Olivenförmige Ansätze sollten sich an den vom Arzte benutzten
Ohrspritzen nicht befinden, da sie zu viel Platz im Ohreingange einnehmen und dadurch sowohl den Einblick in die Tiefe als auch das
Ein- und Ausströmen der Flüssigkeit erschweren. Fürchtet man, mit
dem spitzen Ansatze den Gehörgang zu verletzen, was bei vorsichtiger
Handhabung nur selten vorkommt, so kann man
ein Stück eines recht dünnwandigen Gummischlauches darüber ziehen.

Auch die Weite der Ausflussöffnung ist
von Wichtigkeit: je geringer sie ist, um so särker
der Druck; enger als 1,5 mm darf die Bohrung
indessen nicht sein.

Will man dem Kranken selbst das Ausspritzen
übertragen, so verordne man ihm entweder eine
kleine Zinnspritze (Tripperspritze) mit schlank
olivenförmigem Ansatze, oder eine kleine Hart-
gummispritze: die üblichen Gummiballspritz-
zen halte ich für weniger wirksam, überdies-
haben sie den schwer zu vermeidenden Uebelstand,
dass bei vollständigem Ausdrücken leicht Luft in
das Ohr geräth.

Auch der weitverbreitete Irrigator ersetzt
die Stempelspritze keineswegs; man kann mit ihm
niemals den Druck so genau und so schnell reguliren wie bei dieser und wird selbst bei grosser
Fallhöhe nicht immer einen hinreichend kräftigen
Strahl erzielen. Andererseits hat der Irrigator, zumal der von Glas, den Vorzug grösserer Reinlichkeit. Am Kolben der Spritze setzen sich nämlich
mitunter, zum Theil wohl in Folge der Zersetzung
des Lederfettes, Unreinigkeiten an, in welchen
Cr. Baber[1]) Mycelien und Sporen von penicil-
liumartigen Pilzen in reichlichen Mengen gefunden hat, und es liegt auf der Hand, dass solche un-
saubere Instrumente dem Kranken gefährlich werden

Fig. 18. Ohrspritze.

können. Indessen lässt sich dieser Uebelstand leicht beseitigen, wenn
man die Spritze öfters auseinandernimmt, um sie in Carbollösung aus-
zuwaschen, und den Kolben mit Vaselin oder Thymolöl einfettet; besonders gründlich lässt sich die neuerdings von Trautmann[2]) angegebene aseptische Glasspritze mit Asbeststempel reinigen, da
sie das Auskochen verträgt.

Ausser den bisher namhaft gemachten Instrumenten werden zuweilen noch andere empfohlen; so von Siegle[3]) und Czarda[4]) Heber-

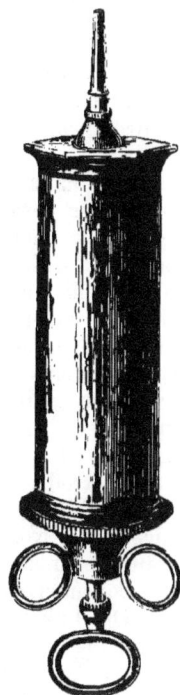

---

[1]) British medic. Journal 1879, 22. März.
[2]) Deutsche Med. Wochenschrift 1891, Nr. 29.
[3]) Württembergisches Correspondenz-Blatt 1865, Nr. 21.
[4]) Vierteljahrsschrift für ärztl. Polytechnik. III. Jahrg. 1881.

spritzen, von Lucae[1]) eine modificirte Prat'sche Ohrdouche, von
Schwartze[2]) die Clysopompe. Die Heberspritzen gestatten eine
länger andauernde Durchspülung des Ohres und sind für diesen Zweck
brauchbar, allenfalls auch durch den Irrigator zu ersetzen. Die Ohrdouche von Prat in Gestalt zweier concentrischer Röhren, von denen
die innere, wesentlich engere, zur Zuleitung, die äussere, weitere, luftdicht in den Gehörgang einzuführende zum Ablaufen des Wassers dient,
kann gleichfalls zu solchen Ohrbädern benutzt werden und in den Fällen
nützlich sein, in welchen eine Verstopfung der Röhre durch dicke Secretmassen nicht zu befürchten ist. Mit der bei Schwartze gebräuchlichen Clysopompe kann man einen Flüssigkeitsstrom von annähernd
constanter Stärke erzielen, doch ist der Apparat weit weniger handlich
als die gewöhnliche Stempelspritze.

Handhabung der Ohrspritze. Der Kranke wird entweder so gegen
das Fenster gesetzt, dass das Licht auf das zu behandelnde Ohr fällt,
oder, wenn man unter Stirnspiegelbeleuchtung spritzen will, in eine
ähnliche Position gebracht wie bei der Inspection des Trommelfelles.
Ich halte die letztere Methode im Allgemeinen für die zweckmässigere,
weil man dabei die Wirkung des Wasserstrahls besser verfolgen kann.
Man achte darauf, dass der Kopf des Patienten gerade stehe, damit
das auslaufende Wasser nicht am Halse entlang rinnt und die Kleider
durchnässt. Eine Eiterschale wird vom Kranken selbst dicht unter
dem Ohre, aber ohne dasselbe nach oben zu drücken, möglichst horizontal an den Hals fest angelehnt gehalten. Bevor man die Spritze
einführt, treibe man unter verticaler Aufrichtung des Ansatzes die etwa
mit der Flüssigkeit aufgesogene Luft durch ein geringes Einwärts-
schieben des Kolbens aus. Dieselbe würde sonst mit laut sprudelndem
Geräusche in den Gehörgang gelangen und dadurch recht unangenehme
Sensationen erzeugen.

Die linke Hand des Arztes zieht sodann die Ohrmuschel, um die
Krümmung des Gehörganges auszugleichen, nach hinten und oben,
während die rechte die mit der erwärmten Flüssigkeit gefüllte Spritze
fasst und deren Ansatz ½—1 cm tief in den Gehörgang einführt, wo
er ohne jeden Druck, sanft gegen die hintere-obere Wand angelehnt
wird. Damit beim Austreiben der Flüssigkeit kein Stoss die zarte
Haut verletze, ist es rathsam, den Ansatz fest gegen den ihm entgegen-
gekrümmten Daumen der linken Hand zu stemmen.

Die Entleerung der Spritze beginne unter gelindem
Drucke und geschehe erst allmählich kräftiger, wenn es
sich zeigt, dass ein stärkerer Druck nothwendig ist und
vom Patienten vertragen wird.

Durch die Vernachlässigung dieser Vorsichtsmaassregel können
sehr unangenehme Zufälle veranlasst werden, und selbst bei sorg-
samster Handhabung der Spritze sind solche nicht selten beobachtet
worden. Schon bei nicht perforirtem Trommelfelle kann ein starker,
durch die Membran und die Gehörknöchelchen auf das Labyrinth über-
tragener Druck Schwindel und Uebelkeit erzeugen: aber viel leichter

[1]) Berliner Klin. Wochenschrift 1870, Nr. 6.
[2]) Die chirurgischen Krankheiten des Ohres, S. 86.

kommt es zu solchen Störungen, wenn in Folge des Vorhandenseins
einer Perforation die eingespritzte Flüssigkeit direct an die Labyrinthfenster anprallen oder gar bei fehlender Fenstermembran in das Labyrinth direct eindringen kann. So hat v. Tröltsch[1]) einen Fall
beobachtet, in welchem **heftiger Schwindel und meningitische
Erscheinungen** nach dem Einspritzen eintraten, weil ein Fistelcanal
in der inneren Paukenhöhlenwand dem Wasser den Eintritt ins innere
Ohr verschaffte; einen ganz analogen Fall, in welchem gleichfalls eine
Exacerbation eines alten Ohrleidens und Meningitis sich an das Ausspritzen anschloss, beschreibt Fränkel[2]). **Schwartze**[3]) sah **starken
Schwindel und Uebelkeit** in einem Fall von grossem Trommelfelldefect, Verwachsung des tympanalen Tubenostiums und Offenstehen des
ovalen Fensters entstehen; **tiefe Ohnmacht** trat nach schonendem
Ausspritzen bei einem Patienten von Roosa und Ely[4]) ein; **andauernden Schwindel, heftige continuirliche Geräusche und schwere
psychische Symptome** beobachtete Miot[5]). **Reflexepilep-
sie** bei jedesmaligem Ausspritzen erlebte Kretschmann[6]). Ein von
mir lange Zeit behandelter Kranker mit eiteriger Mittelohrentzündung
und mässig grossem Trommelfelldefecte fiel, sobald der Druck des
Wasserstrahles eine gewisse, sehr geringe Intensität überschritt, plötzlich **vom Stuhle**, obwohl die später erfolgte vollständige Heilung eine
Läsion an der Paukenhöhlenwand mindestens unwahrscheinlich machte.
Auch Hessler[7]) konnte das Eintreten von **Sturzbewegungen** in
einem Falle constatiren.

    Aehnliche Erscheinungen werden auch hervorgerufen, wenn die
Temperatur der eingespritzten Flüssigkeit eine zu niedrige ist.
Kaltes Wasser erzeugt fast regelmässig Schwindel, und wenn die Pauken-
höhle offen liegt, können, wie ein Fall von Schwartze[8]) lehrt, auch
ernstere Erscheinungen, wie **langanhaltendes Sausen im Kopfe,
Aussetzen des Pulses, Ohnmacht**, eintreten. **Die geeignete
Temperatur des Spritzwassers beträgt 38° C.**

    Die geschilderten Vorsichtsmaassregeln hat der Arzt nicht nur
zu beobachten, so oft er selbst Ausspritzungen vornimmt, sondern er
muss auch dafür Sorge tragen, dass der Patient sie befolgt, wenn ihm
das Reinigen des Ohres überlassen wird. Da es nun dabei keineswegs
genügt, dem Laien eine genaue Beschreibung des Verfahrens zu geben
oder einmal die Handhabung der Spritze zu demonstriren (und sogar
dies wird leider sehr häufig unterlassen), so überzeuge man sich durch
den Augenschein, dass der Kranke eine geeignete Spritze besitzt und
sie richtig zu benutzen versteht. Wenn man sich von jedem Kranken
zeigen liesse, wie er spritzt, so würde man nicht so oft durch die
unbefriedigenden Erfolge der Selbstbehandlung enttäuscht werden.

---

[1]) Archiv f. Ohrenhlkde. IV. 98.
[2]) Zeitschrift f. Ohrenhlkde. VIII. 231.
[3]) Archiv f. Ohrenhlkde. IX. 237.
[4]) Zeitschrift f. Ohrenhlkde. IX. 335.
[5]) Revue mens. de Laryngol. etc. 1885, Nr. 4.
[6]) Archiv f. Ohrenhlkde. XXIII. 237.
[7]) Archiv f. Ohrenhlkde. XVII. 66.
[8]) Archiv f. Ohrenhlkde. X. 33.

Austrocknung des Ohres. Nach der Ausspritzung darf man niemals versäumen, das Ohr auszutrocknen und darauf mit einem Wattepfropf zu verschliessen. Zur Austrocknung kann man sich der gewöhnlichen Ohrpincette bedienen, deren gerade oder gekreuzte Branchen knieförmig gebogen und an ihren gut abgerundeten Enden, welche löffelförmig verbreitert sein können (Fig. 6. S. 10), gerifft sein müssen. Indem man einen schlank zusammengedrehten Tampon von entfetteter Watte mit Hülfe dieses Instrumentes in mehreren Absätzen unter Beleuchtung mit dem Stirnspiegel bis zum Trommelfelle oder, wenn es perforirt ist, bis in die Paukenhöhle vorschiebt und einige Male hin- und herbewegt, kann man sämmtliche zurückgebliebene Flüssigkeitsmassen entfernen. Man wird allerdings meist nicht mit einem einzigen Wattebausche zum Ziele kommen, sondern die Procedur mehrmals und jedenfalls so oft wiederholen müssen, bis die Watte keine Feuchtigkeit mehr herausbefördert.

Auch der von Burckhardt-Merian[1] angegebene Watteträger (Fig. 19), eine schraubenförmig endigende Sonde, welche mit Watte umwickelt einen Pinsel bildet, kann benutzt werden; und für die Selbstbehandlung verdient dieses Instrument entschieden den Vorzug, da die Kranken sich mit der Pincette viel leichter verletzen können. Dass alle Arten von Haarpinseln und die beliebten, an Beingriffen befestigten Schwämme zur Reinigung des Ohres absolut verwerflich sind, bedarf nicht der Begründung. Die Gefährlichkeit dieser kleinen Werkzeuge wird durch einen von mir beobachteten Fall illustrirt, in welchem ein Patient mit einem längere Zeit unbenutzt gewesenen Ohrschwämmchen Schimmelpilze in das Ohr verpflanzte.

Die Austrocknung des ausgespülten Ohres ist nicht allein nothwendig, weil die zurückbleibende Flüssigkeit das bekannte, beim Baden häufig eintretende Gefühl von Dumpfheit erzeugen und möglicher Weise irritirend auf die Haut wirken würde, sondern auch, weil jede Feuchtigkeitsschicht, welche das Trommelfell bedeckt, die Besichtigung erschwert. Man kann sich täglich davon überzeugen, wie sehr man sich, wenn man ein Ohr ungenügend austrocknet, in der Bedeutung des Trommelfellbildes täuschen kann.

Fig. 19.
Watte-
träger.

Auf die Wahl der zu injicirenden Flüssigkeiten werden wir im speziellen Theile einzugehen haben; hier sei nur nochmals erwähnt (siehe S. 11), dass man, wenn es sich nur um die Entfernung vorgelagerter Massen aus dem Gehörgange handelt, am besten eine lauwarme ³ᵘ⁄₀ ige Kochsalzlösung anwendet.

II. Das Einträufeln von Medicamenten.

Flüssige Medicamente kann man entweder auf Wattetampons mit Hülfe der Pincette in den Gehörgang einführen oder einträufeln.

¹) Archiv f. Ohrenhlkde. XV. 79.

Die erstere Methode kommt in der Regel nur bei Affectionen des äusseren Gehörganges in Betracht, die letztere ist überall anwendbar. Sämmtliche für das Ohr bestimmte Tropfen müssen erwärmt werden; verträgt das Medicament wiederholtes Erwärmen, so setzt man das ganze Medicinglas vor jedem Gebrauche in warmes Wasser; ist dies unzulässig, so hält man einige in einen Löffel oder ein Reagensglas gefüllte Tropfen über die Flamme oder erhitzt das Instrument, mit welchem man die Einträufelung zu vollziehen beabsichtigt. Am besten eignen sich dazu die Pipetten, welche als Augentropfgläser verwandt werden. Die Menge der zu instillirenden Flüssigkeit richtet sich nach der Tiefe und Ausdehnung des Krankheitsprocesses; für die Behandlung der Paukenhöhle werden meist 6 bis 8 Tropfen genügen, für die Füllung des äusseren Gehörganges mehrere Gramm erforderlich sein.

Der Kranke neigt den Kopf so, dass das zu behandelnde Ohr nach oben gerichtet ist; hat vorher eine Ausspritzung stattgefunden, so muss es, ehe die Tropfen eingefüllt werden dürfen, ausgetrocknet werden, weil sonst die zurückbleibende Injectionsflüssigkeit die beabsichtigte Wirkung abschwächen würde. Beim Eingiessen ist die Ohrmuschel wie bei allen Manipulationen im Ohre abzuziehen.

Beabsichtigt man ein Eindringen der Ohrtropfen durch eine Perforation des Trommelfelles in die Paukenhöhle, was spontan nur bei grossen Defecten einzutreten pflegt, so geschieht dies am einfachsten, indem man nach dem Einträufeln mehrere Male auf den Tragus drückt, wodurch eine Luftverdichtung im Gehörgange hervorgerufen wird. Dasselbe erreicht man, indem man mit Hülfe des bei geneigtem Kopfe ausgeführten Politzer'schen Verfahrens [1]) die in der Paukenhöhle befindliche Luft verdrängt oder, nach einem anderen Vorschlage von Politzer [2]), indem man die in den Gehörgang eingefüllte Flüssigkeit mit dem sonst zur Luftdouche benutzten Ballon, dessen Ansatz luftdicht in den Ohreingang gesteckt wird, in die Tiefe treibt. Auf diese Weise lassen sich auch grössere Mengen von Flüssigkeit durch die Paukenhöhle und Tube hindurchspülen.

Die Ohrtropfen müssen 3 – 10 Minuten im Ohre verweilen; sollen sie nachher entfernt werden, so stopft man, noch während der Kopf des Patienten geneigt ist, etwas Verbandwatte in den Gehörgang, welche beim Aufrichten des Kopfes den grössten Theil der Flüssigkeit aufsaugt; der Rest wird, wie oben (S. 52) beschrieben, ausgetrocknet und zum Schluss frische Watte eingeführt.

Verordnet man Tropfen für die Selbstbehandlung, so darf man nicht versäumen, den Kranken genau zu informiren, dass er sie in der hier geschilderten Weise anzuwenden hat.

III. Das Einblasen von pulverförmigen Medicamenten.

Die in den Gehörgang oder die Paukenhöhle einzublasenden pulverförmigen Arzneimittel müssen so fein wie möglich gestossen sein, da

---

[1]) Siehe Politzer, Lehrbuch d. Ohrenhlkde. II. Aufl., S. 103.
[2]) Lehrbuch der Ohrenhlkde. II. Aufl., S. 105.

sie sonst einen mechanischen Reiz ausüben und Verstopfungen des Ohrcanals oder der Trommelfelllücken herbeiführen können, und dürfen nur in geringen Mengen insufflirt werden. Zur Einführung kann im Nothfalle eine mit dem Munde oder dem birnförmigen Ballon angeblasene Federspule dienen, doch wird man besser mit einem der verschiedenen Pulverbläser, z. B. dem von Störk für den Kehlkopf angegebenen, der in neuerer Zeit in zahllosen Modificationen hergestellt wird, besser zu Stande kommen. Ich verwende gern ein derartiges Instrument von Glas mit kleinem Gummiballon, welches sich besser als alle aus anderem Material angefertigten reinigen lässt. Empfehlenswerth sind auch die von Urbantschitsch[1]) und von Politzer[2]) angegebenen Apparate mit Pulverreservoir, welche nicht bei jedesmaligem Gebrauch eine neue Füllung erfordern. Der Pulverbläser von Urbantschitsch besteht aus einem etwa 6 cm langen Glasrohre von 2 cm Durchmesser, das auf der einen Seite mit einem Gummiballon, auf der anderen Seite mit einer Hartkautschukkanüle in Verbindung steht; das

Fig. 20. Pulverbläser nach Politzer. (Längsschnitt.)

allzu reichliche Heraustreten des Inhaltes, welches bei diesem Instrumente bisweilen vorkommt, vermeidet der Apparat von Politzer (Fig. 20), ein Behälter von Hartgummi mit ovaler Oeffnung im Boden, welcher bei einer bestimmten durch Marken angezeigten Einstellung des unter ihm befindlichen Rohres an das letztere eine geringe Menge Pulver abgiebt. Um das Ausblasen mit dem Munde zu umgehen, habe ich an dem einen Ende des Rohres einen kleinen Gummiball anbringen lassen.

Der Einblasung muss, wenn das Ohr nicht völlig frei von Secret ist, eine Ausspritzung und Austrocknung vorangehen und eine Controle mit dem Spiegel folgen.

IV. Die Luftdouche und die Injectionen durch die Tuben.

Die Luftdouche, deren verschiedene Methoden im diagnostischen Theile (S. 33 ff.) beschrieben worden sind, findet in der Therapie der Ohrenkrankheiten eine sehr vielseitige Anwendung; ihre hauptsächlichen Indicationen beziehen sich auf die Ventilation der Paukenhöhle durch Wegsammachung der Ohrtrompete, die Entlastung des abnorm gespannten Schallleitungsapparates, die Zerstreuung und Beseitigung von Secreten der Paukenhöhle. Was die Wahl des im einzelnen Falle einzuschlagenden Verfahrens betrifft, so

---

[1]) Lehrbuch der Ohrenhlkde. III. Aufl., S. 50.
[2]) Lehrbuch der Ohrenhlkde. II. Aufl., S. 284.

muss auf den speziellen Theil verwiesen werden: im Allgemeinen ist daran festzuhalten, dass der Katheterismus, wo er angewandt werden kann, den Vorzug verdient: er ist nicht allein die sicherste und wirksamste, sondern auch die einzige Methode, welche eine genaue Localisirung der durch das Instrument eingeführten Medien gestattet. Das Politzer'sche Verfahren mit seinen Abarten ermöglicht zwar die Anwendung der Luftdouche in einer grossen Zahl von Fällen, welche dem Katheter unzugänglich sind, und kann nicht selten, zumal bei der Behandlung der Kinder, als jenem gleichwerthig angesehen werden, hat aber andererseits den Nachtheil, dass es beide Ohren gleichzeitig, und häufig gerade das gesunde am meisten, heftigen Stosswirkungen der eingeblasenen Luft aussetzt, und sollte deshalb womöglich nur bei bilateralen Erkrankungen längere Zeit hindurch regelmässig angewandt werden.

Der Katheter dient in der Therapie nicht nur der Luft, sondern auch Flüssigkeiten und Dämpfen, welche in die Paukenhöhle eingeblasen werden sollen, als Zuleitungsrohr.

a. Injectionen von flüssigen Medicamenten durch die Tube.

Für die Behandlung mancher Mittelohraffectionen kann es, wenn die Paukenhöhle, weil das Trommelfell intact ist, von aussen her nicht erreichbar ist, wichtig sein, durch Injection von der Tube her medicamentöse Flüssigkeiten in Berührung mit der Schleimhaut zu bringen. Wenn die Verhältnisse es erlauben, wird man zu diesem Zwecke immer vom Katheter Gebrauch machen und zwar in folgender Weise: Durch den lege artis eingeführten Katheter bläst man zunächst, um die Tube möglichst frei zu machen und um die richtige Lage des Instrumentes festzustellen, mit dem Ballon etwas Luft, bringt sodann mit Hülfe einer kleinen Spritze oder eines Tropfgläschens 6 bis 8 Tropfen der erwärmten Solution in den Katheter und treibt dieselben mit einigen energischen Entleerungen des wieder zur Hand genommenen Ballons in die Tube ein. Wie viel von den Tropfen dabei in die Paukenhöhle gelangt, hängt nicht nur von dem Schwellungsgrade der Tuben- und Paukenhöhlenwände und von der angewandten Druckstärke, sondern auch sehr wesentlich davon ab, ob der Katheterschnabel weit genug in die Ohrtrompete vorgeschoben war. Der Umstand, dass wohl regelmässig ein Theil der Tropfen in den Rachen abfliesst, ist insofern von Vortheil, als die Paukenhöhlenschleimhaut bei intactem Trommelfelle nur ganz geringe Flüssigkeitsmengen verträgt, und rechtfertigt sicherlich nicht die unnöthig gewaltsame Methode von Weber-Liel[1]), welcher die zu injicirende Flüssigkeit mit Hülfe eines durch den Ohrkatheter in die Tube bis an deren tympanales Ostium vorgeschobenen elastischen Gummiröhrchens, des sogen. Pharmako-Koniantrons oder Paukenhöhlenkatheters, direct in die Paukenhöhle treibt.

Das Eindringen der injicirten Tropfen macht sich objectiv bei der Auscultation, welche man bei dem Verfahren niemals unterlassen

---

[1]) Deutsche Klinik 1867, Nr. 51; Monatsschrift f. Ohrenhlkde. 1868, Nr. 5.

soll, durch ein scheinbar dicht am eigenen Ohre entstehendes Knister-
rasseln bemerklich und kann zuweilen auch mittelst der Inspection
nachgewiesen werden, wenn die Flüssigkeit durch das stets sofort geröthete Trommelfell hindurchschimmert. Als subjective Symptome
werden regelmässig Druck, Völle, singende oder pochende Geräusche
und häufig Schmerzempfindungen angegeben. Diese Erscheinungen
können binnen wenigen Minuten nachlassen, aber auch stundenlang
fortbestehen.

Auch ohne Benutzung des Katheters werden zuweilen Ohrtropfen durch die Tuben eingeblasen; indessen lassen sich dann die
Injectionen niemals auf ein Ohr beschränken und führen ausserdem
der Paukenhöhle so viel Flüssigkeit zu, dass nicht nur äusserst
stürmische Beschwerden, wie Schwindel, Erbrechen, Ohnmacht,
intensive Schmerzen, eintreten, sondern auch heftige Mittelohrentzündungen hervorgerufen werden können. Die schwersten Krankheiten
dieser Art habe ich gerade nach dem Eindringen von Wasser in die
Paukenhöhle bei imperforirtem Trommelfelle entstehen sehen.

Das Verfahren von Saemann [1]), gewissermaassen ein Politzer'sches
Verfahren, bei welchem statt Luft Wasser in die Nase geblasen wird,
ist in dieser Beziehung besonders gefährlich, aber auch der ältere Vorschlag von Gruber [2]), mit einer grossen Nasenspritze unter Vermeidung des Schluckens zu injiciren, ist durchaus nicht nachahmens-
werth, selbst wenn man, um das Eindringen der Flüssigkeit auf ein
Ohr zu beschränken, nach Gruber's eigener Modification [3]) die Operation dahin abändert, dass man den Kopf des Patienten nach der zu
behandelnden Seite neigt und den Kranken unmittelbar nach der Injection das Valsalva'sche Verfahren ausführen lässt.

Politzer [4]) lässt, um kleinere Flüssigkeitsmengen in das Mittelohr zu bringen, den Kranken etwas Wasser in den Mund nehmen und
den Kopf nach der kranken Seite neigen, spritzt darauf ½ l Pra-
vaz'sche Spritze voll erwärmter Flüssigkeit durch die Nase nach hinten
und führt unmittelbar danach sein Luftdoucheverfahren aus. Der
Erfolg lässt sich durch Auscultation constatiren, doch treten, nach
Politzer's eigener Angabe, selbst bei diesem Vorgehen häufig heftige
Schmerzen im Ohre auf. Wenn das Trommelfell perforirt ist, darf man auch grössere
Mengen von Flüssigkeit von der Tube her durch die Paukenhöhle
spritzen, und diese zuerst von Schwartze [1]) in ausgedehnter Weise
geübte Methode der „Masseninjection" ist zuweilen weit wirkungs-
voller, als das Ausspritzen vom Gehörgange her, daher auch bei der
Behandlung von Ohreiterungen unentbehrlich.

Man benutzt für diese Tubeninjectionen einen nicht allzu weiten
aber stark gekrümmten Katheter, welcher, nachdem man die mit der
erwärmten Flüssigkeit gefüllte Spritze bereit gelegt hat, nach einer
der oben beschriebenen Methoden, und zwar möglichst tief in die Tuba,

[1]) Deutsche Klinik 1864, Nr. 52.
[2]) Zeitschrift für practische Heilkunde 1863, 22. Juni; Deutsche Klinik 1865,
Nr. 38 und 39.
[3]) Zeitschrift f. pract. Heilkde. 1867, 17. October.
[4]) Lehrbuch der Ohrenhlkde. II. Aufl., S. 103.

eingeführt wird. Von der richtigen Lage überzeugt man sich durch Luftdouche und Auscultation, vertauscht dann aber den Ballon mit der Spritze, deren Ansatz genau in das Trichterende des Katheters passen muss, damit die Flüssigkeit nicht zurückfliessen kann. Der bei der Manipulation zu überwindende Widerstand ist oft recht bedeutend, indessen gelingt es bei einiger Uebung meistens, die Flüssigkeit so kräftig durch das Mittelohr zu treiben, dass sie aus dem Gehörgange in ununterbrochenem Strome abfliesst. Man kann dies erleichtern, wenn man den Patienten während der Durchspülung mehrmals Schlingbewegungen ausführen lässt.

Sind beide Trommelfelle perforirt, so kann man auch ohne Katheter Masseninjectionen vornehmen, und hier würden die oben angeführten Methoden von Saemann, Gruber und Politzer in ihr Recht treten. Im Allgemeinen dürfte aber nur in der Kinderpraxis vom Gebrauche des Katheters Abstand zu nehmen sein.

Da auch bei Bestehen von Trommelfelldefecten erhebliche Beschwerden auftreten können, darf der Druck niemals die unbedingt erforderliche Intensität überschreiten.

b. Injection von Dämpfen durch die Tube.

Von gasförmigen Medicamenten sind jetzt nur noch die Salmiakdämpfe im allgemeinen Gebrauch. A. v. Tröltsch, welcher dieselben zuerst eingeführt hat, entwickelte sie Anfangs [1]), indem er Salmiakpulver in einem Glaskolben erhitzte und blies die weissen Dämpfe des sublimirten Salzes durch den Katheter in das Ohr. Später verliess er jedoch diese Methode, weil sie nicht selten heftige Reactionen hervorrief und wandte nur noch die weniger reizend und entschieden günstiger wirkenden Salmiakdämpfe in statu nascenti an. Der von Tröltsch hierzu benutzte Apparat, der sich einer grossen Verbreitung erfreut, besteht in drei durch Glasröhren mit einander verbundenen Glasflaschen, von denen zwei, die eine mit verdünntem Liquor ammonii caustici (1 : 3 Wasser), die andere mit Salzsäure gefüllt, in die dritte, angesäuertes Wasser enthaltende, einmünden. Beim Einblasen in die beiden ersten Flaschen vermittelst einer am Ballon vereinigten Doppelröhre entwickeln sich Ammoniak- und Salzsäuredämpfe, welche sich in der dritten Flasche unter Wasser zu Salmiak vereinigen ($NH_3 + HCl = NH_4Cl$) und aus dieser mit Hülfe eines Gummischlauches in den Katheter geleitet werden.

Politzer [2]) benutzt einen einfacheren Dampfentwickelungs-Apparat (Kerr's Inhaler), welchen Gomperz [3]) in folgender recht zweckmässiger Weise modificirt hat (Fig. 21): Durch den Stöpsel eines zu einem Drittel mit Wasser gefüllten Opodeldocglases von 12 cm Höhe ist der bis nahe an den Boden des Gefässes hinabreichende vertikale Schenkel eines U-förmigen Gabelglasrohres und ein kurzes, oben erweitertes Hartgummirohr gesteckt. Der eine der beiden 10 cm langen und 1,5 cm weiten U-Schenkel enthält ein Stück Schwamm mit Liquor ammonii

[1]) Lehrbuch der Ohrenhlkde. VII. Aufl., S. 371.
[2]) Lehrbuch der Ohrenhlkde. II. Aufl., S. 91.
[3]) Monatsschrift f. Ohrenhlkde. 1887, Nr. 11.

caustici (1 : 3 Wasser), das andere eine Asbestwicke mit Salzsäure
(6 : 1 Wasser). Mit Hülfe des zusammengedrückt in das Hartgummirohr eingesetzten und dann freigelassenen birnförmigen Ballons kann
man die Ammoniak- und Salzsäuredämpfe aspiriren, welche nun unter
dem Wasser zu Salmiakdämpfen vereinigt den
Ballon füllen und ohne Weiteres durch den Katheter eingeblasen werden können.

Ausser den Salmiakdämpfen kommen nur
noch flüchtige Medicamente, wie Aether,
Chloroform, Terpentin und Wasserdampf, in Betracht. Die ersteren injicirt man durch den
Katheter, nachdem man sie aus dem die Flüssigkeit enthaltenden Glase mit dem comprimirten Ballon angesogen hat; die Erzeugung von
Wasserdampf hingegen erfordert einen kleinen
Apparat, der am besten nach v. Tröltsch's[1]
Vorschrift aus einem mit Wasser gefüllten Glaskolben mit vierfach durchbohrtem Korke besteht:
das eine Loch enthält einen Trichter, ein zwei-
tes ein Thermometer, die übrigen beiden zwei
rechtwinkelig gebogene Glasröhren mit Gummi-
schläuchen, von denen der eine mit dem Ballon
(oder der Luftpumpe), der andere mit dem Katheter in Verbindung steht. Der Kolben wird
im Sand- oder Wasserbade erhitzt.

Bei der Anwendung von dampfförmigen
Medicamenten hat man vor Allem darauf Be-
dacht zu nehmen, dass sie nicht zu heiss in die
Tube einströmen und nicht chemisch reizen.

Fig. 21. Salmiakdampf-
Apparat nach Gomperz.

Nicht allein das Mittelohr, das zuweilen sehr
heftig, auch gegen verhältnissmässig indifferente
Gase, reagirt, sondern auch die Nasen- und
Rachenschleimhaut, welche regelmässig von einem aus der Tube ent-
weichenden Theil der Dämpfe getroffen wird, können bei unvorsichtigem
Gebahren erheblich geschädigt werden. Die Salmiakdämpfe, die nur
neutral reagirend injicirt werden dürfen, prüfe man stets mit Lack-
muspapier; bei saurer Reaction ist das Ammoniak, bei alkalischer
Reaction die Salzsäure im Apparate zu vermehren.

---

[1] Lehrbuch der Ohrenhlkde. VII. Aufl., S. 242.

C. Allgemeine Eintheilung und Statistik der Ohrenkrankheiten.

Die Ohrenkrankheiten werden dem Herkommen gemäss nach den drei hauptsächlichen anatomischen Abschnitten des Gehörorganes bezeichnet und demgemäss in Affectionen des äusseren, des mittleren und des inneren Ohres eingetheilt. Zum äusseren Ohre zählt man bekanntlich die Ohrmuschel und den Gehörgang, zum Mittelohre die Paukenhöhle mit ihrem Inhalte und ihren Nebenräumen (Tuba, Warzenfortsatz), zum inneren Ohre das Labyrinth und den Hörnerven. Das Trommelfell wird von den Einen zum äusseren, von den Anderen zum Mittelohre gerechnet, seltener als Abschnitt für sich aufgefasst; da es weitaus am häufigsten an den Affectionen der Paukenhöhle Theil nimmt, so erscheint die Zutheilung zu der letzteren am zweckmässigsten. Was die Erkrankungen im centralen Verlaufe des nerv. acusticus betrifft, so werden dieselben meist mit zu denen des inneren Ohres hinzugezählt.

Am häufigsten erkrankt das Mittelohr; während von sämmtlichen Ohraffectionen etwa 25,5 % auf das äussere Ohr und nur 8 % auf das innere Ohr entfallen, betreffen etwa 67 % die Paukenhöhle mit ihren Adnexis.

Wie häufig überhaupt Ohrenkrankheiten vorkommen, lässt sich mit unanfechtbaren Zahlen noch nicht nachweisen; einen ungefähren Maassstab gewähren aber die von verschiedenen Ohrenärzten angestellten Schuluntersuchungen[1], welche ziemlich übereinstimmend ergeben haben, dass etwa 26 % der Kinder mit Hörstörungen und 32 % mit objectiv nachweisbaren pathologischen Veränderungen behaftet sind. Bedenken wir nun, dass die Disposition zu Ohrenkrankheiten erfahrungsgemäss bis zum 40. Lebensjahre steigt, so erscheint die Annahme gewiss nicht übertrieben, dass über 30 % der Menschen (in unseren Breiten) nicht normal hören und mindestens 40 % eine krankhafte Veränderung des Ohres aufzuweisen haben.

Die Geschlechter sind nicht in gleichem Verhältnisse Ohraffectionen ausgesetzt; es kommen fast genau 60 % auf das männliche, 40 % auf das weibliche Geschlecht; doch ist das Verhältniss nicht in jedem Lebensalter dasselbe, da meine umfassenden Zusammenstellungen[3] ergeben haben, dass in den ersten 12 Lebensjahren bedeutend mehr Mädchen (45 %) erkranken als Knaben (32 % der kindlichen Patienten).

Nach den statistischen Berichten aus verschiedenen otiatrischen Polikliniken entfallen von den Ohrenkrankheiten im Durchschnitt 73 % auf die Erwachsenen, 27 % auf die Kinder. Indessen ist auch dieses Verhältniss keineswegs constant, sondern bei Berücksichtigung der drei Ohrabschnitte ein verschiedenes. Von den Krankheiten des

---

[1] Weil, Monatsschrift f. Ohrenhlkde. 1880, Nr. 12 und Bezold, Zeitschrift f. Ohrenhlkde. XIV. 253.
[2] Schmiegelow, Hospitals-Tidende 3. R. IV. Nr. 45—46.
[3] Wiener Klinische Wochenschrift 1890, Nr. 39.

äusseren Ohres betreffen nämlich fast $^3/_4$ (73,8 %) Erwachsene, $^1/_4$ (26,2 %)
Kinder, während die Mittelohrkrankheiten sich fast gleichmässig auf das
Kindesalter und die Erwachsenen vertheilen und die Affectionen des
inneren Ohres in 67 % der Fälle auf Erwachsene, in 33 % auf Kinder
entfallen.

Die Geschlechter participiren an den Erkrankungen der einzelnen
Ohrabschnitte annähernd gleichmässig in dem Grundverhältniss 3 : 2. Als
auffallend ist schliesslich noch die Thatsache zu erwähnen, dass das
linke Ohr häufiger erkrankt, als das rechte; es kommen nämlich von
den einseitigen Affectionen etwa 44 % auf das rechte, 56 % auf das
linke Ohr. Nach Löwenberg's [1]) Untersuchungen kommt einseitige
Schwerhörigkeit bei Männern häufiger auf der linken, bei Weibern
häufiger auf der rechten Seite vor.

---

[1]) Deutsche Med. Wochenschrift 1891, Nr. 46.

Spezieller Theil.

A. Die Krankheiten des äusseren Ohres.

I. Bildungsanomalien der Ohrmuschel und des Gehörganges.

Eine ziemlich häufig vorkommende Bildungsanomalie besteht in einem abnorm grossen Anheftungswinkel, also einem auffallenden Abstehen der Ohrmuschel. Diese Verunzierung wird oft, wo sie einmal besteht, dadurch noch verstärkt, dass der Säugling bei seitlicher Kopflage die Auricula nach vorn drängt und auf der umgeschlagenen Muschel liegt. Der Versuch, in solchen Fällen durch Hauben eine bessere Stellung des Ohres zu erzwingen, bewirkt nach meinen Erfahrungen zuweilen gerade das Gegentheil, weil die Ohrmuschel nicht leicht fest genug eingebunden werden kann, bei einer geeigneten Bewegung hervorgleitet und nun vom Haubenband nach vorn gedrückt und festgehalten wird. Hingegen kann ein Heftpflasterverband, wenn er frühzeitig genug angewandt wird, etwas Abhülfe schaffen. In besonders argen Fällen kann die von Ely [1] mit Erfolg ausgeführte Ausschneidung eines länglichen Hautstückes aus der Anheftungsfurche die Entstellung beseitigen.

Ausser diesem von Gradenigo ganz besonders häufig bei Geisteskranken und Verbrechern beobachteten Schönheitsfehler, mit welchem übrigens durchaus kein Vortheil für die Hörfähigkeit verknüpft ist, kommen eine Anzahl Bildungsanomalien am Ohre vor, welche wir in Bildungsdefecte und Bildungsexcesse scheiden können.

a. Bildungsdefecte.

Vollständiger Mangel der Ohrmuscheln ist von älteren Autoren [2] in einzelnen Fällen beschrieben worden, scheint in der neueren Zeit aber nicht beobachtet worden zu sein. Häufig dagegen findet sich

---

[1] Zeitschrift f. Ohrenhlkde. XI. 35.
[2] Siehe Beck, Die Krankheiten des Gehörorgans, 1827, S. 106.

ein theilweiser Defect vor; derselbe kann unauffällig sein und sich
nur in einer Verkümmerung eines einzelnen Ohrmuschelvorsprunges,
z. B. der Anthelix. des Antitragus, besonders oft des Lobulus, äussern,
oder sich über die ganze Auricula erstrecken und dadurch verun-
staltend wirken.   Insofern auch die geringfügigen Verbildungen nach
der Ansicht von His[1] secundäre Bildungsstörungen darstellen.
kann den Versuchen. die Form des Ohres im Zusammenhang nicht
allein mit dem Schädelbau[2]), sondern auch mit der psychischen Capacität
zu bringen, eine gewisse Berechtigung nicht abgesprochen werden.   So
fand Binder[3] unter 354 Geisteskranken bei 36 % abnorm gestaltete
Ohrläppchen (hingegen unter ebenso vielen geistig Gesunden bei 15 %)
und bei 58 % überhaupt degenerirte Ohren. ja nach den Angaben von
Gradenigo[4]) kommen, während der Procentsatz für die normalen Ohrmuscheln bei normalen Individuen 56 % beträgt, bei Geisteskranken nur
35 % und bei Delinquenten sogar nur 28 % normale Muscheln vor;
und auch Laycock hat bereits, wie Schwartze[5]) citirt. auf das
sehr gewöhnliche Vorkommen von Defecten an der Helix und am Lobulus bei Idioten und Schwachsinnigen aufmerksam gemacht.   Von
Anderen, z. B. von Lannois[6]), wird dieser Zusammenhang indessen
bestritten.

Von den partiellen Defecten verdient besondere Erwähnung
das gespaltene Ohrläppchen, das in der Praxis nicht selten für
das Resultat einer traumatischen Verunstaltung, wie sie beim Ausreissen
eines Ohrringes in der That vorkommt, gehalten wird.   Der Mangel
eines freien Randes an der vorderen Begrenzung des Lobulus ist
eine, zumal beim weiblichen Geschlechte, so überaus häufige Erscheinung,
dass ich sie als eigentliche Anomalie nicht gelten lassen möchte.

Die Verkrüppelung der ganzen Ohrmuschel wird als **Mikrotie** bezeichnet: sie kommt vorwiegend einseitig vor[7]), ist mitunter zugleich
mit einer Dislocation der Muschel und häufig mit einer Atrophie
der entsprechenden Gesichtshälfte verbunden.   In den meisten
Fällen sind auch andere Ohrtheile. besonders regelmässig der Gehörgang, sehr oft die Paukenhöhle und das Labyrinth, rudimentär
entwickelt.

Die gewöhnlichste Form der Mikrotie ist ein wenig oder gar
nicht verschiebbarer. länglicher Hautwulst (Fig. 22 a) mit einzelnen
Furchen oder tieferen Einschnitten, welche nur selten bestimmte Vertiefungen der normalen Auricula anzudeuten scheinen; Knorpel ist fast
stets unter der Hauterhebung zu fühlen, ein Ohreingang hingegen
nur ausnahmsweise vorhanden. in der Regel durch ein flaches Grübchen

---

[1]) Archiv f. Ohrenhlkde. XXII. 104.   (Naturforscher-Versammlung zu Basel.)
[2]) Stahl, Allgem. Zeitschrift f. Psychiatrie. XVI. 479. (Citirt bei Schwartze,
Die pathologische Anatomie des Ohres. Berlin 1878. S. 23).
[3]) Archiv f. Psychiatrie, XX. Heft 2.
[4]) Archiv f. Ohrenhlkde. XXX. 230.
[5]) Die chirurgischen Krankheiten des Ohres, S. 68.
[6]) Zeitschrift f. Ohrenhlkde. XIX. 72. (Referat.)
[7]) Bremer (Nordisk med. Arkiv IX. 2) fand unter 34 Fällen von Mikrotie
21 einseitig, 13 bilateral.   Nach Gradenigo (l. c.) sind die einseitigen Anomalien im Allgemeinen häufiger auf der rechten Seite localisirt mit Ausnahme der
abstehenden Ohren, welche bei Männern viel häufiger links sind.

ersetzt. Etwas mehr verräth die normale Gestalt der Auricula das
Katzenohr (Fig. 22b), eine von oben nach unten zusammengedrückte
Ohrmuschel, die klappenartig von hinten nach vorn verwachsene und
die spiralig gedrehte Muschel (Fig. 22c), an welcher sich Helix
und Anthelix sowie Lobulus zuweilen unterscheiden lassen. Besonders
das Katzenohr und die nach vorn umgekrempte Muschel legt den Gedanken nahe, dass die Anomalie, wie Kiesselbach [1]) annimmt, durch
eine Umschlingung des Kopfes durch die Nabelschnur entstehen könne.

Vom äusseren Gehörgange ist in der Mehrzahl der Fälle von
Mikrotie, auch wenn ein Grübchen den Ohreingang andeutet, keine Spur
nachzuweisen; er ist meist, wie die vergeblich unternommenen Operationen beweisen, durch eine bindegewebige oder knöcherne Masse ersetzt.
Eine solche Atresie des Gehörganges bei normal gebildeter Ohrmuschel,
wie Blau [2]) sie beobachtet hat, kommt jedenfalls nur äusserst selten
vor; wohl aber erwähnt Bochdalek [3]) einen vollständigen Mangel
einer Ossification des Gehörganges. Ein kleiner Ossifications-
defect im Gehörgange ist übrigens nach meinen Untersuchungen [4]) an

Fig. 22a.   Fig. 22b.   Fig. 22c.
Mikrotie.   Katzenohr.   Spiralig gedrehte Ohrmuschel.

Schädeln keineswegs sehr ungewöhnlich, indem sich eine beim Wachsthum des Os tympanicum normaler Weise gebildete und in der Regel
längstens bis zum 7. Lebensjahre bestehende Knochenlücke in 19 %
der Schädel Erwachsener als persistent erwies.

Therapie. Die Bildung einer annähernd normalen Ohrmuschel
aus einer rudimentär entwickelten durch Excision keilförmiger Stücke,
Naht und Druckverband (Schwartze) gelingt selten in befriedigender
Weise, ist aber von Stetter [5]) in einem besonders günstigen Falle von
Umkrempung nach vorn mit gutem Erfolg ausgeführt worden. Durch
Bedeckung der meist nur kleinen Wülste mit dem Haupthaar kann die
Entstellung leicht dem Auge entzogen werden; einem erwachsenen
Patienten, welcher nur einen schmalen Höcker an Stelle der Auricula
besass, liess ich eine künstliche Ohrmuschel aus Papiermaché anfertigen.

[1]) Archiv f. Ohrenhlkde. XIX. 127.
[2]) Archiv f. Ohrenhlkde. XIX. 205.
[3]) Prager Vierteljahrsschrift 1847, III. 22.
[4]) Archiv f. Ohrenhlkde. XIII. 179.
[5]) Archiv f. Ohrenhlkde. XXI. 92.

welche mit Hülfe einer einfachen gepolsterten Klemme auf dem Rudimente befestigt wurde.

Gespaltene Ohrläppchen lassen sich nach Knapp's[1] Vorgange durch operative Anfrischung der Spaltränder und Anheilen eines kleinen Hautlappens zur Vermeidung einer sonst leicht zurückbleibenden Einkerbung recht gut heilen.

Bei Gehörgangs-Atresie kann eine Operation nur dann Aussicht auf Erfolg bieten, wenn die Untersuchung die normale Beschaffenheit der tieferen Theile ergiebt; für diesen Nachweis ist eine genaue Hörprüfung unerlässlich, und da eine solche bei kleinen Kindern unausführbar ist, wird man ein gewisses Alter abwarten müssen, bis man (mit Hülfe des Weber'schen Versuches) Gewissheit darüber erlangen kann, ob auf der unvollständig entwickelten Seite Gehör vorhanden ist. Dies kommt indessen leider nicht häufig vor, wenn es auch verschiedene Male, so von Knapp[2] in einem Falle, in welchem trotz Atresie, deren Operation misslang, Perception für musikalische Töne und leidliches Sprachgehör bestand, von Robb[3] bei einem Patienten, welcher bei beiderseitiger Mikrotie Conversationssprache auf 15 Fuss, Flüstersprache auf 6 Fuss, Uhr ad concham hörte, und von Moos[4], welcher bei Atresie zwar Sprachtaubheit, aber Hörfähigkeit für Uhr und Stimmgabel nachweisen konnte, beschrieben worden ist.

Wenn Kiesselbach[5], welchem bei einem halbjährigen Kinde die wenigstens vorübergehende Freilegung des Annulus tympanicus mit befriedigendem Erfolge für die Hörfähigkeit gelang, dazu räth, in frühem Lebensalter die Operation zu versuchen, weil sonst in vielleicht anfänglich ganz günstigen Fällen bei eintretendem Wachsthum des Os tympanicum durch den Verschluss des Ohreinganges eine knöcherne Obliteration und damit die Unmöglichkeit der Freilegung des Trommelfelles entstehen könne, so kann ich nach meinen ganz ungünstigen Erfahrungen über den Nutzen des Eingriffes dem nicht beistimmen. Nach Schwartze[6] kommt überhaupt die operative Herstellung des Gehörganges, welche nur bei häutiger Verwachsung gelingt, ausschliesslich bei doppelseitiger Atresie in Frage, während bei knöchernem Verschlusse jede Operation zu widerrathen ist.

Fistula auris congenita. Die in der Umgebung der Ohrmuschel nicht selten vorkommende congenitale Fistel, ein Residuum der ersten Kiemenspalte, steht, wie Urbantschitsch[7], Schwabach[8], Kipp[9] nachgewiesen haben, mit der Entwickelung des Ohres in keinem Zusammenhange.

Die Fistel liegt meist über dem Tragus, wird aber zuweilen an der Muschel selbst gefunden; ich sah wiederholt eine Oeffnung an der

[1] Zeitschrift f. Ohrenhlkde. III. 2, 126.
[2] Zeitschrift f. Ohrenhlkde. XI. 55.
[3] American Journal of Otology 1881, Nr. 10.
[4] Zeitschrift f. Ohrenhlkde. XIII. 166.
[5] Archiv f Ohrenhlkde. XIX. 127.
[6] Die chirurgischen Krankheiten des Ohres, S. 81.
[7] Monatsschrift f. Ohrenhlkde. 1877, Nr. 7.
[8] Zeitschrift f. Ohrenhlkde. VIII. 2, 103.
[9] Transactions of the American Otological Society 1880.

Helix, nahe an ihrem vorderen Ende, und in einem Falle habe ich eine
Fistel am Ohrläppchen beobachtet.

Der Canal, welcher sich an die feine, in der Regel mit callös
verdicktem Rande umgebene Oeffnung (s. Fig. 22a) anschliesst, ist
meist einige Millimeter bis zu 2 cm tief, mit der Haarsonde zu sondiren
und endigt stets blind; fast immer secernirt er eine eiterige, milchige
Flüssigkeit, welche, wenn die Fistelöffnung, etwa durch eingedrungenen
Schmutz, verstopft wird, zur Bildung von Retentionscysten Veranlassung giebt. In dem von mir behandelten Falle, in welchem die
Fistelöffnung an der hinteren Kante des Ohrläppchens sich befand, sah
ich zweimal einen derartigen Tumor von beträchtlicher Grösse am
Lobulus entstehen, wie er sonst vorzugsweise über dem Tragus vorzukommen pflegt.

Die Ohrfistel besteht häufig gleichzeitig auf beiden Seiten, allerdings nicht immer in derselben Ausdehnung und Form; vielmehr zeigt
sich zuweilen an Stelle der Oeffnung nur eine ganz seichte Delle oder
grubenförmige Einbuchtung der Haut. In nicht seltenen Fällen (Urbantschitsch, Schwabach, Kipp) konnte die Heredität der Anomalie
bestimmt- nachgewiesen werden.

Therapeutisch einzugreifen ist meist nur bei Cystenbildung Gelegenheit geboten, da die Fisteln sonst keinerlei Beschwerden verursachen: eine Spaltung der Weichtheile beseitigt die Geschwulst alsbald. Die Fistel selbst zu behandeln ist zwecklos, obwohl die Heilung
durch Ausbrennen mit dem Galvanokauter, wie Dyer[1]) erprobte,
erreichbar ist.

b. Bildungsexcesse.

Auch der Bildungsexcess kann sich entweder auf die ganze
Muschel oder auf einzelne Theile derselben erstrecken; der erstere
Fall, dass die Auricula übermässig gross ist (Makrotie), ist in ausgesprochener und geradezu entstellender Weise bei uns jedenfalls nicht
allzu oft zu beobachten, und überzählige vollständige Ohrmuscheln, wie sie Cassebohm[2]) an einem Kinde, das zwei normale
und zwei am Halse aufsitzende Muscheln besass, und Langer[3]) in
zwei Fällen von doppelleibigen Missgeburten beschrieben haben, gehören zu den Seltenheiten.

Häufiger finden sich einzelne Theile, vorwiegend der Lobulus,
abnorm stark entwickelt; die gewöhnlichste Form des Bildungsexcesses
besteht aber in Auricularanhängen (Polyotie) (s. Fig. 23), versprengten Knorpelstücken, welche mit Haut überzogen als warzen-
oder walzenförmige Höcker meist vor dem Tragus sitzen. Zuweilen
erinnern diese Auricularanhänge auch an die Gestalt einer wirklichen
Ohrmuschel, wie Knapp[4]), Mignot[5]) u. A. beobachtet haben.

Am äusseren Gehörgange sind Bildungsexcesse selten;

---

[1]) Medical News. New York 1885, S. 24.
[2]) Tractatus sextus de aure monstri humani. Halle 1735.
[3]) Oesterr. Med. Wochenschrift 1846, Nr. 21. Citirt nach Schwartze, Die
pathologische Anatomie des Ohres.
[4]) Transactions of the American Otological Society 1879.
[5]) Acad. de médecine, XXII. 79. Referat: Archiv f. Ohrenhlkde. XVI. 300.

Schwartze[1]) erwähnt aus der älteren Litteratur einige Beispiele von Duplicität des Ohrcanales, welche sich auf eine Hemmung im Schluss der ersten Kiemenspalte zurückführen lassen; einen neuen Fall von doppeltem Gehörgang beschrieb Macauln[2]).

Therapie. Um abnorm grosse Ohrmuscheln zu verkleinern, hat Martino[3]) vorgeschlagen, dreieckige Stücke auszuschneiden: entstellend grosse Lobuli und dislocirte überzählige Muscheln würden sich leicht kürzen lassen; Auricularanhänge sind, wenn ihre Beseitigung überhaupt gewünscht wird, ohne Schwierigkeit mit der Scheere oder

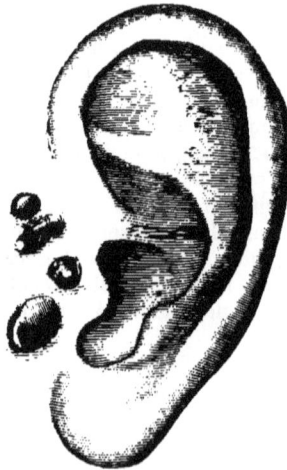

Fig. 23.   Auricularanhänge.

dem Messer abzutragen, wonach bei vorsichtig angelegter Naht kaum sichtbare Narben zurückbleiben.

II. Verletzungen der Ohrmuschel.

Quetschungen und Zerrungen der Ohrmuschel kommen ungemein häufig vor; in den meisten Fällen beruhen sie auf einer höchst übel angebrachten Misshandlung, wie sie leider als Züchtigungsmittel in den Schulen sehr beliebt ist, können aber auch durch andere Traumata, durch Stoss oder Fall. hervorgerufen werden. Man findet in der Regel in der mehr oder weniger gerötheten und geschwollenen oberen Hälfte der Ohrmuschel eine Sugillation, nach Zerrung des Ohres nicht selten daneben von den Fingernägeln herrührende Einschnitte oder Kratzwunden. Hat eine ausgedehntere Gefässzerreissung stattgefunden, so kann ein Theil der Vertiefungen der Auricula, z. B. die fossa scaphoidea,

---

[1]) Die pathologische Anatomie des Ohres. Berlin 1878, S. 31.
[2]) The Specialist. London, 1. October 1881.
[3]) Citirt bei Schwartze, Archiv f. Ohrenhlkde. S. 237.

durch blauviolette, teigige Schwellungen ausgefüllt sein. Beträchtlicher
sind die Erscheinungen, wenn die Quetschung sich auf den knorpeligen
Gehörgang ausdehnt; es zeigt sich dann die ganze Umgebung des
Ohres geschwollen und geröthet, der Ohreingang verengt, und auch
ohne dass der Knorpel in Mitleidenschaft gezogen sein muss, können
dann geringfügige Verkrüppelungen zurückbleiben, wie sie in höherem
Maasse nach Läsion desselben häufiger beobachtet werden. In einzelnen Fällen habe ich nach roher Misshandlung der Muschel (Kneifen
und Zerren) schwerere Folgezustände, namentlich Abscessbildung, sich
entwickeln sehen.

Hieb- und Stichverletzungen heilen an den Ohren sehr
leicht und bei geschickter Anlage der blutigen Naht ohne Entstellung;
auch die Vereinigung vollständig abgetrennter Muscheln durch Knopf-
naht bietet keine Schwierigkeiten und gelingt selbst dann noch, wenn
nach dem Trauma schon einige Stunden verstrichen sind. Nur die
Stichverletzungen des Lobulus, welche meist von Goldschmieden zum
Zweck der Einführung von Ohrringen erzeugt werden, bilden verhältnissmässig oft den Ausgangspunkt für infectiöse Processe; Ekzeme
und Erysipel habe ich wiederholt sich anschliessen sehen, einmal
auch eine sehr langwierige phlegmonöse Entzündung am Lobulus,
der hinteren Fläche der Auricula und am Warzenfortsatze bei einer
Frau, welche in Ermangelung eines Ohrgehänges ein buntes Woll-
fädchen durch das Ohrläppchen gezogen hatte. Dass durch das Ausreissen eines Ohrringes eine Spaltung des Lobulus bewirkt werden
kann, ist schon oben (S. 62 und 64) unter Angabe der von Knapp
dafür vorgeschlagenen Operationsmethode bemerkt worden.

Verlust der ganzen Ohrmuschel, im Orient eine Strafe für
gewisse Vergehen, ist bei uns selten. Blake[1] erwähnt einen Fall, in
welchem eine Auricula durch ein Wagenrad amputirt war, ohne dass
dadurch eine Herabsetzung der Hörfähigkeit eingetreten wäre. Hingegen konnte ich in einem ganz analogen Falle[2], in welchem gleichfalls das Trauma in Ueberfahrenwerden bestand, nachweisen, dass der
Defect der Muschel eine Verminderung der Perception für die nicht in
der Richtung der Gehörgangsachse das Ohr treffenden Schallschwingungen
bedingte und dass die Orientirung über die Schallrichtung wesentlich beeinträchtigt war. Es geht daraus hervor, dass man der Ohrmuschel, wenn ihr Verlust auch im gewöhnlichen Leben kaum merkliche Störungen bedingen mag, doch nicht jede Bedeutung für die
Hörfunction abzusprechen berechtigt ist. Geringere durch Trauma entstandene Deformitäten kommen jedenfalls, obwohl neuerdings Kirchner[3]
durch Experimente den Einfluss der Weite und Tiefe der Concha und
der Grösse des Tragus auf die Hörfähigkeit nachgewiesen hat, in der
Praxis für das Gehör niemals in Betracht, was nach Trautmann[4]
für die forensische Beurtheilung von Wichtigkeit ist.

Fracturen des Ohrknorpels sind in Folge der Elasticität seines
Gewebes äusserst selten.

[1] Jahresber. der Massachusetts-Heilanstalt f. Augen- und Ohrenkranke 1873.
[2] Archiv f. Ohrenhlkde. XXII. 201.
[3] Verhandlungen der Physikalisch-Medicinischen Gesellschaft zu Würzburg.
Neue Folge. Bd. XVI.
[4] Handbuch der gerichtlichen Medicin von Maschka. Bd. I, S. 381.

Die Behandlung der traumatischen Verletzungen der Ohrmuschel
wird nach den allgemeinen Regeln der Chirurgie besorgt; die Anlage
blutiger Nähte in Fällen von Continuitätsstörungen ist schon erwähnt
worden; wo nur Quetschungen bestehen, werden in den meisten Fällen
Bleiwasserumschläge genügen, bei deren Anwendung man den Gehörgang mit Watte zu verschliessen hat.

III. Das Othämatom.

Aetiologie und Pathologie. Den traumatischen Verletzungen
reiht sich das Othämatom an; wenn dasselbe auch durchaus nicht immer
durch eine äussere Gewalteinwirkung entsteht, so ist es doch in einer
grossen Zahl der Fälle auf eine solche zurückzuführen; auch sind
die objectiven Erscheinungen den bei Verletzungen beobachteten nicht
unähnlich.

Unter Othämatom oder Ohrblutgeschwulst versteht man
einen Bluterguss in das Knorpelgewebe der Ohrmuschel oder
zwischen den Ohrknorpel und das ihn bekleidende Peri-
chondrium, welches entweder glatt oder mit einigen adhärenten
Knorpelstücken losgelöst wird. Das Entstehen des Hämatoms am Ohre
wird begünstigt, aber nicht ausschliesslich bedingt durch die zuerst
von Ludwig Meyer[1]) nachgewiesene, von Parreidt[2]), Haupt[3]),
Pollak[4]) bestätigte Zerklüftung und Erweichung des Knorpels
(Chondromalacie), wie sie nach L. Meyer im höheren Alter gewöhnlich eintritt und auch von Th. Simon[5]) bei Irren und Siechen
häufig gefunden wurde. Der Knorpel zeigt sich in solchen Fällen in
mehrere Lamellen gespalten und enthält mehr oder weniger zahlreiche,
mit Bindegewebe und schleimigen Massen erfüllte Hohlräume. Vorwiegend häufig wird diese Gewebsdegeneration des Ohrknorpels bei
Geisteskranken beobachtet, unter welchen Othämatome überhaupt
so verbreitet sind, dass Hun[6]) ihr Vorhandensein geradezu als ein
Symptom des Irrsinnes oder einen Vorboten einer zu erwartenden
geistigen Störung auffassen will. Unterstützt wird diese Theorie durch
die Behauptung von Phillimore[7]), dass er niemals ein Othämatom
ohne Hirnalterationen gefunden habe; auch Wilhelm Meyer[8]) ist
geneigt, in jedem Falle von Haematoma auris dem Geisteszustand und
einer eventuellen erblichen psychischen Belastung besondere Aufmerksamkeit zu schenken. Einen causalen Zusammenhang des Othämatoms
mit cerebralen Krankheitsprocessen glaubt Brown-Séquard[9]) durch
den experimentellen Nachweis constatirt zu haben, dass nach einer

---

[1]) Virchow's Archiv, Bd. 33, S. 455.
[2]) Inaugural-Dissertation. Halle 1864.
[3]) Inaugural-Dissertation. Würzburg 1867.
[4]) Monatsschrift f. Ohrenhlkde. 1879, Nr. 7.
[5]) Berliner Klin. Wochenschrift 1865, S. 406.
[6]) Citirt bei Roosa, Pract. Lehrbuch der Ohrenheilkunde, übersetzt von
L. Weiss. Berlin 1880. S. 49.
[7]) British Medical Journal 1874, April.
[8]) Archiv f. Ohrenhlkde. XVI. 161.
[9]) Transactions of the American Otological Society 1873.

Durchschneidung der corpora restiformia bei Thieren ein Bluterguss unter die Haut der Ohrmuschel erfolge.

Ist eine chondromalacische Zerklüftung des Ohrknorpels vorhanden. wie sie übrigens Köppe[1]) in analoger Weise auch am Nasenknorpel Geisteskranker (Rhinämatom) beschrieben hat, so kann offenbar durch heftige Congestionen[2]), welche sich bei den an secundären Psychosen Leidenden häufig zu wiederholen pflegen, eine Gefässerweiterung und consecutive spontane Hämorrhagie bewirkt werden. Dass in solchen Fällen auch ein Trauma den Bluterguss hervorbringen kann, liegt auf der Hand: allein sicher gehen diejenigen zu weit. welche. wie Gudden[3]), Sexton[4]), Miot und Baratoux[5]), ausschliesslich einen traumatischen Ursprung annehmen wollen. Gudden bestreitet auch das Vorkommen der von L. Meyer beschriebenen Erweichungsvorgänge und wird darin von Mabille[6]) unterstützt, welcher niemals Ablösungen des Perichondriums vom Knorpel gesehen haben will und den pathologischen Vorgang als einen Bluterguss in das subcutane Bindegewebe darstellt.

So unzweifelhaft indessen das Haematoma auris bei Geistesgesunden vorkommt, so sicher entsteht es auch mitunter spontan. Zahlreiche in der Litteratur enthaltene Krankengeschichten beweisen dies. Allerdings dürfte es unmöglich sein, alle Fälle von Othämatom nicht traumatischen Ursprungs auf eine pathologische Metamorphose des Knorpels zurückzuführen: wenigstens spricht das spontane Auftreten der Affection bei jugendlichen Individuen dafür, dass auch andere Ursachen in Betracht kommen müssen. Es sind nämlich spontane Othämatome beobachtet worden von Blau[7]) bei einem 15jährigen Kranken, von Schwartze[8]) und von Barth[9]) bei einem 14jährigen Patienten. von Weil[10]) sogar an einem 1¹⁄₂jährigen Kinde. und ich selbst habe eine Ohrblutgeschwulst durch Einwirkung von Kälte (dieselbe konnte auch in einem Fall von Brunner[11]) als Ursache angesprochen werden) bei einem 6jährigen Knaben entstehen sehen.

Dass eine traumatische Veranlassung öfters angenommen werden muss, als die Patienten, zum Theil aus Schamgefühl, angeben, betont Trautmann[12]) gewiss mit Recht: ob man aber mit Steinbrügge[13]) eine 15 Jahre vor dem Eintreten eines Othämatoms erlittene Misshandlung für dessen Entstehung verantwortlich machen darf, erscheint mir doch zweifelhaft.

---

[1]) Inaugural-Dissertation. Halle 1869.
[2]) Dass Congestionen den Bluterguss befördern können, nimmt auch Southam (British Medical Journ. 1888, Nr. 1277) an, welcher Othämatome auffallend häufig bei Fussballspielern fand.
[3]) Virchow's Archiv, Bd. 51.
[4]) Transactions of the American Otological Society 1884.
[5]) Progrès médical 1888, Nr. 1.
[6]) Annales médico-psychologiques 1888, Nr. 2.
[7]) Archiv f. Ohrenhlkde. II. 213.
[8]) Archiv f. Ohrenhlkde. XIX. 203.
[9]) Zeitschrift f. Ohrenkde. XV. 321.
[10]) Monatsschrift f. Ohrenhlkde. 1883, Nr. 3.
[11]) Archiv f. Ohrenhlkde. V. 26.
[12]) Archiv f. Ohrenhlkde. VII. 114.
[13]) Zeitschrift f. Ohrenhlkde. IX. 137.

Symptome. Der typische Sitz des Othämatoms ist die obere Hälfte der lateralen Fläche der Ohrmuschel; am häufigsten ist die Anthelix und die obere Wand der Concha befallen, grosse Extravasate, namentlich die durch Gewalteinwirkung entstandenen, können die ganze concave Fläche der Auricula mit Ausnahme des Lobulus einnehmen und, wie u. A. Gruber[1]) beobachtet hat, in den Gehörgang übergreifen. Die mediale Seite der Muschel ist nur ausnahmsweise Sitz des Leidens, wenn ein hoch oben an der Helix befindliches Hämatom, wie es Politzer[2]) gesehen hat, auf dieselbe übergeht. Zuweilen finden sich Othämatome gleichzeitig auf beiden Ohren und zwar meist an ganz identischen Stellen.

Das Othämatom bildet gewöhnlich eine rundliche, mitunter fast halbkugelige, glatte Geschwulst (Fig. 24) von blaurother oder, wenn

Fig. 24.
Othämatom.

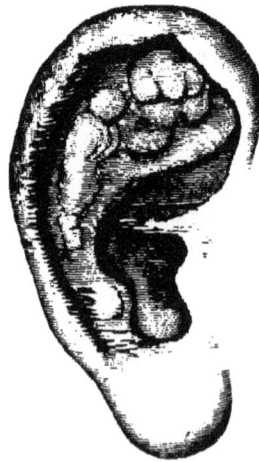

Fig. 25.
Residuen eines Othämatomes.

das Extravasat tief sitzt, gelbrother Farbe, fühlt sich prall-elastisch, zuweilen heiss an und lässt in der Regel deutliche Fluctuation erkennen. Subjective Beschwerden können, zumal bei spontanem Entstehen der Geschwulst, gänzlich fehlen oder sind in Gestalt von Schmerzen, Spannungsgefühl, Jucken und Brennen vorhanden. Schwerhörigkeit besteht nur, wenn der Ohreingang durch den Tumor verschlossen ist und lässt sich durch Zurückdrängen desselben vorübergehend beseitigen.

Der Verlauf der Ohrblutgeschwulst richtet sich nach der Ursache und Intensität der Knorpelverletzung; lag ein Trauma vor, so entsteht der Tumor meist rasch, während bei spontaner Entwickelung einige Tage vergehen können, bevor er seine grösste Ausdehnung erreicht. Eine hochgradige Zerklüftung des Knorpels bedingt auch nach einer vollständigen Resorption des Extravasates eine ungleich-

[1]) Lehrbuch der Ohrenhlkde. II. Aufl., S. 267.
[2]) Lehrbuch der Ohrenhlkde. II. Aufl., S. 167.

mässige Wiedervereinigung der Knorpelhaut mit dem Knorpel, narbige Schrumpfungen und Verdickungen, und es bleiben deswegen regelmässig Deformitäten in Gestalt harter, knotiger Anschwellungen in der Gegend der Helix und Anthelix zurück (Fig. 25). Arndt[1]) will in narbigen Bindegewebe solcher Othämatom-Residuen häufig ächten Knochen gefunden haben; Kalkeinlagerungen sind jedenfalls eine gewöhnlichere Erscheinung. Spontaner Durchbruch der angesammelten Flüssigkeit ist selten, ebenso Vereiterung, wie sie von Wendt[2]). Brunner[3]), Koll[1]) beschrieben ist; in manchen Fällen von eiteriger oder jauchiger Secretion mag eine Verwechselung mit Perichondritis vorgelegen haben. Das Auftreten einer Cyste nach der Incision eines eiterig gewordenen Othämatoms sah Hessler[5]).

Therapie. Leichtere Fälle, Othämatome von geringem Umfange, zumal die nicht durch Knorpelerweichung bedingten, erfordern keine Behandlung. Das Spannungs- und Hitzegefühl vermindert man am schonendsten durch kalte Compressen, wozu Bleiwasser verwandt werden kann; in schwereren Fällen ist der von Politzer[6]) empfohlene Leiter'sche Wärmeregulator, aus gewundenen Bleiröhren bestehend, durch welche Wasser geleitet wird, am Platze. Einreiben von Jod- oder Quecksilbersalben, Bepinselungen mit Collodium sind meist nutzlos, die von Howe[7]) versuchten Injectionen von Ergotin (2,5—6,25 g) wegen der darauf folgenden Schmerzen verwerflich. Punctionen und Incisionen, welche die Entleerung des anfangs rein blutigen, später serösen Inhaltes bezwecken, schützen niemals vor Recidiven und sind nur bei ausgedehnten Hämatomen indicirt. Ich habe niemals eine schnellere Heilung oder vollständigere Rückbildung damit erzielt, als mit dem Druckverband: die relativ besten Resultate erlebte ich bei der Behandlung nach der Methode von Wilhelm Meyer[8]), welche den Compressivverband mit der Massage combinirt. Allerdings habe ich die Massage selten genau nach der Vorschrift, welche viermal täglich ein Viertelstunden langes Kneten verlangt, ausführen können, sondern mich meistens auf eine einmalige Massirung pro die beschränken müssen. Der Druckverband wird nach Polsterung beider Ohrmuschelflächen mit Watte durch eine mehrfach um den Kopf geführte feste Flanellbinde hergestellt. Dass man mit der Massage, die man niemals ohne vorherige Bestreichung der Muschel mit Vaselinsalbe ausführen soll, nicht zu früh beginnen dürfe, betonen Blake[9]) und Politzer[10]) nach meinen Erfahrungen mit Recht, da es bei unvorsichtigem Vorgehen in der That zu erneuten Blutungen kommen kann.

[1]) Inaugural-Dissertation. Greifswald 1888.
[2]) Archiv f. Ohrenhlkde. III. 29.
[3]) Archiv f. Ohrenhlkde. V. 26.
[4]) Archiv f. Ohrenhlkde. XXV. 77.
[5]) Archiv f. Ohrenhlkde. XXIII. 143.
[6]) Lehrbuch der Ohrenhlkde. II. Aufl., S. 168.
[7]) Transactions of the American Otological Society 1883.
[8]) Archiv f. Ohrenhlkde. XVI. 161.
[9]) American Journal of Otology, Bd. III, Heft 3.
[10]) Lehrbuch der Ohrenhlkde II. Aufl., S 168.

IV. Die Entzündungen an der Ohrmuschel.

a. Seborrhoe, Psoriasis, Pityriasis, Pemphigus, Herpes, Erysipelas, Syphiliden, Lupus.

Die an der Ohrmuschel zur Beobachtung kommenden Entzündungsvorgänge haben, soweit sie nur die Hautdecke befallen, nichts Spezifisches; sie können auf der Auricula entstehen oder von deren Umgebung, besonders von der behaarten Kopfhaut, auf dieselbe übergreifen und können im ersteren Falle auf die Ohrmuschel beschränkt bleiben oder sich auf den Gehörgang und die benachbarten Theile des Ohres fortsetzen.

Neben den mannichfachen Formen des unten zu besprechenden Ekzems kommen Psoriasis, Pemphigus, Herpes, Erysipelas, verschiedene Syphilisdermatosen, Lupus vor. Bei Irritation der Talgdrüsen, welche meist nicht auf die Ohrmuschel beschränkt ist, sondern auch die Kopfhaut betrifft, kommt es zu **Seborrhoe**, einer oft recht langwierigen Secretionsanomalie, welche sich durch eine dicke, anfangs weisse, später mehr bräunliche Auflagerung von Talg- und Epithelmassen auf der nicht geschwollenen, aber gerötheten Auricula bemerklich macht, aber meist keine subjectiven Beschwerden verursacht.

Psoriasis ist selten und noch häufiger als die Seborrhoe gleichzeitig auf die Haut des Kopfes ausgedehnt.

Pityriasis sah Kirchner[1]) von der Brust und dem Halse auf das Ohr übergehen und daselbst die charakteristischen bräunlichgelben Flecken und kleienförmigen Abschuppungen erzeugen.

Pemphigus wurde von Rohrer[2]) in einem Falle an der Ohrmuschel constatirt.

Etwas häufiger ist **Herpes** am äusseren Ohre zu finden. Derselbe stellt sich nach Ladreit de Lacharrière[3]) meist nach Verdauungsstörungen und nur bei Erwachsenen ein; doch muss ich dem gegenüber erwähnen, dass ich mich zweier Fälle von ganz typischer Herpeseruption bei Kindern erinnere. Dem Auftreten der Bläschenflechte gehen häufig Temperatursteigerungen und heftige, auf ein bestimmtes Gebiet beschränkte Schmerzen voraus, welche besonders intensiv sind, wenn die Eruption im Gehörgange erfolgt; in letzterem kann es zu einer recht profusen Secretion von spezifischem Geruch kommen (Ladreit). Der Sitz der von einem hellrothen Hof umgebenen Bläschen ist, wie schon von Gruber[4]) hervorgehoben wurde, an den Verlauf bestimmter Hautnerven, besonders des nerv. auricularis

---

[1]) Monatsschrift f. Ohrenhlkde. 1885, Nr. 3.
[2]) Bayr. ärztl. Intelligenzblatt 1885, Nr. 23.
[3]) Annales des maladies de l'oreille 1877, S. 349.
[4]) Monatsschrift f. Ohrenhlkde. 1875, Nr. 5.

magnus und des nerv. temporalis superficialis, gebunden. Chatellier[1]) glaubt die Herpeseruption in einem Falle auf die Anwendung von Borsäurespiritus zurückführen zu müssen. In einem von mir während einer Influenza-Epidemie beobachteten Falle, in welchem tagelang heftige Schmerzen an der hinteren Fläche der Ohrmuschel ohne die geringsten objectiven Symptome bestanden, entwickelte sich der Herpes nicht allein an einer ungewöhnlichen Stelle, nämlich der convexen Seite der Muschel, sondern war auch von einer sehr schmerzhaften und andauernden Neuralgie am Warzenfortsatze und der Auricula gefolgt.

Erysipelas entwickelt sich am äusseren Ohre, wenn der spezifische Streptococcus in vorhandene Hautdefecte. z. B. beim Ekzem oder bei traumatischen Erosionen. eindringt; auch nach einer von einem Juwelier vorgenommenen Durchstechung der Ohrläppchen habe ich diese Affection am Ohre beginnen sehen. Die Entzündung, welche meist durch heftige Schmerzen, eine glänzende. scharf abgesetzte Röthung und Schwellung der Haut charakterisirt ist. breitet sich in der Regel über die Wange und Schläfe aus; nicht selten bilden sich Blasen. welche ich bis zu Markstückgrösse habe wachsen sehen. Fieber kann fehlen (Erysipeloid).

Syphilitische Affectionen sind selten: dies gilt ganz besonders von den Primäraffectionen, von denen Politzer[2]) nur vier Fälle aufzählt: aber auch aus den späteren Stadien der Syphilis herrührende Infectionen wurden am äusseren Ohre nicht häufig beobachtet mit Ausnahme der Condylome. welche von mehreren Autoren, so von Stöhr[3]), Gruber[4]), Deprès[5]). Buck[6]). Noquet[7]) u. A. besonders im Gehörgange beschrieben worden sind. Syphilitische Ulcerationen erwähnen Buck (l. c.). Sexton[8]). Rohden und Kretschmann[9]), Politzer[10]); Hessler[11]) sah in Folge eines gummösen Ulcus partielle Knorpelnekrose entstehen.

Lupus kann von dem Gesicht auf das Ohr übergehen, scheint sich aber häufiger auf der Muschel primär zu entwickeln und auf letztere beschränkt zu bleiben: er befällt mit Vorliebe den Lobulus, welcher bei diffuser Infiltration colossal anschwellen kann. Lupus exulcerans hat Politzer[12]) in zwei Fällen beobachtet. Bei einem meiner Patienten, welcher schon längere Zeit von anderer Seite auf „Ekzem" behandelt worden war. zeigte sich eine weit ausgebreitete Knötchenbildung auf

[1]) Annales des maladies de l'oreille 1886, Nr. 6.
[2]) Lehrbuch der Ohrenhlkde. II. Aufl., S. 163.
[3]) Archiv f. Ohrenhlkde. V. 131.
[4]) Wiener Med. Presse 1870, Nr. 1, 3, 6.
[5]) Annales des maladies de l'oreille 1878, S. 311.
[6]) American Journal of Otology 1879, Nr. 10.
[7]) Revue mensuelle de Laryngologie 1885, Nr. 7.
[8]) Journal of cutaneous and venereal diseases I, Nr. 9.
[9]) Archiv f. Ohrenhlkde. XXV. 131.
[10]) Lehrbuch, II. Aufl., S. 165.
[11]) Archiv f. Ohrenhlkde. XX. 242.
[12]) Lehrbuch, II. Aufl., S. 161.

beiden Seiten des Ohrläppchens, so dass letzteres einen blaurothen, fast
kugelförmigen Tumor von etwa 3,5 cm Durchmesser bildete; auch über
die ganze übrige Ohrmuschel verbreiteten sich disseminirte Lupus-
tuberkeln, welche zum Theil in ulcerösem Zerfall begriffen waren.

Was die Behandlung der hier angeführten Affectionen am äusseren Ohre betrifft, so weicht dieselbe von der sonst dabei üblichen
nicht ab. Gegen Seborrhoe verordnet man Einreibungen von Seife
oder Vaselin- oder Lanolinsalben; bei Psoriasis und Pityriasis fand
Kirchner (l. c.) dreimal wöchentlich zu wiederholende Einpinselungen
von Oleum cadini und Spiritus zu gleichen Theilen wirksam. Bei Herpes bedeckt man die Bläschen mit Sublimatgaze und lässt nach Gruber
(l. c.) Unguent. diachyl. mit Opiumpulver aufstreichen; zur Beförderung
der Eintrocknung dient Calomelpulver. Erysipelas erfordert Bleiwasserumschläge mit Opiumzusatz oder Application von Carbollint-
streifen [Roosa] [1]; ich verwende eine 0,1%ige Sublimat-Vaselinsalbe.
Bei syphilitischen Affectionen handelt es sich meist neben der sehr
wesentlichen Allgemeinbehandlung um Aetzungen mit Lapis oder dem
Galvanokauter; Quecksilber- und Jodsalben können die Heilung befördern. Lupus habe ich, wo nicht tiefere Eingriffe indicirt waren, ausschliesslich mit dem Lapisstifte behandelt.

b. Das Ekzem des äusseren Ohres.

Aetiologie. Ekzem wird am Ohre ungemein häufig beobachtet;
es befällt vorzugsweise Kinder und besonders Mädchen; nach meinen
statistischen Erhebungen betraf das Ekzem in 70,7 % Kinder und in
63 % das weibliche Geschlecht. Auf den Zusammenhang mit Menstruationsanomalien und das häufige Auftreten des Ekzems in den
klimakterischen Jahren ist schon längst aufmerksam gemacht worden.
auch Skrophulose und Rhachitis, Hämorrhoidalleiden und andere
mit Obstipation verbundene Krankheiten hat man von jeher als
prädisponirende Momente anerkannt. Im übrigen kommen thermische,
mechanische und chemische Reize bei der Entstehung des Ekzems
in Betracht; so z. B. der Aufenthalt in heissem Sonnenschein, die Application sehr warmer Umschläge, zu kalte Douchen; das Reiben von Hut-
bändern, der von Cerumenansammlungen ausgehende Druck, das häufige
Bohren im Gehörgange zum Behufe der Reinigung; ferner Einträufelungen von irritirenden Flüssigkeiten, wie Eau de Cologne, Chloroform,
das Einschieben von Kamphor in den Gehörgang, die Anwendung
scharfer Pomaden, Salben oder Pflaster; auch bei längerem Verweilen
von eiterigen Secreten im Gehörgange und der Concha entwickelt sich Ekzem nicht selten, und zwar ist mir aufgefallen, dass dies
besonders häufig bei dem von cariösen Processen herrührenden Eiter
vorkommt, sei es, dass in solchen Fällen eine günstige Vorbedingung
für die Entstehung des Ekzems besteht, oder dass das Secret bei Caries
in höherem Grade ätzend wirkt, als das Product von weniger malignen
Entzündungen.

---

[1] Lehrbuch der practischen Ohrenhlkde., übersetzt von L. Weiss, S. 59.

Verlauf. Das Ekzem befällt entweder nur das Ohr oder ist auf die Umgebung desselben ausgebreitet: beide Fälle kommen ungefähr gleich häufig vor. Es wird sowohl die concave als die convexe Seite der Ohrmuschel befallen. mit Vorliebe an der ersteren die Vertiefungen der oberen Hälfte. an der letzteren der Anheftungswinkel, auf beiden Seiten der Lobulus. Auf den äusseren Gehörgang greift das Ekzem sehr häufig über. seltener auf das Trommelfell; gleichzeitiges Ergriffensein beider Ohren ist eine gewöhnliche Erscheinung. zumal bei den auf inneren Ursachen beruhenden Erkrankungen.

Sämmtliche an anderen Körperstellen vorkommenden Ekzemformen werden auch am Ohre beobachtet. Die gewöhnlichsten sind die impetiginöse und die squamöse Form: die erstere ist bekanntlich characterisirt durch intensive Röthung und Schwellung, sowie eine seröse Exsudation, welche entweder innerhalb weniger Tage zur Bildung von Bläschen (Ekzema pustulosum) oder bei sehr stürmischem Verlaufe zu grösseren Epidermisdefecten (Ekzema rubrum) führt. so dass man nur eine stark infiltrirte, geröthete, zum Theil mit Schrunden bedeckte und lebhaft nässende Haut vor sich sieht. Durch Gerinnung der eiweisshaltigen Flüssigkeit, welche sich aus den Bläschen oder der Cutis direct ergiesst, kommt es sodann zur Schorfbildung, und es ist erstaunlich, wie dick die Borken bisweilen sind, welche die excoriirte Haut. meist nicht nur des Ohres. sondern der benachbarten Theile, bedecken (Milchschorf). Das Ohr kann so vollständig mit derartigen gelben Krusten überzogen sein. dass man von seiner ursprünglichen Oberfläche und Form nichts mehr zu erkennen vermag. Beim pustulösen Ekzem kommt es mitunter zur Eintrocknung der Bläschen ohne ein Aufbrechen derselben. meist aber tritt eine Eröffnung und ein seröser Erguss ein, welcher so profus sein kann, dass die Flüssigkeit über das Ohrläppchen herabtropft.

Beim squamösen Ekzem handelt es sich um eine übermässige Abstossung und Entwickelung von Epidermis auf stark gerötheter Cutis; es kann dabei eine so beträchtliche Infiltration bestehen, dass die Ohrmuschel zu einer unförmlichen Masse anschwillt und der Gehörgang, falls er in Mitleidenschaft gezogen wird, bis auf einen engen Spalt verschlossen erscheint. Meist finden sich daneben in der Haut einzelne tiefe, nässende Rhagaden. Das squamöse Ekzem ist hauptsächlich diejenige Form, welche einen protrahirten Verlauf nimmt. doch wird auch die impetiginöse Form durchaus nicht selten chronisch. sei es, dass sie nach baldiger Heilung sehr rasch recidivirt oder von Anfang an keine Neigung zur Besserung verräth. Uebrigens kann die impetiginöse Form auch in die squamöse übergehen und neben dieser bestehen: wir finden dann an der stark gerötheten und geschwollenen Ohrmuschel einzelne Stellen mit Borken bedeckt. an anderen, und häufig dann auch im Gehörgange, eine mehr oder minder erhebliche Desquamation.

Prognose. Während das acute Ekzem unter günstigen Bedingungen innerhalb weniger Tage zu heilen und nur wegen der Neigung zn Recidiven einige Schwierigkeiten zu bereiten pflegt, ist das chronische Ekzem eine oft sehr hartnäckige Krankheit. welche die Geduld des Arztes und des Patienten auf harte Proben stellen kann. und die Prognose

ist, zumal wenn es sich um schwächliche Patienten oder weibliche
Kranke mit Menstruationsanomalien handelt, nicht günstig. Es vergehen sehr oft viele Monate, gar nicht selten Jahre, ehe das Ekzem,
obwohl sich von Zeit zu Zeit eine vorübergehende Besserung zeigen
mag, geheilt wird. Unter einer geeigneten und consequenten Behandlung
kann man aber fast stets auf eine schliessliche Wiederherstellung rechnen.
Allerdings bleiben mitunter Hypertrophien der Haut zurück: dieselben sind aber nur dann von Bedeutung, wenn sie entweder an der
Ohrmuschel eine erhebliche Entstellung bedingen oder wenn sie zu einer
Stenosirung oder Atresie des Gehörganges führen, ein Ausgang,
welcher nicht selten beobachtet wird. Während solche Verengerungen
des Ohrcanales in der Mehrzahl der Fälle auf eine bindegewebige Hypertrophie zurückzuführen sind, kommt es ausnahmsweise, wie in einem
Falle von Moos [1]), zu einem knöchernen Verschluss.

Symptome. Beim acuten Ekzem ist bereits in dem Stadium der
Hyperämie, welches der Exsudation vorangeht, ein Gefühl von Spannung und Hitze vorhanden. Mit dem Eintritt der Bläschenbildung
oder des Nässens stellt sich sodann fast regelmässig ein Jucken ein.
Schmerzen treten selten in den Vordergrund und die Hörfähigkeit
ist nur dann herabgesetzt, wenn eine hochgradige Schwellung oder eine
Ansammlung von abgestossenen Epidermismassen oder Borken ein mecha-
nisches Hinderniss für die Schallwellen bildet oder wenn das Trommelfell in Mitleidenschaft gezogen ist.
Das chronische Ekzem zeichnet sich durch ein äusserst quälendes Jucken aus; werden die Patienten dadurch veranlasst, im Ohre zu
kratzen und zu bohren, so tritt leicht eine Exacerbation mit intensiven Schmerzen, hochgradiger Schwellung und seröser Absonderung,
nicht selten auch Furunkelbildung ein. In diesem Falle pflegt auch
Schwerhörigkeit zu bestehen, welche sonst fehlt. Subjective Geräusche sind häufig, sie lassen, wenn der Gehörgang frei ist, auf eine
Hyperämie der tieferen Ohrabschnitte schliessen.

Therapie. Für die leichten Fälle von acutem pustulösem
Ekzem genügt meist der Abschluss der Luft, welchen man am besten
durch Streupulver erreicht: das beliebte Amylum, sowie das Lyco-
podium, welche den Vorzug besitzen, dass sie sich leicht und gleichmässig aufstreuen lassen, wende ich höchstens bei trockener Bläschenbildung an, weil sie mit dem Secrete eine schmierige Masse bilden, und
ziehe sonst stets Magnesia usta vor, welche mitunter überraschend
schnell wirkt und sich auch als Constituens für andere Streupulver
eignet. Als solche können Alaun, Salicylsäure, Calomel, Zincum oxy-
datum verordnet werden, z. B. Rp. Zinc. oxyd. 5,0, Alumin. 10,0,
Magnes. ust. 85; Rp. Acid. salicyl. 2,0 : 50,0 Magn. ust.: Calomel kann
rein aufgestreut werden. Das Pudern geschieht am besten mit Hülfe
eines lose zusammengedrückten Wattebausches, kann aber auch mit einer
Streupulverbüchse, wie sie die Bäcker zum Ueberzuckern benutzen, bewerkstelligt werden.

---

[1]) Zeitschrift f. Ohrenhlkde. XIII. 165.

Umschläge von Bleiwasser oder dem von Politzer[1]) warm empfohlenen 10fach verdünnten Liquor Burowi oder Ichthyol sind nur bei schmerzhafter Infiltration indicirt, im Uebrigen sind Flüssigkeiten möglichst zu vermeiden.

Beim impetiginösen Ekzem sind Salben am Platze; allein da hier die Medicamente nicht durch die Krusten hindurch auf die kranken Hautstellen dringen können, ist es die erste Bedingung, für die Entfernung dieser störenden Auflagerungen, welche leider nicht nur von Laien, sondern von manchen Aerzten für unantastbar gehalten werden, Sorge zu tragen. Dies soll nicht mit Gewalt durchgesetzt werden, weil dadurch kleine Blutungen, Rhagaden und eine vermehrte Exsudation erzeugt werden, sondern muss durch aufweichende Umschläge erreicht werden. Nach Politzer[2]) eignet sich hierfür am besten der Perubalsam, welchen ich indessen noch nicht angewandt habe; ich verwende entweder Thymolöl (Rp. 0,5 Thymoli, 25,0 Olei oliv.) oder eine 5 —10 %ige Borsäuresalbe, welche mit Vaselinum flavum bereitet werden muss. Das Thymolöl wird mittelst Compressen aufgetragen, welche um beide Seiten der vorher mit demselben Mittel bestrichenen Ohrmuschel gelegt werden und mit einer Gazebinde fixirt 24 Stunden liegen bleiben, worauf die Krusten sich dann ohne Schwierigkeit mit der Pincette abheben lassen. Die Borsalbe gewährt den Vortheil, dass sie dick aufgestrichen und mit einem leichten Verband bedeckt nicht allein die Krusten aufweicht, sondern auch heilend auf die darunter liegenden wunden Hautparthien einwirkt. Ich habe zahllose Fälle von Ekzem durch den Borsalbenverband in kurzer Zeit geheilt und fast stets andere Salben entbehrlich gefunden. Empfohlen werden Unguentum diachylon, Zink-, Glycerinsalbe, die Pagenstecher'sche Quecksilbersalbe, Tannin-, Creolinsalbe (Urbantschitsch); ich fand wirksamer als diese Medicamente, aber schwerer als die Borvaselinsalbe zu appliciren, eine 4 %ige Salicylpaste (Rp. Acid. salicyl. 2,0. Zinc. oxyd., Vaselin. flav. aa 25,0), welche besonders bei den Mischformen des Ekzems gute Dienste leistet. Die Salbenverbände sind nicht öfter als einmal täglich zu wechseln und können in leichten Fällen zwei Tage liegen bleiben.

Die von Wilde zuerst und von Knapp[3]) neuerdings wieder empfohlene Bepinselung der von den Krusten befreiten Coriumstellen mit 1 —2—3 %iger Lapislösung fand ich nur für die Behandlung des Gehörgangekzems vortheilhaft; man bringt die Lösung am besten auf einem Wattebausch mit Hülfe der Ohrpincette in den Gehörgang und wiederholt diese Procedur, welche das Jucken in sehr wohlthuender Weise zu mildern pflegt, alle zwei Tage. Auch die von Schwartze[4]) empfohlenen Sublimatüberschläge (0,05 : 100), welche 3 - 4mal täglich je eine Stunde lang angewandt werden sollen, scheinen mir im Gehörgang, hier gleichfalls auf Watte eingeführt, bessere Dienste zu leisten als an der Muschel.

Auch für die Behandlung des squamösen Ekzems ziehe ich die

---

[1]) Lehrbuch der Ohrenhlkde. II. Aufl., S. 157.
[2]) Lehrbuch der Ohrenhlkde. II. Aufl., S. 158.
[3]) Zeitschrift f. Ohrenhlkde. X. 180.
[4]) Die chirurgischen Krankheiten des Ohres, S. 74.

Borvaselinsalbe vor; doch genügt dieselbe bei beträchtlicher Verdickung der Haut nicht immer und muss dann durch eine 5—10 %ige Tanninvaselinsalbe oder das von Politzer (1. c.) empfohlene Salicylseifenpflaster (Acid. salicyl. 1—1.5 auf Emplastr. sapon. 10,0) ersetzt werden. Die weisse Präcipitatsalbe, welcher Wreden[1]) eine unfehlbare Wirkung nachrühmt, ist gleichfalls oft recht wirksam. In den hartnäckigsten Fällen von chronischem Schuppenekzem, aber nur in diesen, erreicht man zuweilen gute Resultate mit Theerpräparaten, wie Ol. rusci, Ol. cadini, Ol. fagi. Wenn möglich vermeide ich dieselben gern, da sie stärker reizen als andere Medicamente. Tiefere Rhagaden, welche unter dem Salbenverband, allenfalls nebenher mit Magnesia usta bestreut, oft ohne Weiteres heilen, sind bei längerem Bestehen mit Lapis in Substanz zu touchiren.

Beim squamösen Ekzem des Gehörganges ist ausser der bereits erwähnten Behandlung mit Lapislösung, die bis zu 10% concentrirt werden kann, das Einlegen von Wattebäuschen mit Thymolöl oder mit Borsalbe oder Präcipitatsalbe sehr nützlich. Ausspritzungen sind möglichst zu vermeiden. Bei pustulösem Ekzem und grösseren Epidermisdefecten leistet Liq. plumbi subacetici (etwa 5 : 15 Wasser) gute Dienste.

Wesentlich ist es bei der Behandlung des Ohrekzems, dass man gleichzeitige Eruptionen in der Umgebung des Ohres nicht unberücksichtigt lässt; soweit thunlich schützt man auch diese Stellen mit dem Borsalbenverbande. Bei Betheiligung des Lobulus ist dafür Sorge zu tragen, dass etwa vorhandene Ohrringe entfernt werden.

Schliesslich wird man in Fällen von chronischem Ekzem die locale Behandlung durch eine interne Medication unterstützen müssen. Ich habe wiederholt gesehen, dass sehr hartnäckige Erkrankungsformen, welche allen Mitteln Widerstand leisteten, sich entschieden rascher besserten bei innerlichem Gebrauch von Leberthran, Jodeisensyrup, Liquor Kalii arsenicosi. Auch kann ich Gruber's[2]) günstige Erfahrungen über das Levicowasser bestätigen.

c. Die phlegmonöse Entzündung der Ohrmuschel.

Die phlegmonöse Ohrmuschelentzündung beruht stets auf einer Infection und schliesst sich an irgend eine Verletzung an, welche den pyogenen Coccen den Eintritt ins Gewebe gestattet. Sie nimmt häufig ihren Ausgangspunkt im Gehörgang und ist meist an einen bestimmten Bezirk, z. B. die Concha, wie ich sie am häufigsten sah, beschränkt, kann aber auch diffus auftreten. Das Zellgewebe kann dabei so beträchtlich anschwellen, dass ähnliche Vorwölbungen an der Muschel entstehen wie beim Othämatom, auch bleiben zuweilen ähnliche Deformitäten wie bei diesem zurück, namentlich wenn es nicht zur Abscessbildung kommt.

Der Verlauf ist in der Regel der, dass unter Temperatursteigerung und heftigen klopfenden und stechenden Schmerzen eine derbe, brettharte Anschwellung der gerötheten Haut sich langsam entwickelt, welche allmählich die Vertiefungen des erkrankten Theiles der Auricula aus-

[1]) St. Petersburger Med. Zeitschrift 1863, Heft 9, 11.
[2]) Lehrbuch der Ohrenhlkde. II. Aufl., S. 277.

füllt und bei Ergriffensein des äusseren Gehörganges auch diesen vollständig verschliesst. Die Cervical- und Submaxillardrüsen sind dabei
geschwollen, der Hals steif, jede Berührung empfindlich. Nach einigen
Tagen ist Fluctuation zu fühlen, und der nun an Grösse zunehmende
Abscess bildet eine sackartige Geschwulst. Nach dem oft in den
Gehörgang erfolgenden Durchbruch oder der operativen Entleerung des
Eiters bildet sich die Zellgewebsentzündung zwar rasch zurück, doch
kommt es sehr oft innerhalb 8—10 Tagen zu Recidiven, welche denselben Verlauf nehmen wie die erste Erkrankung und, je häufiger sie
sich wiederholen, umso grössere Entstellungen hinterlassen. Dieselben
sind neben der Möglichkeit eines protrahirten Verlaufes bei der sonst
günstigen Prognose zu berücksichtigen. Ausgang in Gangrän ist nur
in vereinzelten Fällen beobachtet worden, wie denn Brand der Ohrmuschel überhaupt zu den grössten Seltenheiten gehört [1].

Ausser dem Fieber und den Schmerzen kann erhebliche Schwerhörigkeit bestehen, deren Grad stets von dem Schwellungszustande des
Gehörganges abhängig ist, subjective Geräusche fehlen fast niemals.

Die Behandlung ist zunächst eine antiphlogistische: Eisumschläge,
örtliche Blutentziehungen-(Blutegel vor den Tragus und auf den Warzenfortsatz) können Erleichterung schaffen, den Process aber wohl kaum
coupiren. Schreitet derselbe vorwärts, so sind Priessnitz'sche Umschläge, nicht aber Kataplasmirungen, indicirt, das Hauptgewicht ist
aber auf eine möglichst frühzeitige und ausgiebige Incision und eine
sorgfältig durchgeführte Antisepsis zu legen.

d. Perichondritis auriculae.

Die Knorpelhautentzündung an der Ohrmuschel ähnelt in manchen
anatomischen und klinischen Beziehungen dem Othämatom. Sie befällt
gleich diesem den oberen Theil der lateralen Muschelfläche, niemals
das knorpellose Ohrläppchen, bildet gleich dieser eine stark prominente,
allerdings weniger blaurothe Geschwulst, führt zu ähnlichen Ablösungen
des Perichondriums vom Knorpel und zu analogen Deformitäten. Da
auch der Inhalt des Tumors sich von der im späteren Stadium des
Othämatoms vorhandenen serösen Flüssigkeit äusserlich wenig unterscheidet, so kann eine Verwechselung leicht vorkommen, und ich glaube,
dass die Perichondritis auriculae nur deshalb früher für so selten gegolten hat, weil manche Fälle von perichondritischer Schwellung für
solche von Othämatom gehalten worden sind.

Die Entstehungsursache der Knorpelhautentzündung ist meist nicht
bekannt, dürfte aber stets in einer Infection zu suchen sein. Der Process beginnt häufig im Gehörgange, kann aber auch von Anfang an
auf die Auricula beschränkt sein und ersteren gänzlich verschonen.

Die erste Erscheinung, lebhafte Röthung und Schwellung einer
circumscripten Stelle, schreitet – im Gegensatz zum Othämatom —
langsam vorwärts: noch ehe sie ihren Höhepunkt erreicht hat, zeigt
sich Fluctuation; bevor es zum Durchbruch kommt, oft auch noch nach
der Bildung einer Fistel, kriecht die Entzündung weiter und ergreift
nicht selten die ganze concave Fläche der Auricula mit Ausschluss des

Lobulus, wobei sämmtliche Erhabenheiten und Vertiefungen verstreichen und in die höckerige blassrothe Geschwulst übergehen (Fig. 26). Mitunter bricht die klebrige, serös flockige Flüssigkeit, welche in späteren Stadien stets mit Eiter gemischt ist, an verschiedenen Stellen durch, so dass mehrere fistulöse Zerklüftungen neben einander bestehen. Bei einigermaassen beträchtlicher Ausdehnung der Entzündung finden sich die Lymphdrüsen in der Umgebung des Ohres infiltrirt.

Die Dauer des Krankheitsprocesses kann sich auf mehrere Monate erstrecken, wie ich es zweimal erlebt habe und wie auch von Pomeroy[1]), Knapp[2]), Benni[3]), Bartsch[4]), Politzer[5]) beschrieben worden ist. Schwartze[6]) hat sogar einen Fall in Behandlung genommen, in welchem das Leiden bereits über zwei Jahre bestand.

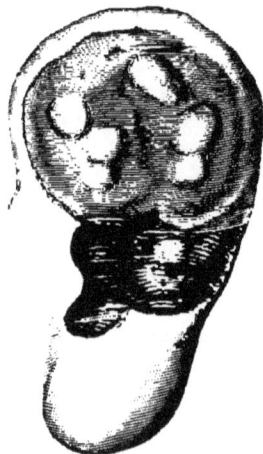

Fig. 26. Perichondritis auriculae.

Die Rückbildung erfolgt stets langsam und meist unvollständig; es können sehr erhebliche Verkrüppelungen an der Muschel und Stenosirungen im Gehörgange persistiren. Knapp (l. c.) beobachtete eine Schrumpfung der Ohrmuschel bis auf kaum zwei Drittheile ihrer früheren Grösse; nur das Läppchen hatte, da es nicht bei der Entzündung betheiligt war, seinen ursprünglichen Umfang behalten. Nach Gruber[7]) und Roosa[8]) soll übrigens auch der Lobulus von Perichondritis (?) ergriffen werden können; er müsste dann wohl ausnahmsweise einen langen Knorpelfortsatz enthalten.

Behandlung. Im Anfangsstadium wird man die Entzündung durch Einwirkung von Kälte zu bekämpfen suchen; Bepinselungen mit

[1]) Transactions of the American Otological Society 1875.
[2]) Zeitschrift f. Ohrenhlkde. X. 42 ff.
[3]) Zeitschrift f. Ohrenhlkde. XIV. 166. (Baseler Congress.)
[4]) Monatsschrift f. Ohrenhlkde. 1884. Nr. 12.
[5]) Lehrbuch der Ohrenhlkde. II. Aufl., S. 169.
[6]) Die chirurgischen Krankheiten des Ohres, S. 76.
[7]) Lehrbuch der Ohrenhlkde. II. Aufl., S. 279.
[8]) Lehrbuch der practischen Ohrenhlkde. übersetzt von L. Weiss, S. 53.

Collodium dürften nur selten eine Rückbildung bewirken. Sobald Fluctuation nachweisbar ist, welche durch hydropathische Umschläge befördert werden kann, muss zur Incision geschritten werden, und zwar genügt hierbei nicht ein einfacher Einschnitt an der tiefsten Stelle, sondern man muss die ganze Geschwulst spalten. Wo sich eine Abhebung des Perichondriums herausstellt, ist auch dieses zu durchtrennen und mit der Sonde sorgfältig der rauhe Knorpel abzutasten und nach etwaigen Fistelgängen zu forschen. Dieselben müssen gründlich ihrer ganzen, zuweilen mehr als 1,5 cm betragenden Länge nach aufgeschlitzt werden. Enthält die Höhle Granulationsgewebe, so entfernt man dasselbe mit dem scharfen Löffel, verfährt auch sonst nach den allgemeinen Regeln der Chirurgie und sorgt namentlich für Drainage.

e. Erfrierung der Ohrmuschel.

Die nach einer Erfrierung am Ohre auftretenden Entzündungsvorgänge können sehr verschiedenartige sein; am häufigsten verlaufen dieselben in Form einer hartnäckigen Infiltration und Röthung der Haut an umschriebenen Stellen, ferner in Gestalt von kleinen knotigen Erhabenheiten, welche ihren Sitz in der Regel an der Helix haben, und von zuweilen platzenden und secernirenden Bläschen und Pusteln. Die letzteren geben mitunter Veranlassung zur Geschwürsbildung, und in seltenen Fällen kann es dann zu theilweiser Exfoliation des Knorpels oder zu Gangrän kommen. Kipp[1]) beobachtete die Entstehung eines haselnussgrossen cavernösen Angioms aus einem durch Frost entstandenen blauen Fleck am Lobulus.

Unter den subjectiven Beschwerden tritt ein höchst lästiges, zumal beim Witterungswechsel sich einstellendes Jucken und Brennen in den Vordergrund; eigentliche Schmerzen treten nur bei tiefergreifenden ulcerativen Processen ein.

Behandlung. Circumscripte Schwellungen und Knötchen bepinselt man mit reiner oder durch Opiumtinctur verdünnter Jodtinctur, Traumaticin oder Jodoformcollodium. Politzer[2]) empfiehlt Waschungen und Abreibungen mit möglichst heissem Wasser. Pusteln und Blasen werden am besten mit einer Lanzennadel incidirt und das blossgelegte Corium mit Borsalbe bedeckt oder mit Lapislösung bepinselt. Bei Geschwürsbildung sind Aetzungen mit Lapis in Substanz von Nutzen.

f. Verbrennung der Ohrmuschel und des Gehörganges.

Nach Trautmann[3]) wirken hohe Hitzegrade nachtheiliger auf das Ohr als Frost. Am häufigsten kommt die Verbrühung durch heisse Flüssigkeiten zu Stande: so haben Gruber[4]) und Marian[5]) Fälle gesehen, in welchen Suppe über das Ohr gegossen worden war; auch

---

[1]) Transactions of the American Otological Society 1875.
[2]) Lehrbuch der Ohrenhlkde. II. Aufl., S. 139.
[3]) Archiv f. Ohrenhlkde. XVII. 229.
[4]) Lehrbuch der Ohrenhlkde. II. Aufl., S. 263.
[5]) Archiv f. Ohrenhlkde. XXII. 216.

concentrirte Carbolsäure scheint öfters Veranlassung zur Verbrennung
zu geben, wie Gruber (l. c.) Christinneck[1]) und Blau[2]) beobachtet
haben. Der Gehörgang wird in den meisten Fällen mitbetroffen und
kann hochgradig anschwellen.
In leichteren Fällen kommt es zur Blasenbildung, nässenden
Hautdefecten und Geschwüren (Bezold[3]), bei intensiverer Verbrennung zu schwieliger Verdickung und Infiltration der Haut.
Granulationsbildung, narbigen Schrumpfungen und Verwachsungen; letztere können namentlich im Gehörgang sehr störend werden.

Behandlung. Bei einfacher Blasenbildung genügt die Eröffnung
durch Einstiche und ein schützender Verband; nässende Stellen bedecke
man mit der altbewährten Mischung von Kalkwasser und Leinöl oder
mit Borsalbe; Verwachsungen und Stenosirungen lassen sich im Gehörgang durch Einlegen von Pressschwammkegeln, Laminariastäbchen oder
den von Politzer[4]) empfohlenen Hartgummicanülen, an der hinteren
Fläche der Muschel durch Zwischenschieben eines Polsters aus Watte
und Borlint verhüten.

V. Neubildungen der Ohrmuschel.

Neubildungen sind an der Ohrmuschel im Ganzen nicht eben
häufig: allerdings mag die Erfahrung des Ohrenarztes über diesen Punkt
keine ganz maassgebende sein, da viele Fälle in Behandlung der Chirurgen
kommen.

Angiome in Form meist kleiner, violetter Erhabenheiten an der
lateralen Seite der Auricula sind zuweilen angeboren, entwickeln sich
aber auch später, z. B. wie es scheint, nach Erfrierungen (Kipp[5]).
Sind sie gross, so können sie bei oberflächlicher Untersuchung zu Verwechselungen mit dem Othämatom Veranlassung geben, unterscheiden
sich aber von diesem durch ihr sehr langsames Wachsthum und die
häufig in der Umgebung des grösseren Tumors auftretenden kleineren
Knötchen. Gruber[6]) sah ein Angiom bei einem Knaben von der
Muschel entlang der oberen Gehörgangswand bis auf das Trommelfell
verlaufen und constatirte denselben Befund beim Vater des Patienten.
Beschwerden werden selten durch das Angiom verursacht, wenn es nicht
etwa den Gehörgang verschliesst; doch können in Folge einer Gefäss-
ruptur sehr profuse Blutungen entstehen. Ein Aneurysma cirsoi-
deum an der Ohrmuschel und im Gehörgang hat Chimani[7]) be-
schrieben.
Die Behandlung wird bei kleineren Angiomen am besten mit
Hülfe der Galvanokaustik eingeleitet, indem man mit einem spitzen
Brenner an verschiedenen Stellen ziemlich dicht neben einander Ein-

[1]) Archiv f. Ohrenhlkde. XVIII. 291.
[2]) Archiv f. Ohrenhlkde. XIX. 204.
[3]) Archiv f. Ohrenhlkde. XVIII. 49.
[4]) Lehrbuch der Ohrenhlkde. II. Aufl., S. 171.
[5]) Transactions of the American Otological Society 1875.
[6]) Lehrbuch der Ohrenhlkde. II. Aufl., S. 378.
[7]) Archiv f. Ohrenhlkde. VIII. 62.

stiche macht. Zuweilen genügt zur Radicalbehandlung in dieser Weise eine einzige Sitzung. Grössere Tumoren müssen mit dem umgebenden Gewebe, eventuell mit der ganzen Ohrmuschel, entfernt werden. Verödung durch Compression sah ich niemals gelingen. Injectionen von Eisenchlorid — nach Schwartze wegen der leicht eintretenden Thrombenbildung ein stets gefährliches Mittel — und Bepinselungen mit Salpetersäure habe ich nicht versucht; auch über die Vaccination, welche die Bildung von Narbencontracturen bezweckt, besitze ich keine eigene Erfahrung.

Fibrome werden am häufigsten am Lobulus beobachtet und entwickeln sich dort in der Regel durch Hypertrophie des Narbengewebes (Narbenkeloide) in dem zur Durchführung von Ohrringen gebohrten Loche, sei es im unmittelbaren Anschluss an die Durchstechung oder durch den vom Schmuckgegenstande ausgeübten Reiz. Daher das vorwiegende Auftreten des Fibroms beim weiblichen Geschlechte und die von verschiedenen Autoren, wie Saint-Vel[1], Knapp[2], Turnbull[3]), constatirte Thatsache, dass besonders die Negerinnen, da sie sehr grosse Ohrgehänge tragen, die Neubildung und zwar oft in beträchtlicher Grösse zeigen. Die histologischen Eigenschaften dieser Fibrome gleichen vollständig denen des Narbengewebes, ihre äussere Gestalt ist eine mehr oder weniger kugelige; häufig wachsen sie zu beiden Seiten des Ohrläppchens aus dem Ohrringcanal manschettenknopfförmig heraus (Fig. 27): ihre Oberfläche ist glatt oder zerklüftet, die überkleidende Haut nur wenig verschiebbar.

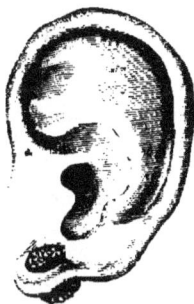

Fig. 27. Narbenkeloid am Lobulus. An der Wurzel der Helia eine Fistula auris congenita.

Auch an anderen Stellen der Auricula kommen Bindegewebsgeschwülste vor; ich habe einen Fall[4]) beobachtet, in welchem ein harter, elastischer Tumor von Halbkugelform die ganze Concha eines fünfjährigen Knaben ausfüllte: analoge Fälle beschrieben Habermann[5]) und Anton[6]). Agnew[7]) sah ein Myxofibrom aus einer Stichnarbe sich entwickeln, welches nach wiederholten Operationen immer wieder recidivirte.

Die Beseitigung der stets gutartigen Narbenkeloide wird meist nur aus kosmetischen Gründen gewünscht. Sie muss, wenn mit Sicherheit Recidive verhütet werden sollen, eine vollständige sein und geschieht mit dem Messer entweder durch Ausschneiden eines ganzen Theiles des Ohrläppchens oder durch Abtragen auf beiden Seiten ohne grösseren Substanzverlust. Wenn der Tumor sehr klein und dünnstielig ist, lässt er sich auch leicht mit der Scheere oder der Schlinge abschneiden: das Verbindungsstück im Ohrringcanal muss dann mit

[1]) Gazette des hôpitaux 1864, Nr. 84.
[2]) Zeitschrift f. Ohrenhlkde. V. 1, 215.
[3]) Bericht der otiatr. Section des Internat. Med. Congresses zu London 1881.
[4]) Archiv f. Ohrenhlkde. XVI. 58.
[5]) Archiv f. Ohrenhlkde. XVIII. 76.
[6]) Archiv f Ohrenhlkde. XXVIII. 285.
[7]) Transactions of the American Otological Society 1878.

dem Galvanokauter oder allenfalls mit Lapis zerstört werden. Ich habe
diese Methode mehrfach sehr bewährt gefunden. Dass Ohrringe, sobald sich Spuren von Fibrombildung zeigen, beseitigt werden müssen,
versteht sich von selbst.

Cysten werden nicht oft als eigentliche Neubildungen beobachtet,
sondern entstehen meist durch Retention, entweder von einer Ohrfistel (S. 64) oder von einer Talgdrüse ausgehend (Atherom). Athe-
rome bilden teigige, fluctuirende Tumoren und können, wie ein Fall
von Gruber[1]) lehrt, eine colossale Grösse erreichen.

Eigentliche Cystentumoren können leicht mit dem Othämatom,
das nach Hartmann[2]) nichts anderes als eine Cyste darstellen soll,
verwechselt werden; sie gleichen demselben in ihrer äusseren Erscheinung vollständig, doch dürfte die Probepunction, welche bei der Cyste
eine klare, serös-schleimige, hellgelbe, fadenziehende Flüssigkeit zu Tage
fördert, in den meisten Fällen die Diagnose sicherstellen. Die Entstehungsursache der Cystome ist meist unbekannt; jedenfalls sind sie
zum Theil, aber sicher nicht alle, wie Hessler[3]) meint, traumatischen
Ursprungs; sie kommen nach den Beobachtungen von Barth[4]) nur
im Alter von 15--45 Jahren vor, scheinen sich stets ziemlich rasch zu
entwickeln und verursachen niemals Schmerzen. Die Entfernung
kann durch Incision bewirkt werden, aber auch, wie in einem Falle
von Schwartze[5]), durch wiederholte Aspiration mit Hülfe einer Pra-
vaz'schen Spritze und Injectionen von Jodglycerinlösung gelingen.

Epitheliome sind in neuerer Zeit mehrfach an der Muschel
beobachtet worden: eine Zusammenstellung von Váli[6]) zählt etwa
40 Fälle aus der Litteratur auf und fügt zwei 'neue aus Böke's Klinik
hinzu[7]). Sie können primär an der Ohrmuschel oder im Gehörgange
entstehen oder von benachbarten Theilen auf das Ohr übergreifen.
Carcinome entwickeln sich meist an der oberen Hälfte der Auricula in
Gestalt kleiner Knötchen, welche in der Regel anfangs sehr langsam
wachsen, nehmen aber später rascher an Grösse zu, ulceriren und
breiten sich oft auf den Gehörgang, das Mittelohr, zuweilen auf die
Schädelhöhle aus. Politzer[8]) fand in einem Falle den grössten Theil
der Gehörgangsauskleidung, besonders in der Nähe des Trommelfelles,
das Trommelfell und die Knochenräume des Schläfenbeines mit Krebs-
zellen infiltrirt.

Die Radicalbehandlung gelingt bei kleinen Epitheliomen
leicht entweder mit dem Galvanokauter oder dem scharfen Löffel.
Grössere, bereits ulcerirte Neubildungen erfordern zuweilen die Abtragung der ganzen Muschel und Auskratzungen grosser Theile des

---

[1]) Lehrbuch der Ohrenhlkde. II. Aufl., S. 385.
[2]) Zeitschrift f. Ohrenhlkde. XV. 156.
[3]) Archiv f. Ohrenhlkde. XXIII. 143.
[4]) Archiv f. Ohrenhlkde. XXV. 298. (Referat.)
[5]) Die chirurgischen Krankheiten des Ohres, S. 79.
[6]) Archiv f. Ohrenhlkde. XXXI. 173.
[7]) Siehe auch Haug, Zur mikroskopischen Anatomie der Geschwülste des
äusseren Ohres. Archiv f. Ohrenhlkde. XXXIII. 151.
[8]) Lehrbuch der Ohrenhlkde. II. Aufl., S. 421.

Gehörganges: bei letzterer Operation ist darauf zu achten, dass bei der Vernarbung keine Atresie entsteht. Je rascher man sich zu einem energischen Eingriffe entschliesst, um so günstiger natürlich die Prognose, welche, da in verschiedenen in der Litteratur verzeichneten Fällen Recidive nicht vorgekommen sind (Pooley[1]), als eine nicht absolut ungünstige aufgefasst werden darf. Die Behandlung grösserer, nicht radical operirbarer Carcinome mit Aetzmitteln, z. B. der rauchenden Salpetersäure, ist, wie Gruber[2]) mit Recht hervorhebt, wegen der das Wachsthum steigernden Reizung zu verwerfen.

Sarkome scheinen viel seltener als Epitheliome vorzukommen; Roudot[3]) beobachtete ein länglich rundes Sarkom am Lobulus, welches im Verlaufe von 20 Jahren gewachsen war und durch Exstirpation geheilt wurde; ein kirschkerngrosses, breitstieliges, an der Oberfläche ulcerirendes Spindelzellensarkom an der Grenze der Concha und des Gehörganges haben Stacke und Kretschmann[4]) beschrieben; Hartmann[5]) und Orne Green[6]) sahen Rundzellensarkome, ein Fibrosarkom Schubert[7]).

Ebenfalls sehr selten sind Adenome, Papillome, Lipome, Enchondrome, Chondrome, Gummata (s. S. 73). Eine der Brustwarze ähnlich gebildete, bei Berührung sich erigirende Warze unter der Ohrmuschel hat Barth[8]) als besondere Curiosität beschrieben. Zwei ähnliche Fälle erwähnt Rohrer[9]).

Zu erwähnen sind hier noch die bei Arthritikern besonders im oberen Theile der Ohrmuschel vorkommenden Concretionen aus harnsauren Salzen, die nicht selten im Gefolge von Entzündungen (Perichondritis, Othämatom) auftretenden partiellen Verkalkungen und die Verknöcherungen des Ohrknorpels, wie sie von Bochdalek[10]), Voltolini[11]), Gudden[12]), Schwabach[13]), Linsmayer[14]), Knapp[15]) beschrieben worden sind. Alle diese pathologischen Veränderungen erzeugen kaum irgend welche Beschwerden, ausser etwa beim Liegen auf dem Ohre, und sind der Therapie nicht zugänglich.

VI. Verletzungen des äusseren Gehörganges.

Der äussere Gehörgang kann durch directe und durch indirecte Gewalteinwirkung getroffen werden; im ersteren Falle kann die

[1]) Zeitschrift f. Ohrenhlkde. XVIII. 87.
[2]) Lehrbuch der Ohrenhlkde. II. Aufl., S. 384.
[3]) Gazette médicale de Paris 1875. Nr. 26.
[4]) Archiv f. Ohrenhlkde. XXII. 261.
[5]) Zeitschrift f. Ohrenhlkde. VIII. 213.
[6]) Zeitschrift f. Ohrenhlkde. XIV. 228.
[7]) Archiv f. Ohrenhlkde. XXX. 50.
[8]) Virchow's Archiv, Bd. 112, Heft 3.
[9]) Lehrbuch der Ohrenhlkde. S. 77.
[10]) Prager Vierteljahrsschrift 1865, S. 33.
[11]) Monatsschrift f. Ohrenhlkde. II. Nr. 1.
[12]) Virchow's Archiv, Bd. 51.
[13]) Deutsche Med. Wochenschrift 1885, Nr. 25.
[14]) Wiener Klinische Wochenschrift 1889, Nr. 12.
[15]) Zeitschrift f. Ohrenhlkde. XXII. 67.

Ohrmuschel, in beiden Fällen die ganze Umgebung des Gehörganges, namentlich das Trommelfell und das Felsenbein, in Mitleidenschaft gezogen werden.

a) Bei der **directen Gewalteinwirkung** handelt es sich um Fremd-körper, welche entweder zufällig in das Ohr eindringen, wie Baum-reiser, Strohhalme, Getreidegrannen, oder mit Absicht eingeführt wer-den, wie Strick- und Haarnadeln, Ohrlöffel, Stahlfedern, die zur Ent-fernung von Cerumen oder zur Befriedigung des Juckreizes dienen sollen; unter den absichtlich eingeführten Gegenständen spielen leider auch ärztliche Instrumente oft eine sehr traurige Rolle, wenn sie von un-geübter Hand und ohne Anwendung eines Spiegels benutzt werden. So sah z. B. Wendt[1]) durch rohe Handhabung eines gespaltenen Ohr-speculums ausgedehnte Excoriationen und Blutblasen im Gehörgange entstehen, und dass auf ähnliche Weise nicht allein schwere Ver-letzungen des Ohrcanals und Zerreissungen des Trommelfells, sondern auch lebensgefährliche Folgekrankheiten zu Stande kommen können, werden wir bei Besprechung der Fremdkörper zu erörtern haben.

Directe Einwirkung eines Traumas erzeugt meist Quetsch- oder Stichwunden. Dieselben sind, so lange sie auf den knorpeligen Gehörgang beschränkt bleiben, bedeutungslos, können aber im knöchernen Gehörgange zu Stenosirung und Eiterung und, zumal wenn die hintere Wand getroffen wurde, nach Kirchner's[2]) Be-obachtungen zu Caries mit consecutiver Betheiligung der Warzen-zellen führen und bei gleichzeitiger Verletzung des Trommelfelles schwere und dauernde Functionsstörungen zur Folge haben. Einen be-sonders interessanten Fall, in welchem eine Stichverletzung nicht nur den knorpeligen Gehörgang, sondern auch die Tube traf und in dieser eine Atresie verursachte, hat Bezold[3]) beschrieben.

Die Diagnose der Quetsch- und Stichwunden ist nicht schwer, wenn nicht etwa erhebliche Schwellungen den Einblick in die Tiefe unmöglich machen. Durch Anwendung eines adstringirenden Mittels, z. B. durch Einträufelungen von verdünntem Liquor plumbi subacetici, und gleichzeitige Application kalter Umschläge auf den Warzenfortsatz, wird man solche Entzündungserscheinungen binnen wenigen Tagen beseitigen. Irgend ein mildes Antisepticum, wie Borsalbe oder Thymolöl, dient zur Heilung der verletzten Stellen.

In schwereren Fällen kann es, wie ich bei einem Knaben gesehen habe, der auf einen eisernen Nagel gefallen war, zur Abscessbildung kommen; doch dürfte dann stets schon eine tiefere, durch Infection bedingte Erkrankung vorliegen.

Die Wirkung von Verbrühungen auf den Gehörgang, nament-lich die Bildung von Blasen und Epidermisdefecten, sowie die Gefahr einer narbigen Schrumpfung oder Verwachsung, haben wir schon oben (S. 82) kennen gelernt. Einen schweren Fall, in welchem durch Eindringen von glühender Schlacke in das Ohr massenhafte Granu-

---

[1]) Archiv f. Ohrenhlkde. III. 43.
[2]) Verhandlg. der Med.-Physic. Gesellschaft zu Würzburg, N. F. XVI. Bd. Siehe auch Seelig Jacobi, Inaugural-Dissertation. Würzburg 1888.
[3]) Berliner Klin. Wochenschrift 1883, Nr. 40.

lationen, Nekrose der hinteren-oberen Gehörgangswand, membranöser Verschluss des Ohrcanales eintrat, erwähnen Rohden und Kretschmann[1]. Auch ätzende Säuren, wie Carbolsäure (s. S. 82), Salpetersäure (Habermann[2]), Schwefelsäure (Knapp[3]) führen zuweilen zu intensiven Verletzungen, wie vollständiger Atresie.

b) Die häufigste Folge der indirecten Gewalteinwirkung ist die Fractur des Gehörganges. Dieselbe kommt am knorpeligen Abschnitt, wo sie Politzer[4] beobachtet hat, wohl nur sehr selten, im knöchernen Theile hingegen ziemlich oft zu Stande, und zwar scheint in manchen Fällen, in welchen wir wohl eine besonders dünne Beschaffenheit des Knochens, sei es in Folge der mit den Wachsthumsverhältnissen des Os tympanicum zusammenhängenden unvollständigen Ossification, oder in Folge von seniler Atrophie, annehmen müssen, schon ein ziemlich geringfügiges Trauma zu genügen.

Am häufigsten wird die vordere-untere Gehörgangswand fracturirt, und zwar fast stets durch Sturz oder Stoss (z. B. Hufschlag) gegen den Unterkiefer; erfolgt derselbe gerade gegen das Kinn, so kann eine Fractur beider Gehörgänge resultiren; ja es können die Condylen des luxirten Unterkiefers durch die Fissur in den Gehörgang hineingetrieben werden. Einen Fall dieser Art, in welchem die Reposition gelang, beschrieb Baudrimont[5], und Schwartze[6] berichtet sogar, dass die Gelenkköpfe bis in die mittlere Schädelgrube eindringen können.

Die übrigen Wände des Gehörganges werden meist durch Fall oder Schlag auf den Scheitel oder Hinterkopf fracturirt, und es findet sich dann nicht selten, nach Trautmann[7], wenn die obere Wand betroffen ist, sogar stets, gleichzeitig eine Fissur der Schädelbasis, wie sie in einem Falle von Roser[8], in welchem die obere Wand lädirt war, durch das Austreten von Hirnsubstanz, in anderen Fällen durch den Abfluss von Liquor cerebro-spinalis sich zu erkennen gab. Das Trommelfell pflegt in allen Fällen ausgedehnterer Fractur rupturirt zu sein.

Die objectiven Erscheinungen der Gehörgangsfractur sind nicht immer sehr ausgesprochen: Crepitation, wie ich sie in einem Falle von Läsion des Os tympanicum nach Verletzung mit einer Holzleiste deutlich wahrnehmen konnte, scheint nicht häufig nachweisbar zu sein; Deformitäten sind, wenigstens im Anfange, nicht regelmässig zu sehen, treten aber im Verlaufe oftmals auf entweder in Gestalt von Höckern, wie in meinem Falle, oder, wenn es zur Exfoliation eines Sequesters kommt, wie es von Kirchner[9], Jakubasch[10] und Williams[11] beobachtet worden ist, in Gestalt einer

---

[1] Archiv f. Ohrenhlkde. XXV. 128.
[2] Archiv f. Ohrenhlkde. XVIII. 75.
[3] Zeitschrift f. Ohrenhlkde. XIII. 49.
[4] Lehrbuch der Ohrenhlkde. II. Aufl., S. 428.
[5] Bulletins et mémoires de la société de Chirurgie de Paris, VIII. 487.
[6] Die chirurgischen Krankheiten des Ohres, S. 82.
[7] Archiv f. Ohrenhlkde. XIV. 115.
[8] Archiv f. klin. Chirurgie, XX. Heft 3.
[9] Archiv f. Ohrenhlkde. XIX. 263.
[10] Berliner Klin. Wochenschrift 1878, Nr. 22.
[11] Zeitschrift f. Ohrenhlkde. XIV. 230.

Furche. Blutungen können, da zuweilen die dann allerdings stets erheblich sugillirte Haut intact bleibt, fehlen, sind aber meist, besonders bei Fracturen der oberen und hinteren Wand, ziemlich profus und werden dann auf die richtige Diagnose führen. Ausfluss von Liquor cerebro-spinalis aus dem Ohre beweist das Vorhandensein einer Gehörgangsfractur nicht, da er auch bei Verletzungen der Labyrinthmembranen zur Beobachtung kommt.

Gänzlich unzuverlässig sind die subjectiven Beschwerden; bei Fractur des Os tympanicum werden die Bewegungen des Kiefers schmerzhaft oder erschwert sein: Schmerzen im Ohre fehlen zwar niemals, sind aber selten so bestimmt localisirt, dass sie für die Diagnose von Bedeutung sein könnten.

Was die Prognose betrifft, so ist sie für die Fractur der oberen und hinteren Wand wegen der Nachbarschaft der Dura mater und des Warzenfortsatzes und Sinus sehr dubiös und, wenn gleichzeitig Fissur der Schädelbasis besteht, da dieselbe fast stets letal endigt, ganz ungünstig. Hingegen pflegt die Fractur der vorderen und unteren Wand zu heilen, gar nicht selten ohne irgend welchen dauernden Nachtheil, selbst wenn partielle Nekrose eingetreten war. Die Heilung kann durch möglichste Fixation des Unterkiefers befördert werden.

VII. Die Secretionsanomalien im äusseren Gehörgange.

Die Secretion des Cerumens, bekanntlich eines Gemisches von Hauttalg, Schweiss, Epithelschuppen und von aussen in das Ohr gelangten Fremdkörpern, unterliegt sowohl bezüglich der Quantität als auch bezüglich der Qualität mannichfachen Schwankungen. Im Allgemeinen besitzen solche Menschen, welche auch an anderen Körpertheilen und besonders am Kopfe stark schwitzen, eine reichliche Ohrenschmalzabsonderung, solche, deren Haut trocken ist, eine spärliche. Das Secret ist gewöhnlich dickflüssig, braungelb und überzieht in einer dünnen Schicht die Wände des Gehörganges in seinem äusseren Drittel; durch Verdunstung der wässerigen Bestandtheile nimmt es am Ohreingange eine festere Consistenz an und bröckelt schliesslich, fast trocken geworden, ab, oder wird bei der Reinigung entfernt. Besonderer Vorrichtungen zur Beseitigung dieses physiologischen Productes bedarf es in der Regel nicht; vielmehr tragen dieselben nicht selten dazu bei, dass in Folge häufiger Anwendung eine Irritation und gesteigerte Secretion der Drüsen eintritt und die angesammelten Massen, statt nach aussen zu gelangen, in den Gehörgang tiefer hineingeschoben werden. Ausserdem aber kann bei ungenügender Reinhaltung der Instrumente, besonders des verwerflichen Ohrschwämmchens, eine Uebertragung von Infectionsstoffen stattfinden.

a. Die Verminderung der Cerumenabsonderung

kann, besonders bei mageren Individuen, bestehen, ohne dass das Ohr irgend wie erkrankt oder eine Hörstörung damit verbunden sein müsste. Doch ist es nicht zu verkennen, dass, vielleicht auf Grund von trophischen Störungen, bei gewissen Affectionen des Gehörorganes, namentlich der Sclerose der Paukenhöhlenschleimhaut, ferner bei eiterigen

Entzündungen des Mittelohres die Cerumenausscheidung erheblich herabgesetzt und vollständig aufgehoben sein kann; bei den eiterigen Otitiden
fehlt das Ohrenschmalz sogar so regelmässig, dass man aus seinem
Wiedererscheinen auf einen vollkommenen Ablauf des Krankheits-
prozesses schliessen kann. Subjective Beschwerden sind mit der Verminderung der Cerumenabsonderung fast nicht verbunden; nur über
eine unangenehme Trockenheit wird zuweilen geklagt: dieselbe lässt
sich durch Befeuchtung des knorpeligen Gehörganges mit Vaselin, La-
nolin oder einem ähnlichen schlüpfrig machenden Stoffe vorübergehend
beseitigen.

b. Die Vermehrung der Cerumenabsonderung,

welche früher vielfach auf eine spezifische, entzündliche Reizung der
Ohrenschmalzdrüsen zurückgeführt wurde, kann in der That durch
Hyperämie und irritative Zustände in der Haut des Gehörganges bedingt sein; indessen kommen in der Mehrzahl der Fälle die Ansammlungen überhaupt nicht durch eine vermehrte Drüsenthätigkeit, sondern
in Folge eines gestörten Abflusses zu Stande. Namentlich bei engen
und stark gewundenen Gehörgängen ereignet es sich leicht, dass das
Cerumen zurückgehalten wird, und kommen dann zu der Retention
noch die unzweckmässigen Reinigungsversuche hinzu. z. B. das Austrocknen mit einem zusammengedrehten Handtuchzipfel. so kann sich
ein förmlicher Ohrenschmalzpfropf in der Tiefe bilden. Meist vergehen viele Monate, ja Jahre, bis ein grösserer Klumpen entsteht,
welcher durch Beimengung von Haaren und von aussen eingedrungenen
Stoffen, wie Staub oder Seife, immer mehr an Umfang zunimmt und
schliesslich den Gehörgang vollständig verstopft. Auch in Fällen. in
welchen die mit dem Verschluss des Ohrcanals eintretenden Beschwerden sich aus Gründen. welche wir noch kennen lernen werden, scheinbar ganz acut eingestellt haben, ist das Conglomerat sicherlich stets
in höchst chronischer Weise zu Stande gekommen.

Die Accumulatio ceruminis wird sehr häufig, bei etwa 12% 0
der Ohrenkranken überhaupt, Gegenstand der Behandlung und ist vorwiegend ein malum virile. Von 818 im Zeitraum von fünf Jahren an
der Göttinger otiatrischen Poliklinik beobachten Fällen von Ohrenschmalzansammlung gehörten 630, d. i. 77%/o. dem männlichen. 188. d. i.
23%/o , dem weiblichen Geschlechte an; auch findet sich die Anomalie
ganz überwiegend bei Erwachsenen (91,6%/o), selten bei Kindern (8,4%/o).
Sehr häufig sind beide Ohren gleichzeitig befallen; unter den oben
erwähnten Fällen waren 48,8%/o bilateral , 23,3%/o rechtsseitig. 27,9%/o
linksseitig.

Die Grösse der Cerumenpfröpfe ist eine sehr verschiedene; eine
erbsengrosse Ansammlung kann, wenn sie das Trommelfell berührt oder
den Gehörgang luftdicht verschliesst, viel mehr Störungen verursachen,
als ein mehrere Centimeter langer Pfropf, welcher den Schallwellen
den Weg zum Trommelfell nicht vollständig versperrt. Nicht selten
reicht die obturirende Masse vom Ohreingang bis ans Trommelfell,
hat sie dem letzteren fest aufgelegen, so zeigt ihr inneres Ende oft
einen deutlichen Abguss der Membran.

Die Farbe ist bei frischeren Cerumenklumpen gelbbraun, bei

älteren rothbraun bis schwarz; oft zeigen sich weissliche Sprenkelungen,
welche von aufgelagerten Epithelschollen herrühren. Auch kann der
ganze Pfropf weiss aussehen und ist in diesem Fall mit einem hand-
schuhfingerförmigen Epidermisüberzug versehen oder besteht überhaupt
vorwiegend aus Epithelmassen (Cholesteatom des äusseren Gehörganges), welche in Folge einer desquamativen Entzündung abgestossen worden sind. Bei Vorhandensein von Cholestearinkrystallen ist
die Oberfläche speckig oder asbestartig glänzend. In vielen Fällen
lassen sich auf trockenen Ohrenschmalzpfropfen nicht nur Schimmelpilze, sondern auch Bakterien nachweisen, welche letzteren sich von
dort aus in geeignetem Nährboden entwickeln können und nach Rohrer[1]
zum Theil der Pathogenität suspect erschienen. Frisches Cerumen
wirkt offenbar antibakteriell.

Symptome. Sobald ein Pfropf den Gehörgang in erheblichem
Maasse verengt, treten regelmässig Schwerhörigkeit, subjective,
meist pulsirende Geräusche und ein Druckgefühl, nicht
selten Schwindel und Kopfschmerzen auf. Diese Beschwerden entwickeln sich meist, entsprechend dem langsamen Wachsthum der Ansammlung allmählich, können aber auch ganz plötzlich entstehen und
eine acute Erkrankung vortäuschen. Dies geschieht, wenn ein Pfropf,
welcher vorher, vielleicht schon viele Jahre lang, ohne die geringsten
Störungen zu verursachen, im Gehörgange gelegen hat, in Folge irgend
einer äusseren Einwirkung, plötzlich den Canal luftdicht abschliesst.
Durch einen Stoss gegen den Kopf, beim Springen, Fallen und ähnlichen Erschütterungen des Körpers, ferner beim Bohren im Ohre mit
irgend welchen Gegenständen, kann dieser Abschluss vollzogen werden;
auch kommt es nicht selten vor, dass beim Waschen oder Baden in
den Gehörgang eindringendes Wasser von den Cerumenmassen aufgesogen wird und eine erhebliche Aufquellung derselben bewirkt. Andrerseits kann durch bestimmte Stellungen des Kopfes oder bei Bewegungen des Unterkiefers, beim Niesen und Husten auch eine Lockerung
des Pfropfes und zeitweilige Verminderung der Beschwerden veranlasst
werden. Alle diese Erscheinungen können vorhanden sein, ohne dass
eine ausgedehnte Obturation besteht; ich habe es oft erlebt, dass Patienten, welche über jene Beschwerden klagten, längere Zeit mit Lufteinblasungen behandelt wurden, weil ein dem Trommelfell anliegendes,
dünnes, kaum sichtbares Cerumenplättchen bei der Inspection übersehen
und eine gar nicht vorhandene Mittelohraffection angenommen worden war.

Ausser den genannten subjectiven Erscheinungen kommen bei
Accumulatio ceruminis hin und wieder noch andere, zum Theil höchst
auffallende Symptome vor. Es kann z. B. der Schwindel ein so intensiver sein und so plötzlich eintreten, dass der Patient, wie in
einem kürzlich von Hecke[2] beschriebenen Falle, bewusstlos umfällt.
Herzog[3] beobachtete neben Schwindelerscheinungen eine Alteration
der Herzthätigkeit, welche er durch eine Reizung des ramus auri-

---

[1]) Archiv f. Ohrenhlkde. XXIX. 44.
[2]) Archiv f. Ohrenhlkde. XXX. 67.
[3]) Zeitschrift f. Ohrenhlkde. XX. 155.

cularis vagi zu erklären sucht. Besonders interessant ist das nicht ganz seltene Vorkommen von psychischen Störungen: über Gedächtnissschwäche haben mir wiederholt Patienten geklagt; psychische Depression wurde von Roosa und Ely[1]) und von Urbantschitsch[2]), Excitation von Köppe[3]) constatirt. Epileptiforme und ähnliche Krampfanfälle, wie sie von Schurig[4]), Küpper[5]), Raymondaud[6]) beobachtet wurden, habe ich in einem Falle bei einem kräftigen jungen Manne, welcher weder vorher noch nachher ähnliche Erscheinungen zeigte, auftreten sehen. Ein Fall von Tröltsch, in welchem durch einen Cerumenpfropf ein letal endigendes Erysipel hervorgerufen wurde, verdient besondere Erwähnung.

Ueber Schmerzen im Ohre wird nur ausnahmsweise und wohl nur dann geklagt, wenn neben der Cerumenansammlung eine Entzündung des äusseren Gehörganges besteht: eine solche kann sowohl Ursache als Folge der Obturation sein.

Interessant ist das zuerst von Wendt[7]) beschriebene Erlöschen der Perception vom Knochen, welches ich nicht selten und zwar in Form einer „intermittirenden Knochenleitung" (s. S. 19) beobachtet habe; bald wurde die auf den Warzenfortsatz aufgedrückte Uhr percipirt, bald fiel die Wahrnehmung aus. Wo diese Erscheinung nur die Folge der durch die Obturation bedingten Belastung des schallleitenden Apparates ist, verschwindet sie sofort nach der Beseitigung des Fremdkörpers.

Von erheblichen anatomischen Veränderungen des Gehörorganes durch Accumulation des Cerumens, welche wiederholt nachgewiesen worden sind, verdienen Usur des knöchernen Gehörganges, Einkeilung, Atrophie, Ulceration und Adhaesionsbildung des Trommelfelles besondere Erwähnung.

Die Diagnose der Ohrenschmalzansammlung bietet keine Schwierigkeiten; bisweilen kann sie durch Besichtigung des Ohres ohne Beleuchtungsapparat gestellt werden. Verwechselungen kommen vor mit eingetrockneten Eitermassen, mit Epithelansammlungen, deren Ursprung in der Paukenhöhle liegt, namentlich aber mit Blutgerinnseln. Zuweilen zeigt sich bei der Entfernung eines vermeintlichen Cerumenpfropfes, dass der verstopfende Gegenstand ein mit einer dünnen Ohrenschmalzschicht überzogener Fremdkörper, z. B. ein Wattebausch war.

Prognose. Obwohl die Prognose im Allgemeinen günstig ist, wird man selbst dann, wenn bei einseitiger Affection der Weber'sche Versuch eine Erkrankung des Nervenapparates ausschliesst, gut thun, dem Kranken nicht unbedingte Heilung durch Entfernung des Pfropfes in Aussicht zu stellen. Auch wenn die auf den Scheitel aufgesetzte Stimmgabel ausschliesslich auf dem erkrankten Ohre wahrgenommen wird, ist dadurch nicht bewiesen, dass die durch die Obturation bedingte

[1]) Lehrbuch der Ohrenhlkde. IX. 335.
[2]) Lehrbuch der Ohrenhlkde. III. Aufl., S. 100.
[3]) Archiv f. Ohrenhlkde. IX. 223.
[4]) Jahresbericht d. Gesellschaft f. Natur- und Heilkde. Dresden 1876.
[5]) Archiv f. Ohrenhlkde. XX. 169.
[6]) Archives générales de médecine 1882, September.
[7]) Archiv f. Ohrenhlkde. III. 37.

mechanische Störung das einzige vorhandene Schallleitungshinderniss ist.
In der That lehrt die Erfahrung täglich und kann es statistisch nachgewiesen werden, dass zwar der grösste Theil der Fälle durch die Entfernung des Pfropfes geheilt wird, dass aber in einem gewissen Pro-
centverhältniss nur eine Erleichterung der Beschwerden, zuweilen sogar
gar keine Besserung erfolgt. Schon Toynbee [1]) hat darauf aufmerksam gemacht, dass unter 165 Fällen von Obturation durch Cerumen bei
der Beseitigung des Fremdkörpers nur 60 völlig geheilt wurden, während bei 43 Besserung, bei 62 hingegen, also bei 38%, nur eine geringe oder keine Erleichterung eintrat. So ungünstig sind die Resultate allerdings heute zu Tage wohl nur ausnahmsweise: nach meinen
eigenen statistischen Notizen kam in 89% Heilung, in 10% mehr oder
weniger erhebliche Besserung, in 1% keine Erleichterung zu Stande.

Das Ausbleiben einer vollständigen Wiederherstellung ist in allen
Fällen auf vorhandene Complicationen zurückzuführen. In seltenen
Fällen kann durch die Entfernung eines Ceruminalpfropfes, falls derselbe eine Perforation des Trommelfelles verschlossen und dadurch
günstigere Bedingungen für die Schwingungsfähigkeit geschaffen hatte,
eine Hörverschlechterung herbeigeführt werden (Kiesselbach [2]).

Von einer gewissen prognostischen Bedeutung ist auch die sehr
häufig zu beobachtende Neigung zu Recidiven, in welcher man zuweilen einen Vorboten einer tieferen Erkrankung, z. B. der Sclerose
der Paukenhöhle, hat erblicken wollen. Zu wiederholter Ohrenschmalzansammlung kommt es besonders bei solchen Individuen, welche zu
starker Schweissabsonderung am Kopfe neigen und deren Beschäftigung
zugleich ein Eindringen kleiner Fremdkörper, wie Staub, Mehl, Eisen-
feile, mit sich bringt. Nach Guye [3]) soll das erste Recidiv sehr häufig
nach 9—10 Monaten, das zweite nach 1—2 Jahren, das dritte nach
einer längeren Reihe von Jahren zu Stande kommen.

Therapie. Cerumenpfröpfe werden am sichersten durch Ausspritzen mit warmem Wasser entfernt; Seifenwasser, welches dafür
sehr beliebt ist, würde zwar möglicher Weise etwas schneller zum Ziele
führen, ist aber unbedingt zu verwerfen, weil man, solange die Ansammlung sich im Ohre befindet, niemals wissen kann, ob das Trommelfell intact ist, und weil die Paukenhöhlenschleimhaut irgend reizenden
Flüssigkeiten nicht ausgesetzt werden darf. Häufig werden einige,
wird selbst eine einzige Entleerung der Spritze genügen, um den Pfropf
in toto oder brockenweise herauszuspülen; man aber die Ansammlung
sehr hart und fest eingekeilt ist, wird man zuweilen sehr lange spritzen
und vielleicht schliesslich doch unverrichteter Dinge aufhören müssen.
Es empfiehlt sich daher in allen Fällen, in welchen das Cerumen sich
unnachgiebig zeigt, aufweichende Mittel anzuwenden. Mitunter genügt für diesen Zweck das Einträufeln und längere Zurückhalten von
warmem Salzwasser, welches jedenfalls am indifferentesten ist; rascher
und sicherer kommt man zum Ziele mit alkalischen Lösungen, welche
indessen niemals so stark sein dürfen, dass sie möglicher Weise auf

---

[1]) The diseases of the ear. London 1860, S. 48.
[2]) Archiv f. Ohrenhlkde. XVII. 215.
[3]) Internat. Otolog. Congress. Brüssel 1888.

die Paukenhöhle schädlich einwirken könnten. Nach meinen Erfahrungen erzielt man vortreffliche Erfolge durch Eingiessungen von Natrium carbonicum, 0,5—10,0 Glycerin; doch ist es rathsam, falls etwa Schmerzen bestehen, welche eine Entzündung vermuthen lassen, ein noch weniger irritirendes Mittel, entweder Salzwasser oder Oel mit etwas Thymolzusatz, zu verordnen; wegen der auf Cerumenmassen vorkommenden Bakterien, welche bei Einwirkung feuchter Wärme zur Entwickelung kommen, möchte das letztere Mittel öfters vorzuziehen sein. Niemals versäume man bei der Anwendung erweichender Einträufelungen den Patienten darauf vorzubereiten, dass in Folge des Aufquellens des Cerumenpfropfes die subjectiven Beschwerden sich wahrscheinlich steigern werden.

Die instrumentelle Beseitigung des Cerumens, welche zwar der geübten Hand oft gelingen mag, ist nicht zu empfehlen, da sie fast stets Schmerzen verursacht und, da der Pfropf dem Instrumente leicht entgleitet, viel unsicherer ist als das Ausspritzen. Nur wenn ein Klumpen nach wiederholten Injectionen zwar aus der ursprünglichen Lage gebracht ist, aber dem Wasser nicht vollkommen weichen will, befördert ihn bisweilen die Pincette, welche selbstverständlich nur unter Leitung des Auges angewandt werden darf, mit einem Ruck heraus. Auch können dann löffelförmige oder hebelartige Instrumente brauchbar sein; aber nur wer Uebung hat, sollte sich ihrer in besonders geeigneten Fällen ausnahmsweise bedienen, der Ungeübte sich aber ausschliesslich auf die Spritze beschränken, weil durch jene die gefährlichsten Nebenverletzungen erzeugt werden können.

Beweist die nach der Entfernung der Cerumenmassen angestellte Hörprüfung die normale Beschaffenheit der Hörfunction und ergiebt die Inspection, dass das Trommelfell vollkommen frei ist, so ist das Ohr gehörig auszutrocknen und mit einem Wattebausche zu verschliessen; derselbe hat nicht nur den Zweck, das Ohr vor Kälte zu schützen, sondern soll auch übermässig starke Schalleindrücke, deren das lange Zeit verstopft gewesene Ohr entwöhnt war, abhalten. Es können, wenn man diese Vorsichtsmaassregeln ausser Acht lässt, heftige Entzündungen oder eine Hyperästhesie des Acusticus folgen.

Sollte das Trommelfell durch den vom Cerumen ausgeübten Druck stark nach innen gedrängt sein und dadurch noch nach dem Ausspritzen eine erhebliche Hörstörung zurückbleiben, so genügt zuweilen eine einmalige Lufteinblasung, um völlige Heilung zu erzielen.

Von denjenigen Patienten, bei welchen wiederholt Recidive vorgekommen sind, wird der Arzt nicht selten um ein Mittel angegangen, mit welchem man die vermehrte Secretion hintanhalten kann. Wohl mag man in solchen Fällen ein schwaches Adstringens, etwa eine Tanninsalbe, oder ein Jodpräparat verordnen; da indessen die Hauptursache der Pfropfbildung, wie erwähnt, nicht in einer Hypersecretion, sondern in der Retention zu suchen ist, wird es weit wichtiger sein, den Patienten anzuweisen, wie er die Reinigung des Ohres zu besorgen hat. Am zweckmässigsten dürfte es in der Regel sein, dem Kranken in bestimmten Zwischenräumen, etwa alle Vierteljahre, vorzunehmende Ausspülungen mit lauwarmem Wasser anzuempfehlen.

VIII. Entzündungsvorgänge im äusseren Gehörgange.

Nach dem Vorschlage von Tröltsch unterscheidet man die mannichfachen Entzündungsformen, welche den äusseren Gehörgang befallen, in circumscripte und diffuse. Unter die Bezeichnung Otitis externa circumscripta, welche im engeren Sinne ausschliesslich für den Furunkel reservirt wird, gehören streng genommen eine Reihe von Affectionen, welche thatsächlich zu den diffusen externen Otitiden gezählt werden, da sie sich zwar nur auf einem umschriebenen Bezirk des Gehörganges abspielen, aber doch nicht so circumscript verlaufen wie die Follikularentzündung.

a. Otitis externa circumscripta oder follicularis (Furunkelbildung).

Ohrfurunkel kommen bei beiden Geschlechtern häufig vor, nach meinen statistischen Zusammenstellungen in 55% bei Männern, in 45% bei Weibern. Kinder werden seltener (33%) befallen als Erwachsene (67%). Nur selten, etwa in 4%, erkranken gleichzeitig beide Ohren, bei einseitiger Affection ist das linke Ohr (56%) häufiger betheiligt als das rechte (40%). Manche Personen erkranken regelmässig zu bestimmten Jahreszeiten, namentlich in den Frühlings- und Herbstmonaten, an Follikularentzündung; auch ist es auffallend, wie zu manchen Zeiten sich die Fälle von Ohrfurunkeln der Art häufen, dass man Bonnafont[1] beistimmen möchte, wenn er geradezu von einem epidemischen Auftreten der Affection spricht. Dass Furunkulose im Ohre zuweilen gleichzeitig mit anderen Entzündungserscheinungen, wie Panaritium, Hordeolum, vorkommt, hat schon Wendt[2] mit Recht hervorgehoben.

Der gewöhnlichste Sitz des Furunkels ist die vordere-untere Gehörgangswand und die Innenfläche des Tragus; da er nur in den Haarfollikeln entsteht, so ist sein Vorkommen fast ausschliesslich auf den knorpeligen Theil des Gehörganges beschränkt.

Aetiologie. Es unterliegt keinem Zweifel, dass die Furunkel mindestens in der überwiegenden Mehrzahl der Fälle durch Infection und zwar durch das Einwandern von pyogenen Spaltpilzen entstehen. Nachdem zuerst von Löwenberg[3] Mikroben im Ohrfurunkel nachgewiesen und dann auch von vielen anderen Autoren constatirt worden waren, wurde auf experimentellem Wege die Entstehung der Follikularentzündung durch Staphylococcen von Garré[4], Bockart[5] und Schimmelbusch[6] nachgewiesen. Aus den Versuchen geht zugleich hervor, dass nicht allein bei defecter, sondern auch bei vollkommen gesunder Haut

---

[1] Schmidt's Jahrbücher, Bd. 121, S. 227.
[2] Archiv f. Ohrenhlkde. III. 35.
[3] II. Internat. Otolog. Congress. Mailand 1880.
[4] Fortschritte der Medicin 1885, Nr. 6.
[5] Monatshefte f. pract. Dermatologie 1887, Nr. 10.
[6] Archiv f. Ohrenhlkde. XXVII. 252.

die Infection erfolgen kann; nach Schimmelbusch's Experimenten
mit aus Ohrfurunkeln stammenden Staphylococcusculturen kommt es
bei intactem Integument allerdings nur dann zur Furunkeleruption, wenn
die pyogenen Mikroben in die Haut eingerieben werden, wodurch
sie, wie die mikroskopische Untersuchung bestätigte, in die Haarbälge
gelangen. Die im Furunkeleiter gefundenen Spaltpilze sind Staphylococcus pyogenes albus, aureus und citreus.

Während sich die infectiöse Entstehung von Furunkeln im Gehörgange in Folge mechanischer Insulte (z. B. Bohren mit Ohrlöffeln)
durch die bei denselben bewirkten Reibungen oder Verletzungen leicht
erklären lässt, kann die Invasion von Mikroorganismen nicht in allen
jenen Fällen ohne Weiteres plausibel erscheinen, in welchen chemisch
reizende Substanzen zur Follikularentzündung führen. Gewiss ist
die von Löwenberg geltend gemachte Möglichkeit, dass die zu Einträufelungen benutzten Lösungen Bakterien enthalten können, nicht von
der Hand zu weisen, allein da gerade auch solche Stoffe, welche, wie
Eau de Cologne, Carbollösungen, Jodoform, antibakteriell wirken, er-
fahrungsmässig besonders häufig Furunkel im Ohre verursachen, so
muss man wohl annehmen, dass der chemische Reiz als solcher betheiligt sein kann, vielleicht indem er die Haut macerirt oder sonst
wie zur Aufnahme von zufällig ins Ohr gelangten Staphylococcen fähig
macht. Das häufige Vorkommen von Follikularabscessen bei bestehenden
Mittelohreiterungen, sowie die sehr oft zu beobachtenden Recidive
lassen sich ungezwungen durch Infection resp. Autoinfection erklären.

Verlauf. Im Beginn der Furunkelbildung besteht eine diffuse
Röthung und Schwellung der Haut, welche sich binnen etwa zwei Tagen
auf einen umschriebenen Fleck concentrirt und dabei in das Lumen des
Gehörganges hineinspringt; sitzt der Entzündungsheerd tief, so erscheint
die Haut über der Geschwulst blass, während sie bei oberflächlicher
Erkrankung stark geröthet erscheint. Die Schwellung kann so bedeutend werden, dass der Ohrcanal vollständig geschlossen ist. Bei Berührung der geschwollenen Stelle mit dem Rande des Trichters, welche
äusserst empfindlich ist, ergiebt sich in den ersten 3—4 Tagen ein lebhafter Widerstand, später wird der Hügel weicher und lässt sich etwas
comprimiren. Vor dem Durchbruch des Eiters, welcher in der Regel am
5. oder 6. Tage, zuweilen auch früher, erfolgt, zeigt sich auf der Höhe
des Furunkels eine von tiefrothem Hofe umgebene gelbliche, pustel-
artige Anschwellung; dieselbe bleibt mitunter auch noch in Form eines
Kraters bestehen, wenn der Tumor bereits nach Ausstossung des nekrotischen Gewebes nahezu collabirt ist. Die Eiterung dauert wenige
Tage, selten über eine Woche, und während ihres Bestehens tritt die
Rückbildung ein. Dieselbe wird verzögert, wenn in der Umgebung der
Durchbruchstelle sich Granulationen oder Geschwüre entwickeln,
welche die Secretion unterhalten. Die Drüsen in der Ohrgegend sind
fast stets etwas geschwollen, auch tritt bei grossen Furunkeln nicht
selten ein sehr ausgedehntes Oedem, namentlich am Warzenfortsatze
ein, welches, wenn der Höhepunkt der Entzündung überschritten ist,
rasch verschwindet. Noch längere Zeit nach der Heilung des Furunkels
wird zuweilen eine lebhafte Desquamation in der Nachbarschaft der
erkrankt gewesenen Parthie beobachtet. In vielen Fällen wird die

Heilung dadurch in die Länge gezogen, dass sich noch vor dem Ablauf eines Furunkels ein zweiter bildet oder chronische Ohrfurunkulose in ausgesprochener Weise, d. h. eine lange Reihe von Recidiven, sich entwickelt.

Differentialdiagnose. Verwechselungen des Ohrfurunkels kommen vor namentlich mit Polypen und ödematösen und periostitischen Schwellungen der hinteren-oberen Gehörgangswand. Da die Polypen sich mit der Sonde umkreisen lassen, während der Furunkel eine sehr breite Basis hat und da Polypen fast nur bei langdauernder Mittelohreiterung entstehen, kann die Differentialdiagnose zwischen diesen beiden Affectionen keine erhebliche Schwierigkeit bieten. Etwas weniger einfach kann die Unterscheidung der Follikularentzündung von der bei chronischen Paukenhöhlen- und Warzenfortsatzentzündungen vorkommenden Schwellung der hinteren-oberen Gehörgangswand sein. Doch ist die Haut in letzterem Falle in der Regel viel diffuser geschwollen und weniger druckempfindlich, auch entstehen solche, auf schwerere Leiden zurückzuführenden Processe fast stets ganz allmählich, sitzen auch meist tiefer als die Furunkel. Auch Abscesse, welche aus der Umgebung des Ohres, z. B. vom Periost des Warzenfortsatzes, durch den knorpeligen Gehörgang durchbrechen wollen, geben zuweilen zu Verwechselungen Veranlassung und werden manchmal erst richtig erkannt, wenn ein sehr reichlicher Eitererguss erfolgt. Da solche Abscessbildungen stets mit ausgesprochenen örtlichen Erscheinungen und erheblicher Druckempfindlichkeit verbunden sind und sich überdies in der Regel an Paukenhöhlenentzündungen anschliessen, wird man die Differentialdiagnose fast immer schon vor dem Durchbruche stellen können.

Von subjectiven Symptomen ist in erster Linie der Schmerz zu nennen. Derselbe fehlt nur dann, wenn der Furunkel weit aussen, etwa an der Innenfläche des Tragus, seinen Sitz hat, und ist um so heftiger, je tiefer im Gehörgange die Schwellung entsteht, weil die Haut mit der Tiefe an Dicke abnimmt und dem Periost dicht aufliegt. In den ersten Tagen tritt der Schmerz in Intervallen auf und ist nicht auf eine bestimmte Stelle localisirt; mit Zunahme der Entzündung wird er immer lebhafter, steigert sich namentlich bei Bewegungen des Unterkiefers, beim Sprechen und besonders beim Kauen, so dass der Kranke nicht im Stande ist, feste Speisen zu sich zu nehmen. Regelmässig treten auch bei den intensivsten continuirlichen Schmerzen noch Exacerbationen, besonders des Nachts und nach jeder Nahrungsaufnahme, ein. Eine Steigerung der Schmerzen erfolgt auch fast immer bei jeder passiven Bewegung oder etwas energischen Berührung der Ohrmuschel.

Mit dem Durchbruche des Eiters, dem ein sehr unangenehmes Hämmern und Klopfen im Ohre voranzugehen pflegt, lassen die Schmerzen, nachdem sie Tage und Nächte lang den Patienten aufs Aeusserste gepeinigt haben, sofort erheblich nach; doch treten auch jetzt noch häufig Exacerbationen auf, in manchen Fällen regelmässig kurze Zeit nach jeder Mahlzeit, auch wenn die Kaubewegungen direct keine Beschwerden mehr verursachen.

Schwerhörigkeit ist in geringem Grade fast stets vorhanden, wenn sie auch dem Kranken nicht immer zum Bewusstsein kommt; bei starker Verschwellung des Gehörganges kann sie sehr beträchtlich sein und noch erheblicher erscheinen, als sie thatsächlich ist, wenn, wie gewöhnlich, gleichzeitig ein Gefühl von Druck und Völle besteht.

Auch subjective Geräusche sind eine gewöhnliche Erscheinung: sie verdanken ihre Entstehung wie die Schwerhörigkeit der Schwellung der Gehörgangswände oder sind durch eine collaterale Hyperämie im Labyrinthe bedingt. Zuweilen wird auch Fieber beobachtet. Alle diese Symptome verschwinden mit der Eröffnung des Abscesses in der Regel rascher als die Schmerzen; nur die subjectiven Geräusche überdauern nicht selten die Rückbildung der Entzündung.

Die Prognose ist günstig. Da der Verlauf des Furunkels ein sehr typischer ist, wird man ihn meist in jedem Stadium ziemlich genau vorhersagen können; zu berücksichtigen ist die Pathogenität der im Eiter enthaltenen Bacterien, weil sie zu erneuten Infectionen führen kann.

Behandlung. Die Coupirung des Furunkels gelingt so selten, dass man besser auf die verschiedenen Versuche, welche das Ohr meist heftig reizen, verzichtet. Am unschädlichsten mag die Einführung von Wattetampons sein, welche durch Druck auf die Gehörgangswände massirend wirken sollen; Urbantschitsch[1]) benutzt zu dem gleichen Zwecke Drainröhrchen. Die von Wilde[2]) versuchte Touchirung mit Lapis hat nur selten Erfolg, ist aber jedenfalls der subcutanen Injection von 2 bis 4 Tropfen einer 5⁰/₀igen Carbollösung, welche Weber-Liel[3]) empfohlen hat, vorzuziehen. Politzer[4]) sah nach Bepinselung mit Carbolglycerin (0,5 : 15) wiederholt eine Rückbildung eintreten, Weber-Liel beobachtete im Beginn des Furunkels eine günstige Einwirkung von Spiritus vini; Novaro[5]) glaubt Coupirung durch Aetzung mit Zinkchlorür erreicht zu haben.

Die bei der Furunkelbildung auftretenden Schmerzen werden mitunter durch Blutegel, welche vor dem Tragus angesetzt werden müssen, wenigstens vorübergehend gemildert; lieber verordne ich Priessnitz'sche Umschläge, zu denen abgekochtes Wasser, eventuell mit Borsäure, Sublimat oder essigsaurer Thonerde verwendet werden muss. Auch mit Hülfe des Leiter'schen Wärmeregulators[6]) kann man die Schmerzen stillen, indem man eine Schleife des zur Wasserdurchleitung dienenden Bleirohres in den Gehörgang einführt. Narkotische Mittel, wie Mohndecocte, Morphin, das von Cholewa[7]) empfohlene Menthol in 20⁰/₀iger Lösung, reizen leicht zu stark und bereiten durch Macerirung der Haut einer recenten Infection die Wege. Aus demselben Grunde ist das prompt analgetisch wirkende, von Theobald[8]) sehr geschätzte Atropin unzweckmässig. Einigen Erfolg glaube ich mitunter von essigsaurer Thonerde gesehen zu haben; dieses Medicament wurde von Zaufal[9]).

[1]) S. Eitelberg. Wiener Med. Presse 1883, Nr. 26 ff.
[2]) Practical Observations on Aural Surgery. London 1883, S. 192.
[3]) Deutsche Med. Wochenschrift 1880, Nr. 15.
[4]) Lehrbuch der Ohrenhlkde. II. Aufl., S. 143.
[5]) Otol. Congress. Mailand 1880.
[6]) Archiv f. Ohrenhlkde. XVIII. 119.
[7]) Therapeut. Monatshefte 1889, Nr. 6.
[8]) American Journal of Otology, I. 201.
[9]) Wiener Med. Presse 1883. Nr. 44.

dann von Grosch[1]), von Anton und Szenes[2]) zu Umschlägen empfohlen, nachdem man schon früher den Alaun mit einer gewissen Vorliebe angewandt hatte. Am zweckmässigsten erschien mir nächst der Verwendung zu Umschlägen die von Grünwald[3]) beschriebene Methode; derselbe schiebt einen mit Liquor Aluminis acetici (1 : 20 Aq.) getränkten Mullstreifen tief in den Gehörgang vor und verschliesst letzteren mit einer nach innen mit etwas Guttaperchapapier überzogenen Wattekugel. Auch die von Löwenberg (l. c.) in Vorschlag gebrachte saturirte Lösung von fein pulverisirter Borsäure in 5 Theilen absolutem Alkohol, welche jedesfalls streng antiseptisch wirkt, habe ich manchmal mit Glück verordnet, ohne indessen behaupten zu können, dass dadurch mit Sicherheit Recidive vermieden würden.

Die geeignetste Therapie ist natürlich die Incision; doch halte ich es nicht für zweckmässig, eine solche sehr frühzeitig vorzunehmen, da man nur dann mit Sicherheit die richtige Stelle für den Eingriff findet, wenn der Furunkel bereits deutlich hügelig abgegrenzt ist. Eine Incision in der Umgebung eines sich entwickelnden Furunkels mag zwar bisweilen durch die Depletion der Gewebe vorübergehend schmerzstillend wirken, erzeugt aber mindestens ebenso häufig zu den durch den fortschreitenden Krankheitsprocess bedingten noch neue Schmerzen und ist kaum im Stande, eine wirkliche Coupirung herbeizuführen. Sobald indessen eine Kuppe deutlich sichtbar ist, wird man in allen Fällen, in welchen der Furunkel erhebliche Schmerzen verursacht, zur Eröffnung mit dem Messer schreiten. Dieselbe hat stets an der Stelle stattzufinden, wo die grösste Prominenz besteht; sie soll nicht zu klein sein, sondern die Schwellung in ihrer ganzen Länge treffen und tief ins Gewebe hineindringen. Ist bereits ein Pfropf vorhanden, so kann man diesen mit einem Daviel'schen Löffel, wie ihn v. Tröltsch an seinem Furunkelmesser (Fig. 28) angebracht hat, ausdrücken. Dass die Operation aseptisch zu vollziehen ist, versteht sich von selbst; Rohrer[4]) empfiehlt zur Sterilisirung der Instrumente besonders das Wasserstoffsuperoxyd; ich ziehe es vor, durch Eintauchen in siedendes Wasser alle Keime un-

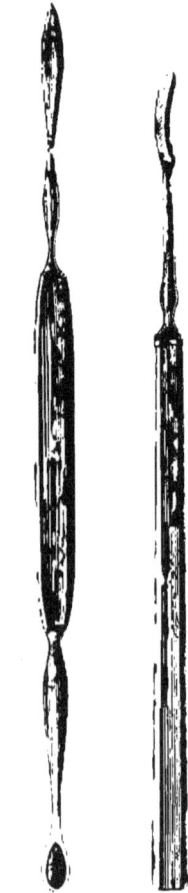

Fig. 28.
Furunkelmesser nach
v. Tröltsch.

Fig. 29
Furunkelmesser nach
Bürkner.

[1]) Berliner Klin. Wochenschrift 1888, Nr. 18.
[2]) Prager Med. Wochenschrift 1889, Nr. 33.
[3]) Münchener Med. Wochenschrift 1891, Nr. 9.
[4]) Archiv f. Ohrenhlkde. XXXI. 144. Siehe auch Lehrbuch der Ohrenhlkde. Wien und Leipzig 1891, S. 88.

schädlich zu machen. Nach der Incision führt man Wattetampons oder Mullstreifen, die in Sublimatlösung, Borspiritus oder nach meinen Erfahrungen am Besten in Thymolöl getränkt sind, in den Gehörgang ein und verschliesst denselben mit trockener Watte. Als antimykotische Mittel werden auch, namentlich von Rohrer, Creolin, Aristol, Pyoctanin empfohlen; ich kann allen diesen Medicamenten im Allgemeinen keine Vorzüge vor den obengenannten einräumen.

Wenn die Eröffnung des Furunkels mit dem Messer nicht gestattet wird, was übrigens, Dank den heftigen Schmerzen, selten vorkommt, so muss man unter der oben beschriebenen Behandlung den spontanen Durchbruch abwarten und verfährt nachher ebenso, wie wenn die Incision erfolgt wäre. Der Durchbruch kann, wenn der Furunkel „reif" ist, mit Leichtigkeit und ohne Vorwissen des Patienten dadurch herbeigeführt werden, dass man die Oeffnung des Ohrtrichters kräftig gegen die Kuppe andrückt; der Eiter quillt sofort heraus, oft gleichzeitig auch der nekrotische Pfropf, und diese kleine Operation wirkt ebenso entspannend und erleichternd, wie die Incision.

Uebrigens muss man mitunter auch bereits spontan eröffnete Furunkel nachträglich incidiren, um eine zu kleine Oeffnung zu erweitern.

Ist die Eiterung im Gange, so hat man für regelmässige Reinigung zu sorgen; man vermeide möglichst das Ausspritzen, weil danach leicht Recidive eintreten und trockne vorsichtig mit sterilisirter Watte aus. Der Patient hat sich vor Uebertragung des Eiters sehr zu hüten.

Gegen die chronische Furunkulose kann man nach Schwartze's[1] Vorschlag lauwarme Ohrbäder mit 1%iger Lösung von Kalium sulfuratum oder den innerlichen Gebrauch von Arsen verordnen; über andere interne Mittel, wie das von Theobald[2] empfohlene pyrophosphorsaure Natron (0.6—1.25 g pro dosi) und das Schwefelcalcium (Sexton[3], besitze ich keine Erfahrung.

b. Otitis externa diffusa.

Die diffuse Otitis externa ist etwas häufiger bei Kindern als bei Erwachsenen (5:4) und kommt, wie zuerst Bezold[4] mit Recht hervorgehoben hat, idiopathisch nur selten vor. Sie wird hervorgerufen durch chemische, thermische und mechanische Reize, durch Exantheme (ich sah sie bei Varicellen) und findet sich auffallend oft bei gleichzeitig bestehender Mittelohreiterung. Schon dieser letzten Umstand muss den Gedanken nahelegen, dass auch hier die Infection eine grosse Rolle spielen wird, wie sie denn auch von Hessler[5] für eine Reihe von Fällen nachgewiesen worden ist. Die Inficirung kann bei allen der Entzündung vorausgehenden Schädlichkeiten zu Stande kommen; beobachtet wurde sie nach der Benutzung ungenügend gereinigter Ohr-

[1] Die chirurgischen Krankheiten des Ohres, S. 90.
[2] Medical News 1882, Nr. 3, 4.
[3] American Journal of Otology 1879, 1.
[4] Aerztliches Intelligenzblatt 1881, Nr. 26.
[5] Archiv f. Ohrenhlkde. XXVI. 31. (Siehe auch Bericht der Naturforscher-Versammlung. Wiesbaden 1887.)

trichter (Katz[1]), unreiner Watte, verdorbener Cocainlösung (Kessel[1]), nach Einlegen von Speck, nach Verletzungen mit Haarnadeln und ähnlichen Fremdkörpern (Hessler[1]).

1. Die **einfache Otitis externa diffusa** stellt eine Dermatitis dar und ist charakterisirt durch eine Hyperämie und Schwellung der Gehörgangshaut mit nachfolgender seröser, später eiteriger, zahlreiche Mikroorganismen enthaltender Absonderung und erheblicher Desquamation. Die letztere kann so bedeutend sein, dass sich in der Tiefe des Gehörganges zwiebelschalenartig geschichtete, bohnengrosse Pfröpfe ansammeln, welche, wenn auch das Trommelfell an der Desquamation betheiligt ist, deutliche Abgüsse dieser Membran zeigen. Ich habe derartige Fälle, wie sie neuerdings Steinbrügge[2] beschreibt, häufig, und besonders bei Kindern (Mädchen), gesehen (Otitis externa desquamativa). Das Trommelfell zeigt ziemlich regelmässig auch bei leichter Otitis externa eine Verminderung des Glanzes und Injection der Hammergriffgefässe. Verläuft die Affection acut, so ist zuweilen schon nach drei Tagen die Schwellung vermindert und nach weiteren fünf bis sechs Tagen die Secretion vorüber; häufig aber ist der Verlauf in Folge wiederholter Exacerbationen ein protrahirter oder von Beginn an ein chronischer, und es können dann viele Wochen vergehen, ehe vollständige Rückbildung eintritt. Bildung von Granulationen ist bei der chronischen Form häufig, auch kommt es nicht selten zur Entstehung von strangförmigen Bindegewebsbrücken und flächenhaften Stenosen durch fibröse Hypertrophie oder Hyperostose. Auch Ulcerationen der Haut werden beobachtet; in Ausnahmefällen, und zwar am häufigsten nach Verletzungen und nach dem Eindringen von ätzenden Substanzen, können sich auch schwerere Complicationen einstellen, wie Parotisabscesse, Caries und Nekrose der Knochenwände, Fistelgänge nach dem Warzenfortsatze, Fortleitung der Entzündung auf die Meningen, wie ein Fall von Toynbee[3] lehrt.

Die Verengerungen des Gehörganges, die häufigsten Folgezustände der chronischen Otitis externa diffusa, treten entweder in Form der bereits erwähnten quer durch den Gehörgang gespannten, bindegewebigen Synechieen, von circulären Stricturen, namentlich an der Uebergangsstelle des knorpeligen in den knöchernen Gehörgang, oder in Gestalt einer diaphragmaartig ausgespannten, meist mit einer Oeffnung versehenen Scheidewand auf. Vollständiger knöcherner Verschluss ist selten.

Die Diagnose der Otitis externa diffusa ist nicht schwierig, wohl aber zuweilen der sehr wichtige Nachweis, ob die Paukenhöhle an der Entzündung betheiligt ist. Macht die Schwellung der Gehörgangsweichtheile die Inspection des Trommelfelles unmöglich, so kann man die Intactheit oder einen Defect desselben oft nur mit Hülfe der Luftdouche erkennen. Aus einer besonders starken Hyperämie und circulären Verdickung der dem Trommelfelle benachbarten Theile des

---

[1] Archiv f. Ohrenhlkde. XXV. 303.
[2] Die pathologische Anatomie des Gehörorganes. S. 33.
[3] Diseases of the ear, S. 63.

knöchernen Gehörganges und aus dem Vorhandensein einer fistulösen Oeffnung kann auf einen tieferen Process (Phlegmone, Periostitis) geschlossen werden.

Die Prognose ist nur dann zweifelhaft, wenn bei gleichzeitiger Mittelohreiterung Stenosirung eintritt: im übrigen verlaufen die Gehörgangsentzündungen, auch wenn sie tiefer greifen und häufig exacerbiren, günstig.

Die subjectiven Beschwerden bestehen anfangs in Brennen und Jucken, auf welches sehr bald, meist am zweiten Tage, mehr oder weniger lebhafte Schmerzen folgen. Dieselben pflegen mit Eintritt der Eiterung nachzulassen. Schwerhörigkeit und Ohrensausen sind gewöhnlich vorhanden, zumal wenn das Trommelfell an der Entzündung betheiligt und die Schwellung des Gehörganges eine sehr bedeutende ist: doch können beide Symptome, selbst bei hochgradiger Stenose, unerheblich sein. Bei der chronischen Form sind sämmtliche Beschwerden wesentlich geringer als bei der acuten.

2. Unter der Bezeichnung **Otitis externa haemorrhagica** wird eine seltene Entzündungsform [1]) beschrieben, welche sich durch einen Bluterguss in die entzündete Haut, meist unter blasenartiger Abhebung der Epidermis, kennzeichnet. Die Untersuchung ergiebt weiche, blaurothe Anschwellungen, welche mit Vorliebe an der hinteren-oberen Wand des knöchernen Gehörganges sitzen und das Trommelfell theilweise oder gänzlich verdecken. Schmerzen, Schwerhörigkeit und subjective Geräusche von geringer Intensität begleiten diese Affection. Die Blasen platzen in der Regel nach 3 5 Tagen von selbst, wenn nicht Resorption des Inhaltes eintritt.

3. **Croupöse Otitis externa** wurde u. a. von Gottstein [2]). Bezold [3]). Steinhoff [4]) beschrieben. Die fibrinöse Ausschwitzung ist auf den knöchernen Gehörgang und das Trommelfell beschränkt und tritt meist im Anschluss an Mittelohraffectionen oder Follikularentzündungen auf. Die Entfernung der Faserstoffmembranen, welche nach Steinbrügge [5]) aus einem Rundzellen, Kerne und Epithelzellen enthaltenden feinen Fasernetze bestehen, gelingt leicht, doch kommt es oft zu erneuter Exsudation. Mässige Schmerzen sind zuweilen das einzige subjective Symptom.

4. **Diphtheritische Gehörgangsentzündung** ist in der Mehrzahl der Fälle mit Diphtherie des Rachens und des Mittelohres verbunden. Die grauweissen Membranen, welche den Gehörgang oft in grosser Ausdehnung bedecken, haften, im Gegensatz zu den croupösen Ausschwitzungen, fest, und nach ihrer Loslösung zeigt sich eine ulceröse, leicht blutende Stelle, welche sich zunächst immer wieder mit einer Exsudatauflagerung überzieht. Die Affection ist sehr schmerzhaft.

---

[1]) Bacon sah diese Erkrankung unter 2500 Fällen von Ohrkrankheiten fünfmal. (Zeitschrift f. Ohrenhlkde. XXII. 25.)
[2]) Archiv f. Ohrenhlkde. IV. 90.
[3]) Virchow's Archiv, Bd. 70. 2 3.
[4]) Dissertation. München 1886.
[5]) Die pathologische Anatomie des Ohres (Lehrbuch von Orth), S. 30.

5. **Ulceröse Entzündungen des Gehörganges** sind selten und, wo sie vorkommen, meist durch Syphilis bedingt. Der Sitz der Geschwüre ist in der Regel der knorpelige Theil des Gehörganges; sie kennzeichnen sich durch ringförmige Gestalt, durch infiltrirte Ränder und unreinen, graugelben Grund. Schmerzen fehlen, auch besteht nur geringe Schwerhörigkeit.

6. **Otitis externa parasitica** oder **Otomykosis,** die Pilzwucherung im äusseren Gehörgange, welche im Ganzen nicht häufig ist (0,1 % aller Ohrenkrankheiten) und häufiger Männer als Frauen und Kinder, mit Vorliebe Landbewohner und Gärtner, befällt, kann leicht mit einer einfachen von Otitis externa herrührenden Desquamation verwechselt werden, weil es auch bei ihr zu einer reichlichen Epidermisabstossung nebst seröser Exsudation kommt. Eine genauere Inspection wird aber meist schon vor der Herausnahme und mikroskopischen Untersuchung

Fig. 30. Aspergilluswucherung aus dem äusseren Gehorgange.

der Hautfetzen ergeben, dass dieselben mehr filzig aussehen und schwarz punktirt sind.

Was die Entstehung der Otomykosis anbetrifft, so ist es wohl sicher, dass die zufällig von aussen in das Ohr gerathenen, fast überall in der Luft und häufig in den Wohnungen suspendirten Pilzsporen im Gehörgange nicht eine Entzündung erzeugen, wohl aber eine bestehende Otitis externa unterhalten können. Besonders begünstigt wird die Fructification durch eine Auflockerung der Haut und ein spärliches Exsudat; auch Oeleinträufelungen in den Gehörgang können zum Gedeihen der Pilze beitragen.

Die charakteristischen Merkmale der im Ohre vorkommenden Schimmelpilze sind der Rasen und die Früchte (Fig. 30); der erstere wird gebildet durch die, wie die Untersuchungen von Siebenmann[1]) lehren, nicht durch das Epithel in die Tiefe dringenden, sondern auf der Oberfläche der Haut wuchernden, farblosen, durchsichtigen, deutlich septirten Mycelien (Hyphen, Pilzfäden), aus welchen die mit keulen- oder kugelförmigen Anschwellungen, den Blasen oder Receptacula, versehenen Fruchtträger aufsteigen; aus den Blasen bilden

---

[1]) Die Schimmelmykosen des menschlichen Ohres. Wiesbaden 1889.

sich in Form von radiär angeordneten Aussackungen die Sterigmen, welche von ihrer Spitze nach der Basis zu perlenschnurartige Sporen- oder Conidienketten abschnüren.

Der Lieblingssitz der Pilzwucherungen im Ohre ist das Trommel- fell und seine Umgebung: ist dasselbe perforirt, so können Fäden auch in die Paukenhöhle eindringen: nach Bezold[1]) und Politzer[2]) sollen die Pilze sogar im Stande sein, das Trommelfell zu durchwachsen.

Die am häufigsten als Erreger der Otomykosis zur Beobachtung kommenden Hyphomyceten sind nach Siebenmann: Aspergillus fumi- gatus (Fresenius), Aspergillus niger (van Tieghem), Verticillium Graphii (Harz und Bezold) (Trichotecium roseum): seltener kommen Aspergillus nidulans (Eidam), Aspergillus flavus (Brefeld), Mucor corymbifer (Licht- heim) und Mucor septatus (Bezold) vor. Lindt[3]) fand einen neuen Schimmelpilz, welchen er Eurotium malignum nennt.

Subjective Beschwerden fehlen bei der mykotischen Otitis nur ausnahmsweise: meist bestehen Jucken oder Schmerzen, Secretion, Sausen und Schwerhörigkeit, letztere Symptome besonders bei Pilz- wucherung am Trommelfelle, Jucken und Reissen fast stets. Das Jucken ist oft ungemein quälend und veranlasst die Patienten zu häufigem Bohren und Kratzen im Ohre, wodurch natürlich der Ent- zündung leicht Vorschub geleistet wird. Der Ausfluss ist nach Siebenmann dünnflüssig, weil der Pilz dem Serum die festeren Al- buminate entzieht.

Was den Verlauf betrifft, so ergiebt die Untersuchung, dass schon einige Tage vor dem Auftreten des Pilzrasens die Haut ent- zündlich geröthet und schon innerhalb der ersten 24 Stunden ein seröser Ausfluss vorhanden ist: die danach zur Entwickelung kommende weisse Membran löst sich nach etwa einer Woche ab, regenerirt sich dann aber, wenn die Vegetationsverhältnisse günstige sind, in 2—3 Tagen. Die oben erwähnten abgestossenen Hautfetzen, auf welchen die Fruchtträger in Form dunkler Punkte schon von blossem Auge sichtbar sind, können dichte Massen oder handschuhfingerförmige Schläuche bilden, mit deren Entfernung die subjectiven Symptome sich erheblich mildern. Durch fortgesetzte Regeneration des Myceliums wird der Verlauf ein sehr schleppender.

Die Diagnose der Otomykosis wird durch das Mikroskop sichergestellt.

Die Prognose ist gut, hat aber den ungemein chronischen Ver- lauf zu berücksichtigen, welcher, zumal bei ungenügend durchgeführter Therapie, durch immer wieder auftretende Recidive bedingt ist. Dass das Trommelfell durch die Pilzfäden von aussen nach innen perforirt werden kann, wodurch natürlich die Prognose erheblich getrübt werden würde, habe ich noch nicht bestätigt gefunden.

Behandlung der Otitis externa diffusa.

Im Beginne der Entzündung sind örtliche Blutentziehungen (drei Blutegel vor den Tragus) und kalte Umschläge oder besser der

---

[1]) Archiv f. Ohrenhlkde. XVI. 295. (Referat eines Vortrages.)
[2]) Lehrbuch der Ohrenhlkde. II. Aufl., S. 151.
[3]) Archiv f. experiment. Pathol. und Pharmakol., XXV. 3. 4.

Leiter'sche Wärmeregulator (Einführen einer Rohrschleife in den Gehörgang) indicirt. Einträufelungen von sterilisirten schmerzstillenden Mitteln (Morphin 0,1 : 5,0) oder die von Gruber [1]) empfohlenen Gelatinkügelchen mit Morphin oder Extractum Opii sollten nur bei sehr intensiven Schmerzen verwendet werden. Nach Beginn einer serösen oder eiterigen Exsudation muss der Gehörgang 2—3 Mal täglich mit 1°/oigem Carbolwasser, 3°/oiger Borsäurelösung oder 0,1°/oiger Sublimatlösung ausgespritzt und sorgfältig ausgetrocknet werden. Ist die Röthung und Schwellung bedeutend, so halte ich die Anwendung von Adstringentien für wichtig und kann die günstigen Erfahrungen, welche Schwartze [2]) mit dem vor dem Gebrauche mit destillirtem Wasser zu verdünnenden Liquor Plumbi subacetici (1—5 : 20 gtt) gemacht hat, vollauf bestätigen. Bei Neigung zu chronischem Verlaufe empfehlen sich Einblasungen von Borsäurepulver oder Aristol. Instillationen von Borspiritus oder Borglycerin (1 : 20) und Bepinselungen mit 5°/oiger Lapislösung. Um bei copiöser Eiterung, welche übrigens bei der Einblasung von Borpulver in der Regel bald nachlässt, ein zu häufiges Ausspritzen zu vermeiden, verwandte Burckhardt-Merian [3]) Tampons von Borwatte, welche in den Gehörgang eingeführt werden und so lange liegen bleiben sollen, bis sie mit Secret durchtränkt sind.

Incisionen in das geschwollene Gewebe sind bei der einfachen Otitis externa diffusa ohne Nutzen und nur bei tiefergehenden, phlegmonösen oder periostitischen Entzündungsprocessen indicirt; die Nachbehandlung ist analog der bei der Furunkeleröffnung angegebenen zu besorgen.

Bei Stenosen kommt, falls dieselben auf Bindegewebshypertrophie beruhen, das Einlegen von konischen, mit Bleiacetat getränkten Wattebäuschen (Politzer), von Pressschwamm (Gottstein [4]), Laminaria (Pritchard [5]) oder Gummiröhrchen (Bonnafont [6]) in Betracht; bei langdauernden Verengerungen und narbigen Stricturen können nach Politzers [7]) Vorschläge der Einlegung von Hartkautschukkanülen Scarificationen mit dem Furunkelmesser vorausgehen. Strangförmige Neubildungen werden, wo sie hinderlich sind, mit dem Messer entfernt oder mit dem Galvanokauter zerstört, diaphragmaartige Atresien lassen sich, wie Schwartze [8]) gesehen hat, dauernd beseitigen durch Circumcision und Einlegen von Laminariacylindern, verwachsen aber wieder bei weniger energischen Eingriffen, wie galvanokaustischer Perforation. Granulationen sind mit einer auf eine Sonde angeschmolzenen Lapisperle zu ätzen oder mit Resorcin (1 : 25 Glycerin) oder Jodglycerin (1 : 25) zu bepinseln. Liegt ein cariöser Process vor, so tritt der scharfe Löffel von Wolf [9]) in sein Recht. Gegen die namentlich bei phlegmonösen Processen gewöhnliche Verdickung des Trommelfelles

---

[1]) Monatsschrift f. Ohrenhlkde. 1878, Nr. 2.
[2]) Die chirurgischen Krankheiten des Ohres, S. 94.
[3]) Correspondenzblatt f. Schweizer Aerzte 1881.
[4]) Berliner Klin. Wochenschrift 1868, Nr. 43.
[5]) British Medical Journal 1864, S. 232.
[6]) Bulletins de l'académie de médecine XXXII. 607 ff.
[7]) Lehrbuch der Ohrenhlkde. II. Aufl., S. 171.
[8]) Die chirurgischen Krankheiten des Ohres, S. 95.
[9]) Archiv f. Augen- und Ohrenhlkde. VI. 207.

können Bepinselungen mit 3°%iger Lapislösung oder Einträufelungen
von Jod-Jodkalium-Glycerin (0.5 : 1 : 25) vorgenommen werden.

Bei der hämorrhagischen Form der Otitis externa ist es
gut, die Blasen mit einer Paracentesennadel zu öffnen und mit Borsalbe
bestrichene Wattewicken einzulegen; gegen die Secretion kann Bor-
säure- oder Aristolpulver eingeblasen werden.

Bei croupöser und diphtheritischer Gehörgangsentzündung spritze man mit Sublimat aus und blase etwas Salicyl- oder
Borsäurepulver ein oder verwende alkoholische 4%ige Borsäure- oder
10%ige Salicylsäurelösungen; Rohrer[1]) sah besonders gute Erfolge
bei Bepinselung der diphtheritischen Stellen mit Liquor ferri sesquichlorati 1 : 10 Glycerin. Gottstein[2]) empfiehlt, behufs Auflösung der
Membranen, den Gehörgang mit Aqua calcis zu füllen. Will man Aetzmittel anwenden, deren Nutzen ein zweifelhafter ist, so ist Chlorzink
wirksamer als Lapis.

Syphilitische Geschwüre werden mit Calomel bestreut oder
mit Jodkalium-Quecksilbersalbe bestrichen, am besten aber mit Lapis
geätzt oder mit dem Galvanokauter zerstört.

Die **Behandlung der Otomykosis** hat zuerst die Entfernung der
mit Mycelien bedeckten Epithelmassen zu erstreben, was zum Theil
durch Ausspritzungen mit 3%iger Borsäurelösung und zum Theil mit
der Pincette geschehen muss. Hierauf sind Ohrbäder mit Salicylspiritus (1—2 : 50 absolut. Alkoh.) vorzunehmen und täglich mindestens
dreimal ¼ Stunde lang zu wiederholen. Kein anderes Mittel wirkt so
gut wie der absolute Alkohol, der nur selten schlecht vertragen wird.
Kalium hypermanganicum, welches Schwartze in 0.6%iger Lösung
empfiehlt, ist wegen der durch die sehr bald entstehenden braunen Niederschläge bedingten Erschwerung der Beobachtung weniger zweckmässig.
Nächst dem Alkohol verdient eine ausgedehnte Anwendung das Borsäurepulver, welches nach Theobald's[3]) Vorschlage mit Zinkoxyd zu
gleichen Theilen gemischt werden kann. Die besten Erfolge erzielte
ich, wenn ich am Tage dreimal ausspritzen und absoluten Alkohol mit
Salicylsäurezusatz eingiessen und die Nacht über Borsäurepulver im
Ohre behalten liess.

Gegen das bei Otomykosis oft sehr hartnäckige Jucken empfiehlt
Rohrer[4]) 2%ige Atropin-Cocainlösung in sterilisirtem Wasser mit
etwas Sublimat oder 1—2%ige Pyoktaninlösung. Das Bohren und
Kratzen im Ohre ist den Kranken strengstens zu untersagen, auch
müssen dieselben auf die Nothwendigkeit peinlicher Sauberkeit aufmerksam gemacht werden.

IX. Neubildungen im äusseren Gehörgange.

Neubildungen sind im äusseren Gehörgange ziemlich selten; dies
gilt namentlich von den Polypen, welche, entgegengesetzt der Ansicht

---

[1]) Lehrbuch der Ohrenhlkde. S. 90.
[2]) Archiv f. Ohrenhlkde. XVII. 18.
[3]) American Journal of Otology 1881, 119.
[4]) Lehrbuch der Ohrenhlkde. S. 83.

der älteren Otologen, nur ganz ausnahmsweise wirklich im Gehörgange wurzeln (siehe das Kapitel über die Ohrpolypen).

Chondrome sind von Politzer[1]) und Gruber[2]), von letzterem Autor mehrfach als haufkorn- bis haselnussgrosse Geschwülste, beobachtet worden. Launay[3]) fand ein Enchondrom. Die von Toynbee[4]) beschriebenen Balggeschwülste sind möglicher Weise als Cholesteatome aufzufassen, doch kommen in der That, wie ein Fall von Orne Green[5]) und Fälle von Gruber (l. c.) lehren, Cysten im Gehörgange vor. Papillome werden von Tröltsch[6]), Gruber (l. c.), Bing[7]) erwähnt. Angiome können vom Gehörgange ausgehen (Buck[8]) Hedinger[9]), Todd[10]), stehen aber meistens in Zusammenhang mit Gefässtumoren der Ohrmuschel (s. S. 82). Epitheliome kommen primär nur selten im meatus auditorius vor, sind aber von Kessel[11]), Brunner[12]), Habermann[13]), Delstanche[14]) constatirt worden. Ein Fibrom, das von der inneren Tragusfläche ausging und häufig recidivirte, sah Steinbrügge[15]). Der Condylome ist schon oben (S. 73) gedacht worden.

Häufiger sind die Knochenneubildungen, welche ausnahmsweise in Gestalt einer theilweisen Ossification des knorpeligen und membranösen Gehörganges, wie sie von Hedinger[16]), Gruber (l. c.) und Pollak[17]) gefunden worden ist, meist aber in Form von Exostosen auftreten.

Die **Exostosen des äusseren Gehörganges** können aus chronischen Entzündungsvorgängen und besonders aus einer Periostitis hervorgehen, kommen auffallend oft mit chronischen Mittelohreiterungen zusammen vor (nach Steinbrügge in 43.3%), scheinen zuweilen hereditär zu sein, entwickeln sich aber häufig ohne jede bekannte Veranlassung. Nach Seeligmann[18]), Welcker[19]), Virchow[20]) u. A. sollen sie besonders häufig bei überseeischen Völkern zu finden sein. Dass sie bei Weibern viel seltener sind als bei Männern und bei Kindern nur ausnahmsweise beobachtet werden, steht fest. Die Exostosen finden sich am häufigsten im äusseren Theile des knöchernen Gehörganges

[1]) Lehrbuch der Ohrenhlkde. II. Aufl., S. 420.
[2]) Lehrbuch der Ohrenhlkde. II. Aufl., S. 372.
[3]) Gaz. des hôpitaux 1861, Nr. 46.
[4]) Medico-chirurgical Transactions XLIX. 51.
[5]) American Journal of Otology, III. Nr. 2.
[6]) Lehrbuch der Ohrenhlkde. VII. Aufl., S. 537.
[7]) Wiener Med. Blätter 1885.
[8]) Archiv f. Augen- und Ohrenhlkde. II. 182.
[9]) Correspondenzblatt d. Württ. Aerztl. Vereins 1877.
[10]) American Journal of Otology, IV. Nr. 3.
[11]) Archiv f. Ohrenhlkde. IV. 284.
[12]) Archiv f. Ohrenhlkde. V. 28.
[13]) Zeitschrift f. Heilkde. VIII.
[14]) Archiv f. Ohrenhlkde. XV. 21.
[15]) Die pathologische Anatomie des Gehörorganes. S. 33.
[16]) Zeitschrift f. Ohrenhlkde. X. 49.
[17]) Archiv f. Ohrenhlkde. XXV. 98.
[18]) Sitzungsber. der k. k. Akademie der Wissenschaft. Wien 1864.
[19]) Archiv f. Ohrenhlkde. I. 171.
[20]) Bericht der Academie der Wissenschaft. Berlin 1885.

an der hinteren und oberen Wand, sind meist breitbasig, zuweilen gestielt, zeigen eine glatte, von normaler Haut überzogene, halbkugelige oder ovale Oberfläche und bestehen aus spongiösem, öfter aus elfenbeinhartem Knochengewebe. Sehr oft bestehen in einem Ohre mehrere Exostosen, die sich zuweilen von zwei entgegengesetzten Wänden entgegenwachsen, auch enthalten nicht selten beide Gehörgänge eines Individuums, und zwar an identischen Stellen, Knochenneubildungen, ein Vorkommnis, welches Politzer[1] auf eine partielle Hyperplasie während des Entwickelungs- und Verknöcherungsstadiums des knöchernen Gehörganges zurückführt. Ob die zu beiden Seiten des kurzen Fortsatzes, an den Endpunkten des ursprünglichen Annulus tympanicus dicht am Trommelfelle, wie es scheint, stets paarig auftretenden, zuerst von Moos[2] beschriebenen, flachen, weissen Protuberanzen (Fig. 31) wirklich Knochenneubildungen sind, wird von Politzer[3] bezweifelt. Soweit eine Untersuchung mit der Sonde Gewissheit verschaffen kann, glaube ich in mehreren Fällen den Nachweis geliefert zu haben, dass jene Gebilde in der That Exostosen sind.

Das Wachsthum der Exostosen geht im Allgemeinen sehr langsam vor sich; wenigstens kann man beobachten, dass sie viele Jahre vollkommen unverändert bleiben und, auch wenn sie eine Tendenz zur Vergrösserung zeigen, sehr lange brauchen, um die gegenüberliegende Wand zu erreichen oder das Lumen des Gehörganges auszufüllen. Erst wenn dies der Fall ist, pflegen sich subjective Beschwerden, und zwar Schmerzen, Schwerhörigkeit und Sausen einzu-

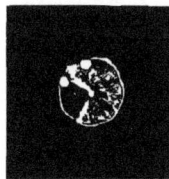

Fig. 31 Exostosen am Trommelfelle zu beiden Seiten des Processus brevis.

stellen. Kommen die Tumoren in einem früheren Stadium zur Beobachtung, so liegt meist eine andere Ursache vor, welche den Kranken zum Arzte führt, am häufigsten eine Mittelohraffection.

Die Diagnose bietet keine Schwierigkeit: genügt die Inspection allein nicht, so wird die vorsichtig unter Leitung des Auges ausgeführte Sondirung, welche einen knochenharten Widerstand und eine beträchtliche Empfindlichkeit gegen Berührung ergiebt, Gewissheit verschaffen.

Die Prognose ist im Allgemeinen nicht schlecht, da es in den wenigsten Fällen zum Verschluss des Gehörganges kommt: doch kann man niemals aus einem anfangs langsamen Fortschreiten der Neubildung auf einen ferneren günstigen Verlauf schliessen, da zuweilen plötzlich ein rascheres Wachsthum beginnt. Besteht eine Eiterung neben den Exostosen, so ist wegen der Gefahr einer Retention die Prognose äusserst vorsichtig zu stellen.

Eine Behandlung kommt nur bei grossen Exostosen in Betracht; kleine, welche symptomlos verlaufen, überlässt man sich selbst und sorgt nur dafür, dass der Gehörgang nicht durch Cerumen- oder Epidermismassen verstopft werde. Wenn keine Mittelohreiterung besteht und die Schwerhörigkeit nicht erheblich ist, kann man auch bei den grösseren Tumoren zunächst Erweiterungsversuche mit Metall-

---

[1] Lehrbuch der Ohrenhlkde. II. Aufl., S. 172.
[2] Archiv f. Augen- und Ohrenhlkde. II. 1, 113.
[3] l. c. S. 173.

röhren oder Laminariastäben vornehmen und Jod- oder Quecksilber-
präparate verordnen; allerdings versprechen beide Methoden nur wenig
Erfolg. Bei bilateraler hochgradiger Schwerhörigkeit und bei gleichzeitig bestehender eiteriger Mittelohrentzündung ist die operative Verkleinerung oder Entfernung indicirt. Dieselbe erfolgt am sichersten
in der Narkose mit dem Meissel und Hammer. Man wähle möglichst schmale, schwach ausgehöhlte Meissel (Fig. 32), um das Gesichtsfeld nicht allzusehr einzuengen. Sitzt die Exostose sehr tief, so kann
man sich nach Schwartze's[1] Vorschlag die Operation erleichtern, indem man den knorpeligen Gehörgang mit der Ohrmuschel ablöst und
nach vorn umklappt. Der von Field[2] benutzte Drillbohrer und
die von Matthewson[3], Field[4], Bremer[5], Urban Pritchard[6] empfohlene Zahnbohrmaschine ist weniger empfehlenswerth. Galvanokaustische Aetzungen, wie sie Moos[7] mit der Einlage von Laminariabougies verband, können, wenn gleich langsam, durch oberflächliche Exfoliation zur Verkleinerung führen und sind in den Fällen, in

Fig. 32. Exostosenmeissel.

welchen die blutige Operation verweigert wird, am Platze. Gestielte
Exostosen können mit geeigneten Zangen abgebrochen werden.

X. Fremdkörper im Gehörgange.

Fremdkörper sind im Ohre nicht selten: sie finden sich bei etwa
1,6% der Ohrenkranken und können, wie z. B. Getreidekörner und
Strohhalme bei der Feldarbeit, zufällig in den Gehörgang gerathen
oder, was häufiger ist, vom Patienten selbst hineingesteckt werden.
Die Kinder lieben es bekanntlich, im Spiele kleine Gegenstände, wie
Steinchen, Perlen, in das Ohr zu schieben, aber gar nicht selten kommen auch bei Erwachsenen Fremdkörper zur Beobachtung (in meinem
Beobachtungskreise sogar häufiger als bei Kindern), welche entweder
absichtlich als Heilmittel gegen Zahnschmerzen oder behufs Entfernung
von Ohrenschmalz oder zur Befriedigung des Juckreizes eingeführt

[1]) Archiv f. Ohrenhlkde. XVIII. 64. Anmerkung.
[2]) Zeitschrift f. Ohrenhlkde. VIII. 88. (Referat.)
[3]) Bericht des 1. Internat. otolog. Congr. New York 1876.
[4]) Lancet 20. Juli 1878.
[5]) Annales des maladies de l'oreille. IV. 3.
[6]) Zeitschrift f. Ohrenhlkde. XXII. 117.
[7]) Zeitschrift f. Ohrenhlkde. VIII. 148.

werden. Eine der gewöhnlichsten Erscheinungen ist es, dass Bleistiftknöpfe oder Schieferstifte beim Bohren und Stochern im Ohre abbrechen und im Gehörgange zurückbleiben, auch gerathen andere zu
gleichem Zwecke benutzte Gegenstände, namentlich Strick- und Haarnadeln, zuweilen tiefer in das Ohr als beabsichtigt war und erzeugen
dann leicht bei dieser Gelegenheit Verletzungen. Als Fremdkörper
im eigentlichen Sinne werden indessen nur diejenigen Gegenstände aufgefasst, welche von aussen in den Gehörgang gerathen und darin zu-
rückgeblieben sind.

Die meisten von mir im Ohre vorgefundenen Fremdkörper, etwa
75°/₀, gehören dem Pflanzenreiche an, hierher gehören Bohnen,
Erbsen, Getreidekörner und Grannen, Zwiebeln, Kirschkerne, Blätter,
Strohhalme, Wattepfröpfe, Papierklumpen, Wurzelstücke. Zum Thier-
reiche (15%) zählen ausser den lebenden Thieren, wie Fliegen,
Schmetterlinge, Flöhe, Wanzen, Käfer, animalische Gewebe und Producte: Haare, Borsten, Schwämme, knöcherne Bleistiftknöpfe. Aus dem
Steinreiche (10%) kamen öfters Kieselsteine, Schieferstifte, Glas-
perlen und Nadeln zur Beobachtung.

Der Sitz des Fremdkörpers ist in der Mehrzahl der Fälle (63°/₀)
der knöcherne, seltener (37°/₀) der knorpelige Gehörgang; auch kann
ein Gegenstand aus dem einen in den anderen Abschnitt hineinragen.
In besonders ungünstigen Fällen trifft der Fremdkörper das Trommelfell und kann nach Durchbohrung desselben in die Paukenhöhle dringen.

Liegt ein Fremdkörper längere Zeit im Ohre, so wird er in der
Regel von einer Cerumenschicht vollständig überzogen; würde man
alle vorkommenden Ohrenschmalzpfröpfe zerlegen, so würde man überraschend häufig als eigentlichen Kern ein Corpus alienum vorfinden.

Symptome. Die subjectiven Symptome sind abhängig von der
Beschaffenheit des Fremdkörpers und der Gewalt, mit welcher er in
das Ohr gebracht wurde. Im Allgemeinen bestehen sie in einem Gefühl von Druck und Völle, in Schwerhörigkeit und subjectiven
Geräuschen, vorausgesetzt, dass eine ansehnliche Verengerung des
Gehörganglumens durch die Anwesenheit des fremden Gegenstandes
bedingt ist. Schmerzen kommen bei eckigen oder spitzen Körpern,
wenn dieselben gewaltsam eingeführt oder eingekeilt werden, zu Stande;
heftig sind sie meist nur, wenn in Folge ungeschickter Extractionsversuche das Ohr verletzt wird. Ein nicht selten zu beobachtender
Wechsel in der Beschaffenheit und Intensität der Beschwerden ist auf
ähnliche Lageveränderungen der fremden Gegenstände, wie wir sie bei
den Ceruminalpfröpfen kennen gelernt haben, zurückzuführen.

Fremdkörper können Jahre lang im Ohre liegen, ohne
die geringsten Beschwerden zu verursachen. Ich habe bei einem
Patienten einen Bleistiftknopf aus dem Ohre entfernt, welcher 23 Jahre
lang im knöchernen Gehörgange gelegen hatte, ohne dass der Kranke
eine Ahnung davon hatte, obwohl er sich des Tages und der Stunde,
zu welcher der Fremdkörper beim Bohren im Ohre stecken geblieben
war, nachträglich auf das bestimmteste zu erinnern wusste. Habermann[1]) berichtet von einem Falle, in welchem ein Kirschkern sogar

---

[1]) Archiv f. Ohrenhlkde. XVIII. 77.

42 Jahre symptomlos im Ohre gelegen hatte. Schon aus dem Umstande, dass ungemein häufig Fremdkörper ganz zufällig im Gehörgange gefunden werden, während der Patient wegen einer davon ganz unabhängigen Affection zur Behandlung kommt, kann man erkennen, wie indifferent sich dieselben verhalten können. Dies gilt auch von den besonders gefürchteten quellbaren Fremdkörpern wie Bohnen und Erbsen, die zuweilen lange Zeit sich im Gehörgange befinden, bis sie einmal gelegentlich eindringendes Wasser aufnehmen und in Folge ihrer Volumenzunahme den Ohrkanal verschliessen.

Nur die lebendigen Fremdkörper verursachen oft, auch ohne das Hinzutreten von üblen Zufällen, unangenehmere Erscheinungen, indem sie sich im Ohre bewegen. Fliegen und kleine Schmetterlinge flattern, Wanzen, Schaben und Käfer kriechen umher, Flöhe sind besonders lästig durch ihr Hüpfen, und ich habe gesehen, wie ein Mann geradezu maniokalische Anfälle bekam, weil ein Floh unausgesetzt gegen das Trommelfell sprang. Die Redensart „Jemandem einen Floh ins Ohr setzen", welche eine besondere Peinigung ausdrücken soll, hat somit eine thatsächliche Berechtigung. Der sehr gefürchtete Ohrwurm, Forficula auricularis, kommt sicher weit seltener als andere Insekten im Ohre vor und ist vollkommen harmlos; ich habe ihn ein einziges Mal vorgefunden. Die schwersten Symptome sollen die Fliegenlarven hervorrufen können, allerdings wohl nur, wenn sie durch eine Trommelfellperforation in die Paukenhöhle gelangen.

In seltenen Fällen verursachen im Ohre liegende Fremdkörper reflectorische Erscheinungen; nur eine solche wird häufiger beobachtet: Husten in Folge von Reizung des ramus auricularis nervi vagi. Die übrigen namentlich in der älteren Litteratur verzeichneten Complicationen nervöser Natur, über welche ich aus eigener Erfahrung nicht zu berichten wüsste, sind Curiositäten. Neuerdings constatirte Israel[1]) Hyperästhesien und Schüttelfröste, Heydenreich[2]) Hemikranie (Trigeminusreizung), Küpper[3]) Epilepsie, Bourgougnou[4]) meningitische Erscheinungen in Folge von Fremdkörpern im Ohre.

Die Diagnose ist in der Regel einfach, wenn nicht durch ungeschickte Manipulationen bereits eine erhebliche Schwellung des Gehörganges hervorgerufen worden ist. Kleine Fremdkörper jeder Art können bei der Inspection übersehen werden, falls sie im Sinus meatus auditorii externi, in der Ausbuchtung des medianen Theiles der unteren Gehörgangswand, liegen. Wiederholt habe ich z. B. Schmetterlingsflügel dicht an dem unteren Rande des Trommelfelles aus dem Sinus nur so wenig hervorragen sehen, dass die genaue Erkennung des Sachverhaltes erst durch die Entfernung des Fremdkörpers ermöglicht werden konnte; ausnahmsweise kann ein kleiner spitzer Gegenstand in die bei jüngeren Kindern normaler Weise vorhandene Ossificationslücke in der vorderen-unteren Gehörgangswand so tief eingekeilt werden, dass er sich den Blicken entzieht. In dieser Beziehung ist ein von mir bei einem vierjährigen Kinde beobachteter Fall sehr lehrreich, in

---

[1]) Berliner Klin. Wochenschrift 1876, Nr. 15.
[2]) Archiv f. Augen- und Ohrenhlkde. VI. 1, 236.
[3]) Archiv f. Ohrenhlkde. XX. 167.
[4]) Gazette des hôpitaux 1888, Nr. 76.

welchem auf das bestimmteste behauptet wurde, dass ein Glasperlen-
trümmer im Ohre sein müsse; derselbe war indessen nicht zu sehen,
und ich würde an seine Anwesenheit nicht geglaubt haben, wenn nicht
an der vorderen-unteren Wand eine circumscripte Röthung zu bemerken
gewesen wäre; bei Sondirung dieser Gegend war in der That ein harter
Splitter fühlbar, dessen Entfernung mit Hülfe einer Pincette nicht ohne
Schwierigkeit gelang.

Bei hochgradiger Schwellung des Gehörganges, wie sie leider dem
Ohrenarzte in Folge ungeeigneter Extractionsversuche sehr häufig zu
Gesichte kommt, kann die Diagnose mitunter nur mit Hülfe der Sonde
gestellt werden, deren Anwendung Uebung, Vorsicht und vor Allem
Beleuchtung mit dem Spiegel erfordert. Wegen der Möglichkeit des
tiefer Hineinstossens ist diese Untersuchungsmethode dem Ungeübten
nicht anzurathen. Liegen keine ernsteren Erscheinungen, welche auf
eine Eiterretention schliessen lassen, vor, so kann man ruhig abwarten,
bis die Schwellung innerhalb einiger Tage nachlässt, und wird dann
mit der Inspection allein zum Ziele kommen.

Die Prognose ist günstig, so lange nicht unberufene Hände ein-
gegriffen haben. In den schweren Fällen sind fast ausnahmslos nicht die Fremdkörper an den Complicationen Schuld,
sondern die ungeschickten Extractionsversuche, welche von
den Angehörigen des Patienten oder leider auch sehr häufig von der
Otiatrie fernstehenden Aerzten angestellt werden. Dass die schwersten
Verletzungen gesetzt werden bei der Jagd auf Fremdkörper, welche
gar nicht vorhanden sind, kann ich aus eigener Erfahrung ver-
sichern. Ausgedehnte Quetschungen und Zerreissungen des Gehörganges sind die gewöhnlichsten aber nicht die einzigen Folgen derartiger roher Manipulationen, zu welchen oft die unglaublichsten Instrumente, z. B. Kornzangen, welche kaum geschlossen Platz im Gehörgange
haben, verwendet werden. Vielmehr kommt es nur zu oft zu Rupturen
des Trommelfelles (selbst beider Trommelfelle, wie ich gesehen habe [1]),
ja, wie Burnett [2] erlebt hat, kann der grösste Theil der Membran
herausgerissen werden; und Stacke [3] beobachtete sogar totalen Defect
des Trommelfelles und Granulationsbildung in der Paukenhöhle in einem
Falle, in welchem gar kein Fremdkörper vorhanden war. Dass bei
solchen ausgedehnten Verletzungen schwere Folgezustände ihren Ausgang nehmen können, liegt auf der Hand, und in der That sind
gewiss nur ein kleiner Theil der wirklich vorgekommenen — eine Anzahl von letalen Fällen beschrieben worden: so zwei von Wein-
lechner [4] (Meningitis), je einer von Wendt [5] (Meningitis), Moos [6]
(fast totaler Verlust des Trommelfelles, Luxation der Gehörknöchelchen, Zerreissung der Chorda, Knochendefecte in der Paukenhöhle, Tod
durch Septicämie), von Fränkel [7] (totale Zerreissung des Trommel-

[1] Archiv f. Ohrenhlkde. XXII. 203.
[2] Archiv f. Ohrenhlkde. XX. 271.
[3] Transactions of the American Otol. Society 1872.
[4] Wiener Spitalzeitung, Beil. zur Wiener med. Wochenschrift 1862, S. 284.
[5] Archiv f. Ohrenhlkde. III. 41.
[6] Archiv f. Augen- und Ohrenhlkde. VII. 1.
[7] Zeitschrift f. Ohrenhlkde. VIII. 229.

felles, Fractur des Gehörganges, Luxation der Gehörknöchelchen, Zersprengung der Labyrinthwand, Tod durch Meningitis), Zaufal[1]) (ausgedehnte Zerreissung des Trommelfelles, Tod durch Meningitis), Bezold[2]) (Meningitis), Schubert[3]) (Meningitis). Alle diese und gewiss noch viel mehr nicht publicirte ungünstige Fälle sind durch **Kunstfehler** von Aerzten verschuldet worden, nicht aber durch die Fremdkörper als solche.

Behandlung. Mindestens ⁹⁄₁₀ der Fremdkörper lassen sich auf einfache und schonende Weise durch Ausspritzen mit lauwarmem abgekochtem Wasser beseitigen, eine Methode, welche nach Schwartze schon von Celsus empfohlen worden ist. Schwierigkeiten bieten fast nur diejenigen Fälle, in welchen die Gegenstände durch incompetente Hand in die Tiefe gestossen oder eingekeilt worden sind. Solche complicirten, durch hochgradige Schwellung des Gehörganges ausgezeichneten Fälle hat der Ohrenarzt oft zu behandeln; nach Politzers[4]) Angabe sollen sogar nur 10 % unberührt zum Facharzte kommen. Der ärztliche Praktiker hat ein viel leichteres Spiel, da er den Fall meist frisch übernimmt.

Das Ausspritzen des Ohres in der oben (S. 48) angegebenen Weise sollte stets, auch bei quellbaren Fremdkörpern, wofern dieselben nicht bereits festgekeilt sind, zuerst vorgenommen werden. Oft genügt eine einzige Entleerung der Spritze zur Entfernung, in anderen Fällen wird man mit grosser Ausdauer lange Zeit hindurch zu spritzen haben. Man ermüde niemals zu früh; oft ereignet es sich, dass ein Gegenstand, welcher anfangs nicht weichen will, schliesslich doch durch den Wasserstrahl herausgespült wird; auch kann man, wenn nicht etwa beunruhigende Symptome bestehen, die Ausspritzungen getrost auf mehrere Sitzungen vertheilen.

Die Handspritze ist dem Irrigator und anderen Ersatzmitteln unbedingt vorzuziehen; ihre Wirkung kann nach Voltolini[5]) unterstützt werden, indem man den Kopf des auf dem Rücken liegenden Kranken nach hinten überhängen lässt. Auch wenn der Gehörgang geschwollen ist, vermeide man zunächst jede andere Therapie, sorge vielmehr für eine geeignete Antiphlogose und verordne schwach adstringirende Ohrtropfen (Liq. plumbi subacet. 1 : 10 6 Aq. dest.; Zinc. sulf. 1 : 30) und warte die Abschwellung ab. Besteht eine Perforation des Trommelfelles, so hat man allzu kräftige Injectionen wegen der Gefahr des Hineinspülens in die Paukenhöhle zu vermeiden, im übrigen sind beträchtliche Druckstärken, stets aber allmählich steigend, anzuwenden. Bei quellbaren Gegenständen wird von Zaufal (l. c.) und Hedinger[6]) zum Ausspritzen Oel empfohlen, weil in diesem die Leguminosen nicht aufquellen; ich glaube indessen nach meinen Erfahrungen, dass man stets mit Wasser auskommen wird, finde auch, dass Oel in

---

[1]) Prager Med. Wochenschrift 1881, Nr. 35.
[2]) Berliner Klin. Wochenschrift 1888, Nr. 26.
[3]) Archiv f. Ohrenhlkde. XXXI. 50.
[4]) Lehrbuch der Ohrenhlkde. II. Aufl., S. 180.
[5]) Archiv f. Ohrenhlkde. I. 151.
[6]) Zeitschrift f. Ohrenhlkde. XV. 213.

Folge seiner dickeren Consistenz viel schwerer unter einem genügend
kräftigen Druck zu injiciren ist. Auch den Vorschlag von Noquet [1],
jedesmal vor dem Ausspritzen mit Wasser Glycerin einzuträufeln, finde
ich überflüssig; dieses Mittel eignet sich hingegen vorzüglich, wenn es
sich um die Schrumpfung von gequollenen Fremdkörpern handelt. Erbsen,
Bohnen und ähnlichen Früchten kann auf diese Weise so viel Wasser
entzogen werden, dass sie erheblich weniger Platz im Gehörgange ein-

Fig. 33.
Stahlhebel nach Zaufal.

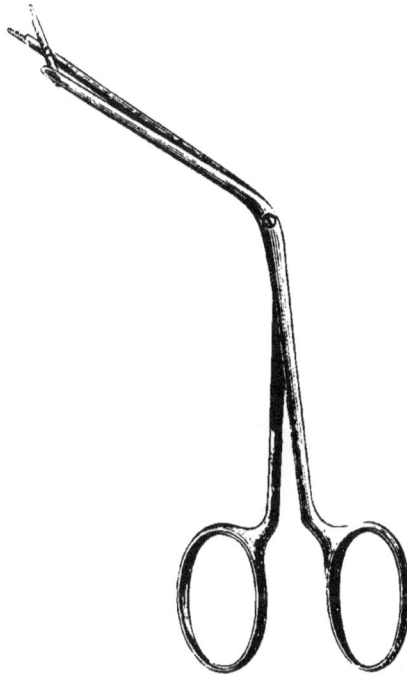

Fig. 34.
Charnierzange nach Trautmann.

nehmen. Noch besser bewährt sich für diesen Zweck der absolute
Alkohol, welchem man auch nach Zaufal's Vorgange Aether beifügen
kann. Die galvanokaustische Zerstückelung von Fremdkörpern,
welche zuerst von Voltolini [2] angewandt worden ist, kann wohl auch
ganz gute Dienste leisten, führt aber leicht zu Nebenverletzungen und
verschlimmert dann den Zustand.

Erst wenn lange Zeit fortgesetzte Ausspritzungen, eventuell nach
vorausgeschickter Verkleinerung der Fremdkörper, ohne Erfolg bleiben.

[1] Revue mens. de Laryngologie 1884, Nr. 7.
[2] Monatsschrift f. Ohrenhlkde. III. Nr. 7.

darf der geübte Arzt zu Instrumenten greifen. Bei starker Schwellung des Gehörganges und Unsichtbarkeit des fremden Gegenstandes wird man am sichersten gehen, wenn man die Narcose anwendet. Das geeignetste Instrument ist für nicht fest eingeklemmte Fremdkörper die einfache Ohrpincette mit oder ohne Häkchen; tief sitzende Gegenstände lassen sich indessen nicht immer damit fassen, und man wird sich dann mit Vortheil der zierlichen Charnierzange von Trautmann[1]) (Fig. 34) bedienen. Bleibt zwischen dem Fremdkörper und der Gehörgangswand für zwei Branchen kein Raum, so gelingt die Beseitigung besser durch hebelartige Curetten, etwa den von Zaufal (l. c.) angegebenen flach schaufelförmig gekrümmten Stahlhebel (Fig. 33) oder durch rechtwinkelig gebogene Häkchen. z. B. das aus Stahl gefertigte auf einem biegsamen Heft von weichem Eisen aufsitzende Häkchen von Berthold[2]), statt dessen oft auch eine rechtwinkelig gekrümmte Knopfsonde verwendet werden kann. Aus der grossen Zahl von Instrumenten zur Extraction von Fremdkörpern. welche zum Theil wohl nur von den Erfindern selbst benutzt werden, wäre noch eine nach allen Seiten drehbare Curette von Charrière[3]) und eine sehr fein zugespitzte Pincette von Sapolini[4]) zu erwähnen. In einem Falle, in welchem ein Stück Wegerichwurzel sehr fest im Gehörgang eingeschnürt war. gelang mir die Entfernung mit Hülfe einer sehr spitzen und dünnen Schraube, welche ich tief in den Fremdkörper eindrehte.

Im Allgemeinen ist hier wie überall als Grundsatz aufzustellen. dass man mit den einfachsten Instrumenten am weitesten kommen wird. Bei der Mannichfaltigkeit der Formen von Fremdkörpern lassen sich allgemeine Regeln über die einzuschlagende Operationsmethode natürlich nicht geben: jeder Fall erfordert eine individuelle Behandlung, und je erfinderischer der Arzt ist. um so weniger Schwierigkeit wird ihm die Beseitigung auch in complicirten Fällen bereiten.

Nur einige Methoden seien hier noch hervorgehoben. Hohle Fremdkörper, z. B. Perlen. wird man zuweilen mittelst eines durch den Canal geschobenen Häkchens herausbefördern können. Lucae[5]) gelang es, eine Stahlperle mit Hülfe einer Laminariasonde. welche er in dieselbe einführte und durch eingeträufeltes Wasser quellen liess. zu entfernen. Auch die sogenannte Agglutinationsmethode mag zuweilen ganz gute Resultate liefern. Bereits Engel[6]) versuchte, Fremdkörper mit Hülfe eines mit Leim befeuchteten leinenen Bändchens herauszuziehen; Clarke[7]) bediente sich eines Heftpflasterstückchens und Löwenberg[8]) benutzte einen Charpiepinsel und Tischlerleim. Mit der Extraction muss man bei allen diesen Methoden warten. bis die Klebemasse trocken geworden ist. Dass in den meisten Fällen, in welchen

---

[1]) Archiv f. Ohrenhlkde. VIII. 102.
[2]) Bericht über die Naturforscher-Versammlung zu München 1877.
[3]) Bullet. de l'acad. de méd. 1867, S. 1207.
[4]) Annales des maladies de l'oreille 1876, S. 188.
[5]) Realencyclopädie der Medicin. Bd. V.
[6]) Allgem. Wiener Med. Centralzeitung 1851, Nr. 63.
[7]) Transactions of the American Otological Society 1872.
[8]) Berliner Klin. Wochenschrift 1872, Nr. 9.

die Anleimung zum Ziele führt, das Ausspritzen viel rascher und sicherer gelingt, dürfte keinem Zweifel unterliegen.

Bei metallischen Fremdkörpern mag die Entfernung vermittelst eines Electromagneten möglich sein; doch besitze ich keine Erfahrung über diese Methode, mit welcher Schwartze[1]) Versuche ohne befriedigende Resultate angestellt hat.

Die neuerdings von Spear[2]) empfohlene Massage des Ohres zur Beseitigung von Fremdkörpern aus dem knorpeligen Gehörgange ist ebenso entbehrlich wie die ältere Schüttel- oder Erschütterungsmethode, welche das Herausfallen des corpus alienum durch Stösse gegen den mit dem kranken Ohre nach unten geneigten Kopf bezweckte. Sicherlich wird es niemals gelingen, fest gekeilte Gegenstände auf diese Weise zu lockern; liegt aber ein Körper frei, so erreicht man ihn viel besser mit dem Wasserstrahl.

Handelt es sich wegen bedrohlicher Erscheinungen um eine schleunige Entfernung eines eingekeilten oder in Folge starker Verschwellung der Gehörgangswände schwer erreichbaren Fremdkörpers, so kann man, um mehr Raum für die Instrumente zu gewinnen und das Operationsterrain näher an die Körperoberfläche zu verlegen, den knorpeligen Gehörgang durchtrennen und mit der Ohrmuschel nach vorn umklappen. Schwartze[3]) empfiehlt zu diesem Zwecke, einen bogenförmigen Schnitt hinter der Auricula dicht an ihrer Insertion anzulegen und nach Trennung der Weichtheile bis auf's Periost den knorpeligen Gehörgang möglichst nahe an seiner Vereinigung mit dem knöchernen Theile bis auf die vordere Wand durchzuschneiden. Die Anheilung nach vollbrachter Extraction gelingt mit Hülfe einiger Nähte sehr gut. Die Operation ist ausser von Schwartze von Langenbeck[4]), Moldenhauer[5]), Orne Green[6]), Buck[7]), von diesem „mit kaum nennenswerthem Nutzen", Kuhn[8]) ausgeführt worden. v. Tröltsch[9]) schlägt vor, wenigstens bei Kindern statt der hinteren die obere Wand des knorpeligen Gehörganges loszutrennen und durchzuschneiden. Eine theilweise Abmeisselung der hinteren Wand des knöchernen Gehörganges, wie sie Delstanche[10]) und Gruber[11]) in besonders schwierigen Fällen vorzunehmen gezwungen waren, dürfte selten erforderlich sein.

Lebende Thiere sind fast stets leicht durch Ausspritzen mit warmem Wasser zu entfernen; nur die Fliegenlarven setzen, da sie sich mit ihren Haken in der Haut festhalten können, in der Regel lebhaften Widerstand entgegen: sie sind vor der Anwendung der Spritze mit Chloroform oder Aether zu betäuben oder noch besser durch Anfüllung des Gehörganges mit Oel oder Terpentin zu tödten. Als Curio-

[1]) Die chirurgischen Krankheiten des Ohres, S. 245.
[2]) American Journal of Otology. III. Nr. 3.
[3]) Die chirurgischen Krankheiten des Ohres, S. 242.
[4]) Siehe Israel, l. c.
[5]) Archiv f. Ohrenhlkde. XVIII. 59.
[6]) Transactions of the American Otological Society 1881.
[7]) Referat im Archiv f. Ohrenhlkde. XX. 202.
[8]) Archiv f. Ohrenhlkde. XX. 292.
[9]) Lehrbuch der Ohrenhlkde. VII. Aufl., S. 553.
[10]) Annales des maladies de l'oreille 1887, Nr. 2.
[11]) Monatsschrift f. Ohrenhlkde. 1891, Nr. 5.

sum sei erwähnt, dass Kaatzer[1]) eine grosse Menge von Larven —
er schätzte sie auf 700 Stück — dadurch entfernte, dass er sie in ein
Ohr vor das Ohr gebundenes Stück Käse hineinlockte.

Nach der Entfernung eines Fremdkörpers unterlasse man nicht,
sich zu überzeugen, ob irgend eine Verletzung vorhanden ist; Excoriationen, wie sie namentlich durch lebende Thiere (Schaben) und kantige Gegenstände hervorgerufen werden, bedürfen meist keiner Therapie.
Quetschwunden und Zerreissungen sind antiseptisch (wie Otitis externa)
zu behandeln.

Die Beseitigung von Fremdkörpern aus der Paukenhöhle wird
weiter unten besprochen werden.

XI. Neurosen im Gebiete des äusseren Ohrtheiles.

Neuralgien kommen an der Ohrmuschel zuweilen in Verbindung
mit Herpes (s. o. S. 72) vor, ausgehend vom nerv. auriculo-tem-
poralis oder vom nerv. auricularis magnus, etwas häufiger im Gehörgange, wo sie namentlich durch die Einwirkung von Zugluft hervorgerufen zu werden scheinen. Oft genügt schon die Abschliessung der
Luft zur Heilung, sonst beseitigen Morphinsalben oder Atropinbepinse-
lungen die Schmerzen zuweilen sehr rasch; doch gibt es auch sehr
hartnäckige Fälle, in welchen der Verdacht auf centrale Affectionen
naheliegt; hier schafft der constante Strom am besten Abhülfe.
Im Gehörgange, sehr selten an der Auricula, wird zuweilen, besonders bei Frauen in den klimakterischen Jahren, eine höchst lästige
Hyperästhesie in Gestalt des Pruritus cutaneus angetroffen. In weitaus den meisten Fällen wird sich bei quälendem Jucken im Ohre eine
bestimmte Ursache, wie Otomykosis oder chronisches Ekzem, nachweisen lassen, doch gibt es zweifellos auch ein als reine Neurose auf-
zufassendes Kitzeln, welches in der Regel anfallweise oder doch mit
Exacerbationen auftritt und den Patienten zu fortwährendem Bohren
und Kratzen auffordert. Diese mechanische Reizung führt dann leicht
zu Excoriationen, oberflächlicher Desquamation und Entzündung, wodurch die Diagnose erschwert werden kann, indem ein ähnliches Bild
wie beim squamösen Ekzem entsteht. Oft genug besteht aber Pruritus
auch ganz ohne objective Erscheinungen; auch gelingt es nicht in allen
Fällen, Mikroorganismen, wie sie Rohrer[2]) in Gestalt eines kleinen,
schlanken Bacillus und eines grossen Diplococcus nachgewiesen hat, im
Gehörgange aufzufinden.

Die Behandlung des Pruritus ist oft eine undankbare. Eingiessungen von warmem Wasser oder Glycerin helfen nur sehr vorübergehend, etwas besser Bepinselung mit Cocain (10·%) oder mit Lapislösung (nach Schwartze 4 - 10 °0). Einführung von Watte pflegt das
Jucken zu steigern, auch wenn sie mit narcotischen Salben bestrichen
ist. Durch Ableitung auf den Darm und innerliche Verabreichung von
Jodkalium und Arsen kann die locale Therapie unterstützt werden.
Anästhesie kommt an der Muschel und im Gehörgange vor; ich

---

[1]) Berliner Klin. Wochenschrift 1878, Nr. 52.
[2]) Lehrbuch der Ohrenhlkde. S. 93.

habe sie mehrfach bei bestehender centraler Taubheit, namentlich in Folge von Hirntumoren, zweimal nach Parotitis epidemica gesehen. Nach Urbantschitsch[1]) sind herabgesetzte tactile und Temperaturempfindlichkeit bei verschiedenen Erkrankungen des Mittelohres sehr häufig an der Muschel und deren Umgebung, sowie an anderen Trigeminusgebieten zu constatiren. Vollständige Anästhesie des Gehörganges bis dicht an das Trommelfell beobachtete ich bei einer Hysterischen. Auch bei Apoplexie (Moos[2]) und nach Meningitis cerebrospinalis (Gottstein[3]) ist diese Erscheinung beschrieben worden. Eine Besserung habe ich niemals eintreten sehen, auch nicht bei fortgesetzter Galvanisirung.

Sehr selten sind Krämpfe an der Ohrmuschel beobachtet worden (Hoppe[4]), Romberg[5]), Wolff[6]). Einen mit Blepharospasmus complicirten Fall von ausgesprochenem Krampf der Eigenmuskeln der Auricula sah neuerdings Schwartze[7]); die von demselben Autor erwähnte Erscheinung, dass während der Hörprüfung bei Schwerhörigen unwillkürliche zuckende Bewegungen der Ohrmuschel auftraten, habe ich oftmals bestätigen können.

B. Krankheiten des Trommelfelles.

Das Trommelfell erkrankt nur selten, nach meinen statistischen Erhebungen in höchstens 2.7 % der Ohrenkrankheiten, primär, betheiligt sich hingegen fast regelmässig an den Krankheiten des Mittelohres und sehr häufig an denen des äusseren Gehörganges, da es mit beiden Hohlräumen in anatomischem Zusammenhange steht. Vom äusseren Gehörgange bezieht es die äussere, aus Epidermis und Cutis bestehende Schicht, von der Paukenhöhle den Schleimhautüberzug und von beiden Seiten werden ihm die Hauternährungsgefässe zugeführt.

I. Bildungsanomalien des Trommelfelles.

Bildungsanomalien des Trommelfelles werden meist nur in Verbindung mit Missbildung des Gehörganges und der tieferen Ohrtheile beobachtet; isolirter congenitaler Defect der Membran ist jedesfalls äusserst selten und wohl auch in den von Bonnafont[8]) beobachteten

[1]) Pflüger's Archiv f. die ges. Physiologie. Bd. XLI.
[2]) Archiv f. Augen- und Ohrenhlkde. II. 1, 116.
[3]) Archiv f. Ohrenhlkde. XVII. 177.
[4]) Citirt bei Urbantschitsch, Lehrbuch, III. Aufl., S. 88.
[5]) Citirt bei Schwartze, Die chirurgischen Krankheiten des Ohres, S. 79.
[6]) Lincke's Handbuch der theoret. und pract. Ohrenhlkde. III. S. 70.
[7]) Die chirurgischen Krankheiten des Ohres, S. 80.
[8]) Traité théorique et pratique etc. II. Aufl., S. 275.

und citirten Fällen (Itard, Cl. Bernard) mit einem durch Krankheit
erworbenen Verluste verwechselt worden. Fehlen der membrana flaccida
auf beiden Seiten sah Ole Bull[1]) in einem Falle von bilateraler congenitaler Ohrfistel.

Ob ein zuweilen ohne Entzündungsvorgänge im oberen Theile und
vorzugsweise in der Shrapnell'schen Membran vorkommender Schlitz,
wie ihn v. Tröltsch[2]) doppelseitig bei einem mit gespaltenem Gaumen
Behafteten gefunden hat, angeboren sein kann und mit dem Coloboma
iridis verglichen werden darf, erscheint zweifelhaft. Sicherlich giebt
es kein Foramen Rivini, d. h. keine normale Oeffnung im Trommelfell.

Von Bildungsexcessen sind einige höchst zweifelhafte Fälle
von Duplicität des Trommelfelles beschrieben worden, in denen es
sich wahrscheinlich um Pseudomembranen im Gehörgange gehandelt hat.

Abweichungen der Grösse, Gestalt und Neigung sind häufig
und abhängig von der Configuration des Gehörganges. Beim Neugeborenen steht das Trommelfell viel schräger als beim Erwachsenen;
dass bei musicalisch sehr begabten Menschen, wie Bonnafont,
Schwartze, Lucae, v. Tröltsch[3]) angeben, eine besonders verticale
Stellung des Trommelfelles vorkommt, habe ich in einer Reihe geeigneter Fälle niemals bestätigen können.

II. Verletzungen des Trommelfelles.

Da das Trommelfell in der Tiefe des gewundenen Gehörganges
eine ziemlich geschützte Lage besitzt, wird es traumatischen Einflüssen
nicht allzu oft ausgesetzt. Nach meinen Erfahrungen kommen von
sämmtlichen Ohrenaffectionen nur 0,5 % und nach einer Durchschnitt-
berechnung aus statistischen Berichten verschiedener Autoren 0,68 %
auf die Trommelfellverletzungen; Schwartze giebt in seinen „Chirurgischen Krankheiten des Ohres" als Procentsatz 1 % an, während seine
poliklinischen Berichte, wie ich übereinstimmend mit Beinert[4]) finde,
nur 0,7 % ergeben.

Verletzungen können das Trommelfell durch directe und indirecte Einwirkung treffen, und zwar ist der letztere Fall der
häufigere.

a. Verletzungen des Trommelfelles durch directe Gewalteinwirkung.

Directe Verletzung des Trommelfelles kommt fast ausschliesslich
durch Fremdkörper zu Stande, welche von aussen in den Gehörgang
eindringen, so durch Federhalter, Haar- und Stricknadeln, Streichhölzer,
Zahnstocher, Ohrlöffel oder andere Gegenstände, mit welchen der Kranke
sich im Ohre gebohrt hat, wobei entweder durch Unvorsichtigkeit oder
durch einen Stoss gegen den Arm oder Kopf das Trommelfell mehr
oder wenig energisch getroffen wurde. Auch kann ein zufällig in das

---

[1]) Die Anatomie des Ohres. Würzburg 1860, S. 23.
[2]) Lehrbuch der Ohrenhlkde. VII. Aufl., S. 48. Dort die Citate.
[3]) Zeitschrift f. Ohrenhlkde. XIX. 146.
[4]) Inaugural-Dissertation. Halle 1889.

Ohr gerathener Fremdkörper, z. B., wie ich es wiederholt erlebt habe, der Ast einer Hecke bei ungestümem Ausweichen auf engem Wege, ein Strohhalm beim Aufladen von Korn, das Trommelfell verwunden. Die schwersten Verletzungen habe ich nach den bereits bei Besprechung der Fremdkörper im Gehörgange erwähnten ungeschickten Extractionsversuchen mit ungeeigneten Instrumenten durch die Hand von Aerzten entstehen sehen. Durch Paukenröhrchen oder Tubensonden, welche durch die Eustachische Röhre zu weit nach aussen geschoben werden, kann das Trommelfell auch von innen her unmittelbar getroffen werden.

Der Grad der Verletzung richtet sich nach der Form und der Gewalt des eingedrungenen Gegenstandes. Stumpfe und elastische oder biegsame Körper werden weniger leicht eine penetrirende Wunde erzeugen als spitze und harte. Oft kommt es daher nur zu oberflächlicher Excoriation des Trommelfelles und zu Blutextravasaten zwischen den Schichten der Membran. Dringt aber ein stumpfer Körper in Folge grosser Gewalteinwirkung durch das Trommelfell hindurch, so pflegt die gesetzte Ruptur grösser und meist auch unregelmässiger geformt zu sein als bei der Einwirkung spitzer Gegenstände, welche in der Regel kleine, kreisrunde Löcher erzeugen.

Der Sitz der Verletzung ist bei directen Traumen am häufigsten (70,4%) die untere Hälfte des Trommelfelles und zwar nach meinen Beobachtungen vorwiegend der hintere-untere (44,5%), nächst diesem der vordere-untere Quadrant (25,9%); der hintere-obere Quadrant wird etwa ebenso oft (25,5%) betroffen wie der vordere-untere, am seltensten (4,2%) der vordere-obere. Schwartze giebt hingegen an, dass am häufigsten der hintere-obere Quadrant Verletzungen ausgesetzt sei.

b. Verletzungen des Trommelfelles durch indirecte Gewalteinwirkung

können in Folge einer Erschütterung der Schädelknochen oder durch plötzliche Luftdruckschwankungen verursacht werden. In ersterer Beziehung kommt Stoss, Schlag oder Sturz auf den Kopf in Betracht mit oder ohne Fractur der Schädelknochen; ist eine solche vorhanden, so setzt sie sich meist von der vorderen oder hinteren-oberen Gehörgangswand auf das Trommelfell fort. Dasselbe kann dabei annähernd vollständig losgerissen werden, zeigt aber in der Regel nur einen einfachen oder lappenförmigen Riss in grösserer Ausdehnung.

Die häufigste Ursache der Trommelfellrupturen überhaupt ist eine plötzliche Luftdruckschwankung, wie sie bei Gas-, Dynamit- oder Pulverexplosionen und Kanonenschüssen erzeugt wird oder weit öfter auf das Ohr beschränkt durch momentanen Verschluss des Gehörganges zu Stande kommt. In dieser Beziehung spielen eine grosse Rolle die Ohrfeigen; und zwar ist es hierbei keineswegs nothwendig, dass der Schlag mit erheblicher Gewalt ausgeführt wird, sondern nur erforderlich, dass die Hand die Ohröffnung plötzlich luftdicht verschliesst. Daher kommt es bei gut sitzenden Ohrfeigen, auch wenn sie mit mässiger Kraft applicirt werden, leichter zur Trommelfellruptur als bei den kräftigsten Faustschlägen, welche meist den Gehörgang nicht völlig abschliessen, und die sehr oft, namentlich von Seiten der berufenen und unberufenen Pädagogen gehörte Betheuerung, der Schlag sei so gelinde gewesen, dass er unmöglich das Trommelfell habe sprengen können. ist durchaus hinfällig.

Ebensogut wie mit der Hand kann der luftdichte Abschluss auch durch irgend einen Gegenstand bewirkt werden. So sehen wir Trommelfellverletzungen eintreten bei Sturz auf das Ohr, bei ungeschickt ausgeführtem Kopfsprung, wenn dabei ein Ohr flach auf die Wasserfläche aufschlägt, beim Anrennen gegen eine Thüre, beim Auftreffen von Schneebällen etc.

Auch eine Luftverdichtung, welche das Trommelfell von innen her trifft, kann zu Verletzungen der Membran führen: beim Politzerschen Verfahren, beim Katheterismus, bei kräftigem Schneuzen, Niesen und Husten werden solche beobachtet, in seltenen Fällen auch bei Luftverdünnung im Gehörgange, z. B. durch einen Kuss, wie ich zweimal gesehen habe [1]). Doch dürfte bei solchen Gelegenheiten der Eintritt der Verletzung stets einen bereits vorhandenen pathologischen Zustand des Trommelfelles, wie Atrophie, partielle Vernarbung, Auflockerung oder Adhäsion, voraussetzen oder mit anderen begünstigenden Momenten, wie Tubenverschluss, stark entwickelte Pneumaticität der Warzenzellen (Eysell [2]) zusammentreffen.

Die zuweilen bei Erhängten vorgefundenen Trommelfellrupturen sind nach Zaufal [3]) durch einen beim Hinaufdrängen des Zungengrundes entstehenden luftdichten Abschluss der Tube zu erklären.

Dass auch durch Blitzschlag eine Trommelfellruptur zu Stande kommen kann, lehrt ein Fall von Ludewig [4]). Wie bei directer Gewalteinwirkung, so braucht auch bei indirectem Trauma eine Verletzung des Trommelfelles nicht penetrirend zu sein. Zuweilen kommt es nur zu Ekchymosirung oder auch nur zur Eindrückung (Commotion) des Trommelfelles ohne Continuitätstrennung. Einen derartigen Fall, in welchem in Folge eines Faustschlages auf das Ohr Schwindel, taumelnder Gang, Schwerhörigkeit und Sausen eintrat und das Trommelfell stark nach innen gedrängt erschien, habe ich zu beobachten Gelegenheit gehabt.

In weitaus den meisten Fällen entsteht indessen bei der traumatischen Einwirkung eine Ruptur. Der Sitz derselben ist auch bei indirecter Gewalt meistens (50%) der hintere-untere Quadrant, nächst diesem der vordere-untere (25%), der hintere-obere (20%) und am seltensten der vordere-obere Quadrant (5%). Zuweilen werden zwei Rupturen, seltener noch mehrere neben einander beobachtet; Urbantschitsch [5]) sah drei Perforationen, ich vier [6]), Hoffmann [7]) fünf. Bonnafont [8]) constatirte eine siebförmige Durchlöcherung in Folge einer Gasexplosion.

Die Form der durch Luftdruckschwankungen erzeugten Rupturen ist meist oval oder schlitzförmig, bisweilen rundlich, seltener gegabelt.

[1]) Archiv f. Ohrenhlkde. XXI. 174.
[2]) Archiv f. Ohrenhlkde. XXIV. 75. (Referat.)
[3]) Archiv f. Ohrenhlkde. VI. 268. (Referat.)
[4]) Archiv f. Ohrenhlkde. XXIX. 237.
[5]) Lehrbuch der Ohrenhlkde. III. Aufl., S. 154.
[6]) Inaugural-Dissertation von Wentzel. Leipzig 1888.
[7]) Archiv f. Ohrenhlkde. IV. 277.
[8]) Traité théorique et pratique etc. S. 301.

so dass zwischen zwei Schenkeln ein Lappen (Fig. 37) gebildet wird, welcher nach aussen oder nach innen umgeschlagen sein kann.

Diagnose der Trommelfellruptur. Die Continuitätstrennung ist in den ersten Tagen nach erlittenem Trauma fast stets in Gestalt eines dunklen Schlitzes (Fig. 36) oder Loches (Fig. 35) zu erkennen und zwar um so besser, je mehr die Rupturstelle klafft und je weniger ihre Ränder blutig suffundirt sind. Blutextravasate in der Umgebung der Perforation (Fig. 35) können den Riss vollständig verdecken und durch ihre dunkle Farbe den Gegensatz zwischen dem hellen Grau des Trommelfelles und dem dunklen Fleck des Defectes vermindern. Andererseits wird das Vorhandensein von Ekchymosen, welche auch an den von der Ruptur entlegenen Stellen des Trommelfelles vorkommen, stets für eine Verletzung der Membran sprechen und auch in Fällen, in welchen die Anamnese nicht von vornherein darauf hindeutet, den Gedanken an eine Zerreissung nahelegen.

Zuweilen zeigt sich das ganze Trommelfell, meist jedesfalls der Hammergriff, in Folge des erlittenen Insultes injicirt: beträchtlichere

Fig. 35. Ruptur im hinteren-unteren Quadranten in Gestalt eines Loches; Ekchymosirung in der Umgebung desselben; Injection der Hammergriffgefässe

Fig. 36. Trommelfellruptur hinter dem Umbo in Gestalt eines Schlitzes.

Fig. 37. Trommelfellruptur hinter dem Umbo mit Lappen-bildung.

Hämorrhagien sind bei einfachen Rupturen sehr selten und müssen stets den Verdacht erwecken, dass tiefere Verletzungen, namentlich Schädelfractur, vorliegen können. In der Regel sammelt sich kaum am Boden des Gehörganges ein Blutstropfen, wohl aber findet sich oft die Fissur durch ein Blutcoagulum verdeckt, welches erst durch Abtupfen mit Watte — aber nicht durch Ausspritzen! — beseitigt werden muss, ehe die Inspection gelingt.

Bei weitklaffender Perforation kann die Paukenhöhlenschleimhaut normal gelblichroth gefärbt oder blutig suffundirt in der Tiefe sichtbar sein.

Gelingt der Nachweis einer Ruptur durch die Besichtigung allein nicht, so wird das bei der Luftdouche eintretende Perforations-geräusch ergeben, dass das Trommelfell defect sein muss. Je kleiner der Schlitz, um so charakteristischer wird das Pfeifen und Zischen sein.

Subjective Symptome. Im Momente des Zerreissens wird häufig ein Knall im Ohre gespürt, welcher, zumal bei Rupturirung in Folge von Luftverdichtung in der Paukenhöhle (Politzer'sches Verfahren), auch objectiv deutlich und selbst auf grössere Entfernung wahrnehmbar sein kann. Gleichzeitig tritt fast stets ein stechender und reissender

Schmerz ein, welcher so heftig sein kann, dass er zu Ohnmachts-
anfällen führt, jedesfalls sehr lebhaft ist und nur dann weniger intensiv empfunden wird, wenn das Trommelfell schon vor dem Trauma
atrophisch war. Auch Schwindel fehlt im Anfange fast niemals;
er kann so stark sein, dass der Patient hinstürzt oder wie ein Be-
trunkener taumelt, ist zuweilen mit Uebelkeit und Erbrechen verbunden, pflegt sich aber, wenn nicht etwa das Labyrinth in Mitleidenschaft gezogen ist, nach einigen Stunden zu verlieren. Schwerhörigkeit besteht bei nicht complicirten Rupturen nur in geringem Maasse,
ist aber durch die Hörprüfung stets nachweisbar. Ist sie hochgradig,
so muss man tiefere Verletzungen annehmen und die Möglichkeit einer
früheren Erkrankung berücksichtigen; die Untersuchung des zweiten
Ohres wird in solchen Fällen oft gewisse Anhaltspunkte gewähren.
Uebrigens ereignet es sich zuweilen, besonders wenn das Trommelfell
straff gespannt, adhärent oder vernarbt war, dass in Folge der Rupturirung eine vorübergehende auffallende Verbesserung der Hörfähigkeit eintritt. Subjective Geräusche treten nur bei Betheiligung des schallempfindenden Apparates in den Vordergrund, häufig
fehlen sie gänzlich.

Viele Kranke geben, auch ohne Befragen, an, dass sie beim
Schneuzen einen Luftstrom aus dem Ohre herauszischen hören
oder ein Gefühl von Wärme empfinden und stellen die Diagnose
auf eine Continuitätsstörung im Trommelfelle ganz richtig selbst. Andere klagen über ein Gefühl von Druck und Völle im Ohre,
welches bei einem abnormen Offensein der Paukenhöhle überraschen
könnte und auch in der That auch nicht auf den Defect als solchen,
sondern auf einen Bluterguss ins Trommelfell oder in das Cavum tympani zurückzuführen ist. Dementsprechend ist das Druckgefühl auch
in Fällen von interlamellären Hämorrhagien, wenn das Extravasat eine
grosse Ausdehnung besitzt (Hämatom des Trommelfelles), noch
intensiver als bei Rupturen.

Verlauf und Prognose. Die einfache Ruptur, namentlich die
durch indirecte Gewalteinwirkung entstandene, heilt in der Mehrzahl der
Fälle binnen zwei bis vier Tagen anstandslos, entweder indem sich die
Perforationsränder aneinanderlegen und wieder verwachsen oder indem
sich ein Häutchen zwischen die Spaltränder schiebt. Diese Narbenbildung geht nicht immer, wie Politzer[1]) beschrieben hat, von
innen her vor sich, sondern kann nach Zaufal[2]) auch von der Cutis
ausgehen. Die neueren Experimentaluntersuchungen von Rumler[3])
haben gezeigt, dass bei Kaninchen in den ersten Tagen das äussere
Epithel, erst nach 48 Stunden das innere Epithel, die Propria aber,
wie man früher wusste, fast gar nicht bei der Regeneration betheiligt ist; das Bindegewebe übernimmt nach drei Tagen die Hauptrolle.

Ekchymosen pflegen im Verlaufe einiger Wochen von ihrem ursprünglichen Sitze nach der Peripherie zu wandern und zwar nicht

---

[1]) Wiener Med. Wochenschrift 1872, Nr. 35, 36.
[2]) Archiv f. Ohrenhlkde. VIII. 47.
[3]) Archiv f. Ohrenhlkde. XXX. 142.

immer auf dem nächsten Wege, sondern meist, eventuell mit Umgehung des Umbo und des Hammergriffes, nach der hinteren-oberen Gehörgangswand, an welcher sie noch mehrere Millimeter nach aussen vorrücken, bis sie schliesslich abfallen. Diesen schon von v. Tröltsch beschriebenen interessanten Vorgang, welcher auf einer centrifugalen Regeneration des Trommelfellepithels zu beruhen scheint, hat Blake [1] auch durch das Experiment (Auflegen von kleinen Papierscheiben auf das Trommelfell) feststellen können. Zuweilen geht der Blutfarbstoff eine Metamorphosirung ein, welche zur Persistenz von Pigmentflecken, meist von gelber Farbe, führt.

Die subjectiven Beschwerden, deren lästigere meist schon nach den ersten Stunden wesentlich abnehmen, sind nach der Heilung der Perforation bald gänzlich geschwunden.

Ungünstiger ist der Verlauf bei gleichzeitiger Commotion des Labyrinthes, in welchem Falle meist auch nach der Heilung des Trommelfelldefectes keine vollständige Wiederherstellung des Gehöres erfolgt, und bei Complication mit tieferen Verletzungen, welche zu sehr schweren Folgekrankheiten, sogar zum Tode durch Meningitis, führen können. Zu den gewöhnlicheren consecutiven Veränderungen namentlich nach directen Traumen gehört Luxation der Gehörknöchelchen und Adhäsionsbildung am Trommelfelle; seltener kommt eine Fractur des Hammergriffes zur Beobachtung wie sie zuerst von Ménière [2] später von mehreren anderen Autoren, auch von mir selbst [3], beschrieben worden ist. In einzelnen Fällen ist auch eine directe Verletzung des Labyrinthes nach Luxation oder Fractur des Steigbügels constatirt worden. Alle diese Veränderungen schliessen eine vollständige Restitution aus, werden vielmehr zu einem annähernden oder completen Verlust des Hörvermögens führen.

Eine andere Folgekrankheit nach Rupturen ist die eiterige Mittelohrentzündung; dieselbe kommt zu Stande durch Infection vermittelst des eindringenden Fremdkörpers selbst oder im späteren Verlaufe durch ungenügenden Schutz der Wunde, oft auch durch Untersuchung mit nicht aseptischen Instrumenten, am häufigsten aber wohl in Folge unvernünftiger therapeutischer Maassregeln. Derartige Entzündungsprocesse kündigen sich meist durch vermehrte Schmerzen, erhöhte Temperatur, bedeutende Hyperämie des Trommelfelles an, und nach ihrem Beginne pflegt die Rupturstelle sich abzurunden und rasch grösser zu werden; in vielen Fällen wird die Eiterung acut verlaufen und nach zwei bis vier Wochen beseitigt sein, sehr oft aber wird sie unter weiterem Schwund des Trommelfelles, unter Granulationsbildung und anderen Complicationen chronisch, und es ist niemals abzusehen, welches das Ende sein wird.

Bei Tuberculösen und Skrophulösen bleiben die Rupturöffnungen oft auch ohne Hinzutreten einer Eiterung persistent.

Forensische Bedeutung der Trommelfellverletzungen. Da der Arzt nicht selten in die Lage kommt, über Trommelfellverletzungen

[1] American Journal of Otology, Bd. IV, Heft 4.
[2] Gazette médicale de Paris 1856, Nr. 50.
[3] Bulletins et mémoires de la Société française d'Otologie, Tome I, 199.

vor Gericht sein Urtheil abzugeben, ist es zweckmässig, hier die forensische Bedeutung der Rupturen einer kurzen Betrachtung zu unterwerfen.

Die Frage, ob eine Perforation des Trommelfelles einem Trauma
ihre Entstehung verdanke, ist mit Bestimmtheit nur in den ersten
Tagen nach dem Insult zu beantworten, d. h. solange noch eine Continuitätsstörung besteht und eine eiterige Mittelohrentzündung nicht vorhanden ist. Zeigen sich nur Blutextravasate, so muss nicht nothwendig
ein Trauma vorangegangen sein, da Ekchymosen auch spontan entstehen; war hingegen neben einer Ruptur ein Bluterguss nachweisbar,
so lässt sich aus seinem Umfange ein Anhalt gewinnen, ob tiefere Verletzungen eingetreten sind; bei einfacher Zerreissung ist die Blutung,
wie oben bemerkt, nur eine ganz unbedeutende.

Die Beurtheilung, ob eine Verletzung des Trommelfelles eine leichte
oder schwere war, hängt von ihrem Verlaufe ab. Die Läsion ist unzweifelhaft als eine leichte aufzufassen, wenn binnen kurzer Zeit ein
Verschluss der Ruptur und vollständige Wiederherstellung der Function
eintritt. Hingegen muss jedes Trauma als ein schweres angesehen
werden, welches, mag auch das Trommelfell wieder geheilt sein, zu
einer Labyrinthcommotion geführt hat. Bei der für die Feststellung
dieser Complication maassgebenden Hörprüfung, welche bei hochgradiger
Schwerhörigkeit des betroffenen Ohres für Uhr, Sprache und hohe Töne
einen positiven Ausfall des Rinne'schen Versuches und eine vorwiegende
Perception der auf den Scheitel aufgesetzten Stimmgabel auf der gesunden Seite ergiebt, hat man sich zu vergewissern, dass man es nicht
mit einem Simulanten zu thun hat. Als entschieden schwer ist die
Verletzung auch zu bezeichnen, wenn sich in ihrem Gefolge eine eiterige
Paukenhöhlenentzündung entwickelt hat. Ein sicheres Urtheil über die
Tragweite dieser consecutiven Erkrankung lässt sich natürlich nicht
sofort abgeben, sondern erst aus ihrem Verlaufe gewinnen. Ueberhaupt
wird der Arzt oft genöthigt sein, die Begutachtung erst bis zu einer
gewissen Beobachtungsdauer hinauszuschieben.

Da das Deutsche Strafgesetzbuch (§ 224) nur solche Körper-
verletzungen, welche zu einem Verluste „des Gehöres" führen, für schwere
hält, die Schädigung eines Ohres aber (im Gegensatze zum Auge, bei
dem das einzelne Organ hervorgehoben wird) ungerechtfertigter Weise
als eine leichte beurtheilt, so ist meines Erachtens in jedem Falle, besonders wenn es sich um eine Ueberschreitung des Züchtigungsrechtes
der Lehrer oder um einen Akt der Rohheit handelt, nachdrücklich
hervorzuheben, dass eine dauernde Herabsetzung der Hörfähigkeit auf einem Ohre einen erheblichen Nachtheil in sich
schliesst. Andererseits darf man aber auch nicht unberücksichtigt
lassen, dass das verletzte Ohr schon vor dem Trauma abnorm gewesen
sein, eine bleibende Schädigung also nicht ohne weiteres von dem Insulte abgeleitet werden kann.

Behandlung. Einfache Rupturen bedürfen keiner Behandlung,
müssen vielmehr möglichst unberührt bleiben. Es genügt, das Ohr
mit Watte zu verstopfen und den Patienten anzuweisen, dass er sich
ruhig verhält und alles vermeidet, was Congestionen zum Kopfe hervorrufen kann. Starkes Schneuzen kann die Heilung der Ruptur verzögern

oder verhindern und ist deshalb ebenso wie die Luftdouche zu unterlassen. Letztere hat nur dann Berechtigung, wenn die Anheilung des Wundrandes oder eines Lappens an die Labyrinthwand zu befürchten ist. Unbedingt zu verwerfen ist das Einträufeln von Flüssigkeiten ins Ohr und das Ausspritzen, wodurch, auch wenn es lege artis und mit antiseptischen Lösungen vorgenommen wird, in Folge der unausbleiblichen Reizung und auf dem Wege der Infection heftige Entzündungen hervorgerufen werden können. Ich habe wiederholt schwere Eiterungen in Folge des Ausspritzens eines Ohres nach frischer Zerreissung des Trommelfelles entstehen sehen und zwar in Fällen, welche ohne diesen unberechtigten Eingriff sicherlich ganz glatt geheilt sein würden, und habe mich mehrmals überzeugt, dass sich an Einträufelungen unmittelbar die intensivsten Schmerzen als Vorboten einer Entzündung anschliessen können.

III. Entzündungsvorgänge am Trommelfelle.

a. Myringitis acuta. Acute Trommelfellentzündung.

Die acute Trommelfellentzündung wird primär nicht häufig, in etwa 0,7 °₀ der Ohrenkrankheiten, beobachtet. Sie ist fast ausnahmslos auf ein Ohr beschränkt, befällt weit mehr Männer als Weiber und entwickelt sich hauptsächlich nach der Einwirkung äusserer Schädlichkeiten, wie Zugluft, Eindringen von Wasser beim Baden, Eingiessen irritirender Substanzen in das Ohr (Chloroform, Eau de Cologne, Kreosot, Camillenöl), Verbrühung mit heissen Flüssigkeiten.

Objective Symptome und Verlauf. Meist wird nicht das ganze Trommelfell gleichmässig befallen, sondern überwiegend der obere Theil, entsprechend dem Verlaufe der grösseren Blutgefässe entlang dem Hammergriffe; auch nehmen nicht alle Schichten der Membran in gleicher Weise an der Entzündung Theil. In erster Linie ist es der äussere aus Epidermis und Cutis bestehende Ueberzug, welcher wesentliche Veränderungen zeigt, während die Propria und Mucosa relativ intact bleiben. Die Cutis kann in Folge einer Infiltration mit Rundzellen so kolossal anschwellen, dass das Trommelfell im oberen Abschnitte eine normale, nach Henle 0,1 mm betragende Dicke um das zwanzig- bis dreissigfache

Fig. 38. Myringitis acuta, Schwellung der oberen Hälfte des Trommelfelles.

übertrifft (Fig. 38). Dieser zelligen Infiltration des Gewebes geht eine lebhafte, durch ein entschiedenes Gelbroth charakterisirte Injection der Cutisgefässe voraus, welche sich anfangs nur am Hammergriffe zeigt, sehr bald aber von diesem nach allen Seiten ausstrahlt und schliesslich mit den von der Peripherie her entgegenkommenden Gefässen ein ungemein fein verästeltes Netz auf mattem, gelbrothem Grunde bildet. Die häufig gleichzeitig bestehende Hyperämie des Schleimhautüberzuges manifestirt sich in einem gedeckten, bläulich rothen Schimmer und einer violett erscheinenden Injection der von der Peripherie aus eine Strecke weit radiär nach innen verlaufenden Gefässe und ist von der Hyperämie der Cutisschicht leicht zu unterscheiden. Die Schwellung des Trommelfelles bedingt, wenn sie nicht übermässig intensiv ist, eine verminderte Trichterform und in den schwereren Fällen eine Auswärtswölbung der oberen Hälfte, welche, zumal wenn sie gleichmässig roth erscheint, einen Polypen vortäuschen kann. Stets ist auch die Epidermisschicht an dem Krankheitsprocesse betheiligt: sie wird durch einen serös-eiterigen Erguss, zuweilen in Form von Blasen, abgehoben und fällt dann einer sehr lebhaften Desquamation zum Opfer. Der äussere Gehörgang findet sich in seinem tieferen Theile fast stets geröthet und bisweilen so stark geschwollen, dass der Uebergang zum Trommelfelle unkenntlich wird und letzteres kleiner erscheint.

Der gewöhnliche Verlauf ist, dass unter Absonderung einer spärlichen, nach dem Verlust des Epithels frei auf die Oberfläche sich ergiessenden eiterigen Flüssigkeit binnen einigen Tagen eine Abschwellung eintritt; doch währt es fast stets mehrere Wochen, bis die letzten Symptome der Entzündung, eine mehr und mehr abnehmende Röthung und

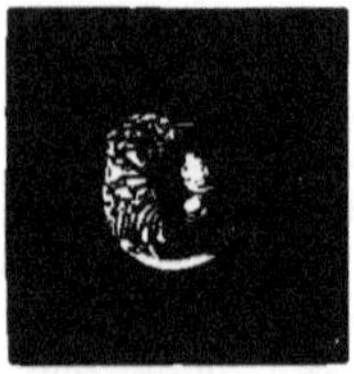

Fig 39. Myringitis acuta mit Abscessbildung in der hinteren Hälfte des Trommelfelles.

Fig. 40. Myringitis bullosa. Blutblase hinter dem Umbo; Eiterpustel hinter dem Hammergriffe; Ekchymose im hinteren-unteren Quadranten.

späterhin eine bläulich-weisse Trübung, verschwunden sind. Der normale Glanz, welchen das Trommelfell vom ersten Tage an einbüsst, kehrt erst zuletzt zurück, zuweilen auch, und zwar wenn in Folge einer fettigen Degeneration oder theilweisen Verkalkung der Propria Trübungen persistiren, nur unvollständig.

Manchmal kommt es nicht zu einer Exsudation unter die Epidermislage, sondern zur Abscessbildung innerhalb der Cutis. Auch diese Eiteransammlungen finden sich mit Vorliebe in der oberen Hälfte der Membran, am häufigsten im hinteren-oberen Quadranten; sie heben sich in Form von gelben Flecken, welche nach einigen Tagen hügelartige Vorwölbungen bilden, von der umgebenden, stark gerötheten und von zahlreichen ektatischen Gefässen durchzogenen Trommelfellparthie ab (Fig. 39). Die Eröffnung solcher nicht selten multipel vorkommender interlamellärer Abscesse erfolgt fast ausnahmslos nach aussen, kann aber die Bildung eines flachen, schmutzig gelbrothen Geschwüres zur Folge haben, welches Tendenz zum Durchbruch nach innen besitzt. Im übrigen kommt Perforation des Trommelfelles ausser bei der tuberculösen Myringitis wohl nur bei der durch Verbrühung hervorgerufenen Trommelfellentzündung häufiger vor (Bezold[1]). Christin-

_____

[1] Archiv f. Ohrenhlkde. XVIII. 49.

neck[1]), vielleicht auch unter der Einwirkung von Mikroorganismen; wenigstens fand Habermann[2]) bei einer perforativen Myringitis das Trommelfell mit Staphylococcus pyogenes aureus durchsetzt, und Weichselbaum[3]) konnte in einem ähnlichen Falle den Pneumoniebacillus nachweisen. Tritt nicht eine spontane oder instrumentelle Eröffnung des Abscesses ein, so kann der Eiter resorbirt werden oder theilweise verkalken, wodurch kreideweisse, deutlich umschriebene, meist etwas ausgefranzte Flecken zurückbleiben.

Eine besondere Form der acuten Trommelfellentzündung ist die Myringitis bullosa. Politzer[4]), der sie zuerst beschrieben hat, versteht darunter eine leichte Myringitis, bei welcher es neben der Gefässinjection am Hammergriffe und einer serösen Durchfeuchtung zur Bildung von zerstreuten Ekchymosen und einer oder mehrerer durchscheinender, hanfkorngrosser, mit seröser Flüssigkeit gefüllter Blasen von perlenartigem Aussehen kommt (Fig. 40). Diese Bläschen platzen meist nach einigen Stunden oder verschwinden in Folge der Resorption ihres Inhaltes. Verwandt mit dieser bullösen Trommelfellentzündung ist die Myringitis hämorrhagica oder apoplectica. Bei dieser handelt es sich um die Bildung von zahlreichen Ekchymosen und von blauschwarzen, prallen Blutblasen am Trommelfelle, welche häufig auch auf den Gehörgang übergehen und, wenn sie platzen, bisweilen zu heftigen Ohrblutungen führen. Fast stets bestehen sehr intensive Schmerzen. Die Krankheit ist neuerdings auffallend häufig als Folge der Influenza, meist wohl neben Mittelohraffectionen, beobachtet worden, so von Politzer[5]), Haug[6]), Habermann[7]), Dreyfuss[8]), Schwabach[9]), Katz[10]), Gruber[11]), Eitelberg[12]) und vielen anderen; ich selbst habe unter 100 Fällen von acuten Ohrerkrankungen nach Influenza nur 3 Fälle von hämorrhagischer Myringitis und 8 Mal Ekchymosen gesehen. Was die Entstehung dieser Blutextravasate anbetrifft, so soll sie nach Zaufal[13]) auf Capillarthrombosen zurückzuführen sein, welche unter dem Einflusse der von Klebs im Blute von Influenzakranken gefundenen Geisselmonade durch Zerfall der Blutkörperchen unter Bildung weicher, körniger Massen zu Stande kommt.

Eine acute und primäre Myringitis crouposa hat Bezold[14]) in Form von Faserstoffgerinnseln auf der äusseren Trommelfellfläche beobachtet; dieselben waren von gelblichem, gallertigem Aussehen und liessen sich ziemlich leicht vom Trommelfelle abziehen.

[1]) Archiv f. Ohrenhlkde. XVIII. 291.
[2]) Archiv f. Ohrenhlkde. XXVIII. 219.
[3]) Monatsschrift f. Ohrenhlkde. 1888, Nr. 8.
[4]) Lehrbuch der Ohrenhlkde. II. Aufl., S. 192.
[5]) Allgem. Med. Centralzeitung 1890, Nr. 6 und 9.
[6]) Münchener Med. Wochenschrift 1890, Nr. 3.
[7]) Prager Med. Wochenschrift 1890, Nr. 8.
[8]) Berliner Klin. Wochenschrift 1890, Nr. 3.
[9]) Berliner Klin. Wochenschrift 1890, Nr. 3.
[10]) Therapeutische Monatshefte 1890, Nr. 2.
[11]) Allgem. Wiener Med. Zeitung 1890, Nr. 10.
[12]) Wiener Med. Presse 1890, Nr. 7.
[13]) Bericht über die Otolog. Section des Internat. Med. Congresses zu Berlin. Archiv f. Ohrenhlkde. XXXI. 293.
[14]) Virchow's Archiv, Bd. 70, S. 348.

Subjective Symptome. Das hervorragendste Symptom der acuten Myringitis sind die Schmerzen. Dieselben treten meist unmittelbar nach Einwirkung der Noxe auf, sind auch, wenn nur erst die oben beschriebene Gefässinjection besteht, sehr heftig, steigern sich, bis die Schwellung ihren Höhepunkt erreicht hat und lassen mit Eintritt der Eiterung ziemlich rasch nach. Nächst dem Schmerz wird meist über ein Gefühl von Druck und Völle im Ohre geklagt, welches sich durch die Dickenzunahme des Trommelfelles erklärt; denselben Ursprung haben die häufig vorkommenden subjectiven Geräusche. Die Schwerhörigkeit ist selbst bei beträchtlicher Schwellung der Membran nur mässig.

Diagnose. Die Diagnose ist selten zweifelhaft. Eine Mittelohraffection, an welche, wenn das gelbliche Roth der Cutisinjection undeutlich erscheint, gedacht werden könnte, lässt sich durch die Hörprüfung und die Luftdouche ausschliessen. Erstere ergiebt eine dem objectiven Befunde durchaus nicht entsprechende geringe Verminderung der Hörschärfe, die Luftdouche ist schmerzhaft und hat keinen Einfluss auf die Function, auch liefert sie kein abnormes Auscultationsgeräusch. Schwartze[1]) macht darauf aufmerksam, dass der Schmerz beim Zudrücken des Ohres mit dem Finger nachlässt. Abscesse können von einer Blasenbildung durch Paukenhöhlenexsudat durch die Untersuchung mit der Sonde unterschieden werden; Druck mit dem Sondenknopfe erzeugt auf dem Abscesse eine Delle (Eysell[2]).

Der Anfänger ist, wie ich in den klinischen Cursen häufig erfahren habe, stets geneigt, jede Röthung und Schwellung des Trommelfelles als Myringitis aufzufassen. Dem gegenüber ist hervorzuheben, dass man die Diagnose auf eigentliche (primäre) Myringitis nur dann zu stellen berechtigt ist, wenn das gleichzeitige Bestehen von Mittelohraffectionen, welche ungleich häufiger secundäre Entzündungserscheinungen am Trommelfelle zur Folge haben, mit Sicherheit ausgeschlossen ist. Sobald die Veränderungen am Trommelfelle eine Theilerscheinung einer Otitis media darstellen, pflegt man von Myringitis nicht zu sprechen.

Prognose. Die Prognose ist günstig. Meist tritt binnen einer Woche Heilung ein, d. h. Beseitigung sämmtlicher subjectiver Beschwerden und der objectiven Entzündungserscheinungen. Dass Trübungen und Verkalkungen persistiren können, ist oben erwähnt worden; dieselben bedingen niemals Hörstörungen. War das ganze Trommelfell befallen, so ist ein chronischer Verlauf nicht selten.

Behandlung. Im Anfangsstadium der acuten Myringitis sind örtliche Blutentziehungen in Gestalt von Blutegeln vor dem Tragus ein wirksames Mittel gegen die Schmerzen. Einreibungen von narcotischen Salben oder anästhesirende Einträufelungen pflegen wenig zu helfen. Von vorzüglicher antiphlogistischer Wirkung sind Incisionen in das

---

[1]) Die chirurgischen Krankheiten des Ohres, S. 110.
[2]) Archiv f. Ohrenhlkde. VII. 212.

Trommelfell; während Blake[1]), Gruber[2]), Politzer[3]) Scarificationen empfehlen, welche mit einer Lanzennadel oder einem
schlanken Messer leicht ausgeführt werden können, geht Schwartze[4])
weiter, indem er in den schweren Fällen eine völlige Durchschneidung
(Paracentese) des Trommelfelles vornimmt. Ich ziehe diese Operation, wenn ein chirurgischer Eingriff indicirt ist, entschieden vor.
Ueber die Ausführung der Paracentese wird später ausführlich gesprochen werden (s. Kap. VIII. a.). Abscesse müssen, sobald sie sich
deutlich abheben, mit der Lanzennadel aufgestochen werden.

Nach dem Eintritt der Eiterung, welche niemals durch warme
Umschläge oder Bähungen befördert werden darf, sind schwache Adstringentien angezeigt, am besten Liquor plumbi subacetici (1 : 3 Aq. dest.)
oder Burow'sche Lösung (Alaun 1,0, Plumb. acet. 5,0, Aq. dest. 100,0);
antiseptische Flüssigkeiten sind nicht erforderlich. Die Luftdouche und
heftiges Schneuzen ist wegen der Auflockerung des Trommelfellgewebes
zu vermeiden. Solange Schmerzen bestehen, kann man kalte Umschläge
auf dem Warzenfortsatze anwenden.

Bei Myringitis bullosa ist das Aufstechen der Blasen überflüssig; auch grosse Blutblasen sind nur, wenn sehr heftige Schmerzen
vorhanden sind, zu eröffnen. Die croupöse Myringitis ist wie die
oben beschriebene Otitis externa crouposa antiseptisch zu behandeln.

b. Myringitis chronica. Chronische Trommelfellentzündung.

Die chronische Entzündung des Trommelfelles, eine gleichfalls
nicht häufige (0,8%) und meist einseitige Affection, kann sich aus der
acuten Myringitis oder von Anfang an chronisch entwickeln und scheint,
wie die Beobachtungen von Politzer[3]) lehren, in manchen Fällen
nach Ablauf von Gehörgangs- oder Paukenhöhlenentzündungen zurück-
zubleiben.

Objective Symptome und Verlauf. Die Erscheinungen können
ähnlich sein wie bei der acuten Myringitis; doch tritt in der Regel die
Bindegewebshypertrophie mehr hervor als die zellige Infiltration;
Desquamation ist fast stets, oft in sehr hohem Grade, vorhanden,
auch fehlt fast niemals eine geringe Exsudatansammlung, welche
auf der Oberfläche der Membran eintrocknen und Borken bilden oder
einen dünnen feuchten Belag bilden kann. Das Trommelfell erscheint
in Folge dessen schmutzig graugelb, da es verdickt ist plan, der
Hammergriff ist unsichtbar, aber meist durch eine Gefässinjection angedeutet, an einzelnen Stellen pflegt die freiliegende Cutis in Gestalt
von rothen, etwas höckerigen Flecken sichtbar zu sein.

Ausser dieser einfachen Form lassen sich noch folgende typische
Krankheitsbilder unterscheiden:

Myringitis desquamativa, bei welcher eine ungemein hartnäckige
und ausgedehnte Abstossung von dicken, gelbweissen Epithelschollen

[1]) Archiv f. Augen- und Ohrenhlkde. III. 1. 205.
[2]) Monatsschrift f. Ohrenhlkde. 1875, Nr. 9.
[3]) Lehrbuch der Ohrenhlkde. II. Aufl., S. 196.
[4]) Archiv f. Ohrenhlkde. II. 206.

unter geringer eiteriger Absonderung stattfindet. Das Trommelfell ist
zum grossen Theile mit Epidermisschwarten bedeckt, während an anderen Stellen die entblösste gelbrothe, zuweilen etwas granulirte Cutis
frei zu Tage liegt oder sich mit zart bläulich schimmerndem Epithel
zu überhäuten beginnt. Häufig werden durch die Desquamationsproducte
harte, concentrisch geschichtete Epithelpfröpfe (s. S. 100) gebildet,
welche einen deutlichen Abguss des Trommelfelles zeigen; nach ihrer
Entfernung bietet sich dann das soeben beschriebene buntscheckige
Bild dar.

Bei **Myringitis granulosa** ist das Trommelfell ähnlich gelbgrau
gefärbt und verdickt wie bei der einfachen chronischen Myringitis; nur
entwickeln sich auf diesem Grunde kleine halbkugelige Granulationsmassen von hellrother oder bräunlicher Farbe, welche ihrer höckerigen
Oberfläche entsprechend zahlreiche kleine Reflexe tragen. Meist finden
sich mehrere solche kleine Tumoren nebeneinander. Zu unterscheiden
ist hiervon die

Myringitis villosa, welche nach den Angaben von Nasiloff[1])
durch nebeneinanderstehende, bis 0,25 mm hohe, konische oder cylindrische Zotten charakterisirt erscheint. Diese kleinen Excrescenzen
verdanken ihre Entstehung einer Bindegewebswucherung der Cutisschicht und sind nach Nasiloff mit Plattenepithel, nach Kessel[2])
mit Cylinderepithel bedeckt.

Der Verlauf ist bei allen chronischen Myringitisformen ein sehr
protrahirter, am langsamsten bei der desquamativen Form; es tritt
zwar unter einer geeigneten Behandlung, wenn nicht etwa tiefere
Krankheitsprocesse, wie Caries in der Paukenhöhle bestehen, schliesslich Heilung ein, doch ist dieselbe insofern nicht selten eine unvollständige, als einerseits sehr oft Recidive erfolgen und andererseits fast
stets Verdickungen, Trübungen, Verkalkungen des Trommelfelles
zurückbleiben.

Die subjectiven Symptome sind in der Regel unerheblich,
namentlich wird nur selten und stets vorübergehend über Schmerz
geklagt; hingegen besteht oft, besonders bei der desquamativen Form,
ein quälendes Jucken. Schwerhörigkeit ist in mässigem Grade
bei erheblicher Verdickung und Granulationsbildung, in höherem Maasse
nur bei der Entwickelung von Epithelpfröpfen vorhanden. Dasselbe
gilt von den subjectiven Geräuschen. Auch der Ausfluss macht
den Kranken wenig Unbequemlichkeiten; derselbe kann zwar, da er in
Folge der spärlichen Exsudation Krusten bildet oder mit Cerumen gemischt stagnirt, sehr fötid sein, doch wird weder der Patient selbst,
noch seine Umgebung dadurch belästigt.

Die Prognose hat den schleppenden Verlauf, der nicht selten
sich über Jahre erstreckt, und die Neigung zur Recidivirung zu berücksichtigen; dauernde Hörstörungen sind nicht zu befürchten, solange die
Paukenhöhle intact ist.

---

[1]) Centralblatt f. die Medicin. Wissenschaften 1867, Nr. 11.
[2]) Archiv f. Ohrenhlkde. V. 250.

Behandlung. Die Behandlung muss sehr regelmässig durchgeführt werden, wenn sie Erfolg haben soll. Vor Allem ist für Reinigung Sorge zu tragen durch Ausspritzen mit lauwarmer Borsäurelösung oder mit Creolinwasser und darauf folgendes Austrocknen. Sehr fest haftende Krusten leisten dem Wasserstrahl Widerstand und müssen mit der Pincette abgezogen werden. Bei etwas reichlicherer Eiterabsonderung ist die Einblasung von Borsäurepulver besonders zu empfehlen, Aristol, Jodol, Naphthol haben sich mir nicht bewährt. Statt der Pulverform kann auch eine Lösung angewandt werden, z. B. Borsäurespiritus zu 3⁰/₀ oder nach Politzer Carbolalkohol (1:30). Bei sehr hartnäckiger Eiterung sind die von Schwartze empfohlenen Chromsäurelösungen (1:2 Aq. dest.) wirksam. Die desquamative Form erheischt die Aufweichung der nekrotischen Epithelmassen durch Natrium carbonicum (1 : aa 5 Glycer. und Aq. dest.) oder Thymolöl (2⁰/₀) und darauf folgende Ausspritzung, danach Einträufelungen von Adstringentien oder Lapislösung (1-2⁰/₀), welche nach dem Vorgange von Schwartze auch eingepinselt werden kann. Gegen die Verdickung sind Ohrtropfen von Jod und Jodkalium (1:30 Glycerin, 0,5 T. Jodi), nach v. Tröltsch Sublimatlösungen (0,05-0,2:30,0 Aq. dest.) zu verordnen. Granulationen ätze man mit dem Galvanokauter oder mit einer an eine Sonde angeschmolzenen Lapisperle oder entferne sie, falls sie gestielt sind, wie Ohrpolypen mit der noch zu besprechenden Wilde'schen Schlinge. Touchirungen mit Liquor ferri sesquichlorati sind weniger wirksam und schmerzhafter als Lapisätzungen.

IV. Neubildungen des Trommelfelles.

Von Neubildungen am Trommelfelle ist zunächst der seltenen Angiome zu gedenken, wie sie von Todd[1], Buck[2], Weir[3], Roosa[4] beobachtet worden sind. Die Fortsetzung eines die Gesichtshälfte und Ohrgegend einnehmenden Naevus cutaneus vinosus beschrieb Wagenhäuser[5].

Ein endotheliales Cholesteatom hat Wendt[6] mikroskopisch untersucht; es bestand aus alternirend angeordneten hypertrophischen Balken und concentrisch gewucherten Umscheidungen der Lamina propria mit Einlagerung von Cholestearin und sass in Form einer höckerigen Geschwulst an der Innenfläche eines defecten Trommelfelles auf. Ebenfalls auf der Paukenhöhlenseite des Trommelfelles befand sich in einem Falle von Hinton[7] ein bräunlicher, aus zwiebelschalenartig geschichteten Epithelmassen bestehender, erbsengrosser Tumor. An der Aussenfläche eines sonst intacten Trommelfelles beobachtete Küpper[8] ein schmutziggraues, prominirendes, aus geschichtetem

[1] American Journal of Otology, IV. 187.
[2] Transactions of the American Otology Society 1881.
[3] American Journal of Otology, III. 283.
[4] Lehrbuch der Ohrenhlkde. Uebersetzt von Weiss, S. 154.
[5] Archiv f. Ohrenhlkde. XXVII. 162.
[6] Archiv f. Ohrenhlkde. VIII. 215.
[7] Archiv f. Ohrenhlkde. II. 151. (Referat.)
[8] Archiv f. Ohrenhlkde. XI. 18.

Plattenepithel und Cholestearinkrystallen bestehendes Cholesteatom, welches bei Berührung abfiel und eine Vertiefung im Trommelfelle zurückliess.

Perlförmige Epithelialneubildungen, welche dem Cholesteatom verwandt zu sein scheinen, sind zuerst von Urbantschitsch[1]) beschrieben worden, welcher sie in fünf Fällen von chronischem Mittelohrkatarrh gesehen hat. Diese hirsekorn- bis stecknadelknopfgrossen, perlartig glänzenden, weissen Tumoren (Fig. 41) kommen meist multipel vor, besitzen eine resistente Umhüllungsmembran und bestehen aus nekrotischen Pflasterepithelzellen und körnigem Detritus; Cholestearinkrystalle hat Urbantschitsch nur in einem Falle und zwar in geringer Quantität gefunden, während Politzer[2]) dieselben bei einem Patienten, dessen Trommelfell derartige kleine Tumoren zeigte, als Hauptbestandtheil nachweisen konnte. In einem von mir beobachteten Falle war die bereits von Urbantschitsch[3]) constatirte Wanderung der Tumoren, fünf an der Zahl, zu verfolgen. Das Schicksal dieser Epithelialgebilde ist noch nicht genauer erforscht; sie scheinen nach einer gewissen Dauer ihres Bestehens abzufallen. Die von Urbantschitsch vorgenommene Schlitzung der Umhüllungsmembran und Entfernung des Inhaltes habe ich, da die Tumoren keinerlei Beschwerden verursachen, niemals ausgeführt.

Fig. 41. Zwei Perlgeschwülste im hinteren-unteren Quadranten.

Eine weitere epitheliale Neubildung ist das **Cornu cutaneum**; dasselbe wurde zuerst von Buck[4]) als ein ³/₄ des Trommelfelles einnehmender und dasselbe um eine Linie überragender, glatter, harter Tumor mit schlüpfriger Oberfläche beschrieben. Auch Politzer[5]) und Urbantschitsch[6]) berichten über Fälle von circumscripter Verhornung; bei zwei von Urbantschitsch behandelten Patienten traten nach der schwierigen Entfernung der Neubildungen mit der Hakenpincette Recidive auf.

Von syphilitischen Neubildungen sind die von Gruber[7]) beschriebenen Papeln und nach Baratoux[8]) Gummata anzuführen. Ein syphilitisches Geschwür sah Kirchner[9]).

Tuberkeln wurden zuerst von Schwartze[10]), bei Kindern mit Miliartuberkulose und später auch bei Erwachsenen gefunden in Gestalt gelblich-röthlicher Flecken von Stecknadelknopfgrösse, welche sich in der Gegend zwischen Hammergriff und Sehnenring von dem gelbgrau getrübten Trommelfelle abhoben. An diesen etwas prominenten Stellen

---

[1]) Archiv f. Ohrenhlkde. X. 7.
[2]) Lehrbuch der Ohrenhlkde. II. Aufl., S. 187.
[3]) Lehrbuch der Ohrenhlkde. III. Aufl., S. 178.
[4]) Blake, Transactions of the American Otology Society 1872.
[5]) Lehrbuch der Ohrenhlkde. II. Aufl., S. 186.
[6]) Lehrbuch der Ohrenhlkde. III. Aufl., S. 177.
[7]) Wiener Med. Presse 1870, Nr. 1, 3, 6.
[8]) Bulletins et mémoires de la société franç. d'Otologie, II. S. 116.
[9]) Archiv f. Ohrenhlkde. XXVIII. 172.
[10]) Die pathologische Anatomie des Ohres, S. 68.

zeigten sich gleichzeitig oder schnell hintereinander kleine Perforationen, welche sich rasch vergrösserten, zusammenflossen und den grössten Theil der Membran zerstörten. Aehnliche Befunde wurden auch von Hessler[1], Stacke[2], Gruber[3] und Habermann[4] mitgetheilt. Letzterer fand auch Tuberkelbacillen im Trommelfellgewebe. Die Entwickelung der Tuberkeln geht ohne Schmerzen vor sich, auch die Eiterung, welche nach der Perforation des Trommelfelles einsetzt, tritt ohne Vorboten auf.

Die Prognose der Myringitis tuberculosa, welche nur ein kurzes Initialstadium der Paukenhöhlentuberkulose darstellt, ist sehr ungünstig; ob eine operative Entfernung der Neubildungen das Fortschreiten verhindern kann, ist noch unentschieden.

Ein seltener Befund ist die Knochenneubildung im Trommelfelle: nachdem sie früher schon von einigen Autoren beschrieben worden ist, wurde sie durch mikroskopische Untersuchung von Politzer[5]. Wendt[6], Gruber[7], Habermann[8] festgestellt.

Ganz vereinzelt scheint ein von Lucae[9] beobachteter Fall von Ablagerung kleiner prismatischer Krystalle von kohlensaurem Kalk (Arragonit) dazustehen.

C. Krankheiten des Mittelohres.

I. Bildungsanomalien des Mittelohres.

Bildungsanomalien kommen im Bereiche des Mittelohres, wie bereits erwähnt worden ist, in Verbindung mit Missbildungen des äusseren Ohres vor. Meist sind es Bildungsdefecte, welche als Ursachen unheilbarer Taubheit zur Beobachtung kommen. Steinbrügge[10] fand unter 20 Fällen von Atresie des Gehörganges zehn Mal Verkleinerung und fünf Mal knöcherne Obliteration des Cavum tympani angegeben. Häufiger sind Anomalien der Gehörknöchelchen, wie Verwachsung oder vielmehr nicht eingetretene Abtrennung zwischen Hammerkopf und Amboss (Truckenbrod[11]). Fehlen des Steig-

---

[1] Archiv f. Ohrenhlkde. XVII. 48.
[2] Archiv f. Ohrenhlkde. XX. 270.
[3] Lehrbuch der Ohrenhlkde. II. Aufl., S. 380.
[4] Zeitschrift f. Heilkde. VI. 367.
[5] Oester. Zeitschr. f. pract. Heilkde. VIII. 1862.
[6] Archiv f. Heilkde. 1873, S. 277.
[7] Lehrbuch der Ohrenhlkde. II. Aufl., S. 367.
[8] Prager Med. Wochenschrift 1890. Nr. 39.
[9] Virchow's Archiv, Bd. 36.
[10] Die pathologische Anatomie des Gehörorganes. Berlin 1891, S. 5.
[11] Zeitschrift f. Ohrenhlkde. XIV. 179.

bügels (Wallbaum[1], Meyer[2], Wagenhäuser[3]), knöcherne Ausfüllung des Raumes zwischen den Stapesschenkeln (Truckenbrod l. c.). Auch die Labyrinthfenster fehlen zuweilen oder sind
abnorm klein. Nach Steinbrügge sind 60% der Fälle von Missbildung des Ohres mit Veränderungen in der knöchernen Umgebung
der Fenestra rotunda und ovalis complicirt.

Congenitaler Defect der Tube ist von Gruber[4]), Politzer[5]),
Moos und Steinbrügge[6]), Fehlen des Warzenfortsatzes von
Rohrer[7]) beobachtet worden.

Gleichfalls als Bildungsanomalien sind in manchen Fällen Dehiscenzen der Paukenhöhlenwandungen aufzufassen, obwohl sie, zumal am Tegmen tympani, häufiger durch Druckatrophie zu Stande
kommen. Sie finden sich nach meinen Untersuchungen[8]) am mace-
rirten Schädel auffallend oft neben tiefen Impressiones digitatae und
sehr dünnem Orbitaldache vor und können, da sie eine Communication
der Paukenhöhle mit der Schädelhöhle vermitteln, bei Entzündungsprocessen im Cavum tympani eine grosse practische Bedeutung gewinnen. Ausser am Tegmen tympani kommen derartige Dehiscenzen
auch in der Wand des Canalis Faloppiae, des Canalis caroticus, der
Fossa jugularis, am Processus mastoideus und an der Squama vor.
Die noch zu erwähnenden Fälle von Verletzung des Facialcanales und
des Bulbus der Jugularvene sind möglicher Weise durch abnorme Lückenbildungen in den entsprechenden Wandungen veranlasst worden.

II. Verletzungen der Tuba Eustachii.

Oberflächliche Schleimhautrisse oder Ekchymosen kommen am
häufigsten bei unvorsichtiger Handhabung des Katheters und der Sonde
vor; schwerere Verletzungen sind nur selten beobachtet worden; so von
O. Wolf[9]) ein Fall von Schussverletzung mit Einkeilung des Ge-
schosses in der Tube und consecutiver Unwegsamkeit des Canales, von
Moos[10]) ein ähnlicher Fall, in welchem das Projectil zwar nicht stecken
geblieben war, aber dennoch, wahrscheinlich in Folge einer eiterigen
Entzündung, Undurchgängigkeit der Eustachischen Röhre eintrat. Auch
Schwartze[11]) berichtet über eine von ihm beobachtete Schussverletzung,
bei welcher die Kugel vor dem aufsteigenden Unterkieferast eingedrungen und so im Schläfenbeine sitzen geblieben war, dass die Tube
dadurch verschlossen wurde. Schliesslich hat Bezold[12]) einen Fall von
Stichverletzung beschrieben, wobei das Messer durch den knorpe-

[1]) Virchow's Archiv, Bd. XI, S. 503.
[2]) Archiv f. klin. Chirurgie, XXIX. Heft 3.
[3]) Archiv f. Ohrenhlkde. XXVI. 1.
[4]) Lehrbuch der Ohrenhlkde. II. Aufl., S. 589.
[5]) Lehrbuch der Ohrenhlkde. II. Aufl., S. 543.
[6]) Zeitschrift f. Ohrenhlkde. X. 15.
[7]) Tagebl. der Naturforscher-Versammlung. Strassburg 1885.
[8]) Archiv f. Ohrenhlkde. XIII. 185.
[9]) Archiv f. Augen- und Ohrenhlkde. II. 52.
[10]) Archiv f. Augen- und Ohrenhlkde. II. 161.
[11]) Die chirurgischen Krankheiten des Ohres, S. 291.
[12]) Berliner Klin. Wochenschrift 1883, Nr. 40.

ligen Gehörgang, unter dem Kiefergelenk vorbei in den Rachen eingedrungen war, die knorpelige Tube durchtrennt und eine vollständige
Atresie veranlasst hatte. Ich selbst habe eine complete Verwachsung
einer vorher nur verengten Tube eintreten sehen nach offenbar zu ausgiebigen Scarificationen, welche von einem auswärtigen Collegen vorgenommen worden waren.

III. Entzündung der Tuba Eustachii (Salpingitis) und ihre Folgezustände.

Die Entzündung der Eustachischen Röhre kommt am häufigsten
durch Fortleitung der Krankheitsprocesse (Infection) im Anschlusse an
Nasen- und Rachenaffectionen vor, seltener von der Paukenhöhle ausgehend; im ersteren Falle ist die Salpingitis vorwiegend katarrhalischer
Natur und auf den knorpelig-membranösen Abschnitt der Eustachischen
Röhre, besonders auf das Ostium pharyngeum, beschränkt, im letzteren
Falle liegt meist ein tiefer gehender Process mit Eiterbildung vor,
welcher selten über den knöchernen Theil hinabsteigt. Da die Tuben
fast bei allen Mittelohrerkrankungen betheiligt sind, ja dieselben ungemein häufig erst vermitteln, so gehören entzündliche Affectionen der
Eustachischen Röhren zu den gewöhnlichsten Erscheinungen. Wenn
hier indessen von Salpingitis die Rede ist, so verstehen wir darunter
ausschliesslich den idiopathischen, auf die Tube beschränkt bleiben-
den Katarrh, welcher in typischer Form nicht allzu oft beobachtet wird,
aber in jedem Alter und zwar mit Vorliebe bei Kindern, vorkommt,
da bei diesen das Tubenostium von Natur schon eng, die Schleimhaut
dick und zur Hyperplasie geneigt ist.

Die anatomischen Merkmale der Salpingitis sind Hyperämie,
Schwellung und Hypersecretion der Tubenauskleidung; die Blutgefässe
sind, besonders im Ostium pharyngeum und seiner Umgebung, stark
erweitert und geschlängelt, die Schleimhaut nicht allein in Folge seröser
und zelliger Infiltration und durch Schwellung der Drüsenfollikel verdickt, sondern auch derartig gefaltet, dass förmliche Columnae rugarum
wie in der Vagina entstehen können. Nach Moos[1] kommt es nicht
selten zu einer Hyperplasie des submucösen Bindegewebes, zu Retention des Drüseninhaltes und zu Verlust der Epithelzellen. Was das
Secret betrifft, so verhält sich dasselbe qualitativ und quantitativ sehr
verschieden; wohl am häufigsten ist es von gallertiger oder glasiger
Beschaffenheit und haftet den Wänden ungemein fest an, so dass es
eine vollständige Verklebung derselben bewirkt und nur schwer abzu-
tupfen ist. Sehr oft kommt es auch zu einer Zusammenballung des
Exsudates, so dass das Lumen durch einen Schleimpfropf gänzlich
verstopft sein kann, wie in einem von Kessel[2] beobachteten Falle,
in welchem die aus der Ohrtrompete entfernte Schleimmasse einen
förmlichen Abguss des gesammten Canales darstellte. Zuweilen sieht
man eine derartige weisslich-gelbe, zähe Masse gerade im pharyn-

---

[1] Archiv f. Augen- und Ohrenhlkde. V. 450.
[2] Archiv f. Ohrenhlkde. XIII. 72.

gealen Tubenostium, ein Befund, welchen Wendt[1]) sehr treffend mit
dem Hervorragen eines Schleimpfropfes aus dem Muttermunde ver-
gleicht. Das Secret kann indessen auch dünnflüssig, mehr serös-schleimig sein und bei intensiver Erkrankung von mehr phlegmonösem Charakter entschieden eiterige Beschaffenheit besitzen. In jedem Falle enthält es zahlreiche Cylinderepithelien, oft deutliche Flimmerzellen und,
nach De Rossi[2]), selbst in normalem Zustande, massenhafte Mikroorganismen.

　　Dass bei Croup und Diphtherie des Nasenrachenraumes die
Tube durch croupöse Auflagerungen angefüllt sein kann, haben
Wendt[3]) und Küpper[4]) constatirt; Wreden[5]) berichtete über einen
Fall von diphtheritischer Salpingitis.

　　Die Diagnose ist in denjenigen häufigen Fällen, in welchen das
Ostium pharyngeum der Tuba besonders heftig vom Katarrh befallen
ist, mit Hülfe der Rhinoskopie sicher zu stellen. Die Untersuchung
mit dem Rachenspiegel ergiebt die umschriebene Röthung der von
varicösen Gefässen durchzogenen und mit Schleim bedeckten Mucosa,
zeigt oft ein schlitzförmig verengtes Ostium mit oder ohne Secretpfropf,
zuweilen ein aus dem Orificium hervorquellendes oder an der Rachenwand herabsickerndes Schleimtröpfchen oder einen dicken, diffusen Belag von eingetrocknetem Secret. Die Hyperplasie der Drüsenfollikel
in der Rachenmündung und deren Umgebung macht sich in Form von
körnigen Hervorragungen, ähnlich wie wir sie bei der Pharyngitis sicca
an der Rachenwand finden, geltend.

　　Auch ohne die rhinoskopische Untersuchung lässt sich die Salpingitis fast stets nachweisen und zwar in erster Linie durch die Luftdouche mit dem Katheter. Dieselbe ergiebt in der Regel eine erhebliche Verminderung oder auch vollständige Aufhebung der Durchgängigkeit, welche durch die Anwesenheit von zähem Secret und durch die
Verklebung der Tubenwände bedingt ist; auch kommt es nicht selten
vor, dass sich vor das Lumen des Katheterschnabels eine straffe Schleimhautfalte legt, welche das Ausströmen der in das Instrument eingeblasenen Luft unmöglich macht. Wirkliche Undurchgängigkeit des
Canales besteht meist nur im Beginne der Lufteinblasung; nach einigen
Balloncompressionen gelingt die Abhebung der membranösen Wand,
und man hört dann ein zunächst noch undeutliches und entfernt klingen-
des, stossweises, allmählich aber stärker werdendes, näher kommen-
des und mehr continuirliches Geräusch, welches Anfangs den Charakter
des Rasselgeräusches hat, in dem Maasse aber, wie die Beseitigung
des Secretes aus der Tube fortschreitet, mehr und mehr dem normalen
Blasegeräusche oder einem rauhen Reibegeräusche ähnlich wird. In
dem Klange des Auscultationsgeräusches besitzen wir einen ziemlich
zuverlässigen Maassstab, nach welchem wir nicht allein die Menge und
Beschaffenheit, sondern auch den Sitz des Secretes abschätzen können.

　　Die Inspection des Trommelfelles ergiebt eine vermehrte

---

[1]) Archiv f. Ohrenhlkde. III. 48.
[2]) Archiv f. Ohrenhlkde. XXVII. 229. (Referat.)
[3]) Archiv f. Heilkde. XI. 261.
[4]) Archiv f. Ohrenhlkde. XI. 30.
[5]) Monatsschrift f. Ohrenhlkde. 1868, Nr. 6.

Trichtergestalt der Membran. Dieselbe kommt dadurch zu Stande, dass, nachdem in Folge des Tubenabschlusses die Ventilation der Pauken- höhle aufgehoben und die geringe in diesem Hohlraume enthaltene Luftmenge von den Gefässen resorbirt worden ist, der Luftdruck im äusseren Gehörgange über den intratympanalen überwiegt und das Trommelfell nach innen treibt. Dieser Vorgang, welchem wir bei den Mittelohraffectionen ungezählte Male begegnen, giebt sich vorwiegend zu erkennen in einer Verkürzung des Hammergriffes, in einem verstärkten Hervortreten der Trommelfellfalten, besonders der hinteren Falte und in einer Verschmälerung des Licht- kegels. Je beträchtlicher das Trommelfell eingesunken ist, um so spitzer erscheint der Winkel zwischen dem Hammer- griffe und der hinteren Falte (Fig. 42). Während derselbe nor- maler Weise etwa 90° beträgt, kann er bei hochgradiger Einziehung der Membran vollständig verschwinden; der Hammergriff ist durch die

Fig. 42. Normale Stellung der hinteren Falte zum Hammergriffe.

Fig. 43 Eingesunkenes Trommelfell. Spitzer Win- kel zwischen dem verkürzt erscheinenden Hammergriffe und der stark prominirenden hinteren Falte; Hervor- springen der oberen Falte, Durchscheinen des abstei- genden Ambossschenkels und des Promontoriums.

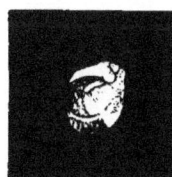

Fig 44. Eingesunkenes Trommelfell mit Abknickung in der unteren Hälfte.

hintere Falte dann fast ganz verdeckt und kommt nur mit seinem freien Ende unter ihr ganz in der Tiefe zum Vorschein, seltener verbirgt er sich vollständig. In dem Maasse wie das Manubrium nach innen gezogen wird, tritt der Processus brevis nach aussen, so dass er bei annähernder Horizontalstellung des Hammergriffes schnabelartig hervorspringt und statt nach aussen nach unten gekehrt erscheint. Diese höchsten Grade von Einsinkung des Trommelfelles, welche ausser- dem noch durch ein Durchscheinen des Promontoriums im hinteren- unteren Quadranten, des Ambosses, der hinteren Tasche und der Chorda tympani (Fig. 43) im hinteren-oberen Quadranten und durch eine förmliche Abknickung (Fig. 44) des centralen Theiles von der dem Zuge nicht in gleichem Maasse folgenden Randzone charakterisirt sein kann, kommen meist nur bei längerem Bestehen des Tubenab- schlusses vor. Sobald die Paukenhöhlenschleimhaut röthlich durch das Trommelfell durchscheint oder die Membran selbst injicirt ist, darf die Diagnose nicht mehr auf eine einfache primäre Salpingitis gestellt werden.

Die subjectiven Symptome bestehen in der Regel in einem Ge- fühl von Taubheit, von Druck und Völle im Ohre, welches oft ganz plötzlich auftritt. Viele Kranke beschreiben die Empfindung so,

„als wenn ein Fell vor dem Ohre läge". also als eine Art von Fremdkörpergefühl, welches sich leicht aus der sehr vermehrten Spannung
des Trommelfelles erklärt. Wohl jeder Mensch dürfte dieses Symptom
aus eigener Erfahrung kennen, da es eine der gewöhnlichsten Begleiterscheinungen des einfachen Schnupfens ist, wenn sich derselbe, wie
so häufig, auf die Ohrtrompete fortsetzt. Subjective Geräusche,
namentlich in Form eines tiefen, pulsirenden Rauschens, sind fast stets
vorhanden. Die Schwerhörigkeit erscheint dem Patienten zuweilen
beträchtlicher als sie nach den Resultaten der Hörprüfung thatsächlich
ist; es trägt hierzu ganz besonders jenes „pelzige" Fremdkörpergefühl
bei, welches wahrhaft „betäubend" wirken kann. Ausserdem wird nicht
selten über Kopfschmerz auf der afficirten Seite und einen vom Halse
nach dem Ohre oder umgekehrt der Richtung der Tuba entsprechend
verlaufenden Schmerz geklagt. Bei hochgradiger Einwärtswölbung
des Trommelfelles besteht zuweilen Schwindel, der mit Uebelkeit und
Brechneigung verbunden sein kann. Sehr auffallend ist die nicht seltene
Erscheinung, dass zuweilen, namentlich beim Essen, plötzlich unter
gleichzeitiger Wahrnehmung eines Knackens oder eines Knalles
sämmtliche Beschwerden wesentlich nachlassen, um allmählich, meist
schon nach einigen Minuten, wieder zuzunehmen. Es beruht dies auf
einer durch ausgiebige Schlingbewegungen bewirkten Abhebung der
membranösen Tubenwand vom Knorpel, seltener auf der Lockerung
oder Ausstossung eines Schleimpfropfes.

Die Prognose der acuten Salpingitis ist günstig, vorausgesetzt,
dass eine geeignete Therapie für die Beseitigung des Tubenverschlusses
sorgt. Sich selbst überlassen führt die Krankheit leicht zu Pauken-
höhlenkatarrhen oder zu den sogleich zu besprechenden chronischen
Anomalien der Tubarschleimhaut. Immerhin ist es nicht in Abrede zu
stellen, dass hier und da, namentlich wenn der Tubenkatarrh durch einen
acuten Schnupfen verursacht war, spontane Heilung eintritt; auf eine
solche zu rechnen wäre indessen ein grosser Fehler.

Unter den die Tube selbst betreffenden Folgezuständen der
Salpingitis sind die Stenose und Atresie, das abnorme Offenstehen und
die Geschwürsbildungen hervorzuheben.

a. Stenose der Tube.

Bei mangelhafter Rückbildung der entzündlich geschwollenen
Tubenschleimhaut und bei wiederholten Recidiven der Salpingitis, wie
sie namentlich häufig vorkommen, wenn chronische Affectionen des
Nasenrachenraumes bestehen, bildet sich nicht selten eine persistirende
Verengerung des Lumens aus. Eine solche kann auf einer Hypertrophie des submucösen Bindegewebes und auf Narbenretraction im
Ostium pharyngeum, im Nasenrachenraume oder am weichen Gaumen
oder auf Hyperostose im knöchernen Abschnitte beruhen. Der Nachweis geschieht mit Hülfe der Trommelfellinspection, der Luftdouche
und der Rhinoskopie, am sichersten aber jedesfalls vermittelst der
Tubensonde, deren Handhabung S. 40 geschildert worden ist. Doch
ist keineswegs in allen Fällen, in welchen die Sonde im Verlaufe der
Ohrtrompete auf Widerstand stösst, eine wirkliche Stenose vorhanden,
da ein Hinderniss auch durch die nicht seltenen winkeligen Krüm-

mungen des Tubencanales bedingt sein kann. Auch ist wohl zu berücksichtigen, dass das Tubenostium zuweilen durch adenoide Vegetationen und andere Neubildungen, durch hypertrophische Gaumen- und Rachenmandeln, selbst durch eine abnorm vergrösserte untere Nasenmuschel vollständig verschoben, zusammengedrückt oder verlegt sein kann. Wenn daher die Einführung des bei Benutzung der Sonde als Leitrohr dienenden Katheters nicht gelingen will oder die Sonde selbst nicht in den Canal vorzudringen vermag, so wird man die Sondirung mit der rhinoskopischen Untersuchung combiniren müssen, um Aufschluss über den Charakter der Abnormität zu erhalten. Man wird dabei finden, dass Stenosen mit Verlegungen des Ostium pharyngeum complicirt vorkommen.

b. Atresie

ist seltener als die Stenosirung. Sie kann bedingt sein durch Pseudomembranen, welche besonders am Ostium pharyngeum beobachtet werden (v. Tröltsch [1]), Schwartze [2]) oder durch flächenhafte Verwachsung in Folge von Narbenbildung. Fälle dieser letzteren Art sind von Lindenbaum [3]), Gruber [4]), Schwartze [5]) beschrieben worden. Strangförmige Bindegewebsbrücken fanden Toynbee [6]) und Urbantschitsch [7]) quer durch das Tubenlumen ausgespannt; eine fibröse Ausfüllung des ganzen Canales hat Wever [8]) beschrieben.

Die objectiven und subjectiven Erscheinungen der Stenose und Atresie sind dieselben wie bei der einfachen katarrhalischen Verschwellung; das einzige sichere diagnostische Hülfsmittel ist auch bei der Verwachsung die Sonde.

c. Abnormes Offenstehen des Tubencanales

kommt in Folge von Schrumpfung des Bindegewebes zuweilen im Anschluss an die Verdickung der Mucosa vor und ist meist mit einem Verschwinden der Schleimhautfalten verbunden. Häufig bestehen analoge Vorgänge in der Nase und im Rachen, eine atropische Rhinitis und Pharyngitis. Subjectiv macht sich das abnorme Offenstehen des bekanntlich in der Ruhestellung geschlossenen Tubenrohres besonders durch das Eindringen der Respirationsluft in die Paukenhöhle und durch die höchst lästige Resonanz der eigenen Stimme, die sogenannte Autophonie, bemerklich. Die Autophonie kommt, wie zuerst Hartmann [9]) hervorgehoben hat, besonders bei geschwächten Patienten vor; nicht allein die eigene Stimme, sondern häufig auch die Geräusche

---

[1]) Archiv f. Ohrenhlkde. IV. 111.
[2]) Archiv f. Ohrenhlkde. IX. 235.
[3]) Archiv f. Ohrenhlkde. I. 295.
[4]) Lehrbuch der Ohrenhlkde. II. Aufl., S. 543.
[5]) Die pathologische Anatomie des Ohres. S. 106.
[6]) The Diseases of the ear. S. 224.
[7]) Lehrbuch der Ohrenhlkde. III. Aufl., S. 193.
[8]) Citirt bei Schwartze, Die chirurgischen Krankheiten des Ohres, S. 299.
[9]) Tagebl. der Naturforscher-Versammlung zu Freiburg 1883. Referat im Archiv f. Ohrenhlkde. XX. 290.

der Umgebung werden verstärkt wahrgenommen; und, wie Sexton[1]) bemerkt, können durch das gleichzeitige Hören durch den Gehörgang und per tubam Interferenzerscheinungen und eine Verwirrung der Schalleindrücke entstehen. Die Wahrnehmung von Brunner[2]), dass die Resonanzerscheinung bei Neigung des Kopfes nach vorn oder beim Liegen verschwinden kann, habe ich nicht zu bestätigen vermocht.

Objectiv lassen sich nicht selten Respirationsbewegungen am Trommelfelle nachweisen, welche indessen nicht mit Sicherheit auf einen directen Luftaustausch zwischen Rachen und Paukenhöhle schliessen lassen. Nach Lucae[3]), welcher den Vorgang der Respirationsbewegungen besonders eingehend studirt hat, zeigt sich vorwiegend häufig bei der Inspiration eine Vorwölbung, bei der Exspiration ein Zurücksinken des Trommelfelles; doch kommt auch ein umgekehrtes Verhalten vor. Ferner kann das Athmungsgeräusch bei der Auscultation objectiv hörbar sein, auch pflegt, dem geringen Widerstand entsprechend, bei der Lufteinblasung durch den Katheter oder nach Politzer's Verfahren ein sehr geringer Druck zu genügen.

Eine partielle Erweiterung des Tubarlumens wurde besonders im Ostium pharyngeum gefunden (Urbantschitsch[4]), Zuckerkandl[5]): Kirchner[6]) fand ein bohnengrosses Divertikel in der knorpelig-membranösen Tube nahe der Rachenmündung.

d. Geschwürsbildung

kommt im pharyngealen Tubenostium vor bei Variola, Diphtherie, Tuberkulose, Syphilis und anderen Krankheiten. Ich selbst habe Ulcera nur bei Syphilis gesehen, meist bei gleichzeitiger Geschwürsbildung in der Nase und im Rachen; hingegen fand Schwartze[7]) kleine oberflächliche follikuläre Geschwüre in Folge eines eiterigen Follikularkatarrhs im Nasenrachenraum, Erosionsgeschwüre bei Caries des Schläfenbeines und besonders umfangreiche Ulcerationen, welche zu einem theilweisen Verlust des Tubenknorpels führten, bei Tuberkulose. Die Diagnose der Tubengeschwüre ist ausschliesslich mit Hülfe des Rachenspiegels zu stellen; sie wird auch durch die subjectiven Beschwerden nicht erleichtert, da dieselben in keiner Beziehung charakteristisch sind. Es bestehen in der Regel dieselben Symptome, welche beim chronischen Retronasalkatarrh beobachtet werden.

Behandlung. Bei der Behandlung der Salpingitis und ihrer Folgezustände ist es von ganz besonderer Wichtigkeit, diejenigen krankhaften Veränderungen in der Nase und im Rachen zu beseitigen, welche den Ausgangspunkt für die Tubenaffection gebildet haben oder dieselbe zu unterhalten geeignet sind. In welcher Weise dies zu geschehen hat, wird an anderer Stelle (s. Anhang) angeführt werden.

---

[1]) Revue mensuelle de Laryngologie etc. 1884, Nr. 11.
[2]) Zeitschrift f. Ohrenhlkde. XII. 208.
[3]) Archiv f. Ohrenhlkde. I. 104.
[4]) Lehrbuch der Ohrenhlkde. III. Aufl., S. 197.
[5]) Monatsschrift f. Ohrenhlkde. IX. Nr. 2.
[6]) Festschrift f. A. v. Kölliker. Leipzig 1887.
[7]) Die chirurgischen Krankheiten des Ohres, S. 296.

Oertlich kommt in erster Linie die Luftdouche in Betracht.
Dieselbe wird ausnahmslos sicherer, rascher und schonender zum Ziele
führen, wenn man sich des Katheters bedient, als bei der Anwendung
des Politzer'schen Verfahrens, obwohl dasselbe gerade beim Tubenkatarrh ausgezeichnete Erfolge aufzuweisen hat. Bei der Behandlung
der Kinder ist das Politzer'sche Verfahren natürlich unentbehrlich,
aber auch bei Erwachsenen darf es substituirt werden, wenn die Erkrankung eine acute und bilaterale ist und die Sprengung des Tubenabschlusses damit gelingt. Bei einseitiger Salpingitis ist das Verfahren
wegen der damit für das gesunde Ohr verbundenen Gefahren contraindicirt, sobald die Behandlung längere Zeit fortgesetzt werden muss.

Die Einführung des Katheters sowohl durch die Nase als auch
ins Tubenostium kann man, wenn eine erhebliche Schwellung der Mucosa
vorliegt, wesentlich erleichtern, indem man der Operation eine Ein-
pinselung oder Einspritzung von Cocain (5—10%) vorausschickt.
Man kann dazu einen von Laker[1] angegebenen Arzneimittelträger
für die Ohrtrompete oder einen kleinen Sprayapparat benutzen; ich
ziehe meist in Cocainlösung getauchte Wattetampons vor, welche sich
meist, auch bei geschwollener Nase, leicht bis durch die Choanen einführen lassen. Neben der anästhetischen Wirkung des Cocain kommt,
wie Moure[2] zuerst betont hat, auch ein directer Einfluss auf die
Schwellung in Betracht.

Durch die Luftdouche allein wird die Entfernung des Secretes,
welche für eine dauernde Durchgängigkeit unerlässliche Vorbedingung
ist, nicht immer erreicht werden. Wenn die Schleimmassen sehr zäh sind,
dem eingeblasenen Luftstrome also einen erheblichen, zuweilen unüber-
windlichen Widerstand entgegensetzen, muss man eine Erweichung und
Lockerung mittelst Injectionen von 1%iger Kochsalzlösung durch den
Katheter herbeizuführen suchen. Bei hochgradiger Schwellung der
Mucosa sind Einblasungen von halbprocentiger Zinklösung, Jodpräparaten, besonders Jodkalium (1—2%) von Nutzen; die von Rohrer[3]
besonders gerühmten Combinationen von Jodol und Sozojodolsalzen
haben sich mir nicht bewährt.

Zu warnen ist vor Lapisätzungen, welche zwar mit Hülfe einer
in concentrirte Höllensteinlösung getauchten und wieder getrockneten
Sonde leicht vorgenommen werden können, aber mitunter sehr intensiv reizen. Auch von den Scarificationen, welche ich in hartnäckigen Fällen mehrmals mit einem von Trautmann angegebenen
cachirten Messer vorgenommen habe, kann ich keine besonders erfreu-
lichen Erfolge berichten. Die von Urbantschitsch[4] mit Vorliebe
vorgenommene Dilatation der Ohrtrompete mit elastischen Bougies halte ich bei acuten Schwellungen für vollkommen überflüssig
und wegen der mit der Operation verbundenen Irritation sogar für verwerflich. Mitunter scheinen die von Politzer[5] empfohlenen Ein-

[1] Archiv f. Ohrenhlkde. XXVIII. 211.
[2] Recueil clinique sur les maladies du Larynx etc. 1889, S. 228. Referat
im Archiv f. Ohrenhlkde. XXIX. 149.
[3] Lehrbuch der Ohrenhlkde. S. 175.
[4] Lehrbuch der Ohrenhlkde. III. Aufl., S. 200.
[5] Lehrbuch der Ohrenhlkde. II. Aufl., S. 228.

treibungen von Terpentindämpfen durch den Katheter die Unwegsamkeit rascher zu beseitigen als andere Mittel.

Besteht eine chronische Tubenstenose, so wird man abgesehen von der Bekämpfung der fast stets vorhandenen Anomalien im
Nasenrachenraume und von der auch hier ganz besonders wichtigen
Anwendung des Katheters, welche übrigens häufig recht schwierig ist,
energisch gegen die Schwellung der Mucosa zu Felde ziehen. Zu diesem Zwecke hat sich der von v. Tröltsch [1]) angegebene Zerstäuber,
welcher die Einspritzung von wenigen Tropfen z. B. einer Lapislösung
direct in den Nasenrachenraum gestattet, sehr gut bewährt. Die Canüle dieses Apparates wird genau wie der Katheter durch den unteren
Nasengang bis durch die Choanen hindurchgeführt und liefert bei
Compression auf das mit ihr verbundene Doppelgebläse einen äusserst
feinen Sprühregen; zur grösseren Bequemlichkeit ist die Flasche, welche
die medicamentöse Flüssigkeit enthält und die Canüle speist, graduirt.

Für die Behandlung der eigentlichen Stenose sind auch die quellbaren Bougies unentbehrlich. Am besten eignen sich die Laminaria-
stäbe, welche etwas befeuchtet genau wie eine Tubensonde durch den
Katheter eingeführt werden und 5 bis 15 Minuten in der Eustachischen
Röhre liegen bleiben. Bei der Entfernung muss man behutsam zu
Werke gehen, damit die Bougie nicht abbricht. Medicamentöse Bougies sind weniger wirksam als die quellbaren. Mit der Application
der letzteren verbindet Urbantschitsch [2]) eine gewisse Art von Massage, indem er das eingeführte Instrument wiederholt in der Tube
hin- und herschiebt; auch Politzer versucht, die Heilung durch Massage zu befördern.

Was die Behandlungsdauer bei der Anwendung von Bougies anbetrifft, so wird sich dieselbe bei wöchentlich dreimaliger Sondirung
in der Regel auf mindestens vier Wochen erstrecken. Oefter als dreimal in der Woche sollte die Operation wegen der stets damit verbundenen Reizung niemals ausgeführt werden; wohl aber ist es meistens günstig, wenn der Katheter jeden Tag eingeführt wird. Je
bedeutender die Stenose, um so schwieriger und langwieriger wird
natürlich die Behandlung, um so unvollständiger und unsicherer die
Heilung sein. Die Beseitigung einer Atresie scheint noch niemals
gelungen zu sein; auch die bei hochgradiger Stenosirung zuweilen wirk-
same Electrolyse, welche besonders Baratoux [3]) empfiehlt, lässt
im Stiche.

Das abnorme Offenstehen der Tuba wird in den leichteren
Fällen mit Injectionen von halbprocentiger Zinklösung beseitigt. Schwerere Fälle trotzen mitunter jeglicher Therapie; doch wirkt zuweilen der
constante Strom (Kuhn [4]) oder der Inductionsstrom (Urbantschitsch [5]) wenigstens vorübergehend günstig ein (Anode in die
Tube). Die Autophonie lässt sich mildern durch Verstopfung des
Ohres oder durch Anfüllung des Gehörganges mit warmem Wasser

---

[1]) Archiv f. Ohrenhlkde. XI. 36.
[2]) Otologischer Congress zu Basel. Referat: Arch. f. Ohrenhlkde. XXII. 118.
[3]) Revue mensuelle de Laryngologie 1884, Nr. 2.
[4]) Archiv f. Ohrenhlkde. XXII. 163. Referat.
[5]) Lehrbuch der Ohrenhlkde. III. Aufl., S. 197.

oder Glycerin; nach Berthold[1]) ist diese Linderung auf die durch den Verschluss des Ohres bedingte Abschwächung der Trommelfellbewegungen zurückzuführen. Gurgelungen mit Kochsalzwasser können, wie bei allen Tubenaffectionen, auch hier von Nutzen sein.

Bei Geschwürsbildung kommt neben der Durchspülung des Nasenrachenraumes die Betupfung mit Lapislösung oder die Lapissonde in Betracht; tuberkulöse Ulcerationen hat Schwartze[2]) mit vortrefflichem Erfolge mit galvanokaustischen Porcellanbrennern zerstört. Syphilitische Geschwüre habe ich wiederholt durch Bepinselung mit Jodglycerin bei gleichzeitigem Gurgeln mit Jodkaliumlösungen heilen sehen.

IV. Neubildungen der Tuba Eustachii.

Als seltene Befunde sind polypöse Wucherungen zu erwähnen, wie sie v. Tröltsch[3]) in dem Ostium tympanicum gefunden hat. Voltolini[4]) beschrieb einen Fall, in welchem ein Polyp den ganzen, durch Usur erweiterten Tubencanal ausfüllte und aus beiden Oeffnungen hervorragte. Spitze Condylome sah Schwartze[5]) bei Syphilis, käsige Knötchen bei Miliartuberkulose.

Exostosen und Hyperostosen sollen nach Gruber[6]) bei Syphilis, nach Schwartze neben Paukenhöhlenexostosen vorkommen; in einem Falle von Urbantschitsch[7]) erschien der grösste Theil der membranösen Tubenwand in eine Knochenplatte verwandelt; auch Zuckerkandl[8]) fand eine theilweise Ossification in der knorpeligen Tube in Form einer hanfkorngrossen Protuberanz.

Der Behandlung sind nur die im pharyngealen Ostium zum Vorschein kommenden Neubildungen zugänglich; bei polypösen Excrescenzen wird die galvanokaustische oder Lapisätzung, möglicher Weise die Abtragung mit der Drahtschlinge (s. unter „Ohrpolypen" Kap. X. a.) indicirt sein.

V. Fremdkörper in der Tuba Eustachii.

Fremdkörper kommen in der Tuba äusserst selten vor. Zu erwähnen ist das Zurückbleiben abgebrochener Stücke von Laminariabougies, welche nach Wendt's[9]) Beobachtungen schon nach wenigen Minuten, zuweilen nach einem oder mehreren Tagen unter Würgebewegungen wieder ausgestossen werden. Ich habe das Abbrechen einer Laminariasonde nur einmal erlebt und gesehen, dass das in der Tube

---

[1]) Revue mensuelle de Laryngologie etc. 1884, Nr. 4.
[2]) Die chirurgischen Krankheiten des Ohres, S. 297.
[3]) Archiv f. Ohrenhlkde. IV. 100.
[4]) Virchow's Archiv, Bd. XXXI, S. 220.
[5]) Die pathologische Anatomie des Ohres, S. 107.
[6]) Wiener Med. Presse 1870, Nr. 1—6.
[7]) Lehrbuch der Ohrenhlkde. III. Aufl., S. 201.
[8]) Archiv f. Ohrenhlkde. XXII. 277.
[9]) Archiv f. Ohrenhlkde. IV. 149.

verbleibende Ende äusserst heftige, vom Halse nach dem Ohre ausstrahlende Schmerzen hervorrufen kann; das 8 mm lange, sehr stark
gequollene Stück kam nach 36 Stunden nach langdauerndem Würgen
wieder zum Vorschein; eine intensive Entzündung war die Folge des
üblen Zufalles.

Fleischmann[1]) fand bei der Section in der Tube eines Mannes,
welcher lange Zeit an subjectiven Geräuschen gelitten hatte, eine
Gerstengranne, und Urbantschitsch[2]) entfernte aus dem Gehörgange
einen 3 cm langen Haferrispenast, welcher vom Munde, durch die Tube,
die Paukenhöhle und das Trommelfell dorthin gelangt war. Dass denselben Weg auch Spulwürmer zurücklegen können, ist von Reynolds[3])
und von Urbantschitsch[4]) constatirt worden; auch andere Autoren
haben Ascariden in der Tube gefunden.

VI. Neurosen der Tubenmuskeln.

a. Lähmungen der Tubenmuskeln

sind nach Rheumatismus, Typhus, Diphtherie und anderen Krankheiten
beobachtet worden, scheinen aber auch bei Neurosen des Trigeminus,
Facialis und anderer Nerven vorzukommen. Sie bedingen eine Erschwerung der Paukenhöhlen-Ventilation und können daher Mittelohraffectionen zur Folge haben. Um dies zu vermeiden, kann man den
Katheter anwenden. Diphtheritische Lähmungen heilen in der Regel
spontan; in anderen Fällen kann der constante Strom von Nutzen sein.

b. Klonische Krämpfe der Tubenmuskeln

kommen aus unbekannten Ursachen bei sonst gesundem Gehörorgane
oder neben anderen Ohrkrankheiten vor. Sie erzeugen ein subjectiv und
objectiv wahrnehmbares, knackendes Geräusch, ähnlich dem häufig beim
Gähnen und Schlucken sich einstellenden, welches durch das Abheben der
membranösen von der knorpeligen Tubenwand entsteht. Zuweilen lässt sich
durch die rhinoskopische Untersuchung eine mit dem Knacken isochrone
Bewegung des Gaumensegels deutlich erkennen. Fälle von klonischen
Spasmen haben Politzer[5]), Schwartze[6]), Boeck[7]), Brunner[8]) Urbantschitsch[9]) beobachtet; in einem Falle des letztgenannten Autors
war die Neurose durch einen Schreck hervorgerufen worden. Dass der
Krampf zuweilen durch Druck mit dem Finger auf den weichen Gaumen
vorübergehend zum Stillstand gebracht werden kann, ist von verschiedenen Autoren berichtet worden. Das Knacken kann äusserst lästig
sein und, wie ich gesehen habe, Hypochondrie erzeugen.

---

[1]) Citirt bei Lincke, Handbuch der theoret. und pract. Ohrenhlkde. II. 183.
[2]) Berliner Klin. Wochenschrift 1878, Nr. 40.
[3]) Citirt bei Urbantschitsch, Lehrbuch der Ohrenhlkde. III. Aufl., S. 202.
[4]) Lehrbuch der Ohrenhlkde. III. Aufl., S. 202.
[5]) Wiener Medicinalhalle 1862, 169.
[6]) Die chirurgischen Krankheiten des Ohres. S. 303.
[7]) Archiv f. Ohrenhlkde. II. 202.
[8]) Zeitschrift f. Ohrenhlkde. X. 175.
[9]) Lehrbuch der Ohrenhlkde. III. Aufl., S. 224.

Die Behandlung der Krämpfe mit dem faradischen oder constanten Strome scheint oft zu versagen, ist aber immerhin zu versuchen. Andere Mittel, wie Massage, Perforation des Trommelfelles, Tamponade des Gehörganges, sind jedesfalls von noch geringerem Nutzen.

VII. Verletzungen der Paukenhöhle.

Dass Verletzungen durch directe Gewalteinwirkung die Paukenhöhle treffen können, ist bereits bei der Besprechung der Trommelfell-Läsionen (S. 111 und 123) hervorgehoben worden. Nächst der durch das Trommelfell gebildeten äusseren Wand ist besonders die innere oder Labyrinthwand traumatischen Einflüssen ausgesetzt; sie wird durch eindringende Fremdkörper excoriirt, kann aber auch, wie die bereits erwähnten letalen Fälle (S. 111) von Moos [1] und Fränkel [2] beweisen, fracturirt werden. Die in denselben Fällen constatirte Luxation der Gehörknöchelchen ist auch von anderen Autoren beobachtet worden; ich selbst sah [3] eine Luxation und Fractur des Stapes durch Einstossen einer Stricknadel in die Paukenhöhle entstehen. Der Hammerfractur (Fig. 45) ist schon gedacht worden (S. 123); ein vollständiges Herausreissen des Ambosses durch einen ösenförmigen Fremdkörper hat Schwartze [4] erlebt. Noch leichter als die Knöchelchen wird die Chorda tympani verletzt, wonach sich eine Lücke in der Geschmackswahrnehmung an dem entsprechenden Zungenrande nachweisen lässt. Selbst der Facialcanal wird zuweilen, wie Fälle von Urbantschitsch [5] und Stacke und Kretschmann [6] lehren, durch Fremdkörper von der Paukenhöhle aus eröffnet, und dass die Vena jugularis in Folge einer instrumentellen Durchbohrung des Paukenhöhlenbodens angestochen werden kann, ist von Moos [7], Ludewig [8] und Hildebrandt [9] festgestellt worden.

Fig. 45. Fractur des Hammergriffes; Narbe mit verkalktemRande im Umbo; grössere Kalkablagerung nach vorn.

In allen diesen Fällen war eine Perforation des Trommelfelles der Läsion der Paukenhöhle vorangegangen und mit der letzteren eine lebhafte Blutung verbunden. Oft schliesst sich im weiteren Verlaufe eine eiterige Mittelohrentzündung an, deren Ende niemals vorherzusehen ist, und schon aus diesem Grunde würden die traumatischen Läsionen des Cavum tympani und seines Inhaltes, auch wenn sie nicht direct schwere Störungen verursachen sollten, stets als sehr ernst aufzufassen sein.

Verbrühung der Paukenhöhle unter ausgedehntem Schwund

[1] Archiv f. Augen- und Ohrenhlkde. VII. 1.
[2] Zeitschrift f. Ohrenhlkde. VIII. 229.
[3] Revue mens. de Laryngologie etc. 1884, IV. S. 231.
[4] Die chirurgischen Krankheiten des Ohres, S. 126.
[5] Lehrbuch der Ohrenhlkde. III. Aufl., S. 243.
[6] Archiv f. Ohrenhlkde. XX. 259.
[7] Zeitschrift f. Ohrenhlkde. VII. 249.
[8] Archiv f. Ohrenhlkde. XXIX. 234.
[9] Archiv f. Ohrenhlkde. XXX. 183.

des Trommelfelles und mit nachfolgender Eiterung ist von Bezold [1],
Christinneck [2]), Marian [3]) beschrieben worden; dass ätzende
Flüssigkeiten, auch indem sie von der Tube her in die Pauken-
höhle eindringen, zu traumatischen Entzündungen der Schleimhaut füh-
ren können, zeigen die Fälle von Schwartze [4]) (Argent. nitr.) und
Wreden [5]) (Liq. Ammonii caustici).

Bei indirecter Gewalteinwirkung, namentlich bei Stoss
und Fall auf den Kopf, treten Verletzungen der Paukenhöhle meist
nur als Theilerscheinungen von tieferen Läsionen, besonders von Schädel-
fracturen ein: es wird bei einem derartigen Zusammenhange stets eine
erhebliche Hämorrhagie und oft auch Ausfluss von Liquor cerebrospinalis
vorhanden sein; das letztere Symptom wird auch bei directer Verletzung des Labyrinthes oder des Tegmen tympani beobachtet werden
können.

Die subjectiven Erscheinungen sind bei geringfügigen
Läsionen unbedeutend; namentlich erzeugt die Quetschung oder
Durchtrennung der Weichtheile an der Labyrinthwand nur einen mässigen Schmerz. Hörstörungen können gänzlich fehlen; dieselben
sind indessen gleich dem Schmerz beträchtlich bei ausgedehnten Zerreissungen des Paukenhöhleninhaltes. Die Menge des austretenden
Blutes ist gleichfalls von dem Umfange der Verletzung abhängig; meist
steht die Blutung nach kurzer Zeit von selbst. Die bei der Durchschneidung der Chorda tympani eintretenden Geschmacksanomalien
werden in der Regel nicht spontan empfunden, sondern durch besondere Untersuchungen festgestellt. Bei Eröffnung des Canalis Faloppiae
kann eine Facialparalyse eintreten.

Dass die Prognose der Paukenhöhlenläsionen sowohl wegen der
gesetzten Zerstörungen als auch in Anbetracht der Möglichkeit einer
consecutiven infectiösen Eiterung ernst zu nehmen ist, ist schon oben
betont worden und muss bei einer etwaigen forensischen Begutachtung
Berücksichtigung finden.

Die Behandlung wird im Wesentlichen eine exspectative sein:
der Kranke muss das Bett hüten und alle Congestionen vermeiden.
Um ihn vor einer Infection zu schützen, ist das Ohr mit sterilisirter
Watte zu verstopfen. Blutungen sind, selbst wenn sie direct aus der
Jugularvene stammen, durch Tamponade bald zu stillen.

Eine weniger bedenkliche Form von traumatischer Mittelohraffection ist der **Bluterguss in die Paukenhöhle** bei intactem Trommelfelle, das sogen. **Hämatotympanum**. Dasselbe kommt fast ausschliesslich durch indirecte Gewalteinwirkung zu Stande, z. B.
durch Fall auf das Kinn, durch heftigen Husten, starkes Niesen, aus-
giebiges Erbrechen, bei forcirten Lufteinblasungen durch die Tube.
Auch können Krankheiten, welche zu Gefässstauungen und -Verände-
rungen führen, einen Bluterguss ins Cavum tympani hervorrufen; so

[1]) Archiv f. Ohrenhlkde. XVIII. 49.
[2]) Archiv f. Ohrenhlkde. XVIII. 291.
[3]) Archiv f. Ohrenhlkde. XXII. 216.
[4]) Archiv f. Ohrenhlkde. IV. 233.
[5]) Archiv f. Ohrenhlkde. VI. 156. (Referat.)

ist Hämatotympanum von Schwartze[1]), Buck[2]), Trautmann[3]) bei
Morbus Brightii, von Schwartze[4]). Moos[5]) und Trautmann
nach Diphtherie, von Gradenigo[6]) bei Leukämie, von Truckenbrod[7]) bei Scorbut beobachtet worden; ich selbst[8]) habe eine Pauken-
höhlenblutung bei vorgeschrittener Gravidität gesehen, und Trautmann hat den sehr wichtigen Nachweis erbracht, dass punktförmige
Hämorrhagien in der Paukenschleimhaut durch embolische Vorgänge bei Endocarditis bedingt sein können. Auch bei der Stran-
gulation kommen in Folge der Stauung, wie die Untersuchungen von
Zillner[9]) ergeben, Ekchymosen in der Schleimhaut sehr häufig vor.

Diagnose und Verlauf. Das Trommelfell erscheint, wenn
es nicht abnorm verdickt ist, bei copiöser Hämorrhagie tief blauroth
bis schwarz, glanzlos, abgeflacht oder selbst vorgewölbt; der Hammergriff tritt auf der dunkeln Membran auffallend deutlich hervor. Die
Luftdouche ergiebt zuweilen Rasselgeräusche. Im weiteren Verlaufe
hellt sich das Trommelfell mit der fortschreitenden Resorption des
Extravasates allmählich auf, wird mehr gelbroth und gewinnt schliesslich nach 2—4 Wochen sein normales Aussehen wieder. In seltenen
Fällen kommt es zu einer Vereiterung des Blutergusses mit Perforation
des Trommelfelles.

Die subjectiven Beschwerden bestehen in einem lästigen
Gefühl von Völle im Ohre, plötzlich eintretender Schwerhörigkeit hohen Grades, subjectiven Geräuschen und nicht
selten in Schwindel. Schmerzen pflegen nicht in den Vordergrund
zu treten. Der Weber'sche Versuch ergiebt, wenn keine Complication
besteht, eine entschiedene Hinüberleitung des Stimmgabeltones nach
dem kranken Ohre.

Die Behandlung hat Alles zu verhüten, was eine erneute
Hämorrhagie veranlassen könnte und muss möglichst schonend sein.
Fast stets genügt Verstopfen des Ohres und vollkommen ruhiges Verhalten des Patienten, am besten in der Bettlage. Incisionen dürfen
nicht vorgenommen werden, da sie leicht eiterige Entzündung herbeiführen können; auch wenn dieser Fall nicht eintritt, habe ich sie
nutzlos gefunden.

VIII. Entzündungsvorgänge in der Paukenhöhle.

Die entzündlichen Affectionen der Paukenhöhle und
ihrer Nebenräume (des Mittelohres) unterscheiden sich in anatomischer Beziehung nur wenig von einander: es finden sich stets mehr

[1]) Archiv f. Ohrenhlkde. IV. 12.
[2]) New York Medical Record 1871, Nr. 136.
[3]) Archiv f. Ohrenhlkde. XIV. 73.
[4]) Die pathologische Anatomie des Ohres, S. 73.
[5]) Archiv f. Augen- und Ohrenhlkde. I. 2. S. 82.
[6]) Archiv f. Ohrenhlkde. XXIII. 242.
[7]) Archiv f. Ohrenhlkde. XX. 265.
[8]) Archiv f. Ohrenhlkde. XV. 221.
[9]) Wiener Med. Wochenschrift 1880, Nr. 35 und 36.

oder weniger ausgesprochen Hyperämie und Schwellung der Schleimhaut und ein bald mehr serös-schleimiges, bald mehr eiteriges Exsudat. Die Entzündungserscheinungen können circumscript oder diffus sein, oberflächlich verlaufen und sich nur auf die Schleimhaut beschränken oder tiefer greifen und dann unter Umständen den Knochen in Mitleidenschaft ziehen; sie verrathen in dem einen Falle Neigung zu rascher und vollständiger Rückbildung, im andern Falle eine entschieden destructive Tendenz; aber den verschiedensten klinischen Krankheitsbildern kann eine und dieselbe pathologische Veränderung zu Grunde liegen, und es erscheint zunächst auch ausgeschlossen, dass mit Hülfe der zahlreichen, im Secrete vorgefundenen pathogenen Mikroorganismen eine wirklich befriedigende anatomisch-pathologische Diagnose gewonnen werden wird.

Besser lassen sich die Mittelohrentzündungen vom klinischen Standpunkte aus in bestimmte Gruppen trennen, welche zwar gleichfalls vielfach in einander übergehen, aber doch fast jeden einzelnen Krankheitsfall unterzubringen gestatten. Die klinische Eintheilung, welche indessen nur als eine Art Nothbehelf gelten gelassen werden sollte, unterscheidet den Mittelohrkatarrh und die Mittelohrentzündung, welche beide acut oder chronisch verlaufen können. Beim „Katarrh" handelt es sich im Allgemeinen um leichtere Affectionen mit schleimig-serösem Exsudat, ohne Neigung zur Destruction aber, namentlich in der chronischen Form, mit Tendenz zur Bindegewebshypertrophie (Adhäsivprocessen, Sklerose), während die „Entzündung" durch Eiterbildung ausgezeichnet ist, welche fast stets zum Durchbruch des Trommelfelles führt und auch sonst tiefer zu greifen, einen mehr phlegmonösen Verlauf zu nehmen pflegt, wobei jedoch gleichzeitig eine Hyperplasie der Mucosa bestehen kann.

Dieser etwas obsoleten klinischen Eintheilung werden wir mit Rücksicht auf den allgemeinen Brauch im Nachstehenden folgen:

a. Der acute Mittelohrkatarrh. Otitis media simplex acuta.

Statistik und Aetiologie. Ungefähr 13% aller Fälle von Ohraffectionen entfallen auf den acuten Mittelohrkatarrh. Derselbe kommt häufiger bei Kindern (59%) als bei Erwachsenen (41%), und häufiger beim männlichen (57%) als beim weiblichen Geschlechte (43%) vor; er tritt in etwa 54% bilateral, in 46% einseitig und zwar auf beiden Ohren ziemlich gleich häufig auf. Die meisten Erkrankungen am acuten Mittelohrkatarrh werden in der Uebergangszeit vom Winter zum Frühling gefunden.

Die Ursache der acuten Otitis media ist in der überwiegenden Mehrzahl der Fälle in Anomalien der Nase und des Rachens zu suchen; die Krankheit kann sich aus jedem einfachen Schnupfen, aus der gewöhnlichen Angina, aus einer leichten Bronchitis entwickeln und wird sehr oft bei chronischen Leiden des Nasopharynx wie Rhinitis und Pharyngitis chronica, bei Hypertrophie der Gaumen- und Rachenmandeln, bei adenoiden Vegetationen gefunden. Jede Krankheit, welche leicht zu Complicationen von Seiten der Nase und des Rachens führt, bedingt eine Prädisposition nicht nur zum acuten Paukenhöhlenkatarrh, sondern zu Mittelohraffectionen überhaupt. Hierher gehören vor Allem

die acuten Exantheme Masern und Scharlach, ferner eine Reihe von
acuten und chronischen Infectionskrankheiten, wie Diphtherie,
Typhus, Influenza, Syphilis. Auch bei Skrophulose wird Otitis media
simplex sehr oft beobachtet.

Der Zusammenhang zwischen der causalen Affection der Nase
oder des Rachens und der Paukenhöhle kann auf verschiedene Weise
vermittelt werden: entweder greift die Entzündung der nasopharyngealen
Schleimhaut auf die Mucosa der Ohrtrompete über und schreitet in
dieser bis in das Cavum tympani fort, oder es wird in Folge von Verengerung, Verlegung oder Verschwellung des Ostium pharyngeum die
Ventilation der Paukenhöhle aufgehoben und es entsteht dann, da die
nun in der letzteren abgeschlossene Luft von den Gefässen aufgesogen
wird, eine Luftverdünnung in der Paukenhöhle, welche ein Einsinken
des Trommelfelles, eine Hyperämie und Schwellung der Schleimhaut
und häufig einen Hydrops e vacuo im Gefolge hat [1]. Schliesslich können
ohne Zweifel in dem Nasen- und Rachensecret Infectionsstoffe beim
Schneuzen und anderen Gelegenheiten durch eine normale Tube in die
Paukenhöhle geschleudert werden und dort Entzündungen verursachen.
Wie weit die in der Paukenhöhle vorkommenden Mikroorganismen eine pathogene Rolle spielen, ist noch nicht genügend sicher festgestellt; jedenfalls geht aus dem von Zaufal [2] constatirten, fast regelmässigen Vorhandensein von Keimen in der normalen Paukenhöhle von
Kaninchen und aus dem wiederholt festgestellten Befunde von Diplo-
coccen im Secrete der normalen Nase hervor, dass die Mikroparasiten
nur unter gewissen, ihre Virulenz befördernden Vorbedingungen Entzündungen hervorzurufen im Stande sind.

Dass schliesslich bei Infectionskrankheiten auch ohne Mitwir-
kung der Tube durch eine locale Paukenhöhleninfection ein Mittelohrkatarrh hervorgerufen werden kann, ist ebenso unzweifelhaft wie
die Thatsache, dass äussere Schädlichkeiten, wie Zugluft, Eindringen von kaltem Wasser in den Gehörgang, entzündungserregend
wirken können. Denn obwohl man in unserer Zeit der Bakteriologie
gewiss mit vollem Rechte bemüht ist, in der Aetiologie die „Erkältung"
möglichst zu eliminiren, so lehrt die Erfahrung doch häufig genug,
dass durch diesen, in seinem Wesen noch nicht genügend erkannten
Vorgang katarrhalische Affectionen erzeugt werden können, und wir
werden die Annahme einer Erkältung zuweilen selbst in solchen Fällen
nicht von der Hand weisen dürfen, in welchen wir uns die Möglichkeit
einer stattgefundenen Infection ebensowohl vorstellen können.

Pathologische Anatomie. Das erste Stadium des acuten Mittelohrkatarrhs kennzeichnet sich durch eine Hyperämie der Schleimhaut.
In der letzteren heben sich von dem mehr oder weniger blaurothen

[1]) Wenn, wie Hensen (Hermann's Handbuch der Physiologie, III. 2, S. 53)
und Urbantschitsch (Lehrbuch der Ohrenheilkunde, III. Aufl., S. 260) annehmen,
das Trommelfell für Luft durchgängig ist, so ist diese Permeabilität doch jedenfalls so gering, dass die bei einer Tubenverstopfung absorbirte Luft nicht rasch
genug vom Gehörgange aus ersetzt werden kann. Die tägliche Erfahrung lehrt,
dass die Ventilation der Paukenhöhle im Wesentlichen von der Tube aus bewerkstelligt wird.
[2]) Prager Med. Wochenschrift 1889, Nr. 6—12. Separat-Abdruck S. 39.

Grunde deutliche Gefässnetze ab; der im normalen Zustande durch die
dünne Mucosa durchschimmernde Knochen wird verschleiert und verschwindet vollständig, sobald sich im unmittelbaren Anschluss an die
Hyperämie eine Schwellung und seröse Infiltration einstellt, welche
sich entweder über die gesammte Paukenhöhlenauskleidung erstreckt
oder sich auf einzelne Wände oder Theile derselben beschränkt. Ist
der Entzündungsprocess ausgedehnt, so kann, namentlich in der Pro-
montoriumgegend, in welcher die Entfernung des Trommelfelles von
der inneren Paukenwand nur 2 mm beträgt, das Lumen des Hohlraumes durch die von zwei Seiten sich entgegenwuchernden Schleim-
hautpolster vollständig aufgehoben werden. Sehr bald kommt es zur
Ausscheidung eines Exsudates, welches sich entweder nur am Boden
der Paukenhöhle sammelt oder den grössten Theil derselben ausfüllt.
Das Secret ist vorwiegend serös-schleimig, gelblich-grau, röthlich-grau
oder bernsteingelb, enthält aber stets rothe und weisse Blutkörperchen
und Epithelzellen in verschiedenen Entwickelungs- und Degenerations-
stadien. Zuweilen ist das Exsudat nicht dünnflüssig, sondern zäh und
glasig, von einer unbestimmten grauweissen Farbe mit opalescentem
Glanze, und in diesem Falle haftet es besonders fest in den Vertiefungen
der Paukenhöhlenwände und an den Gehörknöchelchen. Die Elasticität
derartiger gallertiger Schleimklumpen kann so bedeutend sein, dass bis
auf mehrere Centimeter weit mit der Pincette ausgezogene Fäden immer
wieder zurückschnellen. Dass in dem Secrete des acuten Mittelohrkatarrhs Mikroorganismen vorkommen können, ist in neuester Zeit
von verschiedenen Beobachtern constatirt worden; so fand Zaufal[1],
welchem wir ganz besonders eingehende bakteriologische Studien über
die Mikroparasiten des Ohres verdanken, in dem bei der Eröffnung der
Paukenhöhle (Paracentese) zu Tage tretenden serös-hämorrhagischen
Exsudate den Friedländer'schen Pneumoniebacillus, in einem Falle
von zähem Secrete den Fränkel'schen Diplococcus pneumoniae.

Die Secretion sowohl als die Hyperämie und Schwellung können
sich vom Cavum tympani weit in die Tube hinein und in den Warzenfortsatz erstrecken, und in schweren Fällen findet sich zuweilen gleichzeitig eine Hyperämie des Labyrinthes vor.

Das Trommelfell erweist sich in der Regel stark gespannt und
vermehrt trichterförmig; oft ist es serös durchfeuchtet, dunkel grau-
roth oder graugelb getrübt; je mehr es an der Hyperämie betheiligt
ist, um so entschiedener überwiegt die rothe Farbe. Zur Perforation
kommt es nicht häufig, auch pflegen die Continuitätstrennungen beim
acuten Mittelohrkatarrh, wo sie vorkommen, nicht, wie bei der eiterigen
Entzündung, die Gestalt von eigentlichen Substanzverlusten darzubieten,
sondern als kleine und wenig klaffende Spalten aufzutreten, welche sich,
nachdem das Exsudat in den Gehörgang ausgetreten ist, bald, oft nach
wenigen Stunden, wieder schliessen. Betheiligt sich die Mucosa des
Trommelfelles in hohem Grade an der Schwellung, so kann die Membran sehr erheblich verdickt sein.

Die in der Regel nur sehr langsam vor sich gehende Rückbildung des Krankheitsprocesses kommt durch allmähliche Resorption des

[1] Prager Med. Wochenschrift 1887, Nr. 27.

freien Exsudates und der zelligen Elemente, welche die Mucosa enthält, zu Stande: dabei kann wohl auch ein Theil des Secretes durch die Tube abfliessen. Die Abschwellung wird durch fettige Degeneration und Zerfall der Epithelien befördert. Sehr häufig ist indessen die Restitution eine ungleichmässige, indem wohl ein Theil der Paukenhöhlenauskleidung zur Norm zurückkehrt, ein anderer Theil aber diffus geschwollen bleibt oder flächenhafte oder band- und strangförmige Synechien bildet. Derartige Pseudomembranen und Bindegewebsstränge können verschiedene Theile der Paukenhöhle mit einander verbinden und, soweit im normalen Zustande bewegliche Gebilde, wie die Fenstermembranen, die Gehörknöchelchen mit ihren Muskeln und das Trommelfell betroffen werden, ganz oder theilweise fixiren. Am häufigsten finden sich die Steigbügelschenkel mit der Nische des ovalen Fensters, das Hammerambossgelenk mit dem Tegmen tympani, die Membran des runden Fensters mit den Wandungen ihrer Nische, der Umbo des Trommelfelles mit dem Promontorium verlöthet.

Eine Vereiterung des serös-schleimigen Exsudates kommt bei Kindern, besonders bei skrophulösen und rhachitischen, nicht selten vor: es entwickelt sich dann eine Otitis media suppurativa, welche sehr bald zu einer Perforation des Trommelfelles führt.

Sehr selten tritt im Anschlusse an einen einfachen Mittelohrkatarrh eine letale Folgekrankheit ein, begünstigt durch einen beim kindlichen Schläfenbeine vorhandenen Fortsatz der Dura mater durch die Sutura petroso-squamosa bis in die Paukenhöhle. Derartige Fälle, in welchen eine Meningitis zum Tode führte, sind von Wendt[1]. Schwartze[2], Zaufal[3] beschrieben worden; Reinhard und Ludewig[4] berichten über zwei Fälle von Pyämie nach acutem Mittelohrkatarrh aus Schwartze's Klinik.

Subjective Symptome. In den meisten Fällen tritt als erstes Symptom des acuten Mittelohrkatarrhs ein sich rasch steigerndes Gefühl von Druck und Verstopftsein des Ohres ein. In den ersten Stunden pflegt dasselbe, namentlich bei Schluckbewegungen, beim Schneuzen, öfters vorübergehend nachzulassen, und zwar meist plötzlich unter der Wahrnehmung eines Knackens oder Knallens, welches auf die Eröffnung der vorher verstopften Tube oder auf die Verschiebung von zähen Schleimmassen zurückzuführen ist. Sehr bald nach dem Eintritt des Druckgefühles stellen sich Schmerzen in dem erkrankten Ohre ein. Dieselben können sich sehr verschieden verhalten: In dem einen Falle sind sie sehr geringfügig, vielleicht nur wenige Stunden lang oder mit Unterbrechungen vorhanden, in einem anderen erreichen sie unter paroxysmusartigen Exacerbationen eine unerträgliche Heftigkeit; gänzlich fehlen sie fast niemals. Meist werden sie als reissend und bohrend, seltener als klopfend bezeichnet; fast stets sind sie des Nachts am intensivsten. Alles, was Erschütterungen des Trommelfelles hervorruft,

---

[1] Archiv f. Heilkde. Bd. XI.
[2] Pathologische Anatomie des Ohres, S. 77. Chirurgische Krankheiten des Ohres, S. 120.
[3] Archiv f. Ohrenhlkde. XVII. 157.
[4] Archiv f. Ohrenhlkde. XXVII. 288.

wie Niesen, Husten, Schneuzen, Schlucken, steigert die Schmerzen, die
sich zuweilen auch auf den Warzenfortsatz, seltener auf die Parotisgegend ausdehnen und in die Schläfe oder gegen den Scheitel aus-
strahlen können. Länger als drei Tage pflegen die Schmerzen nicht
anzuhalten, ist die Schwellung der Schleimhaut nicht sehr erheblich,
so sind sie meist bereits nach 12—24 Stunden überstanden. Zuweilen
gleichzeitig mit den Schmerzen, zuweilen später, nicht selten auch schon
vorher macht sich eine Abnahme der Hörfähigkeit bemerklich.
Ist die Affection einseitig, so bleibt diese Functionsstörung leicht un-
beachtet, auch wenn sie beträchtlich ist; bei bilateraler Erkrankung
tritt sie stets mehr in den Vordergrund. Auffallend ist es, dass die
Schwerhörigkeit oft ungemein rasch einsetzt: Es schiebt sich, wie die
Kranken sich auszudrücken pflegen, eine Klappe vor, welche das Ohr
dumpf macht und das Gehör aufhebt. Der Grad der Functionsstörung
ist sehr variabel; es kann einerseits eine nur bei der Hörprüfung nachweisbare und andererseits eine fast complete Taubheit bestehen. Subjective Geräusche, namentlich ein Sieden, Summen und Klopfen, zuweilen mit pulsirendem Rhythmus, fehlen bei Erwachsenen nur ausnahmsweise; Kinder klagen seltener darüber.

Ausser diesen regelmässigen Symptomen kommen noch eine vermehrte Resonanz der eigenen Stimme (Autophonie) und aller am Kopfe
entstehenden Geräusche, z. B. beim Kämmen und Bürsten, und ein Gefühl von Verschiebung einer beweglichen Masse hinter dem
Trommelfelle vor. Diese Sensation wird von den Kranken selbst bisweilen ganz zutreffend auf eine Niveauveränderung des Exsudates zurückgeführt, wie auch ein gewisses Knattern im Ohre, welches durch das
Aufsteigen und Platzen von Luftblasen im Secrete entsteht, vom Kranken
oft richtig gedeutet wird.

Durchaus nicht selten und vorzugsweise bei Kindern ist der acute
Mittelohrkatarrh mit einer Temperatursteigerung (bis gegen 40°)
verbunden. Das Fieber kann mit oder ohne Remissionen mehrere
Tage anhalten und pflegt erst nachzulassen, wenn das Exsudat auf die
eine oder andere Weise beseitigt ist. Besonders beängstigend sind für
den unkundigen Arzt das Auftreten von Schwindel, Gleichgewichtsstörungen, heftigen Kopfschmerzen, Benommenheit des Sensoriums, Apathie, wirrem Blick, epileptiformen Anfällen und
anderen Hirnerscheinungen, welche zwar weit häufiger bei der eiterigen
Entzündung, aber doch auch beim einfachen Katarrh nicht so gar selten
beobachtet werden und wenn die Untersuchung des Ohres unterbleibt,
zu ganz verkehrten Diagnosen Veranlassung geben können. Wenn in
Folge von Dehiscenzen in der hinteren Paukenhöhlenwand, wie sie
congenital vorkommen, der Canalis Faloppiae mit der Paukenhöhle com-
municirt, kann es bei starker Schleimhautschwellung oder durch den
Erguss von Exsudat in den Knochencanal zu Faciallähmung kommen.
Fälle dieser Art sind von Hedinger[1], Böke[2], Szenes[3], Holt[4]
beobachtet worden; ich selbst sah eine Parese des Facialis, welche über

[1] Med. Correspondenzblatt des Württemb. Aerztl. Vereins, 28. II. 1877.
[2] Archiv f. Ohrenhlkde. XX. 55.
[3] Archiv f. Ohrenhlkde. XXIV. 189, XXV. 60.
[4] Transactions of the American Otological Society 1889.

Nacht entstanden war, unmittelbar nach der Durchschneidung des Trommelfelles und Entleerung des Exsudates zurückgehen.

Objective Symptome. Die erste Veränderung, welche bei der Untersuchung eines an einem frischen acuten Mittelohrkatarrh Erkrankten auffällt, ist eine Verminderung des Glanzes und eine Vermehrung der Trichterform des Trommelfelles. Die Oberfläche erinnert an behauchtes Glas, insbesondere ist der Lichtkegel matter und diffuser als im normalen Zustande; der Processus brevis springt schroffer nach aussen hervor und zieht die Falten mit sich, so dass namentlich die hintere leistenartig prominirt. Der centrale Theil der Membran ist zuweilen so stark eingesunken, dass er gegen die Randzone förmlich abgeknickt erscheint. Dem Hammergriffe entlang zeigt sich eine lebhafte Injection der Gefässe, welche, wenn die Paukenhöhlenschleimhaut matt blauroth durchschimmert, sich nicht immer ganz deutlich abhebt (Fig. 46). Bisweilen findet man anstatt der Verminderung eine Vermehrung des Glanzes, welche der Membran ein Aus-

Fig. 46. Eingesunkenes Trommelfell. Injection der Hammergriffgefässe, Hervorspringen der hinteren Falte

Fig. 47. Exsudatansammlung in der Paukenhöhle mit concaver Begrenzungslinie am Trommelfelle.

sehen verleiht, als ob sie polirt wäre; gleichzeitig erscheint dann in der Regel das Trommelfell dunkler schwarzgrau oder rothgrau in Folge der Hyperämie der Paukenhöhlenschleimhaut. Da die äussere Schicht an der Erkrankung meist nur insofern Theil nimmt, als sie serös durchfeuchtet ist, bleibt der Hammergriff sichtbar, solange er nicht durch die starke Blutfüllung seiner Gefässe verdeckt wird oder in Folge der übermässigen Retraction unter der hinteren Falte verschwindet. Nachdem in den ersten Tagen der rothe Schimmer des Trommelfelles zugenommen hat und besonders hervorstechend geworden ist, wenn auch die in der Cutis der Membran peripher verlaufenden Gefässe erweitert sind und sich mehr ziegelroth von der diffus blauroth durchscheinenden Mucosa abheben, tritt allmählich, zuerst in der unteren Hälfte eine Abblassung und grauweissliche oder gelblichgrüne Färbung der Membran auf. Dieselbe verdankt ihr Erscheinen nur zum Theile dem Verschwinden der Hyperämie, in höherem Maasse der Exsudatbildung. Ist eine reichliche Secretmenge in der Paukenhöhle vorhanden, so ist die Diagnose meist nicht schwierig: man findet dann das Trommelfell abgeflacht oder theilweise, selten vollständig, nach aussen gewölbt und in der unteren Hälfte so deutlich weissgelb oder intensiv grüngelb verfärbt, dass man kaum über die Bedeutung des Bildes im Zweifel sein kann. Je weniger hyperämisch und ge-

schwollen, je durchscheinender das Trommelfell·ist, um so entschiedener
schimmert die Flüssigkeit durch (Fig. 47), bei starker Schwellung und
Röthung ist dieselbe dagegen mitunter nur an der Convexität einer
schmutzig-graugelb verfärbten, matten Stelle, zumeist im hinteren-unteren
Quadranten, zu erkennen. Am schwierigsten ist die Diagnose der Secretansammlung bei in Folge von früher abgelaufenen Erkrankungen ge-

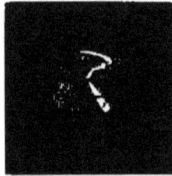

Fig. 48. Secretansammlung in
der Paukenhöhle mit Exsudatstreifen am Trommelfelle.

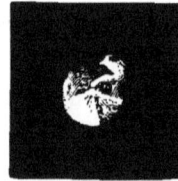

Fig. 49. Exsudatansammlung in
der Paukenhöhle mit winkeliger
Begrenzung am Trommelfelle.

trübten und verdickten Trommelfellen: hier wird die Inspection allein
fast niemals Sicherheit verschaffen können.

Besonders interessant sind diejenigen Fälle, in welchen man am
Trommelfelle die Begrenzungslinie der durscheinenden Flüssigkeit
erkennen kann. Dieselbe erscheint meistens in Gestalt einer nach oben
concaven Curve (Fig. 47) oder in Form eines nach unten offenen Winkels
(Fig. 49), dessen Spitze in die Umbogegend zu liegen kommt und ist
heller oder dunkeler als die umgebende Trommelfellparthie. Auch ohne
dass das Secret selbst gelblich oder grünlich durch das Trommelfell
hindurchscheint, ist zuweilen seine Niveaulinie sichtbar als sogenannter

Fig. 50. Blasenartige Hervorwölbung des hinteren-oberen
Quadranten durch Exsudat.

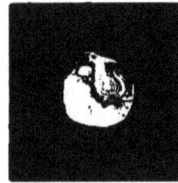

Fig. 51. Sackformige Ausstülpung des hinteren-oberen
Quadranten durch Exsudat.

Exsudatstreifen (Fig. 48), welcher, meist doppelt contourirt, die
Membran quer durchschneidet und bei oberflächlicher Betrachtung leicht
mit einem hellen oder dunkelen Haar verwechselt werden kann. In
allen Fällen, in welchen die Flüssigkeit merklich begrenzt erscheint,
lässt sich eine bei Bewegungen des Kopfes nach vorn und hinten eintretende Niveauverschiebung beobachten. Schneidet z. B. die Begrenzungslinie bei aufrechter Haltung den Hammergriff in einem nach
vorn spitzen Winkel, so wird sie bei einer ausgiebigen Neigung des
Kopfes nach vorn parallel zum Hammergriffe stehen, und während vorher die gelbliche Färbung in der unteren Hälfte des Trommelfelles
sichtbar war, wird sie jetzt im vorderen Abschnitte zu finden sein.

Dem Anfänger wird die Diagnose einer Secretansammlung in der
Regel am leichtesten in denjenigen nicht seltenen Fällen, in welchen
durch eine Absackung der Flüssigkeit partielle blasenartige Hervorwölbungen des Trommelfelles zu Stande kommen. Dieselben finden
sich am häufigsten im hinteren-oberen Quadranten (Fig. 50 und 51),
weil dort die Tröltsch'sche Tasche die beste Gelegenheit zur Absackung
bietet, und erscheinen als gelblichgrüne, sehr dünnwandige Ausstülpungen,
welche dem Auge auffallend nahe liegen und deren Convexität durch
die bogenförmige Gestalt eines auf der Kuppe verlaufenden, hellen
Reflexes und durch die bei guter Beleuchtung sichtbare Schattirung
an der Basis kenntlich wird. Aehnliche Ektasien kommen auch durch
eine Ansammlung von Luft im ausgebuchteten hinteren-oberen Quadranten zu Stande; in diesem Falle entbehren sie der entschieden gelb-
lichen Färbung, welche den Exsudatblasen eigen ist.

Da alle durch Exsudatansammlung bedingten Form- und Farbe-
veränderungen des Trommelfelles in hohem Grade durch Lufteinblasungen beeinflusst werden, so sollte man in zweifelhaften Fällen niemals
unterlassen, nach der Luftdouche nochmals eine Inspection vorzunehmen.
Man wird dann oft eine vorher vorhandene gelbe Verfärbung oder eine
Andeutung einer Begrenzungslinie nicht mehr wahrnehmen und zuweilen Gelegenheit haben, Luftblasen, welche in Folge der Auf-
wirbelung der Flüssigkeit entstehen, in Form von kleinen, dunkelen
Kreisen auftreten und, da sie nach längerem Bestehen platzen, plötzlich wieder verschwinden sehen.

Die Diagnose wird ergänzt durch die Auscultation in Verbindung mit dem Katheterismus. Dieselbe liefert allerdings vor dem
Eintritt der Exsudation wenig Anhaltspunkte, ist aber bei bestehender
Flüssigkeitsansammlung von um so grösserer Wichtigkeit. Die typischen
Auscultationsergebnisse sind die scheinbar nahe am Ohre des Untersuchenden entstehenden Rasselgeräusche, welche bei seröser Beschaffenheit des Secretes kleinblasig und knisternd und bei schleimiger
Consistenz grossblasig und klatschend sind. Sie treten nicht immer
bei den ersten Ballonentleerungen auf, da diese zuweilen zur Beseitigung
eines vorhandenen Tubenabschlusses aufgewandt werden müssen, werden
aber regelmässig, sobald der Luftstrom in die Paukenhöhle eindringt
und das Exsudat aufwirbelt, deutlich wahrgenommen. Unbestimmt
klingt das Geräusch, wenn sich sehr zähes Secret hinter dem Trommelfelle befindet; doch führt in solchen Fällen häufig ein nach der Beendigung der Luftdouche sich einstellendes „Knetern" und Schmalzen
im Ohre, welches den Bewegungen der etwas aufgewühlten oder in
toto verschobenen Schleimmassen seine Entstehung verdankt, auf die
richtige Spur. Gänzliches Fehlen von Rasselgeräuschen oder verwandten
Symptomen wird nur beobachtet, wenn der Luftstrom über eine wenig
copiöse Ansammlung von Secret am Boden der Paukenhöhle frei hin-
weg streicht, ohne dieselbe aufzuwirbeln.

Charakteristisch für den acuten Mittelohrkatarrh ist die sofort
nach der Luftdouche nachweisbare auffallende Besserung der Hörfähigkeit. Dieselbe bleibt nur dann aus, wenn die Tube unwegsam oder
die Paukenhöhle gänzlich mit Exsudat angefüllt ist. In den meisten
Fällen ergiebt die nach der Anwendung des Katheters wiederholte Hörprüfung, dass die Hörweite, zuweilen in einer geradezu verblüffenden

Weise, zugenommen hat, sehr oft allerdings, um schon nach einigen Minuten allmählich wieder abzunehmen. Im Uebrigen giebt die Functionsprüfung wenig Anhaltspunkte. Die craniotympanale Leitung kann,
wenigstens für das Uhrticken, in Folge der Belastung des schallleitenden
Apparates durch das Secret vorübergehend aufgehoben (intermittirend)
sein, ist aber, wofern nicht Complicationen von Seiten des Labyrinthes
vorliegen, nach der Luftdouche stets wieder vorhanden. Die Stimmgabelprüfung, die nur bei einseitiger Erkrankung von Werth ist, ergiebt die bekannten Erscheinungen, welche für periphere Affectionen
charakteristisch sind: vermehrte Perception des Tones beim Weber'schen
Versuche auf der erkrankten Seite, negativen Ausfall des Rinne'schen
Versuches etc.

Prognose und Verlauf. Im Allgemeinen ist die Prognose des
acuten Mittelohrkatarrhs günstig. Ganz leichte Fälle heilen bisweilen
ohne Therapie, worauf man sich jedoch niemals verlassen darf, und
auch die schwereren sind bei geeigneter und frühzeitiger Behandlung
fast immer vollkommen heilbar. Besteht der Katarrh schon mehrere
Wochen, so dass die Schwellung und Exsudation nicht mehr frisch
sind, so wird eine vollständige Wiederherstellung nicht mit Sicherheit
zu erwarten sein; hier liegt die Gefahr einer ungleichmässigen Rückbildung der Schleimhaut nahe, es kommt leicht zur Bildung von Synechien, zu chronischer Hyperplasie des Bindegewebes, zur Eindickung
des Secretes, kurz, zu unheilbaren Folgezuständen, welche bei einer
rechtzeitigen und rationellen Therapie fast sicher zu vermeiden sind.
Nachdrücklich ist auch auf den Umstand aufmerksam zu machen, dass
unvollkommen geheilte acute Katarrhe, zumal wenn ihnen eine Con-
stitutionsanomalie oder ein chronisches Leiden der Nase oder des Rachens
zu Grunde liegt, ungemein leicht recidiviren und, da bei jedem
folgenden Recidiv die Heilung eine unvollständigere wird, als bei den
vorhergehenden, schliesslich chronisch werden.

Von Bedeutung ist für die Prognose stets der Erfolg der Luftdouche. Je mehr sich die Hörfähigkeit nach der ersten Anwendung
derselben bessert, um so wahrscheinlicher ist eine baldige und complete Heilung; tritt keine Besserung nach einer gut gelungenen Lufteinblasung ein, so ist die Prognose mit Zurückhaltung zu stellen, weil
irgend eine Complication bestehen muss. Am ungünstigsten sind diejenigen Fälle, in welchen die Hörprüfung eine Betheiligung des Labyrinthes ergiebt.

Die Dauer des acuten Mittelohrkatarrhs erstreckt sich in den
leichtesten Fällen auf einige Tage, meist aber auf zwei bis drei Wochen,
nur in den schwersten Fällen und besonders bei ungesunden Individuen,
auf eine längere Frist. Da der Eintritt eines Recidivs immer im Laufe
der nächsten Monate zu gewärtigen ist, kann man auch nach einer anscheinend vollständigen Beseitigung des Katarrhs zunächst noch nicht
mit Bestimmtheit von einer dauernden Restitution sprechen und muss
den Kranken womöglich noch mehrere Monate lang von Zeit zu Zeit
beobachten. Was die Reihenfolge betrifft, in welcher die subjectiven
Beschwerden sich verlieren, so weichen in der Regel zuerst die Schmerzen,
während die subjectiven Geräusche am längsten, oft noch nachdem das
Gehör wieder völlig normal geworden ist, bestehen bleiben.

Behandlung. Dem am acuten Mittelohrkatarrh Erkrankten ist
entschieden Schonung aufzuerlegen; bei feuchtem oder rauhem Wetter
darf er das Zimmer nicht verlassen, ist Fieber vorhanden, so muss er
unbedingt das Bett hüten. Alles was Congestionen zum Kopfe verursachen kann, ist zu vermeiden. Rauchen und Genuss alkoholischer
Getränke zu unterlassen oder doch auf ein Minimum einzuschränken.
Nur wenn die Krankheit leicht oder fast abgelaufen ist, soll dem Patienten das Ausgehen gestattet sein. Die Wichtigkeit dieser diätetischen
Vorschriften ist nicht zu unterschätzen, wie die minder günstigen Erfahrungen der ambulatorischen Behandlung täglich lehren.

In den schwereren Fällen ist die Ableitung auf den Darm
indicirt durch salinische Abführmittel oder Calomel. Besonders das
letztere Mittel (0,06—0,12 pro dosi), bis zur beginnenden Salivation
(Schwartze) gereicht, hat sich auch bei secundärer Betheiligung des
Labyrinthes bewährt.

Grosse Sorgfalt muss ferner auf die Behandlung der etwa
vorhandenen Affectionen des Rachens und der Nase verwendet
werden, denn so lange solche fortbestehen, ist eine dauernde Heilung
des Paukenhöhlenkatarrhs sicher nicht zu erzielen. Die wichtigsten
Punkte der Pathologie und Therapie des Nasopharynx werden weiter
unten in einem besonderen Kapitel (s. Anhang) dargelegt werden.

Die locale Behandlung muss sich im Beginne der Erkrankung
zumeist gegen die Schmerzen richten. Dieselben werden in der Regel
merklich gelindert durch einige vor den Tragus gesetzte Blutegel, welche,
wie Schwartze [1]) mit Recht hervorhebt, den Entzündungsprocess mitunter geradezu zu coupiren vermögen. Auch kalte Umschläge oder
Kälteapplication mit Hülfe des Leiter'schen Wärmeregulators, sowie
Jodanstriche auf den Processus mastoideus wirken oft entschieden
schmerzstillend und antiphlogistisch. Mit Einträufelungen von beruhigen-
den Medicamenten sollte man äusserst sparsam sein, da sie leicht reizen
und bei unvorsichtigem Gebrauche Infectionskeime in das Ohr übertragen, namentlich Furunkel erzeugen können. Politzer [2]) empfiehlt,
Morphin. acet. 0,2 : Ol. Olivar. 10,0 oder Extract. opii aquos. 0,8 : Ol.
Hyoscyam. 10,0 stark erwärmt auf Watte in den Gehörgang einzuführen oder eine Mischung von Oleum Olivar. mit Chloroform zu gleichen
Theilen auf ein handtellergrosses Stück Watte zu träufeln und damit
das Ohr zu bedecken. Nach Rohrer [3]) wirkt 2%iges Atropin-Cocain
und ein Tropfen Glycérine phénique (20 %) besonders günstig. Unzweifelhaft können alle derartigen Mittel, nach meinen Erfahrungen am
sichersten Atropin. sulf. (0,05 : 25,0 Aq. dest.), Erleichterung schaffen,
doch halte ich ihre Application aus den oben angeführten Gründen
nur durch ärztliche Hand für zweckmässig. Am schädlichsten und ganz
entschieden verwerflich sind die leider sehr gebräuchlichen Breiumschläge
und Bähungen mit heissen Dämpfen, da sie leicht zum Zerfall des ohnehin erweichten Trommelfelles führen.

Den wichtigsten Theil der localen Therapie bildet, wenn nicht
ein operativer Eingriff indicirt ist, die Luftdouche. Dieselbe soll, so-

---

[1]) Die chirurgischen Krankheiten des Ohres, S. 135.
[2]) Lehrbuch der Ohrenhlkde. II. Aufl., S. 269.
[3]) Lehrbuch der Ohrenhlkde. S. 105.

lange intensive Entzündungserscheinungen, wie Schmerzen und Schwellung und Hyperämie am Trommelfelle, bestehen, nur sehr sparsam und mit ganz schwachem Drucke und zwar bei Erwachsenen in der Regel nur mit dem Katheter, sofern er nicht etwa aus besonderen Gründen contraindicirt ist, ausgeführt werden, während bei Kindern das Politzer'sche Verfahren meist mit bestem Erfolge angewandt werden kann. Ein zu starker Druck würde sicherlich im Stande sein, ein aufgelockertes, serös durchfeuchtetes Trommelfell zu sprengen oder den Entzündungsprocess durch den mechanischen Insult zu steigern; auch liegt unzweifelhaft die Möglichkeit vor, dass mit dem Luftstrome, mag er durch den Katheter oder mit Politzer's Verfahren eingeleitet werden, pathogene Mikroorganismen aus dem Nasenrachenraume in die Paukenhöhle gerathen und daselbst eine eiterige Entzündung hervorrufen können. Meiner Ansicht nach muss man diese letztere Eventualität nicht überschätzen, denn die Unterlassung der Luftdouche kann für das Gehörorgan nicht minder verhängnissvoll werden als die Infection; auch darf man nicht vergessen, dass auch ohne unser Zuthun in jedem Momente durch das Schneuzen eine Invasion von Keimen ins Mittelohr stattfinden kann. Das Hineinschleudern von Bakterien in die Paukenhöhle dürfte bei der Anwendung des Katheters weniger leicht zu gewärtigen sein als bei den Surrogaten dieser Methode der Luftdouche, denn durch den bis in die Tube eingeschobenen Katheter blasen wir nur die im Ballon und die etwa in der Ohrtrompete befindliche Luft, während wir bei der Anwendung des Politzer'schen Verfahrens und seiner Modificationen auch die im Nasen- und Rachensecrete enthaltenen Mikroorganismen mit fortreissen können. Ausserdem ist aber der Katheterismus, wenn schon die Durchleitung durch die Nase bisweilen unangenehm genug ist, stets das schonendste Mittel, da wir bei seiner Application im Stande sind, den Luftstrom ganz nach Bedarf zu reguliren, während das Politzer'sche Verfahren stets eine gewaltsamere Stosswirkung entfaltet. Bei einseitigen Affectionen ist von den Ersatzmethoden des Katheterismus womöglich umsomehr Abstand zu nehmen, als dieselben niemals eine Einwirkung auf ein Ohr gestatten, sondern die Luft mit Vorliebe gerade gegen das leichter zugängliche gesunde Ohr treiben, welches bei längerer Fortsetzung dieser Behandlung in Folge der allmählich eintretenden Erschlaffung des Trommelfelles [1] leiden kann. Gleichwohl bezeichnet gerade für die Behandlung der acuten Mittelohraffectionen die Einführung des Politzer'schen Verfahrens einen im höchsten Grade bedeutungsvollen Fortschritt, da nur hierdurch den Kindern, bei welchen früher sehr häufig die Lufteinblasungen unausführbar waren, die Segnungen einer rationellen Therapie zugänglich gemacht worden sind und überdies auch der in otiatrischen Manipulationen ungeübte Arzt und schliesslich der Kranke selbst in die Lage versetzt worden ist, die Luftdouche auszuführen. Die Zahl der Fälle von acutem Mittelohrkatarrh, in welchen das Politzer'sche Verfahren auch bei Erwachsenen einen annähernden oder sogar vollständigen Er-

[1] Siehe Bürkner: Ueber den Missbrauch des Politzer'schen Verfahrens bei der Behandlung von Ohrenkrankheiten. Berliner Klinische Wochenschrift 1890, Nr. 44.

satz für den Katheterismus gewährt, ist sehr gross, und jedesfalls ist es durchschnittlich besser, ein minder heilkräftiges Mittel anzuwenden, als den Kranken, wie es vor der Erfindung von Politzer an der Tagesordnung war, sich selbst zu überlassen.

Die Luftdouche hat nicht allein die wichtige Aufgabe, die Wegsamkeit der Tube herzustellen und der Paukenhöhle Luft zuzuführen, sondern soll auch durch eine Verbreitung des vorhandenen Exsudates auf eine grössere Fläche die Aufnahme desselben in die Lymphbahnen erleichtern, dem flüssigen Secrete den Ausweg durch die Ohrtrompete verschaffen und die Verlöthung des Trommelfelles und der Paukenhöhlengebilde mit benachbarten Schleimhautparthien verhindern. Diesen Indicationen kann sie indessen nur gerecht werden, wenn sie häufig und regelmässig angewandt wird. In den ersten Tagen muss sie deswegen täglich wiederholt werden und zwar so lange als die jedesmal nach der wohlgelungenen Einblasung eintretende Verbesserung des Gehöres schon am folgenden Tage wieder verschwunden oder erheblich vermindert ist. Dieses Stadium dauert sehr verschieden lange, doch kann man in der Regel schon aus dem Erfolge der ersten Lufteinblasung einen ungefähren Schluss auf seine Dauer ziehen. Je mehr sich nämlich die vorher herabgesetzte Hörschärfe nach der Douche der normalen nähert, um so grösser ist die Aussicht, dass die Besserung bald eine Bestand haltende sein werde. Auch wenn die Hörfähigkeit nicht mehr von Tage zu Tage zurückgeht, sondern constant bleibt, sind die Einblasungen noch so lange fortzusetzen, als bei der Auscultation Rasselgeräusche hörbar sind und das Trommelfell stark eingesunken ist. In den meisten Fällen wird man acht bis vierzehn Tage täglich, dann etwa zehn Tage jeden zweiten Tag und etwa zwei bis vier Wochen zwei Mal wöchentlich die Luftdouche anzuwenden haben; doch ist eine längere Dauer der Behandlung durchaus nicht ungewöhnlich.

Das Herausschleudern von Exsudat aus der Paukenhöhle durch die Tube soll nach Politzer[1]) besser gelingen, wenn man vor der Ausführung seines Verfahrens den Kopf des Patienten etwa zwei Minuten lang nach unten und der gesunden Seite hin neigen lässt, so dass das Secret sich über dem Ostium tympanicum tubae ansammelt.

In einer grossen Zahl der Fälle von acutem Mittelohrkatarrh führt die Luftdouche zu einer vollständigen Beseitigung des Exsudates. Geschieht dies aber nicht binnen längstens vier Wochen, ist die Paukenhöhle so stark mit Secret angefüllt, dass das Trommelfell unter heftigen Schmerzen in toto nach aussen vorgewölbt erscheint, ist das Trommelfell sehr stark geröthet und geschwollen oder bestehen Fieber oder Hirnerscheinungen, so muss zur operativen Entfernung des Exsudates durch die Paracentese der Paukenhöhle geschritten werden; und zwar wird man, da dieser bei einiger Uebung leicht ausführbare und bei genügender Vorsicht verhältnissmässig geringfügige Eingriff geringere Gefahren in sich schliesst als der sich selbst überlassene Krankheitsprocess, in allen Fällen, in welchen man zweifelhaft ist, ob zu operiren sei oder nicht, sich für die Paracentese entscheiden. Es ist ein geringerer Nachtheil, wenn man diese Operation hier und da um-

---

[1]) Wiener Med. Wochenschrift 1867, Nr. 16.

sonst, d. h.. wie der Erfolg lehrt. ohne richtige Indicationsstellung. ausführt. als wenn man sie einmal, wo sie erforderlich gewesen wäre, unterlässt.

Niemals kann die Paracentese durch eine Aufsaugung des Secretes durch ein durch die Tube vorgeschobenes Paukenröhrchen umgangen werden, wie Weber-Liel[1] u. A. empfohlen haben, da diese für den Kranken recht unangenehme Manipulation im besten Falle nur einen Theil der Flüssigkeit zu Tage fördert. Auch wird man sich mit der in neuester Zeit. namentlich von Schwartze[2]. ausgeübten Massage — in Gestalt von Streichbewegungen vom Planum mastoideum aus hinter dem Ohre abwärts bis auf die Schulter — nicht lange aufhalten dürfen. wenn viel Secret vorhanden ist, denn man wird durch die Massage allein, obwohl dieselbe ganz gewiss die Resorption zu unterstützen vermag. grössere Exsudatmassen kaum jemals unschädlich zu machen im Stande sein.

Die Paracentese der Paukenhöhle.
(Myringotomia).

Die Paracentese scheint bereits in der zweiten Hälfte des vorigen Jahrhunderts ausgeführt worden zu sein und wurde sodann im Anfange dieses Decenniums. leider meist in völlig kritikloser Weise und mit gänzlich untauglichen Instrumenten. häufig vorgenommen. um dann in Folge der mit ihr erzielten schlechten Erfolge in Verruf und Vergessenheit zu gerathen. Erst in den sechziger Jahren hat Hermann Schwartze[3]. indem er präcise Indicationen und practische Regeln aufstellte. die Operation wieder zu Ehren gebracht.

Die für die Paracentese nothwendigen Instrumente sind ein Stirnspiegel. ein weiter Ohrtrichter und eine Paracentesennadel. Die letztere ist eine 5—6 cm lange Lanzennadel mit schlankem. aber festem. nicht federndem Schafte. welcher mit dem Griffe einen Winkel von etwa 130° bildet (Fig. 52). Statt des gebräuchlichen. schlanken. kantigen Griffes kann nach dem Vorschlage von Burckhardt-Merian auch ein flach blattförmiger benutzt werden. welcher die Fixirung ausschliesslich zwischen Daumen und Zeigefinger und verhältnissmässig nahe der Spitze gestattet (Fig. 53). Die von Lucae an Stelle der knieförmigen Biegung des Schaftes eingeführte Bajonettform (Fig. 54) ist für den Anfänger jedesfalls minder empfehlenswerth; auch das von v. Tröltsch bevorzugte. der Hornhaut-Paracentesennadel von Desmarres nachgebildete. mit einem Wulst an der Basis der dreieckigen

Fig 52. Paracentesen-nadel nach Schwartze.

---

[1] Monatsschrift f. Ohrenhlkde. 1869, Nr. 1.
[2] Siehe Reinhard und Ludewig, Archiv f. Ohrenhlkde. XXVII. 298.
[3] Archiv f. Ohrenhlkde. II. 24, 239; III. 281; VI. 171.

Messerspitze versehene Instrument ist, da es die Beobachtung der Einschnittstelle erschwert, unzweckmässig. Wer einige Uebung besitzt,
wird gut thun, nicht eine Lanzennadel, sondern ein schlankes und sehr
spitzes Messerchen zu benutzen, da dasselbe die Verlängerung des
Schnittes wesentlich erleichtert (Fig. 55).

Das Instrument muss unmittelbar vor der Operation sorgfältig
desinficirt werden, was am sichersten durch Einlegen in siedendes
Wasser geschieht, aber auch durch Eintauchen in absoluten Alkohol

Fig. 53 Paracentesennadel nach Burckhardt-Merian.

Fig. 55 Paracentesennmesser (-Nadel) nach Bürkner.

Fig. 54.
Paracen-
tesennadel
nach Lucae.

oder in Wasserstoffsuperoxyd (Rohrer) erreicht werden kann. Man
versäume aber nicht, das Messer nachher mit sterilisirter Watte abzu-
trocknen. Falls man in die Lage kommt, ohne antiseptische Mittel und
ohne kochendes Wasser operiren zu müssen, so genügt es vollkommen,
das Messer mehrere Male durch die Flamme eines Zündhölzchens zu
ziehen.

Liegen im Gehörgange Epithel- oder Cerumenmassen, welche
Mikroorganismen zu beherbergen pflegen, so ist es gut, vor der Operation eine Ausspülung mit $^3/_4$ °/₀iger Kochsalzlösung oder besser mit
0,1 °/₀igem Sublimatwasser vorzunehmen. Für gewöhnlich ziehe ich
aber vor, diese leicht irritirend wirkende Manipulation zu unterlassen.

Narkose ist fast stets vollkommen entbehrlich: auch die locale Anästhesie mit Cocain hat keinen Zweck, zumal selbst 20%ige Lösungen ganz unzuverlässig sind und das Medicament, wie ich mich überzeugt habe, auch in schwächerer Concentration zuweilen Entzündungen hervorruft. Hingegen ist eine möglichst sichere Fixirung des Kopfes durch einen Assistenten unbedingt erforderlich, da bei der Berührung des Trommelfelles fast regelmässig ein heftiges Zucken erfolgt. Nur selten genügt es, dass der Kranke seinen Arm mit dem Ellbogen auf die Stuhllehne stemmt und mit der Hand den Kopf stützt.

Als Einschnittstelle wird, wenn nicht circumscripte Hervorwölbungen bestehen, am besten der hintere-untere Quadrant gewählt[1]. Man sticht nahe dem hinteren Rande etwas unterhalb der Mitte desselben ein (Fig. 56) und verlängert den Schnitt nach

Fig. 56. Einschnittstelle für die Paracentesennadel.

vorne und unten in senkrechter Richtung auf die Radiärfasern, wobei man eingedenk der beträchtlichen Schrägstellung des Trommelfelles (Fig. 57) gleichzeitig das Messer mehr nach innen vordringen lassen muss, da die Spitze sonst alsbald die Membran wieder verlässt und die Incision sehr klein ausfällt. Sollte bei einem zu tiefen Eindringen des Messers die innere Paukenhöhlenwand etwas angeritzt werden, so hat das niemals üble Folgen. Die Schnittlänge soll 2—4 mm betragen; nur bei rein serösem Exsudate kann eine geringere Ausdehnung genügen, bei zähen Schleimmassen kann hingegen selbst eine 5 mm lange Incision noch zu klein

Fig. 57. Längsschnitt durch den äusseren Gehörgang, die Stellung der Paracentesennadel bei der Operation zeigend.

sein. Ist eine blasenartige Ausstülpung im hinteren-oberen Quadranten vorhanden, so ist es vortheilhafter, diese direct zu spalten, obwohl das darin enthaltene Secret sich nicht selten auch aus der üblichen Einschnittstelle in der unteren Trommelfellhälfte entleert. Wenn man hinter dem Hammergriffe incidirt, vergesse man nicht, dass dort der Amboss und Steigbügel, sowie die Chorda tympani liegen und steche nicht tiefer ein als nothwendig ist.

Dem Anfänger fällt es meist schwer, die Spitze des Messers bei der starken Verkürzung, in welcher dasselbe im Gehörgange erscheint, in jedem Momente zu verfolgen und genau diejenige Stelle am Trommelfelle zu treffen, welche er zu incidiren beabsichtigt. Eine weitere Schwierigkeit liegt in der Schrägstellung der Membran, von welcher der Ungeübte keine zutreffende Vorstellung besitzt, und in dem Umstande, dass alle Gegenstände in der Tiefe des Gehörganges dem Auge

[1] Kessel (siehe Müller, Archiv f. Ohrenhlkde. XXXII. 88) macht darauf aufmerksam, dass Perforationen im Lichtkegel, dessen Fasern kürzer und dicker gespannt sind, als die der Umgebung, schwer heilen und vermeidet deswegen bei der Paracentese, in die Nähe des dreieckigen Reflexes zu kommen.

grösser erscheinen, als ausserhalb desselben. So kommt es, dass der
Schnitt im Anfang fast regelmässig zu klein wird und an eine verkehrte Stelle geräth. Ich halte es deshalb für unbedingt nothwendig,
die Paracentese am Phantom zu üben, damit vorerst die erforderliche
Vertrautheit mit den räumlichen Verhältnissen erreicht wird[1]); auch
kleinere, langsam ausführbare Operationen in der Gegend des Trommelfelles, wie Lapisätzungen, sind als Vorübung sehr zu empfehlen.

Der durch die Incision des Trommelfelles hervorgerufene Schmerz
ist meist sehr intensiv, aber von kurzer, oft nur minutenlanger Dauer.
Je dicker das Trommelfell ist, um so heftiger pflegt der Schmerz zu
sein, während, wenn die Membran atrophisch ist, und bei blasenartigen
Hervorstülpungen jegliche nennenswerthe Empfindlichkeit fehlen kann.
Länger als wenige Stunden währen die Schmerzen fast niemals. Zuweilen tritt intensiver Schwindel, Uebelkeit oder Ohnmacht ein,
letztere manchmal so plötzlich, dass der Kranke, ehe man ihn stützen
kann, vom Stuhle sinkt. Es empfiehlt sich daher, reizbare und durch
heftige Schmerzen geschwächte Patienten von vornherein bei der Paracentese auf einen Operationstisch oder eine Chaiselongue liegen zu lassen.

Was die Beseitigung des Exsudates durch den Trommel-
fellschnitt anbelangt, so entleert sich seröses und dünnschleimiges
unmittelbar nach der Incision und tropft, wenn es copiös ist, sofort
aus dem Gehörgange ab, zuweilen in staunenerregenden Mengen. Ich
habe mehrfach seröses oder serös-hämorrhagisches Secret in so grosser
Quantität und so ununterbrochen ablaufen sehen, dass der Gedanke an
eine Eröffnung des Labyrinthes oder der Schädelhöhle nahelag. Tritt
das Exsudat nicht sogleich nach der Operation frei aus der Schnittstelle aus, so muss zuvörderst eine Lufteinblasung vorgenommen werden,
durch welche die Flüssigkeit aus der Paukenhöhle herausgeschleudert
wird. Bei zähen Schleimmassen genügt dieses Verfahren indessen meist
nicht, sondern man muss die Herausbeförderung durch Ausspülung
der Paukenhöhle mit ³/₄ °/₀iger Kochsalzlösung vom Gehörgange und
noch weit besser durch den Katheter von der Tuba her besorgen. Die Aufsaugung des Secretes vom Ohrcanale her mit dem Rarefacteur (Delstanche) oder mit Saugröhren und ähnlichen Apparaten ist bei dünnflüssigem Exsudate unnöthig und bei dicklichem Exsudate erfolglos. Auch
mit den Versuchen, zähe Schleimklumpen mit Hülfe von Kochsalzinjec-
tionen zu verflüssigen, habe ich nur selten augenfällige Resultate erzielt.

Die Blutung ist ganz unbedeutend, nur in vereinzelten Fällen,
wenn besonders lebhafte Hyperämie besteht oder die Labyrinthwand
verletzt wurde, kommt mehr als einige Tropfen Blut zum Vorschein.
Profuse Hämorrhagien, wie sie bei Dehiscenzen in der unteren Paukenhöhlenwand in Folge des Anstechens des Bulbus der Vena jugularis
in neuerer Zeit von Ludewig[2]) und von Hildebrandt[3]) beschrieben
worden sind, gehören zu den Seltenheiten.

---

[1]) Ein recht brauchbares otoskopisches Phantom, zugleich für laryngosko-
pische und rhinoskopische Uebungen bestimmt, ist das vom Mechaniker Eichinger
in München (Reisingerianum); demselben werden einschiebbare Trommelfellbilder
und Spiegelbilder des Nasenrachenraumes und des Kehlkopfes beigegeben. Siehe
die Beschreibung von Dr. R. Haug, Berl. Klin. Wochenschrift 1891, Nr. 2.
[2]) Archiv f. Ohrenhlkde. XXIX. 234.
[3]) Archiv f. Ohrenhlkde. XXX. 183.

Die Nachbehandlung erfordert eine sorgfältige Austrocknung
des Gehörganges mit sterilisirter Bruns'scher Watte und Verschluss
des Ohres durch Wattetampon und Gazebinde. Eines eigentlich antiseptischen Verbandes bedarf es nicht, da das Eindringen von Infectionsstoffen von aussen her kaum zu befürchten ist, wofern wir, was
stets die Hauptsache ist, aseptisch operirt haben. Der Patient muss,
bis die Incision geheilt ist, das Bett, mindestens das Zimmer hüten
und Congestionen zum Kopfe vermeiden.

Sehr wichtig ist es, dass in den ersten Tagen nach der Paracentese täglich mindestens einmal die Luftdouche ausgeführt wird, damit die Perforation sich nicht vorzeitig schliesst und etwa noch gebildetes Exsudat herausgeblasen wird. Sollte es zur Heilung der Incisionsstelle kommen, bevor die Absonderung vollständig überwunden ist,
oder eine neue Exsudatbildung sich einstellen, so muss die Paracentese
wiederholt werden. Beim acuten Mittelohrkatarrh ist das nicht sehr
häufig der Fall. Auch nachdem das Trommelfell wieder zugeheilt ist,
was in der Regel am zweiten oder dritten Tage nach der Operation
geschieht, sind die Lufteinblasungen in kleineren oder grösseren Intervallen noch so lange fortzusetzen, als die Hörfähigkeit noch nicht constant normal ist.

Trotz grösster Vorsicht während und nach der Operation kommt
es zuweilen, in der Regel am dritten Tage nach der Paracentese, zu
reactiven Entzündungen, welche wir entweder auf eine mechanische oder chemische Reizung oder mit mindestens ebenso grossem
Rechte auf eine Infection zurückführen müssen. Auffallend häufig,
nämlich in 20°₀, nach Christinneck[1]) sogar in 41.2°₀ der operirten
Fälle, hat Schwartze[2]) solche eiterige Mittelohrentzündungen erlebt, vielleicht in Folge reichlicher Anwendung von Masseninjectionen per tubam.
Nach meinen Erfahrungen, welche sich mit denen von v. Tröltsch[3])
und von Politzer[4]) decken, gehören diese Fälle von Reaction zu den
Ausnahmen. Immerhin lehren derartige üble Zufälle, dass die Paracentese nicht unter allen Umständen als eine völlig ungefährliche Operation angesehen werden darf; daher soll
dieselbe nur bei den oben angeführten und noch zu erwähnenden Indicationen und, wenn irgend möglich, nicht ambulatorisch vorgenommen
werden. Wenn sich indessen neuerdings Urbantschitsch[5]) und besonders Politzer[6]) gegen eine häufige Vornahme der Paracentese
beim acuten Mittelohrkatarrh überhaupt aussprechen, so kann ich ihnen
nach meinen Erfahrungen nicht beipflichten. Ich habe bei operirten
Patienten entschieden seltener Recidive erlebt als bei nicht operirten
und fast stets gefunden, dass der Heilungsprocess durch die Paracentese erheblich beschleunigt wird.

Die Paracentese ist eine so einfache und, wie wir noch wiederholt sehen werden, eine so ungemein wichtige Operation, dass jeder
practische Arzt in der Lage sein sollte, sie auszuführen. Wenn

[1]) Archiv f. Ohrenhlkde. XX. 27.
[2]) Archiv f. Ohrenhlkde. IV. 188.
[3]) Lehrbuch der Ohrenhlkde. VII. Aufl., S. 416.
[4]) Lehrbuch der Ohrenhlkde. II. Aufl., S. 226.
[5]) Lehrbuch der Ohrenhlkde. III. Aufl., S. 270.
[6]) Lehrbuch der Ohrenhlkde. II. Aufl., S. 271.

dies erreicht sein wird, so wird die Prognose der Mittelohraffectionen im Allgemeinen eine weit günstigere sein als bisher.

b. Der chronische Mittelohrkatarrh. Otitis media simplex chronica.

Statistik und Aetiologie. Der chronische Mittelohrkatarrh nimmt mit Einschluss seiner Folgezustände in der Statistik der Ohrenkrankheiten 20,4% in Anspruch. Er befällt das männliche und das weibliche Geschlecht gleich häufig nach dem allgemeinen Verhältnis (6:4), in welchem die Geschlechter an den Erkrankungen des Gehörorganes überhaupt betheiligt sind, und wird zwar vorwiegend an Erwachsenen (62%), aber auch durchaus nicht selten an Kindern (38%) beobachtet. Die Krankheit tritt fast stets, wenn auch in verschiedener Intensität und Form, auf beiden Ohren (87%) auf; bei einseitiger Erkrankung (13%) wird das linke Ohr etwas häufiger betroffen als das rechte (8:5).

Die Ursachen sind dieselben wie beim acuten Katarrh, aus welchem der chronische sich sehr häufig entwickelt: also vor Allem Affectionen der Nase und des Rachens (etwa 26% Schnupfen), ferner Masern, Scharlach, Syphilis, Skrophulose, Tuberkulose; auch venöse Stauungen bei Herzfehlern, Krankheiten der Athmungsorgane und Nierenaffectionen, sowie bei der Gravidität geben nicht selten Veranlassung zur chronischen Erkrankung der Paukenhöhlenschleimhaut. In vielen Fällen lässt sich für gewisse Formen der Otitis media chronica mit Sicherheit eine hereditäre Disposition nachweisen, in anderen Fällen die Einwirkung von äusseren Schädlichkeiten (Kälte, Nässe), welche mit der Berufsthätigkeit oder den Lebensbedingungen des Patienten in Zusammenhang stehen können. Auch übermässiger Tabak- und Alkoholgenuss wirkt entschieden schädlich auf die Mittelohrschleimhaut ein. Schliesslich kommen in der Praxis zahlreiche Erkrankungen an chronischem Mittelohrkatarrh vor, meist ohne einleitendes acutes Stadium, in welchen die Ursache vollkommen dunkel bleibt.

Was die hereditäre Disposition betrifft, so ist deren Wesen nicht genügend bekannt. Die Vermuthung, welche v. Tröltsch[1] ausgesprochen hat, dass durch die Vererbung gewisser Anomalien im Bau des Schädels, wie geringe Geräumigkeit der Paukenhöhle, der Fensternischen, der knöchernen Tube und des Nasenrachenraumes, günstige Vorbedingungen für die Bildung von Adhäsionsprocessen gegeben sein können, hat wohl noch keine hinreichende anatomische Begründung erfahren, hat aber für viele Fälle mehr für sich, als die Annahme einer Inclination zu Nasenrachenkatarrhen, da gerade die hereditäre Schwerhörigkeit sich sehr oft ohne katarrhalische Erscheinungen entwickelt. Dass die Vererbung von Hörstörungen jedesfalls sehr häufig vorkommt, steht fest, obwohl die statistischen Angaben darüber noch weit auseinandergehen; so giebt Triquet[2] 26%, Moos[3] 37%, Bezold[4] sogar 43% an.

[1] Lehrbuch der Ohrenhlkde. VII. Aufl., S. 296.
[2] Gazette des hôpitaux 1864, Nr. 137.
[3] Klinik der Ohrenkrankheiten. Wien 1866, S. 174.
[4] Archiv f. Ohrenhlkde. XXV. 217.

Pathologische Anatomie. Der anatomische Befund beim chronischen Mittelohrkatarrh unterscheidet sich von dem des acuten nur durch ein entschiedeneres Hervortreten der Verdickung der Schleimhaut. Die Auskleidung der Paukenhöhle schwillt nicht nur in Folge von einer zelligen Infiltration und von vermehrter Blutzufuhr an, sondern verdankt ihre Zunahme vorwiegend einer Hyperplasie des Bindegewebes, welche mit besonderer Vorliebe in den Fensternischen und in der Umgebung des Hammer-Ambossgelenkes Platz greift, aber sich auch über die gesammte Paukenhöhle ausdehnen kann. In den schwersten Fällen ist dieser Hohlraum so vollständig mit einem grauweissen, sehr derben Polster austapeziert, dass von seinem Inhalt nichts zu sehen ist; auch ist dann meist die Tuba in Mitleidenschaft gezogen. Das eigentlich Charakteristische für den Katarrh, die Exsudation ist zuweilen äusserst gering, in anderen Fällen sehr copiös; meist handelt es sich um ein fadenziehendes, glasiges, der Schleimhautoberfläche fest anhaftendes Secret von unbestimmter Farbe, doch ist auch ein dünnflüssiges, serös-schleimiges, gelbgrünliches nicht selten.

Das Trommelfell ist fast stets verdickt in Folge von Bindegewebshyperplasie seiner Mucosa, kann aber, wenn es Dank einem häufigen oder persistirenden Tubenverschluss dauernd stark nach innen gesunken ist, mit der Zeit atrophisch werden und erscheint dann partiell oder total verdünnt. Die Verdickung und eine später eintretende fettige Degeneration verleiht der Membran gleichzeitig ein trübes Aussehen, das in der Regel in der intermediären Zone und am Rande am meisten ausgesprochen ist. Ist die Dickenzunahme des Trommelfelles und in der Umgebung der Gehörknöchelchen eine beträchtliche, so bedingt sie natürlich, auch ohne dass die weiter unten zu besprechenden secundären Veränderungen (Adhäsivprocesse, Sklerose) vorhanden sein müssen, eine Verminderung der Schwingungsfähigkeit, welche sich durch eine Prüfung mit der Sonde nachweisen lässt.

Die Rückbildung des Krankheitsprocesses geht in ganz ähnlicher Weise vor sich, wie wir sie beim acuten Katarrh kennen gelernt haben; namentlich besteht auch bei der chronischen Otitis media eine grosse Neigung zu ungleichmässiger Abschwellung der Mucosa und zur Eindickung des Exsudates.

Subjective Symptome. Nur in denjenigen Fällen, in welchen der chronische Mittelohrkatarrh aus einem acuten hervorgeht, kann der Kranke über den Beginn und Verlauf seiner Beschwerden genaue Angaben machen. Er erinnert sich dann, zu einer gewissen Zeit Schmerzen gehabt zu haben oder binnen kurzem schwerhörig geworden zu sein, kann sich aber selbst hierin täuschen, da nicht selten schon längere Zeit schleichend verlaufende chronische Katarrhe mit Schmerzen und anderen ausgesprocheneren Symptomen exacerbiren. In der Mehrzahl der Fälle fehlt ein acutes Initialstadium, und besonders die Schwerhörigkeit entwickelt sich so unmerklich, dass sie in der Regel schon lange besteht, bevor ihre Folgen dem Patienten oder seiner Umgebung auffallen. Zumal wenn der Katarrh, wie es oft geschieht, im Anfange nur ein Ohr befällt, erreichen die Functionsstörungen unbemerkt zuweilen einen so hohen Grad, dass der Kranke, wenn jene zufällig bemerkt werden, selbst am allermeisten überrascht ist und an ihr vom

Arzte gemuthmaasstes langjähriges Bestehen nicht glauben will. All-
täglich ist die Erfahrung, dass Kinder, welche an chronischem Mittelohrkatarrh leiden, wegen ihres verschlossenen, apathischen Wesens für
träumerisch und unaufmerksam gehalten werden, während sie thatsächlich durch ihre allmählich eingetretene Schwerhörigkeit ihre geistige Regsamkeit eingebüsst haben. Die Schwerhörigkeit kann sehr
hochgradig werden, wirkliche dauernde Taubheit kommt aber fast nur
bei den unten zu besprechenden Ausgängen und Folgekrankheiten des
chronischen Katarrhs vor.

Neben der Schwerhörigkeit erfordern in fast allen Fällen subjective Geräusche die Aufmerksamkeit des Arztes. Sie können
schon vor jener Functionsstörung vorhanden sein und sogar als einziges
subjectives Symptom längere Zeit hindurch, zuerst mit intermittirendem,
später mit continuirlichem Charakter, den Verdacht auf eine Erkrankung des Mittelohres erwecken, bevor der stricte Nachweis einer solchen
gelingt. Andererseits fehlen aber auch die Ohrgeräusche gerade im
Anfange nicht selten, um erst im späteren Verlaufe der Krankheit sich
einzustellen. Sie können vor Ablauf der übrigen Erscheinungen verschwinden oder sämmtliche subjectiven Symptome und selbst die objectiv
nachweisbaren Veränderungen überdauern und verhalten sich ebenso
verschiedenartig auch in Bezug auf ihre Tonhöhe, ihren Rhythmus und
ihre Intensität. Meist werden die subjectiven Geräusche, welche bei ausgesprochenem chronischem Mittelohrkatarrh vorhanden sind, als Ohrensausen oder Brausen bezeichnet, anfangs hingegen scheinen meist höhere
Töne (Ohrensingen, Zischen) vorzuherrschen; sie können dem Herz-
schlage isochron, oder regellos pulsirend, oder einförmig sein, sind zuweilen so leise, dass sie den Kranken wenig stören, in anderen Fällen
so laut, dass sie äussere Geräusche übertönen und können dann so
quälend werden, dass sie vom Patienten viel schwerer empfunden werden
als die Harthörigkeit. Sehr gewöhnlich ist die Erscheinung, dass die
subjectiven Gehörsempfindungen durch körperliche und geistige Anstrengungen und Aufregungen sowie durch übermässiges Rauchen und
Trinken jedesmal merklich gesteigert werden.

Ferner wird, namentlich von Erwachsenen, vielfach über
Schwindelanfälle geklagt, welche meist in der ersten Zeit ihres
zunächst seltenen Auftretens rasch vorüberzugehen pflegen, später aber
zuweilen Stunden und selbst Tage lang anhalten und oft mit einer
erheblichen Verstärkung der subjectiven Geräusche und des auch beim
chronischen Katarrh gewöhnlichen dumpfen Gefühles sowie mit Uebelkeit und Erbrechen verbunden sind. In ihrem Gefolge stellt sich zuweilen eine auffallende Gedächtnissschwäche und ungenügende Concen-
trationsfähigkeit auf, ähnliche Erscheinungen wie bei den noch zu
besprechenden Verengerungen des Nasenrachenraumes (Aprosexie).
Diese psychischen Symptome werden noch gesteigert, wenn gleichzeitig
Druck, Völle, Schmerzen im Kopfe bestehen oder Autophonie vorhanden ist.

Charakteristisch für den chronischen Mittelohrkatarrh sind, in
ähnlicher Weise wie bei der acuten Otitis media, die häufigen Schwankungen in der Intensität der subjectiven Beschwerden, vor
Allem der Schwerhörigkeit. So lange der katarrhalische Process nicht
mit weiteren Veränderungen complicirt ist, ist ein solcher Wechsel fast

stets nachweisbar, am auffallendsten bei Witterungsumschlägen, und,
wie es scheint, hauptsächlich vom Feuchtigkeitsgrade der Luft abhängig. Im Allgemeinen nimmt man an, dass bei feuchter Luft die
Tuben- und Paukenhöhlenschleimhaut stärker schwillt, wodurch sich
dann die Gehörsverschlechterung rein mechanisch erklärt. Auch die verschiedenartige Vertheilung des Exsudates kann ähnliche Schwankungen
hervorrufen, und schliesslich ist ein Einfluss von nervösen, namentlich
psychischen, Factoren unverkennbar.

Eine besondere Form der Schwankung der Hörfähigkeit ist die
als Paracusis Willisii bezeichnete Erscheinung des Besserhörens
bei Geräuschen[1]). Dieses Symptom kommt durch die mit der Schleimhautschwellung und der Exsudatanhäufung verbundene verminderte
Schwingungsfähigkeit der Gehörknöchelchen zu Stande, wofern dieselbe
durch stärkere Erschütterungen theilweise aufgehoben werden kann.
Dementsprechend hören viele an chronischem Mittelohrkatarrh Leidende,
welche in ruhiger Umgebung hochgradig schwerhörig sind, z. B. während der Fahrt im Eisenbahnwagen erheblich besser, und es kommt

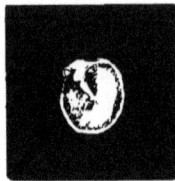

Fig. 58. Fleckige Trübung in
der hinteren Hälfte des Trommelfelles; Verdickung des Annulus tendineus.

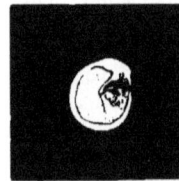

Fig. 59. Diffuse Trübung des
Trommelfelles; Verdickung
des Annulus tendineus.

nicht selten vor, dass sie dann Gespräche deutlich verstehen, welchen
Normalhörende unter den gleichen Bedingungen nicht zu folgen vermögen.

Objective Symptome und Verlauf. Das Trommelfellbild
ist beim chronischen Mittelohrkatarrh nicht immer ein typisches; es
kann sogar, wenn der Krankheitsprocess seinen Sitz an der inneren
Paukenhöhlenwand hat, trotz hochgradiger Schwerhörigkeit normal sein.
Meist aber lässt sich eine entschiedene Veränderung des Trommelfelles
wahrnehmen: es erscheint in Folge von fettiger Degeneration und
Bindegewebsneubildung in der Schleimhaut und Propria weisslich
getrübt, verdickt und gleichzeitig stärker eingesunken (Fig. 58).
Die Trübung kann sich über die ganze Membran gleichmässig verbreiten (Fig. 59) oder mehr fleckig (Fig. 58) sein und findet sich dann
am häufigsten in der Gegend zwischen dem Umbo und der Peripherie
(intermediäre Trübung), namentlich in der hinteren Trommelfellhälfte, oder dem ganzen Rande entlang (Randtrübung), analog dem
Arcus senilis der Cornea. Die Farbe ist meist ein bläuliches Weiss
(milchige Trübung), nur in den veralteten Fällen, in welchen die

---

[1]) Siehe Bürkner. Ueber das Besserhören bei Geräuschen (Paracusis Willisii). Berliner Klin. Wochenschrift 1885, Nr. 27.

Verdickung eine beträchtliche ist, mehr gelblich, pergamentartig (sehnige Trübung). Von diesen Trübungen, welche mehr oder weniger diffus in die Umgebung übergehen, sind sehr wohl zu unterscheiden die Verkalkungen (Fig. 60), grell weisse, scharf begrenzte, meist halbmondförmige Flecken zwischen dem Umbo und dem Sehnenringe, deren periphere Contur meist glatt ist, während der dem Centrum zugewandte Rand ausgezackt erscheint. Diese Verkalkungen, welchen wir auch als häufigen Residuen von eiterigen Mittelohrentzündungen begegnen, kommen durch Ablagerung von Kalksalzen in die Trommelfellschichten zu Stande und bilden gewissermaassen einen Uebergang zu der noch zu besprechenden sklerotischen Degeneration der Paukenhöhle.

Nicht selten erleidet die Farbe des Trommelfelles beim chronischen Katarrh auch insofern eine Veränderung, als dem bläulichen Weiss ein rother Schimmer beigemischt ist, welcher von der Hyperämie der Paukenhöhlenschleimhaut herrührt und, wenn er intensiv ist, der Membran ein violettes Aussehen verleiht. Die Cutis des Trommelfelles ist an der Hyperämie nur selten betheiligt, so dass mit Ausnahme der Gegend

Fig. 60. Kalkablagerung im hinteren-oberen Quadranten.

Fig. 61. Atrophie des Trommelfelles. Durchscheinen der hinteren Tasche, des absteigenden Amboss- und äusseren Steigbügelschenkels, des Promontoriums und der Nische des runden Fensters.

am Hammergriffe, dessen Gefässe öfters etwas injicirt sind, ein grelles Roth nicht hervorzutreten pflegt.

Die bei langem Bestehen des Mittelohrkatarrhs in Folge des dauernden Tubenabschlusses und der dadurch hervorgerufenen Retraction des Trommelfelles eintretende Verdünnung der Membran (Fig. 61) macht sich in Form einer besonders klaren Durchsichtigkeit geltend. Ist das ganze Trommelfell atrophisch, so kann man mitunter die hinter ihm liegenden Gebilde, Promontorium, absteigenden Ambossschenkel, Steigbügel, so deutlich erkennen, dass man auf den ersten Blick geneigt sein kann, einen vollständigen Verlust des Trommelfelles anzunehmen. Sind hingegen nur einzelne Abschnitte verdünnt, welche nun mit normalen oder verdickten Stellen abwechseln, so hat man nicht den Eindruck einer vermehrten Transparenz, sondern erblickt nur dunkler gefärbte Streifen, meist radiär angeordnet, zwischen helleren Flecken. Die dünneren Stellen erscheinen um so dunkeler, je kleiner sie sind, da das wenige bei der Untersuchung durchfallende Licht in der Tiefe absorbirt wird. Nur wenn solche kleine atrophische Stellen der Labyrinthwand anliegen, erscheinen sie heller als ihre Umgebung.

Das Eingesunkensein des Trommelfelles äussert sich in den Erscheinungen, welche wir bereits bei dem acuten Katarrh kennen gelernt haben: Hervorspringen des Processus brevis mit den Falten, Schrägstellung und Verkürzung des mit der hinteren Falte einen spitzen Winkel bildenden Hammergriffes, Veränderung des Lichtkegels, welcher meist kürzer, matter, diffuser erscheint, oft unterbrochen ist und bei starker Trübung der Membran auch ganz fehlen kann (Fig. 62). Die Einziehung des Trommelfelles ist nicht immer eine gleichmässige und totale, sondern zuweilen nur auf einzelne Theile, besonders die Umbogegend, beschränkt und stellt sich dann in Form einer Abknickung dar, indem die stark retrahirte Parthie von der minder eingesunkenen sich scharf, meist in einer halbmondförmigen Linie, absetzt.

Das Exsudat ist beim chronischen Katarrh oft deutlicher zu erkennen, als beim acuten, wofern nicht eine erhebliche Verdickung des Trommelfelles vorliegt. Die oben beschriebenen Begrenzungslinien erscheinen bisweilen ungemein klar (Fig. 63), und die gelbgrünliche Farbe des Secrets pflegt, zumal bei atrophischen Trommelfellen, in der unteren Hälfte sehr ausgesprochen hervorzutreten ähnlich wie bei den blasenartigen Ausstülpungen durch Exsudat, welche wie beim acuten Katarrh, so auch bei dem chronischen sehr häufig beobachtet werden.

Fig. 62. Eingesunkenes, ver-
dicktes Trommelfell.

Fig. 63. Exsudatansammlung
bei sonst normalem Trommelfelle.

Andererseits verbirgt sich die Secretansammlung dem Auge gänzlich bei beträchtlicher Dickenzunahme des Trommelfelles und lässt sich dann mitunter errathen in Folge eines graugelblichen Schimmers, welcher besonders im hinteren-unteren Quadranten, hier und da auch auf einer etwas vorgewölbten Stelle desselben, vorkommt. In vielen Fällen genügt die Inspection des Trommelfelles für die Diagnose der chronischen Secretansammlung überhaupt nicht.

Hier muss dann die Luftdouche Aufschluss verschaffen, welche meistens stricte Anhaltspunkte gewährt. Die Auscultation ergiebt bei der Anwesenheit von Exsudat stets Rasselgeräusche, aus deren Charakter in der schon angegebenen Weise ein Schluss auf die Beschaffenheit, die Menge und den Sitz des Secretes gezogen werden kann. Das Rasseln fehlt bei durchgängiger Tube nur entweder bei der selten vorkommenden vollständigen Erfüllung der Paukenhöhle mit Flüssigkeit oder bei sehr zäher Consistenz des Secretes. Dringt die Luft nur sehr schwer in die Paukenhöhle ein, so beweist dies eine verminderte Permeabilität der Ohrtrompete, welche in der Regel durch mehrere auf einander folgende kräftige Ballooncompressionen beseitigt werden kann. Vollständige Unwegsamkeit ist nicht häufig und durch die Sondirung zu bestätigen. Ist das Auscultationsgeräusch ein annähernd normales, so liegt, wenn die Hörschärfe erheblich herabgesetzt ist, stets die Vermuthung nahe, dass es sich bereits nicht mehr um einen einfachen Mittelohrkatarrh, sondern um einen Folgezustand desselben, besonders um Sklerose der Schleimhaut, handle. Nur in den mildesten Formen der Otitis media simplex chronica, welche meist auch durch das Ergebniss der Hörprüfung als leichte Erkrankungen gekennzeichnet werden, kann das Auscultationsgeräusch ziemlich normal sein.

Die Hörprüfung ergiebt, wenn nicht eine secundäre Labyrinthaffection besteht, den typischen Befund der Erkrankungen des Schallleitungsapparates: stärkere Perception des Stimmgabeltones beim Weberschen Versuche auf der erkrankten oder schwerer afficirten Seite, negativen Ausfall des Rinne'schen Versuches bei erheblicher Herabsetzung der Luftleitung, verlängerte Perceptionsdauer bei Prüfung der craniotympanalen Leitung. Nicht selten zeigt sich ein auffallendes Missverhältniss zwischen der Hörfähigkeit für die Sprache und für die Uhr in der Weise, dass die erstere relativ gut gehört wird bei sehr herabgesetzter Perception für das Uhrticken und umgekehrt. Aufhebung oder beträchtliche Abschwächung der craniotympanalen Leitung bei jüngeren Individuen muss stets den Verdacht auf Syphilis erwecken. Der Verlauf des chronischen Mittelohrkatarrhs ist ein äusserst protrahirter. Die Krankheit ist besonders hartnäckig, wenn sie durch chronische Affectionen der Nase und des Rachens oder durch Constitutionsanomalien unterhalten wird. Die Schwerhörigkeit nimmt fast stets anfangs nur allmählich, später aber, wenn consecutive Adhäsivprocesse und Degenerationsvorgänge oder eine secundäre Labyrinthaffection hinzutreten, oft rascher zu; zuweilen bleibt sie lange Zeit stationär, um sich dann gelegentlich eines subacuten Nachschubes um so rapider zu steigern; spontaner Rückgang der Schwerhörigkeit ist selten. Sich selbst überlassen führt der chronische Mittelohrkatarrh sehr leicht in Folge von ungleichmässiger Rückbildung der hypertrophischen Schleimhaut oder von Eindickung von Secretmassen und dadurch bedingten Verlöthungen zu bandartigen und flächenhaften Synechien und, zumal bei hereditärer Anlage, zu bindegewebiger Degeneration und partieller Verkalkung der Mucosa (Sklerose). Ausgänge, welche stets mit hochgradiger Schwerhörigkeit verbunden und prognostisch ungünstig sind. Die Trübungen und Einziehungen des Trommelfelles persistiren meist auch wenigstens theilweise nach der Beseitigung des Katarrhs, bedingen aber nicht nothwendiger Weise Hörstörungen.

Prognose. Die Prognosenstellung ist beim chronischen Mittelohrkatarrh fast niemals bei der ersten Untersuchung des Patienten möglich, sondern erfordert eine mehrmalige Beobachtung, da der Erfolg der Luftdouche für die Beurtheilung eines jeden Falles unentbehrlich ist. Von vornherein wird man, wenn die erste Lufteinblasung die Hörstörungen sofort sehr erheblich vermindert, auf die Wahrscheinlichkeit einer Heilung oder Besserung und wenn der Katheterismus gar keine Veränderung der Symptome erzeugt, auf die Aussichtslosigkeit der Therapie zu schliessen geneigt sein, doch lehrt die Erfahrung, dass das Resultat der ersten Luftdouche sich häufig bei späteren Wiederholungen nicht wieder einstellt. Da gerade eine bei der ersten Consultation sich einstellende Besserung später oft nicht wieder erreicht werden kann, so dürfen wir uns durch die

Erleichterung des Patienten nach unserem Eingriffe nicht
verleiten lassen, sofort eine Besserung des Leidens in Aussicht zu stellen. Unbedingt nothwendig ist eine längere Beobachtungsdauer besonders dann, wenn die Einwirkung der Lufteinblasungen zunächst nur eine geringfügige ist. Zeigt sich nach etwa fünf- bis sechs-
maligem Katheterisiren innerhalb zwei Wochen kein nennenswerther
Fortschritt, so wird auf einen ausgiebigen Nutzen der Behandlung
nicht zu rechnen sein; aber auch in solchen von vornherein aussichts-
losen Fällen muss dem Patienten die Nothwendigkeit einer längeren
Behandlung klar gemacht werden, weil durch eine solche häufig das
stets zu befürchtende Fortschreiten der Krankheit auf lange Zeit und
bei regelmässig wiederholter Therapie dauernd vermieden werden
kann. Uebrigens ist, zumal im Anfange, die Besserung der Hörfähigkeit nicht ausschliesslich maassgebend für die Prognose, da es er-
fahrungsmässig in vielen Fällen schon ein günstiges Zeichen ist, wenn
zunächst nur eine Erleichterung des Kopfes, eine Herabminderung des
Druckgefühles oder ein Nachlass der subjectiven Geräusche eintritt.
Auch ist zu beachten, dass die Hörprüfung sowohl vor als nach der
Luftdouche mit allen zu Gebote stehenden Schallquellen ausgeführt
werden muss, weil die Perception sich zuweilen anfangs nur für die
eine, nicht aber für alle, bessert und wir in jeglicher Besserung eine
Aufforderung zu längerer Behandlung erblicken müssen. Je länger die
Steigerung der Hörfähigkeit nach dem Katheterismus anhält, um so
besser ist natürlich die Prognose, denn wir können daraus folgern, dass
secundäre Veränderungen, welche eine durchaus ungünstigere Beurtheilung bedingen, nicht in erheblichem Grade vorhanden sein können.

    Die Prognose ist ferner im Allgemeinen günstig, wenn die Krank-
heit noch nicht lange besteht und noch nicht hochgradige
Beschwerden verursacht; wenn beträchtliche Schwankungen
in der Intensität der Symptome zu verzeichnen sind; wenn die
Sprache und die hohen Töne relativ gut percipirt werden; die
craniotympanale Leitung nicht vermindert ist, die subjectiven Gehörsempfindungen nicht continuirlich sind und wenn
keine hereditäre Belastung vorliegt. Dass sich übrigens auch die
ererbte Schwerhörigkeit bei frühzeitiger consequenter Behandlung bessern
und, selbst wenn sie vorgeschritten ist, lange Zeit stationär halten lässt,
habe ich in zahlreichen Fällen beobachten können.

    Sehr vorsichtig muss sich der Arzt über den Grad der Besse-
rung äussern, welcher durch die Therapie voraussichtlich erreicht
werden wird. Erst eine längere, zuweilen mehrmonatliche Behandlung gestattet ein einigermaassen sicheres Urtheil über diese Frage zu
gewinnen, und der Arzt wird seinen Ruf auf's Spiel setzen, wenn er
voreilig eine Heilung verheisst, während der Erfolg das Gegentheil
lehrt. Wirklich heilbar sind nur Fälle von Katarrh ohne Complicationen,
und schon die zähe Beschaffenheit des Exsudates trübt die Prognose.
In zahlreichen veralteten Fällen, welche einer completen Herstellung
nicht zugänglich sind, wird sich eine erhebliche Besserung erreichen
lassen, und für die Mehrzahl der Kranken bedeutet es schon einen sehr
annehmbaren Erfolg, wenn es nur möglich wird, eine Verschlimmerung
zu verhüten oder für längere Zeit hinauszuschieben. Von vornherein
ist in diesen minder günstigen Fällen darauf aufmerksam zu machen,

dass nur eine längere und eine öfter wiederholte Behandlung, mag auch scheinbar kein Resultat dadurch erzielt werden. Aussicht auf Erfolg bietet.

Behandlung. Die locale Behandlung des chronischen Mittelohrkatarrhs darf sich nicht allein auf das Ohr selbst beziehen, sondern muss sich auch auf die Nase und den Rachen erstrecken, falls diese Höhlen, wie in der Mehrzahl der Fälle, mit erkrankt sind. Bezüglich der hierfür in Betracht kommenden therapeutischen Maassnahmen verweisen wir auf das Capitel (s. Anhang), welches diesen Gegenstand behandelt.

Die Bekämpfung der Ohraffection wird in erster Linie von der Tube her, mit Hülfe des Katheters und eventuell der Bougie, in Angriff genommen, da es vor allen Dingen darauf ankommt, die Ventilation der Paukenhöhle herzustellen und normal zu erhalten, sowie das im Cavum tympani befindliche Secret zur Resorption zu bringen und Verklebungen und Verwachsungen innerhalb des Leitungsapparates zu verhüten. In den leichteren Fällen, wenn, wie gewöhnlich, beide Ohren befallen sind, genügt sehr häufig, zumal bei Kindern, das Politzer-sche Verfahren; doch soll man es sich zur Regel machen, dasselbe nur dort anzuwenden, wo der Katheter, welcher eine kräftigere und dabei schonendere Wirkung entfaltet, aus irgend welchen allgemeinen oder speciellen Gründen nicht anwendbar ist, und das Politzer-sche Verfahren auch bei denjenigen Kranken, bei welchen es sich als ausreichend erweist, niemals länger als höchstens acht Wochen hinter einander regelmässig vorzunehmen. Kann man den Patienten nicht regelmässig sehen, so verordne man ihm, falls der Versuch ein günstiges Resultat liefert, die Selbstbehandlung mit dem Politzer'schen Verfahren. Gerade in der Möglichkeit der Ausführung durch Laien liegt ein Hauptvorzug dieser segensreichen Erfindung; man darf aber niemals unterlassen, Diejenigen, welche das Verfahren an sich selbst oder ihren Angehörigen ausüben, eindringlich darauf aufmerksam zu machen, dass es keineswegs ein indifferentes Mittel ist und nur in der speciell vorgeschriebenen Weise angewandt werden darf. Auch versäume man nicht, sich davon zu überzeugen, dass der Ballon richtig gehandhabt werde, denn viele Kranken erzielen nur deshalb keinen befriedigenden Erfolg, weil sie die Luftdouche verkehrt ausführen. Wird das Politzer'sche Verfahren zu oft und zu lange ausgeübt, so können bleibende Nachtheile, wie Erschlaffung des Trommelfelles und subjective Geräusche, daraus erwachsen; ganz besonders schädlich aber kann die an sich so vortreffliche Methode bei längerer Anwendung in Fällen von einseitiger Erkrankung sein, da die im Nasenrachenraume verdichtete Luft mit Vorliebe in die leichter zugängliche gesunde Tuba und Paukenhöhle eindringt und hier dauernde Störungen verursachen kann. Immerhin ist die Zahl der Fälle, in welchen, selbst bei Erwachsenen, das Politzer'sche Verfahren unschätzbare Dienste leistet, sehr gross, und sicherlich ist es besser, wenn der im Katheterisiren ungeübte Arzt dieses im Durchschnitt weniger heilkräftige Mittel anwendet, anstatt den Kranken sich selbst zu überlassen.

Auch der Katheter darf niemals unbegrenzte Zeit hindurch in regelmässige Anwendung gezogen werden. In der Dauer der durch ihn erzielten Hörverbesserung hat man zunächst einen Maassstab, wie oft man die Operation zu wiederholen hat. Dies wird in der Regel anfangs täglich, nach drei bis vier Wochen drei Mal, nach weiteren vier Wochen zwei Mal wöchentlich und später noch seltener geschehen müssen, vorausgesetzt, dass sich dann noch überhaupt ein Erfolg nachweisen lässt. Bleibt ein solcher aus oder tritt gar eine Hörverschlechterung nach dem Katheterisiren ein, so darf die Kur in dieser Weise nicht fortgesetzt werden. Die Behandlung ist hingegen wieder aufzunehmen, sobald sich bei einer späteren Controluntersuchung, wie sie während mehrerer Monate nach der Einstellung der Katheterbehandlung regelmässig alle drei bis vier Wochen anzustellen ist, eine Abnahme der Hörfähigkeit zeigt oder andere Symptome, wie Rasseln bei der Luftdouche, auf eine Verschlimmerung der Krankheit hinweisen.

Die Resorption des Exsudates wird unterstützt durch die von v. Tröltsch[1]) eingeführte und besonders von Schwartze[2]) warm empfohlene, zwei, höchstens drei Mal wöchentlich etwa einen Monat hindurch zu wiederholende Einblasung von Salmiakdämpfen in statu nascenti, welche mit Hülfe des Katheters vorzunehmen ist und am einfachsten mit dem S. 58 beschriebenen Apparate von Gomperz bewerkstelligt werden kann. Man hat dabei Sorge zu tragen, dass kein überschüssiges Ammoniak injicirt wird, weil dasselbe irritirend wirkt, wird aber bei richtiger Anwendung oft eine Lockerung und Verflüssigung der Schleimmassen constatiren können. Diese Einblasungen sind indicirt, wenn der Katheter allein, obwohl die Tuba durchgängig ist, nur eine geringe und rasch vorübergehende Besserung der Symptome erzielt und wenn auch nach häufiger Wiederholung der Luftdouche während einer Sitzung die Rasselgeräusche nur wenig an Intensität abnehmen. Auch Terpentindämpfe, mit dem Ballon aus einer rectificirtes Oleum Terebinth. enthaltenden Flasche ausgesogen und durch den Katheter, allenfalls auch nach Politzer's Verfahren, injicirt, können mitunter wirksam sein und sind jedesfalls den gleichfalls gebräuchlichen Wasserdämpfen entschieden vorzuziehen; den Salmiakdämpfen kommen sie an Heilkraft wohl nur selten gleich.

Auch die Einspritzung von medicamentösen Flüssigkeiten, deren Technik gleichfalls oben (S. 55) beschrieben worden ist, kann unter Umständen resorptionsbefördernd wirken. Es werden zu diesem Zwecke Kali caustic. (0.25 %), Zincum sulfur. (0.5 %), Salmiak (1 %), Chlornatrium (3 %), Jodkalium (3 %) und viele andere Mittel empfohlen, von welchen mir das letztgenannte die relativ besten Dienste geleistet hat. Auch mit dem von Politzer[3]) mit Vorliebe angewandten Natrium bicarbon. (0.5 : 10,0 Aq. dest. u. 2,0 Glyc.) glaube ich mitunter einige Erfolge erzielt zu haben; sicherlich aber wirken nach meinem Dafürhalten die Salmiakdämpfe besser als alle Flüssigkeiten.

In denjenigen Fällen, in welchen sich die Tuba hartnäckig als undurchgängig erweist, wird man die Bougirung derselben, am besten mit Laminariasonden, vorzunehmen haben. Dieselbe ist hier häufiger am Platze, als bei den acuten Processen; doch stimme ich nicht mit

[1]) Lehrbuch der Ohrenhlkde. VII. Aufl., S. 371.
[2]) Die Chirurgischen Krankheiten des Ohres, S. 145.
[3]) Lehrbuch der Ohrenhlkde. II. Aufl., S. 246.

Urbantschitsch[1] überein, welcher diese für den Patienten meist schmerzhafte und wegen der nicht immer zu vermeidenden Irritation nicht ungefährliche Operation für das wichtigste Mittel der Localbehandlung des chronischen Mittelohrkatarrhs erklärt und sie stets anwendet, wenn überhaupt Tubenschwellung besteht. Dass nach der Einführung der Bougie in der Regel ein freieres Hindurchstreichen der Luft durch die Tube constatirt werden kann, gilt zunächst nur für diejenigen Fälle, in welchen der Katheter allein gleichfalls im Stande ist, eine merkliche Verbesserung der Permeabilität zu schaffen; wo wirklich eine Strictur oder Stenose besteht, wird auch die Bougie meist erst nach einigen Sitzungen einen merklichen Einfluss ausüben. Da ein solcher bei blosser katarrhalischer Verschwellung fast niemals ausbleibt, ist die Operation, wenn wirklich Impermeabilität vorliegt, entschieden indicirt.

Gelingt die Beseitigung von Exsudatmassen aus der Paukenhöhle durch eine längere Behandlung in der angegebenen Weise nicht binnen einigen Wochen, was durch die Auscultation nachgewiesen werden kann, oder enthält das Cavum tympani so viel Secret, dass eine Entfernung von der Tube her von vornherein unwahrscheinlich ist, so muss unbedingt die Paracentese vorgenommen werden. Man wird mit dieser Operation zuweilen überraschende Erfolge selbst in den hartnäckigsten Fällen erzielen und sollte sie deshalb auch dann ausführen, wenn es überhaupt nur in Frage gezogen werden kann, ob eine Indication dafür vorliegt. Da der Schnitt binnen wenigen Tagen heilt und sich im weiteren Verlaufe oft von Neuem Secret bildet, so muss die Paracentese beim chronischen Mittelohrkatarrh nicht selten öfters wiederholt werden. Auch in solchen protrahirten Fällen kann sie schliesslich vollständige Heilung bringen, wie ich z. B. bei einem Manne erlebt habe, welchem ich ein Trommelfell binnen vier Jahren nicht weniger als 23 Mal durchschnitten habe.

Schliesslich ist es die Aufgabe der Therapie, auch auf das Allgemeinbefinden Rücksicht zu nehmen und besonders die causalen Affectionen zu beseitigen. Frische Luft, eine nicht übertriebene Abhärtung, Enthaltung vom Rauchen und übermässigen Trinken, geregelte Verdauung können die locale Behandlung unterstützen. Auch ein Wechsel des Klimas ist für viele Patienten, selbst wenn sie nicht zu Katarrhen der Athmungsorgane neigen, von günstigster Wirkung; und zwar erweist sich namentlich der Aufenthalt in geschützten Gebirgsgegenden (Thüringen, Harz) als nützlich, bei ausgesprochener Disposition zu chronischen Katarrhen, namentlich bei der Tuberkulose Verdächtigen, ist ein südliches Klima, eventuell eine Ueberwinterung im Süden, empfehlenswerther. Von Bädern kommen in erster Linie die Soolquellen, am besten die jodhaltigen Kochsalzthermen, in Betracht; auch Kissingen, Ems, Wildbad sind zuweilen von zweifelhaftem Nutzen. Hingegen sind allen am chronischen Mittelohrkatarrh Leidenden Seebäder zu verbieten, denn wenn auch nicht zu bestreiten ist, dass dieselben in einzelnen Fällen günstig auf die Krankheit einwirken, so lehrt doch die Erfahrung, dass sie weit häufiger von entschiedenem

---

[1] Lehrbuch der Ohrenhlkde. III. Aufl., S. 281.

Nachtheil sind und dass selbst der blosse Aufenthalt an der Seeküste, namentlich an der Nordsee, eine dauernde Verschlimmerung bewirken kann. Auch Flussbäder sind jedesfalls mit grosser Vorsicht und nur bei verstopften Gehörgängen zu gebrauchen; das Untertauchen und die kalte Douche sind am besten ganz zu vermeiden.

c. Die Adhäsionsbildung in der Paukenhöhle.

Band- und strangförmige Synechien zwischen verschiedenen Theilen der Paukenhöhle können nach Untersuchungen von Politzer[1], Urbantschitsch[2] und Gradenigo[3] durch eine mangelhafte Rückbildung der polsterartigen Auskleidung der fötalen Paukenhöhle entstehen, kommen aber weit häufiger in den mittleren Lebensjahren zu Stande und verdanken ihre Herkunft vorzugsweise dem chronischen Mittelohrkatarrh, indem bei dieser Affection, wie wir gesehen haben, die Hyperplasie der Mucosa oft nur zum Theil verschwindet. Durch die gegenseitige Berührung und dauernde Anlagerung geschwollener Schleimhautflächen wird die Bildung von directen oder brückenförmigen Verwachsungen begünstigt, welche, wenn sie straff gespannt sind und für die Hörfunction besonders wichtige Theile fixiren, die Schwingungsfähigkeit des schallleitenden Apparates wesentlich beeinträchtigen müssen.

Die häufigsten Fälle von directer Verlöthung sind die Anlagerung des absteigenden Ambossschenkels an das Trommelfell und die Verwachsung des Umbo mit dem Promontorium; auch der untere Rand der hinteren Tasche nebst der Chorda tympani ist zuweilen mit dem Trommelfelle so innig verklebt, dass der Zugang zur Tasche versperrt ist und die Bucht zu einem verschlossenen Sacke wird. Gleichfalls als unmittelbare Adhäsionen sind die durch Schrumpfung des hyperplastischen Ueberzuges bedingten abnormen Spannungen und Fixirungen der Bänder und Gelenke der Gehörknöchelchen aufzufassen.

Die brückenförmigen Synechien können in Form von Bändern, Strängen oder Fäden auftreten. Sie bestehen aus gefässarmem Bindegewebe mit einem Plattenepithelüberzuge, sind entweder straff oder locker ausgespannt und können sämmtliche Wände und Gebilde der Paukenhöhle in abnorme Verbindung setzen. Oft finden sich der Hammerkopf oder das Hammer-Ambossgelenk mit dem Tegmen tympani, der Hammergriff mit dem absteigenden Ambossschenkel oder mit dem Promontorium, die Steigbügelschenkel unter einander und mit den Wandungen der Nische des ovalen Fensters durch Stränge verbunden. Von besonderer Wichtigkeit ist die Verlöthung der Sehne des Tensor tympani mit dem Hammergriffe, weil dieselbe eine durch Verkürzung bedingte sehr starke Retraction des Trommelfelles zur Folge hat. Auch die Verlöthung der Membrana tympani secundaria durch Bindegewebsstränge mit der Nische des runden Fensters und die Durchkreuzung der Fensternischen durch Bänder ist für die Hörfunction von schwerwiegender Bedeutung, wenn schon die hier angeführten Formen der

---

[1] Die Beleuchtungsbilder des Trommelfelles. Wien 1865. S. 109.
[2] Lehrbuch der Ohrenhlkde. III. Aufl., S. 328.
[3] Annales des maladies de l'oreille 1888. Nr. 12.

Fixation niemals eine absolute Unbeweglichkeit des Schallleitungsapparates hervorrufen.

Die subjectiven Beschwerden sind bei den Adhäsivprocessen
dieselben wie beim chronischen Mittelohrkatarrh, nur dass sie sämmt-
lich, der grösseren Belastung des Schallleitungsapparates entsprechend,
von grösserer Intensität sind. Namentlich die subjectiven Geräusche
werden dem Kranken oft zu einer jeden Lebensgenuss verbitternden

Fig. 64. Verlöthung des Umbo mit
der Labyrinthwand.

Fig. 65. Synechiebildung zwischen
dem Trommelfelle und der inneren
Paukenhöhlenwand.

und jegliche Thätigkeit erschwerenden Qual, zumal da sie fast regelmässig continuirlich sind und bei der geringsten Erregung gesteigert
werden. Die Schwerhörigkeit, welche nur sehr langsam zunimmt,
zeigt nicht mehr jene prognostisch günstigen Schwankungen wie beim
Katarrh und erreicht schliesslich meist einen ziemlich hohen Grad, so
dass sie dem Kranken im geselligen Verkehre wie in der Berufsstellung
sehr störend wird. Auch Schwindelerscheinungen sind häufiger
als bei der einfachen Otitis media; treten sie in sehr kurzen Inter-

Fig. 66. Verlöthung des Hammergriffes mit der inneren Paukenhöhlenwand. Verzerrung der unteren
Trommelfellhälfte.

Fig. 67. Verlöthung des Trommelfelles mit der Chorda tympani und
dem absteigenden Ambossschenkel.

vallen auf oder bestehen sie ununterbrochen, so liegt in der Regel bereits
eine secundäre Labyrinthaffection vor, wie sie in Folge der Erhöhung
des intralabyrinthären Druckes bei Adhäsivprocessen schon frühzeitig
eintreten kann. Die Hörprüfung, namentlich der Rinne'sche Versuch
und die Feststellung der Perceptionsdauer für den Stimmgabelton, kann
hierfür Anhaltspunkte gewähren: in allen Fällen, in welchen der Ton
vom Knochen rasch abklingt, wird man auf eine Complication von
Seiten des Perceptionsapparates zu schliessen haben.

Das Trommelfell zeigt nicht regelmässig charakteristische Veränderungen, an welchen man das Vorhandensein von Adhäsionen erkennen könnte. In den meisten Fällen enthält es diffuse oder circumscripte weissliche Trübungen, wie sie auch im katarrhalischen Stadium

zu den gewöhnlichen Befunden gehören, und zeigt mehr oder weniger
ausgesprochene Wölbungsanomalien: und zwar ist entweder das
ganze Trommelfell (Fig. 64) oder nur ein Theil nach innen gezogen
(Fig. 65, 66 u. 67). Die partielle Retraction äussert sich in trichter-,
gruben- oder taschenförmigen Vertiefungen, welche deutlich begrenzt
sind und welche, da sie in Folge des Zuges, welchem sie ausgesetzt
werden, verdünnt sind, die hinter ihnen liegenden Theile der Paukenhöhle
durchscheinen lassen. Am deutlichsten ausgesprochen ist der Befund
meist an der Membrana flaccida.

Mit dem Siegle'schen Trichter lassen sich die meisten Verwachsungen, wenn die Inspection für deren Diagnose nicht genügt, leicht
nachweisen. Indem nämlich die Luft im äusseren Gehörgange mit
Hülfe jenes Instrumentes verdünnt wird, geht eine Ansaugung des
Trommelfelles vor sich, welcher nur die freien Theile der Membran zu
folgen vermögen, während die adhärenten zurückgehalten werden. Diese
ungleichmässige Beweglichkeit, welche besonders hervortritt, wenn die
nicht fixirten Stellen schlaffer als gewöhnlich sind, ist bei sorgfältiger
Beobachtung leicht zu erkennen. Ebenso kann durch die Besichtigung
des Trommelfelles nach und während der Luftdouche die partielle Fixation des Schallleitungsapparates in ganz analoger Weise nachgewiesen
werden. Auch ein von Löwenberg[1]) angegebener Apparat zum Messen
der Beweglichkeit und Elasticität des Trommelfelles wird die Diagnose
sicherstellen helfen, obwohl er gegenüber dem pneumatischen Ohrtrichter
wenig practisch wichtige Vorzüge besitzt und viel complicirter ist als
jener. Derselbe besteht aus einer graduirten Luftpumpe, mit welcher
man einen bekannten Druck oder Zug auf das Trommelfell ausüben
kann; gleichzeitig ist man im Stande zu messen, wie viel der Schallleitungsapparat unter diesem Drucke nachgiebt und ob und wie weit
die Organe ihre Lage nachher wieder einnehmen.

Behandlung. Die Behandlung der Adhäsionen kann zunächst
stets mit der Luftdouche versucht werden. Feinere Fäden und Bänder
werden durch die dabei zu Stande kommende Dehnung und Zerrung
zuweilen so ausgiebig gelockert, dass eine entschiedene Hörverbesserung
resultirt. Nicht selten wird auch eine Synechie bei Gelegenheit des
Katheterismus oder des Politzer'schen Verfahrens zerrissen, was nicht
allein durch die plötzliche subjective Erleichterung und die bessere Hörfähigkeit des Patienten, sondern manchmal auch durch das auf die
Luftdouche unmittelbar folgende Auftreten von Ekchymosen am Trommelfelle bewiesen wird. Insofern dadurch die Schleimhaut zur Abschwellung und Secret zur Resorption gebracht, also eine Verminderung der
Belastung herbeigeführt wird, können auch Injectionen von Dämpfen
und Flüssigkeiten eine indirecte Einwirkung auf den Adhäsivprocess
entfalten. Im Allgemeinen werden dieselben aber, wo die Luftdouche
allein unwirksam ist, kaum eine erhebliche Besserung im Gefolge haben.

Anstatt der Luftverdichtung in der Paukenhöhle ist auch die
Luftverdünnung im Gehörgange, also eine Ansaugung des
Trommelfelles behufs Dehnung und Lösung von Adhäsionen empfohlen

[1]) Internat. Otologischer Congress. Paris 1889.

worden. Dieselbe ist leicht auszuführen mit dem Siegle'schen Trichter,
welcher für die meisten Fälle genügen dürfte und welcher der Saug-
spritze von Moos, sowie dem von Lucae angegebenen, mit Gewichten
belasteten Ballon mit luftdicht eingeführtem Ansatze vorzuziehen ist.
In neuerer Zeit ist vielfach in Gebrauch der Rarefacteur von Delstanche [1], ein mit Doppelventil versehener Pumpapparat, welcher wie
ein Ohrtrichter in den Gehörgang eingeschoben mittelst eines am Griffe
befindlichen Hebels in Thätigkeit gesetzt wird und abwechselnde Verdichtung und Verdünnung der Luft gestattet (s. S. 192). Er ist, wie alle mit
stärkerem Drucke arbeitenden Apparate mit Vorsicht anzuwenden, weil,
wie schon Schwartze [2] mit Recht hervorgehoben hat, bei übertriebener
Luftverdünnung leicht Ekchymosen und sogar Rupturen des Trommelfelles eintreten können. Will man längere Zeit hindurch eine Saug-
wirkung auf das Trommelfell ausüben, so kann man eine den Gehörgang verschliessende Olive mit nur nach aussen sich öffnendem Ventile,
welche nach dem Aussaugen der Luft im Gehörgange bleibt, nach
Bing's [3] Vorschlage anwenden. Kurze Aspirationen hingegen werden
am einfachsten nach einem Verfahren von Gellé [4] durch den Patienten
selbst mit Hülfe eines im Ohr luftdicht befestigten und zum Munde
führenden Gummischlauches vorgenommen.

Verwachsungen, welche der pneumatischen Behandlung Widerstand leisten, sind zuweilen der operativen Behandlung zugänglich.
Man kann dieselbe auf verschiedene Weise zu erreichen suchen. In
denjenigen Fällen, in welchen es sich um eine vermehrte Spannung
des ganzen Trommelfelles durch eine strangförmige Synechie handelt
oder in welchen bei intactem Labyrinthe die Belastung des Schallleitungsapparates so gross ist, dass dem inneren Ohre keine ausreichen-
den Schallschwingungen zugeführt werden können, genügt zuweilen die
einfache Paracentese, um eine Besserung herbeizuführen, wofern es
dadurch gelingt, erstens die Spannung zu vermindern und zweitens den
Labyrinthfenstern direct Schwingungen zuzuleiten. Die nach der Incision sich einstellende Besserung der Hörfunction und der subjectiven
Geräusche ist mitunter höchst überraschend, leider aber fast regelmässig
nur ganz vorübergehend, da die Perforation sich binnen wenigen Tagen
wieder schliesst. Sehr selten ist der Erfolg auch nach der Verheilung
des Trommelfelles ein dauernder, noch seltener stellt sich glücklicher
Weise nachher eine Verschlimmerung der Symptome ein. Etwas
bessere Resultate liefert hier und da ein Kreuzschnitt durch die
am stärksten gespannte und eingesunkene Trommelfellpartie, während
die multiple Durchschneidung des Trommelfelles, welche
Gruber [5] in Vorschlag gebracht hat, selten zu nützen scheint. In
einigen Fällen sah ich etwas bessere Resultate nach einer Umschneidung des Hammergriffendes; doch lässt auch diese Methode

[1] Archiv f. Ohrenhlkde. XXIV. 60.
[2] Archiv f. Ohrenhlkde. VII. 44.
[3] 8. Versammlung süddeutscher und schweizerischer Ohrenärzte. Wien 1887.
Referat: Archiv f. Ohrenhlkde. XXV. 97.
[4] Internat. Otologischer Congress. Paris 1889. Referat: Archiv f. Ohrenhlkde. XXIX. 301.
[5] Allgem. Wiener Med. Ztg. 1873, Januar 7, 9, 21.

wahrscheinlich meistens im Stiche, wo die einfache Incision nicht
ausreicht.

Versuche, die geschaffene Trommelfelllücke längere Zeit offen
zu halten, sind bisher leider fast ausnahmslos fehlgeschlagen. Die
verschiedenen Instrumente wie der Halbring von Voltolini[1]), die
Gummiöse von Politzer[2]), die Canüle von Bonnafont[3]) und ähnliche Vorrichtungen, welche zwischen die Schnittränder eingelegt werden
sollen, erfüllen ihren Zweck in den seltensten Fällen. Auch die von
v. Tröltsch[4]) vorgeschlagene Anheilung eines zurückgeschla-
genen dreieckigen Lappens bietet nach den mit der Excision von
ganzen Trommelfellstücken (Myringektomie) gemachten Erfahrungen wenig Aussicht auf Erfolg, da ziemlich regelmässig der
Substanzverlust sehr bald durch neues Gewebe ersetzt wird. Relativ
die besten, wenngleich wohl auch stets nur vorübergehende Resultate
scheint die zuerst von Voltolini geübte galvanokaustische Perforation des Trommelfelles mit einem Spitzbrenner zu liefern;
wenigstens ist es mir auf diese Weise gelungen, eine Perforation sieben
Wochen offen zu halten. Ganz verwerflich ist die Methode von Sim-
rock[5]), welcher das Trommelfell durch concentrirte Schwefelsäure, mit
der er ein an einer Sonde befestigtes Wattebäuschchen tränkt, durchätzt.

Ausser der Durchschneidung des Trommelfelles kommt noch eine
Reihe anderer operativer Eingriffe für die Durchtrennung von besonders
straff gespannten Bändern, Strängen und Sehnen und zur Loslösung
von Synechien in Betracht.

Die Durchschneidung der hinteren Falte (Plicotomie)
wurde zuerst von Politzer[6]), dann besonders von Lucae[7]) empfohlen
und wird in der Weise mit einem Trommelfellmesser oder einer Paracentesennadel ausgeführt, dass die Spitze des Instrumentes dicht hinter
dem Processus brevis eingestochen und etwas nach unten, senkrecht
auf die Richtung der hinteren Falte, weitergeführt wird. Man hat sich
dabei vorzusehen, dass man nicht zu tief oder zu weit nach hinten
schneidet, weil im ersteren Falle die Chorda tympani, im letzteren Falle
das Amboss-Steigbügelgelenk lädirt werden könnte. Die Operation
kann bei straffer Einwärtsspannung des hinteren-oberen Quadranten,
wobei die hintere Falte stark vorspringt, unter der Voraussetzung von
Nutzen sein, dass die Schwingungsfähigkeit der Knöchelchen nicht durch
strangförmige Fixation erheblich vermindert ist. Dauernde Erfolge habe
ich nur in wenigen Fällen gesehen, wohl aber nicht selten eine sehr
erhebliche, mehrere Tage bis Wochen anhaltende Erleichterung und
Verminderung der Ohrgeräusche.

Mit der von Politzer[8]) in Vorschlag gebrachten und zuweilen
mit Erfolg ausgeführten Durchschneidung des Ligamentum mallei
anterius, welche in manchen Fällen die Retraction des Hammergriffes

[1]) Berliner Klin. Wochenschrift 1873, Nr. 52.
[2]) Wiener Med. Wochenschrift 1869. Lehrb. der Ohrenhlkde. III. Aufl., S. 257.
[3]) Annales des maladies de l'oreille 1877, S. 251.
[4]) Lehrbuch der Ohrenhlkde. VII. Aufl., S. 429.
[5]) New York Medical Record. 1875.
[6]) Allg. Wiener Med. Ztg. 1871, Nr. 47.
[7]) Archiv f. klin. Chirurgie. XIII. 122.
[8]) Lehrbuch der Ohrenhlkde. II. Aufl., S. 259.

aufzuheben geeignet sein soll, habe ich kein Glück gehabt. Der nicht
schwierigen Operation wird eine Durchschneidung der vorderen Falte
dicht vor dem kurzen Fortsatze vorausgeschickt, worauf ein vorn ab-
gerundetes Messerchen durch die Incisionsstelle 2 mm tief in die Pauken-

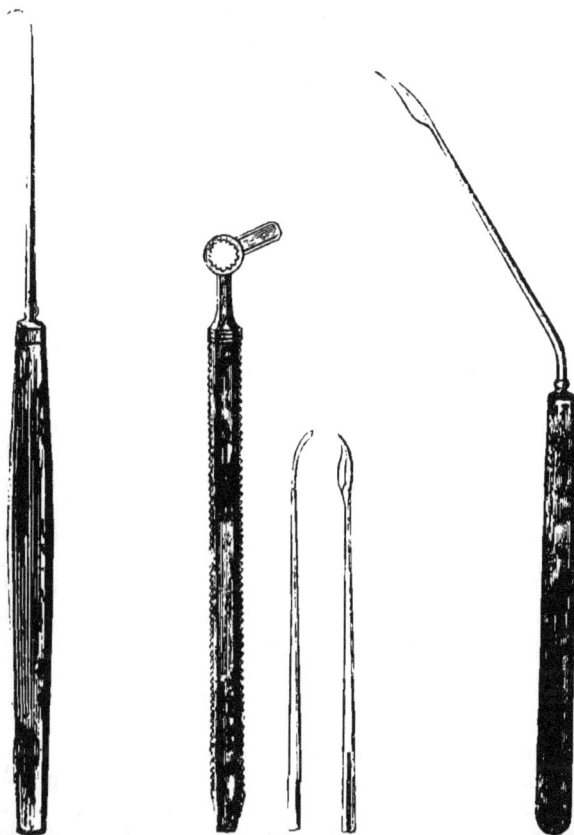

Fig. 68. Tenotom zur Durchschneidung der Sehne des Tensor tympani nach Schwartze.

Fig. 69. Tenotom zur Durchschneidung der Sehne des Tensor tympani nach Hartmann.

Fig. 70. Tenotom für die Durchschneidung der Sehne des Tensor
tympani nach Urbantschitsch.

höhle vorgeschoben wird; die Durchtrennung des Bandes geschieht in
der Richtung von unten nach oben.

Die **Tenotomie des Tensor tympani** wurde zuerst von Hyrtl[1])
angeregt, dann von v. Tröltsch[2]) als keineswegs besonders schwer
ausführbar bezeichnet, jedoch zuerst von Weber-Liel[3]) (1868) durch

[1]) Topographische Anatomie 1849, I. 194.
[2]) Lehrbuch der Ohrenhlkde. 1867. III. Aufl., S. 216.
[3]) Berliner Klin. Wochenschrift 1871, Nr. 48; Monatsschrift f. Ohrenhlkde.
V. 145.

182   Die Tenotomie des Tensor tympani.

Beschreibung eines Instrumentes und später durch Veröffentlichung eines Operationsverfahrens in die Praxis eingeführt.

Die Operation ist indicirt bei der Verkürzung der Tensorsehne, kann indessen nur in den verhältnissmässig seltenen Fällen Erfolg haben, in welchen ausser dieser Anomalie keine weiteren pathologischen Veränderungen an wichtigen Organen des Mittelohres und des Labyrinthes Platz gegriffen haben. Was den Nachweis einer Verkürzung der Sehne des Trommelfellspanners anbelangt, so ist derselbe, da bestimmte Anhaltspunkte fehlen, meist nicht vor der Operation mit Sicherheit zu führen. Die starke Einziehung des Trommelfelles allein oder das schnelle Zurücksinken der Membran nach einer Luftverdichtung in der Paukenhöhle können durchaus nicht maassgebend sein, weil diese Erscheinungen ebenso wohl bei langdauerndem Tubenabschlusse und bei Adhäsionen im Cavum tympani vorkommen. Auch die Verminderung der subjectiven Geräusche durch die Luftverdünnung im Gehörgange, welche als ein Zeichen für die Sehnenretraction ausgesprochen worden ist, kann nicht beweiskräftig sein, da, wie Schwartze[1]) mit Recht hervorhebt, bei der Aspiration des Trommelfelles ebensogut vorhandene Adhäsionen der Knöchelchen gedehnt werden können.

Das von Weber-Liel angegebene Tenotom, ein Hakenmesser, welches in die vor dem Hammergriff mit der Paracentesennadel eröffnete Paukenhöhle eingeführt wird und mit welchem das Durchschneiden durch den Druck auf einen am Griffe befindlichen Schieber besorgt wird, ist schon wegen seiner Complicirtheit und des häufigen Klemmens des Schiebeapparates unzweckmässig. Einfacher sind die Instrumente von Frank[2]), Gruber[3]), Schwartze[4]), Hartmann[5]) (Fig. 69), Urbantschitsch[6]). Ich ziehe das Tenotom von Urbantschitsch (Fig. 70), ein stumpfwinkelig auf die Fläche gebogenes zweischneidiges Messerchen mit abgerundeter Spitze, und namentlich das Instrument von Schwartze (Fig. 68) vor, ein bogenförmig gekrümmtes Messerchen mit abgerundeter Spitze. Die Operation mit demselben nimmt man in der Weise vor, dass man zunächst hinter dem Hammergriffe dicht unterhalb des Processus brevis eine Incision mit der Paracentesennadel anlegt und dann das Tenotom mit nach oben gerichteter Spitze in die Paukenhöhle einführt, worauf man durch eine rechtwinkelige Drehung nach vorn die Schneide über die Sehne legt, welche nunmehr durch sägeförmige Züge leicht durchschnitten werden kann. Es entsteht dabei ein knirschendes Geräusch, welches das Gelingen der Operation anzeigt.

Die Incision hinter dem Hammergriffe bietet, da sie leichter und sicherer ausführbar ist, entschiedene Vortheile vor der von Weber-Liel empfohlenen und auch von Frank, Gruber und Bertolet[7]) vorgezogenen Einschnittstelle vor dem Hammer. Voltolini[8]), dann Schwartze,

---

[1]) Die chirurgischen Krankheiten des Ohres, S. 275.
[2]) Monatsschrift f. Ohrenhlkde. VI. 69.
[3]) Archiv f. Ohrenhlkde. XI. 124.
[4]) Sitzungsber. der Gesellschaft der Aerzte in Wien, 16. II. 72.
[5]) Archiv f Ohrenhlkde. XI. 127.
[6]) Lehrbuch der Ohrenhlkde. III. Aufl., S. 58.
[7]) Transactions of the American Otological Society 1874. Referat: Archiv f. Ohrenhlkde. X. 80.
[8]) Monatsschrift f. Ohrenhlkde. VII. 59.

Hartmann. Orne Green[1]. Pomeroy[2]. Urbantschitsch, Politzer[3]. Kessel[4] haben sich für die hintere Paracentese ausgesprochen. Der Erfolg der Operation entspricht leider den Erwartungen, welche Weber-Liel daran geknüpft hat, dass nämlich „in der Tenotomie ein Mittel gefunden sein dürfte, dem trostlosen Ausgange vieler Ohrenkrankheiten in absolute Taubheit vorzubeugen und den Rest des Hörvermögens zu erhalten", keineswegs. Günstige Erfolge wurden allerdings ausser von Weber-Liel, der oft vorzügliche und dauernde Resultate erzielt haben will[5], von Gruber[6], Frank und Urbantschitsch gemeldet. aber andere Aerzte konnten nur in vereinzelten Fällen. wenn überhaupt. eine anhaltende Besserung erreichen, wie v. Tröltsch[7]. Kessel[8]. Schwartze, Hartmann. Politzer übereinstimmend angeben; und mit vollem Rechte ist von verschiedenen Seiten darauf aufmerksam gemacht worden. dass in vielen Fällen. in welchen die Operation Erfolg gehabt zu haben scheine, die Paracentese allein die Besserung verursacht haben dürfte. Von diesem Gesichtspunkte aus verdient auch der Vorschlag von Hartmann Berücksichtigung. dass man nach der Paracentese erst abwarten solle, ob diese Operation die Beschwerden vermindere. Man wird mit der Tenotomie des Tensor um so weniger freigebig sein dürfen, als nicht allein in der Mehrzahl der Fälle die anfangs etwa zu beobachtende Verbesserung des Gehöres und der Geräusche rasch vorübergeht. sondern auch. wie Kessel[9] gesehen hat, schwere Mittelohrentzündungen danach auftreten und nach einigen Beobachtungen von Politzer später vollständige Taubheit auf dem vorher noch nicht hochgradig schwerhörigen operirten Ohre folgen kann. Dass eine entschiedene Verschlechterung der Hörfähigkeit das Resultat der Tenotomie sein kann. habe ich mehrfach gesehen: andererseits habe ich mich indessen auch überzeugt. dass die subjectiven Geräusche auf kurze Zeit nach der Operation vollständig verschwunden bleiben können.

Schwartze[10]. welcher im Ganzen sehr wenig von der Tensordurchschneidung hält. hat einen längeren Erfolg bei qualvollem Ohrgeräusche nach einer partiellen Ablösung der Tensorsehne eintreten sehen.

Die **Tenotomie des Stapedius** ist bei Verkürzung oder Verlöthung der Sehne des Steigbügelmuskels indicirt. Der Diagnose dieser Anomalie stehen in der Regel dieselben Schwierigkeiten wie bei der Erkennung der Tensorretraction im Wege. Die Operation wurde zuerst von Kessel[11]. später von Urbantschitsch[12] und von Habermann[13]

[1]) Transact. of the Amer. Otol. Soc. 1873. Refer.: Arch. f. Ohrenhlkde. VII. 296.
[2]) Transact. of the Amer. Otol. Soc. 1874. Refer.: Arch. f. Ohrenhlkde. X. 80.
[3]) Lehrbuch der Ohrenhlkde. II. Aufl., S. 261.
[4]) Archiv f. Ohrenhlkde. XXXI. 142.
[5]) Naturforscher-Versammlung Graz 1875. Archiv f. Ohrenhlkde. X. 268.
[6]) Naturforscher-Versammlung Breslau 1874. Archiv f. Ohrenhlkde. IX. 320.
[7]) Lehrbuch der Ohrenhlkde. VII. Aufl., S. 378.
[8]) Naturforscher-Versammlung Graz 1875. Archiv f. Ohrenhlkde. X. 268.
[9]) Citirt bei Schwartze, Die chirurgischen Krankheiten des Ohres, S. 277.
[10]) Die chirurgischen Krankheiten des Ohres, S. 277.
[11]) Archiv f. Ohrenhlkde. XI. 199.
[12]) Wiener Med. Presse 1877, Nr. 18—21.
[13]) Prager Med. Wochenschrift 1884, Nr. 44.

mit günstigem Ergebnisse ausgeführt; doch bezeichnete bereits Urbantschitsch den Eingriff, wo es sich um Adhäsivprocesse handelt, als
einen ganz unsicheren therapeutischen Versuch, ein Urtheil, welchem
ich mich nach meinen nicht eben ermuthigenden Erfahrungen anschliessen
kann. Die Durchschneidung der Stapediussehne kann gefolgt sein von
einer erheblichen Hyperästhesie des Acusticus, da der Muskel eine Schutz-
vorrichtung gegen heftige Schalleinwirkungen bildet. Von diesem Ge-

Fig. 71. Tenotom für die Durchschneidung der Stapediussehne.

Fig. 72. Synechotom nach Wreden.

sichtspunkte ausgehend hat denn auch Urbantschitsch empfohlen, wenn
der übrige Schallleitungsapparat normal ist, der Stapediusdurchschnei-
dung die Tenotomie des Tensor vorauszuschicken, da sonst dieser Muskel
einen zu intensiven Druck auf die Steigbügelfussplatte ausüben würde.
Die Operation ist bei genauer anatomischer Orientirung nicht besonders
schwierig und wird nach einer Incision am hinteren oberen Rande des
Trommelfelles am besten mit einem sichelförmigen Messerchen (Fig. 71)
ausgeführt.

Die operative Lösung von Synechien zwischen dem Trommelfelle und der inneren Paukenwand, welche nur indicirt sein kann, wenn

das Labyrinth intact ist, ist meistens leicht ausführbar mit einem einfachen Trommelfellmesser, einer Paracentesennadel oder einem besonderen auf die Fläche gekrümmten Sichelmesser. Auch das von Wreden [1] angegebene Synechotom (Fig. 72), gewissermaassen ein rechtwinkelig abgebogenes scharfes Raspatorium von zierlichster Form, kann gut dazu verwendet werden. Mitunter gelingt es, zugleich mit einer einfachen Incision in der Gegend der Insertion einer Synechie, diese selbst zu lösen; meist aber wird man zuerst eine Paracentese anlegen und dann durch diese Oeffnung mit dem Instrumente in die Paukenhöhle eingehen müssen.

Bei flächenhafter Verwachsung des Trommelfelles mit dem Promontorium kann eine Circumcision des adhärenten Umbo mit einem einfachen Trommelfellmesser vorgenommen werden. Schwartze [2] empfiehlt hierfür besonders einen kleinen scharfen Löffel, welcher in einer vorher angelegten kleinen Incision am Rande der Verwachsung angesetzt wird, oder ein von Prout [3] construirtes Synechotom in Gestalt eines Iridectomiemessers, dessen Schaft nicht gehärtet ist, damit man ihm jede erforderliche Biegung geben kann.

Leider verwachsen die meisten gelösten Synechien von Neuem, sodass der Erfolg der Operation, auch wenn er, wie ich zuweilen erlebt habe, anfangs ein sehr erfreulicher ist, bald wieder schwindet.

J. Die Sklerose der Paukenhöhlenschleimhaut. (Trockener Katarrh nach v. Tröltsch.)

Die Sklerose der Paukenhöhlenschleimhaut stellt zwar gleichfalls einen Adhäsivprocess dar, unterscheidet sich aber in anatomischer Beziehung von den bisher angeführten Vorgängen so deutlich, dass eine gesonderte Besprechung berechtigt erscheint.

Statistik und Aetiologie. Die als Sklerose oder Rigidität bezeichnete Degeneration der Paukenhöhlenauskleidung ist ein sehr häufiger Folgezustand der Otitis media simplex. Nach meinen statistischen Berechnungen tritt sie etwa in 28 % der Fälle von chronischem Mittelohrkatarrh ein, fast stets (86 %) auf beiden Ohren, bei einseitiger Affection (14 %) mit Vorliebe auf dem linken Ohre (8.2 %, 5.8 % rechts). Beide Geschlechter werden gleich häufig und zwar meist im 2. bis 4. Decennium des Lebens befallen.

Die Ursachen der Sklerose sind dieselben, welche oben beim chronischen Katarrh erörtert worden sind. Indessen geht der Sklerose durchaus nicht regelmässig ein katarrhalisches Stadium voraus; sie kann sich auch, zumal auf hereditärer Basis, völlig unvorbereitet entwickeln; ja es scheint, dass die primäre Entstehung der sklerotischen Degeneration weit häufiger vorkommt, als man früher anzunehmen geneigt war. Welche Umstände speciell zu der Krankheit prädisponiren, ist noch nicht genügend aufgeklärt; jedenfalls kommt sie in allen Bevölkerungsklassen, bei sämmtlichen Berufsarten vor und befällt Gesunde

---

[1] Monatsschrift f. Ohrenhlkde. I. 23.
[2] Die chirurgischen Krankheiten des Ohres, S. 272.
[3] Transactions of the American Otological Society 1873, S. 32.

gerade so gut wie Solche, welche an Constitutionsanomalien oder anderen Allgemeinkrankheiten leiden.

Pathologische Anatomie. Das Wesen der Sklerose beruht auf einer narbigen Schrumpfung und Erstarrung des häufig vorher hyperplastischen und infiltrirten submucösen Bindegewebes und auf einer Einlagerung von Kalksalzen in das letztere. Diese Veränderung findet sich besonders häufig in den tieferen, dem Periost anliegenden oder das Periost ersetzenden Schichten der Paukenhöhlenauskleidung, nicht selten neben einer zelligen Infiltration, zuweilen bei gleichzeitigem Vorhandensein von Bändern und Strängen und neben einer ausgesprochenen Atrophie der Schleimhaut. Die sklerotisch entarteten Stellen sind meist, auch wenn die übrige Mucosa hyperämisch ist, auffallend gefässarm, blass, grauweiss, von rauher Oberfläche und derber Beschaffenheit. In vorgeschrittenen Fällen kommt es in Folge von Verkalkung des Knorpelüberzuges der Gehörknöchelchen oder von Hyperostose in den Fensternischen zu einer erheblichen Herabsetzung oder vollständigen Aufhebung der Schwingungsfähigkeit; und zwar wird am häufigsten die Steigbügelfussplatte mit dem Rande des ovalen Fensters, die durch Knochenauflagerung verengerte Nische des letzteren mit den Stapesschenkeln verwachsen, das Hammer-Ambossgelenk ankylosirt, die Nische des runden Fensters durch Bindegewebe oder Hyperostose verengt und mitunter die Membrana tympani secundaria verkalkt gefunden.

Die wichtigste Anomalie, die Synostose der Steigbügelfussplatte, kann sowohl durch eine Verkalkung des Ligamentum annulare, als durch Hyperostose an der äusseren oder, wie Politzer[1]) zuerst beschrieben und bald darauf Voltolini[2]) bestätigt hat, an der inneren Fläche der Umrandung des ovalen Fensters zu Stande kommen. Da sie stets das Endglied eines langsam verlaufenden Krankheitsprocesses darstellt, so wird die Steigbügelankylose bei Kindern fast niemals gefunden. Schwartze[3]) wies schon früher in einer ausführlichen Bearbeitung der Stapessynostose nach, dass sich dieser Ausgang der Sklerose in allen damals in der Litteratur bekannten Fällen erst nach dem dreissigsten Lebensjahre einstellte, und Hinton[4]) fand bei 500 Sectionen von jüngeren Individuen, von welchen 93 taub waren, niemals knöcherne Ankylose vor. Für die Erklärung der durch die Unbeweglichkeit des Steigbügels bedingten Taubheit ist der von Kessel[5]) auf experimentellem Wege erbrachte Nachweis von Wichtigkeit, dass die Schwingungsfähigkeit des Labyrinthwassers mit der Fixation des Ligamentum annulare erlischt.

Das Trommelfell zeigt keine charakteristischen Merkmale, kann sogar bei der ausgesprochensten Sklerose vollständig normal sein; oft ist es atrophisch, und es tritt dann der Hammergriff besonders deutlich

---

[1]) Wiener Med. Zeitung 1862, Nr. 24, 27.
[2]) Virchow's Archiv, Bd. 31, Heft 2.
[3]) Archiv f. Ohrenhlkde. V. 257.
[4]) The Questions of aural surgery. London 1874. S. 212.
[5]) Bericht der Naturforscher-Versammlng. Wiesbaden 1873. Referat im Archiv f. Ohrenhlkde. VIII. 234.

markirt, grellweiss hervor, zuweilen deutlich verbreitert. In den Fällen,
in welchen ein katarrhalisches Stadium vorausgegangen war oder in
welchen es sich um Kalkeinlagerungen in die Trommelfellschleimhaut
handelt, erscheint die Membran weissgetrübt und verdickt. Eine Verminderung der Beweglichkeit ist stets nachweisbar, sobald das Hammer-
Ambossgelenk rigid geworden ist. Von diagnostischer Bedeutung ist
eine umschriebene chronische Hyperämie am Promontorium,
auf welche Schwartze[1]) zuerst aufmerksam gemacht hat; dieselbe
findet sich gerade dann, wenn die Sklerose auf das ovale Fenster beschränkt ist und wird als ein Symptom der Steigbügelsynostose angesehen. Die Eustachische Röhre ist fast stets normal durchgängig.

Subjective Symptome. Dem ungemein chronischen Verlaufe
der pathologischen Veränderungen in der Paukenhöhle entsprechend
entwickeln sich die subjectiven Erscheinungen sehr allmählich, meist so
schleichend, dass der Kranke noch frei von Beschwerden ist, wenn das
Leiden schon Jahre lang besteht und schon nicht mehr heilbar ist.
Da gewöhnlich zuerst nur ein Ohr erkrankt und das zweite, so lange
es intact ist, den Ausfall zu decken vermag, so kommt die Schwerhörigkeit oft erst zum Bewusstsein, wenn auch das zweite Ohr in erheblicherer Weise in Mitleidenschaft gezogen ist; doch glaubt der Patient
oft auch dann noch, nur auf dem zuerst erkrankten Ohre taub zu sein,
während die Untersuchung ergiebt, dass auch auf dem anderen vielleicht annähernd dieselbe Herabsetzung der Hörfähigkeit besteht, wie
auf jenem. Die Schwerhörigkeit wird meist durch irgend einen Zufall,
z. B. bei der Prüfung, ob eine Uhr aufgezogen sei, bemerkt oder sie
fällt dem Kranken dadurch auf, dass er gewisse Töne und Geräusche,
wie ferne Musik, Vogelzwitschern, oder das Durcheinandersprechen in
Gesellschaft, die auf der Bühne oder der Kanzel gesprochenen Worte,
weniger deutlich vernimmt als andere Menschen; und es ist erstaunlich,
wie hochgradig die bei der Hörprüfung festgestellte Functionsstörung
sein kann, ohne dass der Kranke eine Ahnung davon hat.

In anderen Fällen tritt die Schwerhörigkeit mehr sprungweise
auf, d. h. es folgt auf ein Stadium einer sehr langsamen Verschlimmerung oder eines vollständigen Stationärbleibens eine raschere Zunahme der Beschwerden, und besonders im höheren Lebensalter ist ein
rapides Fortschreiten der Gehörsabnahme ein häufiges Vorkommniss.
Schwankungen in dem Grade der Schwerhörigkeit sind, so lange
nicht die wichtigsten Gelenke ankylosirt sind, nachweisbar, zuweilen
allerdings nur in der subjectiven Empfindung des Patienten vorhanden,
da auch ein gleichzeitig bestehendes Gefühl von Druck und Eingenommensein, der grösseren oder geringeren Hyperämie der Schleimhaut entsprechend, bald mehr bald weniger hervortritt. Sehr häufig,
fast regelmässig, ist die schon bei den Adhäsivprocessen erwähnte Erscheinung des Besserhörens bei Geräuschen, Paracusis Willisii.
Ueber subjective Geräusche wird fast in allen Fällen geklagt; doch
pflegen dieselben anfangs nicht continuirlich zu sein, können zuweilen
selbst Jahre lang fehlen oder nur ausnahmsweise auftreten, bis eine

[1]) Archiv f. Ohrenhlkde. V, 267.

feste Verwachsung der Gehörknöchelchen zu einer permanenten Drucksteigerung im Labyrinthe führt und dadurch dauerndes Sausen oder
Klingen bedingt wird. Kaum bei irgend einer anderen Krankheit sind
die Geräusche quälender und hartnäckiger als bei der Synostose des
Steigbügels. Schwindel kommt, obwohl nicht so häufig, als man
erwarten sollte, anfallsweise oder selbst andauernd vor und tritt namentlich leicht ein, wenn der Kranke sich bückt oder rasch nach oben
sicht. Intensive, regelmässig mit Uebelkeit und Erbrechen verbundene
Schwindelanfälle müssen den Verdacht einer Labyrinthaffection erwecken. Schmerzen, meist von ziehendem oder reissendem Charakter,
werden hier und da empfunden; sie pflegen nicht heftig, sondern, wie
die Patienten sich ausdrücken, „heimlich" zu sein und treten auffallend
oft gleichzeitig mit einem Gefühl von Ermüdung und Abspannung
nach angestrengtem Lauschen ein. Schwartze[1]) führt diese Erscheinungen gewiss mit Recht auf die Ueberanstrengung des Accom-
modationsapparates (der Binnenmuskeln) bei der Ueberwindung der
durch die Rigidität erzeugten Schwerbeweglichkeit der Gelenksverbin-
dungen zurück; und gewiss ist gerade die Ermüdung des Ohres ein
charakteristisches Symptom für die zunehmende Starrheit des schallleitenden Apparates; sie wird am häufigsten bei schwächlichen Patienten,
besonders des weiblichen Geschlechtes, gefunden und veranlasst die
Kranken oft, sich von allem geselligen Verkehre schon zu einer Zeit
zurückzuziehen, da die Schwerhörigkeit die Einzelunterhaltung noch
kaum merklich erschwert. Mitunter äussert sich die Ueberanstrengung
nicht nur in einer gewissen Abspannung des Kranken, sondern auch in
einer Verwirrung der Schalleindrücke, welche noch befördert
wird, wenn gleichzeitig eine Verstärkung der subjectiven Geräusche eintritt, und welche mehr einem Excitations- als Depressionszustande zu
entsprechen scheint.

Diagnose. Die Diagnose der Sklerose ist nur dann mit Sicherheit zu stellen, wenn sämmtliche zur Verfügung stehenden Untersuchungsmethoden angewandt werden; auf die Inspection allein kann
sie sich jedesfalls niemals stützen, da das Trommelfell keine typischen Veränderungen zeigt. Dasselbe ist zwar häufig getrübt, matt-
glänzend, verdickt, pergamentartig oder atrophisch, erschlafft,
abnorm durchscheinend, gerade wie beim chronischen Katarrh und
den Adhäsivprocessen, kann aber ebensowohl vollständig normal
sein selbst bei annähernd completer Taubheit, wenn sich nämlich der
pathologische Vorgang ausschliesslich an den Gehörknöchelchen oder
den Labyrinthfenstern abspielt. Auch sind wir nicht immer im Stande,
die durch fettige Degeneration verursachten Trübungen von den durch
den sklerotischen Process bedingten zu unterscheiden. Ist das Trommelfell transparent, so findet man nicht selten die schon oben erwähnte
Hyperämie der Labyrinthwand, welche sich in Form eines deutlichen rothen Schimmers im hinteren-unteren Quadranten nahe am
Umbo äussert und zuweilen mit einer Injection der Hammergriffgefässe
verbunden ist (Fig. 73). Wie Schwartze[2]) zuerst betont hat, kommt

---

[1]) Die chirurgischen Krankheiten des Ohres, S. 164.
[2]) Archiv f. Ohrenhlkde. V. 267.

diese Erscheinung besonders häufig bei der Synostose des Steigbügels vor, kann indessen für diese Complication, zumal bei derselben das Trommelfell meist verdickt und getrübt erscheint, und für die Sklerose überhaupt nicht als ein untrügliches oder unentbehrliches Zeichen angesehen werden.

Dasselbe gilt von der auffallend weissen Farbe, deutlichen Begrenzung und höckerigen Oberfläche des Hammergriffes, von welcher v. Tröltsch[1]) mit Recht behauptet, dass sie besonders häufig bei Sklerose gefunden werde, und von einer grubenförmigen Einziehung der Membrana flaccida Shrapnelli, welche nach Zaufal[2]) für Adhäsivprocesse charakteristisch sein soll und in der That bei solchen und namentlich bei Sklerose öfters zu finden ist. Alle diese Erscheinungen können vorhanden sein, ohne dass Sklerose vorliegt und können in den ausgesprochensten Fällen dieser Krankheit fehlen. Auffallend häufig ist bei Rigidität der Paukenhöhlenschleimhaut die Haut des äusseren Gehörganges trocken in Folge der möglicher Weise auf einer trophischen Störung beruhenden Aufhebung der Cerumenabsonderung.

Gleichfalls negativ kann das Ergebnis der Luftdouche sein; doch ist bei der Sklerose ein breites, eigenthümlich hartes und scharfes, zuweilen fast pfeifendes Blasegeräusch gewöhnlich, welches auf eine abnorme Trockenheit und besonders leichte Durchgängigkeit der Tube und einen völligen Secretmangel in der Paukenhöhle zurückzuführen ist. Trotz dieser relativ günstigen Beschaffenheit der Ohrtrompete bewirkt die Luftdouche in der Regel nur eine geringe und rasch vorübergehende oder gar keine Hörverbesserung, und dieser Umstand ist für die Diagnose von entschiedenem Belang, auch wenn, was nicht selten beobachtet wird, ein gewisser Erfolg sich in einer Herabminderung der subjectiven Geräusche und des dumpfen Gefühles zu erkennen giebt. Tritt in einem Falle, in welchem die Anamnese und die übrigen Untersuchungsresultate für Sklerose sprechen, eine erhebliche Besserung der Hörfähigkeit nach dem Katheterismus ein, so kann man daraus mit Sicherheit den Schluss ziehen, dass es sich um eine leichte Erkrankung, um eine erst beginnende Degeneration der Paukenhöhlenschleimhaut handelt.

Die Hörprüfung giebt, wenn nicht gleichzeitig eine Labyrinthaffection besteht, ziemlich zuverlässige Anhaltspunkte. Beim Weberschen Versuche wird der Stimmgabelton entschieden besser oder ausschliesslich auf dem schwerer erkrankten Ohre percipirt, bei gleichmässigem Ergriffensein beider Gehörorgane in beiden gleich stark wahrgenommen; der Rinne'sche Versuch fällt meist negativ aus, und ebenso ergiebt die Prüfung der Perceptionsdauer ein Ueberwiegen der cranio-tympanalen Leitung. Dieselbe erscheint zuweilen nicht allein relativ, d. h. im Verhältnis zur Luftleitung, sondern auch absolut ver-

Fig. 74. Breiter, weisser Hammergriff bei Sklerose; dunkele Färbung in der Umbogegend in Folge von Hyperämie der Labyrinthwand. Eingesunkene Membrana flaccida.

[1]) Lehrbuch der Ohrenhlkde. VII. Aufl., S. 308.
[2]) Archiv f. Ohrenhlkde. V. 53.

190   Die Sklerose der Paukenhöhlenschleimhaut. Diagnose.

stärkt, so dass viele Kranke, welche das Ticken der Uhr vor dem
Ohre gar nicht wahrnehmen, die auf den Warzenfortsatz oder die
Schläfe nur leicht aufgelegte Uhr, selbst im höheren Alter, noch auffallend gut zu vernehmen vermögen, eine Erscheinung, welche Bezold[1])
auf die Anspannung des Leitungsapparates, speciell des Ligamentum
annulare, zurückführt. Von besonderer Wichtigkeit ist eine Wiederholung der Hörprüfung nach der Luftdouche, weil dieselbe, wie bemerkt, den Nachweis liefert, dass der Katheterismus eine Besserung
der Hörfunction in der Regel nicht zu bewirken im Stande ist. Was
die Empfänglichkeit des Gehörorganes für verschiedene Tonhöhen anbetrifft, so macht Burckhardt-Merian[2]) mit Recht darauf aufmerksam, dass bei hochgradiger Schwerhörigkeit, namentlich in Folge von
Steigbügelankylose, eine abnorme Feinhörigkeit für hohe Töne
besteht, während das Sprachverständnis durch Einschaltung eines Hörrohres nicht gebessert wird. Gänzlich unzuverlässig und oft einander
vollkommen widersprechend sind die Resultate der Hörprüfung, wenn
gleichzeitig eine Labyrinthaffection vorliegt.

Schliesslich ist als eines wichtigen diagnostischen Hülfsmittels
noch der Sondirung zu gedenken, welche eine directe Prüfung der
Beweglichkeit des Schallleitungsapparates gestattet. Diese Untersuchung wird unter Leitung des Auges mit einer nach Lucae's Empfehlung am Knopfe eingekerbten, winkelig gekrümmten Metallsonde
ausgeführt und gelingt beim Hammer in der Regel ohne Schwierigkeit.
Will man die Beweglichkeit des Steigbügels feststellen, was zuerst von
Schwartze[3]) angeregt worden ist, so muss man, falls das Trommelfell in jener Gegend intact ist, den hinteren-oberen Quadranten theilweise mit einem Trommelfellmesser excidiren. Besteht vollständige
knöcherne Ankylose des Stapes, so lässt sich die Unbeweglichkeit dieses
Knöchelchens meist deutlich wahrnehmen, da die Sonde auf entschiedenen Widerstand stösst und nicht die geringsten Excursionen herbeizuführen vermag; auch sind in diesem Falle die subjectiven Erscheinungen sehr gering, obwohl zuweilen, wie ich in Uebereinstimmung
mit Kessel[4]) behaupten kann, selbst bei totaler Synostose ein heller
Klang vom Patienten wahrgenommen wird. Ist noch Beweglichkeit vorhanden, so ist dies mitunter selbst bei grosser Uebung und Aufmerksamkeit nicht sicher zu constatiren, da die Excursionen des Knöchelchens, welche schon im normalen Zustande nach Helmholtz[5]) $\frac{1}{14}$ mm,
nach Bezold[6]) sogar nur $\frac{1}{25}$ mm betragen, bei mässiger Rigidität
verschwindend kleine sind. Hier müssen die Angaben des Kranken
über die subjectiven Empfindungen bei der Sondirung zur Beurtheilung
herangezogen werden, da bei mobilisirbarem Stapes lebhafte Schmerzen,
Klangempfindungen und Schwindelerscheinungen eintreten.

Prognose und Verlauf. Die Prognose muss im Allgemeinen
als durchaus ungünstig bezeichnet werden: denn wenn es auch in

---
[1]) Referat im Archiv f. Ohrenhlkde. XXII. 310.
[2]) Archiv f. Ohrenhlkde. XXII. 188.
[3]) Archiv f. Ohrenhlkde. V. 271.
[4]) Archiv f. Ohrenhlkde. XI. 211.
[5]) Pflüger's Archiv für die gesammte Physiologie, I. 1.
[6]) Archiv f. Ohrenhlkde. XV. 37.

einer kleinen Zahl der Fälle, namentlich wenn keine hereditäre Disposition vorliegt, gelingt, eine zeitweilige Besserung zu schaffen, die Zunahme der Schwerhörigkeit zu verhindern oder auf längere Zeit hinauszuschieben, so ist das in der Regel Alles, was die Therapie erreichen kann. Viel häufiger verschlimmern sich die Symptome allen Mitteln zum Trotz bald langsam, bald rasch, und es kommt schliesslich, wenn auch zuweilen erst im Laufe von Decennien, zu hochgradiger Schwerhörigkeit in Folge von Ankylose der Gehörknöchelchen. Absolute Taubheit wird, so lange das Labyrinth intact ist, selbst bei Steigbügelsynostose niemals beobachtet; doch ist leider eine secundäre Erkrankung des Schallperceptions-Apparates nicht selten. Die Prognose ist natürlich um so schlechter, je länger das Leiden bereits besteht; bei sehr frühzeitigem Eingreifen kann der progressive Charakter der Schwerhörigkeit für lange Zeit in den Hintergrund gedrängt werden. Wenn im Allgemeinen die Paracusis Willisii als ein besonders ungünstiges Symptom angesehen wird, so kann ich dem nicht unbedingt beistimmen, da mir nicht allein viele Fälle von relativ sehr leicht verlaufender Sklerose bekannt sind, in welchen diese Erscheinung in auffallendster Form besteht, sondern das Besserhören bei Geräuschen oder bei Erschütterung des Körpers auch bei vollständig harmlosen Affectionen wiederholt vorgekommen ist (s. S. 168). Entschieden getrübt wird hingegen die Prognose durch continuirliches Vorhandensein von subjectiven Geräuschen, da dieselben, zumal wenn gleichzeitig die craniotympanale Leitung aufgehoben ist, eine Betheiligung des Labyrinthes anzeigen. Meist treten diese ungünstigen Erscheinungen erst im späteren Verlaufe ein, doch werden sie zuweilen schon frühzeitig beobachtet und müssen uns in diesem Falle auf eine rapide Zunahme der Hörstörungen vorbereiten.

Behandlung. Die Behandlung der Sklerose bietet nur dann Aussicht auf Besserung, wenn sie sehr frühzeitig eingeleitet wird. Es ist deshalb die Pflicht des Arztes, in den Familien, in welchen bereits Schwerhörigkeit vorgekommen ist, sorgfältig und in regelmässigen Zwischenräumen die Ohren aller Kinder, auch ohne dass irgend welche subjectiven Beschwerden oder sonstige Verdachtsmomente vorliegen, zu untersuchen. Unzweifelhaft gelingt es in günstigen, frischen Fällen, durch den Katheter eine Besserung herbeizuführen, wenn dieselbe auch oft nur von kurzer Dauer ist. Häufiger lässt sich durch die Luftdouche – und auch dies ist ein nicht gering anzuschlagender Erfolg der Process zum Stillstand bringen. Es ist indessen entschieden vor einer übertriebenen Anwendung der Lufteinblasungen und eingreifender Mittel überhaupt zu warnen, da ein zu lange fortgesetzter Gebrauch entschieden sowohl auf den sklerotischen Process als auch auf den nervösen Apparat nachtheilig wirkt. Man sollte immer nur 4 bis 6 Wochen lang regelmässig, anfangs täglich, dann jeden dritten Tag katheterisiren und dann so lange pausiren, als nicht eine Neigung zur Verschlimmerung nachweisbar ist; zeigt sich eine solche nach einem längeren Intervall, so kann man die Luftdouche für einige Wochen wieder aufnehmen und auf diese Weise durch eine etwa jährlich oder noch seltener zu wiederholende Behandlung gewiss in vielen Fällen den sklerotischen Process aufhalten. Stellt es sich hingegen heraus, dass eine rapide Abnahme der Hörfähigkeit vorliegt, schafft der Katheterismus keine Besserung oder gar eine momentane Verschlechterung, so giebt man diese Behandlung am besten ganz auf. Das Politzer'sche Verfahren ist bei der Sklerose von vornherein unbedingt contraindicirt; es führt fast regelmässig bei jeder einzelnen Application zu einer Vermehrung des Druckgefühles, auch in Fällen, welche gegen den Katheter nicht in dieser Weise reagiren, und kann durch die energische Stosswirkung, welche es auf die rigide Schleimhaut ausübt, sehr verhängnisvoll werden.

Die Injection von Dämpfen durch die Tuben dürfte nur in denjenigen Fällen einigen Nutzen bringen, welche durch die Luftdouche allein günstig beeinflusst werden. Ich habe mich nicht davon überzeugen können, dass z. B. durch die erweichend wirkenden warmen Wasserdämpfe, die hier hauptsächlich in Frage kommen, mehr geleistet wird als durch die einfache Luftdouche. Ebenso wenig leisteten mir

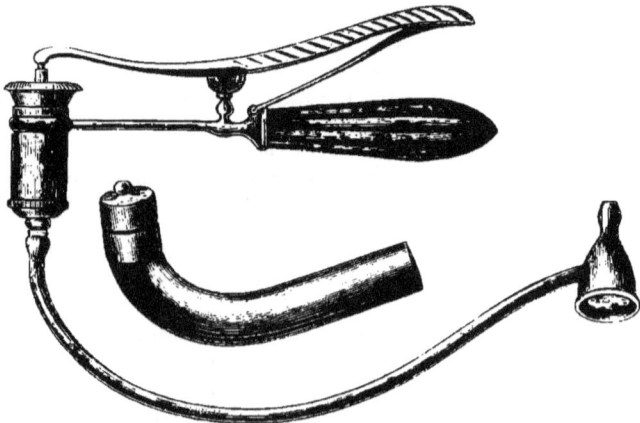

Fig. 74   Rarefacteur nach Delstanche.

die neuerdings von Bronner[1]) empfohlenen Injectionen von Dämpfen des Eucalyptusöles und des Menthols. Auch von der Einspritzung medicamentöser Flüssigkeiten habe ich niemals unzweideutige Besserung eintreten sehen, obwohl ich sehr verschiedene Mittel, welche von anderen Autoren gerühmt wurden, angewandt habe. Hingegen war in einigen Fällen eine direct nachtheilige Wirkung unverkennbar, zumal bei der Injection derjenigen Medicamente, welche eine Hyperämie in der Paukenhöhle und dadurch eine reichlichere Blutzufuhr zu den blutarmen sklerotischen Heerden herbeiführen sollen. Namentlich das von Lucae[2]) empfohlene Chloralhydrat (1 : 30 Aq. dest.) erzeugte nicht allein häufig sehr intensive Schmerzen, sondern auch lebhafte Entzündungen und vermehrte zuweilen dauernd die subjectiven Geräusche. Am wenigsten irritirend wirkt nach meinen Erfahrungen Jodkalium

---

[1]) Archives of Otology, XX. Nr. 1, 1891.
[2]) Archiv f. Ohrenhlkde. IV. 283.

(2—3 %). doch habe ich eine deutliche Wirkung niemals nachweisen können. Auch die Versuche, mit Hülfe von injicirten Flüssigkeiten die in der Schleimhaut deponirten Kalksalze zu lösen, sind vorläufig als misslungen anzusehen, nachdem Trautmann [1] selbst mit Salpetersäure und mit der Glycerinphosphorsäure, welche gut vertragen wird, nichts erreicht hat. Was schliesslich die Einführung von medicamentösen Bougies, z. B. mit Jodoformvaseline nach Delstanche [2]), betrifft, so ist dieselbe ebenso aussichtslos wie die bisher besprochenen Methoden der Arzneibehandlung.

Führt die Luftdouche nicht zu einem Stillstand des Krankheitsprocesses, so kann man mit der Luftverdünnung im äusseren Gehörgange Versuche anstellen entweder nach dem bereits erwähnten Verfahren von Lucae [3]) mit einem vor der luftdichten Einführung des Ohransatzes in den Gehörgang mit Gewichten belasteten Gummiballons, welchen man durch allmähliche Entfernung von Gewichten aufgehen lässt, oder mit dem Rarefacteur von Delstanche [4]) (Fig. 74). Man muss hierbei aber sehr vorsichtig zu Werke gehen und wird sich für die Hörfunction keine grossen Erfolge versprechen dürfen. Häufiger gelingt eine vorübergehende Verminderung der subjectiven Geräusche und des Gefühles von Völle im Ohre und im Kopfe.

Von Lucae [5]) ist neuerdings eine Behandlung der Rigidität der Paukenhöhle nach Art der Massage angegeben worden, welche eine directe Druckwirkung auf den Hammergriff bezweckt. Lucae bedient sich dazu einer nach dem Princip der Eisenbahnwagenpuffer construirten „federnden Drucksonde". (Fig. 75) eines durch eine Leitungsröhre gezogenen stählernen Stiftes, welcher zur Aufnahme des Processus brevis mallei oben einen kleinen Hohlkegel trägt und welcher auf einer im Handgriffe angebrachten leicht nachgebenden Spiralfeder ruht. Das Instrument wird parallel mit der vorderen-oberen Gehörgangswand senkrecht gegen die Basis des kurzen Fortsatzes eingeführt und, nachdem die Pelote auf diesem fixirt ist, ein- bis zwei- bis zehnmal hintereinander in stempelartige Bewegungen versetzt. Wennschon nicht in Abrede zu stellen ist, dass in einigen Fällen durch diese Behandlung ein geringer temporärer Erfolg erzielt werden kann, so ist die häufigere Anwendung der Drucksonde selbst bei schonendem Vorgehen in Folge der damit verbundenen relativ grossen Gewalt doch entschieden zu widerrathen. Ich kann die Erfahrungen von Eitelberg [6]), Kretschmann [7]) u. A. nur bestätigen, dass die Drucksonde

Fig. 75.
Federnde
Drucksonde
von Lucae.

---

[1]) Bericht der Naturforscher-Versammlung. Berlin 1886. Referat: Archiv f. Ohrenhlkde. XXIV. 78.
[2]) III. Otol. Congress, Basel 1884.
[3]) Berliner Klin. Wochenschrift 1874, Nr. 14.
[4]) Otol. Congress, Brüssel 1888.
[5]) Archiv f. Ohrenhlkde. XXI. 84.
[6]) Zeitschrift f. Ohrenhlkde. XIV. 279.
[7]) Archiv f. Ohrenhlkde. XXIII. 239.

äusserst selten nützt, aber häufig sehr starke Schmerzen erzeugt, und
habe wiederholt gesehen, dass in Fällen, in welchen anfangs eine geringe Besserung damit erzielt wurde, nach mehrmaliger Anwendung
eine um so raschere Verschlimmerung des Gehöres zu constatiren war.
Dass man besonders bei alten Leuten jeden stärkeren Druck vermeiden
muss, hat mit Recht schon Stein[1]) hervorgehoben.

Minder eingreifend ist eine andere Form der Massage, die „Traguspresse", welche von Hommel[2]) herrührt. Das Verfahren besteht in rhythmisch aufeinander folgendem Anpressen und Freilassen
des Tragus, wodurch gleichmässig abwechselnde Luftverdichtungen und
Verdünnungen im Gehörgange entstehen. Die Presse soll bei einer
täglich 4—6maligen Anwendung ca. 120—150 Mal in der Minute
wiederholt werden und jedesmal 1½ Minuten lang dauern. Sie führt
bei beginnender Sklerose mitunter in Fällen, in welchen die Luftdouche
keinen Erfolg hat, eine merkbare Hörverbesserung herbei, obschon
man wohl nicht annehmen darf, dass sie auf das rigide Hammer-Ambossgelenk direct wirkt, sondern wahrscheinlich im Wesentlichen nur eine
Bewegung des Trommelfelles erzeugt. Da die Traguspresse niemals
nachtheilig zu wirken scheint und oft, wenn sie auch das Gehör nicht
zu bessern vermag, zu einer subjectiven Erleichterung führt, so ist sie
erfolglosen Bemühungen mit dem Katheter als das harmlosere Verfahren zuweilen vorzuziehen.

Seit der Chirurgie ein grösserer Spielraum in der Otiatrie ein-
geräumt worden ist, sind mehrfach Versuche gemacht worden, die
Folgen der Sklerose, namentlich Ankylose der Gelenke, auf opera-
tivem Wege zu beseitigen. Schon seit 1873 hat Schwartze[3]) die
Excision des Trommelfelles mit dem Hammer vorgenommen und damit
gute Resultate erzielt, wofern ausschliesslich Ankylose des Hammer-
Ambossgelenkes vorlag. Die subjectiven Geräusche wurden durch diese
Operation niemals verschlimmert, oft vermindert, zuweilen ganz beseitigt; doch scheiterte der temporär unzweifelhafte Erfolg anfangs
regelmässig an der Regeneration des excidirten Trommelfelles. Auch
Lucae[4]), welcher die Operation sehr häufig ausgeführt hat, konnte über
verschiedene Fälle von Besserung berichten, obwohl er die Resultate
im Ganzen für nicht befriedigend erklärt. Nachdem Kessel[5]), welcher
sich um die Methodik der intratympanalen Operationen besondere Verdienste erworben, nachgewiesen hat, dass es durch Ablösung des Sehnenringes in der hinteren-oberen Circumferenz des Trommelfelles gelingt,
die Neubildung der Membran zu verhindern, konnten auch dauernde
Erfolge erzielt werden.

Die Excision des Hammers und eventuell des Ambosses ist bei Sklerose nur dann indicirt, wenn bei Ankylose des Gelenkes zwischen diesen
beiden Knöchelchen das Labyrinth intact ist und keine Fixirung der
Fenstermembranen, namentlich keine Synostose des Steigbügels besteht,
wenn man also annehmen kann, dass nach der Aufhebung des

¹) Deutsche Med. Wochenschrift 1886, Nr. 17 ff.
²) Archiv f. Ohrenhlkde. XXIII. 17.
³) Archiv f. Ohrenhlkde. XXII. 128.
⁴) Archiv f. Ohrenhlkde. XXII. 233.
⁵) Archiv f. Ohrenhlkde. XIII. 69.

Schallleitungshindernisses der Steigbügel excursionsfähiger werden wird[1]).
Der Nachweis, dass weitere Veränderungen nicht vorliegen, kann am
sichersten erbracht werden durch eine Paracentese, welche in diesem
Falle eine Besserung der Beschwerden herbeiführen wird. Der Erfolg
der Excision für die Hörfunction ist indessen niemals mit Sicherheit
vorherzubestimmen, und man kann bisher nur mit einiger Wahrscheinlichkeit eine Abnahme der Ohrgeräusche in Aussicht stellen.

Das Trommelfell muss längs seiner ganzen Peripherie mit einem
schlanken, aber kräftigen Messer losgelöst werden, wobei man am
hinteren-oberen Rande den Annulus tendineus mit zu entfernen hat.
Nach Durchschneidung der Sehne des Tensor tympani mit dem Tenotom und des Amboss-Steigbügelgelenkes mit dem Messer für die Tenotomie des Stapedius (s. S. 184) fasst man sodann den Hammergriff mit
dem in der Regel zusammengefalteten Trommelfelle mit einer Zange
oder besser mit der Wilde'schen Polypenschlinge (s. unten) möglichst
hoch oben und extrahirt ihn unter hebelnden Bewegungen des Instrumentes. Der Amboss wird in den meisten Fällen in Folge seiner festen
Verwachsung mit dem Hammer gleichzeitig mit diesem entfernt werden;
bleibt er zurück, so kann er entweder in der Paukenhöhle gelassen
werden, da er nach der Lösung seiner Verbindung mit dem Steigbügel
kein Hinderniss für die Schallleitung mehr abgiebt, oder er wird gleichfalls mit der Drahtschlinge extrahirt. Sollte der Hammerkopf fest mit
dem Tegmen tympani verwachsen sein, so gelingt seine Entfernung am
schnellsten, indem man während der Extractionsversuche mit der Schlinge
einen scharfen Löffel oder ein Synechotom (s. S. 184) einführt und damit unter schonendem Drucke nachhilft. Um das Operationsterrain
näher zu bringen, empfiehlt es sich für manche Fälle, die Ohrmuschel
mit dem knorpeligen Gehörgange abzulösen.

Die Blutung ist bei der wegen Sklerose ausgeführten Excision meist
nicht sehr bedeutend, mitunter sogar verschwindend gering. Hingegen
kommt es auch nach sorgfältigster Erfüllung aller die Asepsis be-
zweckenden Cautelen sehr häufig zu einer consecutiven eiterigen Mittelohrentzündung, und dieser Umstand, sowie die Thatsache, dass bisher
die Erfolge der Operation, wie schon Lucae[2]) hervorgehoben hat,
nicht genügend sicher sind, steht einstweilen noch einer allgemeineren
chirurgischen Behandlung der Ankylose des Hammer-Ambossgelenkes
entgegen. Wir werden auf die Excision noch bei Gelegenheit der cariösen
Mittelohrprocesse zurückzukommen haben.

Die von Kessel[3]) empfohlene und ausgeführte Excision des
Steigbügels ist eine wegen der topographischen Verhältnisse der
Paukenhöhle schwierige und wegen der dabei herbeigeführten Eröffnung
des Labyrinthes, welche eine eiterige Otitis interna oder Meningitis
zur Folge haben kann, entschieden gefährliche Operation, über welche
ich eigene Erfahrungen nicht besitze. Leichter ausführbar und minder
bedenklich ist die Mobilisirung des Steigbügels, d. h. die Locke-

[1]) Stacke (Archiv f. Ohrenhlkde. XXXI. 201) operirt auch bei voraussichtlich nicht normal beweglichem Stapes, in welchem Falle meiner Ansicht nach die
Excision unterbleiben sollte.
[2]) Archiv f. Ohrenhlkde. XXII. 233.
[3]) Archiv f. Ohrenhlkde. XI. 212; XIII. 74.

rung des verwachsenen Knöchelchens mit Hülfe eines Häkchens oder einer gebogenen Sonde nach vorausgeschickter theilweiser Excision des hinteren-oberen Trommelfell-Quadranten. Die Lockerung gelingt in Fällen vollständiger Synostose, wie man von vornherein annehmen kann, nicht, wohl aber können, wie Lucae [1]) gesehen hat, die Steigbügelschenkel bei der Operation abbrechen. Die günstigsten Resultate erzielten mit der Mobilisirung Boucheron[2]) und Miot[3]), deren überschwänglich rühmende Berichte ziemlich vereinzelt dastehen; und wenn Boucheron die Mobilisirung des Stapes als die „Zukunftsoperation der Ohrenärzte" preist, so muss man nach den bisherigen Erfahrungen an der Richtigkeit seiner Prognose zweifeln.

Im Allgemeinen ist bei der Behandlung der Sklerose meines Erachtens entschieden daran festzuhalten, dass man möglichst schonend vorgehen, möglichst wenig eingreifende Kuren in Angriff nehmen muss. Man kann durch übertriebene Manipulationen, selbst durch zu häufiges Katheterisiren, sicherlich viel mehr schaden als nützen und sollte eingedenk der Thatsache, dass der Krankheitsprocess oft von selbst innehält, auch scheinbar günstig einwirkende Behandlungsmethoden niemals lange Zeit hindurch anwenden. Man sorge vielmehr dafür, dass der Patient vorsichtig lebt, kalte Bäder und Douchen, vor allem Seebäder, vermeidet, äusserst mässig im Genuss von Alkoholicis und Tabak ist, sich vor psychischen und nervösen Aufregungen, wohin auch die Excesse in Venere gehören, hütet und seine Ohren nicht starken Geräuschen aussetzt, und verordne ausserdem diejenigen internen Mittel, welche etwa durch seinen Allgemeinzustand indicirt sein mögen. Specifische Medicamente gegen Sklerose giebt es nicht. Kommt man in die Lage, einen Kurort zu empfehlen, so dürften Karlsbad und Kissingen nach meinen Erfahrungen den Vorzug verdienen.

e. Die acute eiterige Mittelohrentzündung. Otitis media suppurativa acuta.

Statistik und Aetiologie. Ungefähr 13 % (nach Schwartze nur 9,8 %) der Ohrenkrankheiten entfallen nach meinen poliklinischen Erfahrungen auf die acute eiterige Mittelohrentzündung. Diese Krankheit wird bei beiden Geschlechtern, entsprechend ihrer Betheiligung an den Ohrenkrankheiten (im Verhältniss 3 : 2), gleich häufig, bei Kindern (ca. 70 %) wesentlich öfter als bei Erwachsenen (ca. 30 %) beobachtet und kommt vorwiegend einseitig (80,7 %), seltener bilateral (19,3 %) vor. In den Wintermonaten und im beginnenden Frühjahr ist die Zahl der Erkrankungen in der Regel am grössten.

Unter den Ursachen der acuten eiterigen Mittelohrentzündung sind vor allem die Constitutionsanomalien, Skrophulose, Rhachitis, hervorzuheben, ferner Pneumonie und Bronchitis, die acuten und chronischen Nasen- und Rachenaffectionen, besonders die einfache und die folliculäre Angina; von Infectionskrankheiten

[1]) Archiv f. Ohrenhlkde. XXII. 235.
[2]) Comptes rendues 1888, p. 950—952.
[3]) Otol. Congress, Paris 1889. Referat im Arch. f. Ohrenhlkde. XXIX. 306.

Masern. Scharlach. Diphtherie, Keuchhusten, Influenza.
Typhus. Für Masern und namentlich für Scharlach hat sich ergeben,
dass manche Epidemien sich durch ungemein häufige, andere durch
seltene Complication mit Otitis media suppurativa auszeichnen. Wie
gross die Zahl der Mittelohreiterungen im Gefolge von Scarlatina sein
kann, geht aus den Mittheilungen von Burckhardt-Merian [1] hervor,
welcher in einer Epidemie bei 33 %, in einer anderen bei 22 % der
Exanthemfälle das Ohr in Mitleidenschaft gezogen fand; und ich selbst
habe während meiner Praktikantenzeit in der medicinischen Poliklinik
durch die regelmässig vorgenommene Untersuchung der Ohren aller
zur Verfügung stehenden Scharlach-Patienten feststellen können, dass
bei 68 % der Erkrankten objectiv nachweisbare Veränderungen an den
Trommelfellen, zum mindesten Hyperämie der Hammergriffgefässe bestanden. Eine grosse Anzahl von Erkrankungen an acuter Mittelohreiterung kommt zu Stande unter der Einwirkung von Kälte und
Nässe, z. B. beim Eindringen von Wasser in's Ohr beim Baden oder
Douchen, und die schwersten Entzündungsformen habe ich entstehen
sehen nach unvorsichtigem oder fehlerhaftem Gebrauche der Weber'schen
Nasendouche in Folge von gewaltsamem Einpressen der Spritzflüssigkeit durch die Tube in's Cavum tympani. Dass einfache Katarrhe durch
Bähungen und Breiumschläge zu eiterigen Entzündungen werden
können, ist bereits oben (s. S. 157) betont worden.

Das auffallend häufige Vorkommen der Mittelohreiterung bei
Neugeborenen steht augenscheinlich im Zusammenhang mit einer gestörten, unter eiterigem Zerfall zu Stande kommenden Rückbildung des
zuerst von v. Tröltsch [2] beschriebenen, von der Labyrinthwand ausgehenden, die luftleere Paukenhöhle des Fötus polsterartig ausfüllenden
Gallertgewebes, welches nach den Untersuchungen von Kutscharianz [3]
bei reifen Kindern zwar vollständig verschwunden und in Schleimhaut
umgewandelt sein soll, aber nicht selten noch nach der Geburt theilweise persistirt. Neuerdings versuchte Boucheron [4] die Entstehung jenes
fötalen Schleimhautpolsters durch Oedem e vacuo zu erklären, entstanden
durch das allmähliche Auseinanderweichen der anfangs zusammenliegen-
den embryonalen Paukenhöhlenwände.

Unzweifelhaft haben wir die Entstehung der Otitis media puru-
lenta auf eine Infection durch pathogene Mikroorganismen zurückzuführen, in erster Linie wohl bei den durch die Tube vermittelten
und bei denjenigen Erkrankungen, welche sich an eine Eröffnung der
Paukenhöhle von aussen, z. B. an rohe Extractionsversuche von Fremdkörpern oder an eine Paracentese anschliessen. Die bakteriologischen
Untersuchungen, welche schon jetzt wichtige Resultate bezüglich der
Aetiologie der Mittelohreiterungen zu Tage gefördert haben, werden in
der Zukunft sicherlich noch über manche bisher unerklärte Erscheinungen
Aufschluss verschaffen. Bisher scheint festzustehen, dass die Mikroparasiten entweder (wohl am seltensten) auf hämatogenem Wege,
oder durch die Tube oder vom Gehörgange aus in die Pauken-

[1] Volkmann's Sammlung klin. Vorträge 1880. Nr. 182.
[2] Verhandlungen der Würzburger Phys.-Med. Gesellschaft 1859, 78.
[3] Archiv f. Ohrenhlkde. X. 119.
[4] Annales des maladies de l'oreille 1889, Nr. 6.

höhle gelangen können, und zwar durch die Tube, unterstützt durch
die Abhebung ihrer Wände, z. B. beim Schneuzen, bei der Luft- oder
Nasendouche, direct oder andererseits indirect, indem sie den Blut- und
Lymphgefässen in den Spalträumen des Tubenknorpels folgen. Nach
Zaufal [1], welchen wir besonders eingehende Studien über die Bakteriologie der Mittelohraffectionen verdanken, sind bisher folgende Mikrobien im Secrete der Paukenhöhle gefunden worden:

1. Der Pneumoniebacillus Friedländer.
2. Der Diplococcus pneumoniae Fränkel-Weichselbaum.
3. Die pyogenen Mikroorganismen
    a) Streptococcus pyogenes.
    b) Staphylococcus pyogenes albus.
    c) Staphylococcus pyogenes aureus.
    d) Staphylococcus cereus albus.
    e) Staphylococcus tenuis.
    f) Bacillus tenuis (Scheibe [verkannter Diploc. pneumoniae?]).
    g) Bacillus pyocyaneus.
    h) Micrococcus tetragenus (Levy und Schrader).
    i) Soorpilz (Saccharomyces albicans? Valentin).

Zu wiederholten Malen wurden mehrere von diesen Mikroparasiten
nebeneinander im Paukenhöhlensecrete nachgewiesen, und Zaufal konnte
die interessante Beobachtung anstellen, dass im Verlaufe der Eiterung
ein pathogener Mikroorganismus, der Diplococcus pneumoniae, durch
einen anderen, den Staphylococcus pyogenes albus, verdrängt werden
kann, eine Thatsache, welche nach der Ansicht des Autors den Schluss
erlaubt, dass die secundäre, tertiäre etc. Invasion der pathogenen Mikroorganismen in die durch andere, primäre etc. Mikrobien vorbereitete
Schleimhaut eine Hauptursache des Chronischwerdens eiteriger Mittelohrentzündungen sei.

Bei der primären Form der Otitis media suppurativa scheint besonders vielfach der Diplococcus pneumoniae, bei den secundären Formen
der Streptococcus pyogenes vorzukommen; und Rohrer [2] giebt an,
dass er bei fötidem Secrete stets Kokken und Bacillen, bei nicht fötidem stets nur Kokken entdeckt habe. Der Streptococcus wird
übrigens auffallend häufig, wie zuerst von Zaufal [3] festgestellt und
von Moos [4] und von Netter [5] bestätigt worden ist, bei schweren und
mit Abscessen und Warzenfortsatz-Affectionen complicirten Fällen von
Mittelohreiterung gefunden, weshalb der von Zaufal ausgesprochenen
Mahnung, bei der Streptokokken-Otitis die Prognose mit Vorsicht zu
stellen, eine practische Berechtigung nicht abgesprochen werden kann.

Im Allgemeinen sind die Resultate der bakteriologischen Forschungen bisher noch nicht weit genug gediehen, um ein endgültiges Urtheil über die Rolle zu gestatten, welche die Mikroorganismen in der
Aetiologie der Mittelohrentzündung spielen; namentlich sind wir noch

---

[1] Archiv f. Ohrenhlkde. XXXI. 180. (Zusammenfassung seiner Resultate).
[2] Deutsche Med. Wochenschrift 1888, Nr. 44.
[3] Prager Med. Wochenschrift 1889, Nr. 36.
[4] Deutsche Med. Wochenschrift 1888, Nr. 44.
[5] Annales des maladies de l'oreille 1888, Nr. 10.

nicht im Stande, die Pathogenität aller beobachteten Mikroparasiten festzustellen und den bestimmten Nachweis zu liefern, dass die Eigenschaften
der Mittelohrentzündungen je nach den verschiedenen zu Grunde liegenden Infectionsträgern verschiedene sind. (S. auch S. 148).

Pathologische Anatomie. Dieselbe Hyperämie, Schwellung
und Rundzellen-Infiltration, welche beim einfachen Katarrh beobachtet wird, findet sich auch, meist aber erheblich intensiver, im Anfangsstadium der acuten eiterigen Mittelohrentzündung. Die Schwellung
ist oft so bedeutend, dass das Cavum tympani durch eine lockere, suc-
culente Masse, welche die Gehörknöchelchen eingebettet enthält, vollständig obliterirt ist; und die Blutfülle der Gefässe dehnt sich oft auch
auf die an das Trommelfell angrenzenden Wände des Gehörganges, die
Tube, die Warzenzellen, seltener auf das Labyrinth aus. Zuweilen
kommt es zu Gefässrupturen (hämorrhagische Form), welche, wie
Trautmann [1]) in einigen Fällen von Endocarditis nachgewiesen hat,
auf embolischen Vorgängen beruhen können. Das Exsudat ist vorwiegend eiterig, zuweilen mit Schleim gemischt und enthält stets Blutkörperchen und Epithelzellen. Fast regelmässig findet sich nach wenigen
Tagen das Trommelfell perforirt, da es erweicht und von innen
her ulcerirt dem Drucke des Exsudates nicht lange Widerstand leisten
kann. Nur in Folge von früher überstandenen Entzündungen verdickte
Trommelfelle werden bisweilen vom Eiter nicht durchbrochen. Ein
ähnlicher ulcerativer Gewebszerfall, wie er zur Perforation des Trommelfelles führt, kann auch an Stellen, wo die Schleimhaut dem Periost aufliegt, vorkommen und zu einer consecutiven Periostitis oder Ostitis Veranlassung geben.

Subjective Symptome. Die Krankheit beginnt meist unter
schweren und stürmischen Erscheinungen, deren erste Kopfweh, ein sich
rasch steigernder Schmerz im Ohre und Fieber zu sein pflegen. Zuweilen tritt der Ohrschmerz im Anfange so in den Hintergrund, dass der
Zustand des Kranken so unklar ist wie im Prodromalstadium einer acuten
Infectionskrankheit. Besonders bei den kleinen Kindern, welche über
ihre Beschwerden nicht Aufschluss zu geben vermögen, macht die Erkrankung den Eindruck eines schweren, fieberhaften Allgemeinleidens,
bis schliesslich, wenn die Untersuchung der Gehörorgane unterblieb,
nach zwei bis vier unruhigen Tagen und noch unruhigeren Nächten
ein eiteriger Ausfluss aus dem Ohre bemerkt wird. Charakteristisch
für die Ohrschmerzen kleiner Kinder ist ein Scheuern und Hin- und
Herwerfen des Kopfes auf der Unterlage, und man wird meist nicht
fehlgehen, wenn man bei dem Auftreten dieses Symptomes eine Erkrankung des Ohres vermuthet.

Das Fieber, das sich durch kühle Extremitäten und ein Gefühl
von Ermattung und Zerschlagensein schon einige Stunden vorher an-
zukündigen pflegt und sehr häufig mit einem Schüttelfrost beginnt,
erreicht, zumal bei Kindern, sehr rasch eine beträchtliche Höhe; 39—40°
sind gewöhnlich. Schwartze [2]) giebt an, dass er 40,2° gemessen habe,

---

[1]) Archiv f. Ohrenhlkde. XIV. 73.
[2]) Die chirurgischen Krankheiten des Ohres, S. 173.

ich habe sogar bei einem meiner eigenen Kinder wiederholt Maxima von 41,2° erlebt. Morgenremissionen und abendliche Exacerbationen sind in der Mehrzahl der Fälle vorhanden, ein steiler Abfall der Kurve aber tritt in der Regel erst ein, wenn das Trommelfell perforirt und dadurch ein freier Abfluss des Eiters ermöglicht ist. Nicht immer verläuft die Entfieberung in Form einer Krisis; gar nicht selten bestehen auch nach dem Beginne der Otorrhö noch mehrere Tage lang erhebliche Temperaturschwankungen, deren Maxima bis 40° und darüber erreichen können. Die für das Fieber überhaupt charakteristischen Symptome, wie Brennen in und über den Augen, Sopor, Delirien, sind mehr oder weniger ausgesprochen fast stets vorhanden.

Aber noch entschiedenere Cerebralerscheinungen sind nicht selten, wie Erbrechen, mit welchem die Krankheit zuweilen beginnt und das sich in den ersten Tagen öfters wiederholen kann; auch Convulsionen, Flockenlesen, Pupillenstarre sind beobachtet worden, und namentlich bei Kindern ist eine plötzlich einsetzende Facialparalyse eine nicht aussergewöhnliche Complication.

Das häufige Vorkommen von Hirnsymptomen bei der Otitis media suppurativa der Kinder erklärt sich leicht aus den anatomischen Verhältnissen. Alle Nähte und Spalten in der Umgebung der Paukenhöhle sind weit und enthalten lockeres Bindegewebe und Blutgefässe. Besonders wichtig ist in dieser Beziehung die Fossa subarcuata, bei Neugeborenen eine tiefe Grube unter dem Canalis semicircularis superior, welche sich nach Wagenhäuser [1]) bis gegen das fünfte Lebensjahr in Form eines Loches erhält, bis zum zehnten Lebensjahre noch nachweisbar ist und sich schliesslich zum Hiatus subarcuatus verengert, und die Fissura petroso-squamosa, welche beim Neugeborenen in ihrer ganzen Ausdehnung klafft, später aber bis auf einen kleinen Spalt verschwindet: beide dienen Fortsätzen der Dura mater und Gefässen zum Durchtritt und vermitteln so einen directen Gewebszusammenhang zwischen der Schädel- und der Paukenhöhle. Da auch der Facialcanal sehr häufig oberhalb des ovalen Fensters nur durch Bindegewebe geschlossen ist, so kann ein entzündlicher Process aus der Paukenhöhle auch auf den Facialis übergreifen, woraus sich die verhältnismässig nicht seltene Betheiligung dieses Nerven an der Erkrankung erklärt. Dazu kommt noch der Umstand, dass in sämmtlichen Wänden der Pauke, besonders aber im Tegmen tympani, Dehiscenzen des Knochens häufig beobachtet werden, welche gleichfalls eine Verbindung zwischen dem Mittelohr und der Schädelhöhle herstellen. Dieselben wurden zuerst von Hyrtl [2]) genauer beschrieben und später von verschiedenen Forschern zum Gegenstand eingehender Studien gemacht. Nach meinen Erfahrungen [3]) kommen diese Lückenbildungen besonders oft an Schädeln vor, deren Impressiones digitatae sehr tief sind, und es ist deshalb wahrscheinlich, dass sie, wie Flesch [4]) vermuthet, durch einen vom Gehirne ausgehenden Druck auf dem Wege der Resorption zu Stande kommen.

---

[1]) Archiv f. Ohrenhlkde. XIX. 99.
[2]) Sitzungsberichte der k. k. Akad. der Wissenschaft. Wien 1858, S. 275.
[3]) Archiv f. Ohrenhlkde. XIII. 185; XIV. 136.
[4]) Archiv f. Ohrenhlkde. XIV. 15.

Der Schmerz ist fast stets ein äusserst heftiger von bohrendem, klopfendem und stechendem Charakter, häufig über die ganze Kopfhälfte, den Hals und Nacken der erkrankten Seite ausstrahlend. Zeitweise pflegt auch der Warzenfortsatz sehr empfindlich zu sein, da seine Zellen fast stets an der Entzündung theilnehmen. Da die Lymphdrüsen in der Umgebung des erkrankten Ohres regelmässig mehr oder weniger geschwollen sind, ist jede Bewegung des Kopfes schmerzhaft; beim Bücken, Husten, Niesen, Schlucken, selbst beim Sprechen steigern sich zugleich auch die Schmerzen innerhalb des Ohres, welche besonders intensiv während der Nacht zu sein pflegen. Zuweilen lassen sich ganz regelmässige Remissionen und Exacerbationen erkennen, welche mit den analogen Fiebererscheinungen Schritt halten oder unabhängig von den Temperaturschwankungen sein können.

Nicht selten besteht neben den Schmerzen ein Druckgefühl im Ohre, ein starkes Eingenommensein des Kopfes und Schwindel. Der Erstere kann sowohl auf die Hyperämie der Meningen als auch auf die von der Schwellung und Exsudation in der Paukenhöhlenschleimhaut ausgehende Erhöhung des intralabyrinthären Druckes zurückzuführen sein. Er ist mitunter so heftig, dass die Patienten nicht zu stehen, geschweige denn zu gehen vermögen, ja bei jeder Hebung des Kopfes über Gleichgewichtsstörungen oder Uebelkeit klagen.

Ueber subjective Geräusche wird selbst von Kindern fast regelmässig geklagt: sie sind meist continuirlich und beruhen wie der Schwindel zum Theil auf den Veränderungen in der Paukenhöhle, zum Theil aber auf einer collateralen Hyperämie des Labyrinthes und haben demgemäss in der Regel einen pulsirenden Rhythmus, wenigstens solange das Trommelfell noch nicht perforirt ist.

Am wenigsten constant ist das Verhalten der Gehörfunction. Zwar ist stets und zwar besonders vor dem Durchbruche des Eiters eine Abnahme der Hörfähigkeit nachweisbar, doch macht sich dieselbe dem Kranken den heftigeren Beschwerden gegenüber wenig bemerklich. Je mehr Exsudat in der Paukenhöhle vorhanden, je stärker die Mucosa geschwollen ist, je mehr das Fieber und die Hyperämie der Meningen auf das Sensorium einwirken, um so auffallender ist die Schwerhörigkeit. Annähernde Taubheit kommt nur bei einer Betheiligung des Labyrinthes oder, was das häufigere ist, in Folge des soporösen Zustandes vor; die Abhängigkeit der Hörstörung von der Fieberhöhe ist zuweilen eine ganz deutliche.

Objective Erscheinungen. Wie schon erwähnt, verläuft die acute eiterige Mittelohrentzündung, und zwar namentlich in dem der Perforation des Trommelfelles vorausgehenden Stadium, unter dem Bilde einer schweren Infectionskrankheit. Fieber, Somnolenz, Benommenheit des Sensoriums auch im wachen Zustande, ein äusserst hinfälliges Aussehen sind die Erscheinungen, welche dem Arzte beim ersten Anblicke des Kranken auffallen. Die Erklärung für diese Symptome wird man leicht finden, sobald man die Inspection des Trommelfelles vornimmt; und jeder Arzt sollte es sich daher, namentlich in der Kinderpraxis, zum Gesetze machen, wenn bei einem Patienten Fieber und Hirnerscheinungen bestehen, ganz regelmässig die Ohren zu untersuchen; er würde dann die jenen Symptomen überraschend

häufig zu Grunde liegende Krankheit des Gehörorganes richtig und
frühzeitig erkennen und dem Kranken durch eine geeignete Therapie
nicht allein momentane Linderung verschaffen, sondern auch die sonst
häufig eintretenden üblen Folgen der Entzündung abwenden können.

Die Untersuchung des Trommelfelles ergiebt eine diffuse,
blaurothe, zuweilen mehr gelbrothe Färbung der abgeflachten,
verdickten und glanzlosen Membran, deren Grenzen nicht überall
genau zu erkennen sind, weil auch die tiefsten Theile des knöchernen
Gehörganges roth und geschwollen erscheinen. Je frühzeitiger man
untersucht, um so schärfer hebt sich das gelbliche Roth des Cutis-
gefässnetzes von dem Blauroth der durchschimmernden Paukenhöhlenschleimhaut ab; ist die Schwellung schon sehr bedeutend, so sind beide
Nüancen nicht mehr auseinanderzuhalten. Der Hammergriff verschwindet schon in den ersten Stunden vollständig unter einer lebhaften Injection seiner Gefässe und bald hinter einer ödematösen
Schwellung der ihn umgebenden Weichtheile, welche sogar den kurzen
Fortsatz nicht selten vollständig einbetten. Unter einer serösen
Durchfeuchtung in Form von zahlreichen kleinen Lichtpunkten und
unter stellenweiser Desquamation der Epidermis, welche sich in kleinen
Schollen ablöst, wölbt sich das Trommelfell, besonders in seiner hinteren
Hälfte, nach aussen und erscheint nun wie ein blaurother Tumor, der
von einzelnen Gefässen durchzogen ist (Fig. 76). Sind Ekchymosen
oder interlamelläre Abscesse vorhanden und haben sich an den
Stellen, an welchen Epithel abgestossen wurde, die Ränder der Defecte
umgerollt, wodurch landkartenähnliche weisse Zeichnungen entstehen,
so wird das Bild fast so buntscheckig wie bei der Myringitis chronica
(s. S. 129).

Wenn sich der Durchbruch des Exsudates nur langsam vorbereitet, so erscheint dasselbe zuweilen in Form eines weisslich gelben
Fleckes auf dem Gipfel der Geschwulst oder es sackt sich förmlich in
der oberen Hälfte des Trommelfelles oder auch, indem es den oberen
Rand der Shrapnell'schen Membran abhebt, in der oberen Gehörgangswand zwischen Weichtheilen und Knochen ab, so dass an dieser eine
halbkugelige Anschwellung entsteht. Solche partielle Hervorbuchtungen
fehlen indessen oft gänzlich, und der Eiter bricht an einer vorher nicht
kenntlich gemachten Stelle plötzlich durch.

Der Sitz der so entstandenen Perforation ist in der überwiegenden Mehrzahl der Fälle die untere Hälfte, in etwa zwei Drittel der
Fälle der vordere-untere Quadrant, demnächst der hintere-untere,
seltener der hintere-obere, am seltensten der vordere-obere Quadrant
und die Membrana flaccida. In den ersten Tagen nach dem Durchbruche des Eiters ist die Perforation meist nicht deutlich zu erkennen,
weil ihre Ränder bei der erst ganz allmählich abnehmenden Schwellung
ihrer Umgebung nicht klaffen und weil Fetzen des nekrotisch gewordenen Epithelüberzuges sich vorlagern. Aber auch wenn das feine
Löchelchen direct nicht sichtbar ist, kann man auf seine Gegenwart
sicher schliessen, sobald sich schleimig-eiteriges Secret zeigt und sobald
ein pulsirender Reflex am Trommelfell bemerkbar wird; denn die
pulsirende Bewegung eines Lichtfleckes deutet mit fast absoluter Bestimmtheit auf eine bestehende Continuitätstrennung des Trommelfelles
hin. Sie geht von den stark gefüllten kleinen Arterien der geschwol-

lenen Paukenhöhlenschleimhaut aus, welche ihre Pulsation auf das in
der Paukenhöhle angesammelte und durch die Perforation nach dem
Gehörgange entweichende Exsudat übertragen oder einer beliebigen, in
die Paukenhöhle eingespritzten Flüssigkeit mittheilen. An der Hebung
und Senkung, dem Kleiner- und Grösserwerden des pulsirenden Reflexes
lässt sich mit Leichtigkeit der Rhythmus der Herzthätigkeit controliren.
Eine circumscripte Pulsation am nicht perforirten Trommelfelle, wie
sie zuerst von Politzer[1] und von Schwartze[2] beschrieben worden
ist, ist eine sehr seltene Erscheinung, und auch die diffusen Pulsationen,
auf welche zuerst Blau[3] aufmerksam gemacht hat, sind nicht eben
häufig. Uebrigens muss hervorgehoben werden, dass der pulsirende
Reflex nicht immer in der Perforation selbst oder in deren nächster
Umgebung beobachtet wird; er kann sehr wohl z. B. bei einem Defecte
des obersten Abschnittes der Membran an deren unterem Rande sichtbar werden. Unbedingt sichergestellt wird die Diagnose einer Per-

Fig. 76. Otitis media suppurativa
acuta. Vorgewölbtes Trommelfell

Fig. 77. Kleine Perforation im vorderen-unteren Quadranten; der Rand
mit Secret bedeckt.

foration mit Hülfe der Luftdouche, welche gerade bei kleinen Defecten
das charakteristische pfeifende Auscultationsgeräusch liefert.

Ausserdem können noch folgende Methoden zur Erkennung einer
Perforation dienen: Anfüllung des Gehörganges mit einer Flüssigkeit
und darauffolgende Luftdouche, wobei in ersterer Luftblasen aufsteigen
(Politzer[4]); Einstäubung von Pulver in den Gehörgang, welches bei
der darauffolgenden Lufteinblasung herausgetrieben wird (Pins[5]);
luftdichtes Einfügen eines Pfeifchens in den Ohrcanal, welches bei der
Luftdouche ertönt (Pins[5]). Alle diese Hülfsmittel haben indessen
keine practische Bedeutung, und auch die von Politzer (l. c.) angegebene manometrische Untersuchung des Gehörganges während der
Lufteinblasung dürfte stets entbehrlich sein.

Wenn die Schwellung des Trommelfelles nachlässt, erscheint die
Perforation meist in Gestalt eines kleinen schwarzen Löchelchens (Fig. 77),
das indessen erst sichtbar wird, nachdem man die darauf haftende
Flüssigkeit durch Abtupfen mit einem Wattetampon entfernt hat. Ein
geringes Wachsthum des Defectes ist nicht selten im Verlauf der

---

[1] Oesterr. Zeitschrift f. pract. Heilkde. 1862, 819.
[2] Archiv f. Ohrenhlkde. I. 140.
[3] Archiv f. Ohrenhlkde. XXIII. 15.
[4] Siehe Natier, Revue de Laryngol. etc. 1890, Nr. 8.
[5] 8. Versammlung süddeutscher und schweizerischer Ohrenärzte. Wien 1887.
Referat: Archiv f. Ohrenhlkde. XXV. 98.

zweiten oder dritten Woche zu beobachten (Fig. 79), eine erhebliche Vergrösserung aber tritt in normal verlaufenden Fällen nicht ein.

Eine auffallende und nicht eben häufige Erscheinung ist die kraterförmige Perforation (Fig. 78): eine mehr oder weniger kegelförmig nach aussen gestülpte, meist intensiv rothe Parthie des Trommelfelles, welche an ihrer Spitze eine feine Oeffnung trägt. Der Sitz dieser Hervorwölbung ist fast ausnahmslos die hintere Hälfte der Membran. Wie Politzer [1] bemerkt, dringt die Luft bei der Douche meist nicht frei durch diese Perforation hindurch, offenbar weil der Zapfen mit geschwollenem Gewebe ausgefüllt ist, und daher erklärt sich auch der von demselben Autor erwähnte Umstand, welchen ich bestätigen kann, dass bei kraterförmigen Perforationen häufig schmerzhafte Entzündungen des Warzenfortsatzes beobachtet werden.

Das Secret ist schleimig-eiterig, von graulich-gelber oder weissgelber Farbe, anfangs gewöhnlich blutig tingirt: nach einigen Tagen erscheint es gleichmässig gefärbt und bildet in den aufgefangenen Spritzwasser eine wolkige Trübung. Ist das Exsudat stark mit Schleim

Fig 78. Kraterförmige Perforation im hinteren-oberen Quadranten

Fig. 79. Kleine Perforation im vorderen-unteren Quadranten mit (pulsirendem) Reflexe in der Tiefe.

gemischt, so ballt es sich hingegen in der Eiterschale zu gelben Klumpfen, Fäden oder Flocken zusammen.

Die Luftdouche ergiebt ausser dem Perforationsgeräusch nicht viel Anhaltspunkte für die Diagnose. Vor dem Durchbruche des Eiters kann das Auscultationsgeräusch ganz undeutlich sein, ja vollständig ausfallen, wenn das Lumen der Paukenhöhle durch die Schleimhautschwellung gänzlich angefüllt und dickliche Secretmassen vorhanden sind.

Auch die Hörprüfung ist in diagnostischer Beziehung von nebensächlicher Bedeutung, kann aber in zweifelhaften Fällen die Differentialdiagnose zwischen Myringitis und Otitis media erleichtern, da bei der ersteren Krankheit, welche ein ähnliches Trommelfellbild liefern kann, die Hörfähigkeit weit weniger herabgesetzt ist als bei der letzteren. Auch belehrt uns die Hörprüfung darüber, ob eine Betheiligung des Labyrinthes angenommen werden muss, in welchem Falle die craniotympanale Leitung, die sonst meist, zumal vor dem Eintritt der Perforation, eher verstärkt ist, eine wesentliche Herabminderung zeigt.

Verlauf. Das erste Stadium, dasjenige, welches dem Durchbruche des Trommelfelles vorausgeht, ist von verschieden langer Dauer.

[1] Lehrbuch der Ohrenhlkde, II. Aufl., 276.

In den meisten Fällen erfolgt die Perforation am dritten oder vierten Tage, nicht selten schon innerhalb der ersten vierundzwanzig Stunden, seltener nach sechs bis vierzehn Tagen. Dieses verschiedene Verhalten ist hauptsächlich von der Intensität und Extensität der Erkrankung, wahrscheinlich auch von der speciellen Bakterienform, welche die Infection verursachte, und von der Widerstandsfähigkeit des Trommelfelles abhängig. Ein sehr später Durchbruch kommt jedesfalls nur bei schon vor dem Eintritt der Entzündung verdickt gewesenen Trommelfellen vor.

Nicht minder schwankend ist der Verlauf des zweiten Stadiums, welches durch die Otorrhö charakterisirt wird. Die durchschnittliche Dauer desselben beträgt etwa drei Wochen: doch kann die Eiterung schon nach wenigen Tagen oder erst nach acht bis zehn Wochen sistiren; ist sie nach fünf Wochen noch nicht sehr vermindert, so kann es zweifelhaft erscheinen, ob der acute Charakter der Krankheit gewahrt bleiben wird.

Sofort mit dem Austritte des zuerst dünnflüssigen und sehr copiösen Secretes lassen die subjectiven Beschwerden erheblich nach, mitunter so plötzlich und vollständig, dass dem Laien die Krankheit beendigt zu sein scheint und auf die als heilsam geltende Eiterung kein Gewicht gelegt wird: in anderen Fällen nur theilweise und langsam. Gewöhnlich kommt es in den ersten Tagen des perforativen Stadiums wiederholt zu Exacerbationen sowohl des Fiebers als der Schmerzen, Hirnerscheinungen und Geräusche, wahrscheinlich meist in Folge von vorübergehenden Eiterstockungen, welche durch den zunächst noch hochgradigen Schwellungszustand des Trommelfelles, durch die Verklebung des kleinen Defectes und durch die lebhafte Desquamation befördert werden mögen. Dass auch die in accumulativer Weise gesteigerte Virulenz der Mikroorganismen derartige Paroxysmen verursachen kann, dürfte mit Recht vermuthet werden.

Höchst auffallend ist in den normal verlaufenden Fällen die Veränderung, welche in den auf den Eitererguss folgenden Tagen im Aussehen und Gebahren des Patienten zu Tage tritt: die vorher ängstlichen, verzerrten Züge des bleichen Gesichtes verlieren ihre Spannung und beleben sich wieder, die behinderte Beweglichkeit des Kopfes kehrt zurück, die Apathie macht dem natürlichen Wesen des Kranken Platz. Bleibt dieser Umschwung länger als anderthalb bis zwei Wochen aus, berichtet der Patient nur über rasch vorübergehende Remissionen, oder sind die Exacerbationen sehr häufig und von sehr langer Dauer, so liegt der Verdacht einer tieferen Complication nahe.

Nachdem die gegen Ende der Exsudation spärlicher werdende Eiterung vollständig aufgehört hat, kommt es zum Schluss der Perforation entweder durch Bildung einer auch später noch sichtbaren Narbe oder durch einfaches Verschmelzen der Ränder. Dieser Heilungsprocess geht mitunter überraschend schnell, jedesfalls aber innerhalb weniger Tage vor sich, so dass das Vorhandensein einer Perforation ohne Eiterung nur von ganz kurzer Dauer ist. Nicht selten findet man vierundzwanzig Stunden, nachdem man den Patienten noch mit Ausfluss behaftet gesehen hat, nicht allein die Otorrhö beseitigt, sondern auch das Trommelfell geschlossen.

Bald nach dem Aufhören des Ausflusses nimmt in der Regel auch

die Schwellung der Lymphdrüsen in der Umgebung des Ohres ab; eine
Verhärtung und erhebliche Grössenzunahme derselben ist verdächtig,
da sie häufig bei Caries vorkommt.

Die Hörstörungen und subjectiven Geräusche sind zuweilen schon
vor dem Ablaufe der Entzündungserscheinungen geschwunden, bleiben
aber gewöhnlich in vermindertem Grade und stetig abnehmend noch
einige Zeit nach der Heilung des Trommelfelles bestehen; die Geräusche
können sogar noch wochen- und monatelang den Kranken an die überstandene Krankheit erinnern.

Auch an objectiven Merkmalen der abgelaufenen Mittelohrentzündung fehlt es meist nicht. Abgesehen von der Narbenbildung (Fig. 80) bleiben noch längere Zeit, zuweilen für immer,
weissliche und gelbliche Trübungen oder Verkalkungen (Fig. 80)
in dem anfangs noch röthlichen, bald aber abblassenden Trommelfelle
zurück, und der Glanz der Oberfläche wird nicht selten noch Wochen
lang nach dem Schlusse der Perforation vermisst. In ungünstigen

Fig. 80. Narbe im vor-
deren-unteren. Verkal-
kung im hinteren-
unteren Quadranten.

Fällen, namentlich bei Tuberculösen und im Anschlusse an Scharlach, ferner bei kraterförmigen
Perforationen, bei Granulationsbildung, bei
Periostitis oder Ostitis des Warzenfortsatzes
oder des Gehörganges, ist der Verlauf ein ver-
schleppter, nicht selten ein chronischer. Bei Tuberculösen und Skrophulösen kann auch nach
ganz regulärem acutem Gange der Entzündung die Perforation persistent bleiben.
Bindegewebige Adhäsionen, Ausdehnung der
Entzündung auf den Warzenfortsatz,
Senkungsabscesse, cariöse Processe an den
Gehörknöchelchen oder Paukenhöhlenwänden, secundäre Labyrinthaffectionen sind häufige Folgezustände der acuten Entzündung. Letaler Ausgang in Folge von Meningitis, Sinusphlebitis,
Pyämie, acuter Caries ist selten (2⁰/₀ nach Schwartze); er kann vor
dem Durchbruche des Trommelfelles, aber auch im späteren Verlaufe
erfolgen.

Prognose. Die Prognose ist günstig — passende Therapie vorausgesetzt — bei sonst gesunden Personen, bei frühzeitigem Durchbruche des Eiters und raschem Nachlasse des Fiebers und der subjectiven Beschwerden. Ungünstige Umstände sind Skrophulose,
Tuberculose, Syphilis, schlechte Ernährungsverhältnisse. Mit besonderer Reserve sind auch die nach Scharlach und Diphtherie auftretenden Mittelohrentzündungen zu beurtheilen, da sie leicht chronisch
werden und zu schweren Complicationen, auch von Seiten des inneren
Ohres, disponiren. Dass die Anwesenheit des Streptococcus als ungünstiges Anzeichen gilt, ist bereits oben erwähnt worden. Jede erhebliche Abweichung vom typischen Krankheitsbilde, namentlich die
längere Dauer des ersten Stadiums, die Hartnäckigkeit der Schmerzen,
der Hirnerscheinungen und der Eiterung, ferner häufige und heftige
Exacerbationen, andauernde Druckempfindlichkeit am Warzenfortsatze,
die Ausstossung von Gehörknöchelchen, starke Schwellung des Gehörganges, trüben die Prognose, obwohl auch in den schwersten Fällen,

wofern sie acut bleiben, fast stets Heilung erfolgt. Die im Verlaufe der acuten eiterigen Mittelohrentzündung eintretenden Faciallähmungen heilen oft ohne directe Behandlung, pyämische Erscheinungen, selbst eine ausgesprochene Meningitis kann, wie ich dreimal erlebt habe, ohne nachtheilige Folgen vorübergehen. Dies darf uns indessen niemals abhalten, jeden Fall von Otitis media suppurativa acuta mit der grössten Sorgfalt und Regelmässigkeit zu behandeln, denn nur zu oft ergiebt es sich, dass an dem Chronischwerden und an den üblen Folgen der Krankheit lediglich eine verkehrte oder nachlässig durchgeführte Therapie die Schuld trägt.

Zu erwähnen ist noch als prognostisch wichtig, dass der Eintritt einer acuten Eiterung ohne vorhergehende Schmerzen und bei vorher noch nicht perforirtem Trommelfell äusserst suspect in Bezug auf Tuberculose ist.

Behandlung. So lange nur Hyperämie und Schwellung nachweisbar sind, besteht unsere Hauptaufgabe darin, die Schmerzen zu beseitigen, was durch kalte Umschläge oder Application des Leiterschen Wärmeregulators auf den Processus mastoideus, durch vor und hinter das Ohr gesetzte Blutegel und durch Einträufelungen von lauwarmen Flüssigkeiten, am besten von abgekochtem Wasser, von Thymolöl oder von Atropinlösung (0,05 : 25 Aq.) angestrebt werden kann. Das von Bendelack Hewetson[1] u. A. gerühmte Carbolglycerin Pharm. Brit. in 10—20 % Lösung wirkt zuweilen irritirend. Auch eine kräftige Ableitung auf den Darm kann erleichternd wirken. Der Kranke hat unbedingt das Bett zu hüten und muss auf Fieberdiät gesetzt werden. Bei hochgradiger Temperatursteigerung sind Antipyretica indicirt, von denen nach meinen Erfahrungen das Antifebrin das unschädlichste für das Ohr ist. Von anderen internen Medicamenten können Morphin, Bromkalium, Chloralhydrat und ähnliche in Betracht kommen; mit dem von Sexton[2] zuerst bei der Furunkelbildung, von Gorham Bacon[3] auch bei der acuten Mittelohrentzündung warm empfohlenen Calciumsulphid (mehrmals täglich 0,006 bis 0,03) habe ich nennenswerthe Erfolge nicht erzielt. Schwartze[4] giebt den Rath, wenn im Beginne der Krankheit schwere Hirnsymptome bestehen, durch Einreibungen von Unguentum cinereum und subcutane Sublimatinjectionen eine Quecksilberintoxication hervorzurufen. Dass Breiumschläge und Bähungen, obwohl sie unleugbar mitunter den Schmerz vorübergehend erheblich lindern und insofern auch eine dauernde Besserung herbeiführen können, als sie den Durchbruch des Eiters beschleunigen, wegen der naheliegenden Gefahr einer Maceration des Trommelfelles zu verwerfen sind, ist schon wiederholt betont worden. Hingegen erweisen sich zuweilen Priessnitz'sche Umschläge als recht zweckmässig. Schmerzen am Processus mastoideus werden durch kräftige Jodanstriche oft rasch beseitigt.

[1] III. Otologischer Congress Basel 1884. Referat: Archiv f. Ohrenhlkde. XXII. 118.
[2] American Journal of Otology 1879, 41.
[3] Zeitschrift f. Ohrenhlkde. XIII. 120.
[4] Die chirurgischen Krankheiten des Ohres, S. 178.

Sobald die subjectiven und objectiven Symptome eine Eiteransammlung erkennen lassen, darf man mit der Paracentese nicht
zögern. Es ist unzweifelhaft das kleinere Uebel, wenn die Operation
einmal zu früh ausgeführt, als wenn man sie zu lange hinausschiebt,
da man niemals wissen kann, ob nicht schwere, vielleicht letale Complicationen in Folge der Eiterretention eintreten werden. Da der
Kranke um jeden Preis von seinen äusserst empfindlichen Beschwerden
befreit zu werden wünscht, so wird man, wenn man ihm mit der ge-
nügenden Sicherheit die Nothwendigkeit des verhältnissmässig geringfügigen Eingriffes vorstellt, selten auf Schwierigkeiten stossen; und
man wird nicht übertreiben, wenn man messerscheuen Personen erklärt,
dass von der sofortigen Ausführung der Paracentese das
durch die Krankheit direct bedrohte Leben abhängen kann.
Auch kann man mit gutem Gewissen behaupten, dass die Eiterung,
wenn dem Secrete durch die Incision schleunigst Abfluss verschafft
wird, wesentlich schneller heilen wird, als es bei spontaner Perforation der Fall sein würde.

Die Incision wird wie gewöhnlich (s. S. 162) im hinteren-unteren
Quadranten angelegt und soll, da sie sonst leicht verklebt und bald
wiederholt werden muss, mindestens 3 mm lang sein. Nur wenn ein
anderer Theil des Trommelfelles besonders stark nach aussen gewölbt
erscheint, wähle man diesen als Einstichstelle. Da die Membran in
der Regel sehr stark verdickt und infiltrirt ist, misslingt dem Anfänger
zuweilen gerade bei der acuten Mittelohrentzündung die Durchschneidung
sämmtlicher Schichten; man lasse sich durch eine erhebliche Resistenz
und ein Gefühl, „als ob man in Fleisch schnitte", nicht irre machen,
sondern führe das Messer so tief bis es wieder frei wird oder an die
innere Paukenhöhlenwand anstösst, deren Verletzung, wie oben bemerkt,
unbedenklich ist. Die Blutung ist manchmal einigermassen beträchtlich, so dass im Anfange das Secret durch die Hämorrhagie verdeckt wird.

Auf die Paracentese folgt die Luftdouche mit dem Katheter
oder, was hier meist genügt, mit dem Politzer'schen Verfahren, welches
man der grösseren Einfachheit wegen jedesfalls vorziehen wird, wenn
der Kranke durch heftige Schmerzen geschwächt ist oder stark fiebert.
Ist das Secret dicklich, so empfiehlt es sich, im Anschluss an die Lufteintreibung sofort vom Gehörgange aus und womöglich auch durch
den Katheter per tubam lauwarmes abgekochtes Salzwasser durchzu-
spülen. Bei flüssiger Beschaffenheit des Exsudates und bei sofortiger
Erleichterung des Kranken durch die Incision kann man mit den Injectionen etwa vierundzwanzig Stunden warten. Da die Beschwerden
in den meisten Fällen bald nach der Operation beträchtlich nachlassen,
wird man in der Regel besondere schmerzstillende Mittel nicht anzuwenden haben; im Nothfalle schaffen Einträufelungen von Atropin-
oder von Cocainlösung Linderung, auch blosses lauwarmes Wasser wirkt
oft beschwichtigend.

Zum Ausspülen des Ohres, welches, sobald die Eiterung im Gange
ist, den wichtigsten Theil der Therapie darstellt und welches, solange
die Exsudation copiös ist, drei- bis achtmal täglich zu geschehen hat,
bedient man sich entweder einer $^3/_4$ °/₀igen Kochsalzlösung oder einer
3 °/₀igen Borlösung. Ich ziehe die letztere vor, da sie nicht irritirend

wirkt und etwas desinficirt. Rohrer[1] empfiehlt neuerdings besonders das leicht lösliche Natrium chloro-borosum in 2--3% iger Lösung. Natürlich ist es nicht zu vermeiden, dass das Ausspritzen, solange es mehrmals am Tage erforderlich ist, vom Kranken selbst oder seiner Umgebung übernommen wird. Man versäume es nicht, sich genau davon zu überzeugen, dass die Procedur von dem Laien in der richtigen, vorher zu demonstrirenden Weise ausgeführt werde.

Die Behandlung mit der Spritze muss, entsprechend der Verminderung des Secretes, mit abnehmender Häufigkeit solange fortgesetzt werden, als noch Eiter abfliesst. Die Vorausschickung der Luftdouche ist dabei mindestens einmal täglich nothwendig, und jedesmal muss auf die Ausspritzung eine Austrocknung des Ohres mit Watte folgen.

Eine weitere Indication für die Therapie liegt in der Bekämpfung der Eiterbildung. Hierfür sind die verschiedenartigsten Medicamente empfohlen worden, welche wir, da bei der acuten Eiterung dieser Theil der Behandlung minder wichtig ist, bei der Therapie der chronischen Mittelohrentzündung würdigen werden. Am günstigsten wirkt nach meiner Erfahrung der besonders von Schwartze[2] empfohlene Liquor plumb. subacetici, von welchem für den jedesmaligen Gebrauch 1--2 Tropfen mit 10 Tropfen lauwarmen destillirten Wassers gemischt und mit Hülfe eines Tropfgläschens eingeträufelt werden. Anfangs wird man diese Instillationen dreimal täglich wiederholen, später aber seltener vornehmen lassen. Die Bleitropfen reizen, auch wenn sie nach Vorschrift 10--15 Minuten im Ohre verweilen, weniger als alle anderen Adstringentien und beseitigen die Eiterung oft binnen wenigen Tagen. Die Sistirung der Secretion macht sich, wie Schwartze[2] hervorhebt, durch das Auftreten eines Bleiniederschlages auf dem Trommelfelle bemerklich.

Von den Einblasungen von Borsäurepulver, welche ich auf Bezolds[3] Empfehlungen früher vielfach auch bei der acuten Mittelohrentzündung angewandt habe, mache ich im Allgemeinen bei dieser Affection nur noch selten Gebrauch, obwohl ich mit Politzer[4] darin übereinstimme, dass dieselben die Eiterung oft sehr schnell zum Verschwinden bringen und dass die gegen die pulverisirte Borsäure erhobenen Einwände übertrieben sind (s. unten). Je mehr Erfahrungen ich über den Liquor plumbi subacetici gemacht habe, um so ausschliesslicher habe ich mich ihm zugewandt, und mir scheint, dass es bei der Bekämpfung der acuten Eiterung der Paukenhöhle weniger auf eine speciell antiseptische als auf eine adstringirende Behandlung ankommt. Gute Resultate erzielt man zuweilen auch, und zwar besonders bei den vorwiegend mikroparasitären Otorrhöen, mit einer 3%igen Borsäurelösung, welche etwas Spiritus enthält. Auch von Sublimat- und Salicylsäurelösungen kann Gebrauch gemacht werden.

Die Behandlung der spontanen Perforation des Trommelfelles ist dieselbe wie nach einer Paracentese. Nur wird man hier besonders darauf zu achten haben, dass der Abfluss des Secretes

---

[1] Lehrbuch der Ohrenhlkde. S. 136.
[2] Die chirurgischen Krankheiten des Ohres. S. 179.
[3] Archiv f. Ohrenhlkde. XV. 1.
[4] Lehrbuch der Ohrenhlkde. II. Aufl., S. 284.

ein freier ist. denn bei ungenügender Entleerung des Eiters wird der
Verlauf leicht schleppend und kommt es oft zu Complicationen, besonders auch von Seiten des Warzenfortsatzes. Die häufigste Ursache einer Stagnation des Exsudates ist ein zu geringes
Lumen und eine zu hohe Lage der Perforation: beiden Uebel-
ständen ist mit dem Messer leicht abzuhelfen, indem man ein zu kleines
Loch erweitert oder, wenn der Sitz der spontanen Durchbruchsstelle in
der oberen Hälfte der Membran ist, am unteren Trommelfellrande eine
Gegenöffnung anlegt. Der Erfolg derartiger Incisionen ist stets ein
eclatanter. Granulationen und callöse Aufwulstungen der Perforationsränder, welche gleichfalls nicht selten den Abfluss erschweren, ätzt man am besten mit Lapis in Substanz, wozu man sich
einer feinen, gekrümmten Sonde bedient, an welche man etwas Argentum nitricum perlenförmig anschmilzt. Betupfungen mit Liquor ferri
sesquichlorati und Eingiessungen von absolutem Alkohol, welche namentlich von Politzer [1]) empfohlen werden, sind unzuverlässig in ihrer
Wirkung.

Was die Behandlung der Complicationen anbetrifft, so wird dieselbe bei Besprechung der Folgezustände der Mittelohreiterungen angegeben werden. Je früher man für die Eiterentleerung sorgt und je
gründlicher man das Ohr reinigt, um so seltener wird man Complicationen zu behandeln haben.

f. Die chronische eiterige Mittelohrentzündung. Otitis media suppurativa chronica.

Statistik und Aetiologie. Die chronische eiterige Mittelohrentzündung gehört zu den häufigsten Ohrenkrankheiten (etwa 13,8 %).
Sie entsteht vorzugsweise im Kindesalter, obwohl sie öfter bei Erwachsenen (61.2 %) zur Behandlung kommt und befällt beide Geschlechter in gleichem Verhältnisse. Einseitige Erkrankung (58 %)
ist häufiger als bilaterale (42 %).

Der Krankheit liegen dieselben Ursachen zu Grunde wie der
acuten Form, aus welcher sie sich, sei es in Folge von bestehenden
Allgemeinkrankheiten, von localen Verhältnissen, wie Granulationen, hochgelegener Perforation, oder ungünstigen äusseren Einflüssen, wie ungeeigneter Therapie, in den meisten
Fällen entwickelt; doch kann sie auch ohne acutes Vorstadium,
von Anfang an chronisch verlaufen.

Pathologische Anatomie. Die Schleimhaut der Pauken-
höhle und meist auch gleichzeitig ihrer Nebenhöhlen zeigt sich, vorwiegend in der subepithelialen Schicht, erheblich verdickt durch rundzel-
lige Infiltration, durch Ektasie und Neubildung von Blutgefäs-
sen, häufig auch an einzelnen Stellen in Form von Zotten und Höckern,
breit aufsitzenden Granulationen und polypenartig gestielten Excrescenzen noch besonders hyperplasirt. Das Epithel ist in
der Regel theilweise verändert: ohne Flimmerhaare, verhornt oder

---

[1]) Lehrbuch der Ohrenhlkde. II. Aufl., S. 285.

fettig degenerirt; an einzelnen Stellen fehlt es ganz, an anderen ist es zuweilen durch vielfache Schichtung verdickt. Wie Politzer[1] zuerst nachgewiesen hat, kommt es ferner zu einer Erweiterung der Lymphgefässe, welche varicös erscheinen und kolbige Ausbuchtungen in Gestalt von cystenartigen Hohlräumen bilden ähnlich den mehr oberflächlich gelegenen, durch Verwachsung von Zotten und Granulationen entstandenen, epithelhaltigen Cysten.

Das Trommelfell ist fast ausnahmslos in grösserer oder geringerer Ausdehnung perforirt. Von der punktförmigen Oeffnung bis zum totalen Defecte können alle möglichen Stadien der Defectbildung angetroffen werden; nur der Annulus tendineus bleibt regelmässig stehen. Der Rest des Trommelfells ist meist in Folge einer Hypertrophie seiner Cutislamelle mehr oder weniger verdickt und verfärbt und enthält häufig weissliche oder gelbliche Trübungen oder Verkalkungen.

Band- und strangförmige Synechien werden zwischen den verschiedenen Gebilden der Paukenhöhle ausgespannt in den meisten Fällen von älterer Mittelohreiterung gefunden, während andere Theile in einer regressiven Metamorphose (fettiger Degeneration) oder einer dermoiden Umwandlung begriffen sein können. Seltener sind ulcerative Vorgänge in der Mucosa, welche, wenn sie in die Tiefe greifen, auch den Knochen, und zwar sowohl die Wandungen der Paukenhöhle als auch die Gehörknöchelchen, in Mitleidenschaft ziehen können. Auf die Häufigkeit von circumscripten Entblössungen des Knochens, besonders an der Labyrinthwand, ist zuerst von Wilhelm Meyer[2] unter ausführlicher Schilderung des Befundes hingewiesen worden. Die Synechien führen zuweilen zu einer so ausgedehnten und vollständigen Scheidung der Paukenhöhle in zwei oder mehr Hohlräume, dass Absackungen und förmliche Retentionen von Eiter daraus entstehen können; gerade auf Grund dieser abnormen Verbindungen, welche mit Vorliebe den obersten Theil des Cavum tympani von dem übrigen Raume abtrennen, entwickeln sich leicht cariöse Processe am Tegmen tympani und den Gehörknöchelchen.

Das Secret ist vorwiegend eiterig, aber fast regelmässig mit Schleim gemischt, von gelblicher oder grünlicher Farbe, wenn es Blut und Detritusmassen enthält, mehr bräunlich. Selten wird die zuerst von Zaufal[3] eingehender studirte blaue Otorrhö beobachtet, welche ihre Entstehung dem Bacillus pyocyaneus verdankt. Die Menge des Exsudates variirt ungemein: je spärlicher die Absonderung ist, um so leichter wird sie fötid, doch kann auch bei copiöser Secretion unter der zersetzenden Einwirkung von Kokken ein höchst penetranter Gestank sich entwickeln. Ueber die im Paukenhöhleneiter vorkommenden Mikroorganismen ist bereits oben (s. S. 198) berichtet worden.

Tuben und Warzenfortsatz nehmen fast immer in mehr oder weniger ausgesprochener Weise an der Entzündung Theil und

---

[1] Archiv f. Ohrenhlkde. XI. 11.
[2] Archiv f. Ohrenhlkde. XXI. 149.
[3] Archiv f. Ohrenhlkde. VI. 206.

können dieselben anatomischen Veränderungen in ihrer Auskleidung
wie die Paukenhöhle darbieten.

Kommt der Entzündungsprocess zum Stillstand, so kann der
Trommelfelldefect entweder, meist nach einer Ueberhäutung seiner
Ränder, bestehen bleiben oder durch Narbenbildung, deren Wesen
bereits beschrieben worden ist (s. S. 122), geschlossen werden. Bei
persistenten grossen Perforationen findet man mitunter die ganze Paukenhöhle
an Stelle der Schleimhaut mit einer Fortsetzung des Gehörgangs-
integumentes austapezirt (dermoid metamorphosirt) oder theilweise
verkalkt.

Subjective Symptome. Patienten, welche an einer chronischen
purulenten Mittelohrentzündung leiden, können vollständig frei von Beschwerden sein, abgesehen von einem in seiner Quantität ungemein
wechselnden eiterigen oder schleimig-eiterigen Ausflusse, welcher indessen gleichfalls zeitweise fehlen kann.

Schwerhörigkeit besteht fast stets in einem mit Hülfe der
Hörprüfung nachweisbaren Maasse, doch kommt dieselbe oftmals dem
Kranken gar nicht zum Bewusstsein, weil sie zu geringfügig ist. Höhere
Grade von Harthörigkeit werden durch Synechiebildung und erhebliche
Schleimhauthypertrophie, durch Granulationen oder durch eine gleichzeitige Affection des inneren Ohres, niemals jedoch durch die Grösse
der Trommelfell-Perforation bedingt; bei nicht complicirter, einfacher
Schleimhauteiterung sind sie ungewöhnlich. Eine alltägliche Erscheinung ist hingegen ein auffallendes Schwanken in der Intensität
der Hörstörung, welches auf ein, zuweilen von Witterungsverhält-
nissen abhängiges, wechselndes Verhalten der Paukenhöhlen — und Tubenauskleidung bezüglich der Schwellung und Durchfeuchtung und besonders auf die verschiedenartige Beschaffenheit und Menge des
Secretes zurückzuführen ist. Je dicklicher der Eiter ist und je vollständiger er die Gehörknöchelchen umgiebt, um so mehr muss er natürlich auf die Leistungsfähigkeit des schallleitenden Apparates einwirken.
Zuweilen ist das Exsudat ein so spärliches, dass kaum eine eigentliche Otorrhö besteht; in solchen Fällen wird oft der Kranke nicht
im mindesten von dem in der Paukenhöhle oder in der Tiefe des Gehörganges in Form von Krusten und Detritusmassen zurückbleibenden
Eiter belästigt, umsomehr aber seine Umgebung, da derartige stagni-
rende Ansammlungen zersetzt werden und nun, ganz ähnlich wie bei
der Ozaena, einen unerträglich penetranten Gestank verbreiten.

Ueber subjective Geräusche wird selten erheblich geklagt;
in vielen Fällen fehlen sie gänzlich, in anderen treten sie, offenbar
abhängig von den schon erwähnten verschiedenartigen Zuständen der
Paukenhöhlenschleimhaut und daher sehr schwankend in ihrem Charakter und ihrer Intensität, zeitweise auf; quälend werden sie nur bei
einer Complication mit Labyrintherkrankung oder bei abnormer Belastung der Knöchelchen und Fenstermembranen durch Adhäsionen
oder Kalkeinlagerungen.

Auch Schmerzen sind in den uncomplicirten Fällen nur ausnahmsweise und häufiger in der entsprechenden Kopfhälfte als im Ohre
selbst vorhanden. Sie können jedoch plötzlich und heftig auftreten in
Folge eines acuten Nachschubes, wie er nicht selten im Verlaufe

aller Formen von chronischer Mittelohreiterung beobachtet wird, dauern dann aber meist nur so lange, als durch die vermehrte entzündliche Schwellung der Mucosa eine Eiterretention oder ein Druck auf die Nerven erzeugt wird. Anhaltende bohrende und stechende, nach der Schläfe und dem Hinterhaupte ausstrahlende Schmerzen im Ohre deuten auf einen cariösen Process hin.

Schwindel befällt die Kranken nicht selten und zwar besonders leicht bei plötzlichem Temperaturwechsel, beim Bücken und Aufstehen, sowie beim Ausspritzen des Ohres unter zu hohem Drucke oder mit zu kühlem Wasser.

Auffallend häufig können nach den Beobachtungen von Urban-tschitsch[1]) Anomalien der Geschmacksempfindung bei Patienten, welche an Otorrhö leiden, nachgewiesen werden. Diese Anomalien, welche sich nicht allein auf das Gebiet der die Paukenhöhle durch-kreuzenden Chorda tympani beschränken, sondern auch auf den Nerv. lingualis aus dem Trigeminus und auf den Glossopharyngeus zurückgeführt werden können, äussern sich nach Urbantschitsch meist in einer Herabsetzung oder vollständigen Aufhebung des Geschmackes an der dem erkrankten Ohre entsprechenden Hälfte der Zunge, des weichen Gaumens, der hinteren Rachenwand und bei Kindern zuweilen der Wangenschleimhaut. Auch lässt sich mitunter eine verschiedene Empfindlichkeit der Mund- und Rachenschleimhaut gegen Substanzen von verschiedener Qualität und eine Verminderung der Tast-empfindung[2]) an der Zunge constatiren.

Facialislähmung kommt wohl auch, und zwar in Folge eines von der geschwollenen Schleimhaut oder von Exsudat ausgeübten Druckes bei gleichzeitiger Dehiscenz des Faloppischen Canales, vor, wird aber weit häufiger bei cariösen Processen gefunden. Andere nervöse Erscheinungen sind von der Paukenhöhlenauskleidung aus-gehende reflectorische Einflüsse (sympathische Synergien") auf die Sinnesnerven, z. B. das durch eine Vermittelung des Trigeminus zu erklärende, von Urbantschitsch[3]) zuweilen constatirte Sinken der Sehkraft und der nicht selten vorkommende Nystagmus, welcher sich mit besonderer Vorliebe bei einem auf die Paukenhöhlen- oder Gehörgangswände mit der Sonde oder dem Ohrtrichter ausgeübten Drucke einzustellen pflegt. Dass auch psychische Alterationen bei der Otitis media suppurativa chronica vorkommen, konnte ich wiederholt bestätigen, und Schwartze und Koeppe[4]), Jackson[5]), Moos[6]), Schurig[7]). Hessler[8]) u. A. haben epileptiforme Anfälle im Ge-folge der Krankheit auftreten sehen, eine Erscheinung, welcher wir auch bei nicht eiterigen Katarrhen begegnen können (s. S. 152).

[1]) Beobachtungen über Anomalien des Geschmackes, der Tastempfindung und der Speichelsecretion. Stuttgart. Enke 1876.
[2]) Pflüger's Archiv für die ges. Physiologie, XLI. Heft 1 und 2.
[3]) Lehrbuch der Ohrenhlkde. III. Aufl., S. 361.
[4]) Archiv f. Ohrenhlkde. V. 282; IX. 221; X. 34.
[5]) British Medical Journal, V. 307.
[6]) Archiv f. Augen- und Ohrenhlkde. IV. Abth. 2, S. 325.
[7]) Jahresber. der Dresdener Gesellschaft f. Natur- und Heilkunde. October 1876. Referat: Archiv f. Ohrenhlkde. XIV. 149.
[8]) Archiv f. Ohrenhlkde. XX. 121.

Alle diese Neurosen sind indessen seltene Complicationen der chronischen Otorrhö.

Objective Symptome. Die Untersuchung eines mit einer chronischen eiterigen Mittelohrentzündung Behafteten ergiebt fast regelmässig das Vorhandensein von Exsudat und einer Trommelfellperforation. Dass das erstere sich bezüglich der Qualität ungemein verschieden verhalten kann, ist schon oben erwähnt worden. In dem einen Falle secernirt die Paukenhöhlenschleimhaut so stark, dass unausgesetzt Eiter im Gehörgange steht und der schützende Wattepfropf mehrmals täglich, ja zuweilen stündlich, erneuert werden muss, in anderen Fällen sammelt sich im Laufe des Tages nur wenig Exsudat an, und manchmal kommt es überhaupt nicht zu einem eigentlichen „Ausflusse", weil sich das sehr spärliche Secret in der Umgebung des Trommelfelles zu festen Krusten eindickt. Wir finden dann in der Tiefe des Gehörganges wandständige, dunkele Borken, welche auch das Trommelfell überziehen und dann die Diagnose sehr erschweren können, da ihre Entfernung oft trotz wiederholtem Ausspritzen und Abtupfen mit Watte nicht vollständig gelingt. Bei profuserer und dünnflüssiger Secretion ist der Befund meist leicht festzustellen, doch darf man niemals versäumen, sobald Eiter auf dem Trommelfelle liegt, denselben sorgfältig zu entfernen, weil sonst das Bild getrübt ist und eine gänzlich verkehrte Vorstellung von den bestehenden Veränderungen, namentlich von der Gestalt und Ausdehnung der Perforation und von der Farbe der Gewebe, gewähren würde.

Eine gewöhnliche Erscheinung bei erheblicher Production von dünnflüssigem Secrete ist die Maceration der Gehörgangsauskleidung, welche, besonders am Boden des Canales und an der Incisura intertragica, zur Bildung von tiefen Rhagaden und selbst Ulcerationen führen oder unter dem Bilde eines Ekzemes verlaufen kann. Bei langdauernder Otorrhö tritt auch nicht selten eine beträchtliche Verdickung der Weichtheile oder sogar eine auf chronischer Periostitis beruhende Hyperostose des Gehörganges ein, welche die Untersuchung sehr zu erschweren und auf den Verlauf der Krankheit ungünstig einzuwirken vermag.

Die Cerumenabsonderung sistirt während der Dauer der Mittelohreiterung vollständig und ihr Wiedererscheinen kann als ein Zeichen angesehen werden, dass die Otorrhö abgelaufen ist.

Die höchst mannichfaltigen Trommelfellbefunde, welche bei der chronischen Otitis media suppurativa zu beobachten sind, können unmöglich in einer erschöpfenden Weise aufgezählt werden. Wir müssen uns auf eine Schilderung der wichtigsten Erscheinungen beschränken, deren Auffindung für die Diagnose von besonderer Bedeutung ist.

Was zunächst den intacten Theil des Trommelfelles anbelangt, so kann derselbe von ganz normalem Aussehen sein, findet sich aber meist irgendwie verändert: grauweiss, trübe, röthlichgrau, gelbroth bis tiefroth, entsprechend dem Verhalten der einzelnen Trommelfellschichten und der etwa durchscheinenden Paukenhöhlenschleimhaut. Der Hammergriff ist nicht immer sichtbar, sondern verschwindet zuweilen hinter der Schwellung der ihn umgebenden Weichtheile; je grösser die Perforation ist, je weniger Halt er also hat, umso stärker wird er nach innen gezogen, so dass er sehr beträchtlich verkürzt erscheint oder sich vollständig verbirgt; mitunter fehlt er in der That ganz oder theilweise. In anderen Fällen wiederum ragt er frei in die Perforation hinein, so dass er wie herauspräparirt erscheint. Die Oberfläche des Trommelfelles kann glatt oder uneben, selbst granulirt sein; häufig besteht eine mehr oder minder lebhafte Desquamation des Epithels, welche ihr ein marmorirtes Aussehen verleiht. Zu den gewöhnlichen Befunden an den Trommelfellen bei der chronischen Otorrhö gehören auch die Verkalkungen, welche in dem den Residuen der Krankheit gewidmeten Kapitel eingehender gewürdigt werden sollen.

Das Hauptinteresse nimmt die Perforation des Trommelfelles in Anspruch. Ihr Sitz ist in der Mehrzahl der Fälle der vordere-untere Quadrant, doch kommen Defecte in den übrigen Theilen der Membran, namentlich im hinteren-unteren und im hinteren-oberen Segmente durchaus nicht selten vor, weniger gewöhnlich findet sich ein Substanzverlust in der Membrana flaccida und im vorderen-oberen Quadranten. Da die Peripherie des Trommelfelles, der Annulus tendineus, in Folge der dichten Verfilzung der Gewebsschichten besonders widerstandsfähig ist, so bleibt er meist, selbst wenn der ganze übrige Theil der Membran verloren gegangen ist, erhalten.

Die unter Benutzung von 1100 geeigneten Fällen von chronischer Mittelohrentzündung angestellten statistischen Untersuchungen über den Sitz der Trommelfellperforationen haben Folgendes[1]) ergeben:

Der Sitz der Perforation war
im vorderen-unteren Quadranten in 28,38 % der Fälle.
zwischen hinterem-unterem und vor-
derem-unterem Quadranten in . 23,03 % _ _
im hinteren-unteren Quadranten in 17,86 % _ _
zwischen hinterem-unterem und hin-
terem-oberem Quadranten in . . 2,36 % _ _
im hinteren-oberen Quadranten in 5,53 % _ _
im vorderen-oberen Quadranten in 1,63 % _ _
zwischen vorderem-oberem und vor-
derem-unterem Quadranten in . 1,72 % _ _
in der Membrana flaccida in . . 3,49 % _ _

Der vordere-untere Quadrant war mithin betheiligt ca. 53,13 % aller Fälle.

Die Grösse der Perforation schwankt innerhalb der weitesten Grenzen; Defecte in der Membrana flaccida z. B. stellen oft punktförmige, kaum sichtbare Oeffnungen dar, während bei Tuberculösen und nach Scharlach das ganze Trommelfell vereitern kann. Die allmähliche Vergrösserung einer anfangs kleinen Perforation lässt sich im Verlaufe der Entzündung zuweilen sehr genau verfolgen, auch kommt es mitunter, namentlich wenn der Defect sich in einem sehr geschwollenen Trommelfelle befindet, vor, dass der Umfang des Loches je nach dem bedeuten-

---

[1]) Siehe Bense, Beitr. zur Statistik der Trommelfellperforationen bei Otitis media suppurativa. Inaugural-Dissertation. Göttingen 1887.

deren oder geringeren Schwellungsgrade seiner Ränder schwankt, einmal grösser, ein andermal kleiner erscheint.

Die Gestalt des Trommelfelldefectes ist rund, oval, elliptisch oder eckig (Fig. 81, Fig. 82). Befindet sich der Substanzverlust in der

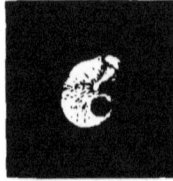

Fig. 81. Runde Perforation im
vorderen-unteren Quadranten.

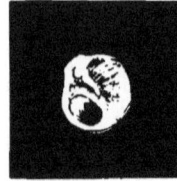

Fig. 82. Ovale Perforation im
vorderen-unteren Quadranten.

Umbogegend, so kann das Hammerende frei hineinragen und eine herz-oder nierenförmige Begrenzung bedingen (Fig. 83); nicht ungewöhnlich ist auch die sogen. V-förmige Perforation (Fig. 84), ein sehr

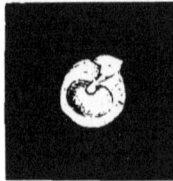

Fig. 83. Nierenförmige Perforation
der unteren Hälfte.

Fig. 84. V-förmige Perforation.

grosser Defect, welcher ausser etwa einem schmalen Saume des Sehnenringes nur einen dreieckigen Zwickel des Trommelfelles mit dem Hammergriff übrig lässt. Mehrfache Perforationen an einem Trommel-

Fig. 85. Zwei kleine Perforationen
in der unteren Hälfte des Trommelfelles.

Fig. 86. Zwei grosse Perforationen
in der unteren Hälfte des Trommelfelles.

felle sind keineswegs selten; namentlich werden zwei Löcher nebeneinander ziemlich häufig beobachtet (Fig. 85, Fig. 86); doch sind auch drei und mehr Defecte beschrieben worden, und selbst die siebförmige Durchlöcherung des Trommelfelles, wie sie Schwartze [1] bei Tuberkulose, Scharlach, Diphtherie und Pyämie gefunden hat, scheint nach

---

[1] Die chirurgischen Krankheiten des Ohres. S. 187.

meinen Erfahrungen nicht allzu selten vorzukommen. Bei der Diagnose einer mehrfachen Perforirung der Membran muss man übrigens insofern vorsichtig sein, als zuweilen ein grosser Defect durch einen ihn überbrückenden Epithelfetzen, welcher genau die Farbe des Trommelfellrestes besitzen kann, in zwei Theile geschieden wird, die indessen nicht thatsächlich zwei gesonderten Perforationen entsprechen, sondern wenn die Brücke durch Ausspritzen oder mit der Pincette entfernt wurde, zu einer zusammenfliessen.

Der Rand der Perforation kann vollkommen glatt, abgeschrägt oder wulstig, callös verdickt (Fig. 87) oder mit Granulationen besetzt

Fig. 87. Perforation im vorderen-unteren Quadranten mit verdicktem Rande und Reflexen von Flüssigkeit (Secret); am hinteren Rande des Trommelfelles eine weisse Trübung.

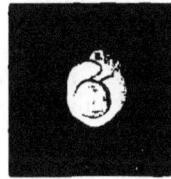

Fig. 88. Centrale Perforation, deren hinterer Rand mit dem Promontorium verlöthet ist.

sein; er hebt sich entweder frei von der hinter ihm liegenden inneren Paukenhöhlenwand ab oder liegt dieser an, in welchem Falle er leicht ganz oder theilweise mit ihr verwachsen kann; am häufigsten findet sich eine Verlöthung bei Perforationen im hinteren-unteren Quadranten

Fig. 89. Grosse Perforation mit Granulationen auf der Paukenhöhlenschleimhaut

Fig. 90. Granulationen aus der Paukenhöhle hervorquellend.

(Fig. 88), weil hier das Trommelfell und das Promontorium einander besonders nahe liegen. Je weiter der Perforationsrand von seinem Hintergrunde absteht, umso deutlicher hebt sich der Defect ab, und bei genügend intensiver Beleuchtung gelingt es dann leicht, einen Schlagschatten der Begrenzung auf die Labyrinthwand fallen zu lassen.

Die Schleimhaut der Paukenhöhle ist durch grössere Perforationen nach Beseitigung des Eiters deutlich zu sehen; sie kann von normaler gelbröthlicher Farbe oder dunkelroth, von normaler Dicke oder hypertrophisch, in letzterem Falle polsterartig glatt oder himbeerartig gewulstet erscheinen. Nicht selten finden sich Granulationen, welche entweder innerhalb der Paukenhöhle, tiefer als der Perforationsrand liegen (Fig. 89), oder über die Trommelfelloberfläche herausragen (Fig. 90). Liegt eine Granulationsmasse, welche den Defect vollständig ausfüllt, gerade in der Ebene der Membran, so kann sie leicht mit einer hypertrophischen Cutisparthie verwechselt werden. Nach Ablauf der Entzündung nimmt die Paukenhöhlenschleimhaut eine gelbröthliche bis gelbweisse Farbe an, schrumpft ein oder erscheint schnig verdickt. Bisweilen lassen sich, auch schon während der Dauer der Eiterung, je nach dem Sitz der Perforation, die verschiedenen Gebilde der Paukenhöhle deutlich erkennen: bei Defecten im hinteren-unteren Quadranten erblickt man das zuweilen mit zierlichen Gefässverästelungen besetzte Promontorium, nach hinten und unten von diesem, von der schroff abbiegenden Knochenkante tief beschattet, die Nische des runden Fensters (Fig. 91); bei Substanzverlusten im hinteren-oberen Quadranten den absteigenden Ambossschenkel (Fig. 91), das Köpfchen und einen Theil des äusseren, seltener auch des inneren Schenkels des Steigbügels, mitunter auch die Sehne des musc. Stapedius; bei Fehlen des untersten Theiles den mit zahlreichen Knochentrabekeln und Furchen besetzten, schräg nach aussen geneigten

Fig. 91. Grosse centrale Perforation, in welcher der absteigende Ambossschenkel, das Promontorium und die Nische des runden Fensters sichtbar sind

Fig. 92. Kleine Perforation in der Membrana flaccida.

Boden der Paukenhöhle. Am wenigsten gestatten die, wenn nicht ein cariöser Process zu Grunde liegt, meist sehr kleinen Perforationen der Membrana flaccida Shrapnelli (Fig. 92) einen Einblick in die Tiefe. Der hinter dieser der Propriafasern entbehrenden Ausbuchtung des Trommelfelles gelegene Theil der Paukenhöhle besitzt eine nur geringe Ausdehnung; er zerfällt in zwei Abschnitte, einen oberen, welcher von den amerikanischen Autoren „Atticus", von Kretschmann[1] „Hammer-Amboss-Schuppenraum", von Hartmann[2] „Kuppelraum", von Fr. Merkel[3] „Gipfelbucht" genannt wird, und einen unteren, die „obere Tasche des Trommelfelles" oder den Prussak'schen Raum[4]. (Fig. 93.)

Der Kuppelraum ist begrenzt lateralwärts durch die Schuppenfläche, welche von der oberen Gehörgangswand sich nach oben als äussere Knochenwand der Paukenhöhle umbiegt, medianwärts von der äusseren Fläche des Hammerkopfes und des Ambosskörpers und durch Schleimhautfalten, welche von diesen bis an die Paukenhöhlenwand hinziehen, nach oben von Tegmen tympani und nach unten durch

---

[1] Archiv f. Ohrenhlkde. XXV. 174.
[2] Deutsche Med. Wochenschrift 1888, Nr. 45.
[3] Handbuch der topographischen Anatomie. Braunschweig 1891, I. 349.
[4] Archiv f. Ohrenhlkde. III. 255.

das vom Hammerhals zum Margo tympanicus ausgespannte Ligamentum mallei externum und posterius. Die Mündung des Kuppelraumes liegt, wenn sie nicht etwa, wie es bei Kindern häufig der Fall ist, gänzlich fehlt, in den ihn medianwärts abgrenzenden Schleimhautfalten und ist oft, zumal wenn die Mucosa geschwollen ist, so vollständig verlegt, dass ein Perforationsgeräusch bei der Luftdouche nicht zu Stande kommt und dass Eiterungen im Kuppelraume bestehen können, ohne dass der übrige Raum der Paukenhöhle betheiligt zu sein braucht.

Der Prussak'sche Raum ist nach oben abgeschlossen durch das einen Theil des Bodens des Kuppelraumes bildende Ligamentum mallei externum, nach unten vom Processus brevis des Hammers, nach innen vom Hammerhals, nach aussen von der Membrana flaccida Shrapnelli; seine Mündung liegt nach hinten über oder in der hinteren Trommelfelltasche.

Je nachdem am Margo tympanicus das Ligamentum mallei externum und die Membrana Shrapnelli getrennt oder in einer gemeinschaftlichen Membran inseriren, kann der im Kuppelraume befindliche

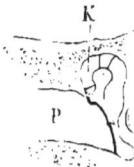

Fig. 93. Längsschnitt durch den äusseren Gehörgang. K = Kuppelraum, P = Prussak'scher Raum.

Fig. 94. Grosse Perforation der Membrana flaccida, den Kuppelraum blosslegend, aus welchem Granulationen hervorwuchern.

Eiter nur nach einer Perforation des Prussak'schen Raumes oder direct in den Gehörgang durchbrechen; beide Fälle scheinen gleich häufig vorzukommen.

Wie aus dieser kurzen anatomischen Schilderung hervorgeht, wird man, wenn in der Membrana Shrapnelli ein grosser Defect vorhanden ist, den Hammerhals, möglicher Weise auch den Hammerkopf und den Ambosskörper, also einen grossen Theil der inneren Begrenzung des Kuppelraumes zu Gesicht bekommen (Fig. 94). Wir werden auf diese Verhältnisse bei der Besprechung der cariösen Processe zurückzukommen haben. —

Die Luftdouche liefert fast regelmässig das charakteristische Perforationsgeräusch, welches je nach der Menge des vorhandenen Secretes und je nach der Grösse der Perforation verschieden scharf und hoch ausfällt. Undeutlich ist es zuweilen bei sehr ausgedehnten Trommelfelldefecten und bei trockener Schleimhaut und fehlen kann es nicht allein, wie bemerkt, bei Perforationen in der Shrapnell'schen Membran, sondern auch bei Verlöthungen der Perforationsränder mit der Labyrinthwand, bei Ansammlung von zähen Exsudatmassen und von Epithelschollen und bei hochgradiger Schwellung der Schleimhaut.

Die Hörprüfung ergiebt für die Diagnose keine besonders wichtigen Anhaltspunkte. Sie liefert, wenn nicht eine Labyrinthaffection be-

steht, die typischen Symptome einer Erkrankung des Schallleitungsapparates. Bemerkenswerth ist, dass auch bei grossen Trommelfelldefecten der Stimmgabelton vom Scheitel aus (Weber'scher Versuch)
regelmässig stärker auf dem kranken Ohre percipirt wird. Ueberhaupt
erweist sich die craniotympanale Leitung als verstärkt oder wenig
herabgesetzt im Verhältniss zur Luftleitung; dies zeigt sich namentlich
bei der Prüfung der Perceptionsdauer für Stimmgabeltöne, weniger
sicher beim Rinne'schen Versuche. Wie Blake[1]) nachwies, kann
durch eine Perforation eine gesteigerte Perception für hohe Töne bedingt sein, und Wolf[2]) fand, dass Vocale im Verhältniss viel besser
gehört werden als Consonanten, namentlich als Consonanten mit tiefem
Grundtone.

Verlauf. Der Verlauf der chronischen eiterigen Mittelohrentzündung kann ein sehr verschiedenartiger sein. Er wird wesentlich
beeinflusst durch die Constitution des Patienten, durch etwa vorhandene
Complicationen von Seiten des Gehörganges oder des Warzenfortsatzes und
durch gleichzeitige Affectionen in der Nase und im Rachen; dass auch
die der Eiterung zu Grunde liegenden Krankheiten eine erhebliche Einwirkung auf den Verlauf haben können und namentlich Tuberkulose,
Skrophulose, Scharlach und Diphtherie schwere Formen der Otitis media
suppurativa im Gefolge zu haben pflegen, ist wiederholt betont worden.

Der günstigste Verlauf ist der, dass nach längerem Fortbestehen
der Entzündung die Eiterung allmählich geringer wird, zeitweise aussetzt und schliesslich gänzlich ausbleibt, die Hyperämie und Hyperplasie der Paukenhöhlenauskleidung und des Trommelfelles schwindet
und narbiger Verschluss des Tromelfelles eintritt mit vollständiger oder unvollständiger Wiederherstellung der Hörfunction. In
andern Fällen bleibt auch nach der Beseitigung der Absonderung der
Trommelfelldefect persistent, und, wenn er sich nicht überhäutet,
pflegt dann jede geringfügige Schädlichkeit, welche die blossliegende
Schleimhaut trifft, eine neue Secretion, zuweilen in Gestalt eines acuten
Nachschubes, zuweilen ohne stürmische Symptome, hervorzurufen.
So kommt es, dass bei vielen Kranken in der rauheren Jahreszeit
regelmässig die Otorrhö recidivirt, dass manche Patienten bei jedem
Schnupfen und jeder Angina regelmässig Ausfluss aus dem Ohre haben
und dass häufig bei anscheinend ganz gesunden Ohren, nachdem vielleicht Jahre und Jahrzehnte lang keine Spur von
Absonderung bestanden hat und eine früher abgelaufene
Otitis media längst vergessen war, bei irgend einer Gelegenheit, z. B. durch das Eindringen von Wasser ins Ohr beim
Baden oder Waschen, plötzlich wieder eine Eiterung zum Vorschein kommt, welche sich bei der Inspection des Trommelfelles als
ein nur scheinbar acuter Process auf der Grundlage eines alten Defectes erweist.

Durch eine besonders lange Dauer zeichnen sich diejenigen Mittelohreiterungen aus, welche mit Granulationen oder Polypen ver-

---

[1]) Archiv f. Augen- und Ohrenhlkde. III., Abth. I. S. 208.
[2]) Sprache und Ohr. Braunschweig 1871. S. 221.

bunden sind oder Anzeichen von ulcerativen Vorgängen, wie Exfoliation der Gehörknöchelchen, circumscripte Caries der Paukenhöhlenwände, Abscedirungen in der Umgebung des Ohres, erkennen lassen. Derartige Abscesse sind nicht selten besonders am Warzenfortsatze, in der Parotisgegend und in der hinteren Wand des knöchernen Gehörganges. Sie kommen, abgesehen von der noch zu besprechenden directen Betheiligung der Warzenzellen und der Periostitis des Processus mastoideus, zu Stande, indem der Eiter aus der Paukenhöhle durch die Sutura petroso-mastoidea und Sutura mastoideo-squamosa, an der Vereinigungsstelle zwischen knöchernem und knorpeligem Gehörgange, durch die Incisurae Santorinianae oder die beim Kinde vorhandene Ossificationslücke im Os tympanicum durchbricht oder von der Paukenhöhle, unter den Weichtheilen hinkriechend, hinter die Gehörgangshaut gelangt. Seltener sind Senkungsabscesse am Gaumen, an der hinteren Rachenwand und an anderen, tiefer gelegenen Stellen.

Eine weitere Complication, welche im Verlaufe der Otitis media suppurativa eintreten kann und welche geeignet ist, die Heilung zu verhindern oder zu schmälern, ist die Bildung von Adhäsionen zwischen dem Trommelfelle, den Perforationsrändern oder Narben und der gegenüberliegenden Paukenhöhlenwand. Abgesehen von den daraus resultirenden Hörstörungen kommen dadurch förmliche Absackungen, besonders im hinteren-oberen Theile der Paukenhöhle, zu Stande, welche der Therapie schwer zugänglich sind und in welchen daher die Eiterung hartnäckig unterhalten werden kann.

Schliesslich ist noch der Entstehung von Polypen und Cholesteatomen und der letalen Folgekrankheiten zu gedenken, welche sich an eine chronische Mittelohreiterung anschliessen können und welche eine besondere Besprechung erfahren sollen.

Prognose. Die Prognose der chronischen Mittelohreiterung ist, wie aus den obigen Schilderungen hervorgeht, im Allgemeinen keine sehr günstige und, solange die Eiterung nicht vollständig beseitigt ist, sogar eine dubiöse, da jederzeit schwere Complicationen eintreten können. Wie häufig dies der Fall ist, lässt sich nicht bestimmt angeben; gegenüber der Thatsache, dass unzählige Menschen trotz jahrzehntelanger Otorrhö, selbst bei Caries des Schläfenbeines, ein hohes Alter erreichen und schliesslich an einer mit der Ohraffection nicht in Zusammenhang zu bringenden Krankheit sterben, muss nachdrücklich hervorgehoben werden, dass äusserst ernste, ja meist letal endigende Folgekrankheiten sicher nicht zu den Seltenheiten gehören (selbst in der poliklinischen Praxis enden 0,3–0,5 % der Fälle letal) und dass man sie in keinem Falle mit Sicherheit ausschliessen kann. Die Prognose hat daher, solange eine Eiterung im Gange ist, zunächst nicht die Wiederherstellung des Gehöres, sondern die Bedeutung des Krankheitsprocesses für den Gesammtorganismus, für Gesundheit und Leben des Patienten ins Auge zu fassen. Am vollständigsten und schnellsten heilt die einfache Schleimhauteiterung bei sonst gesunden Individuen; durch jede Complication, namentlich wenn dieselbe geeignet ist, eine Eiterretention zu erzeugen, wird die Prognose ebenso wie durch etwa bestehende Constitutions-anomalien getrübt. Auf eine Wiederherstellung der Hörfunction ist nur dann zu rechnen, wenn die Schwerhörigkeit nicht sehr erheblich ist, wenn sich die Paukenhöhlenschleimhaut vollständig zurückbildet und keine Adhäsionen zu Stande kommen; besonders ungünstig ist die Prognose quoad functionem, wenn eine Labyrinthaffection hinzutritt oder der Schallleitungsapparat durch die Exfoliation eines der Gehörknöchel-chen lädirt wird. Die Dauer der Affection ist dabei ziemlich gleich-gültig, obwohl sie andererseits für die Beurtheilung des muthmaass-lichen Verlaufes der Eiterung von Bedeutung ist. Dass das Aufhören der Secretion in der Regel kein definitives ist, so lange die Perfora-tion nicht geschlossen ist, ist schon oben hervorgehoben worden: Man lasse sich niemals durch das vielleicht jahrelange Ausblei-ben jeglichen Ausflusses verleiten, die Gefahr für wirklich beseitigt anzusehen, denn dieselbe kann in jedem Momente acut werden. Besonders eindringlich beweist dies ein von mir beob-achteter Fall, in welchem, nachdem eine chronische Eiterung nach neunjährigem Bestehen ohne Heilung der Perforation zum Stehen ge-kommen und 59 Jahre lang verschwunden geblieben und vergessen war, plötzlich in Folge des Eindringens von kaltem Wasser in das Ohr und den ziemlich grossen Trommelfelldefect eine erneute Secretion eintrat, deren Folge binnen drei Wochen eine letal- endigende Meningitis wurde.

In Anbetracht der Unsicherheit der Prognose und der latenten Lebensgefahr ist es denn auch ganz gerechtfertigt, wenn die Lebens-versicherungs-Gesellschaften die Aufnahme von an Mittelohr-entzündungen Leidenden oder mit einer persistenten Perforation behaf-teten Personen ablehnen oder nur unter erschwerenden Bedingungen zulassen. Ebenso gerechtfertigt, ja noch viel wichtiger würde es aber sein, wenn auch bei der Einstellung in den Militärdienst die gleiche Vorsicht geübt würde; denn, wie jeder Ohrenarzt bestätigen kann, werden nicht wenige junge Leute, welche, obwohl sie mit Eite-rungen oder trockenen Trommelfelldefecten behaftet sind, dienen müssen, weil sie nicht ganz schlecht hören, für ihr ganzes Leben unglücklich gemacht, indem eine Verschlimmerung ihres Leidens durch die im Dienste erlittenen Schädlichkeiten verursacht wird. Nicht der Grad der Hörfähigkeit, sondern der objective Befund sollte in allen Fällen für die Entscheidung der Frage, ob Jemand diensttauglich ist oder nicht, maassgebend sein.

Die Heilung der Eiterung und der Verschluss der Per-foration ist um so wahrscheinlicher, je entschiedener und rascher sich die Secretion vermindert, je dicklicher, schleim-haltiger das Exsudat ist, je glatter und blasser die Pauken-höhlenschleimhaut und der Trommelfellrest und je tiefer gelegen der Defect ist. Am ungünstigsten sind die Perforationen der Membrana flaccida wegen ihres hohen Sitzes und der dadurch stets bedingten Retention des Eiters.

Schliesslich sei nochmals darauf hingewiesen, dass es nach den bisherigen Erfahrungen auf bakteriologischem Gebiete (S. 198) den An-schein hat, als ob die Prognose durch die Anwesenheit bestimmter Mikroorganismen, besonders der Streptokokken, entschieden getrübt werden könnte.

Behandlung. Die Therapie hat besonders zwei wichtige Indi-
cationen zu berücksichtigen, nämlich die Entfernung des gelieferten
Secretes und die Bekämpfung der Eiterbildung.
Für die gründliche Reinigung des Mittelohres ist als einleitende
Procedur zum Zwecke der Lockerung und des Herausschleuderns des
Secretes aus der Perforation die Luftdouche unentbehrlich, die bei
bilateraler Affection, falls die Tuben gut wegsam und auch in der
Paukenhöhle und im Gehörgange keine wesentlichen Hindernisse vorhanden sind, sehr wohl nach Politzer's Methode ausgeführt werden
kann, bei einseitiger Erkrankung, zumal wenn ein hoher Druck erforderlich ist, aber jedenfalls besser mit dem Katheter bewerkstelligt wird.
Bei ungenügend kräftiger Wirkung der Lufteinblasungen per tubam
kann man nach dem Vorgange von Politzer[1] ein vorn gut abgerun-
detes, mit dem Ballon verbundenes Paukenröhrchen bis in die Nähe
der Perforation vorschieben und vom Gehörgange aus Luft in das Mittelohr eintreiben oder einfacher eine Luftverdichtung im Gehörgange nach
der bereits angegebenen Methode von Lucae[2] (s. S. 179) vornehmen.
Nach Anwendung der Luftdouche wird das Ohr von aussen
und, wenn die Perforation klein und hochgelegen ist, von der Tuba
her ausgespritzt. Beide Methoden sind im allgemeinen Theile
(s. S. 48 und 56) ausführlich geschildert worden. Die Injectionen durch die
Ohrtrompete, auf deren besondere Wichtigkeit namentlich Schwartze[3]
hingewiesen hat, kann man zweckmässiger Weise gleich mit dem
Katheterismus verbinden, indem man unmittelbar an die Lufteinblasung
die Einspritzung von lauwarmem Salzwasser oder 3%iger Borsäurelösung durch das noch in der Tuba sitzende Instrument anschliesst.
Bei bilateraler Affection kann die Durchspülung der Paukenhöhle von
der Nase aus auch ohne Zuhülfenahme des Katheters nach den oben
(s. S. 56) mitgetheilten Methoden von Politzer, Gruber und Sä-
mann ausgeführt werden.
Was die zur Ausspritzung des Ohres zu benutzende Flüssigkeit betrifft, so ist vor allem zu beachten, dass sie niemals unter
gewaltsamem Drucke injicirt werden darf, und auf 35—38° C. erwärmt sein muss. Für viele Fälle, namentlich wenn kein Fötor besteht,
genügt reines abgekochtes Wasser, welchem man, um die Quellung
des Epithels möglichst zu vermeiden, etwas Kochsalz zusetzen kann;
Burckhardt-Merian[4] empfiehlt besonders eine 5%ige Glauber-
salzlösung, weil dieselbe das Eiweiss des Eiters, das durch pures
Wasser gefällt wird, gelöst zu halten vermag. Mit Rücksicht auf die
wenigstens im Beginne der Eiterung fast stets im Secrete nachweisbaren Mikroorganismen ist im Allgemeinen die Injection von antiseptischen Mitteln anzurathen. Nach meinen Erfahrungen eignet
sich besonders die zuerst von Bezold[5] in die Ohrenheilkunde eingeführte Borsäure in 3½%iger Lösung, welche nicht im mindesten
reizt, allerdings, wie zugegeben werden muss, wohl auch nur schwach

---

[1] Lehrbuch der Ohrenhlkde. II. Aufl., S. 331.
[2] Archiv der Ohrenhlkde. XII. 204.
[3] Die chirurgischen Krankheiten des Ohres, S. 194.
[4] Correspondenzbl. f Schweizer Aerzte 1874, S. 566.
[5] Archiv f. Ohrenhlkde. XV. 1.

antizymotisch wirkt, vielmehr nur das Wachsthum und die Vermehrung
der Spaltpilze verhindert. Intensiver ist die antiseptische Wirkung des
in neuester Zeit von Trautmann[1]) warm empfohlenen Jodtrichlorids;
dieses Medicament wird in wässerigen Lösungen zu $\frac{1}{8} - \frac{1}{4}{}^0/_0$ höchstens zu 1%, welche man sich aus einer 5%igen Lösung jedesmal frisch
bereitet, angewandt und ist nach Trautmann besonders angezeigt bei
grossen Trommelfelldefecten und fötider Eiterung. Da Jodtrichlorid
das Metall zerstört, muss es mit einer Glasspritze, am besten mit Asbeststempel[1]), eingespritzt werden. Ein Uebelstand, welcher mit der
Verwendung des Medicamentes verknüpft ist, ist das fast regelmässig
auftretende Brennen in der Tiefe des Ohres, welches $\frac{1}{2} - 1$ Stunde
dauert und zuweilen sich zu einem heftigen Schmerz steigert; doch ist
demselben in der Regel durch Nachspritzen mit Wasser leicht abzuhelfen.

Carbolsäure, welche ihrer irritirenden Wirkung wegen nur in
höchstens 2%iger Lösung angewandt werden darf, und Salicylsäure
(nach Politzer 1 Theil einer 10% alkoholischen Lösung auf $\frac{1}{3}$ Liter
Wasser) haben sich weit weniger bewährt als Borsäure. Von Sublimat-
injectionen (0,5—1 : 1000 Aq.), welche am sichersten antibakteriell
wirken würden, muss wegen der Gefahr einer Intoxication in allen Fällen
Abstand genommen werden, in welchen die Spritzflüssigkeit in grösseren
Mengen durch die Tube in den Schlund abfliesst; besonders zu empfehlen
ist, wo Sublimat gestattet erscheint, die von Kretschmann[2]) angegebene Formel 0,1 Sublim., 100,0 Aq. dest., 1,0 Acid. hydrochlor.
Kalium hypermanganicum wirkt wohl ziemlich intensiv auf den
Fötor, empfiehlt sich aber nicht wegen der nach seiner Anwendung
entstehenden braunen Niederschläge, welche die Beobachtung erschweren.
Besser bewährt sich Aluminium aceticum, besonders in der Burow-
schen Lösung zu 2%, welche häufig rasch eine Verminderung der Secretion herbeiführt, sowie das Aluminium acetico-tartaricum, nach
Lange[3]) in 20—25%iger Lösung angewandt, welches indessen bei
längerer Einwirkung weisse Ablagerungen im Ohre bildet. Das zuerst
von Eitelberg[4]) empfohlene Creolin (Pearson) dürfte in den zur
Benutzung kommenden Concentrationsgraden kaum als ein wesentliches
antibakterielles Medicament anzusehen sein; die von Eitelberg angegebene Dosirung, 10 g auf $\frac{1}{2}$ Liter Wasser, habe ich gleich anderen
Autoren bald wesentlich reducirt, da es sich zeigte, dass sie oft sehr
heftiges Brennen erzeugte. Obwohl die Creolinemulsion eine milchig
getrübte Flüssigkeit darstellt, deren mangelhafte Durchsichtigkeit die
Controle der ausgespritzten Secretmassen erschwert, und obwohl sie
beim Abfluss durch die Tube einen unangenehmen Theergeschmack
hervorruft, ist sie ihrer bequemen Anwendung und ihrer Wohlfeilheit
halber namentlich für die poliklinische Praxis, etwa im Verhältniss von
5 g auf $\frac{1}{2}$ Liter Wasser, ein ganz brauchbares Mittel, und es lässt
sich nicht in Abrede stellen, dass, wie auch Kretschmann[5]) constatirt

---

[1]) Deutsche Med. Wochenschrift 1891, Nr. 29.
[2]) Archiv f. Ohrenhlkde. XXVI. 103.
[3]) Monatsschrift f. Ohrenhlkde. 1885, Nr. 10.
[4]) Wiener Med. Presse 1888, Nr. 13.
[5]) Archiv f. Ohrenhlkde. XXVII. 74.

hat, manche Fälle von chronischer Mittelohreiterung unter seiner Einwirkung rascher heilen als bei anderen Medicamenten. Lysol und Naphthol (Haug[1]) besitzen vor dem Creolin als Spritzflüssigkeiten keine Vorzüge. Die besonders von Jacobson[2]) gerühmte Aqua chlorata (1 : 2 Aq.), welche keimtödtend wirkt, verdient bei sehr fötiden Eiterungen versucht zu werden. Weniger günstige Erfahrungen habe ich mit dem von Bettman[3]) und von Bull[3]) empfohlenen Wasserstoffsuperoxyd in 3%iger, nach Rohrer[4]) in 10%iger Lösung gemacht, welches man nach der Vorschrift von Burnett[5]) aus Ba O_2 + 2 HCl (= Ba Cl_2 + H_2 O_2) herstellen kann. Indessen ist dieses Medicament entschieden brauchbarer als das Pyoktanin, welches Rohrer[6]) in 2%iger Lösung zu Ausspritzungen verwendet; ich kann nur Ludewig[7]) darin beistimmen, dass die Blaufärbung der tieferen Ohrtheile bei der Methylenblau-Behandlung sehr störend ist. Ueber das von Ménière[8]) empfohlene Ozonein und über Asephol (Franchi[9]) besitze ich keine eigene Erfahrung.

Im Allgemeinen kommt es jedenfalls weit weniger auf die Wahl des Antisepticums an, welches als Spritzflüssigkeit dienen soll, wofern nur eine geeignete Concentration gewählt wird, als auf die Gründlichkeit der Ausspritzung, die vollständige und schonende Beseitigung des angesammelten Eiters. Dass nach jeder Ausspülung das Ohr sorgfältig ausgetrocknet werden muss, ist wiederholt betont worden (s. S. 52).

In neuerer Zeit wird die schon früher öfters angeregte „trockene Reinigung" des Ohres vielfach empfohlen, hauptsächlich in der Erwägung, dass die Injectionen reizen und möglicher Weise infectiösen Eiter in gesunde Höhlen des Schädels verschleppen können (Todd[10]). Namentlich Becker[11]) und Schalle[12]) treten ausser einigen amerikanischen Collegen sehr für diese Methode ein. Der Gehörgang und, soweit es eben ohne Durchspülung möglich ist, die Paukenhöhle wird mit Watte sorgfältig ausgetupft und dann mit Watte oder Piquélitzen (Schalle) ausgestopft. Es ist wohl von vornherein klar, dass eine wirklich vollständige Herausbeförderung des Secretes, die schon mit Hülfe einer gründlichen Durchspülung keineswegs immer durchführbar ist, durch Austrocknen, möge dasselbe auch von Luftdouche oder Aspiration begleitet sein, niemals erreicht werden kann. Oftmals habe ich mich überzeugt, dass selbst bei sehr grossen Trommelfelldefecten nach sorgfältigster, mehrfach wiederholter Reinigung mit Watte noch Rasselgeräusche bestanden und dass Wasserinjectionen dann noch reichliche Mengen von Secret zu Tage förderten. Gewiss ist auch der Um-

---

[1]) Münchener Med. Wochenschrift 1891, Nr. 12.
[2]) Archiv f. Ohrenhlkde. XXI. 113.
[3]) Archiv f. Ohrenhlkde. XXIII. 160.
[4]) Lehrbuch der Ohrenhlkde. 1891, S. 141.
[5]) Transactions of the American Otological Society. III. part. 5, 1886. Refer.: Archiv f. Ohrenhlkde. XXV. 133.
[6]) Archiv f. Ohrenhlkde. XXXI. 144.
[7]) Archiv f. Ohrenhlkde. XXXI. 35.
[8]) Annales des malad. de l'oreille 1885, Nr. 7.
[9]) Arch. internaz. di Oto-Rinojatria, I. Nr. 3.
[10]) Medical News 1. Decbr. 1883.
[11]) Monatsschrift f. Ohrenhlkde. 1879, Nr. 5.
[12]) Berliner Klin. Wochenschrift 1879, Nr. 32.

stand nicht zu unterschätzen, dass, zumal wenn die trockene Reinigung
dem Patienten überlassen wird, sehr leicht durch die eingelegten Stoffe
Eiterretentionen entstehen können. Noch weit unzweckmässiger ist der Vorschlag von Guyon[1].
mittelst Drainage, d. h. Einlegen eines Gummiröhrchens in den Ge-
hörgang, eine Beseitigung des Eiters zu bewirken; und ganz verwerflich erscheint mir die Einführung von Wattebäuschchen durch die
Trommelfellperforation in die Paukenhöhle, wie sie von Blake und
Shaw[2] empfohlen wurde.

Für die Bekämpfung der Eiterbildung, die zweite Indication
der Therapie, kommen vorwiegend Adstringentien, kaustische Mittel und
Antiseptica in Betracht.

Die adstringirenden Lösungen, welche wie alle Ohrtropfen
bei seitlicher Neigung des Kopfes auf das gesunde Ohr unter Abziehung
der Ohrmuschel lauwarm eingeträufelt und durch Druck auf den Tragus
oder durch das Politzer'sche Verfahren in die Paukenhöhle getrieben
werden müssen, um 3—10—15 Minuten darin zu verweilen, sind, vorausgesetzt, dass nicht Schmerzen bestehen, besonders bei starker Röthung,
Schwellung und Secretion der Schleimhaut indicirt. Die Zahl der empfohlenen Medicamente dieser Gattung ist eine ungemein grosse; welchem
von ihnen man den Vorzug zu geben hat, hängt, wie Schwartze[3]
bemerkt, von dem beabsichtigten Grade der Reizung und den Erfahrungen
des Arztes über die Stärke der Mittel ab. v. Tröltsch[4] stellt obenan
in Bezug auf ihre secretionsvermindernde Eigenschaft das Plumbum
aceticum und den Liquor ferri sesquichlorati, welche beiden
Mittel sich an der Luft und unter der Einwirkung des Secretes zer-
setzen und dann weisse bezw. braune Niederschläge bilden. Das essigsaure Blei bevorzugt auch Schwartze[5] (1 Tropfen Liquor plumb.
subacet. auf 20 Tropfen Wasser mit zunehmender Concentration, jedesmal vor dem Gebrauche frisch zu mischen), und es ist oben auseinander-
gesetzt worden, dass dieses Medicament auch nach meiner Erfahrung
als das am mildesten wirkende Adstringens bei der acuten Eiterung
sehr gute Dienste leistet; bei der chronischen Otorrhö habe ich
weniger ausgezeichnete Erfolge gesehen. Auch das von v. Tröltsch (l. c.)
empfohlene Plumbum nitricum (1 %) und das von Lucae[6] gerühmte
Cuprum sulfuricum (0,12 : 30,0 Aq.), sowie das Boraxglycerin
(1 : 30,0) nach Miot[7] habe ich nicht häufig bewährt gefunden. Besser
wirken Zincum sulfuricum (0,5—1%), Liquor Alumin. acetici
(1—2%) und vor Allem Acid. tannicum, welches ich mit Vorliebe
in Lösungen von 0,5 : 25,0 Glycerin anwende.

Gruber[8] macht vielfach Anwendung von Gelatinebougies,
welche, mit verschiedenen Adstringentien getränkt, in das Ohr eingelegt
werden und dort allmählich zerfliessen. Die Einwirkung der Medica-

[1] Annales des malad. de l'oreille 1877, 362.
[2] Archiv f. Augen- und Ohrenhlkde. III. 206.
[3] Archiv f. Ohrenhlkde. VII. 32.
[4] Lehrbuch der Ohrenhlkde. VII. Aufl., S. 515.
[5] Die chirurgischen Krankheiten des Ohres. S. 196.
[6] Berliner Klin. Wochenschrift 1870, Nr. 6.
[7] Revue mens. de Laryngol. 1886, Nr. 8.
[8] Monatsschrift f. Ohrenhlkde. 1878, Nr. 2.

mente wird dadurch verlängert, was für viele Fälle ein entschiedener Vortheil wäre; doch entsteht durch den Leim eine oft recht unangenehme Verschmierung. Geradezu gefährlich ist die Anwendung des unlöslichen Alaun in Pulverform, da derselbe mit dem Paukenhöhlensecrete oft steinharte Klumpen bildet, welche eine Eiterretention herbeiführen oder durch ihr Verweilen im Cavum tympani irritirend wirken können. Da indessen eine heilkräftige Wirkung dem Alaun in Substanz nicht abgesprochen werden kann, so wird man dieses Pulver immerhin zuweilen, wenn andere Medicamente den Dienst versagt haben, unter grosser Vorsicht, nur bei tiefliegenden und ausgedehnten Perforationen und unter der Voraussetzung einer täglichen Beobachtung in minimalen Quantitäten einblasen dürfen.

Unter den kaustischen Mitteln gebührt dem Argentum nitricum unzweifelhaft der Vorrang: bei kleineren Perforationen wirkt es, wofern nicht Granulationen oder cariöse Processe vorhanden sind, nach der von Schwartze[1]) angegebenen „kaustischen Methode" sicherer als irgend ein anderes Medicament. Die ursprünglichen Dosirungen von 1—2,5 : 30,0 Aq. dest. wurden von Politzer[2]) und auch von Schwartze[3]) selbst erheblich verstärkt; als schwächste Lösung empfiehlt der letztere Autor 1 : 30, als stärkste 1 : 10, und zwar werden dieselben in der Weise angewandt, dass nach sorgfältiger Reinigung und Austrocknung des Ohres die erwärmte Solution eingeträufelt und nachdem sie einige Sekunden bis eine Minute lang, selten länger, eingewirkt hat, mittelst einer Injection von warmem Salzwasser neutralisirt und entfernt wird. Um das Zurückbleiben von weissen Chlorsilberflocken zu verhüten, folgen einige Ausspülungen mit abgekochtem Wasser. Nach Abstossung des grauweissen Aetzschorfes muss die Kauterisation wiederholt werden: dies ist bei stark gerötheter und aufgelockerter Schleimhaut gewöhnlich am folgenden Tage, in leichteren Fällen alle zwei bis drei Tage nothwendig.

Zuweilen entstehen durch die Lapislösung ziemlich heftige Schmerzen, welche, falls sie bei der Neutralisirung nicht weichen, nach Urbantschitsch[4]) vermittelst einer Einträufelung von 3%iger Jodkaliumlösung beseitigt werden können. Dieselbe Lösung kann auch zur Bepinselung etwa mit Lapis benetzter Hautstellen benutzt werden, um die Schwarzfärbung zu vermeiden. Dass die kaustische Behandlung mitunter schon nach zwei- bis dreimaliger Anwendung wirkt, ist von allen Autoren, auch von Politzer, welcher die Methode nicht bevorzugt, constatirt worden; wenn eine mehrmalige Wiederholung der Aetzung nicht ausreicht, so ist zuweilen die Einblasung von kleinsten Quantitäten Alaunpulvers (s. oben) von vortrefflicher Wirkung.

Die übrigen für die kaustische Behandlung empfohlenen Heilmittel, wie Zincum chloratum, Acidum aceticum, Liquor ferri sesquichlorati, sind weit weniger zuverlässig als die Lapissolution und bereiten dem Kranken überdies leichter Schmerzen als jene; dies

---

[1]) Archiv f. Ohrenhlkde. IV. 233.
[2]) Archiv f. Ohrenhlkde. XI. 40.
[3]) Archiv f. Ohrenhlkde. XI. 121.
[4]) Lehrbuch der Ohrenhlkde. III. Aufl., S. 318.

gilt auch von der von Lange[1]) gerühmten Milchsäure in 15—30%iger
wässeriger Lösung, welche oft wegen zu intensiver Reizerscheinungen
ausgesetzt werden muss.

In der Gegenwart erfreuen sich auch bei der Behandlung der
chronischen eiterigen Mittelohrentzündung einer besonderen Beliebtheit
die Antiseptica, und gewiss ist ihre häufige Anwendung solange vollkommen berechtigt, als sie nur in denjenigen Fällen herangezogen
werden, in welchen die adstringirende oder kaustische Therapie wegen
der Anwesenheit massenhafter Mikroorganismen weniger Aussicht auf
Erfolg bieten. Von vornherein dürfen wir uns nicht verhehlen.
dass bei den unregelmässigen Begrenzungen und der Menge
weitverzweigter Nebenräume der Paukenhöhle eine auch nur
annähernd vollständige Antisepsis nicht erreichbar ist: bildet
doch schon allein die Tuba ein gefährliches Zuleitungsrohr für alle
möglichen Infectionsstoffe, welche wir niemals mit Sicherheit werden
ausschliessen können. Wenn man also von einer „antiseptischen
Behandlung" des Mittelohres spricht. so kann man darunter nur eine
nach den Regeln der Antisepsis eingeleitete und innerhalb der durch
die anatomischen Verhältnisse gesteckten Grenzen durchgeführte, gewissermaassen relativ antiseptische Therapie verstehen. Dass eine solche
gleichwohl ausgezeichnete Erfolge aufzuweisen haben kann, ist nicht
zu bezweifeln.

Was zunächst die antiseptischen Lösungen anbelangt, so muss
hier vor Allem die Carbolsäure in Betracht kommen. Dieselbe kann
sowohl in wässeriger und alkoholischer Lösung, höchstens zu 6%, als
auch in Glycerin angewandt werden: die letztere Form (3—6%) ist
entschieden vorzuziehen. Dass das Carbolglycerin, wie verschiedene
Autoren beobachtet haben, auch schmerzstillend wirken kann, ist wohl
nicht in Abrede zu stellen, doch lehrt andererseits die tägliche Erfahrung, dass es viel häufiger die Paukenhöhlenschleimhaut heftig irritirt.
Dasselbe gilt auch von der Salicylsäure. welche in 2—5%iger alkoholischer oder wässeriger Lösung vielfach beliebt ist. Bessere Resultate
habe ich mit Resorcin in 4%iger wässeriger oder alkoholischer Lösung erzielt: ich konnte die günstigen Erfahrungen von De Rossi[2])
vielfach bestätigen. Gleichwerthig mit dem Resorcin soll nach Burnett[3]) das salicylsaure Chinolin sein. welches ich nicht erprobt
habe. Auch das Sublimat leistet oft unverkennbar gute Dienste. sei
es in wässeriger oder alkoholischer Solution (0.05 : 50.0) oder nach der
Vorschrift von Ménière[4]) in Glycerin gelöst (0,05—0,3 : 10.0): doch
bringt dieses Medicament, wie schon Fergusson[5]) constatirt hat. auf
der Schleimhaut mitunter eine beträchtliche Hyperämie hervor, welche
einen längeren Gebrauch verbietet; natürlich wird man auch wegen der
naheliegenden Möglichkeit einer Quecksilberintoxication. besonders beim
tieferen Eintreiben der Tropfen in die Paukenhöhle. vorsichtig sein
müssen. Am ungünstigsten sind meine Versuche mit dem theils anti-

---

[1]) Monatsschrift f. Ohrenhlkde. 1887, Nr. 3.
[2]) XII. und XIII. Jahresbericht der Klinik. Rom 1885. Archiv f. Ohrenhlkde.
XXI. 191; XXII. 281.
[3]) American Journ. of Otology 1882. Nr. 2.
[4]) Archiv f. Ohrenhlkde. XXIII. 56.
[5]) Zeitschrift f. Ohrenhlkde. XV. 301.

septisch, theils wasserentziehend wirkenden Alkohol ausgefallen, welcher besonders von Politzer[1]) gelobt wird. Zwar sind mir Fälle von Pyämie, wie sie von Schwartze[2]) bekannt gemacht worden sind. nicht vorgekommen. wohl aber habe ich mich nicht selten davon überzeugt. dass Spiritus, auch wenn er nach der Vorschrift von Politzer anfangs mit Wasser verdünnt wird. heftige Schmerzen erzeugen kann, und die nicht selten zu beobachtende irritirende Wirkung alkoholischer Solutionen überhaupt dürfte in vielen Fällen nicht dem gelösten Medicamente. sondern dem Spiritus zur Last zu legen sein. Am wenigsten reizt eine 3,5%ige wässerige Borsäurelösung. welche ich in denjenigen Fällen vorziehe. in welchen durch andere Mittel irgend welche Beschwerden hervorgerufen werden. Auch das borsaure Glycerin (Boroglycerid). welches Brandeis[3]) in 10--50%iger Lösung empfiehlt. und das neuerdings von Jaenicke[4]) bevorzugte neutrale borsaure Natrium, welches in 50%iger Lösung eingeträufelt werden und zwei Minuten im Ohre verbleiben soll. reizt fast niemals. Kafemann[5]) hat ausser dem neutralen auch das alkalische Bornatrium (Natr. tetrabor. alcal.) ganz besonders bewährt gefunden.

Die Anwendung von antiseptischen Mitteln in Pulverform setzt eine ganz besonders peinliche Reinigung des Ohres voraus. Das früher sehr vielfach gebräuchliche Alaunpulver wird gegenwärtig seiner Unlöslichkeit wegen weniger häufig eingeblasen; dass es gleichwohl gute Dienste leisten kann. ist schon oben angeführt worden. In neuerer Zeit erfreut sich die fein pulverisirte Borsäure einer besonderen Beliebtheit; dieses Medicament, dessen antiseptische Eigenschaften schon oben gewürdigt worden sind. wurde zuerst von Bezold[6]) für die Behandlung der Ohreiterung empfohlen und muss in der That als ein vorzügliches Heilmittel bezeichnet werden. Die Anwendung des Borsäurepulvers muss indessen auf diejenigen Fälle beschränkt werden, in welchen die Perforation ziemlich gross ist (etwa mindestens ⅓ der Membran einnimmt) und sich nahe am unteren Rande des Trommelfelles befindet. Man vermeidet dann sicher Eiterretentionen und secundäre Entzündungen am Warzenfortsatze. wie sie von Schwartze[7]). Rhoden und Kretschmann[8]). Stacke[9]) beobachtet worden sind und welche nach den Mittheilungen von Grueining[10]) zu einem letalen Ausgange führen können. Meines Erachtens sind die Einwendungen. welche von den genannten Autoren gegen das Borpulver erhoben worden sind. übertrieben, obwohl ich nicht in Zweifel ziehen will. dass bei kritikloser Anwendung des Mittels, namentlich auch wenn es bei kleinen und hochgelegenen Perforationen und in

---

[1]) Lehrbuch der Ohrenhlkde. II. Aufl., S. 336.
[2]) Die chirurgischen Krankheiten des Ohres, S. 204.
[3]) Zeitschrift f. Ohrenhlkde. XIII. 299.
[4]) Archiv f. Ohrenhlkde. XXXII. 15.
[5]) Ueber die Behandlung der chronischen Otorrhö mit einigen neueren Borverbindungen. Danzig 1891.
[6]) Archiv f. Ohrenhlkde. XV. 1.
[7]) Archiv f. Ohrenhlkde. XXIV. 69.
[8]) Archiv f. Ohrenhlkde. XXV. 121.
[9]) Deutsche Med. Wochenschrift 1887, Nr. 50; 1888, Nr. 34.
[10]) Transactions of the American Otological Society 1887. Bd. IV, Heft 1.

grossen Mengen. vielleicht sogar vom Patienten selbst eingeblasen wird, unter besonders ungünstigen Umständen hie und da schädlich wirken kann. Ich selbst habe solche Fälle nie gesehen, obwohl ich das Mittel früher auch bei kleinen Defecten angewandt habe und mir Kranke in grosser Zahl vorgekommen sind, welchen von unerfahrenen Aerzten die Gehörgänge, selbst bei Perforationen der Shrapnell'schen Membran, zur Hälfte mit Borsäurepulver angefüllt worden waren. Ist der Arzt in der Lage, den Patienten regelmässig zu beobachten und hält er an den oben angegebenen Indicationen, welche übrigens von manchen Autoren, z. B. von Politzer, ohne Nachtheil wesentlich ausgedehnt werden, fest, so ist das Borpulver vollkommen ungefährlich und entfaltet eine zuweilen ganz überraschende, geradezu coupirende Wirkung. Die Einblasungen des Medicamentes, welche vermittelst des im Allgemeinen Theile (s. S. 54) angegebenen Pulverbläsers vollzogen werden, müssen in den meisten Fällen zunächst eine Zeitlang täglich wiederholt werden; zeigt sich dann aber eine Abnahme der Secretion, so führt man sie seltener, etwa zwei- bis dreimal wöchentlich aus, um sie, wenn schliesslich das Ohr trocken bleibt, ganz auszusetzen: die zuletzt insufflirte Dosis lässt man im Ohre liegen, bis sie nach kurzer Zeit von selbst herausbröckelt. Die Quantität des einzublasenden Pulvers darf stets nur eine geringe sein, sodass die Paukenhöhlenscheimhaut und das Trommelfell wohl allseitig mit einer dünnen Schicht bestäubt, keineswegs aber ein grösserer Theil des Gehörganges angefüllt ist. Es empfiehlt sich daher nur ausnahmsweise, die Insufflationen dem Kranken oder einem Angehörigen desselben zu überlassen, da dieselben die Vorschriften umso lieber überschreiten, als sie bemerken, dass nach einer grösseren Dosis sich nicht so rasch wieder von Neuem Eiter zeigt. Diese anscheinend günstige Wirkung rührt aber natürlich keineswegs immer von einer wirklichen Secretionsverminderung her, sondern beruht auf dem gerade unerwünschten Umstande, dass der Eiter die dicke Pulverschicht nur langsam zu durchbrechen vermag.

Zu beachten ist, dass im Momente der Pulvereinblasung fast regelmässig ein Sieden oder Kribbeln entsteht, welches etwa 20 Minuten anhält. Schmerzen kommen, wenn die Borsäure ganz fein verrieben ist, nur ausnahmsweise vor: sie rühren in der Regel von einer zu copiösen Anfüllung der Paukenhöhle oder einer zu starken Belastung des Trommelfelles mit Pulver her: beides lässt sich vermeiden auch ohne das von Scheibe[1]) beschriebene Paukenröhrchen, welches eine directe Insufflation ins Cavum tympani erleichtert.

Die übrigen zur Pulverbehandlung empfohlenen Mittel stehen hinter der leicht löslichen und fast stets gut vertragenen Borsäure weit zurück. Namentlich das Jodoform, welches zuerst von Rankin[2]) und Spencer[3]) für die Behandlung der Otorrhö herangezogen wurde, ist trotz vereinzelter eclatanter Erfolge, seiner irritirenden Eigenschaft wegen und in Folge der oft eintretenden Schorfbildung ein unzweck-

---

[1]) Münchener Med. Wochenschrift 1891, Nr. 14.
[2]) Transactions of the American Otological Society 1875. Referat: Archiv f. Ohrenhlkde. XI. 185.
[3]) American Journal of Otology, III. Heft 4.

mässiges Medicament; auch das Jodol, welches von Stetter[1] besonders gelobt wurde, hat sich nicht besser bewährt. Mit Aristol (Dithymol-Dijodid), einem gut desinficirenden Präparate, hat Rohrer[2] gute Resultate erzielt, welche ich indessen ebensowenig wie Ludewig[3] und Szenes[4] bestätigen konnte. Das von Haug[5] angewandte, sehr wenig lösliche und widerlich riechende β-Naphthol hat mich gleichfalls oft im Stiche gelassen, doch scheint es dem Jodoform und seinen Surrogaten immerhin noch vorzuziehen zu sein. Erwähnt sei noch das von Rohrer (l. c.) in 2%iger Concentration eingeblasene Pyoktanin, das von Gottstein[6] empfohlene, mit Chlornatrium verriebene Calomel, das Bismuthum salicylicum, mit welchem Délic[7] den Gehörgang „ausfüllt".

Wie schon aus der Zahl der hier — keineswegs in erschöpfender Vollständigkeit — angeführten Heilmittel hervorgeht, stösst man bei der medicamentösen Behandlung der chronischen Ohreiterung häufig auf Schwierigkeiten; zuweilen versagen gerade die bewährtesten Mittel, während vielleicht ein sonst wenig gebräuchliches Medicament überraschende Dienste leistet. Es ist daher zu empfehlen, wenn eine einmal verordnete Therapie innerhalb einer gewissen Zeit, etwa zwei bis drei Wochen, nicht eine merkliche Besserung herbeiführt, ein anderes Mittel vorzuschreiben; und es ist daher besonders wichtig, dass man dem Patienten, welchem man das Reinigen und Einträufeln, ausnahmsweise auch das Einblasen von Pulver überlassen kann, regelmässig und häufig untersucht, um sich von jeder eintretenden Veränderung alsbald überzeugen zu können.

Eine besondere Therapie erfordern die in der Paukenhöhle wuchernden Granulationen und circumscripte Schleimhauthypertrophien überhaupt. Veränderungen, welche zuweilen derartig in den Vordergrund treten, dass manche Autoren, wie Politzer, eine besondere als granulöse Mittelohrentzündung bezeichnete Erkrankungsform unterscheiden. Eine grosse Zahl dieser Fälle gehört in das später zu behandelnde Gebiet der Caries und Nekrose; wenigstens zeigt sich, wie besonders W. Meyer[8] dargelegt hat, bei Granulationen namentlich der Labyrinthwand auffallend häufig eine auf Ernährungsstörungen beruhende oberflächliche und circumscripte Nekrose; jedoch sind Fälle von Granulationsbildung auch bei der einfachen Schleimhauteiterung keineswegs selten.

Man beseitigt diese Excrescenzen am schnellsten und gründlichsten nach dem Vorschlage von Schwartze[9] und Jacoby[10] mit Hülfe des Galvanokauters und kann dazu entweder einen feinen Oesenbrenner oder

[1] Archiv f. Ohrenhlkde. XXIII. 264.
[2] Archives internat. de Laryng. 1890, Nr. 2.
[3] Archiv f. Ohrenhlkde. XXXI. 35.
[4] Therap. Monatshefte 1890, Nr. 2.
[5] Münchener Med. Wochenschrift 1891, Nr. 12.
[6] Zeitschrift f. Ohrenhlkde. XIII. 318.
[7] Internat. Otologischer Congress Paris 1886. Referat: Archiv f. Ohrenhlkde. XXIX. 302.
[8] Archiv f. Ohrenhlkde. XXI. 149.
[9] Archiv f. Ohrenhlkde. IV. 7.
[10] Archiv f. Ohrenhlkde. V. 1; VI. 235.

einen Stichbrenner verwenden; die zweckmässigste Batterie ist die Zink-Platin-Tauchbatterie von Voltolini. Auch der von Wolf[1]) angegebene biegsame scharfe Löffel (Fig. 95) ist ein zweckmässiges Instrument. welches indessen eine gewisse Vorsicht bei der Handhabung erfordert. Aetzmittel sind in grosser Zahl empfohlen worden. Hervorzuheben sind besonders die rauchende Salpetersäure nach Buck[2]), Alaun und Jodoform in Pulverform nach Demselben, Cuprum sulfuricum nach Lucae[3]), Liquor ferri sesquichlorati nach Politzer[4]). Chloressigsäure nach Hinton[5]); auch Chromsäure, Jodtinktur (0,5 T. Jodi. 1,5 Kal. jodat., 15,0 Glycerin) und Resorcin (4 % in Alkohol und Glycerin zu gleichen Theilen) können nützlich sein. Die besonders von Politzer[6]) empfohlene Behandlung mit absolutem Alkohol, welcher ohne Zweifel in Folge seiner Wasser entziehenden Wirkung kleine Granulationen zum Schrumpfen bringen kann, ist sehr langwierig und aus den oben angeführten Gründen minder zweckmässig. Alle diese Medicamente werden bei Weitem übertroffen durch das Argentum nitricum, welches man in Form einer an eine Sonde angeschmolzenen Perle zu einer vollständig umschriebenen Aetzung benutzt, eine Operation, welche meist keine nennenswerthen Beschwerden verursacht. Kleine Granulationen schwinden übrigens oft schon unter der Borsäurebehandlung; auch das Aristol wirkt hier zuweilen recht günstig.

Schliesslich können alle später noch zu besprechenden Mittel, welche uns zur Behandlung der Polypen zu Gebote stehen, auch bei Granulationen angewandt werden.

Abscesse im Gehörgange sind frühzeitig mit einem starken Furunkelmesser (s. d.) zu eröffnen und überhaupt ähnlich wie die Furunkel zu behandeln.

Fig. 95. Scharfer Löffel nach Oscar Wolf.

Die bei Perforationen in der Shrapnell'-schen Membran, bei Caries und Nekrose und bei den verschiedenen Complicationen und Residuen der eiterigen Mittelohrentzündung in Betracht kommenden therapeutischen Maassnahmen werden in den entsprechenden Kapiteln aufgezählt werden.

Ausser der hier beschriebenen localen Therapie der Otitis media

[1]) Archiv f. Augen- und Ohrenhlkde. IV. 125.
[2]) New York Medical Record, 1878, Juli.
[3]) Berliner Klin. Wochenschrift 1870, Nr. 6.
[4]) Wiener Med. Wochenschrift 1879, Nr. 16 ff.
[5]) Archiv f. Augen- und Ohrenhlkde. II. 2, 201.
[6]) Lehrbuch der Ohrenhlkde. II. Aufl., S. 340.

suppurativa chronica darf eine Allgemeinbehandlung nicht ausser Acht gelassen werden. Hier kommt vor allem in Betracht, dass die Kranken sich in günstigen hygienischen Verhältnissen befinden. Reine, milde Luft ist ein Haupterforderniss; wo dasselbe nicht dauernd zu beschaffen ist, können Luftkuren sehr förderlich sein. So wirkt auch die in neuerer Zeit sich mehr und mehr einbürgernde Einrichtung der Feriencolonien zuweilen äusserst segensreich. Besonders zuträglich ist der Aufenthalt in hochgelegenen, geschützten Gebirgsthälern und Waldgegenden, sowie in einem südlichen Klima, zumal wenn derselbe über den ganzen Winter ausgedehnt wird. Von Brunnenkuren kommen bei Anämischen die Stahlbäder (Pyrmont, Elster, Franzensbad, Brückenau), bei Skrophulösen die jodhaltigen Soolbäder (Kreuznach, Tölz) in Betracht.

Auch für eine interne Medication werden sich häufig Indicationen finden. In erster Linie ist in der Regel Leberthran, häufig Eisen und Jod erforderlich; und man kann sich von der ausgezeichneten Wirkung dieser allgemeinen Therapie oft überzeugen, wenn man sie in protrahirten Fällen verordnet, in welchen bisher nur der locale Process Beachtung gefunden hatte.

Dass man den etwa bestehenden und den Ohrleiden häufig zu Grunde liegenden Affectionen der Nase und des Rachens eine sorgfältige Behandlung zu Theil werden lassen muss, ist selbstverständlich. Mancher lange Zeit ohne sichtbaren Erfolg local behandelte Fall heilt rasch, wenn die Veränderungen, welche im Nasenrachenraum Platz gegriffen haben, beseitigt werden, und viele Eiterungen recidiviren immer von Neuem, solange jene den Entzündungsprocess unterhaltenden Affectionen fortbestehen.

Ferner ist entschiedenes Gewicht darauf zu legen, dass jeder mit einer Trommelfellperforation Behaftete, auch wenn keine Eiterung besteht, regelmässig Watte im Ohre trage. Besonders sorgfältig ist das Ohr vor dem Eindringen von kühlem Wasser zu schützen, da dasselbe ungemein leicht zu Entzündungen führt. Am besten vermeiden die Kranken Fluss- und namentlich Seebäder, sowie kalte Douchen vollständig.

Schliesslich sollte in Anbetracht der häufig nachweisbaren Pathogenität des vom Ohre secernirten Eiters ein Umstand nicht unberücksichtigt bleiben, nämlich die Infectionsgefahr, in welche ein an Otorrhö Leidender seine Umgebung versetzt, wenn das Ohr nicht sorgfältig gereinigt und verschlossen gehalten wird. Wenn es auch kaum zu erreichen, vielleicht auch nicht einmal mit Recht zu fordern sein wird, dass alle Kinder, welche mit einer Ohreiterung behaftet sind, aus den Schulen ausgeschlossen werden, so sollte es doch den Eltern und Lehrern zur Pflicht gemacht werden, darauf zu achten, dass allen Anforderungen der Hygiene, besonders der Antisepsis, soweit sie durchführbar ist, Genüge geleistet werde. Schüler, welche an einer fötiden Otorrhö leiden, sollten nicht allein im Interesse des Geruchssinnes, sondern auch der Gesundheit ihrer Kameraden einen gesonderten Platz im Klassenzimmer finden.

g. Otitis media desquamativa.

Pathologische Anatomie. Die desquamative Otitis media ist streng genommen kein in sich abgeschlossener Krankheitsprocess, sondern nur eine Theilerscheinung der chronischen Mittelohrentzündung. In nicht seltenen Fällen dieser Krankheit nämlich tritt nicht die Secretion in den Vordergrund, sondern eine übermässige Wucherung und Abstossung von Epithelzellen. Dieselben werden nur theilweise durch den Eiter aus der Perforation herausgespült und bleiben, wenn der Trommelfelldefect klein und hochgelegen ist oder wenn andere Umstände ihre Entleerung erschweren, in grösseren Mengen in der Paukenhöhle und ihren Nebenräumen zurück. So können sich in dem ganzen System von Höhlen und Buchten, aus welchen sich das Mittelohr zusammensetzt, gelblichweisse, locker mit einander verbundene Ballen oder Schollen vorfinden, von denen nur etwa von Zeit zu Zeit kleinere Partikel in den Gehörgang ausgestossen werden und aus welchen sich allmählich das unten zu besprechende Cholesteatom entwickeln kann. Die Schleimhaut der Paukenhöhle ist in den meisten Fällen stellenweise dermoid degenerirt und in ihren oberen Schichten verhornt; doch kann auch eine nicht entartete, chronisch entzündete Mucosa eine reichliche Desquamation veranlassen.

Verlauf. Die Retentionsprodukte der desquamativen Otitis media, welche, solange sie nicht weitere Veränderungen eingehen, ziemlich trocken sind, fallen in der Regel schliesslich unter der Einwirkung des Paukenhöhlensecretes und seiner Mikroorganismen der Zersetzung anheim und bilden dann einen krümeligen, bräunlich-schmierigen Detritus, welcher allmählich aus der Perforation heraustritt und meist einen Theil des Trommelfelles bedeckt. Dieser Zerfall tritt aber offenbar erst nach langem Verweilen der Desquamationsprodukte in der Paukenhöhle ein und schliesst eine erneute Abstossung von Epithelmassen keineswegs aus. Die letztere kann ungemein rasch vor sich gehen, so dass, wie die Erfahrung lehrt, schon wenige Wochen nach der Entfernung solcher Hautschollen sich wieder neue Ansammlungen gebildet haben. Besonders häufig kommt dies bei grossen Perforationen und minimaler oder gänzlich fehlender Secretion vor, ähnlich wie auch die Myringitis desquamativa fast niemals mit nennenswerther Exsudation verbunden ist. Uebrigens tritt auch nicht selten eine spontane Ausstossung von grösseren, nicht zersetzten Ballen und Schollen ein.

Subjective Symptome. Die Desquamation des Paukenhöhlenepithels kann lange Zeit vollständig symptomlos verlaufen, so dass nur die oben geschilderten, oft wenig auffallenden Erscheinungen, welche die Otitis media suppurativa chronica zu begleiten pflegen, vorhanden sind. Allerdings erreicht in der Regel die Schwerhörigkeit einen höheren Grad, da die Schallleitung zum Labyrinthe durch die Hautschollen wesentlich erschwert wird; doch kann es auch umgekehrt vorkommen, dass die Hörfähigkeit durch einen Epithelballen gehoben wird, wenn derselbe nach Art eines künstlichen Trommelfelles (s. unten) den Substanzverlust verdeckt oder die gelockerten Gehörknöchelchen inniger

gegeneinander drückt. Auch die subjectiven Geräusche sind bei
Epithelansammlungen im Mittelohre meist intensiver als bei der einfachen Paukenhöhleneiterung; sie steigern sich gleich der Schwerhörigkeit erheblich, sobald, sei es durch den abgesonderten Eiter oder durch
eine injicirte Flüssigkeit, eine Volumenzunahme der zurückgehaltenen
Massen erfolgt, und dann treten auch regelmässig mit einem Fremd-
körpergefühle verbundene, bohrende und reissende Schmerzen ein.
Die letzteren können äusserst heftig sein und werden namentlich durch
jede Ausspülung des Ohres, falls dieselbe nicht zu einer Entleerung
von Epithelmassen führt, entsprechend dem Quellungsgrade des Con-
glomerates, beträchtlich vermehrt. Eine gewöhnliche Erscheinung ist
eine meist gleichzeitig mit den Schmerzen eintretende Temperatursteigerung, welche als das Resultat der Eiterretention aufzufassen
ist; auch Schwindel und Erbrechen werden nicht selten als Folgen
der von den Epithelmassen ausgehenden intralabyrinthären Drucksteigerung oder einer Meningealhyperämie beobachtet.
Alle diese subjectiven Erscheinungen vermindern sich erst, entweder durch eine reichliche Ausstossung oder durch eine Schrumpfung
der Retentionsprodukte, oft nach wochenlangem unvermindertem Bestehen
und heftigen Exacerbationen.

Diagnose. Der Trommelfellbefund giebt häufig keinen
directen Aufschluss über die Krankheit. Zwar findet sich die Membran,
so weit sie erhalten ist, fast stets in einem Zustande von Congestion,
bläulichroth, mit einzelnen varicösen Gefässen durchzogen, doch kommen
dergleichen Veränderungen auch bei allen anderen Reizungszuständen
des Trommelfelles vor; ebensowenig beweisend ist eine oft zu beobachtende partielle Vorwölbung der Membran. Gesichert wird die Diagnose
ausschliesslich durch den Nachweis der Desquamationsprodukte.
Dieselben können bei kleineren Perforationen vollständig dem Auge entzogen sein, verrathen sich aber meist durch den oben erwähnten bräun-
lichen Detritus und noch häufiger und sicherer durch eine Ablagerung
von Epithelschollen in der Umgebung des Trommelfelles, sowie durch
das wiederholte oder regelmässige Erscheinen von Hautschuppen im
Spülwasser. Bei grossen Perforationen sieht man ohne Weiteres die
Paukenhöhle mit gelbweissen, speckig oder seidenartig glänzenden
Massen angefüllt und wird dann kaum im Zweifel über die Bedeutung
des Befundes sein können. Wenn die abgestossenen Schollen nicht
direct sichtbar sind, so kann die Diagnose unterstützt werden durch
das Ausfallen des Perforationsgeräusches bei der Luftdouche und durch
die Untersuchung mit der Sonde, welche indessen kein unzweideutiges
Resultat zu liefern pflegt, weil eine starke Schwellung oder eine Neubildung der Mucosa einen ganz ähnlichen Widerstand geben kann wie
Epithelansammlungen.

Die Prognose hängt von dem Umfang und der leichten Entfern-
barkeit der Retentionsmassen, von der Grösse und dem Sitze der Perforation und von der Neigung zu Recidiven ab. Letztere sind sehr
häufig und müssen stets den Verdacht erwecken, dass auch in den
tieferen Hohlräumen des Mittelohres Ablagerungen, vielleicht in Gestalt
eines Cholesteatoms, vorhanden sind. In den schweren Fällen ist die

Gefahr einer Eiterretention mit letalem Ausgange naheliegend. Leichtere Fälle, d. h. solche, in welchen bei grossem Trommelfelldefecte relativ frische und nicht sehr massenhafte Desquamationsprodukte in der Paukenhöhle liegen, sind fast stets heilbar, und zwar gelingt es in solchen zuweilen nicht allein, die Epithelabstossung bald zu hemmen, sondern auch die causale chronische Mittelohrentzündung dauernd zu beseitigen.

Therapie. Die Hauptaufgabe der Behandlung, welche bei Erscheinungen von Eiterretention keinen Aufschub erleiden darf, ist die Entfernung der angesammelten Epithelmassen. Dieselbe ge-

Fig. 96. Gebogene Canüle nach Schwartze.   Fig. 97. Gebogene Canüle nach Hartmann

lingt auch bei grossen Perforationen, welche ohne Weiteres den Umfang des Krankheitsprocesses erkennen lassen, häufig nur schwer, und es genügt oft nicht, mit der gewöhnlichen Ohrspritze Ausspülungen vorzunehmen. Daher empfiehlt es sich für alle Fälle, den Ansatz durch ein besonderes Rohr, welches bis vor oder selbst in die Paukenhöhle eingeführt werden kann, zu verlängern; und zwar eignet sich hierzu ganz gut ein Stück Gummischlauch oder ein weites Paukenröhrchen. Zweckmässiger sind aber die winkelig oder S-förmig gekrümmten Canülen, wie die von Schwartze [1] (Fig. 96) und Hartmann [2] (Fig. 97), welche, durch ein elastisches Zwischenstück mit dem Spritzenansatze verbunden, unter Beleuchtung mit dem Stirnspiegel in die Perforation vorgeschoben werden und möglichst fest und sicher gehalten werden müssen. Man

---

[1] Archiv f. Ohrenhlkde. XIV. 225.
[2] Zeitschrift f. Ohrenhlkde. VIII. 28.

wird oftmals genöthigt sein, einen erheblich stärkeren Druck als gewöhnlich anzuwenden, und das Spritzen unverdrossen lange Zeit hindurch fortzusetzen, auch wenn man sich zur Ausspülung des oben erwähnten (s. S. 224) Jodtrichlorids bedient, welches nach Trautmann[1]) die Epithelmassen leicht abhebt. Wenn irgend möglich, sollte man niemals damit aufhören, ohne wenigstens einen Theil der Retentionsmassen entfernt zu haben, weil sonst die durch das injicirte Wasser hervorgerufene oder vermehrte Quellung die Schmerzen steigern würde. Besonders wichtig sind hier auch namentlich die Injectionen von Salz- oder Borsäurelösung durch die Tuben, welche in vielen Fällen erheblich schneller zu einer Herausbeförderung der Ansammlungen führen, als die Ausspülungen vom Gehörgange her.

Zuweilen kommt man rascher zum Ziele, wenn man das Ausspritzen mit der instrumentellen Extraction combinirt, wozu die gewöhnliche Ohrpincette in den meisten Fällen ausreicht; auch kann der scharfe Löffel indicirt sein. Mit vorbereitenden Aufweichungen, wie man sie bei harten Cerumenansammlungen verordnet, muss man vorsichtig sein, nicht allein in Anbetracht der bei der Einträufelung von Medicamenten zu erwartenden Volumenzunahme der Desquamationsproducte, sondern auch wegen der unvermeidlichen Reizung der freiliegenden Schleimhaut. Allenfalls kann man Glycerin mit oder ohne einen Zusatz von Carbolsäure verwenden, da dasselbe den Epithelschollen Wasser entzieht und sie gleichzeitig schlüpfrig macht. Ist die Perforation klein, so wird man gut thun, sie mit dem Trommelfellmesser ausgiebig zu erweitern. Man erreicht durch diese Operation zuweilen das vollständige Ausbleiben von vorher häufigen Recidiven und eine schnelle Rückbildung der Entzündung. Unter Umständen kann auch sogar die Excision des Trommelfelles indicirt sein.

Nach der Entfernung der Epithelmassen ist die Einträufelung von adstringirenden oder antiseptischen Mitteln zu empfehlen, wie sie bei der chronischen Mittelohreiterung üblich sind. Der Kranke ist längere Zeit hindurch regelmässig zu beobachten, damit man womöglich Recidiven vorbeugen kann, indem man die Producte einer etwa weiter bestehenden oder von Neuem auftretenden Desquamation entfernt, ehe sie Zeit finden, sich im Mittelohre anzusammeln.

h. Das Cholesteatom des Mittelohres.

Das wahre Cholesteatom, welches ein vom Knochen oder der Auskleidung der Mittelohrräume ausgehendes Neoplasma darstellt, eine abgekapselte, aus perlmutterartig glänzenden Epithelzellen mit einzelnen Cholestearinkrystallen und nach einem Befunde von Lucac[2]) mit Riesenzellen bestehende Geschwulst, wird äusserst selten im Mittelohre angetroffen; doch ist sein Vorkommen von verschiedenen Autoren, u. A. von Virchow[3]), Lucae (l. c.), Kuhn[4]) festgestellt worden.

---

[1]) Deutsche Med. Wochenschrift 1891, Nr. 29.
[2]) Archiv f. Ohrenhlkde. VII. 256.
[3]) Virchow's Archiv, VIII. 371.
[4]) Archiv f. Ohrenhlkde. XXVI. 213.

Viel häufiger ist diejenige Bildung, welche von den Ohrenärzten als Cholesteatom bezeichnet wird, als ein Product der soeben besprochenen **desquamativen Entzündung der Paukenhöhle** aufzufassen, indem sich massenhafte, meist verhornte, polygonale **Epidermiszellen** von beträchtlicher Grösse zwiebelschalenartig zusammenballen und weisse Klumpen oder Lamellen bilden, welche, stetig an Umfang zunehmend, allmählich durch den auf ihre Umgebung ausgeübten Druck zu einer Erweiterung und Zerstörung der Knochenwände, besonders der Paukenhöhle und des Antrum mastoideum führen und bei excessiver Wucherung fast das ganze Schläfenbein durchsetzen können. Durch eingestreute Cholestearinkrystalle erhalten solche Concremente einen typischen, perlmutterartigen Glanz. Ob die Zellen, welche das Cholesteatom zusammensetzen, in allen Fällen, wie Habermann[1]) und Bezold[2]) annehmen, durch ein Hineinwachsen des Rete Malpighi oder nur des Epithels, was nach Steinbrügge[3]) zu genügen scheint, vom Gehörgange her in die Paukenhöhle und durch die dadurch eingeleitete Epidermisirung der Paukenhöhlenschleimhaut geliefert werden, erscheint sehr fraglich, da man Cholesteatome auch bei imperforirtem Trommelfelle findet. Es ist vielmehr kaum zu bezweifeln, dass, wie Politzer[4]) betont hat, auch eine selbständige Production von epidermisartigen Zellen in der Paukenhöhle und im Processus mastoideus eintreten kann, welche durch einen metaplastischen Vorgang im Epithel der Mucosa bedingt ist. Eine solche Umwandlung der Mittelohrschleimhaut in Rete Malpighi ist von Wendt[5]) beobachtet worden. Jedenfalls ist das Hineinwachsen der Gehörgangs-Epidermis durch eine Perforation das ungleich häufiger vorkommende ursächliche Moment, welches die schon von v. Tröltsch[6]) als den wesentlichen Vorgang bezeichnete Desquamation vorbereitet.

Wenn schon die concentrisch geschichteten Cholesteatomlamellen im Gegensatze zu der wahren Perlgeschwulst eines eigentlichen Ueberzuges entbehren, findet sich doch meist der Hohlraum, welcher der Sitz der Retentionsmassen gewesen ist, mit einer zarten, glänzenden Membran ausgekleidet; ich habe diesen Befund, welcher von Bezold[7]) und Steinbrügge[8]) erwähnt wird, mehrmals bestätigen können.

Die **subjectiven Symptome** des Cholesteatoms sind dieselben, welche wir bei der desquamativen Otitis media kennen gelernt haben. Sie entstehen sowohl durch den von den Epidermisansammlungen auf die Knochenwände ausgeübten Druck, als auch durch die im Verlaufe fast regelmässig eintretende Eiterretention und werden durch die Quellung der eingeschlossenen Lamellen, z. B. nach dem Ausspritzen des Ohres, erheblich gesteigert oder zuerst hervorgerufen, nachdem das Cholesteatom, wie es nicht selten vorkommt, vielleicht Jahre lang symptomlos bestanden hatte.

[1]) Archiv f. Ohrenhlkde. XXVII. 48.
[2]) Zeitschrift f. Ohrenhlkde. XX. 5.
[3]) Lehrbuch der pathologischen Anatomie von J. Orth, Lief. 6, S. 90.
[4]) Wiener Med. Wochenschrift 1891, Nr. 8.
[5]) Archiv der Heilkde. XIV. 430.
[6]) Archiv f. Ohrenhlkde. IV. 103.
[7]) Archiv f. Ohrenhlkde. XIII. 27.
[8]) Zeitschrift f. Ohrenhlkde. VIII. 224.

Die Diagnose ist nur dann mit Bestimmtheit zu stellen, wenn sich die charakteristischen Cholesteatommassen im Ohre nachweisen lassen, welche zuweilen in grösseren Mengen, selbst bis zu Erbsengrösse zusammengeballt, sich im Spülwasser vorfinden oder durch die Perforation des Trommelfelles auch innerhalb der Paukenhöhle erblickt werden können. Die Sondenuntersuchung liefert meist keine sicheren Resultate, wenn nicht etwa einzelne Hautschollen am Knopfe des Instrumentes haften bleiben. Sehr erschwert wird die Untersuchung mitunter durch eine hochgradige Schwellung der hinteren-oberen Gehörgangswand, welche das Lumen fast vollständig verlegen kann.

Die Prognose ist stets eine ernste wegen der Gefahr eines Durchbruches der cholesteatomatösen Massen, welcher zuweilen auch in Fällen erfolgt, in welchen keine schwereren Symptome auf eine tiefe Erkrankung hingedeutet haben. In der Regel werden aber heftige Kopfschmerzen, grosse Druckempfindlichkeit des Knochens in der Umgebung des Ohres, Schwindel, Fieber das Bestehen einer Eiterretention anzeigen. Der Durchbruch kann sowohl nach aussen durch den Processus mastoideus oder die hintere-obere Gehörgangswand, als auch nach innen in das Labyrinth, die mittlere oder hintere Schädelgrube oder den Sinus transversus erfolgen. Bei Durchbruch nach innen ist der Exitus letalis in Folge von Meningitis, Hirnabscess oder Pyämie gewöhnlich. Selten kommt es zu einer spontanen Ausstossung der gesammten Retentionsmassen und zu dauernder Heilung.

Behandlung. Die Therapie kann, solange nicht bedrohliche Symptome vorhanden sind, nach den für die desquamative Mittelohrentzündung angegebenen Methoden eingeleitet werden, also durch Lockerung, Ausspritzung oder Extraction der Epithelmassen. Dies wird in manchen Fällen, zumal wenn das Cholesteatom nur auf die Paukenhöhle beschränkt ist, gelingen, oft freilich erst nach der Beseitigung der sehr häufig vorhandenen und für die Entstehung der Retention gewiss nicht gleichgültigen Granulationen. Hat das Cholesteatom die Gehörgangswand durchbrochen, so lässt sich den Lamellen von dort aus zuweilen gründlicher beikommen, als durch die Trommelfellperforation, zumal, wenn man sich der oben beschriebenen Spritzenansätze bedient, welche direct in die Fistel eingeschoben werden können. Sehr oft wird man so nur vorübergehend Nutzen schaffen, weil man wohl einen Theil der Desquamationsproducte, aber nicht die ganze Concretion zu entfernen im Stande ist, oder weil trotz totaler Entfernung des Cholesteatoms die Desquamation von Neuem beginnt. In diesen Fällen und namentlich, sobald Hirnerscheinungen oder Schüttelfröste auftreten, ist die Aufmeisselung des Warzenfortsatzes und die Auskratzung der Massen vom Antrum mastoideum her indicirt (siehe Capitel XIII).

i. Otitis media diphtheritica.

Die diphtheritische Paukenhöhlenentzündung scheint sich nach den Beobachtungen von Burckhardt-Merian [1]) zwar primär entwickeln zu

---

[1]) Volkmann's Sammlung Klin. Vorträge, Nr. 182.

können, tritt aber jedenfalls häufiger, wie schon Wreden[1]) betont hat, im Anschluss an Rachen- und Nasendiphtherie auf. Die Affection ist vorwiegend eine bilaterale.

Die pathologische Anatomie ergiebt, dass die Paukenhöhle mit festanhaftenden fibrinösen Massen, welche zahlreiche Eiterzellen und Mikrokokken einschliessen, ausgekleidet ist und ein spärliches, schleimig-eiteriges Secret enthält. Die Schleimhaut ist lebhaft injicirt und geschwollen und löst sich in Folge eines coagulations-nekrotischen Zerfalles in Fetzen von den Wänden ab. In einer frischen, speckigen Diphtheriemembran konnte Siebenmann[2]) ein feinfädiges Fibrinnetz nachweisen, welches stellenweise alveoläre Structur aufwies und zahlreiche Leukocythen, aber keine Mikroorganismen enthielt; er zieht daraus den Schluss, dass die Streptokokken-Entwickelung in den diphtheritischen Membranen und Geweben erst durch eine Einwanderung von aussen als secundärer Process zu Stande kommt. Demgegenüber erklärt Moos[3]), welchem wir besonders eingehende histologische Studien über die Mittelohrdiphtherie verdanken, die Invasion von Mikro- und Streptokokken für das causale Moment und schildert als charakteristische Befunde eine partielle Mortification des Epithels, besonders an der Labyrinthwand, am Boden und in den Nischen der Paukenhöhle, eine weithin über die Schleimhaut ausgebreitete Infiltration mit polymorphen Wanderzellen, welche bald in Körnchenkugeln umgewandelt werden, bald einer hyalinen oder colloiden Degeneration verfallen; ferner eine Nekrose der Blutgefässe und des Knochens. Trommelfellperforationen fanden sich bei den von Moos ausgeführten Sectionen nicht vor, auch war kein Eiter in der Paukenhöhle nachweisbar.

Die Krankheit entwickelt sich meist unter heftigen Schmerzen und einer erheblichen Temperatursteigerung (ich habe 40,9° gemessen). Die Untersuchung ergiebt im Beginne der Erkrankung eine dunkelblaurothe Färbung und eine so beträchtliche Schwellung des Trommelfelles, dass zuweilen nicht einmal der kurze Fortsatz des Hammers sichtbar ist. Aus dieser Dickenzunahme der Membran erklärt sich ihre auffallende Widerstandskraft, welche sich in der bei den Sectionen constatirten Intactheit geltend macht. Gleichwohl kommt es innerhalb der Paukenhöhle meist sehr rasch zu einer weitgehenden Destruction, vorzugsweise am Bandapparate der Gehörknöchelchen, sodass dieselben, und besonders häufig der Amboss, nach dem schliesslich erfolgten Durchbruche des Trommelfelles ausgestossen werden. Namentlich bei der Scharlachdiphtherie nimmt der entzündliche Process eine bedeutende Ausdehnung an; das Trommelfell schmilzt ungemein rasch, oft fast vollständig, das anfangs spärliche und seröseiterige Secret wird copiöser, rein eiterig und führt zahlreiche Epithelfetzen, später auch abgestossene diphtheritische Membranen mit sich, welche in der Paukenhöhle und in der Tiefe des Gehörganges, sowie im Spritzwasser sichtbar werden. Ihre Structur ist leicht mit Hülfe des Mikroskopes festzustellen und dadurch die Verwechselung mit Epithelschollen zu vermeiden. Sehr häufig werden Facialisläh-

[1]) Monatsschrift f. Ohrenhlkde. 1868, Nr. 10.
[2]) Zeitschrift f. Ohrenhlkde. XX. 1.
[3]) Zeitschrift f. Ohrenhlkde. XX. 207.

mungen beobachtet, welche in den meisten Fällen auf eine Zerstörung der Wand des Canalis Faloppiae zurückzuführen sein dürften. Eine gleichfalls gewöhnliche Erscheinung ist das Uebergreifen des Entzündungsprocesses auf das Labyrinth; aber auch ohne diesen besonders ungünstigen Umstand besteht meistens in Folge der im Schallleitungsapparate gesetzten hochgradigen Veränderungen eine sehr beträchtliche Schwerhörigkeit, sodass eine grosse Zahl der von der Otitis media diphtheritica befallenen jüngeren Kinder taubstumm werden.

Der Verlauf der Eiterung ist ein langwieriger. Oft bleibt Jahre lang eine bald reichliche, bald spärliche purulente Absonderung bestehen, und dementsprechend ist auch der Heiltrieb des Trommelfelles ein äusserst geringer: die meisten Perforationen bleiben auch nach dem Ablaufe der Secretion, mag eine Ueberhäutung der Ränder eintreten oder nicht, persistent. Nicht selten kommt es, und zwar zuweilen sehr rasch, in Folge des Durchbruches von Eiter in die Schädelhöhle oder in Folge der Eröffnung des Labyrinthes, zu letalen Complicationen, wie Sinusphlebitis, Hirnabscess oder Meningitis. So ist also die Prognose nicht allein quoad restitutionem, sondern auch quoad vitam eine trübe; besonders mit Bezug auf die Hörfähigkeit wird man sich nicht vorsichtig genug aussprechen können: man bedenke dabei, dass der Verlust des Gehöres bei allen Kindern unter dem siebenten Lebensjahre mit Sicherheit auch den Verlust oder die Nichtentwickelung der Sprache nach sich zieht. Immerhin kommen Fälle von vollständiger Heilung vor: ich habe deren mehrere, doppelt so oft bei Erwachsenen als bei Kindern, beobachten können.

Was die Therapie betrifft, so erfordert die Bedenklichkeit der Krankheit ein energisches Eingreifen. Eine möglichst frühzeitige und sehr ausgiebige Paracentese kann, wie ich mich wiederholt überzeugt habe, nicht nur momentan, sondern auch für die Folge von grösster Bedeutung sein, ja eine Indicatio vitalis erfüllen, da sie zwar niemals mit Sicherheit, aber doch in vielen Fällen der Ausdehnung des destructiven Processes Einhalt zu thun vermag. Leider erweitert sich der Schnitt, obwohl die Resistenz des Trommelfelles zuweilen eine ganz erstaunlich grosse ist, oft binnen wenigen Tagen zu einer erheblichen Grösse, so dass nachträglich der Nutzen der Operation zweifelhaft erscheinen kann: in anderen Fällen tritt indessen nach der Incision kein Schwund der Membran ein, ein Umstand, welcher entschieden als ein günstiges Zeichen aufzufassen ist.

Im Anfange entleeren sich aus der Paukenhöhle meist weder Eiter, noch diphtheritische Membranen, doch kommt fast regelmässig nach einigen Tagen eine lebhafte Ausstossung und Absonderung in Gang, und damit pflegt sofort ein Nachlass sämmtlicher Beschwerden verknüpft zu sein. Die Entleerung von Membranen muss mit Hülfe der Pincette oder eines scharfen Löffels nach Möglichkeit, aber schonend befördert werden. Auch Ausspülungen mit Kalkwasser, welche mehrmals täglich vorzunehmen sind, können von Nutzen sein. Zur Desinfection dienen Einträufelungen von 10%igem Salicylspiritus, von 0,1%igem Sublimatwasser oder von 2%igem Liquor Alumin. acetici. Bei den bilateralen Fällen ist eine Durchspülung der Nasenhöhle mit der Weber'schen Nasendouche oder mit einem Sprayapparate indicirt, bei einseitigen Fällen ist nur der letztere gestattet: als Spülflüssigkeit kann 3%ige Borsäurelösung, Kalkwasser, essigsaure Thonerde oder Salicyllösung verwandt werden.

Leider erweist sich diese wie jede andere Therapie in einer nicht geringen Zahl der Fälle als machtlos, und es entwickelt sich eine chronische, meist cariöse Mittelohrentzündung, welche allmählich immer tiefer greift.

Die **Otitis media crouposa** ist eine anscheinend sehr seltene Affection; ich selbst besitze über dieselbe keine Erfahrung. Der anatomische Nachweis des Vorkommens von Croupmembranen in der Paukenhöhle ist indessen von Wendt[1]) und Küpper[2]) geliefert worden. Stocquard[3]) fand bei der Untersuchung von an Croup erkrankten Kindern einmal croupöse Membranen am Trommelfelle, ein andermal in der Umgebung der Gehörknöchelchen und in der Tube.

k. Otitis media tuberculosa.

Tuberkulöse Erkrankungen des Mittelohres sind nicht selten. Sie entstehen entweder secundär durch Uebertragung des Infectionsstoffes von anderen Organen, namentlich von den Lungen aus, per tubam, oder durch primäre Infection des Ohres. Dass die bei der Phthise vorkommenden Ohrenkrankheiten nur zu einem kleinen Theile tuberkulöser Natur sind, lehrt die tägliche Erfahrung und ist durch die Leichenuntersuchungen von Fränkel[4]) und durch klinische Beobachtungen von Moldenhauer[5]) statistisch festgestellt worden; der erstere Autor fand bei 50 Sectionen von Phthisikern die Ohren 16mal erkrankt, jedoch nur dreimal an einer eiterigen Entzündung; der letztere Autor erwähnt, dass er unter 294 Fällen von Phthise 28mal eine Herabsetzung der Hörfähigkeit, aber nur 7mal einen Eiterungsprocess vorgefunden habe.

Pathologische Anatomie. Die anatomische Untersuchung tuberkulöser Gehörorgane ergiebt, dass das Trommelfell meist in grosser Ausdehnung zerstört, die Paukenhöhle und ihre Nebenhöhlen mit reichlichem, zum Theil käsigem Eiter angefüllt, die Schleimhaut, besonders am Promontorium und an den Taschen und Falten in der Umgebung der Gehörknöchelchen, kleinzellig infiltrirt und stellenweise ulcerirt ist. Nicht selten liegt in grösserer oder geringerer Ausdehnung der Knochen zu Tage; die Gehörknöchelchen können fehlen. Tuberkelbacillen sind zuerst von Eschle[6]), dann von Voltolini[7]) und von Nathan[8]) im Ohreiter nachgewiesen worden; ob sie ausschliesslich, wie Habermann[9]) annimmt, vom Nasenrachenraume her durch

[1]) Archiv der Heilkunde, XIII. 157.
[2]) Archiv f. Ohrenhlkde. XI. 20.
[3]) Archiv f. Ohrenhlkde. XXII. 45.
[4]) Zeitschrift f. Ohrenhlkde. X. 113.
[5]) Monatsschrift f. Ohrenhlkde. 1885, Nr. 7.
[6]) Deutsche Med. Wochenschrift 1883. Nr. 30.
[7]) Deutsche Med. Wochenschrift 1884. Nr. 2.
[8]) Deutsches Archiv f. klin. Med. XXXV, Heft 5.
[9]) Prager Med. Wochenschrift 1885. Nr. 6; Prager Zeitschrift f. Heilkunde. Bd. VI und IX.

die Tuben in die Paukenhöhle eindringen, oder nicht auch durch die Blutbahn ins Gewebe gelangen, ist zweifelhaft. Nach den besonders eingehenden Untersuchungen, welche wir Habermann[1]) verdanken, scheint der tuberkulöse Process jedenfalls in der Schleimhaut zu beginnen. Auf eine bei Phthisikern vorkommende starke Wucherung des Rete Malpighi mit Bildung von Papillen und zapfenförmigen Wucherungen, Erweiterung und strotzender Injection der zum Theil neugebildeten Gefässe, eine Infiltration der Gefässwandungen mit Rundzellen, sowie eine eiterige Infiltration des Periostes des Hammergriffes hat Moos[2]) aufmerksam gemacht. Dass der Bacillus bei Fällen von ausgesprochener Tuberkulose fehlen kann, ist von verschiedenen Autoren festgestellt worden und wird durch die praktische Erfahrung täglich bestätigt.

Subjective Symptome. Das erste Symptom, welches der Kranke bemerkt, ist in der Regel eine plötzlich eintretende, von Anfang an ziemlich profuse Eiterung, welcher nur zuweilen ein Gefühl von Völle und Hörstörungen, niemals aber Schmerzen vorhergehen. Dieses schmerzlose Auftreten von Eiter ist für die tuberkulöse Mittelohreiterung so charakteristisch, dass es stets suspect erscheinen und zu einer bakteriologischen Untersuchung des Secretes auffordern muss. Bei allen anderen Exsudationsprocessen in der Paukenhöhle kündigt sich der Durchbruch des Trommelfelles durch heftige Beschwerden an, und dieselben pflegen vor dem Beginne der Otorrhö sonst nur zuweilen in veralteten Fällen mit persistenter Perforation zu fehlen, wenn ein acuter Nachschub eintritt. Schwerhörigkeit macht sich in der Regel erst bemerklich, wenn bereits tiefergreifende Zerstörungen eingetreten sind, in welchem Falle oft auch über Ohrenklingen geklagt wird.

Diagnose. Die Untersuchung führt bei der Kürze und Symptomlosigkeit des ersten Stadiums nur selten schon vor dem Durchbruche des Trommelfelles zur Diagnose. Doch sah Schwartze[3]) mehrfach bei Kindern mit Miliartuberkulose und bei erwachsenen Phthisikern Tuberkel im Trommelfelle in Gestalt kleiner röthlichgelber Flecken in der intermediären Zone des im übrigen gelbgrau getrübten Trommelfelles, an denen sich, und zwar oft an mehreren gleichzeitig, haarfeine Perforationen bildeten, welche sich durch eiterigen Zerfall ihrer Ränder rasch vergrösserten, zusammenflossen und den grössten Theil der Membran zerstörten. Die ungemein schnelle Vergrösserung der Perforation, sowie das Confluiren mehrerer Löcher ist jedesfalls eine gewöhnliche und für den Process charakteristische Erscheinung.

Dass die Trommelfelldefecte, wie Buck[4]) angiebt, besonders häufig im hinteren-oberen Quadranten vorkommen, kann ich nicht bestätigen; ich habe sie mindestens ebenso oft in der unteren Hälfte entstehen

[1]) Prager Med. Wochenschr. 1885, Nr. 6; Prager Ztschr. f. Hlkde. Bd. VI u. IX.
[2]) Zeitschrift f. Ohrenhlkde. XV. 271.
[3]) Die chirurgischen Krankheiten des Ohres, S. 124.
[4]) New York Med. Record. 21. VIII. 1886.

sehen; und auch Habermann[1]) fand besonders die untere Peripherie
des Trommelfelles zerstört. Der Rest der Membran ist meist blass,
graugelb, die Schleimhaut gelblich-rosa oder schmutziggrau, nicht selten
mit käsigen Massen bedeckt oder deutlich geschwürig. Im weiteren
Verlaufe lässt sich bei grossen Perforationen oftmals erkennen, dass
der Amboss oder der Hammer fehlen oder mindestens eine abnorme
Lage einnehmen; auch können die Knöchelchen durch durchscheinende
und graurosa gefärbte, schlaffe Granulationsmassen vollständig umwuchert sein. In vielen Fällen stellt sich, manchmal schon sehr frühzeitig, tuberkulöse Caries des Processus mastoideus und des Felsenbeines,
nicht selten auch eine Eiterung des Labyrinthes ein.

Die Prognose ist äusserst ungünstig; die Angabe von Schwartze[2]),
dass nach Eintritt der Tuberkulose im Ohre das Leben selten länger
als sechs Monate erhalten bleibe, habe ich bei secundärer Ohrerkrankung
fast stets bestätigt gefunden. Bei vorher gesunden Individuen, sehr
selten bei Phthisikern, kommt der Process zuweilen insofern zum Still-
stande, als die Eiterung sistirt, immer jedoch ohne Regeneration des
Trommelfelles. Fälle von wirklicher und andauernder Heilung sind mir
niemals vorgekommen.

Behandlung. Die Therapie weicht von der bei der Otitis media
suppurativa chronica angegebenen nicht wesentlich ab. In den aus-
sichtslosen Fällen wird man sich, zumal wenn der Patient bereits er-
schöpft ist, auf desinficirende Ausspritzungen, etwa mit Borsäurelösung, Jodtrichlorid, und allenfalls auf Einblasungen von Borpulver
beschränken. Blau[3]) will bessere Erfolge nach Insufflation von Jodoform beobachtet haben, und Kretschmann[4]) empfiehlt, Gazebäuschchen,
welche in eine Jodollösung (Jodol 2.0, Spirit. 16,0, Glycerin 34.0) ge-
taucht sind, in die Paukenhöhle einzuführen.

In den minder vorgeschrittenen Fällen von Ohrtuberkulose und
namentlich von primärer Infection kann eine Ueberwinterung im Süden
(Madeira, Algier), wie schon v. Tröltsch[5]) betont hat, von entschiedenem
Nutzen sein.

Was die Einwirkung der Koch'schen Heilmethode mit Tuberkulin betrifft, so liegen darüber nur geringe Erfahrungen vor. Bezold[6]) konnte in einem Falle eine geringe Reaction (Wulstbildung am
Perforationsrande. Auftreten fibrinöser Exsudatmembranen), aber keine
merkliche Besserung beobachten und nach Schwabach[7]) reagirten die
Kranken gewöhnlich nur nach den ersten Injectionen mit geringen
Schmerzen und wenig belästigendem Sausen in dem betreffenden Ohre,
während objectiv nur eine unbedeutende Zunahme der Secretion nachweisbar war. Nur in einem Falle trat eine auffallendere Reaction in

---

[1]) Zeitschrift f. Heilkunde, Bd. IX.
[2]) Die chirurgischen Krankheiten des Ohres, S. 125.
[3]) Archiv f. Ohrenhlkde. XXIII. 6.
[4]) Archiv f. Ohrenhlkde. XXIII. 240.
[5]) Lehrbuch der Ohrenhlkde. VII. Aufl., S. 519.
[6]) Deutsches Archiv f. klin. Medicin, Bd. 47, S. 622.
[7]) Deutsche Med. Wochenschrift 1891, Nr. 20.

Form von intensiver Röthung. Schwellung und Empfindlichkeit der Haut am Warzenfortsatze nach Injection von 0,005 auf. Die therapeutische Wirkung des Tuberkulins war ganz unbefriedigend, in drei Fällen zeigte sich sogar eine wesentliche Verschlechterung [1] (vollständige Zerstörung des Trommelfelles, Faciallähmung). Auch Lucae [2] und Walb [2] haben keine günstigen Erfahrungen gemacht. Ich selbst habe nur bei einem an Larynxtuberkulose erkrankten Patienten mit einer trockenen Perforation eine vor der Impfung nicht vorhandene Röthung des Trommelfellrestes und der Schleimhaut gesehen, welche ich umsomehr als Reactionsphänomen aufzufassen geneigt war, da sie sich nach drei Injectionen jedesmal wiederholte.

IX. Die Residuen der eiterigen Mittelohrentzündung.

Es ist schon wiederholt erwähnt worden, dass, nachdem eine eiterige Otitis media abgelaufen ist, verschiedenartige Veränderungen im Schallleitungsapparate zurückbleiben können; es sind dies die Narben, die persistenten Perforationen, die Verkalkungen und die Adhäsionen, Residuen, welche in etwa 7 % der Fälle von Ohrenkrankheiten beobachtet werden.

a. Trommelfellnarben.

Wenn sich ein Trommelfelldefect nicht durch directe Vereinigung der Wundränder, sondern durch eine dazwischentretende Gewebsneubildung heilt, so entsteht eine Trommelfellnarbe. Dieselbe entwickelt sich den neueren von Rumler [3] an Kaninchen angestellten Untersuchungen zufolge zunächst vom äusseren Epithel, später in geringerem Maasse auch vom Schleimhautepithel aus unter lebhafter Theilnahme des Bindegewebes, welches den definitiven Verschluss herbeiführt. Schon früher hatte Zaufal [4] beobachtet, dass die Perforation von aussen her durch ein dünnes, gelbliches Exsudathäutchen geschlossen wird, während Politzer [5] die Narbe in Gestalt einer graugelben Membran von der Mucosa her entstehen lässt. Ueber einen besonders wichtigen Punkt sind indessen alle Autoren einig; dass die Membrana propria bei der Vernarbung nicht betheiligt ist. Das Fehlen der Propriaschicht ist es auch, welches bewirkt, dass die Narbe wesentlich dünner ist als das normale Trommelfell, so dass sie bei Beleuchtung mit dem Spiegel mehr Licht durchlässt als ihre Umgebung und, je nachdem sie der inneren Paukenhöhlenwand näher oder ferner liegt, eine hellere oder dunklere Färbung besitzt. Es lässt sich nämlich besonders an kleineren Narben deutlich erkennen, dass solche,

---

[1] Nach Erfahrungen von Hartmann (s. Zarniko, Deutsche Med. Wochenschrift Nr. 44) hat es den Anschein, als ob in Folge der Tuberkulinkur eine tuberkulöse Mittelohrentzündung eintreten könnte.
[2] Klin. Jahrbuch, Ergänzungsband 1891. Mittler & Sohn.
[3] Archiv f. Ohrenhlkde. XXX. 142.
[4] Archiv f. Ohrenhlkde. VII. 200.
[5] Lehrbuch der Ohrenhlkde. II. Aufl., S. 203.

welche dem Promontorium gegenüber, also in der Umbogegend, liegen,
heller erscheinen als diejenigen, welche z. B. im vorderen-unteren
Quadranten ihren Sitz haben und somit weiter von der Labyrinthwand
entfernt sind. Ebenso kann eine Narbe, wenn sie eingesunken ist und
sich daher der gegenüberliegenden Paukenhöhlenwand nähert, von hell-
braumer Farbe sein, während sie in ihrer normalen Lage dunkelgrau
erscheint. Dunkler als ihre Umgebung sind die Narben regelmässig,
und besonders schön hebt sich ihr Graubraun oder Rothbraun ab, wenn,
was häufig an früher perforirt gewesenen Trommelfellen der Fall ist,
die intacte Parthie der Membran sich in einem Zustande weisslicher
Trübung befindet.

Ausser diesem Contraste in der Färbung ist ein fast niemals
fehlendes charakteristisches Merkmal der Narben die sehr scharfe Umrandung (Fig. 98, Fig. 99, Fig. 100), durch welche sie sich von
dem normalen Trommelfellgewebe abgrenzen. Weniger constant, weil
von der jeweiligen Stellung der Narbe zur Schachse und von der Zart-
heit und Gleichmässigkeit ihrer Epithelbekleidung abhängig, ist ein
Lichtreflex von unregelmässiger Gestalt, welcher in den meisten Fällen

  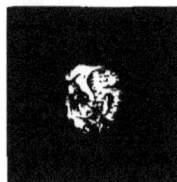

Fig. 98. Kleine Narbe unter   Fig. 99. Grosse Narbe im   Fig. 100. Zwei Narben, nach vorn
dem Umbo   hinteren-unteren Quadranten.   und nach hinten vom Umbo.

zu sehen ist und durch seine Form zuweilen erkennen lässt, ob das
Häutchen convex oder concav nach aussen eingestellt ist. Bei der geringen Dicke und Widerstandsfähigkeit der Trommelfellnarben sind
nämlich Wölbungsanomalien an denselben sehr häufig: weit eher und
vollständiger als das übrige Trommelfell geben diese dünnen Membranen einer auf ihre äussere oder innere Fläche einwirkenden Luftdruckschwankung nach, so dass z. B. bei einem mässigen Grade von
Tubenschwellung die Narbe sehr bald nach innen gezogen wird, während der normale Theil des Trommelfelles seine Gleichgewichtslage
innehält. Auch kann man sich oftmals überzeugen, dass manche schlaffen
Narben beim Athmen, beim Sprechen oder Schlingen regelmässige Bewegungen nach aussen oder innen ausführen: man beobachtet dies
am besten bei solchen Narben, welche, wenn sie eingesunken sind, die
Gehörknöchelchen durchscheinen lassen, da man die letzteren dann je
nach der Stellung des Häutchens, beim Athmen in ganz regelmässigem
Rhythmus, erscheinen und verschwinden sehen kann. Solche schlaffen
Narben lassen sich auch durch die Luftdouche besonders stark, zuweilen
geradezu blasenartig, nach aussen vorstülpen, und es ist schon früher
(s. S. 36) erwähnt worden, dass eine übermässige Dehnung und Anspannung namentlich beim Politzer'schen Verfahren nicht selten zur
Zerreissung des dünnen Gewebes führt.

Die Grösse der Narbe kann sehr verschieden sein (Fig. 98,
Fig. 99, Fig. 100), da sich die grössten Perforationen ebensowohl
schliessen können wie die kleinsten. Form und Sitz sind dieselben,
wie wir sie für die Substanzverluste des Trommelfelles (s. S. 215)
kennen gelernt haben. Im Allgemeinen überwiegt, wie bei den Perforationen, die ovale oder rundliche Gestalt; doch kommen auch nierenförmige, seltener eckige Narben vor. Je grösser eine Narbe ist, umso
deutlicher scheinen die hinter ihr liegenden Gebilde durch, namentlich
im hinteren-unteren Quadranten das Promontorium mit der Nische zum
runden Fenster, im hinteren-oberen Quadranten Amboss, Steigbügel und
Chorda tympani. Eine nach meinen Erfahrungen nicht so gar seltene
Erscheinung ist das Wandern, das sich besonders bei kleineren Narben
deutlich, wenn auch nicht in dem Maasse wie der analoge Vorgang
bei den Ekchymosen (s. S. 122) verfolgen lässt. Ich habe einige Male
kleine Narben mehrere Millimeter weit in der Richtung von dem Centrum nach der Peripherie und mit Vorliebe nach dem hinteren-oberen
Rande vorrücken sehen und zwar ausschliesslich in Fällen, in welchen
die Vernarbung erst vor kurzer Zeit eingetreten war.

Nicht immer vernarbt eine Perforation vollständig. Namentlich
bei grossen Trommelfelldefecten kommt es mitunter nur in einem Theile
zur Bildung eines Häutchens, sodass man eine Narbe und eine Perforation gewissermaassen in einem gemeinschaftlichen Rahmen neben
einander vorfinden kann. Auch heilt mitunter bei grossen Substanzverlusten, welche die Umbogegend mit betreffen, das Hammergriffende
nicht mit ein, um dann hinter der einen Vorhang bildenden Narbe frei
in die Paukenhöhle hineinzuragen, nur etwa, wie Politzer[1] beschrieben
hat, durch Bindegewebssträne mit dem Trommelfelle verbunden. Die
Diagnose einer solchen Hammerablösung kann in der Regel mit Hülfe
des Siegle'schen Trichters sicher gestellt werden.

Was die subjectiven Empfindungen anbelangt, so fehlen
solche in der Mehrzahl der Fälle. Nur bei stark retrahirten oder sehr
schlaffen grösseren Narben besteht fast regelmässig Schwerhörigkeit mit subjectiven Geräuschen. Unangenehmer ist ein Gefühl
von Flattern oder langsamen Excursionen, welches mit den oben
beschriebenen Respirationsbewegungen verbunden sein kann.

Eine Behandlung von Narben kommt fast niemals in Frage.
Doch kann bei sehr schlaffen Häutchen, welche, wenn sie stark nach
innen gesunken sind, die Hörfähigkeit herabsetzen, eine zuerst von
Politzer[2] empfohlene Operation indicirt sein, nämlich die multiple
Durchschneidung des Gewebes in Form von parallelen oder sich
kreuzenden Incisionen, durch welche auch nach meinen Erfahrungen
zuweilen eine Verdichtung und vermehrte Resistenz mit Verminderung
der Beschwerden geschaffen wird. Mit der versuchsweise ausgeführten
partiellen oder totalen Excision von Narben habe ich hingegen niemals nennenswerthe Erfolge erzielt. Im Uebrigen wird, wenn die Einziehung der Narbe mit den daraus resultirenden Störungen nur eine
vorübergehende ist, die Luftdouche mitunter eine erhebliche Erleichterung herbeiführen können.

[1] Lehrbuch der Ohrenhlkde. II. Aufl., S. 307.
[2] Wiener Med. Wochenschrift 1871, Nr. 1 und 2.

b. Persistente oder „trockene" Perforationen.

Obwohl die grössten Trommelfelldefecte sich schliessen können,
so ist doch das Ausbleiben der Vernarbung bei ihnen häufiger als bei
den kleineren Perforationen; auch wird bei umfangreichen Substanzverlusten häufiger eine erst längere Zeit, zuweilen Jahre lang, nach dem
Aufhören der Eiterung vor sich gehende nachträgliche Verkleinerung
oder Schliessung beobachtet. Eine gewöhnliche Erscheinung ist die
Ueberhäutung der Perforationsränder, welche man an einer mässigen
Verdickung und weisslichen Farbe erkennt.

Die Folgen für die Hörfunction sind je nach dem Sitze und
der Ausdehnung der persistenten Perforation verschieden. Im Allgemeinen werden durch den Substanzverlust allein hochgradige Störungen nicht bedingt; wenn solche bestehen, so beruhen sie meist
auf den gleichzeitig mit der Lücke durch die abgelaufene Entzündung
verursachten Veränderungen in der Paukenhöhle oder im Labyrinthe.
Solche pathologischen Zustände sind eine sehr starke Retraction
des Hammergriffes, welche nicht selten zu einer Verwachsung des
Knöchelchens mit der Labyrinthwand führt, ferner Adhäsivprocesse
zwischen den Rändern der Perforation und der inneren Paukenhöhlenwand, Ankylose, Luxation oder Exfoliation von Gehörknöchelchen. Die bedeutendsten Hörstörungen werden in der Regel
verursacht durch bindegewebige Auflagerungen oder Verkalkungen (sklerotische Degeneration) an den Labyrinthfenstern,
welche die Uebertragung des Schalles auf den schallpercipirenden
Apparat wesentlich beeinträchtigen.

Da man, so lange eine Perforation besteht, auch wenn sie lange
Zeit trocken blieb, niemals vor einer erneuten Eiterung sicher ist, so
ist das Bestreben der Ohrenärzte von jeher darauf gerichtet gewesen,
ein geeignetes Verfahren zu erfinden, welches den Verschluss der
Trommelfelldefecte ermöglicht. Ein solches ist bisher noch nicht gefunden worden, und von vornherein wird man auf eine Heilung derjenigen Perforationen verzichten müssen, deren Ränder epidermisirt sind.
Uebrigens muss hervorgehoben werden, dass die Vernarbung eines
Substanzverlustes im Trommelfelle, wenn sie auch als Schutz der
Schleimhaut gegen äussere Schädlichkeiten stets willkommen sein wird,
durchaus nicht immer mit einer Verbesserung der Hörfähigkeit verbunden ist; die Erfahrung lehrt nämlich, dass in Fällen, in welchen
Ankylose des Hammer-Ambossgelenkes oder eine Exfoliation des Hammers oder des Ambosses besteht, durch den Verschluss der Perforation
sogar eine Verschlechterung des Gehöres bedingt sein kann, da
nun den Schallwellen, welche, solange der Trommelfelldefect bestand,
unmittelbar die Stapesfussplatte treffen konnten, der Eintritt zu dieser
verwehrt wird.

Die hauptsächlichsten Methoden einer Verschlussbildung am Trommelfelle sind folgende:

Die Anfrischung der Perforationsränder mit Argentum nitricum, welche in derselben Weise ausgeführt wird wie die Lapisätzungen
im Ohre überhaupt, d. h. mit einer an eine Knopfsonde angeschmolzenen
Lapisperle. Dieses Verfahren führt zuweilen bei kleinen Perforationen

zu einem befriedigenden Resultate, ist aber insofern gewagt, als man es niemals in der Gewalt hat, die mit der Zerstörung des Epithels verbundene Reizung so zu beschränken, dass nicht eine beträchtlichere Eiterung mit Vergrösserung des Defectes eintritt. Dasselbe gilt von der Abtragung des Perforationsrandes mit dem Messer oder dem Galvanokauter, welche hier und da Nutzen schafft, öfter aber schadet. Nach der von Gruber[1] empfohlenen Anlage von dicht nebeneinander senkrecht auf den Lückenrand verlaufenden millimeterlangen Incisionen habe ich auch bei kleineren Defecten niemals eine Besserung, wohl aber mehrmals eine partielle Verwachsung des Trommelfellrestes mit der inneren Paukenhöhlenwand eintreten sehen.

Manche Fälle von trockener Perforation können nach Kessel[2] durch die Tenotomie des Tensor tympani und, wenn der Hammergriff perspektivisch verkürzt ist, durch die darauf folgende Excision des Hammers zur Verkleinerung gebracht werden.

Die zuerst von Berthold[3] mit Erfolg ausgeführte Transplantation von Haut auf das defecte Trommelfell hat den Erwartungen, welche man an diese Operation knüpfte, bisher nicht entsprochen. Berthold führte die Myringoplastik, wie er sein Verfahren nannte, anfangs in der Weise aus, dass er nach Anfrischung der Perforationsränder durch ein aufgeklebtes Stück englischen Pflasters, welches drei Tage liegen blieb, ein dem Vorderarm des Patienten entlehntes Hautstück gegen den Trommelfellrest andrückte; später verwandte er statt der bei grossen Perforationen ungeeigneten und bei kleinen Defecten unzuverlässigen menschlichen Cutis die Schalenhaut des Hühnereis[4], welche sich vermöge ihrer leichten Zugänglichkeit für Blutplasma und Blutkörperchen besonders gut zur Transplantation eignet. Er legte mittelst einer Pipette ein vorher zurecht geschnittenes Stück des Eihäutchens mit der Aussenseite gegen die Perforation und fand, dass dasselbe Wochen und Monate lang liegen blieb; immer war jedoch der Erfolg nur ein temporärer, weshalb Berthold[5] sich wieder der Cutis zuwandte, dieselbe aber nicht nur gegen den Trommelfellrest, sondern, wie es schon Ely[6] empfohlen hatte, auf die wenn nothwendig mit dem Galvanokauter angefrischte granulirende Schleimhaut und nur mit den Rändern gegen den Umfang der Perforation anlegte.

Ueber günstige Erfolge der Transplantation, sowohl von menschlicher Haut als auch von Eihäutchen, berichtet auch Haug[7]; derselbe empfiehlt besonders die Schalenhaut und betont, dass sie nur dann wirklich verwachse, wenn sie mit der der Kalkschale zugewandten Fläche auf den Trommelfellrest aufgelegt werde. Nach meinen Erfahrungen gelingt die Myringoplastik nur zuweilen bei kleineren Sub-

[1] Lehrbuch der Ohrenhlkde. II. Aufl., S. 362.
[2] S. Müller im Archiv f. Ohrenhlkde. XXXII. 85.
[3] Tagebl. d. 51. Versammlg Deutscher Naturforscher und Aerzte. Cassel 1878.
[4] Das künstliche Trommelfell und die Verwendbarkeit der Schalenhaut des Hühnereis. Wiesbaden 1887.
[5] Die ersten zehn Jahre der Myringoplastik. Berlin 1889.
[6] Zeitschrift f. Ohrenhlkde. X. 146.
[7] Das künstliche Trommelfell und die zu seinem Ersatze vorgeschlagenen Methoden. München 1889; Ueber die Organisationsfähigkeit der Schalenhaut des Hühnereis und ihre Verwendung bei Transplantationen. München 1889.

stanzverlusten und hat auch hier nur selten eine Verbesserung, dagegen
öfter, auch wenn der Probeverschluss der Oeffnung mit Silk protective
nicht nachtheilig auf die Function gewirkt hatte, eine Verschlechterung der Hörfähigkeit zur Folge. Grössere Perforationen mit Hülfe
der Transplantation dauernd zu schliessen, ist mir nach keiner der
von Berthold angegebenen Methoden gelungen.

In einzelnen Fällen von trockener Perforation leistet das sogenannte künstliche Trommelfell recht gute Dienste, d. h. ein gegen
den Trommelfellrest angedrückter Fremdkörper, welcher die Aufgabe
hat, das Gehör zu verbessern, indem er die schwingungsfähige Fläche
der Membran vergrössert, einen gewissen Druck auf den noch vorhandenen Theil des Trommelfelles und die in ihren Verbindungen gelockerten Gehörknöchelchen ausübt oder, wie Knapp die Wirkung bei
stark eingezogenem Hammergriffe erklärt, durch Druck auf den Processus brevis eine Auswärtsbewegung der stark einwärts getriebenen,
übermässig belasteten Gehörknöchelchen herbeiführt. Die erste Form,
in welcher das künstliche Trommelfell öfter angewandt wurde, war ein
Wattekügelchen nach einem Vorschlage welcher gleichzeitig von
Yearsley[1]) und Erhard[2]) ausging. Später construirte Toynbee[3])
einen kleinen Apparat (Fig. 101) aus einer an einem etwa 3 cm langen
Stiele von Silberdraht befestigten Scheibe von 6—7 mm Durchmesser
aus vulkanisirtem Gummi; dieselbe kann je nach der Weite des Gehörganges beschnitten werden und lässt sich, etwas befeuchtet, leicht
einführen, indem man das freie Ende des Stieles mit zwei Fingern fasst
und die Platte vorsichtig bei abgezogener Ohrmuschel in die Tiefe vorschiebt, bis sie am Trommelfelle auf Widerstand stösst. Da sich die
Gummiplatte schon nach kurzem Gebrauche vom Leitungsdrahte löst
und der letztere beim Kauen und Sprechen manchmal unangenehme
Geräusche erzeugt, hat Lucae an Stelle des Silberdrahtes ein enges
Gummiröhrchen angebracht, in welches zum Zwecke der Einführung
eine Knopfsonde geschoben wird und durch welches jene Störungen
vermieden werden (Fig. 102). Auch kann der feste Stiel durch einen
Zwirnsfaden ersetzt und das Instrument nach dem Vorgange von Gruber
mit Hülfe einer besonderen Leitungsröhre eingeführt werden. An Stelle
der Gummischeibe lassen sich ebensowohl andere Stoffe, wie Papier
(Blake[5]), Leinwand (Gruber[4]) verwenden, deren Ausschneidung
durch ein von Gruber angegebenes Locheisen erleichtert wird. Katz[5])
stellte sehr dünne Häutchen aus Celloidin (10,0 Celloid., āā 50,0 Alkohol und Aether) her, welche er mit Hülfe eines in Celloidinlösung
getauchten Wattestäbchens einführt.

Ein recht einfaches und brauchbares künstliches Trommelfell ist
das von Hartmann[6]), eine Oese aus Fischbein, welche mit Watte umwickelt an das Trommelfell angelegt wird (Fig. 103), ähnlich dem von
Hassenstein[7]) mit einer Klemmpincette armirten Wattebausche und

---

[1]) Lancet 1848.
[2]) Deutsche Klinik 1854. 581.
[3]) Bericht des 1. Amerik. Otol. Congresses 1876, Nr. 6.
[4]) Pester Med.-Chir. Presse 1877.
[5]) Deutsche Med. Wochenschrift 1889, Nr. 28.
[6]) Archiv f. Ohrenhlkde. XI. 167.
[7]) Wiener Med. Presse 1869.

dem einfachen von Delstanche[1] empfohlenen auf einem Metalldrahte aufgedrehten Wattepinsel (Fig. 104), oder dem an einem Drahtstiele befestigten, in Collodium gehärteten Wattebausch von Barth[2]. Turnbulls[3] Apparat, aus einer mit Stahl umränderten und an einem peripher angebrachten, mit Gummi überzogenen Stahldrahte ein- und auszuführenden Kautschukscheibe bestehend, ist dem Toynbee'schen und dem Lucae'schen Instrumente nicht vorzuziehen. Ganz zweckmässig ist hingegen der Vorschlag von Politzer[4], aus den Wänden eines 2—3 mm dicken Gummischlauches ein etwa 5 mm langes Stück auszuschneiden und an einem mittelstarken Drahte zu befestigen.

Ich ziehe im Allgemeinen allen scheibenförmigen, härteren künstlichen Trommelfellen, wo es wirksam ist, das an einem Zwirnfaden befestigte und mit verdünntem Glycerin oder 3%iger Borsäurelösung befeuchtete Wattekügelchen vor, weil dasselbe am wenigsten irritirt und im Stande ist, etwa gebildetes Secret aufzusaugen. Da es aber

Fig. 101. Künstliches Trommelfell nach Toynbee. Fig 102. Künstliches Trommelfell nach Lucae. Fig. 103. Künstliches Trommelfell nach Hartmann. Fig. 104. Künstliches Trommelfell nach Delstanche.

immerhin Fälle giebt, in welchen z. B. das Instrument von Lucae bessere Dienste leistet, als jenes, so ist es natürlich nicht statthaft, sich ausschliesslich auf eine Form zu beschränken; vielmehr müssen bei jedem Kranken, bei welchem ein künstliches Trommelfell indicirt erscheint, verschiedene Instrumente versuchsweise eingeführt werden, aus welchen man das am besten geeignete auszuwählen hat.

Da das künstliche Trommelfell wegen der fast stets unvermeidlichen Reizung des Nachts entfernt werden, also täglich von Neuem eingeführt werden muss, so hat der Kranke die Application selbst zu übernehmen. Diese Selbsteinführung hat auch den Vorzug, dass sie meistens leichter gelingt, als die Anlegung durch eine fremde Hand, weil der Kranke sehr bald in der subjectiven Empfindung einen Maassstab für das richtige Sitzen des Instrumentes gewinnt. Die genau richtige Lage des künstlichen Trommelfelles und ein ganz bestimmtes Maass von Druck ist aber für die bestmögliche Wirkung unerlässlich.

Durch das Tragen des künstlichen Trommelfelles wird nicht nur auf die Schleimhaut und den Trommelfellrest, sondern auch auf den

---

[1] La Clinique 1887, Nr. 29—31.
[2] Archiv f. Ohrenhlkde. XXII. 208.
[3] Archiv f. Ohrenhlkde. XII. 236. (Referat.)
[4] Wiener Med. Halle 1863, Nr. 14.

acustischen Endapparat ein mehr oder weniger intensiver Reiz ausgeübt, so dass der Patient sich in der Regel erst ganz allmählich an
das Instrument gewöhnen muss. Nur ausnahmsweise kann es gestattet
sein, dasselbe gleich anfangs einen ganzen Tag über im Ohre zu behalten; vielmehr sind die ersten Versuche nur höchstens auf einige
Stunden auszudehnen, und für die Mehrzahl der Kranken ist es gerathen, das künstliche Trommelfell überhaupt nur während derjenigen
Tageszeit zu tragen, welche an ihre Hörfähigkeit besonders hohe Anforderungen zu stellen pflegt.

Was die Indicationen für das künstliche Trommelfell anbetrifft, so ist vor Allem zu bemerken, dass das Instrument nur dann
verordnet werden darf, wenn keine nennenswerthe Eiterung mehr
besteht; es kann sonst leicht zu einer Eiterretention mit unabseh-
baren Folgen kommen. Ferner kann die Anwendung des Instrumentes
nur in Fällen von bilateraler erheblicher Schwerhörigkeit in Frage
kommen. Die Grösse des Defectes ist im Allgemeinen weniger maassgebend als die Beschaffenheit der Knöchelchen; am besten bewährt sich
das künstliche Trommelfell bei freiliegendem und gutbeweglichem
Stapes und grosser Perforation, doch kann es sogar, wie mehrfach beobachtet worden ist, bei intactem Trommelfell hörverbessernd wirken.

Ob der Apparat einen beträchtlichen Nutzen haben wird, ist im
einzelnen Falle, auch wenn die äusseren Bedingungen scheinbar die
günstigsten sind, niemals mit Sicherheit vorherzusagen, sondern kann
nur durch wiederholte Versuche festgestellt werden. Mit einer gewissen Wahrscheinlichkeit kann man allerdings auf einen befriedigenden
Erfolg rechnen, wenn nach dem Einspritzen oder Einträufeln von
Flüssigkeiten, dem Einblasen von pulverförmigen Mitteln und ähnlichen
Maassregeln, welche eine geringe locale Drucksteigerung herbeiführen,
eine entschiedene Besserung der Hörfähigkeit eintritt. Die Fälle, in
welchen die Hörweite für die Sprache um mehrere Meter gebessert
wird, sind selten; viele Kranken sind aber mit einer geringeren Hebung
der Function, zumal wenn sie, wie es oft der Fall, mit einer subjectiven Erleichterung verbunden ist, so zufrieden, dass sie den Gebrauch
des künstlichen Trommelfelles gern übertreiben. In besonders günstigen
Fällen hält die durch den Druck erzeugte Besserung auch noch nach
der Ausführung des Instrumentes eine Zeit lang an.

Die von Guranowski[1] empfohlene mehrmalige Bepinselung des
Trommelfellrestes mit 10%iger Photoxylinlösung, welche eine selbst
dem Katheterismus widerstehende Haut bildet, ist wegen der Reizung
und geringen Einwirkung auf das Gehör ebenso wenig practisch ver-
werthbar wie die Einträufelungen von Glycerin in die Paukenhöhle
mit nachfolgendem Verschluss der Perforation mit Collodium, wie sie
Michael[2] empfohlen hat. Ganz zu verwerfen ist das Zukleben des
Trommelfelldefectes mit Heftpflaster nach Tangemann[3] oder mit
Briefmarkenpapier nach Delstanche (l. c.).

---

[1] Monatsschrift f. Ohrenhlkde. 1877, Nr. 10.
[2] Berliner Klin. Wochenschrift 1882, Nr. 8.
[3] Medical News, 20. März 1886.

c. Verkalkungen.

Verkalkungen kommen, wie wiederholt erwähnt worden ist, bei
verschiedenen Affectionen des Trommelfelles, namentlich im Anschluss
an die Myringitis mit oder ohne Abscessbildung und im Verlaufe von
Mittelohrkatarrhen vor, am häufigsten beobachtet man sie indessen als
Residuen der chronischen eiterigen Mittelohrentzündung, meist neben
Narben oder persistenten Perforationen.

Die Kalkablagerung findet sich meist in der Membrana propria,
kann sich aber auch auf die äussere und die innere Schicht des Trommelfelles ausdehnen oder auf eine von ihnen allein sich beschränken. Dicke
Kalkdeposita, welche sämmtliche Schichten durchsetzen, erscheinen in
der Regel an beiden Flächen des Trommelfelles prominent. Die Gestalt der Verkalkung ist fast stets eine halbmondförmige oder rundliche; der nach der Peripherie gelegene Rand ist glatt, während der
dem Umbo zugewandte zackig oder ausgefranst erscheint (Fig. 105 und
106). Die Farbe ist kreideweiss oder gelblich weiss, um so greller,
je näher das Depositum der Oberfläche liegt. Die Grösse schwankt

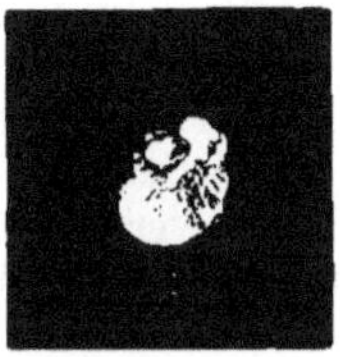

Fig. 105. Kleine Verkalkung   Fig. 106. Verkalkung in der   Fig. 107. Drei Verkalkungen in
im hinteren-oberen Quadranten. intermediären Zone der unteren der intermediären Zone; kleine
                                Hälfte des Trommelfelles.   Narbe unter dem Umbo.

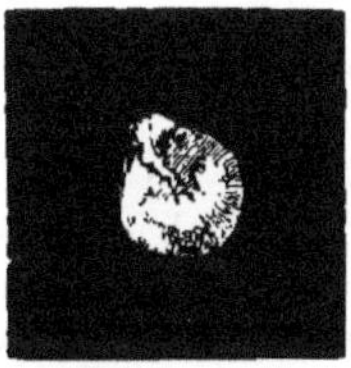

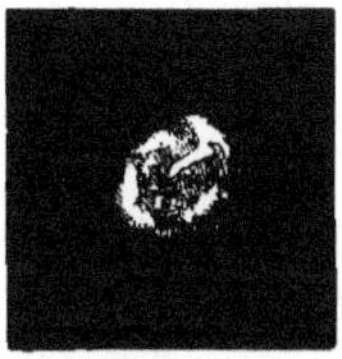

innerhalb weiter Grenzen, da sowohl punktförmige Flecken als Verkalkungen der ganzen Membran vorkommen. Kleinere Ablagerungen
finden sich nicht selten an mehreren Stellen eines Trommelfelles vor
(Fig. 107).

Subjective Erscheinungen sind bei Verkalkungen von mässigem
Umfange nicht vorhanden. Wo Schwerhörigkeit oder Ohrensausen bestehen, ist ihr Ursprung nicht in der Anomalie des Trommelfelles,
sondern vielmehr in tiefer liegenden Veränderungen zu suchen. Nur
wenn der grösste Theil der Membran verkalkt ist, so dass ihre Elasticität und Schwingungsfähigkeit eine erhebliche Einbusse erleidet, ist
ein directer Einfluss der Kalkeinlagerungen nachweisbar.

Eine Behandlung der Verkalkungen kommt daher auch nur
selten in Frage. Das Herausschneiden circumscripter Parthien hat
keinen Zweck und führt meist zu adhärenten oder schlaffen Narben,
welche die Hörfähigkeit mehr beeinträchtigen als die Verkalkungen.
Bei totaler Verkalkung des Trommelfelles kann hingegen, falls der
Stapes sich als beweglich und namentlich der schallpercipirende Apparat
sich als intact erweist, die Excision des Trommelfelles mit dem
Hammer indicirt sein. Ich habe in mehreren Fällen dieser Art eine
sehr erhebliche Hörverbesserung und das Aufhören äusserst quälender
subjectiver Geräusche erreicht. Eine medicamentöse Behandlung der

Kalkdeposita ist stets erfolglos: wie schon früher erwähnt wurde, ist
selbst die von Trautmann[1]) in Anwendung gezogene Glycerinphosphorsäure wirkungslos geblieben.

d. Adhäsivprocesse.

Die im Gefolge der chronischen Otitis media suppurativa auftretenden Verlöthungen zwischen dem Trommelfelle und den Gebilden
der Paukenhöhle unterscheiden sich von den oben (s. S. 176) besprochenen
analogen Vorgängen beim chronischen Mittelohrkatarrh nur insofern, als
bei den Residuen der Eiterung die Verwachsung einer Narbe oder
eines Perforationsrandes mit der inneren Paukenhöhlenwand oder
den Gehörknöchelchen in Betracht kommen kann. Namentlich wird
eine directe Verlöthung von stark eingesunkenen, grösseren Narben
oder dem Rande von central gelegenen Perforationen mit dem Promontorium nicht selten beobachtet. Wenn durch solche Adhäsionen ein
Theil der Paukenhöhle vollständig abgetrennt wird, so kann beim Fortbestehen oder einem etwaigen Wiedereintreten der Eiterung eine Absackung von Exsudat selbst bei perforirtem Trommelfelle die Folge sein.
Derartige Absackungen erfordern eine rasche Incision. Im übrigen
sind die Adhäsivprocesse in der schon früher besprochenen Weise zu
behandeln. Die Ablösung von Narben erfolgt durch Umschneidung wie
bei dem intacten Trommelfellgewebe (s. S. 185): die Adhärenz eines
Perforationsrandes lässt sich meist leicht durch einen der verwachsenen
Stelle entlang laufenden, mit dem Trommelfellmesser ausgeführten
Schnitt, welcher den Defect etwas vergrössert, beseitigen: doch tritt,
wie bei allen Synechien, öfter eine nachträgliche Wiedervereinigung ein.
Falls keine Absackungen durch die Adhäsivprocesse bedingt sind
und nicht etwa hochgradige Hörstörungen mit Sicherheit auf Verwachsungen zurückgeführt werden können, ist im Allgemeinen vor gewaltsamen Eingriffen zu warnen, weil dieselben leicht eine vielleicht erst
kürzlich nach jahrelangem Bemühen geheilte Eiterung von Neuem
wieder hervorrufen können. Ueberdies ist der Erfolg der operativen
Lösungen von Synechien für die Hörfunction ein ziemlich unberechenbarer.

X. Neubildungen des Mittelohres.

a. Ohrpolypen.

Die als Ohrpolypen bezeichneten, mit Epithel bedeckten, gestielten
Tumoren kommen im Anschlusse an die chronische Mittelohreiterung
nicht selten vor: etwa 3,5% aller Ohrenkranken sind mit Polypen behaftet, und von den Fällen von Otitis media suppurativa sind etwa
11% damit complicirt. Häufig finden sich neben gestielten Geschwülsten
auch polypoide Granulationen, zuweilen bestehen ausserdem cariöse Processe in der Umgebung der Paukenhöhle. Die letztere, und zwar in
erster Linie ihre innere und obere Wand, ist in der überwiegenden
Mehrzahl der Fälle der Ursprungsort der Polypen, wenn deren Sitz

[1]) Archiv f. Ohrenhlkde. XXIV. 78. (Referat.)

auch zum grossen Theile der äussere Gehörgang ist. Unter 100 Fällen, welche ich beobachtet habe, entsprangen 88 aus der Paukenhöhle, 5 aus dem Warzenfortsatze, aus welchem sie nach Durchbrechung der hinteren Gehörgangswand hervorragten, 2 vom Trommelfelle, 2 aus dem Gehörgange (Fibrome); bei 3 war die Insertionsstelle nicht mit Sicherheit festzustellen. Etwa zwei Drittel aller Fälle kommen auf das männliche Geschlecht, fast 60°/o auf das Alter von 10 –30 Jahren.

Die Grösse der Polypen schwankt beträchtlich; es kommen hanfkorngrosse und noch kleinere und andererseits Tumoren von solchem Umfange vor, dass sie aus dem zuweilen durch Druckatrophie erheblich erweiterten Gehörgange noch in der Grösse einer Kirsche frei herausragen. Bei der Entstehung und der allmählichen Vergrösserung der Polypen kommt es mitunter zu einer Umwachsung der Gehörknöchelchen, so dass dieselben fest in das Gewebe der Neubildung eingebettet sind. Nicht selten finden sich mehrere Polypen nebeneinander in einem Ohre, in welchem Falle, wie Politzer[1]) beobachtet hat, zwei früher getrennte Tumoren mit einander verwachsen können.

Die Form ist in der Regel eine kugelige oder keulenförmige

| Fig. 108. | Fig. 109. | Fig. 110. |
| Glatter, keulenförmiger Ohrpolyp. | Gelappter Ohrpolyp. | Papillärer Ohrpolyp. |

(Fig. 108), die äussere Oberfläche, glatt oder uneben, gelappt (Fig. 109), papillär (Fig. 110) oder himbeerartig. Der Stiel kann lang und schmal oder breit und kurz sein, mitunter ist ein solcher kaum zu erkennen (breitbasiger Polyp).

Auch die Farbe kann ziemlich verschieden sein; je dichter die Epithelschicht ist, um so weisslicher erscheint meist der Tumor; doch ist seine Farbe auch in hohem Grade von dem Blutreichthum abhängig. Im Allgemeinen erscheinen die Fibrome mehr weisslich, die aus embryonalem Bindegewebe bestehenden Neubildungen mehr blauroth.

Histologie. Der Ausgangspunkt aller Formen von Ohrpolypen scheint das Granulationsgewebe zu sein; es kommen daher auch besonders häufig Granulationsgeschwülste (Rundzellenpolypen) vor, d. h. Polypen, welche aus zartem, jugendlichem Bindegewebe mit zahlreichen eingesprengten Rundzellen und einzelnen Spindelzellen bestehen, häufig cystenförmige Hohlräume, zuweilen drüsenartige Spaltbildungen und meist ziemlich viele, mit Blut und Endothelzellen angefüllte Gefässe enthalten. Was die drüsenartigen und cystenförmigen Gebilde betrifft, so dürften dieselben in den meisten Fällen aus zapfenartigen Fortsätzen des Rete Malpighi hervorgehen, welche sich von der Oberfläche der Tumoren in das Stroma hineinerstrecken und zahlreiche

---

[1]) Lehrbuch d. Ohrenhlkde. II. Aufl., S. 408.

Zerklüftungen des Bindegewebes verursachen. Hier und da mögen wohl auch wirkliche Drüsen und Retentionscysten vorkommen.

Aus den Granulationsgeschwülsten entwickeln sich die gleichfalls häufigen Angiofibrome, bei welchen die mehr oder weniger fortgeschrittene Bindegewebsentwickelung von den Wänden der späterhin zum Theil obliterirten Gefässe, und zwar sowohl von der Intima als von der Adventitia, ausgeht.

Ein übermässiger Reichthum an nebeneinanderliegenden Gefässen innerhalb spärlichen Granulations- oder Bindegewebes zeichnet die seltenen Angiome aus, deren Querschnitte einem Siebe gleichen.

Schleimpolypen, d. h. solche Tumoren, welche in den Gewebszwischenräumen schleimige und fibrinhaltige Massen (saftreiches Gewebe) enthalten, kommen, obwohl sie von den neueren Autoren meist gestrichen werden, unzweifelhaft vor; doch sind sie gleich den durch ihr von Malpighi'scher Schicht bedecktes myxomatöses Stroma charakterisirten Myxomen selten.

Die durch den fibrillären Bau ihres Bindegewebes ausgezeichneten Fibrome sind meist, zumal wenn sie im Gehörgange entspringen, gefässarm und von harter Consistenz.

Schliesslich sind noch Fibroepitheliome zu unterscheiden, welche nur aus Malpighi'scher Schicht mit eindringenden schmalen Bindegewebs- und Gefässzügen bestehen und bei welchen die Epithelwucherung ganz entschieden dominirt. Sie scheinen besonders bei bestehender Caries vorzukommen, wenigstens habe ich sie nur in solchen Fällen beobachtet, zweimal bei ausgesprochener Tuberkulose des Felsenbeines.

Unter 100 von mir exstirpirten Polypen der Paukenhöhle befanden sich 41 Granulationsgeschwülste, 26 Angiofibrome, 2 Angiome, 8 Schleimpolypen, 14 Fibrome, 6 Myxome, 3 Fibroepitheliome.

Was die Bekleidung der Polypen betrifft, so kommen alle Epithelformen vor; ich fand in 38% Plattenepithel, in 29% Cylinderepithel, in 5% Flimmerepithel, in 18% gemischtes, in 10% kein Epithel. Sehr häufig zeigen sich im Gewebe Mastzellen, nicht selten Riesenzellen und Kugelzellen; cystische Gebilde fand ich in 42%, 5mal mit Flimmerepithel. Cholesteatome, wie sie zuerst von Moos und Steinbrügge[1]), dann von Wagenhäuser[2]) beschrieben worden sind, konnte ich zweimal im Polypengewebe beobachten; Knochenbildung, ein offenbar sehr seltener, von Moos und Steinbrügge[1]) und Bezold[3]) erwähnter Befund, ist mir nicht vorgekommen.

Symptome. Da bei dem Vorhandensein eines Polypen fast ausnahmslos eine chronische Mittelohrentzündung besteht, so ist, auch wenn der Tumor selbst keine besonderen Symptome verursachen sollte, doch fast stets Eiterung zu constatiren. Das Secret zeigt sich häufig blutig tingirt, manchmal sogar stark mit Blut vermengt und hat einen eigenthümlichen säuerlichen und stockigen Geruch, an welchem man die Polypen bei einiger Erfahrung mit ziemlicher Sicherheit schon vor der Inspection erkennen oder doch vermuthen kann. Besondere subjective Beschwerden

[1]) Zeitschrift f. Ohrenhlkde. XII. 48.
[2]) Archiv f. Ohrenhlkde. XX. 250.
[3]) Archiv f. Ohrenhlkde. XIII. 64.

treten in der Regel nur auf, wenn der Tumor in Folge seiner Grösse den Gehörgang verengt; es wird dann über vermehrte Schwerhörigkeit, lästiges Ohrensausen, drückende Schmerzen geklagt. Schwerere Symptome stellen sich ein, wenn der Polyp dem Eiter den Ausweg verlegt, also eine Eiterretention herbeiführt. Eingenommensein des Kopfes, heftige Kopfschmerzen, anhaltender oder anfallweise auftretender Schwindel, Erbrechen, bedeutende spontane oder Druckempfindlichkeit des Warzenfortsatzes sind dann gewöhnliche Erscheinungen; seltener kommen epileptiforme Anfälle, Faciallähmung oder Paresen oder Paralysen anderer Nerven zur Beobachtung. Gehörgangspolypen erzeugen nur Schwerhörigkeit.

Die Diagnose ist leicht, obwohl bei Anfängern zuweilen Verwechselungen mit Furunkeln oder Gehörgangsabscessen vorkommen. Die Inspection genügt indessen zur genauen Feststellung der Beschaffenheit des Tumors nicht; man muss sich vielmehr mit Hülfe der Sonde Aufschluss über den Ursprungsort verschaffen, indem man das Instrument längs der Geschwulst einführt und unter fortwährenden Umkreisungen soweit in die Tiefe schiebt, bis es auf Widerstand stösst. Schwierig ist die Diagnose nur in den sehr seltenen Fällen, wie sie von Gottstein[1]) und Eitelberg[2]) beschrieben worden sind, in welchen ein Polyp ein intactes Trommelfell nach aussen vorwölbt, also direct nicht gesehen werden kann. Polypen, welche nach Durchbruch der knöchernen Gehörgangswand aus dem Warzenfortsatze, zuweilen auch ohne Perforation des Trommelfelles, herauswachsen, können leicht für Gehörgangstumoren gehalten werden. Ihre wahre Natur lässt sich oft erst nach der Operation feststellen, indem die Sonde dann in einen von der Wurzel locker ausgefüllten Fistelcanal gleitet. Solche Warzenfortsatzpolypen sind nicht selten und zuerst von v. Tröltsch[3]), Trautmann[4]), Glauert[5]) beschrieben worden.

Verlauf. Die Entwickelung der Ohrpolypen geht meist langsam vor sich; doch kommt es, wie schon v. Tröltsch[6]) beobachtet hat, zuweilen vor, dass eine Geschwulst binnen wenigen Wochen den Gehörgang vollständig ausfüllt; namentlich durch unvollständige Abtragung eines Tumors scheint ein rapides Wachsthum befördert zu werden. In Folge von fettiger Entartung oder von Atrophie des Stieles kommt es nicht selten zu einer spontanen Abstossung selbst grösserer Polypen unter spärlicher oder heftiger Blutung, besonders wenn beim Ausspritzen des Ohres eine Zerrung ausgeübt wird. Vereiterung und geschwüriger Zerfall führen oft zu einer oberflächlichen Verkleinerung des Tumors; eigentliche spontane Schrumpfung ist sehr selten.

Prognose. Solange nicht Symptome von Eiterretention bestehen, ist die Prognose relativ nicht schlecht; allein man hat wohl zu berück-

[1]) Archiv f. Ohrenhlkde. IV. 86.
[2]) Archiv f. Ohrenhlkde. XVI. 211.
[3]) Archiv f. Ohrenhlkde. IV. 104.
[4]) Archiv f. Ohrenhlkde. XVII. 167.
[5]) Archiv f. Ohrenhlkde. XVII. 277.
[6]) Lehrbuch der Ohrenhlkde. VII. Aufl., S. 540.

sichtigen, dass, da die Polypen vorzugsweise in Fällen von alter Mittelohreiterung auftreten, in welchen sich schon vorgeschrittene Veränderungen in der Paukenhöhle eingestellt zu haben pflegen, und da gleichzeitig mit Polypenbildung nicht selten Caries des Schläfenbeines besteht,
auch nach der Entfernung des Tumors eine vollständige Heilung unwahrscheinlich ist. Auch bedenke man, dass, wenn ein Polyp in der
Paukenhöhle oder in der Tiefe des Gehörganges sitzt, eine Eiterretention
in jedem Momente entstehen kann. Eine für die Prognose wichtige
Thatsache ist es ferner, dass fast mit Sicherheit ein Recidiv zu erwarten ist, wenn die Wurzel des Polypen nicht vollständig zerstört
wird. Prognostisch ungünstig sind alle Erscheinungen, welche auf eine
Eiterretention und eine cerebrale Alteration zurückgeführt werden müssen,
zumal wenn dieselben auch noch nach der Entfernung des Tumors fortbestehen. Was die durch den Polypen unterhaltene Eiterung der Paukenhöhle betrifft, so ist über deren späteren Verlauf etwas Sicheres nicht

Fig. 111. Polypenzange nach Politzer.

vorauszusagen: nur das eine steht fest, dass dieselbe ohne vollständige Zerstörung des Tumors niemals heilen kann. Andrerseits ist man, so lange eine Eiterung im Mittelohre besteht, vor Recidiven der Polypenwucherung niemals sicher.

Behandlung. Die Behandlung hat wo irgend möglich den operativen Weg einzuschlagen. Die früher üblich gewesene und leider
auch jetzt noch bei den Chirurgen beliebte Ausreissung hat zwar
den Vorzug, dass sie den Tumor häufig vollständig, d. h. mit der
Wurzel entfernt, kann aber zu sehr fatalen Nebenverletzungen führen,
und bei solchen Polypen, welche von der inneren Paukenhöhlenwand,
namentlich der Umgebung der Fenestra ovalis, entspringen, wegen der
Möglichkeit einer Herausreissung des Stapes, sogar das Leben des
Kranken bedrohen. Bei Polypen des äusseren Gehörganges hingegen ist die Ausreissung unbedenklich. Sie wird mit einer Polypenzange (Fig. 111), wie sie z. B. von Politzer[1] und von Trautmann[2] in zweckmässiger Form angegeben worden ist, oder auch mit
Hülfe der noch zu besprechenden Drahtschlinge ausgeführt. Bei

[1] Wiener Med. Wochenschrift 1879, Nr. 16 ff.
[2] Archiv f. Ohrenhlkde. VIII. 102.

breitaufsitzenden Wucherungen ist zuweilen die Abschneidung mit
einer Scheere oder dem von Politzer (l. c.) empfohlenen Ring- oder
Sichelmesser vorzuziehen (Fig. 112). Paukenhöhlenpolypen ent-
fernt man stets am schonendsten mit dem Polypenschnürer von
Wilde[1]) (Fig. 113). Dieses Instrument besteht aus einem mittels eines
Ringes am Daumen der rechten Hand zu befestigenden, stumpfwinkelig gebogenen. vierkantigen Schafte, welcher an dem freien
Ende und am Knie je zwei seitlich in flachen Anschwellungen
angebrachte Bohrlöcher für die durchzuziehende Drahtschlinge
trägt. Die letztere wird mit ihren beiden Enden an einem am
Schafte beweglichen, mit Zeige- und Mittelfinger zu haltenden
Querriegel durch mehrfaches Umwickeln befestigt. Die Schlinge
ist stets nur so gross zu gestalten, dass sie leicht den Körper
des Polypen aufnehmen kann; sie wird durch Anspannen um
einen Ohrtrichter möglichst geglättet und in der Weise eingeführt, dass sie, rechtwinkelig oder in stumpfem Winkel gegen
die Spitze des Schaftes umgebogen, möglichst tief bis zur Wurzel
über den Polypen vorgeschoben wird. Ein langsam zunehmender Zug am Querriegel. welcher die Schlinge gradatim verengert, genügt, wenn es sich nicht um ein sehr festes Fibrom
handelt, um den Tumor abzuschneiden. Derselbe bleibt meist
in der Schlinge haften und wird zugleich mit dieser herausbefördert; nur die aus ganz weichem Gewebe bestehenden Wucherungen fallen aus der Schlinge heraus und müssen mit der
Pincette oder durch eine Ausspritzung aus dem Gehörgange entfernt werden.

Fig. 112.
Ring-
messer
nach Po-
litzer.

   Was den zur Armirung des Schlingenschnürers erforderlichen
Draht betrifft, so ist ausgeglühter Eisendraht dem Platin- oder Silber-

Fig 113. Polypenschnürer nach Wilde.

draht vorzuziehen; er lässt sich am besten um den Tumor legen, am
festesten zuschnüren und reisst weniger leicht als andere Drahtsorten.
   Die im Laufe der Zeit an dem ursprünglichen Instrumente von
Wilde vorgenommenen Abänderungen sind kaum als Verbesserungen
zu bezeichnen. Namentlich die Durchführung des Drahtes nach Blake[2])

---

[1]) Aural Surgery, S. 420.
[2]) Archiv f. Augen- und Ohrenheilkunde. I. 136.

durch eine stellbare, einläufige Metallkanüle, welche bei Hartmanns[1]
Schlingenschnürer am Ende zu einer schmalen Spalte zusammengedrückt
ist, ist wegen der damit verbundenen stärkeren Reibung des Drahtes
weniger zweckmässig als das Einfädeln durch kurze Bohrkanäle. Auch
die von Gruber[2]) und Blake[3]) an Stelle des Daumenringes angebrachten,
in die volle Hand zu nehmenden Handgriffe besitzen nur den einen un-
wesentlichen Vorzug, dass sie von Jedermann benutzt werden können,
während der Daumenring der Hand des Arztes angepasst sein muss.
Ganz angenehm ist für manche Fälle der Schnürer von Delstanche[4]),
bei welchem die Drahtschlinge durch einen an der Biegung des Schaftes
angebrachten Hebel zugezogen wird (Fig. 114).

Die Blutung ist nach der Abtragung eines Polypen meist nicht
sehr erheblich; doch kommen zuweilen bei Angiofibromen profuse Hä-

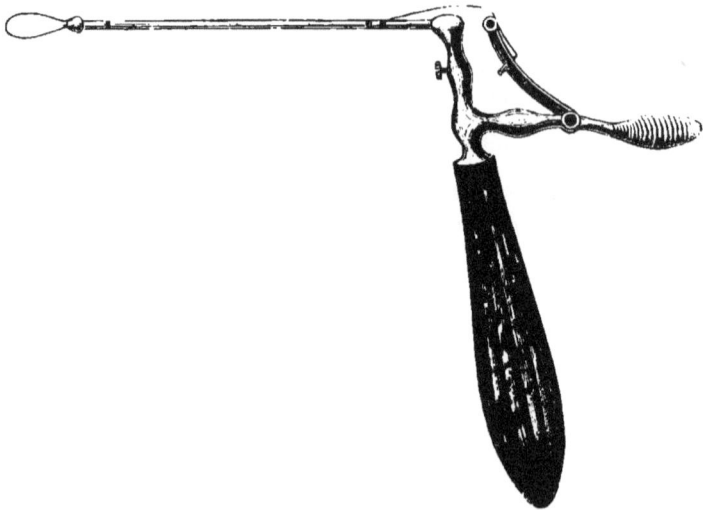

Fig. 114. Polypenschnürer nach Delstanche.

morrhagien und selbst Nachblutungen von beträchtlicher Stärke vor,
welche der Tamponade erst nach langem Bemühen weichen. In der
Regel genügt die Einführung eines dicken Pfropfes von hydrophiler
Watte bis an die blutende Stelle zur schnellen und vollständigen Stillung.

Die Abschneidung der Polypen mit der galvanokaustischen
Schneideschlinge, welche besonders von Voltolini empfohlen wurde,
kann bei sehr harten Fibromen indicirt sein und ist jedesfalls der Ab-
bindung durch die torquirte Drahtschlinge, welche, nach der Um-
schnürung vom Schafte abgeschnitten, mehrere Tage liegen bleiben muss,
vorzuziehen. Sicherer und schonender als mit der Glühschlinge operirt

---

[1]) Deutsche Med. Wochenschrift 1877, Nr. 26.
[2]) Wiener Med. Zeitung 1873.
[3]) American Journal of Otology 1882, Nr. 123.
[4]) Allg. Monatsschrift f. ärztl. Polytechnik 1885.

man in allen Fällen mit einem entsprechend gestalteten messerför-
migen Brenner, wie Schwartze[1]) besonders hervorgehoben hat.

Selten und wohl nur bei cariösen Processen ist die Entfernung
der Polypen mit dem scharfen Löffel ein geeignetes Verfahren. Man
bedient sich dazu der von Wolf[2]) und Abel[3]) construirten Instrumente
(s. Fig. 95 S. 232).

Nach der Abtragung des Tumors muss es die Haupt-
sorge des Arztes sein, die Wurzelreste vollständig zu zer-

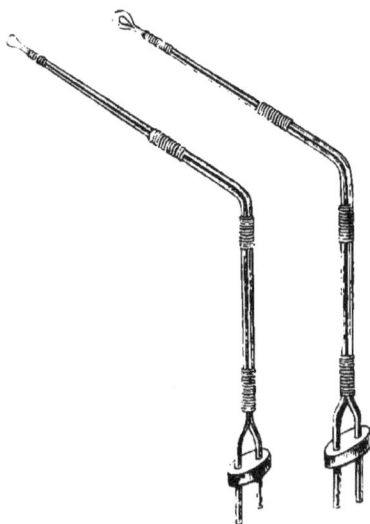

Fig. 115. Galvanokaustische Brenner.   Fig. 116. Galvanokaustischer Handgriff.

stören. Dies kann mit Hülfe eines galvanokaustischen Oesen-
oder Stichelbrenners (Fig. 115 und 116) unmittelbar nach der Operation und zuweilen in einer Sitzung geschehen, wird aber besser erst
am Tage nach der Exstirpation vorgenommen. Cocain-Anästhesirung
erleichtert die Aetzung, welche meist zwei- oder dreimal wiederholt
werden muss. Anstatt des Galvanokauters kann man auch die Lapissonde anwenden, mit welcher man jedesmal nach der Abstossung des
Aetzschorfes von Neuem touchiren muss, eine Behandlung, welche
schonender ist, aber auch viel länger dauert als das Zerbrennen. In

---

[1]) Archiv f. Ohrenhlkde. IV. 7.
[2]) Archiv f. Augen- und Ohrenhlkde. IV. 125.
[3]) Archiv f. Ohrenhlkde. XII. 110.

ähnlicher Weise wie der Lapis an eine Sonde angeschmolzen oder in
Krystallform mit einem Glasstabe an den Polypenrest gebracht, lässt
sich auch die intensiver wirkende Chromsäure anwenden. Politzer[1])
empfiehlt besonders das Eisenchlorid, welches mit einer in die Lösung getauchten Sonde oder mit einem kleinen Wattepinsel aufgetragen
wird. Dasselbe verdient vor der Chromsäure nicht den Vorzug, ist
aber jedesfalls zweckdienlicher als die von Hinton[2]) angewandte Chloressigsäure und die von Buck[3]) gerühmte rauchende Salpetersäure. Recht günstige Erfolge sah ich mehrmals nach den Einblasungen von Herba Sabinae und Alumen ustum aa in Pulverform,
einem Medicament, welches Lucae[4]) bei einem Fall von Carcinom mit
Glück versucht hatte; auch Rohrer[5]) berichtet über gute Erfahrungen
mit diesem Mittel. Das gleichfalls von Lucae[6]) empfohlene Cuprum
sulfuricum crystallisatum, das Zincum sulfuricum (1 : 15) nach
Blau[7]), das Plumbum aceticum (10—25% mit Zusatz von 5—10 gtt
Essigsäure) nach Moos und Steinbrügge[8]), die Ohrstifte aus
Chlorzink, Morphin und Mehl von Ladreit de Lacharrière[9])
sind in einzelnen Fällen des Versuches werth.

Sollte die Radicaloperation verweigert werden, so wird man den
Polypen am sichersten, wenn auch langsam, durch wiederholte galvanokaustische Aetzungen zerstören, wozu man sich eines Platinblech- oder
ösenförmigen Drahtbrenners (Fig. 115) bedient, mit welchem man tiefe
Furchen in's Parenchym zieht. Der von Politzer[10]) für die Behandlung
von Polypen bei messerscheuen Patienten und bei intratympanalen Tumoren auch sonst empfohlene Alkohol führt wohl auch, wie von verschiedenen Autoren bestätigt worden ist, zuweilen bei sehr langer Dauer
der Kur zu einem allmählichen Schrumpfen, doch ist dieses Verfahren
sehr unzuverlässig und nicht selten schmerzhaft. Die Alkoholeinträufe-
lungen sind nach Politzer 2mal täglich vorzunehmen und jedesmal
auf 15—30 Minuten auszudehnen. Ganz zu verwerfen sind die sehr
schmerzhaften parenchymatösen Injectionen von Liquor ferri sesquichlorati, wie sie Blake[11]) empfohlen hat, und die von Roosa[12])
versuchten Scarificationen des Polypen mit nachfolgender Aetzung
mit Salpetersäure. Schliesslich kann die Operation auch durch die
Electrolyse umgangen werden, welche man am besten nach Gruber[13])
in der Weise anwendet, dass man eine Knopfelectrode als Kathode auf
den Warzenfortsatz anlegt und die mit der Anode verbundene Platin-
nadel möglichst tief in den Tumor einsticht, oder indem man beide
Pole mit Nadeln versieht und gleichzeitig einsenkt. Doch ist diese

---

[1]) Lehrbuch der Ohrenhlkde. II. Aufl., S. 418.
[2]) Archiv f. Augen- und Ohrenhlkde. II. 201.
[3]) New York Med. Record. 1878, Juli.
[4]) Archiv f. Ohrenhlkde. XIX. 54.
[5]) Otol. Sect. der Naturforscher-Versammlung zu Köln 1888.
[6]) Berliner Klin. Wochenschrift 1870, Nr. 6.
[7]) Archiv f. Ohrenhlkde. XIX. 216.
[8]) Zeitschrift f. Ohrenhlkde. XII. 50.
[9]) Annales des maladies de l'oreille II. 206.
[10]) Wiener Med. Wochenschrift 1880, Nr. 31.
[11]) Archiv f. Ohrenhlkde. IV. 231.
[12]) A Practical Treatise on the Diseases of the Ear, IV. Aufl., S. 396.
[13]) Wiener Med. Blätter 1889, Nr. 8. (Gomperz.)

Methode nicht allein zeitraubend und schmerzhaft, sondern auch unberechenbar in ihrer Heilwirkung.

Dass auch nach der Entfernung oder Zerstörung des Polypen die Eiterung des Mittelohres sorgfältig nach den oben besprochenen Methoden weiterbehandelt werden muss, bedarf kaum der Erwähnung.

b. Maligne Tumoren.

Während nicht selten bösartige Tumoren von der Umgebung des Mittelohres, z. B. von der Ohrmuschel, dem Gehörgange, der Schädelhöhle, der Parotis, dem Nasenrachenraume aus, auf die Paukenhöhle übergreifen, sind primäre maligne Neubildungen ziemlich selten. Es handelt sich namentlich um Carcinome und Sarkome.

Fälle von primärem Epithelialcarcinom des Mittelohres sind, abgesehen von zweifelhaften Mittheilungen von Toynbee und Wilde, von Brunner[1], Schwartze[2], Roudot[3], Lucae[4], Delstanche und Stocquart[5], Matthewson[6], Fränkel[7], Polaillon[8], Kipp[9], Jacobson[10], Politzer[11], Pierce[12], Buss[13], Kretschmann[14], Bacon und Muzzy[15], Carmalt[16] beschrieben worden. Aus einer statistischen Zusammenstellung, welche wir Kretschmann[14] verdanken, geht hervor, dass beide Geschlechter gleich häufig, meist im 4. bis 6. Decennium des Lebens, vorwiegend am rechten Ohre befallen werden und dass in der überwiegenden Mehrzahl der Fälle von Kindheit an Otorrhoe bestanden hat. Was die Entstehung des Krebses betrifft, so dürfte dieselbe, wie schon Buss[13] vermuthet und Steinbrügge[17] bestätigt hat, auf dieselben Metamorphosen des Paukenhöhlenepithels zurückzuführen sein, welche auch zur Cholesteatombildung Veranlassung geben, also ein Hineinwuchern des Gehörgangsepithels durch eine vorhandene Perforation in die Paukenhöhle oder eine selbständige Umwandlung der Mittelohrschleimhaut.

Die subjectiven Erscheinungen beim Carcinom sind ein fortwährendes Gefühl von Druck im Ohre und im Kopfe, ausstrahlende, meist im höchsten Grade intensive Schmerzen, Schwindel; fast ganz regelmässig tritt, wie schon Kretschmann[14] hervorgehoben hat,

[1]) Archiv f. Ohrenhlkde. V. 28.
[2]) Archiv f. Ohrenhlkde. IX. 208.
[3]) Annales des malad. de l'oreille 1875, S. 227.
[4]) Archiv f. Ohrenhlkde. XIV. 127; Therap. Monatshfte. 1887, Nr. 11.
[5]) Archiv f. Ohrenhlkde. XV. 21.
[6]) Transactions of the American Otological Society 1878.
[7]) Zeitschrift f. Ohrenhlkde. VIII. 229.
[8]) Annales des malad. de l'oreille 1879, S. 254.
[9]) Zeitschrift f. Ohrenhlkde. XI. 6.
[10]) Archiv f. Ohrenhlkde. XIX. 34.
[11]) Archiv f. Ohrenhlkde. XIX. 78.
[12]) Zeitschrift f. Ohrenhlkde. XII. 114.
[13]) Dissertation. Halle 1885.
[14]) Archiv f. Ohrenhlkde. XXIII. 231.
[15]) Zeitschrift f. Ohrenhlkde. XIX. 3.
[16]) Transactions of the American Otological Society 1889, 4.
[17]) Lehrbuch der pathol. Anatomie von Orth, Lief. 6, S. 18.
[18]) Die chirurgischen Krankheiten des Ohres, S. 229.

Faciallähmung ein. Objectiv zeigt sich ein copiöser, blutiger, missfarbiger, sehr fötider Ausfluss, in welchem sich in der Regel Knochenpartikelchen nachweisen lassen, während der Gehörgang und die Paukenhöhle mehr oder weniger mit Granulationen angefüllt sind. Die letzteren unterscheiden sich von anderen Wucherungen meist durch ihre blasse Farbe, ihre sehr zerklüftete Oberfläche, ihre breite Basis, ein Merkmal, auf welches Schwartze[1] besonderes Gewicht legt, durch ihre weiche Consistenz und ihre grosse Neigung zur Blutung. Ausserdem pflegt nach der Abtragung carcinomatöser Granulationen ein sehr rasches Nachwachsen der Wucherungen aufzufallen. Eine bestimmte Diagnose ist nur durch die mikroskopische Untersuchung von Partikeln des Tumors zu stellen.

Was den Verlauf betrifft, so bricht die Neubildung, nachdem sie die Räume des Mittelohres durchwachsen hat, meist durch den schon längere Zeit angeschwollenen Warzenfortsatz oder den Gehörgang durch, worauf es zu einem ausgedehnten ulcerativen Zerfall und zur Verjauchung kommt. Die von aussen nicht sichtbaren Zerstörungen, welche das Carcinom verursacht, können ganz enorm sein, wie in einem Falle von Schwartze[2], in welchem der grösste Theil der knöchernen Tube, die Paukenhöhle bis auf die Labyrinthwand, die äussere Hälfte der Pars petrosa, die untere Hälfte der Pars squamosa mit dem Processus zygomaticus und der Gelenkpfanne für den Unterkiefer, die Pars mastoidea, der äussere Gehörgang und ein Theil der dem Schläfenbeine benachbarten Schädelknochen durch den ulcerativen Process vollständig zerfressen waren. Aehnliche Fälle sind die von Matthewson, Fränkel, Polaillon und Pierce. Während bei einem derartigen Verlaufe mit Eröffnung der Schädelhöhle der Exitus meist durch Meningitis erfolgt, tritt sonst gewöhnlich der Tod in Folge von Erschöpfung ein, im Durchschnitt nach einer Dauer von 1½ Jahren. In seltenen Fällen, wie in einem von Lucae[3] beobachteten und einem ganz analogen aus meiner Praxis, kann bei sehr frühzeitiger Behandlung Heilung eintreten.

Die Sarkome des Schläfenbeines, welche nach Schwartze[4] vorwiegend bis dahin gesunde und kräftige Kinder befallen, scheinen meist von der Dura mater oder dem Perioste der Paukenhöhle und des Warzenfortsatzes auszugehen. Nicht immer ist schon vorher Eiterung vorhanden, auch bestehen anfangs zuweilen keine subjectiven Symptome, während später regelmässig Schmerzen und Schwindel sowie eitriger Ausfluss auftreten. Die im Ohre nachweisbaren Granulationen sind weich, in der Regel bläulich-roth, leicht blutend und zeichnen sich wie jene des Carcinoms durch ein rapides Nachwachsen nach der Entfernung aus. Ihr mikroskopisches Bild zeigt ein fibrilläres, mit Rund- oder Spindelzellen durchsetztes Gewebe. Fast regelmässig ist die Umgebung des Ohres diffus oder circumscript geschwollen, zuweilen unter deutlicher Fluctuation.

[1] Die chirurgischen Krankheiten des Ohres, S. 229.
[2] Archiv f. Ohrenhlkde. IX. 208.
[3] Therap. Monatshefte 1887, Nr. 11.
[4] Die chirurgischen Krankheiten des Ohres, S. 229.

Sarkome führen schneller zum Tode als Carcinome: die Dauer des Verlaufes scheint selten 6 -8 Monate zu überschreiten.

Ausser Rund- und Spindelzellensarkomen, wie sie von Robertson[1], Hartmann[2], Cassels[3], Orne Green[1], Stacke und Kretschmann[5]. Haug[6] beobachtet worden sind, haben sich verschiedene andere Sarkomformen vorgefunden: so haben Böke[7] ein Osteosarkom, Küster[8] und Christinneck[9] Fibrosarkome. Rasmussen und Schmiegelow[10] ein psammomatöses Endothelsarkom mit Cholestearintafeln beschrieben.

Was die secundäre Erkrankung des Mittelohres anbelangt, so ist dieselbe mehrfach constatirt worden. So sahen Vermyne[11] und Pomeroy[12] Myxosarkome von der Schädelhöhle aus, Moos[13] mehrmals Fibrosarkome von dem Nasenrachenraume, Knapp[14] ein Chondradenom, Sexton[15] ein destruirendes Adenom von der Parotisgegend auf das Mittelohr übergehen. Ueber ein vom Uterus ausgehendes metastatisches Carcinom berichtet Habermann[16]).

Behandlung. Bei der Aussichtslosigkeit und der bekannten das Wachsthum befördernden Wirkung aller operativen Eingriffe hat sich die Therapie auf möglichste Desinfection und medicamentöse Einträufelungen und Insufflationen, sowie auf die Linderung der Beschwerden zu beschränken. Selbst Lapisätzungen sind nicht zweckmässig, obwohl sie fast stets eine vorübergehende Schrumpfung herbeiführen, noch weniger das Zerbrennen mit dem Galvanokauter. Ueberraschende Erfolge hat Lucae[17] mit Herba Sabinae und Alumen ustum zu gleichen Theilen in Pulverform erzielt, und auch ich habe einen dem Lucae'schen analogen Fall erlebt, in welchem ein erst seit höchstens 5 Wochen bestehendes Carcinom, dessen histologische Beschaffenheit durch die mikroskopische Untersuchung eines abgeschnittenen Wärzchens festgestellt wurde, vollständig und unter Verschluss der Perforation beseitigt wurde; ob dauernd, ist noch nicht mit Bestimmtheit zu behaupten, obwohl sich innerhalb drei Jahren kein Recidiv gezeigt hat. Im Uebrigen giebt es keine specifischen Mittel gegen maligne Tumoren: die medicamentöse Therapie ist dieselbe wie bei der chronischen Mittelohreiterung.

[1] Transactions of the American Otological Society 1870.
[2] Zeitschrift f. Ohrenhlkde. VIII. 213.
[3] Glasgow Med. Journ. 1879, Nr. 12.
[4] Zeitschrift f. Ohrenhlkde. XIV. 229.
[5] Archiv f. Ohrenhlkde. XXII. 261.
[6] Archiv f. Ohrenhlkde. XXX. 126.
[7] Wiener Medicinalhalle 1863, 45—46.
[8] Berliner Klin. Wochenschrift 1881. Nr. 46.
[9] Archiv f. Ohrenhlkde. XVIII. 291; XX. 34.
[10] Zeitschrift f. Ohrenhlkde. XV. 178.
[11] Transactions of the American Otological Society, 17. Ann. Meeting. III, 8.
[12] Amer. Journ. of Otology, III. 2.
[13] Archiv f. Augen- und Ohrenhlkde. VII. 1, 215.
[14] Zeitschrift f. Ohrenhlkde. IX. 17.
[15] New York Medical Journal 1884, 13. Decbr.
[16] Zeitschrift f. Hlkde. VIII.
[17] Therapeut. Monatshefte 1887, Nr. 11. Siehe auch Jacobson, Archiv f. Ohrenhlkde. XIX. 34.

XI. Fremdkörper in der Paukenhöhle.

Dass Fremdkörper vom Gehörgange her häufig, und zwar meist
in Folge von rohen und ungeschickten Extractionsversuchen, in die
Paukenhöhle eindringen, ist schon oben (s. S. 111. 123) unter Anführung
der dadurch gesetzten intratympanalen Verletzungen besprochen worden. Viel seltener geräth ein fremder Gegenstand in der gleichfalls
bereits angegebenen Weise (s. S. 143) von der Tuba her ins Cavum
tympani, in welchem er dann fast regelmässig eine Entzündung hervorruft.
Hierher gehören nicht nur jene eigentlichen vom Nasenrachenraume
aus vorgedrungenen Fremdkörper, sondern auch Injectionsflüssigkeiten,
welche z. B. bei Gelegenheit der Nasendouche, indem sie den Weg
durch die Tube einschlagen, in die Paukenhöhle gelangen können.
Dass gerade durch das Eindringen von Flüssigkeiten die heftigsten
Mittelohrentzündungen verursacht werden, ist bereits erwähnt worden.
Was die Entfernung der in die Paukenhöhle gerathenen Gegenstände anbetrifft, so kann man dieselbe wie bei Fremdkörpern des Gehörganges zunächst mit Hilfe von Ausspritzungen mit lauwarmen
antiseptischen Flüssigkeiten zu erreichen suchen. Doch ist dieses Verfahren häufig erfolglos, und es empfiehlt sich daher jedesfalls, der Injection vom Gehörgange her die Luftdouche mit dem Katheter oder
dem Verfahren von Politzer vorauszuschicken, um den Fremdkörper
womöglich aus der Paukenhöhle in den Gehörgang zu schleudern.
Noch mehr Aussicht auf Erfolg gewährt die Wasserinjection durch
den Katheter per tubam, welcher mitunter ein Fremdkörper sofort weicht, nachdem er den Ausspritzungen von aussen her consequent
widerstanden hatte.
Zuweilen wird die Erweiterung der Trommelfellperforation die Beseitigung eines fremden Gegenstandes aus der Paukenhöhle wesentlich erleichtern. Die Extraction ist möglichst zu vermeiden und jedesfalls äusserst schonend vorzunehmen mit einem der
S. 113 f. erwähnten Instrumente. Bei bedrohlichen Erscheinungen von
Seiten des Hirnes und zwar nach Zaufal[1] bereits, sobald Zeichen
der Neuroretinitis oder Stauungspapille bemerkt werden, darf mit der
Operation nicht gezögert werden, und es kann dann unter Umständen
die oben beschriebene Ablösung der Ohrmuschel nebst dem
knorpeligen Gehörgange (s. S. 115) indicirt sein. Nicolaisen[2]
hat sogar einen Theil des Annulus tympanicus durch zwei Einschnitte
mit der Stichsäge und Herausschlagen des zwischenliegenden Knochen-
stückchens resecirt, um ein in die Paukenhöhle eingedrungenes Steinchen
entfernen zu können.

[1] Prager Med. Wochenschrift 1891, Nr. 15.
[2] Norsk Magazin for Laegevidensk., III R. 12. Bd. 799.

XII. Neurosen der Paukenhöhle.

a. Neuralgie des Plexus tympanicus; Neuralgia tympanica; Otalgia.

Der Plexus tympanicus wird gebildet 1. durch den Nerv. Jacobsonii (Ner. tympanicus), einen kleinen Ast aus dem Ganglion petrosum des Glossopharyngeus, 2. den Nerv. petrosus superficialis minor aus dem Ganglion oticum, sowie 3. durch sympathische Fasern aus dem Plexus caroticus, nämlich die Nervi carotico-tympanici und den Nerv. petrosus profundus minor, und 4. durch die motorischen Fasern des Ramus communicans vom Ganglion geniculi des Facialis.

Es steht daher die Paukenhöhlenschleimhaut in Beziehung zu so zahlreichen Nerven, dass ihre Beeinflussung von verschiedenen Seiten nicht zu verwundern sein kann.

Die Neuralgie des Plexus tympanicus bildet nicht ganz 1% der Ohrenkrankheiten überhaupt; sie befällt mit Vorliebe, in etwa 80%, das weibliche, viel seltener (20%) das männliche Geschlecht und ist fast stets (88%) eine einseitige Affection. Sie ist charakterisirt durch zuweilen sehr heftige und anhaltende Schmerzen ohne objective Reizerscheinungen und meist ohne Functionsstörung und wird besonders häufig, in etwa ³⁄₄ der Fälle, durch einen cariösen Zahn verursacht (durch Reizung des 2. oder 3. Astes des Quintus), auch wenn ein solcher nicht gleichzeitig schmerzhaft ist. Seltenere Ursachen sind Anämie, Affectionen der Nase und des Rachens, Syphilis, Hysterie, Menstruationsanomalien, Ulcerationen der Epiglottis [Gerhardt[1]), Schwartze[2])]. Richard[2]) sieht in der Neuralgie des Paukenhöhlengeflechtes eines der frühesten Symptome des Zungenkrebses. Auffallend oft beobachtete ich die Affection bei Neurasthenikern.

Das Auftreten der Neuralgia tympanica ist meist ein unregelmässiges, zuweilen ein typisches, ähnlich wie eine auf Trophoneurose bestehende mit objectiven Reizerscheinungen und Fieber verbundene Otitis intermittens. Die Anfälle erscheinen und verschwinden mitunter, wie in den Fällen von Schwartze[3]) und Urbantschitsch[4]), zu ganz bestimmten Stunden; so erinnere auch ich mich zweier Fälle, von denen der eine von Zahncaries herrührte, der andere mit hochgradiger Neurasthenie in Verbindung stand, bei welchen jeden Abend zwischen 6 und 7 Uhr die Schmerzen sich einstellten, um bis gegen Morgen, bei dem einen um 4 Uhr, bei dem andern um 6 Uhr, anzuhalten. Interessant ist die Mittheilung von Urbantschitsch[4]), dass in einem Falle von Neuralgia tympanica durch sehr hohe und sehr tiefe Töne eine Empfindlichkeit in bestimmten Zähnen hervorgerufen werden konnte. Eine gewöhnlichere Erscheinung ist, dass acu-

---

[1]) Virchow's Archiv, XXVII. 70.
[2]) Die chirurgischen Krankheiten des Ohres, S. 230.
[3]) Archiv f. Ohrenhlkde. I. 224.
[4]) Lehrbuch der Ohrenhlkde. III. Aufl., S. 347.

stische Reize eine Ohrneuralgie bewirken können; auch besteht während
eines Anfalles oft eine Hyperästhesie des Hörnerven.

Die Dauer der Neuralgie ist verschieden, oft eine sehr lange,
Wochen und Monate währende und nur durch Beseitigung der Ursache
abzukürzen: bei längerem Bestehen können, wahrscheinlich in Folge
einer schliesslichen Betheiligung des Acusticus, subjective Geräusche
und Schwerhörigkeit eintreten.

Die Diagnose gründet sich auf den negativen Befund
bei wiederholten sorgfältigen Untersuchungen: sie hat gleichzeitig die
ursächlichen Momente zu erforschen, was freilich in vielen Fällen nicht
strict gelingt.

Die Prognose ist günstig, wenn die Ursache zu beseitigen ist,
namentlich bei Zahncaries und ähnlichen localen Veranlassungen, ungünstig hingegen bei cerebralen Leiden.

Die Behandlung muss vor Allem gegen die causale Affection gerichtet sein. Wenn Caries dentium zu Grunde liegt, ist die
Entfernung des kranken Zahnes, zuweilen mehrerer, in der Regel das
einzige Mittel, welches dauernd und gründlich Wandel schafft. Bei
typischem Verlaufe ist das geeignetste Medicament Chinin; auch
Arsen oder salicylsaures Natrium können gute Dienste leisten.
Urbantschitsch rühmt besonders das auch von Gruber[1] bevorzugte Jodkalium (1.0 pro die), namentlich für veraltete Fälle und
bei Syphilis, und Tinct. Chamomillae (5—8 Tropfen pro die) oder
Belladonna (8—10 Tropfen pro die).

Die locale Therapie sucht den Anfall zu bekämpfen. Die
besten Erfahrungen habe ich mit dem von Theobald[2] empfohlenen
Atropinum sulfuricum in 1%iger Lösung gemacht; da dieses
Mittel aber oft reizt, ziehe ich in leichteren Fällen Aether vor
(Aetheris 5,0 : Ol. olivar. 15,0), der gut vertragen wird und vorübergehend fast stets, wenn auch nicht so prompt und gründlich wie
Atropin, Linderung schafft. Morphin und Cocain sind äusserlich angewandt unzuverlässig, in Gestalt von subcutanen Injectionen hingegen
ihrer sicheren Wirkung wegen in vielen Fällen unentbehrlich. Bei
sehr hartnäckiger Erkrankung hilft mitunter der constante Strom,
wenigstens für einige Tage, bisweilen dauernd. Politzer[3] empfiehlt
die Massage oder Vesicantien auf den Processus mastoideus, sowie
Veratrinsalben, und Urbantschitsch heilte einen allen Mitteln
spottenden Fall durch Suggestion.

b. Klonische Krämpfe der Binnenmuskeln der Paukenhöhle.

Klonische Spasmen des Tensor tympani sind zuerst von Politzer[4]
und Schwartze[5], dann von Leudet[6], Wolf[7], Blau[8] u. A. con-

[1] Monatsschrift f. Ohrenhlkde. III. 123.
[2] American Journ. of Otology. I. 201.
[3] Lehrbuch der Ohrenhlkde. II. Aufl., S. 426.
[4] Wiener Medicinalhalle 1863, 169.
[5] Archiv f. Ohrenhlkde. II. 4.
[6] Académie de Paris 1869, Nr. 32, 35.
[7] Archiv f. Augen- und Ohrenhlkde. II. 2, 63.
[8] Archiv f. Ohrenhlkde. XIII. 261.

statirt worden. Sie äussern sich in einer mehrmals schnell hintereinander eintretenden und jedesmal mit einem, subjectiv und zuweilen objectiv wahrnehmbaren, knackenden Geräusche verbundenen Einwärtsziehung des Trommelfelles, welche am deutlichsten unterhalb des Umbo bemerkbar ist. Gleichzeitiges Heben des Gaumensegels durch Mitbewegung des Tensor veli ist mehrfach beobachtet worden. In einem Falle von Blau [1] fehlte das knackende Geräusch. Bei einem Patienten von Politzer [2] war während der Spasmen eine Herabsetzung der Hörfähigkeit, Dämpfung der tiefen und höhere Perception der hohen Töne zu bemerken.

Die Ursache der Tensorkrämpfe ist meist unbekannt. In einem meiner Fälle konnte ich Reflexspasmen durch die Einführung des Katheters hervorrufen, und Moos [3] sah bei einem Patienten bei jeder Kaubewegung eine Einziehung des Trommelfelles eintreten.

Bei den noch selteneren klonischen Krämpfen des Musc. Stapedius fehlen objective Erscheinungen am Trommelfelle; die subjectiven Symptome bestehen in einem längere Zeit anhaltenden Rauschen wie in einem Falle von Gottstein [4], bei welchem die Contractionen des Steigbügelmuskels mit Blepharospasmus verbunden waren. In einem von mir beobachteten Falle von Hämmern und Rauschen im Ohre, welches wahrscheinlich von Stapediusspasmen herrührte, konnte ich den jedesmal gleichzeitig eintretenden Lidkrampf durch den Katheterismus mit grosser Sicherheit beseitigen.

Behandlung. Die klonischen Krämpfe sind der Behandlung wenig zugänglich, bleiben übrigens meist spontan aus. Die Luftdouche ist zuweilen wirksam, kann aber, wie erwähnt, andrerseits auch gerade Spasmen hervorrufen. Am besten scheint sich der galvanische Strom zu bewähren, obwohl er in manchen Fällen vollkommen versagt. Auch die Tenotomie kann indicirt sein und ist in der That von Habermann [5] mit Erfolg bei Spasmus des Stapedius ausgeführt worden.

XIII. Entzündungen des Warzenfortsatzes.

Entzündliche Erscheinungen geringeren Grades, wie spontane oder Druckempfindlichkeit, Röthung, Schwellung, Oedem kommen in der Mastoidealgegend im Anschlusse an Affectionen der Paukenhöhle und des äusseren Gehörganges ungemein häufig vor, ohne dass die Cellulae mastoideae in Mitleidenschaft gezogen sein müssten. Die Fortleitung erfolgt, wenn es sich nicht etwa um eine einfache Gefässstauung handelt, meist durch Vermittelung der die Gefässe und Nerven umgebenden Bindegewebszüge oder des Periostes, welches ja von dem knöchernen Gehörgange ohne Unterbrechung auf die äussere Fläche des Processus

[1] Archiv f. Ohrenhlkde. XIII. 261.
[2] Wiener Medicinalhalle 1863, 169.
[3] Archiv f. Augen- und Ohrenhlkde. II. 131.
[4] Archiv f. Ohrenhlkde. XVI. 61.
[5] Prager Med. Wochenschrift 1884, 44.

mastoideus übergeht. Von grösserer Bedeutung ist es, wenn die pneumatischen Hohlräume des Warzenfortsatzes, welche fast stets mehr oder weniger an den Erkrankungen des Mittelohres theilnehmen, sei es in Folge von Secretretention oder durch eine Entzündung ihrer Wandungen, zu erheblichen Beschwerden Veranlassung geben, wobei dann der Krankheitsprocess gleichfalls auf die äussere Fläche des Zitzenfortsatzes verschleppt werden kann. Hier können, abgesehen von Caries und Nekrose, persistente Spalten, wie die Fissura mastoideo-squamosa, die Gefäss- und Nervencanäle und in selteneren Fällen die schon erwähnten Dehiscenzbildungen eine wesentliche Rolle spielen.

a. Periostitis des Warzenfortsatzes.

Die Knochenhautentzündung tritt am Warzenfortsatze ziemlich selten primär, d. h. ohne anderweitige Erkrankung im Ohrapparate, und dann meist ohne bekannte Veranlassung auf. Doch habe ich etwa ein halbes Dutzend Fälle von unzweifelhafter idiopathischer Periostitis mastoidea gesehen, und die Litteratur enthält eine ganze Reihe ähnlicher Beobachtungen von Voltolini[1]), Knapp[2]), Kirchner[3]), Jacoby[4]), Roosa und Ely[5]), Hotz[6]), Blau[7]), Schwartze[8]), Christinneck[9]), Williams[10]), Ménière[11]), Kretschmann[12]) u. a. Viel häufiger entsteht indessen die Periostitis secundär im Anschlusse an eine eiterige Entzündung der Paukenhöhle, namentlich wenn die Bedingungen für den Abfluss des Secretes ungünstige sind, z. B. bei sehr kleinen und hochgelegenen Perforationen in stark geschwollenen Trommelfellen und bei Verengerungen des Gehörganges. Der Behauptung von Schwartze, dass die Behandlung der acuten Otitis media suppurativa mit pulverförmigen Medicamenten eine secundäre Periostitis durch Begünstigung einer Eiterretention besonders häufig hervorrufe, kann ich nach den Erfahrungen, welche ich mit der früher auch bei der acuten Mittelohreiterung sehr vielfach von mir geübten Borsäuretherapie gemacht habe und nach den Beobachtungen aus der consultativen Praxis über ganz kritiklose Anwendung von medicamentösen Pulvern, nicht beipflichten; ich habe, wenigstens nach Borsäureinsufflationen, niemals Eiterretentionen entstehen sehen.

Die subjectiven Symptome der mastoidealen Periostitis sind eine mässige Temperatursteigerung und ein meist äusserst lebhafter, spontaner und durch Druck noch erheblich zu steigernder Schmerz, welcher an einer circumscripten Stelle des Warzenfortsatzes besonders

[1]) Monatsschrift für Ohrenhlkde. 1875, Nr. 12; 1877, Nr. 9.
[2]) I. Congress der Americ. Otol. Society. New York 1876.
[3]) Archiv f. Ohrenhlde. XIV. 193.
[4]) Archiv f. Ohrenhlkde. XV. 286. (3 Fälle.)
[5]) Zeitschrift f. Ohrenhlkde. IX. 335.
[6]) Zeitschrift f. Ohrenhlkde. IX. 364.
[7]) Archiv f. Ohrenhlkde. XIX. 210.
[8]) Archiv f. Ohrenhlkde. XIX. 231.
[9]) Archiv f. Ohrenhlkde. XX. 40.
[10]) Zeitschrift f. Ohrenhlkde. XIII. 291.
[11]) Revue mensuelle de Laryngologie 1884, Nr. 7.
[12]) Archiv f. Ohrenhlkde. XXIII. 234.

intensiv ist und in der Regel nach der Schläfe, dem Scheitel oder dem Hinterhaupte ausstrahlt. Die Bewegungen des Kopfes pflegen, zumal wenn die Umgebung des Sternocleidomastoideus in Mitleidenschaft gezogen ist, wesentlich behindert zu sein, so dass eine eigenthümlich steife und schiefe Haltung zu Stande kommt.

Objectiv ist zuvörderst, oft gleichzeitig mit dem Beginne der Schmerzen, eine umschriebene phlegmonöse Anschwellung der Weichtheile nachweisbar mit oder ohne Röthung des Hautüberzuges. Diese Schwellung nimmt etwa 5—8 Tage hindurch, allmählich etwas diffuser werdend, zu und führt fast stets zu einem abnormen Abstehen der Ohrmuschel, welches zuweilen höchst auffallend wird. Die Lymphdrüsen in der Warzengegend sind in der Regel geschwollen.

Spontane Rückbildung der Infiltration ist selten. In der Mehrzahl der Fälle kommt es zur Abscedirung, und man fühlt dann nach Verlauf weniger Tage deutliche Fluctuation oder doch eine teigige Resistenz der Weichtheile, welche auf eine tiefliegende Eiteransammlung schliessen lässt. Der Durchbruch des Eiters erfolgt, wenn überhaupt, entweder durch die äussere Bedeckung des Processus mastoideus nach aussen oder durch die Bindegewebslücken (Incisurae Santorinianae) in den äusseren Gehörgang. Jedoch ist die Tendenz zur spontanen Eröffnung im Allgemeinen keine grosse, so dass auch Senkungen des Eiters, zumal am Halse, häufig sind. Oberflächliche Caries des Processus mastoideus tritt im Anschlusse an die Entblössung des Knochens vom Periost namentlich bei Kindern nicht selten auf; auch eine nekrotische Abstossung von Theilen der äusseren Knochendecke wird zuweilen beobachtet. So erlebte ich bei einem jungen Manne mit vollständig gesundem Mittelohre die Exfoliation eines dünnen Sequesters von 4 cm Länge und 0,5—2 cm Breite.

Ob eine Anschwellung der Haut über dem Warzenfortsatze oder ein mastoidealer Abscess mit einer Erkrankung der pneumatischen Hohlräume verbunden ist oder für sich allein besteht, lässt sich in den meisten Fällen vor der Eröffnung nicht mit Sicherheit feststellen. Eine isolirte Periostitis kann jedesfalls nur dann angenommen werden, wenn das Mittelohr nicht die geringsten entzündlichen Erscheinungen darbietet, und eine primäre Affection ist nur dann vorauszusetzen, wenn auch der äussere Gehörgang vollkommen normal ist.

Aehnliche Schwellungen, wie bei der Periostitis kommen am Warzenfortsatze vor bei Furunkeln im äusseren Gehörgange, namentlich wenn dieselben in der hinteren Wand sitzen und einen beträchtlichen Umfang erreichen, sowie bei der zuweilen im Gefolge der Mittelohreiterung auftretenden, äusserst schmerzhaften Lymphadenitis am Processus mastoideus und der seitlichen Halsgegend. Gegen die Verwechselung wird meist eine sorgfältige Untersuchung, in schwierigeren Fällen mit Sicherheit eine mehrtägige Beobachtung schützen. Dass bei Sarkomen am Warzenfortsatze eine Fluctuation vorgetäuscht werden kann, ist zuerst von Christinneck[1] festgestellt worden.

Prognose. Die Prognose der primären Periostitis ist stets günstig; hingegen muss das Auftreten von secundären Schwellungen und Abscess-

[1] Archiv f. Ohrenhlkde. XVIII. 292.

bildungen zu einer vorsichtigen Aeusserung über die Bedeutung des Falles veranlassen, da man eine Erkrankung des Knochens von vornherein nicht ausschliessen kann. Ergiebt der Verlauf nach der Eröffnung eines Abscesses das Bestehen einer einfachen, durch Fortkriechen von Eiter vom Gehörgange oder der Paukenhöhle her entstandenen Periostitis, so ist eine vollständige Heilung mit grosser Wahrscheinlichkeit anzunehmen.

Behandlung. Im Anfange der Periostitis sind Bepinselungen mit Jodtinctur oft von unzweifelhaftem Nutzen. Dieselben können täglich, auch mehrmals täglich, wiederholt und mit einer allgemeinen und localen Antiphlogose verbunden werden. Statt der Eiswassercompressen oder Eisbeutel sind besonders die Leiter'schen Bleiröhren, durch welche kaltes Wasser geleitet wird, empfehlenswerth; ich habe damit wiederholt ausgezeichnete Erfolge erzielt [1]). Tritt jedoch nach längstens 3 Tagen nicht ein entschiedener Nachlass der subjectiven und objectiven Symptome ein, steigert sich die Anschwellung unter Vorwärtsdrängung der Ohrmuschel rasch oder besteht schon Fluctuation, so darf mit der Incision nicht gezögert werden. Dieselbe, zuerst von W. Wilde [2]) empfohlen und deshalb von den Ohrenärzten gewöhnlich als Wilde'scher Schnitt bezeichnet, muss der Insertion der Auricula in einer Entfernung von etwa einem Centimeter folgen, genügend lang sein und bis auf den Knochen gehen. Die Dicke der zu durchtrennenden Weichtheile ist mitunter eine sehr erhebliche. Von Wichtigkeit ist, zumal wenn bereits Abscedirung vorlag, eine im Anschlusse an die Incision vorzunehmende gründliche Sondenuntersuchung, welche über das Vorhandensein von Fistelgängen und Senkungsabscessen sowie von cariösen Erkrankungen Aufschluss verschafft. Etwa bestehende fistulöse Canäle sind zu spalten, Granulationen mit dem scharfen Löffel zu beseitigen. Unter einem antiseptischen Druckverbande heilt der Schnitt, welcher nicht selten geradezu coupirend wirkt, rasch, vorausgesetzt, dass nicht eine tiefere Erkrankung des Knochens vorliegt; in diesem Falle bleibt fast regelmässig eine Fistel zurück, welche eine erneute und eingreifendere Operation erheischt.

Bezüglich der spontan durchgebrochenen Abscesse ist zu erwähnen, dass sie meist nicht ohne Erweiterung der Oeffnung heilen; insbesondere erfordern die in der hinteren-oberen Gehörgangswand auftretenden Fisteln fast regelmässig eine Spaltung oder eine Gegenöffnung am Warzenfortsatze.

Als ableitendes Mittel empfiehlt neuerdings Lacoarret [3]) mehrfache punktförmige Kauterisationen mittels des Galvanokauters.

b. Ostitis mastoidea. Entzündung der Warzenzellen.

Aetiologie und Statistik. Die Entzündung der mit einer dünnen Schleimhaut- und Periostschicht ausgekleideten Warzenzellen

---

[1]) Archiv f. Ohrenhlkde. XVIII. 118.
[2]) Pract. Observations on aural Surgery, S. 237, 337.
[3]) Annales de la policlinique de Bordeaux 1889, Nr. 1. Referat im Archiv f. Ohrenhlkde. XXIX. 143.

entsteht äusserst selten primär, viel häufiger durch Fortleitung einer Erkrankung der Paukenhöhlen-Mucosa. Da fast in jedem Falle von Otitis media suppurativa sich bei der Section die Wandungen der Cellulae mastoideae geschwollen und geröthet und die Lumina mit blutigem oder schleimigem Serum, mit Eiter oder rahmig-bröckeligen Massen angefüllt finden, sollte man klinische Erscheinungen einer Mastoidealerkrankung bei jenen Affectionen noch häufiger erwarten, als sie thatsächlich vorkommen. Allein die genannten pathologischen Veränderungen der Nebenhöhlen des Cavum tympani verlaufen so oft symptomlos, dass bei bestehender Mittelohrentzündung aus dem negativen Befunde und dem Fehlen von subjectiven Beschwerden niemals auf einen normalen Zustand der Warzenzellen geschlossen werden darf.

Die gewöhnlichste Ursache einer Entzündung der Warzenzellen ist jedesfalls in dem mangelhaften Abfluss von Secret aus der Paukenhöhle bei kleinen und hochgelegenen Perforationen, bei Verwachsungen des Trommelfelles, bei Verlegung des Lumens der Mittelohrräume durch Granulationen, Polypen und Pseudomembranen zu suchen. Eine gewisse Prädisposition scheint durch Scharlach, Tuberkulose, Influenza und Syphilis gegeben zu werden, und nach den neueren Forschungen gewinnt es den Anschein, als ob den pathogenen Eigenschaften gewisser Mikroorganismen, namentlich der Strepto- und Diplokokken, welche sich im Ohreiter von complicirten Fällen nach Zaufal[1]) besonders häufig vorfinden, eine wichtige Bedeutung zugesprochen werden müsse. Möglicher Weise kommen bei der consecutiven Ostitis mastoidea zuweilen auch mechanische Ursachen in Betracht, welche das Eindringen von Infectionsstoffen ins Antrum begünstigen, wie z. B. die Luftverdichtungen beim Schneuzen und bei der Luftdouche, Ausspülungen des Ohres, die Rückenlage (nach Urbantschitsch[2]).

Was die Statistik der Ostitis mastoidea betrifft, so kommt diese Krankheit nach meinen Erhebungen in etwa 0,5% der Fälle von Ohrenkrankheiten und in höchstens 8% der Fälle von Mittelohreiterungen nachweisbar vor; Roosa[3]) fand unter einer sehr grossen Gesammtzahl von Fällen verschiedener Autoren 0,67% Erkrankungen des Zitzenfortsatzes.

Pathologische Anatomie. Die bereits angeführte, den Befunden in der Paukenhöhle analoge Schwellung und Hyperämie der Auskleidung und die Secretansammlung in den Cellulae mastoideae kann eine so beträchtliche Ausdehnung erreichen, dass die Pneumaticität der Hohlräume vollständig verloren geht. In erster Linie kommt in dieser Beziehung stets der mit dem Cavum tympani unmittelbar communicirende grösste Raum, das Antrum mastoideum, in Betracht, welches den Mittelpunkt der übrigen kleineren und grösseren Zellen bildet; doch ist sehr häufig das gesammte Höhlensystem in gleichmässiger Weise mit Flüssigkeit erfüllt oder durch die Hypertrophie des Ueberzuges obliterirt.

---

[1]) Zeitschrift f. Ohrenhlkde. XVIII. 294.
[2]) Archiv f. Ohrenhlkde. XXXI. 189.
[3]) Lehrbuch der Ohrenhlkde. III. Aufl., S. 318, 386.

Ist das angesammelte Exsudat Eiter, so entsteht, im Gegensatze
zu der katarrhalischen (schleimig-serösen) Entzündung, der
Abscess oder das Empyem des Warzenfortsatzes, welches
entweder mit der Paukenhöhle in Zusammenhang steht oder von ihr
abgeschlossen ist. Eine der gewöhnlichsten Folgen der Eiteransammlung ist Caries und Nekrose, welche an keinem Theile des Gehörorganes so häufig gefunden wird wie am Processus mastoideus. Nicht
selten kommt es auch zur Hyperostose (Eburneation, conden-
sirenden Ostitis, Sklerose) des Warzentheiles, indem die Wandungen der Cellulae mastoideae durch Knochenansatz verdickt und die
lufthaltigen Räume verdrängt werden.

Symptome. Während, wie erwähnt, in den zahlreichen Fällen,
in welchen nur eine serös-schleimige Exsudation Platz gegriffen hat,
die Krankheit vollständig ohne äussere Erscheinungen und ohne Beschwerden zu verlaufen pflegt und höchstens ein unbestimmtes Gefühl
von Druck in der Umgebung des Ohres besteht, welches beim Klopfen
und Betasten des Warzenfortsatzes verstärkt, auch wohl zu einem
eigentlichen Schmerz gesteigert wird, ruft das Empyem schwere Symptome bevor. Unter oft sehr hohem Fieber entsteht ein heftiger
bohrender und klopfender Schmerz, welcher vom Processus mastoideus nach dem Nacken und der ganzen Kopfseite, zuweilen bis über
den Scheitel hinaus ausstrahlt, durch häufige Exacerbationen, zumal
des Nachts, ungemein quälend wird und die Bewegungen des Kopfes
erschwert oder unmöglich macht. Eine Röthung und ödematöse
Anschwellung der Haut kann wenigstens im Anfange fehlen, besonders wenn der Warzenfortsatz eine dicke Corticalis besitzt und der
Entzündungsprocess tiefgelegen ist; doch findet sich auch bei vollständig normalem Hautüberzuge nicht selten im Gehörgange und
zwar in der hinteren-oberen Wand eine hügelige Vorwölbung der
Weichtheile, welche das Lumen mehr oder weniger einengt. Dies ist
oft das einzige Merkmal einer Eiteransammlung im Processus mastoideus. Wo gar keine äusserlich wahrnehmbaren Veränderungen bestehen
– und das ist nicht selten der Fall — kann nur die Anbohrung des
Knochens sicheren Aufschluss geben, denn auch die Auscultation
des Processus mastoideus mit Hülfe eines auf den Knochen
aufgesetzten Stethoskopes während einer Lufteintreibung durch den
Katheter, welche namentlich von Michael[1] empfohlen worden ist,
liefert nur sehr unzuverlässige Resultate.
Was die versuchsweise Anbohrung betrifft, so haben die
von Ferreri[2], Roberts[3] u. A. vorgeschlagenen Methoden, mit
in den Knochen einzutreibenden Stahlnadeln oder Bohrern („Electro-
osteotom" von Roberts) Explorativ-Punctionen auszuführen, wenige
Anhänger gefunden. Im Allgemeinen ist es vielmehr vorzuziehen, sobald man Indicationen für die Eröffnung des Antrum mastoideum gefunden hat, dasselbe vollständig freizulegen; dass man dann trotz

[1] Archiv f. Ohrenhlkde. XI. 46.
[2] Lo Sperimentale 1883, Heft 11.
[3] Clin. society of the New York Post-graduated med. School. Febr. 1886.

ausgesprochenen Retentionssymptomen im Knocheninnern keinen Eiter vorfindet, kommt verhältnissmässig selten vor.

In der Mehrzahl der Fälle erfolgt nach längerem Bestehen des Empyems, meist unter cariöser Erkrankung des Knochens, ein Eiter-durchbruch und zwar am häufigsten nach aussen, wobei dieselben Erscheinungen auftreten, welche für den periostitischen Abscess charak-teristisch sind; doch kann auch die hintere-obere Wand des Gehör-ganges perforirt werden, welche dann regelmässig längere Zeit vorher in der oben beschriebenen Weise ausgebaucht erscheint. Seltener ist der zuerst von Bezold[1]) näher beobachtete Durchbruch an der medialen Fläche des Processus, in welchem Falle es besonders leicht zu den auch sonst häufigen Senkungsabscessen zwischen den Hals-fascien und längs den Halsgefässen kommt. Am gefährlichsten ist natürlich der Durchbruch des Eiters in die Schädelhöhle und in den Sinus sigmoideus.

Prognose. Die Prognose ist für die leichten Fälle von nicht eiteriger Entzündung günstig, indem fast regelmässig, häufig sogar spontane, Rückbildung binnen kurzer Zeit eintritt; doch kann es auch noch nachträglich zu einer Vereiterung kommen. Immer von ernster Bedeutung ist hingegen das Empyem wegen der Gefahren für Gesund-heit und Leben, welche es mit sich bringt. Nicht allein der Durch-bruch des Eiters in die Schädelhöhle oder in den Sinus transversus ist in dieser Hinsicht zu fürchten: die Verschleppung phlogogener, viel-leicht septischer Stoffe kann auch ohne diesen Zwischenfall eintreten, Meningitis, Hirnabscess, Pyämie die Folge sein. Von prognostischer Wichtigkeit ist in erster Linie sowohl die Ausdehnung als der Sitz der Eiteransammlung; denn im Allgemeinen ist das Empyem um so gefährlicher, je dicker die Corticalis ist, je tiefer also der Abscess im Knochen liegt, und je mehr Zellen im Zustande der Entzündung be-griffen sind. Auch durch cariöse und nekrotische Processe wird die Prognose entschieden getrübt, ebenso durch Störungen im Allgemein-befinden, insbesondere durch Tuberkulose und andere erschöpfende Krankheiten. Uebrigens ist auch bei den schwersten Formen des Em-pyems, und selbst bei ausgedehnter Caries des Felsenbeines unter der Voraussetzung einer geeigneten operativen Therapie die Wiederher-stellung nicht ausgeschlossen.

Behandlung. Die einfache katarrhalische Entzündung des Antrum mastoideum und seiner Nebenräume erfordert häufig keine besondere Therapie, indem sie unter ·der Einwirkung der gegen die causale Otitis media gerichteten Behandlung spontan zurückgeht. In schwereren Fällen ist jedesfalls eine antiphlogistische Therapie indicirt in Gestalt von Blutegeln, Eisbeuteln und namentlich der Leiter-schen Kühlröhren, über deren vortreffliche Wirkung im Initialstadium der Warzenfortsatzerkrankungen ich vollkommen mit Politzer über-einstimme. Zuweilen sind auch Jodeinpinselungen von entschie-

[1]) Deutsche Med. Wochenschrift 1881, Nr. 28.

denem Nutzen; der von Lacoarret[1]) empfohlenen multiplen Galvano-
kautersiation der Weichtheile ist schon oben gedacht worden (S. 272).
Die schnelle Beseitigung der Beschwerden hängt aber in erster
Linie davon ab. ob das Secret frei durch die Paukenhöhle und den
Gehörgang abfliessen kann. Ist dies nicht der Fall. so hat die Therapie
vor Allem die Aufgabe, den versperrten Weg wieder herzustellen.
Hierfür genügen oft Durchspülungen des Mittelohres vom Gehörgange
und der Tube her, Injectionen durch ein in der Richtung nach hinten-
oben in die Paukenhöhle eingeführtes Ansatzrohr (s. S. 236); in anderen Fällen muss eine zu kleine Perforation erweitert. eine Gegenöffnung im unteren Trommelfellabschnitte angelegt, eine Granulationsmasse oder ein Polyp entfernt, eine tiefe Incision in die geschwollene
Gehörgangswand ausgeführt werden. Durch derartige, dem Eiter freien
Abfluss verschaffende Maassnahmen in Verbindung mit der bereits erwähnten Antiphlogose können viele Fälle von ausgesprochenem Empyem
des Processus mastoideus, zumal bei Kindern, entschieden geheilt werden;
zuverlässig aber ist diese Therapie nicht, um so weniger, als es sich
erfahrungsgemäss. besonders in chronischen Fällen. auch nicht selten
ereignet, dass bei vollständig freier Passage zwischen Antrum, Paukenhöhle und Gehörgang Eiterretentionen im Warzenfortsatze zu Stande
kommen. Dass dann das angesammelte Exsudat durch Ausspritzungen
vom Gehörgange her nicht entfernt werden wird, liegt auf der Hand.
Schafft hier der bei bestehender Schwellung der Weichtheile vorzunehmende Wilde'sche Schnitt keine Erleichterung und keinen Eiter-
abfluss, so handelt es sich unter Umständen um die **künstliche Eröffnung des Warzenfortsatzes.**

Um diese Operation. welche zuerst von Petit ausgeführt. dann
aber in Folge einiger bei kritikloser und ungeschickter Ausführung
vorgekommener übler Zufälle wieder aufgegeben worden war, hat sich,
nachdem v. Troeltsch[2]) ihre Wiederaufnahme energisch in Anregung
gebracht hatte. Hermann Schwartze[3]), der eigentliche Schöpfer der
Otochirurgie, hervorragende Verdienste erworben. Er war es. welcher
nicht allein zuerst die topographischen Verhältnisse des Processus mastoideus eingehend studirte, sondern auch an der Hand eines ungemein
grossen operativen Materiales präcise Indicationen aufstellte und die
Technik der Operation wesentlich verbesserte. Später haben dann
Bezold[4]), Buck[5]), Hartmann[6]), Hessler[7]) u. A. werthvolle anatomische und technische Beiträge zur Vervollkommnung der Operation
geliefert.

Die operative Eröffnung des Warzenfortsatzes kann sowohl bei
der acuten als bei der chronischen Entzündung indicirt sein. In acuten
Fällen wird man in der Regel zuerst etwa mindestens acht Tage lang

---

[1]) Annales de la policlinique de Bordeaux 1889, Nr. 1.
[2]) Virchow's Archiv, Bd. XXI. 295.
[3]) Pract. Beitr. zur Ohrenhlkde. Würzburg 1863, S. 37. Archiv f. Ohrenhlkde. VII. 157 (mit Eysell), Bd. X—XIV.
[4]) Monatsschr. f. Ohrenhlkde. VII. 10, VIII. 1; Archiv f. Ohrenhlkde. XIII. 26.
[5]) Archiv f. Augen- und Ohrenhlkde. III. 2, 1.
[6]) Berliner Klin. Wochenschrift 1876, 33; Archiv f. klin. Chirurgie, XXI. 2;
Tagebl. der Naturforscher-Versammlung zu Heidelberg 1889.
[7]) Archiv f. Ohrenhlkde. XXI. XXIII. XXVII. XXVIII. XXXI.

die oben beschriebene antiphlogistische Behandlung durchführen und nur dann zum chirurgischen Eingriffe schreiten, wenn innerhalb dieser Frist nicht eine entschiedene Besserung der objectiven und subjectiven Symptome eintritt oder gar bedrohliche Störungen des Allgemeinbefindens bemerkbar werden. Bei Kindern ist, obwohl gerade bei ihnen der Processus mastoideus sehr oft in Mitleidenschaft gezogen wird, wegen einer acuten Eiteransammlung die Operation nur selten nothwendig, da in den ersten Lebensjahren unter der Behandlung der Mittelohrentzündung meist Rückbildung oder ein rascher spontaner Durchbruch erfolgt. Bei chronischem Empyem der Cellulae mastoideae ist die operative Blosslegung nothwendig, wenn Infiltrationen der Haut am Warzenfortsatze und im Gehörgange längere Zeit bestehen oder sich unter stürmischen Erscheinungen häufig wiederholen oder wenn bereits ein Abscess nachweisbar ist, bei dessen Eröffnung sich fistulöse Gänge oder cariös-nekrotische Heerde finden. Selbst bei äusserlich gesundem Aussehen des Warzenfortsatzes kann der Eingriff in Frage kommen, wenn sich in Folge von Eiterretention oder Cholesteatombildung im Mittelohre, welcher auf andere Weise nicht beizukommen ist, Symptome einer lebensgefährlichen, besonders einer cerebralen Erkrankung geltend machen. Eine wesentliche Stütze für die Indicationsstellung gewährt hier der Befund des Augenhintergrundes, indem der Nachweis der Stauungspapille oder der Neuroretinitis als eine Mahnung zur schleunigen Operation aufgefasst werden muss.

Unter Umständen kann auch bei continuirlichen und quälenden Schmerzen im Warzenfortsatze, welche meist auf Osteosklerose zurückzuführen sind, selbst bei Abwesenheit eigentlicher entzündlicher Erscheinungen, die Anbohrung behufs Erzielung einer revulsiven Wirkung (Knapp[1]) in Betracht gezogen werden.

Schliesslich kann, wie zuerst Jacoby[2]) betont hat, die Operation in Fällen indicirt sein, in welchen zwar momentan keine bedrohlichen Symptome bestehen, aber eine durch andere Maasnahmen nicht zu beseitigende fötide Eiterung die Möglichkeit letaler Folgekrankheiten nahelegt (prophylaktische Operation).

Im Allgemeinen wird man bei chronischen Entzündungen, wenn das Bestehen einer Eiterretention wahrscheinlich ist, sich vor einer Verzögerung der Operation hüten müssen, vielmehr einzugreifen haben, sobald man die Ueberzeugung gewinnt, dass bei exspectativer Behandlung Heilung nicht eintreten wird; abzuwarten, bis Symptome einer schweren inneren Krankheit vorhanden sind, würde in solchen Fällen geradezu ein Kunstfehler sein. Die practische Erfahrung allein ist bei der Bestimmung der Frage, ob, und des Zeitpunktes, wann operirt werden soll, massgebend: allgemein gültige Regeln lassen sich dafür nicht aufstellen.

Contraindicirt ist die Operation bei schlechtem Ernährungszustande, grosser Schwäche der Kranken, namentlich auch bei vorgeschrittener Lungentuberkulose, und in allen Fällen, in welchen Meningitis, Hirnabscess, Sinusphlebitis, Pyämie oder andere voraussichtlich

---

[1]) Transactions of the American Otolog. Soc. 17. An. Meeting, Vol. III, S. 3.
[2]) Archiv f. Ohrenhlkde. IV. 228; VI. 93.

letale Krankheiten bereits nachweisbar sind. Einzelne unter derartigen
Umständen gelungene Operationen berechtigen nicht dazu, diese Contra-
indicationen unberücksichtigt zu lassen.

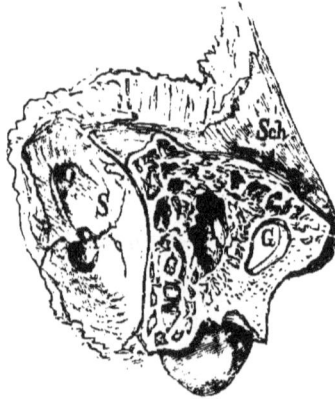

Fig. 117. Das Antrum mastoideum (A) in seinen topographischen Beziehungen zum äusseren
Gehörgange (G), zur Schädelhöhle (Sch) und zum Sinus transversus (S).

Methode der Operation. Die von aussen sichtbaren oder fühlbaren Anhaltspunkte für den einzuschlagenden Weg beschränken sich

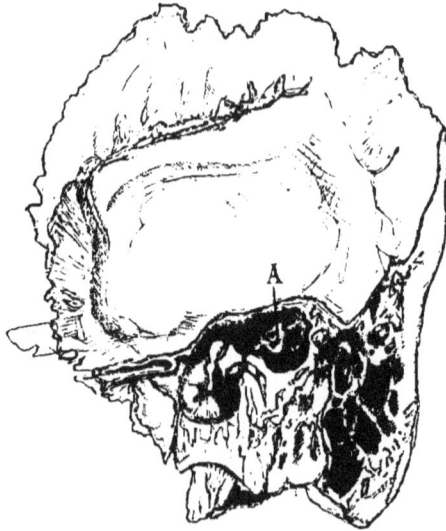

Fig 118 Paukenhöhle, Warzenfortsatz und Antrum mastoideum (A) von innen.

auf die bei Erwachsenen fast stets, bei Kindern nicht regelmässig
durchzufühlende Linea temporalis des Schläfenbeines und die Anheftungslinie der Ohrmuschel. Ist es uns schon unmöglich, aus der äusseren
Beschaffenheit des Processus mastoideus auf seine Structur, d. h. auf

die Anzahl und Grösse der Zellen, die Dicke der Corticalis, die Tiefe
des Antrums. Schlüsse zu ziehen, so ist es ein noch misslicherer Umstand, dass wir für die individuelle Lage der gefährlichsten Nachbar-
organe des Warzentheiles, nämlich der mittleren Schädelgrube und
der Fossa sigmoidea (Fig. 117. 118, 119) keinen zuverlässigen
Maassstab besitzen. Es ist zwar richtig, dass der Boden der mittleren
Schädelgrube meist höher steht als die Linea temporalis, doch lehren
schon die Erfahrungen von Hartmann [1]. dass in mehr als $1/3$ der
untersuchten 100 Schläfenbeine beide gleich hoch standen oder die
Temporallinie sogar über der Schädelgrube lag, dass also die topographischen Verhältnisse beträchtlichen Schwankungen unterliegen. Was
die Fossa sigmoidea anbelangt, so tritt dieselbe nach den Angaben von
Bezold etwa 1.5 cm hinter der über dem Gehörgange gelegenen, vor
der Beseitigung der Weichtheile aber meist nicht fühlbaren Spina supra
meatum am weitesten nach aussen und kann bis in die Frontalebene
des Ohrmuschelansatzes vorrücken; und sowohl Bezold als auch Körner [2]

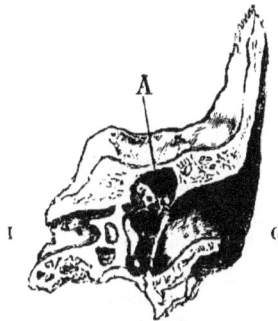

Fig 119. Paukenhöhle und Antrum mastoideum (A) von vorn.
I = innerer Gehörgang.   G = äusserer Gehörgang.

geben an, dass die Fossa sigmoidea auf der linken Seite etwas weiter
nach hinten liege als rechts. Die ferneren Behauptungen von Körner,
dass bei Brachycephalen die Flexura sigmoidea des Sinus transversus
tiefer nach vorn und lateralwärts in den Warzenfortsatz und die Basis
des Felsenbeines eindringe als bei Dolichocephalen, sowie dass die
mittlere Schädelgrube bei ersteren tiefer liege als bei letzteren, wird
von Schülzke [3] bestritten.

Am sichersten wird man jedesfalls gehen, wenn man
etwa 0,5 cm unter der Linea temporalis, d. h. etwa in der
Höhe der oberen Gehörgangswand, und etwa 0,5 cm hinter
der hinteren Gehörgangswand die Knochenöffnung anlegt.
Der Hautschnitt wird in tiefer Narkose nach gründlichster
Reinigung und Abrasirung des Operationsfeldes mit möglichster Vermeidung der nahe dem Ohrmuschelansatze verlaufenden Arteria auri-

[1] Archiv f. Klin. Chirurgie, XXI. 335.
[2] Zeitschrift f. Ohrenhlkde. XVI. 212; XIX. 322.
[3] Archiv f. Ohrenhlkde. XXIX. 208.

cularis posterior, etwa einen Centimeter hinter und parallel mit der Anheftungslinie der Auricula in einer Länge von 3—5 cm. 1 cm über der Linea temporalis beginnend, nach unten geführt. Politzer[1]), welcher die äussere Knochenöffnung, um einer Verletzung des Sinus transversus am sichersten vorzubeugen, mit Bezold und Hartmann möglichst weit nach vorn anlegt, führt die Incision unmittelbar an der Anheftungslinie der Muschel aus und zwar mit Vorliebe in Lappenform, indem er vom oberen Ende des senkrechten Schnittes einen zweiten im rechten Winkel nach hinten führt. Man gewinnt auf diese Weise unzweifelhaft eine grössere Fläche für die weitere Operation, wird aber bei genügend langer einfacher Incision, sorgfältiger Ablösung des Periostes und festem Auseinanderziehen der Wundränder durch einen Assistenten annähernd ebenso freien Spielraum haben. Die vollständige Befreiung des Knochens vom Periost mit Hülfe eines starken Raspatoriums ist auch deshalb von besonderer Wichtigkeit, weil wir bei völlig freiliegender Corticalis nicht selten in Gestalt von feinen Fistelöffnungen oder röthlich verfärbten und malacischen Stellen den Punkt angedeutet finden, an welchem wir einzudringen haben. Es genügt dann die Erweiterung der Fistel oder das Durchschlagen der dünnen Knochenoberfläche mit dem Meissel und das Auskratzen mit dem scharfen Löffel, wobei man in der Regel bis in grössere Zellen oder in's Antrum selbst ohne Schwierigkeit gelangen wird. Zeigt sich dabei, dass ein Theil des Knochens nekrotisch ist, so wird man denselben oft nicht ohne eine partielle Abmeisselung der Todtenlade zu entfernen im Stande sein.

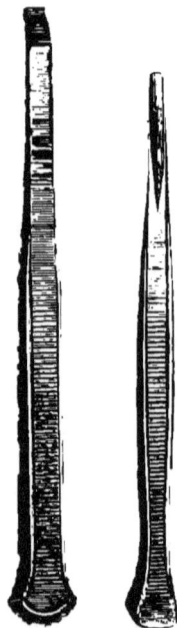

Findet sich die äussere Fläche des Warzenfortsatzes nach der Abschabung des Periostes völlig intact, so muss zunächst, nach Stillung der meist

nicht allzu bedeutenden Blutung, die Corticalis durchbrochen werden. Zu diesem Behufe setzt man am besten einen etwa 5 mm breiten geraden oder Hohlmeissel (Fig. 120 und 121) an der oben bezeichneten Stelle an und treibt ihn, schalenförmige Splitter abtragend, in der Richtung nach vorn, unten und innen durch kräftige Hammerschläge in den Knochen ein. Die Dicke der Rindenschicht ist eine ungemein verschiedene; während in manchen Fällen eine kaum millimeterstarke Decke die Hohlräume abschliesst, kommt es, namentlich bei ausgeprägt diploëtischen Fortsätzen, nicht selten vor, dass man 5 mm, ja 7 mm, wie in einem von mir operirten Falle, meisseln muss, bevor man in die Zellen gelangt. Nachdem der Meissel in die pneumatischen Hohlräume eingedrungen ist, was bei sklerotischem Knochen und sehr mächtiger Corticalis zuweilen viel Zeit und Mühe kostet, wird der Canal mit einem etwas schmäleren, etwa 2,5 bis 3 mm breiten

---

[1]) Lehrbuch der Ohrenhlkde. II. Aufl., S. 397.

Hohlmeissel (Fig. 121) in der vorher eingeschlagenen Richtung weiter ausgehöhlt. Man hat hierbei durch successive Erweiterung und trichterförmige Gestaltung der gleich anfangs etwa 1 cm weit anzulegenden Eingangsöffnung stets dafür Sorge zu tragen, dass man das weiter in die Tiefe dringende Instrument in jedem Momente im Auge behalten kann und darf nicht unterlassen, die abgesprengten Knochenlamellen, sobald sie das Gesichtsfeld einengen, mit einer Pincette, welche natürlich wie alle zu verwendenden Instrumente sterilisirt sein muss, zu beseitigen. Ausserdem ist es von grosser Wichtigkeit, dass das Operationsfeld unausgesetzt von dem aus den kleinen Knochengefässen sich ergiessenden Blute, welches die Controlle sonst ungemein erschwert, gesäubert werde. Dies geschieht am besten mittelst kleiner Läppchen von Verbandmull, welche an klemmpincettenähnlichen Handgriffen befestigt sind, kann aber auch mit sterilisirten Schwämmen oder vorräthig gehaltenen Wattebäuschen bewerkstelligt werden. Auf das Antrum mastoideum stösst man durchschnittlich in einer Tiefe von 13—15 mm; wesentlich tiefer einzugehen ist selten erforderlich und wegen der Gefahr einer Verletzung des Facialcanales oder der Bogengänge womöglich zu vermeiden. Nicht jedesmal ist sofort mit der Eröffnung des Antrum oder der ihm zunächst liegenden grösseren Zellen eine Communication mit der Paukenhöhle geschaffen; es vergehen häufig mehrere Tage, in seltenen Fällen mehrere Wochen, bis die in die Fistel eingespritzte Flüssigkeit aus dem Gehörgange abfliesst. So beobachtete Schwartze[1]) einen Fall, in welchem die Verbindung erst nach 20 Tagen eintrat, und Kretschmann[2]) constatirte sie sogar erst nach 25 Tagen.

Das Vordringen gegen das Antrum wird natürlich wesentlich erleichtert, wenn der Warzenfortsatz erweichte Knochenparthien enthält, deren Entfernung mit dem zuerst von Schede[3]) zu diesem Zwecke angewandten scharfen Löffel dann viel weniger Kraft und Zeit erfordert als das Herausschlagen der Zellenwände mit dem Meissel. Solche Zerstörungen des Knochens finden sich in der Umgebung des Eiterheerdes fast stets, meist theilweise ausgefüllt durch Granulationswucherungen und bröckeligen Detritus.

Das von Schwartze empfohlene Operationsverfahren hat in neuerer Zeit mehrfach Modificationen erfahren, deren Werth noch zweifelhaft ist. Was zunächst die Eröffnung des Processus mastoideus vom Gehörgange aus anbelangt, wie sie zuerst von Wolf[4]) vorgeschlagen worden ist, so wurde diese Methode von den meisten Ohrenärzten wegen der Enge des Operationsterrains verworfen; später hat sie dann namentlich Küster[5]) in anderer Form wieder aufgenommen, indem er räth, in jedem Falle die hintere Gehörgangswand mit fortzunehmen, und auch Zaufal[6]) hat sich für die chronischen Mittelohreiterungen und besonders für die Entfernung von Cholesteatomen zu Gunsten der Perforation der Gehörgangswand ausgesprochen.

[1]) Archiv f. Ohrenhlkde. X. 34.
[2]) Archiv f. Ohrenhlkde. XXIII. 228.
[3]) Symbolae ad helcologiam. Habil.-Schrift. Halle 1872.
[4]) Berliner Klin. Wochenschrift 1877, 9. April.
[5]) Berliner Klin. Wochenschrift 1889, Nr. 13.
[6]) Archiv f. Ohrenhlkde. XXX. 291.

Ein anderer Vorschlag geht von Hessler[1] aus. Derselbe empfiehlt, jede Aufmeisselung nach der oben beschriebenen Methode von Schwartze zu beginnen, wenn aber cariöse Heerde sich zwischen die Lamellen der Schuppen erstrecken, unter subperiostaler Fortnahme der Corticalis direct in die Tiefe des Mittelohres mit dem Meissel vorzudringen, wie es zuerst von v. Bergmann[1] ausgeführt worden ist. Jedesfalls wird man hier wie überall in der Therapie zu individualisiren haben und sich nicht in allen Fällen nach einem bestimmten Schema richten können, wenn man die Hauptsache erreichen will, nämlich die Freilegung des Krankheitsheerdes und die Beseitigung aller kranken Gewebe.

Die früher vielfach in Anwendung gezogenen trepanartigen Instrumente sind wohl gänzlich verlassen worden, und auch Bohrer, wie sie noch von Jacoby[2], Lucae[3] (Drillbohrer), Buck[4] (Zahnbohrmaschine) empfohlen wurden, sind nur noch wenig in Gebrauch, da mit ihnen Nebenverletzungen viel leichter hervorgerufen werden als mit dem Meissel. Zaufal[5] bedient sich neuerdings vielfach der schon von v. Tröltsch[6] empfohlenen Lüer'schen Hohlmeisselzange, von deren Brauchbarkeit ich mich mehrfach überzeugt habe. Die von Bogroff[7] vorgeschlagene galvanokaustische Eröffnung des Processus mastoideus dürfte kaum Anhänger gefunden haben.

Ueble Zufälle sind zuweilen auch bei dem umsichtigsten Vorgehen nicht zu vermeiden. Dahin gehören hauptsächlich starke Blutungen, welche meist aus den Knochenvenen oder aus weichen Granulationsmassen stammen. Ich habe bei meiner ersten Operation eine so kolossale Blutung aus einem Gefässe des Warzenfortsatzes eintreten sehen, dass ich, obwohl ich erst wenig über 1 cm tief gemeisselt hatte, den Sinus sigmoideus verletzt zu haben fürchtete; doch stand die Hämorrhagie auf Tamponade binnen kürzester Zeit, so dass die Operation wieder aufgenommen werden konnte. Aehnliche Fälle kommen öfter vor. Auch wirkliche Sinusblutungen sind mehrfach beobachtet worden, so von Schwartze[8], Jacoby[9], Knapp[10], Guye[11], Schmiegelow[12], Bircher[13], v. Baracz[14], Hessler[15], Mc. Bride[16], Urbantschitsch[17], Schubert[18]; zuweilen musste in solchen Fällen

[1] Archiv f. Ohrenhlkde. XXXI. 64.
[2] Archiv f. Ohrenhlkde. IV. 228.
[3] Archiv f. Ohrenhlkde. VII. 298.
[4] Transactions of the American Otological Society 1886, III. 5.
[5] Archiv f. Ohrenhlkde. XXX. 291.
[6] Lehrbuch der Ohrenhlkde. VII. Aufl., S. 515.
[7] Monatsschrift f. Ohrenhlkde. 1879, Nr. 5.
[8] Archiv f. Ohrenhlkde. VI. 292; X. 26; XXV. 125. (Rohden und Kretschmann.)
[9] Archiv f. Ohrenhlkde. XXI. 61; XXVIII. 282.
[10] Zeitschrift f. Ohrenhlkde. XI. 221.
[11] Archiv f. Ohrenhlkde. XVIII. 223.
[12] Archiv f. Ohrenhlkde. XXVI. 97.
[13] Corr.-Bl. f. Schweizer Aerzte 1886.
[14] Wiener Med. Wochenschrift 1887, Nr. 38, 39.
[15] Archiv f. Ohrenhlkde. XXVI. 169.
[16] Brit. Med. Associat. Glasgow 1888. (Arch. f. Ohrenhlkde. XXVIII. 42.)
[17] Lehrbuch der Ohrenhlkde. III. Aufl., S. 393.
[18] Archiv f. Ohrenhlkde. XXX. 57.

von einer Fortsetzung der Operation Abstand genommen werden, mitunter aber wurde die Eröffnung des Antrum nach der Tamponade zu Ende geführt. Die Blosslegung der Dura mater, welche öfter vorkommt als die Verletzung des vorgelagerten Sinus, hat selten eine ernste Bedeutung, da die meisten Fälle, wenn nicht eine Läsion der Hirnhaut eingetreten ist, bei aseptischer Operation anstandslos heilen, wie ich mich in zwei Fällen habe überzeugen können.

Nachbehandlung. Unmittelbar nach der Beendigung der Operation ist eine Ausspülung des Warzenfortsatzes mit warmer Sublimatoder Carbolsäurelösung vorzunehmen. Ist eine freie Communication zwischen Cellulae mastoideae und Paukenhöhle durch den Eingriff hergestellt worden, so dringt die Flüssigkeit, welche in die Knochenfistel injicirt wird, aus dem Gehörgange heraus und umgekehrt; fehlt zunächst die Möglichkeit des freien Abflusses, so stellt sie sich meist, wie erwähnt, in einigen Tagen ein. Die Wunde kann, wenn sie sehr lang ist, durch Vereinigung der beiden Enden verkleinert werden, bleibt aber wegen der Eventualität einer Secretretention besser ganz offen; sie wird nach den Regeln der Antiseptik verbunden und der Verband erst nach frühestens 3 Tagen, wenn nicht etwa Fieber eintritt, erneuert. Als Verbandmittel haben sich Läppchen aus Sublimatmull, welche noch mit Jodoform bestreut werden können, sowie in essigsaure Thonerde getauchte Mullstreifen bewährt: über den von Truckenbrod[1]) empfohlenen Waldwolleverband besitze ich keine Erfahrung.

In den ersten Wochen nach der Operation sind Injectionen von lauwarmem sterilisirtem Salzwasser vom Gehörgange und von der Wundfläche her regelmässig beim Verbandwechsel vorzunehmen, wobei jedoch nur ein schwacher Druck angewandt werden darf; auch ist durch Drainröhren, welche gleichfalls beim Verbande zu erneuern sind, für ein genügendes Freibleiben des Fistelcanales zu sorgen. Die Gummiröhrchen werden nach der Vorschrift von Schwartze nach etwa 14 Tagen durch einen genau in die Fistel passenden Bleinagel ersetzt, welcher mittelst eines durch eine rechtwinkelig von ihm abgehende, durchschlitzte Platte gezogenes Band oder mittelst einer federnden Pelote festgehalten wird und welcher so lange liegen bleiben soll, als im Ohre noch Eiterung besteht.

Zu bemerken ist noch, dass der Kranke mindestens in den ersten acht Tagen das Bett hüten und auch später noch stärkere Bewegungen vermeiden muss. Dabei ist natürlich genau auf das Verhalten der Körpertemperatur zu achten, in deren Abweichungen wir, wie nach allen Operationen, einen sicheren prognostischen Maassstab besitzen.

Die Dauer der Heilung schwankt ungemein. Nach Schwartze beträgt sie in den acuten Fällen im Durchschnitte 1—3 Monate, in den chronischen 9—10 Monate, bisweilen aber auch wesentlich länger.

Was die Resultate der Aufmeisselung des Warzenfortsatzes anbelangt, so sind dieselben im Allgemeinen günstig. Namentlich bei acuten Fällen wird durch die Operation ziemlich regelmässig, in etwa 92%, Heilung erzielt; aber auch bei chronischen ist der Effect ein

---

[1]) Archiv f. Ohrenhlkde. XXII. 83.

guter. Natürlich kommt es dabei in erster Linie auf die Geschicklichkeit des Operateurs und auf den Zeitpunkt an, in welchem der Eingriff unternommen wird; ist es schon zu schweren Complicationen gekommen, so wird man auf befriedigende Resultate von vornherein nicht rechnen dürfen.

Die Gefahren der chirurgischen Eröffnung des Warzenfortsatzes sind früher vielfach überschätzt worden; bei vorsichtiger Handhabung des Meissels und vor allem bei genauer Kenntniss des Operationsfeldes wird in der Regel kein übler Zufall eintreten und auch der nachträgliche Verlauf ein glatter sein. Die Mortalitätsziffer beträgt bei Schwartze etwa 6%, bei Lucae [1]) etwa 9,8%.

Von nebensächlicher Bedeutung, aber durchaus nicht gering anzuschlagen ist die Rücksicht auf das Gehör des zu Operirenden. Bei der Mehrzahl der Patienten, welche sich der Aufmeisselung unterwerfen, ist die Hörfähigkeit zwar nicht normal und auch nicht durch die Operation erheblich zu bessern; bei vielen aber würde eine durch den chirurgischen Eingriff verschuldete Verschlechterung der Hörfunction eine beträchtliche Schädigung bedeuten, welche sich bei vorsichtigem Vorgehen sicher vermeiden liesse. Es ist daher unbedingt daran festzuhalten, dass die Eröffnung des Processus mastoideus vom Ohrenarzte oder nur von solchen Chirurgen ausgeführt werden soll, welche genügende otologische Vorkenntnisse besitzen. Erst wenn durch die Operation nicht allein der Eiterherd zugänglich gemacht, das Krankhafte aus dem Schläfenbeine entfernt, sondern auch alle für die Hörfähigkeit noch wichtigen Theile des Ohrapparates geschont werden, kann sie zu möglichst vollkommenen Resultaten führen.

XIV. Caries und Nekrose des Schläfenbeines.

Cariöse Erkrankungen des Schläfenbeines kommen namentlich bei Kindern nicht selten vor; genauere statistische Daten lassen sich indessen nicht anführen, da in einem grossen Theile der Fälle die ulcerirende Ostitis nicht diagnosticirt wird.

Caries und Nekrose treten fast stets im Gefolge einer acuten oder chronischen eiterigen Mittelohrentzündung, vorzugsweise bei Stagnation und Zersetzung des Secretes auf, und zwar, wie es scheint, vorwiegend unter dem Einflusse von Ernährungsstörungen und Infectionskrankheiten. Namentlich Diphtherie, Scharlach, Typhus, Skrophulose, Tuberkulose, Syphilis bilden unzweifelhaft prädisponirende Momente. Auch primäre Erkrankung, zumal des Warzenfortsatzes, kommt zuweilen vor und zwar, wie Steinbrügge [2]) annimmt, vorwiegend hervorgerufen durch Tuberkelbacillen oder seltener durch Osteomyelitiskokken, welche entweder durch den Blutstrom oder durch die Tuba eingewandert sein können. Mit Recht weist derselbe Autor darauf hin, dass sich aus der Entstehung des cariös-nekrotischen Processes unter der Mit-

[1]) Siehe Jansen, Archiv f. Ohrenhlkde. XXXI. 225.
[2]) Lehrbuch der pathol. Anatomie von J. Orth. 6. Lief., S. 70.

wirkung lebender Infectionsträger, wie sie heutzutage kaum noch
zu bezweifeln ist, die Existenz bestimmter Prädilectionsstellen der Erkrankung erklären lässt, indem die Mikroorganismen sich leichter in
pneumatischen Hohlräumen und in spongiöser Substanz als in compacten
Knochenmassen entwickeln können. Dass in der Mehrzahl der Fälle
die Caries tuberkulöser Natur ist, dürfte ziemlich sicher sein; freilich
gelingt es, besonders bei fortgeschrittener Erkrankung, sehr häufig,
selbst bei ausgesprochener Tuberkulose anderer Organe, nicht, Tuberkelbacillen im Eiter oder den Geweben nachzuweisen.

Die Prädilectionsstellen der Caries sind der Warzenfortsatz,
die hintere-obere Gehörgangswand, das Tegmen tympani, der Kuppel-
raum, die Gehörknöchelchen, besonders der Hammer; seltener wird der
Boden der Paukenhöhle und der Canalis caroticus befallen; von der
Labyrinthkapsel zeigt nur das nach der Paukenhöhle abschliessende
Promontorium häufig wenigstens kleine, oberflächliche Defecte.

Die Schleimhaut der Paukenhöhle ist meist hypertrophisch, gra-
nulös oder polypös degenerirt, zuweilen auch geschwürig. Die Caries
findet sich entweder, und zwar vorzugsweise in frischeren Fällen, in
den oberflächlichen Schichten des Knochens oder in Form von tiefen
Ulcerationen weit in's Innere vorgedrungen. Die Gehörknöchelchen

Fig. 122. Drei cariöse Hammer.   Fig. 123. Drei cariöse Ambosse, ein cariöser Stapes.

büssen, wenn sie von Caries betroffen werden, meist Theile ihrer Enden
ein, z. B. der Hammergriff das Griffende, der Amboss den langen Fortsatz (Fig. 122 und 123); ist der Hammergriff cariös, so erweist sich
fast stets auch die obere und äussere Wand des Kuppelraumes (S. 218)
defect, mit Granulationen umwuchert, die Shrapnell'sche Membran
perforirt. Der Steigbügel, welcher von den Gehörknöchelchen am seltensten ergriffen wird, verliert meist nur das Köpfchen oder einen,
mitunter auch beide Schenkel, während die Fussplatte nur ganz ausnahmsweise [Schwartze[1]) sah drei Fälle und citirt einen vierten von
Boeck] erkrankt. Fortschreitende Ulceration führt schliesslich zur
Exfoliation, welcher in erster Linie der Amboss anheim zu fallen pflegt.
An solchen ausgestossenen Knöchelchen zeigen sich meist die Folgen
des cariösen Processes in Form von rauhen, ausgefressenen Stellen;
doch können solche Spuren auch fehlen, da die Ossicula, namentlich
beim Scharlach, sich auch zuweilen vollständig intact loslösen in Folge
der Zerstörung ihres Bandapparates.

Caries des Processus mastoideus führt häufig zum Durchbruch durch die allmählich schmelzende Corticalis, in anderen Fällen
kommt es, ebenso wie bei ulcerativen Vorgängen am Felsenbeine und
am Tegmen tympani, zu schweren Complicationen, indem die Infectionsträger den Gefässcanälen und Bindegewebssträngen entlang oder
durch Defecte im Knochen, welche congenital oder von der Krankheit

---

[1]) Pathol. Anatomie des Ohres, S. 88.

selbst geschaffen sein mögen, in die Umgebung der erkrankten Parthien fortgeleitet werden. Auf diese Weise entstehen häufig vom
Tegmen tympani her subdurale Abscesse, Pachy- oder Lepto-
meningitis oder Hirnabscesse, von der durchbrochenen Fossa sigmoidea aus Sinusphlebitis oder -Thrombose oder Pyämie. Wird
die Wand des Canalis caroticus zerstört, so kann eine tödtliche Blutung aus der Carotis eintreten. Dass dies im Verhältniss zur Häufigkeit angeborener Dehiscenzen in der vorderen Paukenhöhlenwand glücklicher Weise nicht eben häufig vorkommt, geht aus den Mittheilungen
von Hessler[1]) hervor, welcher in der Litteratur nur 12 Fälle beschrieben fand und einen selbstbeobachteten veröffentlichte. Seitdem
sind drei weitere Fälle von Carotisruptur (von Moos und Steinbrügge[2]). Sutphen[3]), Politzer[4]) publicirt worden. Eine Erklärung
für das seltene Vorkommen von Anätzung oder Zerreissung grösserer
Gefässe bei Caries findet Steinbrügge[5]) in der im Verlaufe der chronischen Eiterung entstehenden Neubildung von Bindegewebe, welches
theilweise verknöchern kann und jedesfalls in Verbindung mit einer
vom Periost ausgehenden Hyperostose im Stande ist, ein den Krank-
heitsheerd abschliessendes Narbengewebe zu bilden.

Was die nekrotischen Processe anbetrifft, so kommen auch
diese am häufigsten im Processus mastoideus vor; zuweilen werden
aber auch grosse Bestandtheile des Felsenbeines und der Schuppe
ausgestossen, und auch die Sequestrirung des gesammten Labyrinthes ist wiederholt beschrieben worden; den 40 von Bezold[6]) zu-
sammengestellten Fällen kann Steinbrügge (l. c.) noch acht neue
Beobachtungen verschiedener Autoren hinzufügen. Auch ich habe zweimal nekrotische Ausstossung des Labyrinthes beobachtet.

Wie die Caries, so ist auch die Nekrose besonders häufig eine
Folge der Scharlacheiterung; sehr selten kommt sie primär vor.

Subjective Symptome. Die subjectiven Erscheinungen bei
Caries und Nekrose des Schläfenbeines haben wenig Charakteristisches.
Am regelmässigsten ist das Auftreten von Schmerzen im Ohre und
seiner Umgebung in Folge von periostitischen Verdickungen und von
Eiterretention. Dieselben können zeitweise fehlen, pflegen sich aber
immer von Neuem einzustellen und sind häufig continuirlich und äusserst
heftig. Mitunter, und zwar vorzugsweise bei Tuberkulösen, verläuft
die Caries auch gänzlich ohne Schmerzen, ähnlich wie die Otitis media
tuberculosa. Ein ganz besonders quälendes Bohren, Reissen und Klopfen
wird beobachtet, wenn sich die Ausstossung eines Sequesters vorbereitet, ein Process, welcher bei ausgedehnter Caries zuweilen sehr lange
Zeit in Anspruch nimmt und mit Eiterretention verbunden ist.

Schwerhörigkeit und subjective Geräusche sind bei Caries
und Nekrose häufig vorhanden, aber nicht immer von diesem Krank-

---

[1]) Archiv f. Ohrenhlkde. XVIII. 1.
[2]) Zeitschrift f. Ohrenhlkde. XIII. 145.
[3]) Zeitschrift f. Ohrenhlkde. XVII. 186.
[4]) Archiv f. Ohrenhlkde. XXV. 99.
[5]) Lehrb. der pathol. Anatomie von Orth, Lief. 6, S. 75.
[6]) Zeitschrift f. Ohrenhlkde. XVI. 119.

heitsprocess, sondern von der gleichzeitig bestehenden Paukenhöhlenentzündung abhängig. Die übrigen vorkommenden Symptome, wie
Schwindel und Erbrechen, sind in der Regel, wenn sie längere
Zeit anhalten, vorzugsweise durch Veränderungen an der Schädelbasis
bedingt und jedesfalls ebenso wenig charakteristisch für Ostitis ulcera-
tiva wie die bereits genannten subjectiven Erscheinungen.

Objective Symptome. Wie die subjectiven so ermangeln auch
die objectiven Symptome bei der Caries und Nekrose des Schläfenbeines in vielen Fällen eines typischen Charakters. Perforation des
Trommelfelles und der Membrana flaccida, Hypertrophie und
Ulcerationen der Paukenhöhlenschleimhaut, Granulationen
und Polypen im Cavum tympani, Geschwürsbildungen am
Boden des äusseren Gehörganges. Infiltration der Lymphdrüsen in der Umgebung des Ohres sind regelmässige oder doch
häufige Erscheinungen bei Caries, kommen aber, wie wiederholt angeführt worden ist, bei verschiedenen Formen der Mittelohrentzündung
auch ohne Betheiligung des Knochens vor. Wichtiger für die Beurtheilung des Falles ist das Auftreten von Senkungsabscessen, wie
sie namentlich an der hinteren-oberen Gehörgangswand, am
Processus mastoideus und am Halse nicht selten beobachtet werden,
sowie das Vorhandensein einer Facialislähmung, welche sich bei
cariösen Processen besonders häufig einstellt und meist dadurch zu
Stande kommt, dass, nachdem der Canalis Faloppiae cariös zerstört
ist, die eindringenden Eitermassen auf den Nerven drücken. Diese
Paresen und Paralysen des Facialis sind meist einseitig und pflegen
auffallender und hartnäckiger zu sein als die bei einfachen Mittelohrkatarrhen und Mittelohrentzündungen auftretenden. Besonders häufig
wird die Lähmung des Gesichtsnerven bei Nekrose des Labyrinthes
beobachtet, wobei sie nach Bezold[1]) in 83% der Fälle vorkommt.

Auf Caries der Gehörknöchelchen kann man mit ziemlicher Wahrscheinlichkeit schliessen, wenn die Membrana flaccida perforirt und von
Granulationen umgeben ist oder wenn sich eine Fistelöffnung, meist
schräg von unten-aussen nach oben-innen verlaufend, am Margo tympanicus zeigt.

Positive Merkmale des ulcerativen Ostitis liefert zuweilen das
Secret. Dasselbe kann zwar auch bei Caries dickflüssig und schleimig-
eiterig sein wie bei der einfachen Otitis media suppurativa, zeichnet
sich aber doch, besonders bei ausgedehnteren Knochenaffectionen, durch
blutige Beimengungen oder durch eine diffus bräunliche oder
schmutzig rosenrothe Farbe und durch einen ganz specifischen,
stechend sauren Fötor aus, welcher das ganze Zimmer verpesten
kann. Nicht selten ist der Ausfluss geradezu jauchig. Zuweilen gelingt wohl auch der mikroskopische Nachweis von Knochenpartikelchen im Exsudate, welche sich, wenn sie reichlicher vorhanden
sind, in Form eines minimalen, sandartigen Bodensatzes in der Eiterschale zeigen. Die von v. Tröltsch[2]) empfohlene chemische Unter-

---

[1]) Zeitschrift f. Ohrenhlkde. XVI. 119.
[2]) Lehrbuch der Ohrenhlkde. VII. Aufl., S. 500.

suchung des Secretes auf abnorm hohen Kalkgehalt dürfte nur
in Fällen von ausgedehntester Caries Resultate liefern.

Noch sicherer wird die Diagnose auf Caries und Nekrose, wenn
es mit Hülfe der Sonde gelingt, direct die Zerstörung des Knochens
festzustellen. Für die Sondenuntersuchung, welche äusserst vorsichtig
unter Leitung des Auges vorgenommen werden muss, bedient man sich
mit Vortheil der von W. Meyer[1]) angegebenen, mit blattförmigem
Griffe versehenen Instrumente, deren freies Ende an verschiedenen
Exemplaren nach verschiedenen Seiten stumpfwinkelig abgebogen ist:
jedoch erreicht man den Zweck auch mit jeder beliebigen, wohl abgerundeten oder geknöpften Sonde, welche man jeweilig in der erforderlichen Richtung biegen kann. Am leichtesten gelingt die Untersuchung
mit der Sonde bei cariöser Erkrankung des Gehörganges, der inneren
Paukenhöhlenwand und des Kuppelraumes bei bestehender Fistelöffnung
am oberen Pole des Trommelfelles. So bestimmte Anhaltspunkte die
Sonde liefert, wenn sie in solchen Fällen auf rauhen Knochen stösst,
so wird, da das Instrument in tiefer gelegene, vom Gehörgange und
der Paukenhöhle abgeschlossene cariöse Heerde nicht eindringen kann
und auch von Natur zugängliche Fisteln leicht übersehen werden, durch
ein negatives Ergebniss dieser Untersuchungsmethode niemals bewiesen,
dass ein cariöser Process überhaupt nicht vorhanden sei; und in der
That ist in nicht wenigen Fällen der stricte Nachweis der Affection,
auch wo man sie in Ansehung verschiedener objectiver Erscheinungen
mit grosser Wahrscheinlichkeit zu vermuthen berechtigt ist, vollkommen
unmöglich.

Prognose. Die Prognose der Schläfenbeincaries muss stets sehr
reservirt gestellt werden. Zwar kommt bei kräftigen Individuen jeden
Alters Heilung vor, zumal wenn der Sitz der Warzenfortsatz und die
Ausdehnung des Processes eine geringe ist, wenn es zur Ausstossung
eines Sequesters kommt oder wenn die Möglichkeit eines freien Secret-
abflusses dauernd erhalten bleibt; doch können auch bei scheinbar
günstigem Verlaufe der Krankheit plötzlich tiefgreifende Störungen
eintreten, welche nach längerer oder kürzerer Zeit den Exitus letalis
herbeiführen. Eine grosse Zahl der an Caries des Schläfenbeines Leidenden geht in Folge der Fortleitung der Infectionsstoffe an Meningitis,
Hirnabscess, Sinusphlebitis, Pyämie, namentlich auch an Tuberkulose
zu Grunde, andere Kranke sterben an Erschöpfung, wenige an tödt-
lichen Blutungen. Andrerseits lehrt freilich die Erfahrung, dass man
auch trotz unzweideutig nachweisbarer Caries ein hohes Alter erreichen
und schliesslich einer davon ganz unabhängigen Krankheit zum Opfer
fallen kann.

Was die Hörfähigkeit betrifft, so kann dieselbe, z. B. bei Caries
des Processus mastoideus, vollständig normal bleiben; meist ist sie indessen in Folge der Veränderungen in der Paukenhöhle erheblich herabgesetzt: vollständige Taubheit wird nur durch eine Betheiligung des
nervösen Apparates, in erster Linie durch Labyrinthnekrose herbeigeführt.

---

[1]) Archiv f. Ohrenhlkde. XXI, 153.

Behandlung. Da sich die Caries fast stets im Anschluss an eine Otitis media suppurativa entwickelt, so ist es von der grössten Wichtigkeit, dass das eiterige Secret regelmässig und möglichst vollständig aus dem Mittelohre entfernt werde. Auch bei bereits bestehender Caries ist die gründliche Reinigung und Desinfection, sowie die Verhütung aller Complicationen, welche zu einer Stagnation des Secretes Veranlassung geben können, das erste, was die Therapie zu erstreben hat. Es genügen hier nicht Ausspülungen mit antiseptischen oder sterilisirten Flüssigkeiten vom Gehörgange und von der Tuba her nach vorheriger Anwendung der Luftdouche, Einträufelungen von antiseptischen, adstringirenden oder ätzenden Medicamenten in flüssiger oder Pulverform, sondern man muss auch etwaige Schwellungen, Granulationen oder Polypen im Gehörgange und in der Paukenhöhle rasch und vollständig beseitigen, zu kleine Perforationen des Trommelfelles erweitern oder Gegenöffnungen anlegen, kurz alles thun, was einen ungehinderten Abfluss des Secretes erleichtern kann.

Was die Ausspülungen betrifft, so muss hierzu, wenn es sich um die Loslösung eingedickter Eitermassen handelt, jedesmal eine ziemlich beträchtliche Quantität der Spülflüssigkeit verwandt werden, am besten unter directer Einleitung in die Paukenhöhle oder ins Antrum mastoideum vermittelst der oben beschriebenen (s. S. 236) gebogenen Ansatzcanülen, deren Anwendung ganz besonders wichtig ist, wenn man sie etwa unmittelbar in den cariösen Heerd einführen kann.

Bei der Wahl der einzuspritzenden oder einzuträufelnden Flüssigkeiten hat man besonders darauf zu achten, dass jede übermässige Reizung vermieden werde. Gerade bei der Caries wirken zuweilen Concentrationsgrade irritirend, welche bei Schleimhauteiterungen gut vertragen werden; und jedenfalls dürfen die für die Behandlung der Otitis media angegebenen Dosirungen nicht überschritten werden.

Unter den speziell gegen die Caries zu Felde geführten Medicamenten behaupten nur noch die Jodpräparate ein gewisses Ansehen. Ich habe mich indessen von ihren besonders günstigen Erfolgen nicht überzeugen können. Weder verdünnte Jodtinctur, noch Jodoform, Jodol, Sozojodol, Aristol und andere Derivate scheinen mir nennenswerthe Vorzüge zu entfalten: am besten dürfte sich das stark desinficirende Jodtrichlorid (s. S. 237) bewähren, welches neuerdings von Trautmann [1]) empfohlen worden ist. Hingegen kann man öfters beobachten, dass bei für die Sonde zugänglichen cariösen Stellen Aetzungen mit Lapis in Substanz von Nutzen sind, wie auch galvanokaustische Zerstörungen der ulcerösen Flächen sich bewähren. Zu versuchen ist auch die locale Anwendung der von Lange [2]) und Aysaguer [3]) gelobten 15—20 % igen Milchsäurelösung, mit welcher ich in mehreren Fällen von circumscripter Ulceration des Knochens an der inneren Paukenhöhlenwand Besserung unter Abstossung kleiner Sequester erzielt habe, deren Gebrauch aber, wie schon Kretschmann [3]) betont hat, zuweilen wegen heftiger Schmerzen unterbrochen werden muss.

---

[1]) Deutsche Med. Wochenschrift 1891, Nr. 29.
[2]) Monatsschrift f. Ohrenhlkde. 1887, Nr. 3.
[3]) Archiv f. Ohrenhlkde. XXIII. 240.

Noch weit stärker als Milchsäure reizt die von Matthewson[1] gerühmte Schwefelsäure.

Alle diese Methoden werden indessen weit übertroffen durch den scharfen Löffel (s. S. 232). Derselbe lässt sich, zumal bei supercieller Caries des Gehörganges und des Warzenfortsatzes leicht anwenden und kann auch von behutsamer Hand zu Auskratzungen der Paukenhöhle benutzt werden, namentlich wenn der schallleitende Apparat bereits lädirt ist. Aeusserst vorsichtig muss man mit diesem Instrumente zu Werke gehen, wenn man es an der oberen Wand des Cavum tympani ansetzen will, an der inneren Wand darf man es überhaupt nur anwenden, solange es sich um eine kleine, ganz umschriebene und oberflächliche Ulceration handelt.

Dass bei Caries des Processus mastoideus bei normaler oder fistulös durchbrochener Corticalis die Eröffnung des Antrum indicirt ist, hat schon oben Erwähnung gefunden. Dieser chirurgische Eingriff entfaltet gerade bei der ulcerativen Ostitis eine besonders segensreiche Wirkung, welche nur erreicht, ja übertroffen wird durch die erst in der neuesten Zeit in Aufnahme gekommenen intratympanalen Operationen.

Schon bei Gelegenheit der Sklerose ist der Excision des Trommelfelles mit dem Hammer gedacht worden (s. S. 194). Diese Operation ist von weit grösserer Wichtigkeit bei Caries der Gehörknöchelchen und des Kuppelraumes. Gerade im oberen Abschnitte der Paukenhöhle kommen ulcerative Zerstörungen ganz besonders häufig vor, meist ohne erhebliche Schwierigkeiten zu erkennen an einer Perforation der geschwollenen oder mit Granulationen überwucherten Membrana flaccida. Auf diese diagnostische Bedeutung der Oeffnungen am oberen Pole des Trommelfelles hingewiesen zu haben ist das Verdienst von Morpurgo[2], Hessler[3], Bezold[4]). Schwartze[5], Kretschmann[6], Walb[7]; und diese Autoren haben zugleich durch den Nachweis des häufigen Zusammenhanges zwischen Perforationen der Shrapnell'schen Membran und Caries der Ossicula die Erklärung für die schon lange vorher bekannte Thatsache erbracht, dass Defecte in jenem Theile des Trommelfelles der gewöhnlichen Therapie besonders hartnäckig widerstehen.

Bei einer grossen Zahl der Fälle von Perforation der Membrana flaccida und von Fistelbildung an dem darübergelegenen Fortsatze der oberen Gehörgangswand (Margo tympanicus) ist die Excision des Trommelfelles und des Hammers indicirt, denn sehr häufig gelingt es nicht, durch Beseitigung von Granulationen in der oberen Trommelfellgegend und durch Lapisätzungen mit einer durch den Defect in der Shrapnell'schen Membran eingeführten Sonde eine wirklich dauernde Heilung der Eiterung mit Verschluss der Perforation zu erzielen; meist

[1]) Transactions of the American Otological Society 1878.
[2]) Archiv f. Ohrenhlkde. XIX. 264.
[3]) Archiv f. Ohrenhlkde. XX. 121.
[4]) Archiv f. Ohrenhlkde. XXI. 239.
[5]) Archiv f. Ohrenhlkde. XXII. 128.
[6]) Archiv f. Ohrenhlkde. XXV. 165.
[7]) Archiv f. Ohrenhlkde. XXVI. 185.

tritt bei dieser Behandlung wohl ein Stillstand in der Secretion ein, aber die Hoffnung, dass damit der Entzündung Einhalt gethan sei, trügt nur zu oft.

Die Excision des Trommelfelles mit dem Hammer wird bei Caries in derselben Weise wie bei der Sklerose (s. S. 195) ausgeführt: nur gestaltet sich die Operation hier zuweilen wesentlich schwieriger, da wir es in der Regel nicht mit intacten Trommelfellen zu thun haben und der Hammergriff bei sehr grosser Perforation häufig so stark nach innen gezogen ist, dass wir ihn nicht leicht fassen können. Das Verfahren bei der in der Narkose auszuführenden Operation, welche die genauesten anatomischen Kenntnisse, sowie ein sicheres Auge und eine geübte Hand voraussetzt, besteht, wie oben beschrieben, in der Umschneidung des Trommelfelles, Durchtrennung der Tensorsehne und des Ambosssteigbügelgelenkes, Extraction des Hammers mit dem Polypenschnürer. Ist auch der Amboss cariös, so muss er gleichfalls entfernt werden, was mit Hülfe besonderer Haken, wie sie von Kretschmann[1]), Ferrer[2]) und Ludewig[3]), angegeben worden sind (Fig. 124, Fig. 125), meist freilich nicht ohne Schwierigkeit, gelingt. Erweist sich auch der den Kuppelraum nach aussen begrenzende, über der Shrapnell'schen Membran gelegene Margo tympanicus als cariös, so ist der Eingriff unbedingt auch auf diesen auszudehnen entweder, indem man diesen Knochen mit Hülfe eines von Kretschmann[3]) construirten winkelig gekrümmten scharfen Löffels auf der Vorder- und der Rückseite abkratzt, oder indem man eine grössere, von Stacke[4]) befürwortete Operation ausführt. Stacke löst die Ohrmuschel ab, um sie mit dem knorpeligen Gehörgange nach unten umzuklappen, trennt das Periost vom knöchernen Meatus und meisselt die Knochenlamelle oberhalb des Trommelfelles nach Entfernung des Hammers ab, eröffnet also direct von aussen den Kuppelraum und vereinigt denselben gleichzeitig mit der Paukenhöhle. Auf diese Weise wird die von der modernen Chirurgie erstrebte möglichst vollständige Freilegung des Krankheitsheerdes auf das gründlichste bewirkt; für viele Fälle genügt aber die Excision des Hammers und eventuell des Ambosses vollkommen. Dass dieses letztere Knöchelchen auch sehr häufig isolirt cariös ist, hat Ludewig[5]) festgestellt.

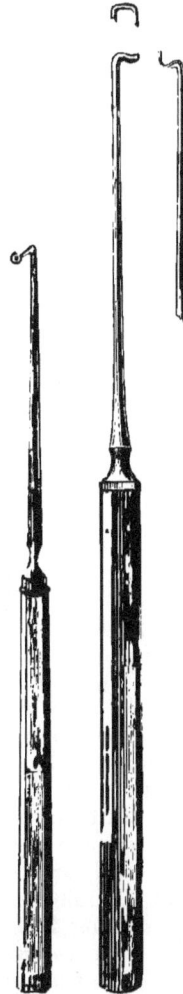

Fig. 124. Ambosshaken von Kretschmann.

Fig. 125. Amboss-haken von Ferrer.

[1]) Archiv f. Ohrenhlkde. XXV. 192.
[2]) Archiv f. Ohrenhlkde. XXIX. 247.
[3]) Archiv f. Ohrenhlkde. XXV. 195.
[4]) Archiv f. Ohrenhlkde. XXXI. 201.
[5]) Archiv f. Ohrenhlkde. XXXI. 241.

Die Entfernung der Ossicula lässt sich in der Regel ohne üble
Zufälle bewerkstelligen; öfters kommt allerdings dabei eine Zerreissung
der Chorda tympani vor, welche man wohl als eine Verletzung von
untergeordneter Bedeutung auffassen darf, da sie dem Patienten fast
niemals irgend welche Störungen verursacht und der Nerv leicht wieder
heilt. Fataler ist die Läsion des Facialiscanales, welche wiederholt,
namentlich bei der Ambossextraction beobachtet worden ist. Im Uebrigen
ist noch zu bemerken, dass nicht selten auf die Operation eine reactive
Entzündung von längerer oder kürzerer Dauer eintritt, welche aber bei
den gerade durch den Eingriff hergestellten günstigen Abflussbedin-
gungen ohne dauernde Nachtheile zu verlaufen pflegt.

Was die Heilwirkung der Operation betrifft, so ist dieselbe
unzweifelhaft eine sehr schätzenswerthe. Schon aus den Mittheilungen
aus der Hallenser Klinik [1], in welcher die Excision nach den ersten
Versuchen von Kessel [2] zuerst häufiger durch Schwartze und
seine Schüler Kretschmann, Stacke, Reinhard und Ludewig [3]
ausgeführt worden ist, geht hervor, dass ein grosser Theil der Eiterungen vollständig und dauernd beseitigt werden kann. Auch Sexton [4],
welcher die Operation vorzugsweise bei grossen Substanzverlusten in
Anwendung zieht, konnte über gute Resultate berichten. Dass nicht
alle Fälle von Caries an den Knöchelchen und im Kuppelraume damit
geheilt werden können, liegt auf der Hand; denn die in jenen Theilen
des Mittelohres localisirten ulcerativen Processe sind häufig nur Theilerscheinungen eines das Schläfenbein in viel grösserer Ausdehnung
durchsetzenden Zerstörungsprocesses, und man wird gewiss in der
Mehrzahl der Fälle, in welchen die Excision nicht radical hilft, zu der
Annahme berechtigt sein, dass noch an einer andren, nicht zugänglichen
Stelle ein cariöser Heerd sich befinden wird.

Was die Beeinflussung des Hörvermögens durch den intratympanalen Eingriff anbelangt, so sind darüber die Meinungen noch
getheilt; doch dürfte nach meinen Erfahrungen Stacke [5] im Ganzen
mit Recht behaupten, dass die Function niemals wesentlich herabgesetzt wird und dass namentlich auch bei guter Hörfähigkeit die Excision keine Verschlechterung bewirkt. Da es sich übrigens bei den
cariösen Processen um eine für die Gesundheit und das Leben bedenkliche Erkrankung handelt, so würde man die Frage, ob die operative
Behandlung für das Hörvermögen nachtheilig werden könne, auch dann
als eine nebensächliche zu betrachten berechtigt sein, wenn die Erfahrungen minder günstige wären.

Was die Nachbehandlung betrifft, so ist besonderes Gewicht auf
gründliche Reinigung durch antiseptische und aseptische Ausspülungen
zu legen; Stacke verwendet dazu nur $^3/_4$%ige sterilisirte Kochsalzlösung; doch ist auch Sublimat, Carbol- oder Borsäure am Platze.
Ein antiseptischer Verband schützt die Wunde vor äusseren Schädlichkeiten.

[1] Wetzel, Inaugural-Dissertation. Halle 1889.
[2] Archiv f. Ohrenhlkde. XIII. 69; XVI. 196.
[3] Archiv f. Ohrenhlkde. XXVII. 292.
[4] Transactions of the American Otological Society 1886 und 1887. Siehe
auch: Colles, Deutsche Med. Wochenschrift 1889, Nr. 28.
[5] Archiv f. Ohrenhlkde. XXXI. 201.

Bei der Behandlung der Nekrose handelt es sich vor Allem um die Entfernung von Sequestern. Dieselbe wird in der Regel erst nach vollständiger Abstossung des nekrotischen Knochenstückes indicirt sein und meist vom Gehörgange her vorgenommen werden. Um kleinere Knochensplitter herauszubefördern, genügt zuweilen eine Ausspritzung des Ohres; in anderen Fällen, und namentlich bei grösseren Sequestern wird man eine Pincette oder Kornzange, wohl auch den Schlingenschnürer oder spitze Häkchen zu Hülfe nehmen müssen. Sind die Knochenstücke fest eingeklemmt, so kann die Zerstückelung mit einer von Politzer [1]) angegebenen Knochenscheere oder die Ablösung und Umklappung der Ohrmuschel mit dem knorpeligen Gehörgange angezeigt sein, wie ich sie z. B. in einem Falle von nekrotischer Ausstossung des ganzen Labyrinthes auszuführen genöthigt war. Besondere Schwierigkeiten entstehen indessen meistens nicht, obwohl der Process des Abstossens mitunter sehr lange Zeit in Anspruch nimmt.

Die Faciallähmungen bessern sich zuweilen unter der Behandlung der Mittelohraffection spontan oder durch den constanten Strom; manchmal soll die innerliche Darreichung von Jodkalium von Erfolg sein. Bei ausgedehnten Zerstörungen in der Umgebung des Nerven und besonders bei Druckatrophie sind die Lähmungen stets unheilbar.

Nicht unberücksichtigt zu lassen ist die Allgemeinbehandlung, welche namentlich die Hebung des Kräftezustandes und die Beseitigung von Infectionskrankheiten und Dyskrasien zu erstreben hat. Der innerliche Gebrauch von Jodpräparaten hat wohl nur sehr selten Erfolg, kann hingegen bei längerer Fortsetzung schädlich werden.

D. Die Krankheiten des inneren Ohres.

Da sich der schallempfindende Apparat unseren Blicken vollständig entzieht, so sind wir bei der Diagnose der ihn befallenden Krankheiten auf die Anamnese, die Feststellung des allgemeinen Status und die Ergebnisse der Hörprüfung angewiesen. Für die Differentialdiagnose zwischen den Affectionen des schallleitenden und des schallempfindenden Apparates ist selbstverständlich die Ocularinspection und die physikalische Untersuchung des Ohres von der grössten Bedeutung.

Was zunächst die Hörprüfung betrifft, so sind dabei, wie schon im Allgemeinen Theile angeführt worden ist, die Controle der craniotympanalen Leitung, der Weber'sche und der Rinne'sche Versuch und die Prüfung der Perceptionsdauer für die Stimmgabeltöne von besonderer Wichtigkeit. Da bei den Krankheiten des Labyrinthes nicht selten die Wahrnehmung bestimmter Töne ausfällt und da insbesondere die hohen Töne im Allgemeinen schlechter ge-

---

[1]) Lehrbuch der Ohrenhlkde. II. Aufl., S. 382.

hört werden als die tieferen, so ist es unbedingt nothwendig, die Untersuchungen jedesmal mit Hülfe verschieden abgestimmter Stimmgabeln vorzunehmen. Aber auch wenn man diese Regel befolgt, stösst man leider sehr oft auf ganz widersprechende Ergebnisse, und es muss daher hervorgehoben werden, dass der Hörprüfung für sehr viele Fälle nur ein relativer Werth beigemessen werden kann.

Die Feststellung des allgemeinen Status ist bei dem Verdachte auf eine Anomalie des inneren Ohres noch nothwendiger als z. B. bei Mittelohraffectionen, weil die Erkrankungen des Labyrinthes und des Hörnerven in einer grossen Zahl von Fällen auf Störungen im Allgemeinbefinden, namentlich auf Anomalien der Circulationsverhältnisse und der Hirnfunctionen, sowie auf vorhergegangene oder noch bestehende Infectionskrankheiten (Syphilis, Cerebrospinalmeningitis, Leukämie, Mumps, Scharlach) zurückzuführen sind und wir aus dem Vorhandensein oder Fehlen einer derartigen Allgemeinkrankheit mit einiger Wahrscheinlichkeit von vornherein auf den Sitz des Leidens schliessen können.

Am unzuverlässigsten ist natürlich die Anamnese, aber wir erhalten doch zuweilen ganz bestimmte und wichtige Anhaltspunkte sowohl bezüglich der Aetiologie als auch bezüglich der Symptome. Unter diesen haben wir es fast regelmässig mit Schwerhörigkeit, subjectiven Geräuschen, sehr häufig mit Schwindel und Erbrechen zu thun.

Die Schwerhörigkeit entwickelt sich meist sehr rasch, zuweilen aber auch schleichend, zumal wenn sie sich in Folge einer vom Mittelohre ausgehenden secundären Labyrinth- oder Nervenaffection einstellt. In beiden Fällen endigt die Functionsstörung schliesslich meistens in vollständiger Taubheit. Schwankungen in der Intensität, wie sie bei den Mittelohrerkrankungen gewöhnlich sind, lassen sich bei Affectionen des schallempfindenden Apparates viel seltener nachweisen.

Die subjectiven Geräusche sind in zahlreichen Fällen ein qualvolleres Symptom als die Schwerhörigkeit, mit welcher sie entweder gleichzeitig entstehen oder welcher sie vorausgehen. Sie fehlen in den seltensten Fällen und werden zuweilen so heftig, dass die Kranken lieber taub sein als sie hören wollen.

Der Schwindel mit oder ohne Gleichgewichtsstörungen, sowie das Erbrechen entstehen entweder durch Alterationen der Bogengänge, durch Störungen im Cerebellum oder reflectorisch durch eine Erregung der Nerven des schallleitenden Apparates. Ueber die physiologischen Vorbedingungen für die Entstehung dieser Symptome, namentlich der Störungen des Gleichgewichtes und speciell über ihren Zusammenhang mit der Function der Bogengänge sind die Meinungen bekanntlich noch sehr getheilt. Ueberhaupt werden auf keinem Gebiete der Otologie unsere klinischen Beobachtungen in so unzureichendem Maasse durch die Ergebnisse der exacten Forschung ergänzt wie bei den Erkrankungen des inneren Ohres. Auch die pathologische Anatomie, obwohl in neuerer Zeit in hervorragender Weise cultivirt, liefert bisher nur spärliche Resultate, welche mit den practischen Erfahrungen oft nicht in Einklang zu bringen sind.

Aus diesen Erwägungen dürfte es sich von vornherein ergeben, dass unsere Diagnosen der Krankheiten des schallpercipirenden Or-

ganes sich im Allgemeinen über den Werth der Wahrscheinlichkeits-
diagnose nur selten erheben können. Es bedarf in der That erst noch
mannichfacher Vorarbeiten, ehe wir auf diesem Gebiete erheblich werden
vorwärts schreiten können. Dies gilt in noch höherem Maasse von
der Therapie der Labyrinth- und Nervenkrankheiten, welche, wie überall im gleichen Verhältnisse wie die Diagnostik ausgebildet, bisher
leider noch als wenig dankbar bezeichnet werden muss. Auch hier
bleibt für die Zukunft noch Vieles vorbehalten.

I. Bildungsanomalien des inneren Ohres.

Unsere Kenntnisse über Entwickelungsstörungen des Labyrinthes
sind noch mangelhaft, namentlich soweit das häutige Labyrinth in
Frage kommt, welches in der That seltener congenitale Anomalien
darzubieten scheint als seine Knochenkapsel. Auch hier ist ein
totaler Mangel weniger häufig, als partielle Defecte, wie Fehlen
des Aquaeductus vestibuli, eines oder sämmtlicher Bogengänge, eines Theiles oder der ganzen Schnecke. Schwartze[1])
constatirte in einem Falle beiderseitiges Fehlen des knöchernen
und häutigen Labyrinthes bei normalem äusseren und Mittelohre,
während gewöhnlich neben Bildungsdefecten des inneren und mittleren
Ohrtheiles auch Störungen in der Entwickelung der übrigen Abschnitte
des Gehörorganes, namentlich der Auricula und des Gehörganges zu
bestehen scheinen. Der Hörnerv wird offenbar äusserst selten vermisst, wie in einem Falle von Michel[2], in welchem überhaupt der
Defect ein sehr ausgedehnter war.

Die Diagnose der Hemmungsbildungen im inneren Ohre stützt
sich im Wesentlichen auf die Ergebnisse der Stimmgabelprüfung; der
Weber'sche Versuch ergiebt die ausschliessliche Perception des Tones
auf der normalen Seite; die Luftleitung ist meist gänzlich aufgehoben.
Der objective Befund ist, wenn nicht gleichzeitig ein Defect des äusseren Ohres und des Trommelfelles vorliegt, negativ.

Auch Bildungsexcesse kommen am Labyrinthe nicht häufig
zur Beobachtung. In den in der Litteratur beschriebenen Fällen handelt
es sich meist um eine Erweiterung einzelner Theile, namentlich
der Aquäducte, oder des ganzen Hohlraumes oder auch um eine
hyperostotische Verdickung der Knochenwände.

Von einer Therapie kann bei Bildungsfehlern des Labyrinthes
noch weniger die Rede sein als bei Defecten im äusseren und mittleren Ohre. Sind die Störungen bilateral, so verfällt der Patient mit
Sicherheit der Taubstummheit.

II. Verletzungen des inneren Ohres.

Verletzungen durch directe Gewalteinwirkung treffen das in
elfenbeinharten Knochen eingebettete Labyrinth nicht häufig. In den

---

[1]) Die chirurgischen Krankheiten des Ohres, S. 356.
[2]) Archiv f. Ohrenhlkde. I. 353.

bekannt gewordenen Fällen handelt es sich meist um Schussverletzungen, welche mit wenigen von Schwartze[1]) aufgezählten Ausnahmen letal verliefen, und um das Eindringen von spitzen Fremdkörpern vom Gehörgange her, wie in einem von mir beobachteten und beschriebenen Falle[2]), in welchem eine Stricknadel das Trommelfell perforirt, den Amboss luxirt, den Steigbügel fracturirt hatte und in das Labyrinth eingedrungen war.

Viel öfter hat man Gelegenheit, die Folgen einer indirecten Gewalteinwirkung zu constatiren, welche sich mit oder ohne Schädelfissur namentlich nach einem Sturze auf den Kopf einstellen oder auch durch Detonationen, selbst durch mässig lauten Schall (Locomotivpfiffe), wenn er das Ohr unvorbereitet trifft, und durch die bei Ohrfeigen entstehenden Luftverdichtungen im Gehörgange hervorgerufen werden können. Im ersteren Falle handelt es sich meist um Hämorrhagien, im letzteren Falle liegt vorwiegend eine Commotion des Labyrinthes zu Grunde, wie sie auch bei fortgesetzter Einwirkung starker Geräusche allmählich zu Hörstörungen führen kann. In dieser Beziehung ist besonders die durch übermässige Reizung des acustischen Endapparates („Uebertäubung") zu erklärende professionelle Schwerhörigkeit der Schlosser und Schmiede, besonders der Kesselschmiede[3]), sowie des Fahrpersonales der Eisenbahnen[4]) (Locomotivführer) zu erwähnen, bei welchem letzteren allerdings auch noch der Umstand ins Gewicht fällt, dass der äussere Eisenbahndienst jähe Temperaturdifferenzen, Durchnässungen und ähnliche Schädlichkeiten, welche leicht zu katarrhalischen Ohrerkrankungen führen, mit sich bringt. Bei der ungeheueren Verantwortung für Gesundheit und Leben Unzähliger, welche an die Berufsthätigkeit des Eisenbahnpersonals geknüpft ist, verdient die zuerst von Moos[4]) betonte Thatsache volle Beachtung, dass namentlich bei den Locomotivführern ungemein häufig, nach meinen Erfahrungen oft schon nach 5—10 Dienstjahren, eine erhebliche Einbusse der Hörfähigkeit eintritt, welche die Sicherheit des Dienstes zu gefährden im Stande ist. Auch unter den Locomotivheizern und Weichenstellern, deren Posten von ebenso grosser Bedeutung für den Betrieb sind, findet sich ein sehr erheblicher Procentsatz von Schwerhörigkeit in Folge von Commotion des Labyrinthes.

Subjective Symptome. Bei traumatischer Labyrinth-Erkrankung im engeren Sinne tritt fast regelmässig plötzlich hochgradige Schwerhörigkeit oder auch vollständige Taubheit auf dem von der

---

[1]) Die chirurgischen Krankheiten des Ohres, S. 358.
[2]) Revue mensuelle de Laryngologie etc. 1884, S. 231.
[3]) Barr (Glasgow Philosoph. Society, März 1886) fand bei keinem von 100 untersuchten Kesselschmieden das Gehör normal. Siehe auch Gottstein und Kayser (Breslauer ärztl. Zeitschr. 1881, 18), Roosa (Zeitschr. f. Ohrenheilkde. XIII. 102), Gradenigo (Arch. f. Ohrenhlkde. XXVIII. 189), Habermann (Arch. f. Ohrenhlkde. XXX. 1.)
[4]) Siehe: Moos (Zeitschrift f. Ohrenhlkde. IX. 370, X. 258, XI. 131), Bürkner (Arch. f. Ohrenhlkde. XVII. 8), Jacoby (ebda. 258), Schwabach und Pollnow (Zeitschrift f. Ohrenhlkde. X. 201, 285), Lichtenberg (Bericht über die Naturforscher-Versammlung Berlin 1886).

Schädlichkeit betroffenen Ohre ein. Bilaterale Ertaubung ist selten
und kommt wohl nur bei äusserst heftigen Detonationen oder schweren
Schädelläsionen vor. Bei indirecter Gewalteinwirkung ist es in der
Regel das der Schallquelle etc. zugewandte Ohr, welches von der
Commotion befallen wird, nur ausnahmsweise, wie in einem von
Schwartze [1] beobachteten Falle, das entgegengesetzte. Bei den zu
Schwerhörigkeit disponirenden Berufsarten pflegen beide Ohren, wenn
auch meist nicht gleichzeitig und mit gleicher Intensität, zu erkranken.
Charakteristisch ist es für die durch die fraglichen Insulte zu Stande
kommenden Hörstörungen, dass vorwiegend die Perception für die
höheren Töne leidet: doch kommt auch in den tieferen Scalen nicht
selten ein Ausfall, wenn auch zuweilen nur für ganz bestimmte Töne vor.

Fast ausnahmslos bestehen gleichzeitig subjective Geräusche,
welche, wenn sie, wie gewöhnlich, continuirlich und sehr laut sind,
äusserst qualvoll für den Kranken zu sein pflegen. Sie werden meist
als Klingen, Klirren, Läuten, Zirpen, seltener als Rauschen oder
Brummen bezeichnet, wechseln übrigens ihren Charakter in vielen
Fällen häufig und regellos. Wenn die Schwerhörigkeit sich vermindert, pflegen die subjectiven Gehörsempfindungen noch längere Zeit
ohne Nachlass fortzubestehen.

Zu den gewöhnlichen Erscheinungen gehört ferner eine bisweilen
hochgradige Empfindlichkeit des erkrankten Ohres gegen
Schall (Hyperaesthesia acustica), namentlich gegen schrille
Töne, auch wenn dieselben von mässiger Intensität sind, sowie ein
Gefühl von Verstopftsein des Ohres. Häufig besteht auch
eine Herabsetzung der Hautsensibilität, selbst bis zu vollständiger Anästhesie an der Ohrmuschel und im äusseren Gehörgange;
in einem Falle von Commotio labyrinthi in Folge eines Mörserschusses
habe ich sogar auch das Trommelfell gänzlich unempfindlich gefunden.

In schweren Fällen und namentlich wenn es sich um directe
Gewalteinwirkung handelt, fehlt fast niemals Schwindel, welcher
mit Uebelkeit und Erbrechen verbunden sein kann. Derselbe ist
aber auch für die oft mit Schwerhörigkeit und subjectiven Geräuschen
complicirte traumatische Neurose [2] charakteristisch, welche auffallend häufig bei Locomotivführern und anderen Eisenbahnbediensteten
beobachtet wird.

Objective Symptome. Diagnose. Bei traumatischer Eröffnung des Labyrinthes schliesst sich meist an einen Ausfluss des Labyrinthwassers ein Abtropfen von Liquor cerebro-spinalis,
welches mehrere Tage zu dauern pflegt. In dem oben erwähnten, von
mir beobachteten Falle von Läsion des Vorhofes durch eine Stricknadel
währte dieses continuirliche Herabsickern 36 Stunden, in einem analogen Falle von Schwartze [3] sogar acht Tage. Doch kann man aus
dem Abgange von Cerebrospinalflüssigkeit nicht ohne Weiteres auf eine
Verletzung des inneren Ohres schliessen, da dieselbe ebensowohl durch

---

[1] Die chirurgischen Krankheiten des Ohres, S. 360.
[2] Siehe auch Baginsky, Ueber Ohrerkrankungen bei Railway-Spine. Berliner Klin. Wochenschrift 1888, Nr. 3.
[3] Archiv f. Ohrenhlkde. XVII. 117.

eine Fissur der Schädelbasis, etwa des Tegmen tympani, austreten und
ihren Weg durch den Gehörgang nehmen kann.

Eine Verletzung des Trommelfelles ist, wo sie überhaupt
vorlag, nur in frischen Fällen von Gewalteinwirkung nachweisbar, da
sie in der Regel in ganz kurzer Zeit, oft ohne Hinterlassung einer
Narbe, heilt. Daher ist der objective Befund bei der Inspection, soweit nicht von dem Trauma unabhängige Alterationen bestehen, meist
ein negativer. Nach starken Detonationen oder nach Schlägen gegen
das Ohr ist zuweilen eine vermehrte Concavität, eine „Einkeilung"
des Trommelfelles sichtbar, welche unzweifelhaft nicht in allen
Fällen auf Veränderungen im Mittelohre, wie Tubenabschluss, zurückzuführen ist, sondern direct durch das Trauma bedingt sein kann.

Bei bestehender Commotion durch wiederholte Einwirkung lauter
Geräusche, also namentlich bei der professionellen Schwerhörigkeit
gewisser Gewerbetreibenden und Eisenbahnbeamten, ist das Trommelfell entweder normal oder in Folge von Ernährungsstörungen oder
gleichzeitig auftretenden Mittelohraffectionen (Sklerose) getrübt. Für
die Labyrintherkrankung charakteristische objective Veränderungen
existiren überhaupt nicht.

Von besonderer Wichtigkeit ist die Hörprüfung, welche in der
Mehrzahl der Fälle bestimmte Anhaltspunkte liefert. Meist zeigt sich,
wie bereits erwähnt, eine auffallende Herabsetzung der Perception
für hohe Töne, z. B. für das Uhrticken und die Töne der Galton-
schen Pfeife, während tiefere Töne unvermindert oder doch weniger
schlecht gehört werden. Die unbedingt nothwendige Prüfung mit möglichst verschiedenen Scalen ergiebt ausserdem häufig den Ausfall
bestimmter Töne, eine Erscheinung, welche mit einiger Wahrscheinlichkeit für eine circumscripte Erkrankung, z. B. für punktförmige Hämorrhagien spricht. Wesentlich herabgesetzt und in schwereren Fällen
vollständig aufgehoben ist in der Regel die craniotympanale Leitung, so dass beim Weber'schen Versuche der Ton verschiedener
Stimmgabeln ausschliesslich auf dem gesunden Ohre wahrgenommen
wird. Der Rinne'sche Versuch fällt meist positiv aus, führt aber
häufig zu widersprechenden Resultaten. Die Perceptionsdauer pflegt
vermindert zu sein.

Verlauf. Prognose. Während sich in leichteren Fällen die
Schwerhörigkeit oft innerhalb weniger Tage bessert, bleibt sie bei
schwererer Erkrankung längere Zeit oder dauernd bestehen; nach einer
traumatischen Eröffnung des Labyrinthes ist die Taubheit regelmässig
unheilbar. Von den subjectiven Geräuschen ist zu bemerken, dass sie
fast stets länger fortbestehen, als die Schwerhörigkeit, ja dass sie selbst,
wenn die letztere rasch und vollständig schwindet, nicht selten persistent
bleiben. Kommt es in Folge des Traumas zu einem Abflusse der
Labyrinthflüssigkeit und des mit dieser communicirenden Liquor cerebro-
spinalis, so liegt stets die Gefahr einer eiterigen Meningitis nahe, und
die Prognose ist dann also nicht nur quoad restitutionem, sondern auch
quoad vitam mit Vorsicht zu stellen.

Die Frage, ob das von dem Trauma verschont gebliebene zweite
Ohr durch die Labyrintherkrankung des verletzten gefährdet sei, ist
noch nicht mit voller Bestimmtheit zu entscheiden. Während Traut-

mann[1]) in solchen Fällen das Vorkommen einer sympathischen Erkrankung in Abrede stellt, hat Schwartze[2]) häufig erlebt, dass nach
Verlauf von Jahren auch eine Affection des zweiten Ohres nachfolgte.
Obwohl auch ich ähnliche Erscheinungen mehrmals beobachtet habe,
halte ich, da Erkrankungen des Labyrinthes aus unbekannten Ursachen
leider nicht zu den Seltenheiten gehören, die Annahme eines derartigen
sympathischen Zusammenhanges doch keineswegs für unanfechtbar.

Relativ gut ist die Prognose bei einfacher Commotion, namentlich
wenn die Perception vom Knochen nicht vollständig aufgehoben ist und
der Rinne'sche Versuch negativ ausfällt, ebenso, wenn kein anhaltender Schwindel vorhanden ist. Dass die Complication mit Ruptur des
Trommelfelles, wie Politzer[3]) angiebt, von günstigem Einfluss auf
den Verlauf der Verletzung sein kann, ist wohl nicht zu bezweifeln.

Ausgeschlossen von der günstigen Prognose sind diejenigen häufigen Fälle von Commotion, welche, von der Profession des Patienten
herrührend, chronisch verlaufen; bei Schlossern, Schmieden, Locomotivführern dürfte kaum jemals eine Besserung zu verzeichnen sein. Rührt
die nervöse Schwerhörigkeit von Blutextravasaten her, so ist auf Heilung
um so weniger zu rechnen, je intensiver die Hörstörungen im Allgemeinen
und je mehr Lücken in der Perception der Tonscala nachweisbar sind.
Ungünstig ist auch die Prognose, wenn das von einem Trauma be-
fallene Ohr schon vorher nicht normal gewesen war.

Behandlung. Die Therapie hat vor Allem die Aufgabe, alle
Schädlichkeiten von dem verletzten Ohre abzuhalten: Dem Kranken
muss vollständige Ruhe und namentlich die Vermeidung stärkerer Geräusche und heftiger Erschütterungen des Kopfes zur Pflicht gemacht
werden. Tabakgenuss, alkoholische Getränke sind vollständig zu verbieten. Auch nachdem bereits eine Besserung eingetreten ist, darf das
durch Watte geschützte Ohr noch längere Zeit hindurch nicht durch
Lauschen oder durch den Aufenthalt in geräuschvoller Umgebung über-
anstrengt werden. Denjenigen Patienten, deren Beruf eine derartige
Vorsicht unmöglich macht, ist das Tragen von Watte während der
Arbeit für alle Zeiten anzuempfehlen; stellt sich bei ihnen die Commotion schon frühzeitig ein, so kann manchmal eine Verschlimmerung
durch die Wahl einer anderen Beschäftigung vermieden werden.

Was die locale Therapie anbetrifft, so ist dieselbe im Ganzen
leider recht wirkungslos. Schwartze[4]) beobachtete zuweilen recht
gute Erfolge unmittelbar oder doch bald nach einer Blutentziehung
am Proc. mastoideus mit Hülfe des Heurteloup'schen Blutegels, deren
Wirkung er sich durch den dabei verursachten Hautreiz erklärt. Ich
muss gestehen, dass ich einigermaassen aufmunternde Resultate mit
dieser Behandlungsweise nicht erzielt habe. Auch subcutane Injectionen von Strychnin in die Nacken- und Schläfengegend (0,002 bis
0,006 pro dosi), welche mehrfach empfohlen worden sind, haben sich
mir nur selten und nur in ganz frischen Fällen, in denen die Besse-

---

[1]) Maschka's Handbuch der gerichtl. Medicin, S. 417.
[2]) Die chirurgischen Krankheiten des Ohres, S. 362.
[3]) Lehrbuch der Ohrenhlkde. II. Aufl., S. 527.
[4]) Die chirurgischen Krankheiten des Ohres, S. 362.

rung möglicher Weise auch spontan eingetreten wäre, bewährt, während Schwartze manchmal nach 5—8maliger Injection völlige Heilung auch in Fällen eintreten sah, in welchen vorher der Zustand wochenlang stabil gewesen war. Günstige Resultate erzielte Lucae [1] mit subcutanen Pilocarpin-Injectionen (0,001—0.01).

Der innerliche Gebrauch von Strychnin oder Pilocarpin ist noch unzuverlässiger als die subcutane Application, wenngleich man in einzelnen Fällen Erfolge damit erzielen mag. Das einzige innerliche Mittel, mit welchem ich zuweilen den Heilprocess befördert zu haben glaube, ist das Jodkalium: dasselbe scheint selbst in den im Allgemeinen als unheilbar zu bezeichnenden veralteten Fällen eine gewisse Besserung, mindestens eine subjective Erleichterung herbeiführen zu können. Besteht neben den Hörstörungen Schwindel, so ist es empfehlenswerth, dem Jodkalium etwas Bromkalium hinzuzufügen, (Kal. jodat., Kal. bromat. aa 5,0—7,5 : 150,0) bei welcher Verordnung es freilich zweifelhaft sein wird, ob nicht das letztere Medicament eine grössere Wirkung entfaltet als jenes.

Was die galvanische Behandlung anbelangt, so kann ich dieselbe nach meinen Erfahrungen durchaus nicht empfehlen. Ich habe damit in Fällen von traumatischen Labyrinthaffectionen zwar niemals wie bei anderen Krankheiten eine Verschlimmerung eintreten sehen, aber auch kaum jemals einen nennenswerthen Nutzen zu constatiren vermocht, abgesehen von einer ganz vorübergehenden Herabsetzung der subjectiven Gehörsempfindungen, welche sich zuweilen bei längerer Anwendung sehr schwacher constanter Ströme einstellte.

Wie für die Krankheiten des inneren Ohres überhaupt, so scheint mir ganz besonders auch für die Verletzungen des Labyrinthes die alte Regel beherzigenswerth zu sein, dass man sich vor allen eingreifenden Kuren hüten solle: die erste Bedingung ist Schonung des erkrankten Ohres, und dies gilt nicht allein für den Kranken, sondern auch für den Arzt, denn dessen locale Eingriffe können noch viel mehr Schaden stiften, als ein unvorsichtiges diätetisches Verhalten.

III. Anämie, Hyperämie und Hämorrhagie des Labyrinthes.

Anzeichen von Circulationsstörungen sind im Labyrinthe, wie Steinbrügge [2] gewiss mit Recht bemerkt, namentlich als Begleiterscheinungen von Mittelohrentzündungen viel häufiger durch die mikroskopische Untersuchung nachweisbar, als man bisher angenommen hat. Inwieweit freilich diesen anatomischen Befunden, welche sich vorzugsweise auf eine über das ganze Labyrinth oder einzelne Abschnitte desselben ausgedehnte Hyperämie und Hämorrhagie beziehen, klinische Symptome entsprechen, ist noch nicht genügend festgestellt: wie denn überhaupt in keinem Gebiete der Ohrenheilkunde die anatomische Begründung der am Kranken gesammelten Erfahrungen so unzulänglich ist wie bei den Labyrinthaffectionen.

---

[1] Real-Encyclop. von Eulenburg, XV. 209; Jacobson, Archiv f. Ohrenhlkde. XXI. 278
[2] Orth's Lehrbuch der pathol. Anatomie, Lief. 6, S. 83.

Alle krankhaften Veränderungen, welche überhaupt den Blutkreislauf zu beeinflussen vermögen, können zu Circulationsstörungen im Labyrinthe Veranlassung geben. So begegnen wir nach erheblichen Blutverlusten, namentlich während der Entbindungen, ferner bei hochgradiger Anämie und Chlorose, nach erschöpfenden Krankheiten Erscheinungen, welche auf eine Labyrinthanämie schliessen lassen, bei Herz-, Lungen- und Nierenleiden, bei Struma und anderen Tumoren, während der Gravidität, bei manchen Infectionskrankheiten wie Typhus, Scharlach, Diphtherie, bei Abusus des Tabaks und der Alkoholica, nach Excessen in Venere, nach dem Gebrauche von Chinin, Salicylsäure, Amylnitrit, meinen Beobachtungen zu Folge auch nach reichlicher Antipyrinaufnahme, Symptomen von Labyrinthhyperämie. Manche Fälle von Circulationsstörungen im inneren Ohre mögen wohl auch, wie Woakes[1] annimmt, auf einen durch Functions-Anomalien im Hals-Sympathicus bedingten verminderten oder vermehrten Gefässtonus zurückzuführen sein.

Durch Sectionen festgestellt wurde Anämie bei Aneurysmen der Arteria basilaris und bei Atherom und Embolie der Arteria auditiva interna, Hyperämie bei Entzündungen der Paukenhöhle und bei Veränderungen an der Schädelbasis, welche, wie Hirntumoren, Sinusthrombose, den Abfluss aus den Labyrinthgefässen hindern oder zu einer activen Blutüberfüllung der Arterien führen.

Hämorrhagien werden, abgesehen von den schon oben erwähnten traumatischen Einflüssen, durch dieselben Umstände hervorgerufen, welche eine Hyperämie zu erzeugen vermögen. Sie finden sich vorwiegend bei atheromatöser Entartung der Gefässwandungen und Circulationsstörungen, bei Typhus, Variola, Scharlach, Diphtherie, Pertussis, Parotitis epidemica, sowie bei Meningitis[2]; auch bei Caries des Felsenbeines werden Blutextravasate im Labyrinthe gefunden. Die im inneren Ohre nicht selten constatirten Pigmentanhäufungen dürften, da sie auch bei sonst ganz normalem Befunde vorkommen, nur zum Theil als Residuen von Hämorrhagien aufzufassen sein.

a. Anämie des Labyrinthes.

Subjective Symptome. Die beiden am meisten in den Vordergrund tretenden Symptome der Anämie sind Schwerhörigkeit und subjective Geräusche, wie sie bekanntlich ganz vorübergehend bei acuter Hirnanämie (Ohnmachten) nicht selten auftreten. In vielen Fällen mögen diese Beschwerden, zumal wenn sie mit Schwindel und Gleichgewichtsstörungen verbunden sind, in der That von einer gleichzeitig bestehenden Blutleere des Hirnes herrühren. Nach starkem Blutverluste pflegen die Hörstörungen sich rasch zu entwickeln, während

---

[1] British medic. Journal 1878, März.
[2] Siehe Moos, Zeitschrift f. Ohrenhlkde. IX. 97; Lucae, Archiv f. Ohrenhlkde. V. 189.

sie bei allgemeiner Anämie und Chlorose sich allmählich einstellen:
in beiden Fällen können sie von der Haltung des Körpers in der Weise
abhängig sein, dass sie sich in wagrechter Stellung, namentlich in der
Rückenlage, vorübergehend etwas vermindern. Auch eine Einwirkung
von somatischen und psychischen Erregungen ist zuweilen nachweisbar.

Objective Symptome von Seiten des Gehörorganes fehlen leider
vollständig, so dass wir bei der Diagnose auf die Mittheilungen des
Kranken und auf die Allgemeinerscheinungen, sowie auf die Resultate
der Hörprüfung angewiesen sind. Auch diese letzteren beschränken
sich oft auf eine nachweisbare Herabsetzung der craniotympanalen
Leitung und der Hörfähigkeit für höhere Töne; der Rinne'sche und
Weber'sche Versuch versagen meist den Dienst.

Die Prognose ist im Allgemeinen trübe: nur in Fällen von
Labyrinthanämie nach acutem Blutverlust wird öfters Besserung oder
sogar vollkommene Heilung beobachtet. Doch ist auch hier ein ungünstiger Verlauf möglich wie z. B. ein an die analoge Erscheinung
der Amaurose erinnernder, von Urbantschitsch [1]) beschriebener Fall
von dauernder und completer Taubheit nach heftigem Nasenbluten lehrt
und wie auch die Thatsache ergiebt, dass nach Puerperien häufig besonders hartnäckige Hörstörungen zurückbleiben. Die bei chronischer
Anämie und anderen Constitutionsanomalien vorkommenden Ernährungsstörungen des Labyrinthes zeichnen sich durch eine entschiedene Neigung zu progressiver Schwerhörigkeit und intensiven Ohrgeräuschen aus.

Die Behandlung wird in der Regel nur eine allgemeine, nicht
eine locale sein und in erster Linie den Kräftezustand des Kranken zu
heben suchen. Eisen- und Chinapräparate, Stahlbrunnen und
Bäder, kräftige Kost, anregende Gebirgsluft werden in manchen
Fällen Besserung herbeiführen. Seebäder, auch der Aufenthalt an der
See, sind hingegen wegen der Gefahren für das Ohr nicht empfehlenswerth,
wennschon sie in Ausnahmefällen mitunter unleugbar Nutzen schaffen.
Bei trophoneurotischen Formen leistet zuweilen die Galvanisirung
des Hals-Sympathicus unverkennbare Dienste, namentlich gegen die
subjectiven Geräusche.

b. Hyperämie des Labyrinthes.

Subjective Symptome. Die durch eine Blutüberfüllung des
Labyrinthes hervorgerufenen Beschwerden sind dieselben, welche bei
der Hirnhyperämie beobachtet werden: Subjective Geräusche, oft
von pulsirendem Charakter, Schwindel, Gleichgewichtsstörungen,
Uebelkeit und Erbrechen, Druck, Völle, Pochen in den Ohren
und im Kopfe. Schwerhörigkeit besteht nicht immer und jedenfalls nur ausnahmsweise in hohem Grade. Alle diese Symptome pflegen
nur vorübergehend aufzutreten, auch lässt sich zuweilen nachweisen,
dass sie sich bei Congestionen zum Kopfe, z. B. in der Bettlage, nach
dem Genusse von Spirituosen, verstärken. Auch die bei Ohrleidenden
nicht selten vorkommende Erscheinung, dass Schwerhörigkeit und Ohrenklingen beim Aufenthalt in warmen Räumen, zuweilen schon beim Ein-

---

[1]) Lehrbuch der Ohrenhlkde. II. Aufl., 433.

treten in ein geheiztes Zimmer, unter leichtem Schwindelgefühl, merklich überhandnehmen, dürfte mitunter auf eine Labyrinthhyperämie zurückzuführen sein. Bei ausgesprochener Blutüberfüllung des inneren Ohres findet sich auch nicht selten eine Hyperästhesie des Acusticus, welche in Verbindung mit dem meist intensiven Ohrensausen sehr störend zu sein pflegt.

Die Differentialdiagnose zwischen Hirnhyperämie und Labyrinthcongestion ist nicht immer zu stellen, und namentlich gelingt es meist nicht, eine Betheiligung des Hirnes auszuschliessen, während man hier und da in weiteren nervösen Erscheinungen positive Anhaltspunkte für eine bestehende Cerebralhyperämie finden kann.

Auch die objectiven Symptome von Seiten des Ohres sind unzuverlässig. Mit einer gewissen Wahrscheinlichkeit kann man auf Labyrinthhyperämie schliessen, wenn bei Abschwächung oder Verlust der craniotympanalen Leitung die Untersuchung mit dem Ohrspiegel eine Injection im knöchernen Gehörgange und namentlich am Trommelfelle, im Uebrigen aber einen normalen Befund des Mittelohrs ergiebt. Besteht neben einer Mittelohraffection eine Blutüberfüllung des Labyrinthes, so macht sich dieselbe meist durch einen dem objectiven Status nicht entsprechenden hohen Grad von Schwerhörigkeit und subjectiven Geräuschen, durch eine erhebliche Abschwächung der Perception vom Knochen und durch den Umstand geltend, dass diese Symptome nicht, wie bei uncomplicirten Paukenhöhlenerkrankungen, durch die Luftdouche gebessert werden. Dass im Gegentheil nach der Anwendung des Katheters bisweilen eine Verschlimmerung eintritt, ist schon bei Gelegenheit der Behandlung von chronischen Mittelohraffectionen erwähnt worden.

Die Prognose ist meist günstig, wenn die causale Affection beseitigt werden kann, z. B. bei Gravidität und überhaupt bei Stauungsvorgängen vorübergehender Art. Auch die nach dem Gebrauche von Chinin und Salicylsäure eintretenden Beschwerden gehen in der Mehrzahl der Fälle zurück, wenn schon wiederholt selbst nach mässiger Verabreichung jener Medicamente persistente subjective Geräusche beobachtet worden sind. Liegen der Labyrinthhyperämie unheilbare Krankheiten zu Grunde, so ist auf eine dauernde Herstellung einer normalen Circulation im inneren Ohre und eine vollkommene Beseitigung der Beschwerden niemals zu rechnen, obwohl die klinische Erfahrung lehrt, dass auch in solchen Fällen zuweilen eine spontane Entlastung der Labyrinthgefässe eintritt.

Die Behandlung richtet sich zunächst gegen die Causalaffection, wenn eine solche aufzufinden ist, und hat die Diät in einer Weise zu regeln, dass Alles, was zu Congestionen Veranlassung geben kann, streng vermieden werde. Es kommt hier nicht allein auf einen rationellen Ernährungsmodus, sondern meist auch darauf an, die Blutcirculation direct durch Abführmittel, sei es mit Drasticis, Mittelsalzen oder Mineralwassern, durch Diaphoretica, kalte Abreibungen, lauwarme Bäder anzuregen. Sind gleichzeitig Symptome von Hirnhyperämie vorhanden, so können ausserdem kalte Umschläge auf den Kopf und warme Fussbäder angewandt werden. Der innerliche Gebrauch von Bromkalium und Bromammonium ist in solchen Fällen fast stets von Nutzen.

Was die locale Therapie anbetrifft, so wird man eine Depletion der tieferen Gefässe durch Hautreize am Processus mastoideus zu erstreben haben. Besser als die von Politzer[1]) empfohlenen
Einreibungen mit Spiritus aromaticus, Spir. formicarum und Spir. sinapis
zu gleichen Theilen wirkt meist ein energischer Jodanstrich, zuweilen, wie mir scheint, auch die vorsichtig ausgeführte Massage in
der Gegend des Warzenfortsatzes und des Nackens. Der von Schwartze[2])
ganz besonders gerühmten Blutentziehungen mit dem künstlichen
Blutegel (3—4 mal in Zwischenräumen von 4—8 Tagen, je 30—120 g)
kann ich vor den Schröpfköpfen keine Vorzüge zuerkennen, da ich die
schon von Schwartze selbst erwähnten Erregungszustände nach dem
Gebrauche des Heurteloup'schen Apparates mehrfach in beängstigen-
der Intensität habe auftreten sehen.

Was die vielfach geübte electrische Behandlung mit constanten oder faradischen Strömen betrifft, so halte ich dieselbe bei ausgesprochener Hyperämie für verwerflich.

c. Hämorrhagie des Labyrinthes.

Subjective Symptome. Wie wir als die Ursachen der Labyrinthblutungen dieselben kennen gelernt haben, welche in anderen Fällen
zu blosser Hyperämie des Labyrinthes führen, so sind auch die subjectiven Beschwerden bei beiden Processen die nämlichen, nur treten
sie bei Hämorrhagien erheblich rapider und intensiver auf. Es
entsteht plötzlich hochgradige Schwerhörigkeit oder complete
Taubheit mit subjectiven Geräuschen, Schwindel, Gleichgewichtsstörungen, Nausea. Was die Hörstörungen betrifft, so hängt,
wie Schwartze[3]) hervorhebt, ihre Intensität nicht ausschliesslich von
dem Sitze und der Ausdehnung des Extravasates ab, da auch in Fällen,
in welchen sich die Blutung auf die Bogengänge beschränkte, durch
die Erhöhung des intralabyrinthären Druckes und durch consecutive
Lähmungen der Nervenendigungen in allen Theilen des Labyrinthes
Taubheit hervorgerufen werden kann. Derselbe Autor erwähnt auch
einen Fall, in welchem hochgradige Schwerhörigkeit durch zahlreiche
punktförmige Extravasate bedingt gewesen war.

Von den Schwindelanfällen ist zu bemerken, dass sie zwar
bei Labyrinthblutungen in der Mehrzahl der Fälle und bei dem noch
zu besprechenden, wahrscheinlich auf dieselben anatomischen Bedingungen zurückzuführenden, Ménière'schen Symptomcomplex regelmässig
vorkommen, dass sie aber, wie aus den wichtigen Beobachtungen von
Moos[4]) und Lucae[5]) hervorgeht, selbst bei ausgedehnten Hyperämien
vollständig fehlen können.

Objective Symptome, welche einen positiven Hinweis auf eine
Labyrinthblutung bieten könnten, fehlen vollständig. Ging der Hämor-

---

[1]) Lehrbuch der Ohrenhlkde. II. Aufl., S. 485.
[2]) Die chirurgischen Krankheiten des Ohres, S. 366.
[3]) l. c, S. 367.
[4]) Archiv f. Augen- und Ohrenhlkde. II. 119.
[5]) Virchow's Archiv, Bd. 88, Heft 3.

rhagie ein länger andauerndes Stadium der Hyperämie voraus, so kann
die oben erwähnte, bei dieser Circulationsstörung beobachtete Gefässinjection nachweisbar sein.

Die Prognose ist ungünstig, da die durch eine Hämorrhagie
hervorgerufene Schwerhörigkeit auch nach dem Erlöschen der übrigen
Beschwerden fast regelmässig bestehen bleibt, wahrscheinlich bedingt
durch degenerative Vorgänge, welche in Folge des von dem Extravasate
ausgeübten Druckes auf die Gebilde des Labyrinthes in den Nervenendigungen Platz greifen. Nur selten und in den leichtesten Fällen
kehrt das Gehör mit der Resorption des ergossenen Blutes theilweise
zurück, und wenn dies geschieht, so liegt, wie ein Fall von Schwartze[1]
lehrt, die Gefahr von Recidiven wenigstens bei solchen Patienten nahe,
welche an einer Erkrankung des Circulationsapparates leiden.

Von der Behandlung, welche nach denselben Grundsätzen einzu-
leiten ist wie bei der Labyrinthhyperämie, ist nicht viel zu erwarten. Man
achte ganz besonders darauf, dass der Kranke sich unbedingt ruhig verhält
und sorge für ausgiebige Ableitung auf den Darm. Locale therapeutische Eingriffe, namentlich die Luftdouche, sind unbedingt zu unterlassen, auch wenn sie für eine gleichzeitig bestehende
Mittelohraffection indicirt erscheinen sollten.

IV. Entzündung des Labyrinthes. Otitis interna.

Pathologische Anatomie. Die pathologisch-anatomischen Veränderungen, welche auf eine Labyrinthentzündung schliessen lassen, sind
mannichfaltiger Art; sie finden sich in der Mehrzahl der Fälle neben
Anomalien im Mittelohre, und es kann nach dem heutigen Stande
unserer Kenntnisse überhaupt zweifelhaft erscheinen, ob primäre Labyrinthentzündungen vorkommen. Die sehr häufig im Anschlusse an
Sklerose der Paukenhöhle beobachteten secundären Erkrankungen
des Labyrinthes dürften, soweit sie entzündlicher Natur sind und nicht
vorwiegend auf den vom Trommelfelle her die Labyrinthflüssigkeit be-
lastenden übermässigen Druck (Otopiesis) zurückgeführt werden müssen,
hauptsächlich in den von Steinbrügge[2] constatirten Verdickungen
und Verkalkungen der Vorhofsauskleidung begründet sein. Im
übrigen scheinen die meisten Entzündungen des inneren Ohres durch
Mikroorganismen hervorgerufen zu werden, welche sowohl durch den Blut-
und Lymphstrom, als auch durch verschiedene Lücken und Spalten, wie
den inneren Gehörgang, den Aquaeductus cochleae, zerstörte Fenstermembranen und cariöse Lücken der Knochenkapsel, den in die Fossa
subarcuata dringenden Durafortsatz in das Labyrinth gelangen können.
Es ist ganz besonders das Verdienst von Moos, namentlich für Diphtherie und Masern das Vorkommen und das Wesen einer Pilzinvasion
in's Labyrinth nachgewiesen zu haben, wodurch die pathologische
Forschung in neue Bahnen gelenkt worden ist. Aus seinen Untersuchungen geht hervor, dass die in's innere Ohr gelangten or-

---

[1] l. c., S. 370.
[2] Lehrbuch der pathol. Anatomie von J. Orth, 6. Lief., S. 87.

ganisirten Krankheitskeime eine Mortification der Gewebe
verursachen, die Labyrinthgebilde zerstören, schliesslich aber
auch eine Neubildung von Bindegewebe und Knochen ein-
leiten, mit welcher der Process zuweilen zum Abschluss
kommen kann.

Am genauesten erforscht sind die secundären Veränderungen des
Labyrinthes, welche bei der Cerebrospinalmeningitis, der Diphtherie.
den Masern, der Syphilis, der Tuberkulose und der Leukämie vorkommen.

Was zunächst die Otitis interna im Gefolge der **Cerebrospinalmeningitis** betrifft, so sind hierbei Zerstörungen der Weichtheile und Bindegewebs- oder Knochenneubildung bereits von Merkel[1].
Heller[2], Lucae[3], Knapp[4], dann von Habermann[5], Steinbrügge[6] und Schwabach[7] beobachtet worden. Der charakteristische
Befund besteht nach Steinbrügge in dem Auftreten zahlreicher Eiterkörperchen in der Umgebung und zwischen den Fasern der Nerven, in
Ansammlungen von abgelösten epithelialen Zellen in Form von grossen.
stark gekörnten Rundzellen, in zahlreichen Blutextravasaten aus den
überfüllten Gefässen und in einem Zerfall der Nervenfasern. Zuweilen
fanden sich Eiterkörperchen und Blutextravasate auch im Verlaufe der
Facialnerven und im Aquaeductus cochleae, ferner eine Zerstörung sämmtlicher Gebilde des Ductus cochlearis, eine Erfüllung des gesammten Hohlraumes der Schnecke mit Eiter, Epithel- und Detritusmassen und nekrotischen Knochenpartikelchen. in den extremen Fällen nekrotische Zerstörung in den Bogengängen, Ampullen und Vorhofsäckchen, sowie eine
Zerfaserung und Loslösung des Endosteums. Nach Habermanns Beobachtungen kann sich die Entzündung des Labyrinthes nach einer Zerstörung des Ligamentum annulare auch auf das Mittelohr ausdehnen,
welches überhaupt in vielen Fällen von Cerebrospinalmeningitis in Mitleidenschaft gezogen wird, indem. wie Moos[8] constatirt hat, der entzündliche Process durch die von der Schädelhöhle auf die Paukenhöhle
übergehenden Durafortsätze verschleppt werden kann. Was die Einwanderung des Entzündungserreger in das Labyrinth betrifft, so können
dabei nach Schwabach[9] die Lymphbahnen der Nase eine Rolle spielen.
aus welchen die Mikroorganismen in die Subarachnoidealräume des Gehirnes und weiter in die perilymphatischen Räume gelangen können.
Es wird dadurch zugleich die Thatsache erklärt, dass diese Zerstörungen
zuweilen im Beginne der Infectionskrankheit und bilateral auftreten.

Bei **Diphtherie** fand Moos[10] Streptokokken im endolymphatischen
und perilymphatischen Raume der Bogengänge, in den Ampullen. dem

[1] Bayer. ärztl. Intell.-Bl. 1865. Nr. 13.
[2] Deutsches Archiv f. klin. Med., III. 482.
[3] Archiv f. Ohrenhlkde. V. 188.
[4] Transactions of the American Otological Society. 6. Ann. Meetg. 1873.
[5] Zeitschrift f. Hlkde. (Prag.) VII. 23.
[6] Zeitschrift f. Ohrenhlkde. XV. 281; XVI. 229; XIX. 257.
[7] Zeitschrift f. klin. Med., Bd. XVIII, Heft 3—4.
[8] Archiv f. Augen- und Ohrenhlkde. III. 79.
[9] Zeitschrift f. klin. Med., XVIII. 3 und 4.
[10] Zeitschrift f. Ohrenhlkde. XVII. 1.

Aquaeductus vestibuli, den Lücken des Felsenbeinperiostes und in der
Schwann'schen Scheide des Nerven: dieselben bewirkten einen Zerfall
des Nerven- und Knochengewebes in Folge von Gefässnekrose, eine
zellige Infiltration des Periostes und zuweilen eine Gerinnung der Endo-
und Perilymphe. sowie eine Ausscheidung und Aneinanderlagerung von
Lymphzellen, aus welchen Riesenzellen und Bindegewebsneubildungen
hervorgingen.   Es handelt sich meist im Wesentlichen um eine Neuritis parenchymatosa (Moos, Virchows Archiv Bd. 124, 3. Heft).

Aehnliche und gleichfalls auf die Invasion von Kokken zurückzu-
führende Veränderungen hat Moos[1] auch bei Erkrankung des Labyrinthes nach Masern gefunden.

Die Otitis interna syphilitica kennzeichnet sich nach Moos[2]) besonders durch eine Verdickung des Periostes, durch eine Hyperplasie des
Bindegewebes zwischen dem häutigen und dem knöchernen Labyrinthe,
durch eine kleinzellige Infiltration, durch Kalkeinlagerungen und andere
Ausgänge der adhäsiven Entzündung. Schwartze[3]) fand eine seröseiterige Flüssigkeit im Labyrinthe und eine Anschwellung und eiterige
Infiltration des Utriculus und Sacculus: er ist wie Gradenigo[4]),
welcher eine Verknöcherung beider Labyrinthe mit vollständiger Zerstörung der Weichtheile beobachtete, geneigt, diese Befunde als Zeichen
einer primären Labyrinthaffection zu deuten. Nach Politzer[5]) und
Moos und Steinbrügge[6]) können auch die Ganglienzellen des Rosen-
thal'schen Canales zerfallen.

Als Folgen des tuberkulösen Processes sind zu nennen cariöse
Zerstörungen der Labyrinthkapsel mit Schwund der Weichtheile und
Fortsetzung der Tuberkelbildung und Zerstörung bis in den Grund
des inneren Gehörganges [Habermann[7])]: das Mittelohr ist fast stets
betheiligt.

Bei Leukämie endlich finden sich nach den übereinstimmenden
Mittheilungen von Politzer[8]), Gradenigo[9]) und Steinbrügge[10])
Extravasate, entweder vorwiegend aus rothen oder aus weissen Blutkörperchen bestehend. Neubildungen von Bindesubstanz und Verknöcherungen; letztere sind vielleicht auf Syphilis zurückzuführen.

Klinische Diagnose. Das Vorkommen einer primären
Otitis interna ist durch die klinischen Erfahrungen noch weniger
sicher gestellt als durch die anatomische Forschung. Zwar hat

[1]) Zeitschrift f. Ohrenhlkde. XVIII. 97.
[2]) Virchow's Arch., Bd. 69, S. 313; Arch. f. Augen- und Ohrenhlkde. III. 95.
[3]) Pathol. Anatomie des Ohres, S. 121.
[4]) Archiv f. Ohrenhlkde. XXV. 46, 237.
[5]) Lehrbuch der Ohrenhlkde. II. Aufl., S. 501.
[6]) Zeitschrift f. Ohrenhlkde. XIV. 200.
[7]) Zeitschrift f. Hlkde. VI. 367, X. 131.
[8]) Mittheilungen vom Otolog. Congress in Basel 1886.
[9]) Archiv f. Ohrenhlkde. XXIII. 242.
[10]) Zeitschrift f. Ohrenhlkde. XVI. 238; Pathol. Anatomie des Ohres, S. 115.

Voltolini[1]) eine idiopathische Entzündung des häutigen Labyrinthes
diagnosticiren wollen in mehreren an vorher ganz gesunden Kindern
beobachteten Fällen, in welchen nach einem durch Congestionen zum
Kopfe und Erbrechen gekennzeichneten kurzen Vorstadium plötzlich unter Temperatursteigerung Bewusstlosigkeit, Delirien
und Convulsionen eintraten. Symptome, welche nach mehrtägigem
Bestehen schwanden, aber vollständige Taubheit und taumelnden
Gang hinterliessen: doch liegen anatomische Bestätigungen seiner Behauptungen nicht vor, und es ist jedesfalls nicht ausgeschlossen, dass
es sich in den Fällen von Voltolini um eine rasch verlaufende
Meningitis gehandelt hat.

Häufiger werden hingegen secundäre Labyrinthentzündungen
beobachtet, wenngleich auch hier unsere klinische Diagnose noch auf
schwachen Füssen steht und es uns namentlich meist nicht möglich
ist, eine vielleicht ohne Weiteres nachweisbare Labyrinthaffection speciell als eine Otitis interna, einen Entzündungsprocess zu erkennen.
Wir sind bei der Diagnose stets vorwiegend auf die Ergebnisse der
Hörprüfung angewiesen und werden zu der Annahme einer Entzündung des inneren Ohres berechtigt sein, wenn die craniotympanale
Leitung auf dem erkrankten Ohre aufgehoben, der Rinne'sche Versuch, wofern der Grad der Hörverschlechterung seine Ausführung noch
gestattet, positiv ausfällt, beim Weber'schen Versuche der Stimmgabelton ausschliesslich oder doch überwiegend nach der besseren Seite
hinübergehört wird, wenn hohe Töne besonders schlecht oder wenn
einzelne überhaupt nicht percipirt werden, kurz wenn alle Resultate
der Functionsprüfung für eine Affection des Labyrinthes sprechen und
wenn dabei die causale Erkrankung eine solche ist, welche nach den
oben angeführten anatomischen Erfahrungen zu entzündlichen Processen im Labyrinthe prädisponirt. Doch muss auch darauf hingewiesen werden, dass die Ergebnisse der Hörprüfung in vielen Fällen
unzuverlässig sind und deshalb jedesmal alle zu Gebote stehenden Versuche ausgeführt werden müssen. Selbst das Schlechthören der hohen
Töne ist, wie ein interessanter klinisch und anatomisch untersuchter
Fall von Schwabach[2]) lehrt: durchaus nicht constant.

Subjectiv klagen die Kranken über hochgradige und continuirliche subjective Geräusche verschiedenen und wechselnden Charakters, über plötzliche Schwerhörigkeit oder
völlige Ertaubung, über Kopfschmerz, Druck im Ohre, Erbrechen, Schwindel, unsicheren Gang.

Bei der Cerebrospinalmeningitis ergiebt sich das Vorhandensein einer Störung im schallpercipirenden Apparate zuweilen erst nach
dem Ablaufe, oft aber schon im Beginne der Hirnkrankheit; der vorher normalhörende Patient ist, nachdem er sein Bewusstsein wieder
erlangt hat, taub, und zwar fast stets auf beiden Ohren, leidet an
Schwindel und geht noch längere Zeit auffallend breitbeinig und un-
sicher in einer typischen Weise, welche ganz bezeichnend „Enten-
gang" genannt worden ist.

[1]) Monatsschrift f. Ohrenhlkde. 1867, S. 9, 1868, S. 91, 1870, S. 91 und 103.
[2]) Zeitschrift f. klin. Med. XVIII. 3—4.

Aehnliche Erscheinungen beobachten wir auch bei Labyrinthtaubheit nach **Meningitiden** nicht infectiöser Art, nach **Leukämie** und **Mumps**. Den im Gefolge von **Scharlach** und **Diphtherie** sich einstellenden Entzündungen des Labyrinthes geht fast regelmässig eine eiterige Otitis media voraus, welche indessen keineswegs immer als Ausgangspunkt für jene zu betrachten ist.

Was die **syphilitische Otitis interna** betrifft, so kann dieselbe schon bald (nach **Politzer**[1]) bereits nach sieben Tagen) nach der primären Infection auftreten, kommt aber meist erst nach einigen Jahren zur Beobachtung und kann, wie die Erfahrung lehrt, als einziges Symptom der scheinbar verschwundenen Syphilis bestehen. Die Krankheit äussert sich durch rasch einsetzende und meist auch rapid zunehmende, bald zu vollständiger Taubheit führende Schwerhörigkeit auf einem oder, wie gewöhnlich, auf beiden Ohren, durch die Aufhebung der cranio-tympanalen Perception, durch subjective Geräusche, Schwindel, Nausea und Gleichgewichtsstörungen; meist bestehen auch Kopfschmerzen. Der Trommelfellbefund ist normal, wofern nicht gleichzeitig vorhandene Mittelohraffectionen pathologische Veränderungen bedingen; die Luftdouche ergiebt normale Verhältnisse und erzeugt keine Besserung.

Auch durch **hereditäre Syphilis** bedingte Labyrinthaffectionen sind nicht selten. Sie entwickeln sich im Kindesalter und führen gleichfalls zu einem erheblichen Verluste des Gehöres, wenn auch nicht immer in rapider Entwicklung. Häufig bestehen neben der Ohrkrankheit, die sich übrigens meist auch auf das Mittelohr ausdehnt, **Keratitis parenchymatosa**, **Retinitis** und **Neuroretinitis**, ferner luëtische Affectionen der **Nase** und des **Rachens**, des **Zahnfleisches**, der **Lymphdrüsen** etc. Selbstverständlich ist der Nachweis derartiger auf Syphilis hindeutender Symptome für die Diagnose von besonderer Wichtigkeit, weshalb denn auch eine sehr eingehende Untersuchung des ganzen Körpers und eine möglichst genaue Anamnese erforderlich ist.

Prognose. Die Prognose der Labyrinthentzündung ist schlecht. Es kommt zwar vor, dass selbst hochgradige Schwerhörigkeit sich allmählich bessert, meist aber bleibt sie unverändert, ja sie steigert sich oft zur completen Taubheit. Auch die subjectiven Geräusche sind äusserst hartnäckig. Schwindel und Gleichgewichtsstörungen hingegen verlieren sich meist nach längerem Bestehen, nicht selten allerdings erst nach dem vollständigen Verluste der Hörfähigkeit. Relativ am günstigsten ist die Prognose in ganz frischen Fällen von Syphilis-Otitis, wenn die Schwerhörigkeit rapid eingetreten war. Ein mässiger Grad von chronischer Schwerhörigkeit ist, auch wenn die Hörstörung noch nicht lange besteht, der Therapie schwerer zugänglich.

Behandlung. Bei der Behandlung der Labyrinthentzündungen ist man auf dieselben Mittel angewiesen, welche bereits für die Bekämpfung der Hyperämie und Hämorrhagie angegeben worden sind:

---

[1] Lehrbuch der Ohrenhlkde. II. Aufl., S. 502.

lokale Blutentziehungen, Abführmittel, subcutane Strychnin-Injectionen:
innerlich Jodkalium. Bei der syphilitischen Otitis interna ist das beste
Mittel die Schmierkur, während deren der Kranke sein Ohr möglichst zu schonen hat; auch Sublimat-Injectionen sind wirksam,
ebenso die von Politzer [1]) mit Vorliebe zuerst angewandten Injectionen
einer 2%igen Pilocarpinlösung (4—12 gtt. pro die). Ausserdem
sind für alle an Labyrinthtaubheit Leidenden, besonders aber für die
Syphilitischen, Schwefel- und Jodbäder (Aachen, Tölz) zu empfehlen.
Rohrer [2]) sah in einem Falle von frischer luetischer Otitis interna eine
ganz überraschende Besserung des Schwindels, der Astasie und Geräusche nach der Galvanopunctur eintreten.

Dass etwa bestehenden Mittelohr- und Nasenaffectionen die grösste
Aufmerksamkeit zuzuwenden ist, bedarf keiner Erwähnung; wohl aber
sei hervorgehoben, dass man bei den gegen dieselben gerichteten localen
Eingriffen mit Rücksicht auf das Labyrinth äusserst schonend zu Werke
gehen muss.

V. Nekrose des Labyrinthes.

Die Nekrose des Labyrinthes entsteht am häufigsten, wenn nicht
ausschliesslich, im Anschlusse an eine Mittelohreiterung und zwar bei

Fig. 126. Nekrotisches Labyrinth.

Felsenbeincaries, wenn dieselbe, was meist von der inneren Paukenhöhlenwand her geschieht, auf die Nachbarschaft des Labyrinthes über-
greift (Panotitis nach Politzer). Es wird entweder nur ein Theil
des inneren Ohres, und dann meist die Schnecke, ausgestossen, oder
das ganze Labyrinth fällt der Exfoliation anheim (Fig. 126), ja
der Sequester enthält mitunter ausserdem noch den inneren Gehörgang
[Shaw [3]), Voltolini [4])] und noch grössere Theile des Felsenbeines,
wie in dem Falle von Gottstein [5]), in welchem der Processus mastoideus, der Paukentheil mit der knöchernen Tube, ein Stück der
Squama und die Schnecke mit den Bogengängen eliminirt wurde.

Ausstossung der Schnecke kommt nicht selten vor; die erste
umfassendere Statistik von Böters [6]) (1875) berichtete über 16 Fälle,
und Bezold [7]), welchem wir eine besonders verdienstvolle Monographie

[1]) Lehrbuch der Ohrenhlkde. II. Aufl., S. 505.
[2]) Lehrbuch der Ohrenhlkde. S. 208.
[3]) Archiv f. Ohrenhlkde. I. 113.
[4]) Monatsschrift f. Ohrenhlkde. IV. 84.
[5]) Archiv f. Ohrenhlkde. XVI. 51.
[6]) Inaugural-Dissertation. Halle 1875.
[7]) Zeitschrift f. Ohrenhlkde. XVI. 119.

über Labyrinthnekrose und Facialparalyse verdanken, konnte (1886) einschliesslich fünf eigener Beobachtungen 46 Fälle aus der Litteratur aufzählen, von denen über die Hälfte das männliche Geschlecht und ein grosser Theil das erste Decennium des Kindesalters betraf; in sieben von diesen Fällen war die Ohreiterung auf Scharlach zurückzuführen.

Meist tritt, nachdem schon lange Zeit eine Eiterung bestanden hat, plötzlich vollständige Taubheit mit Faciallähmung, Schwindel, taumelndem Gange, Erbrechen ein; danach kann aber noch eine lange Zeit vergehen, bis es zur Ausstossung des Sequesters kommt, was nach Bezolds Statistik fast niemals unter einem Jahre, sehr häufig über vier, zuweilen sogar über 20 Jahre dauert. Die Elimination erfolgt meist durch den äusseren Gehörgang, viel seltener durch den Warzenfortsatz.

Die Beobachtungen von Guye[1], Cassels[2], Gruber[3], Stepanow[4], Lucae[5], Hartmann[5], Christianeck[6], Jacobson[7], Burckhardt-Merian[8], dass nach Exfoliation der Schnecke noch ein Rest von Hörvermögen bestehe, dürften auf die Unmöglichkeit zurückzuführen sein, das gesunde Ohr ausser Thätigkeit zu setzen. Jedesfalls hat Bezold (l. c. 185) Recht, wenn er die Schlussfolgerung, dass mit der Zerstörung des häutigen Labyrinthes auch das Hörvermögen vollständig verloren gehe, für um vieles festerstehend hält, als die Zuverlässigkeit unserer Hörprüfungsmethoden.

Die Prognose der Labyrinth-Nekrose ist quoad functionem schlecht; Taubheit bleibt stets, Faciallähmung, wenn es sich nicht etwa ausschliesslich um Sequestrirung der Schnecke handelt, meist bestehen. Aber auch das Leben ist, wie bei der Schläfenbeincaries überhaupt, sehr gefährdet, da ein nicht geringer Theil der Kranken, nach Bezold 19,6 %, an Kleinhirnabscessen, Meningitis, Sinusphlebitis zu Grunde geht. Ich selbst habe zwei Fälle von Labyrinthnekrose behandelt, welche beide mit vollständiger Beseitigung der Eiterung endigten.

Die Behandlung fällt im Ganzen mit derjenigen der Schläfenbeinnekrose überhaupt zusammen. Sie hat für Reinlichkeit zu sorgen und Eiterretention zu verhüten, was besonders durch die Entfernung der stets reichlich vorhandenen und hartnäckig wiederkehrenden Granulationen zu geschehen hat. Die Extraction des Sequesters gelingt oft erst, wenn derselbe schon längere Zeit im knöchernen Gehörgange liegt. Man bedient sich zu der Operation am besten einer Fremdkörperzange oder einer gut fassenden, kräftigen Pincette; in einem Falle von Elimination des ganzen Labyrinthes erwies sich mir die Wilde'sche Schlinge als sehr brauchbar.

---

[1] Archiv f. Ohrenhlkde. VIII. 225.
[2] Archiv f. Ohrenhlkde. IX. 238.
[3] Monatsschrift f. Ohrenhlkde. 1885, Nr. 8.
[4] Monatsschrift f. Ohrenhlkde. 1886, S. 116.
[5] Bericht der Naturforscher-Versammlung Berlin 1886.
[6] Archiv f. Ohrenhlkde. XVIII. 294.
[7] Archiv f. Ohrenhlkde. XXI. 304.
[8] Archiv f. Ohrenhlkde. XXII. 182.

VI. Der Ménière'sche Symptomencomplex (apoplectiforme Taubheit).

Im Jahre 1861 beschrieb Ménière[1] einen Fall von schwerer, letal endigender Erkrankung eines jungen Mädchens unter heftigem Schwindel mit Erbrechen und plötzlicher Ertaubung, als deren Ursache bei der Autopsie ein röthliches, plastisches Exsudat in den Bogengängen und im Vorhofe bei vollständig normalem Gehirne gefunden wurde.

Dieses gleichzeitige, unter dem Bilde des apoplectischen Insultes verlaufende Auftreten von Taubheit mit Schwindel und Erbrechen wurde anfangs als ein selbständiger Krankheitsprocess etwa wie die primäre Otitis interna von Voltolini aufgefasst und mit der Bezeichnung „Ménière'sche Krankheit" belegt. Doch zeigte es sich bald, dass ganz analoge Erscheinungen auch ohne die von Ménière beschriebene Localisation des pathologischen Befundes im inneren Ohre, ja ohne Betheiligung des Labyrinthes überhaupt, vorkommen können, und dass man daher nur von einem Ménière'schen Symptomencomplex, nicht aber von einer Ménière'schen Krankheit zu sprechen berechtigt ist.

Die Sectionsergebnisse, welche man in Fällen von ausgesprochenen Ménière'schen Erscheinungen hat nachweisen können, sind sehr spärlich und beschränken sich auf Anämie, Hyperämie und Hämorrhagie im Labyrinthe, vornehmlich den Bogengängen, sowie auf Atrophie der Nervenelemente der Basilarmembran (Gellé[2]). Mehrfach wurden Ankylose des Stapes und andere Adhäsivprocesse im Mittelohre als Ursache einer Unbeweglichkeit der Labyrinthflüssigkeit, welche muthmasslich die schweren Symptome hervorrief, vorgefunden [Gellé[2], Lannois[3])], während sich in der Structur der acustischen Endausbreitungen keine Veränderungen nachweisen liessen.

Die auch von Baginsky[4] getheilte Annahme von v. Tröltsch[5]), dass es sich bei der häufig bilateralen apoplectiformen Taubheit um intracranielle Processe, z. B. eine eiterige Entzündung des Bodens des vierten Ventrikels handeln könne, mag in manchen Fällen zutreffen; meist aber dürften die fraglichen Symptome durch eine Erkrankung des Endapparates des Acusticus bedingt sein, zuweilen wohl auch, wie Brenner[6] muthmasst, durch eine vasomotorische Neurose der Labyrinthgefässe. Jedesfalls können verschiedene Anomalien im Gehirne wie im Gehörorgane die Ménière'schen Symptome hervorrufen.

---

[1] Gazette médicale de Paris 1861, S. 598.
[2] Annales des maladies de l'oreille 1878, Nr. 9.
[3] Lyon médical 1889, Nr. 1.
[4] Berliner Klin. Wochenschrift 1888, Nr. 45, 46.
[5] Lehrbuch der Ohrenhlkde. VII. Aufl., S. 588.
[6] Zeitschrift f. Ohrenhlkde. XVII. 47.

Eine gewisse Prädisposition zur apoplectiformen Taubheit scheint, wie aus der Zusammenstellung von Eckert[1]) hervorgeht, durch Syphilis, Tabes, Mumps, Leukämie, Schädelverletzungen, Pachymeningitis, Hirntumoren bedingt zu sein, doch werden gerade auch gesunde Personen jeden Alters und Geschlechtes von den Ménière'schen Symptomen befallen.

Die charakteristischen Symptome sind heftige Schwindelanfälle mit unsicherem Gange, welche oft so plötzlich und intensiv eintreten, dass der Kranke wie vom Schlage gerührt zusammenbricht, Erbrechen oder doch Neigung dazu (Würgen), subjective Geräusche mannichfachster Art, welche zuweilen dem Anfalle vorausgehen und ihn stets überdauern, und hochgradige Schwerhörigkeit. In denjenigen Fällen, welche einen ausgesprochen apoplectiformen Verlauf zeigen und namentlich mit einem plötzlichen Zusammenstürzen des vorher gesunden Patienten verbunden sind, tritt bisweilen, vielleicht in Folge des Schreckes, auf ganz kurze Zeit Bewusstlosigkeit ein; doch gehört diese Erscheinung nicht zu den typischen Symptomen.

Die Dauer des Anfalles ist sehr verschieden: sie kann sich auf wenige Minuten oder auf mehrere Stunden oder Tage erstrecken. Da die einzelnen Symptome nicht gleichzeitig aufhören, ist eine genaue Bestimmung der Dauer nicht immer möglich. Zuerst bleibt nämlich in der Regel das Erbrechen aus, anfangs zwar nur bei ruhigem Verhalten des Patienten, während es bei jeder ausgiebigeren Bewegung sich wieder einstellt, später aber dauernd, bis der Anfall nach längerer oder kürzerer Zeit wiederkehrt. Der Schwindel und die Gleichgewichtsstörungen, letztere meist ein Taumeln nach der kranken Seite und eine Unfähigkeit oder Unsicherheit beim Gehen im Dunkeln und ohne Unterstützung, schwinden nach ausgesprochen apoplectiformen Anfällen nach einigen Wochen, bei weniger rapiden Fällen noch später, zuweilen erst nach vielen Monaten oder Jahren (Politzer[2]). Was die Schwerhörigkeit betrifft, so bleibt dieselbe unverändert oder nimmt allmählich zu; treten erneute Anfälle auf, so steigert sie sich bei jedem einzelnen sprungweise, meist bis complete Taubheit herbeigeführt ist. Die subjectiven Geräusche nehmen zuweilen längere Zeit nach dem Anfalle ab, bleiben aber häufig continuirlich und unvermindert, selbst noch bei vollständigem Verluste der Hörfähigkeit.

Wie die Dauer, so ist auch die Häufigkeit der Anfälle eine sehr verschiedene. Selten bleibt es bei einem einzigen Insulte, der dann in der Regel sofort zu vollkommener Taubheit führt. Der gewöhnlichere Verlauf ist der, dass sich mit Intervallen von mehreren Wochen oder Monaten, zuweilen wohl auch nur von Tagen, die Anfälle unter jedesmaliger Verschlimmerung der Schwerhörigkeit wiederholen, bis schliesslich die Hörfähigkeit auf dem erkrankten Ohre gänzlich erloschen ist. In der Zwischenzeit kann der Kranke sich ganz wohl fühlen oder an Neigung zu leichtem Schwindel leiden. Psychische Depression ist eine gewöhnliche Erscheinung.

Mitunter sind beim Ménière'schen Symptomencomplex auch am

---

[1]) Ueber die Ménière'sche Krankheit. Basel 1884.
[2]) Lehrbuch der Ohrenhlkde. II. Aufl., S. 491.

Auge Veränderungen nachweisbar. So fand Moos[1]. dass bei manchen Kranken während des Anfalles Pupillenerweiterung und Hemiopie auftraten; und Schwartze[2]) und Lucae[3]) beobachteten hämorrhagische Netzhautablösungen.

Objective Erscheinungen fehlen, wofern nicht eine Mittelohraffection besteht. Die Hörprüfung ergiebt eine sehr erhebliche Herabsetzung der Hörfähigkeit für Luftleitung, besonders für hohe Töne und Geräusche, und eine vollständige Aufhebung oder höchstgradige Abschwächung der Perception vom Knochen; beim Weber'schen Versuche wird der Stimmgabelton, wenn einseitige Erkrankung vorliegt. ausschliesslich nach der gesunden Seite hin, bei bilateraler Affection entweder gar nicht oder unbestimmt im ganzen Kopfe wahrgenommen; der Rinne'sche Versuch fällt meist positiv aus, die Dauer der Perception für die craniotympanale Leitung ist merklich reducirt.

Im Uebrigen stützt sich die Diagnose auf das Fehlen von nervösen Erscheinungen von Seiten anderer Gehirnnerven und auf den Verlauf des Anfalles nach eigener Kenntnissnahme oder nach der Anamnese, wobei das plötzliche Einsetzen der Symptome ohne Vorboten von besonderer Bedeutung ist. Auch auf die Herabsetzung der Hörfähigkeit während des Anfalles ist bei der Diagnose Gewicht zu legen, da sich die Ménière'sche Symptomenreihe gerade dadurch von dem einfachen Schwindel mit Erbrechen und Gleichgewichtsstörungen, wie sie auch sonst bei peripheren und centralen Affectionen vorkommen, unterscheidet.

Die Prognose ist schlecht. Nur selten wird bei frischen Fällen. wenn die Taubheit nicht sogleich von Anfang an complet ist, eine merkliche Besserung, noch viel seltener wirkliche Heilung beobachtet. Die Mehrzahl der Fälle, namentlich diejenigen, bei welchen sich die Anfälle öfters wiederholen, sind als unheilbar zu betrachten.

Behandlung. Der Kranke hat sich vor Allem während des Anfalles und in der ersten Zeit nachher ruhig im Bette zu halten, wenigstens solange beim Aufrichten Schwindel und Erbrechen eintreten. Diese klinische Behandlung ist ungemein wichtig. wie man sich bei einer Vergleichung der damit erzielten Resultate mit jenen der ambulatorischen Praxis sehr leicht überzeugen kann. Kalte Umschläge (Leiter'sche Kühlröhren) auf den Kopf, Jodanstriche auf den Warzenfortsatz, Blasenpflaster am Nacken, Ableitung auf den Darm mildern die subjectiven Beschwerden.

Innerlich verordne man Jodkalium mit Bromkalium und Aconit in mässigen Dosen 2—4mal täglich; mit diesen Medicamenten habe ich die besten Erfolge, wenigstens bezüglich der subjectiven Symptome erzielt, und namentlich niemals Schaden angerichtet. In manchen Fällen ist unzweifelhaft das von Charcot[4]) empfohlene Chinin von guter Wirkung; doch wird meines Erachtens mit demselben bei allen Arten von Ohrschwindel unvorsichtig und offenbar oft ganz schematisch

[1]) Archiv f. Augen- und Ohrenhlkde. VII. 521.
[2]) Die chirurgischen Krankheiten des Ohres. S. 370.
[3]) Eulenburg's Real-Encyclopädie, III. Bd.
[4]) Gazette des hôpitaux, 4. December 1875.

vorgegangen, wie ich in einigen Fällen aus meiner Consultativpraxis erlebt habe, in welchen nach einer unvernünftigen Chinintherapie eine entschiedene Steigerung der subjectiven Geräusche eingetreten war. Dosen von 0,5 –1,0 g pro die, wie sie gewöhnlich empfohlen werden, sind jedenfalls ohne Unterbrechung nur kurze Zeit und unter sorgfältiger Controlle zulässig.

Was die von Urbantschitsch[1]) zuweilen mit gutem Erfolge angewandte Nux vomica (8--10 g pro die Extract oder Tinctur) und das von Hartmann[1]) gerühmte Salol (1 -2,0 pro dosi) anbetrifft, so kann ich über günstige Resultate nicht berichten. Hingegen hat sich mir in seltenen Fällen das namentlich von Lucae (l. c.) und Politzer[2]) empfohlene Pilocarpin leidlich bewährt, allerdings nur bei subcutanem Gebrauche (4--10 g einer 2%igen Lösung), während ich die von Politzer (l. c.) vorgeschlagene Methode der Injectionen von Pilocarpin oder auch von Jodkalium durch den Katheter sehr bald wegen der damit verbundenen Irritation aufgab. Ueberhaupt ist vor einer localen Behandlung, soweit sie nicht durch eine gleichzeitige, vielleicht ätiologisch wichtige Mittelohraffection unbedingt erfordert wird, dringend zu warnen. Dass andererseits die Beseitigung von Erkrankungen des Schallleitungsapparates von gutem Einflusse auf die Labyrinthsymptome sein kann, lehrt uns die Beobachtung von Burnett[3]), welcher durch die Excision des Trommelfelles mit dem Hammer vollständige Heilung der Ménière'schen Symptome erzielt hat.

Von Bädern habe ich zuweilen Carlsbad, Kissingen und Aachen erprobt gefunden.

VII. Krankheiten des Gehörnerven.

Am häufigsten ist bei Sectionen eine wohl stets secundäre Atrophie des Acusticus vorgefunden worden, in mehreren Fällen bedingt durch die Compression, welche von Tumoren, meist Fibrosarkomen, des Hirnes, der Hirnhäute oder des Nerven selbst ausging (Druckatrophie). Derartige Tumoren können den Nerven unter Auseinanderdrängung seiner Faserbündel durchsetzen oder vollständig, selbst aus dem inneren Gehörgange, verdrängen[4]) und sogar in das Labyrinth eindringen (Böttcher[5]). Andere Ursachen der Acusticusatrophie sind nach Schwartze[6]) Blutextravasate und Periostose im Meatus auditorius internus, Krankheiten des Cerebellums, der Rautengrube, der Medulla oblongata, Hydrocephalus internus, Apoplexie und Hirnerweichung. Atrophie des Nervenendapparates und langandauernde Aufhebung der Function des Schallleitungsapparates. Nach Erb[7]) findet sich auch bei Tabes zuweilen

[1]) Urbantschitsch, Lehrbuch der Ohrenhlkde. III. Aufl., S. 463.
[2]) Lehrbuch der Ohrenhlkde. II. Aufl., S. 493.
[3]) Siehe Archiv f. Ohrenhlkde. XXVIII. 145.
[4]) Moos, Archiv f. Augen- und Ohrenhlkde. II. 79; Bürkner, Archiv f. Ohrenhlkde. XIX. 252.
[5]) Archiv f. Augen- und Ohrenhlkde. II. 2, 87.
[6]) Pathologische Anatomie des Ohres. S. 128.
[7]) Handbuch der spez. Pathologie und Therapie von Ziemssen, XII. 142.

Atrophie des Hörnerven, ein Befund, welcher von Lucae[1]) nicht bestätigt worden ist.

Die pathologischen Veränderungen des Hörnerven beruhen in der
Regel nicht nur auf einer Atrophie, sondern äussern sich auch in einer
grauen Verfärbung und dem Verluste der Markscheiden sowohl
am Stamme als auch an den Endästen, wie Lucae[2]) und Moos und
Steinbrügge[3]) gesehen haben. Gleichzeitig können nach den Beobachtungen von Habermann[4]) die Ganglienzellen in der Lamina spiralis
und im Canalis ganglionaris vermindert sein.

Seltener beobachtet ist die Neuritis des Acusticus, welche
sich durch Röthung, Schwellung und eiterige Infiltration, in
schweren Fällen durch Erweichung und Zerfall des Nerven kennzeichnet, zuweilen mit Blutergüssen in die Nervenscheide complicirt ist und nach Schwartze (l. c.) bei Fissuren und Caries
des Felsenbeines und bei Cerebrospinal-Meningitis vorkommt. Gradenigo[5]) constatirte in einem Falle von Meningitis
eine beiderseitige und symmetrische Neuritis der nervi cochleares.

Böttcher[6]), Moos[7]), Gruber[8]) fanden mehrfach Concretionen von phosphorsaurem oder kohlensaurem Kalk sowohl im Perioste der Nervencanäle, als auch im Neurilemm des Nerven
selbst; dieselben dürften, wie Steinbrügge[9]) wohl mit Recht annimmt, als Zeichen eines abgelaufenen hyperämisch-entzündlichen Processes aufzufassen sein.

Amyloide Degeneration des Hörnerven haben Voltolini[10]),
Meissner[11]) und Förster[12]) beschrieben.

Was die klinische Diagnose der Erkrankungen des Hörnerven
betrifft, so ist dieselbe am Lebenden kaum mit Sicherheit zu stellen,
da die dabei beobachteten Symptome dieselben sind, wie die bei Laby-
rinth- und centralen Affectionen vorkommenden. In den meisten Fällen,
in welchen die Section Acusticuscompression durch Hirntumoren
nachwies, waren zu Lebzeiten des Patienten hochgradige Schwerhörigkeit oder vollständige Taubheit, meist nur auf einem Ohre,
zuweilen aber auch auf beiden, Schwindel, Kopfschmerzen, ein
Gefühl von Betäubung, solange noch ein Rest von Hörfähigkeit
bestand, auch subjective Geräusche beobachtet worden. Treten im
Verlaufe derartiger Fälle noch Functionsstörungen an anderen Hirn-
nerven hinzu, so wird es mitunter möglich, die Ursache der Symptome
genauer festzustellen. Für die Differentialdiagnose ist nach Politzer[13])
von Wichtigkeit der Umstand, dass die Perception vom Knochen

---

[1]) Archiv f. Ohrenhlkde. II. 305.
[2]) Archiv f. Ohrenhlkde. XIV. 273.
[3]) Zeitschrift f. Ohrenhlkde. X. 1.
[4]) Zeitschrift f. Heilkde. X. 368.
[5]) Otol. Congress Brüssel 1888. (Archiv f. Ohrenhlkde. XXVIII. 68.)
[6]) Virchow's Archiv, Bd. 12, S. 104.
[7]) Archiv f. Augen- und Ohrenhlkde. III. 92.
[8]) Lehrbuch der Ohrenhlkde. II. Aufl., S. 520.
[9]) Lehrbuch der pathol. Anatomie von J. Orth. 6. Lief., S. 123.
[10]) Virchow's Archiv, Bd. 22, 114.
[11]) Zeitschrift f. ration. Med., Nr. III, 3 (nach Schwartze).
[12]) Atlas der pathol. Histologie, Taf. III. (nach Schwartze).
[13]) Lehrbuch der Ohrenhlkde. II. Aufl., S. 541.

bei Hörstörungen durch Hirntumoren intact ist und nur bei sehr hochgradiger Schwerhörigkeit fehlt, während sie bekanntlich bei Labyrinthkrankheiten schon bei mässiger Schwerhörigkeit erheblich vermindert oder aufgehoben ist. Ob die in neuester Zeit von Gradenigo[1]) aufgestellte Behauptung zutreffend ist, dass bei Erkrankung des Hörnerven (Neuritis) die Perception für hohe Töne, welche, wie wir gesehen haben, bei Erkrankungen des Labyrinthes abgeschwächt ist, nicht vermindert sei, werden erst noch weitere Beobachtungen lehren müssen.

VIII. Neubildungen des inneren Ohres.

Die Neubildungen des inneren Ohres sind vorläufig noch für die klinische Diagnose unzugänglich und nur aus Sectionsberichten bekannt. Was das Labyrinth anbetrifft, so fand Voltolini[2]) in der Kuppel der Schnecke einen „fibromusculären Tumor" von der Grösse eines mittleren Schrotkornes, Schwartze[3]) im Vestibulum eine als Sarkom diagnosticirte dunkele Gewebsmasse, Burckhardt-Merian[1]) ein von der Dura ausgehendes Fibrosarkom, welches das Vestibulum erfüllte und durch Usur erweitert hatte; das Eindringen eines Carcinoms von der Paukenhöhle aus in die Spitze der Schnecke beobachtete Politzer[5]). Osteophyten und Exostosen sahen im Vestibulum Toynbee[6]), Moos[7]), Burckhardt-Merian (l. c.) u. A. Ein Syphilom in der Labyrinthkapsel beschrieb Moos[8]), Tuberkulose des Labyrinthes Habermann[9]).

Am Acusticus sind vorzugsweise Sarkome beobachtet worden: so von Förster[10]), Böttcher[11]), Moos[12]), Stevens[13]), Mc. Bride[14]). Neurome sahen Virchow[15]) und Klebs[16]). Als besonders seltene Erscheinung erwähnt Politzer[17]) ein von ihm beobachtetes cavernöses Angiom der Felsenbeinpyramide, welches wahrscheinlich vom Lateralsinus ausging und in den inneren Gehörgang hineinwuchs.

[1]) Archiv f. Ohrenhlkde. XXVII. 105.
[2]) Virchow's Archiv, Bd. 27, S. 159.
[3]) Archiv f. Ohrenhlkde. 11. 285.
[4]) Archiv f. Ohrenhlkde. XIII. 1.
[5]) Med. Congress London 1881. (Archiv f. Ohrenhlkde. XIX. 78.)
[6]) Siehe Schwartze, Pathol. Anatomie des Ohres, S. 126.
[7]) Archiv f. Augen- und Ohrenhlkde. 11. 1, 101.
[8]) Zeitschrift f. Ohrenhlkde. XIV. 200.
[9]) Zeitschrift f. Illkde. X. 368.
[10]) Würzburger Med. Zeitschrift 1862, S. 199.
[11]) Archiv f. Augen- und Ohrenhlkde. II. 2, 87.
[12]) Archiv f. Augen- und Ohrenhlkde. IV. 179.
[13]) Zeitschrift f. Ohrenhlkde. VIII. 290.
[14]) Zeitschrift f. Ohrenhlkde. IX. 233.
[15]) Geschwülste II. 151, III. 295. (Nach Schwartze.)
[16]) Prager Vierteljahrsschrift 1877, S. 65. (Nach Schwartze.)
[17]) Lehrbuch der Ohrenhlkde. II. Aufl., S. 511.

IX. Neurosen des schallempfindenden Apparates.

Ausser den oben beschriebenen Functionsstörungen des inneren Ohres, welchen uns mehr oder weniger genau bekannte anatomische Veränderungen zu Grunde liegen, kommen noch einige analoge Erscheinungen vor, welche wir zwar in klinischer Beziehung zu unterscheiden vermögen, deren Erklärung durch Sectionsbefunde aber noch aussteht.

a. Anaesthesia acustica.

Die Anästhesie des Acusticus wird beobachtet nach Erkältungen (rheumatische Lähmung[1]), bei pathologischen Vorgängen im Centralnervensystem, wie Epilepsie[2]), Traumen, nach psychischen Alterationen, namentlich nach einem heftigen Schreck (Motionstaubheit), bei vasomotorischen Störungen im Gebiete des Sympathicus, nach dem Gebrauche gewisser Arzneimittel (Chinin, Salicylsäure, Chloroform, nach North[3]) auch Oleum Chenopodii). Nicht selten finden sich gleichzeitig Störungen in anderen Sinnesorganen, besonders am Auge vor, wie z. B. in einem von mir beobachteten Falle von Motionstaubheit[4]), in welchem sich ausser completer Taubheit in Folge eines Schreckes auch Amaurose einstellte.

Eine besonders interessante, aber seltene Form der Anaesthesia acustica ist die durch Hysterie bedingte, welche von Habermann[5]), Lichtwitz[6]), Stepanow[7]), Fulton[8]) u. A. beschrieben worden ist und welche ich in zwei sehr typischen Fällen zu beobachten Gelegenheit hatte. Es handelt sich dabei um sehr auffallende und plötzliche Schwankungen der Hörfähigkeit auf einem oder beiden Ohren, so dass die Person, welche bei der Untersuchung vielleicht auf die stärksten Schallquellen nicht reagirte, im nächsten Momente vollkommen normal hört. Regelmässig bestehen ausser den Störungen im Ohre Anomalien in anderen Organen, namentlich von Seiten des Tastsinnes und des Auges; auch lässt sich zuweilen die interessante Erscheinung des Transfertes[9]) beobachten in der Weise, dass durch Auflegen eines Magneten oder eines Geldstückes (Metallotherapie) die acustische Lähmung von der einen auf die vorher normal functionirende andere Seite hinüberwandert. In einem meiner Fälle schien die Einwirkung der Metallotherapie eine dauernde zu sein. Ebenso soll auch auf dem Wege der in der Hypnose angewandten Suggestion eine dauernde Beeinflussung möglich sein (Lichtwitz[6]). Man wird

[1]) Archiv f. Augen- und Ohrenhlkde. I. 2, 64.
[2]) Dennert, Archiv f. Ohrenhlkde. XIV. 134; Bürkner, ebenda XXII. 205.
[3]) American Journal of Otology, II. 197.
[4]) Archiv f. Ohrenhlkde. XXI. 176.
[5]) Prager Med. Wochenschrift 1880, Nr. 22.
[6]) Les anésthésies hystériques. Paris 1887.
[7]) Monatsschrift f. Ohrenhlkde. 1885, Nr. 11.
[8]) Zeitschrift f. Ohrenhlkde. XV. 307.
[9]) Urbantschitsch, Archiv f. Ohrenhlkde. XVI. 171; Habermann, l. c.

gut thun, derartige Experimente nur im Nothfalle und mit grosser Vorsicht anzuwenden, auch bezüglich der Beurtheilung des Heilerfolges sich vor voreiligen Schlüssen zu hüten.

Eine gewisse Anästhesie oder Torpidität des Hörnerven tritt ferner auf als Folge der senilen Degeneration. Dieselbe äussert sich in der Regel zuerst durch die Herabsetzung und das schliesslich vollständige Erlöschen der Perception vom Knochen, welche sich nach dem sechzigsten Lebensjahre einzustellen pflegt, macht sich später aber auch in einer verminderten Wahrnehmung der durch die Luft zugeleiteten Töne und Geräusche, besonders in dem Unvermögen, der Conversation zu folgen, bemerkbar.

Ebenso sind manche Formen von Hörstörungen als Anästhesie des Acusticus aufzufassen, welche sich bei Erkrankungen der acustischen Centren einstellen. Eine interessante Erscheinung dieser Art ist die von Wernicke[1]) und besonders von Kahler und Pick[2]) beschriebene Worttaubheit, welche möglicher Weise auf collaterale Circulationsstörungen bei Embolie eines Astes der Arteria fossae Sylvii, jedesfalls auf pathologische (traumatische) Vorgänge am Schläfenlappen, und zwar vorzugsweise am linken, zurückzuführen ist. Gleichfalls durch Alterationen in den acustischen Centren kann das mehrfach erwähnte Symptom der partiellen Tontaubheit (s. S. 293) bedingt sein, welche indessen häufiger ihre Ursache in pathologischen Veränderungen des Labyrinthes haben dürfte. Dasselbe gilt von der Paracusis, bei welcher die Töne falsch und, namentlich wenn die Anomalie einseitig ist, auf beiden Ohren verschieden gehört werden (Paracusis duplicata oder Diplacusis). Die Differenz kann sich, wie in dem Falle von v. Wittich[3]) auf einen halben Ton, nach den Beobachtungen von Knapp[4]). Gruber[5]). Spalding[6]), Steinbrügge[7]) auch auf grössere Intervalle erstrecken und bei musikalisch gebildeten Personen sehr unangenehme Dissonanzen hervorrufen.

Die Paracusis loci, d. h. die nur bei Functionsunterschieden zwischen beiden Ohren vorkommende Täuschung über die Schallrichtung, sowie das von Brunschvig[8]) als Skotom des Ohres bezeichnete Ausfallen eines Theiles des Hörfeldes in der Weise, dass z. B. das Uhrticken innerhalb seiner maximalen Hörweite nicht von allen Entfernungen aus und insbesondere von manchen Punkten in grösserer Nähe des Ohres gar nicht, aus weiterer Distanz hingegen wieder deutlich wahrgenommen wird, dürften kaum als eigentliche nervöse Symptome aufzufassen sein. Beide Erscheinungen sind mir nur selten begegnet, und zwar nur in Fällen, in welchen Beobachtungsfehler nicht ausgeschlossen waren.

[1]) Wernicke, Der aphatische Symptomencomplex. Breslau 1874, citirt nach Kussmaul.
[2]) Beiträge zur Pathologie und pathol. Anatomie des Centralnervensystems. Leipzig 1879, und Ztschrift f. Hlkde.. Bd. I, Heft 1.
[3]) Königsberger Med. Journal 1861, Nr. 3.
[4]) Archiv f. Augen- und Ohrenhlkde. I. 2, 96.
[5]) Lehrbuch der Ohrenhlkde., II. Aufl., S. 163.
[6]) Zeitschrift f. Ohrenhlkde. X. 143.
[7]) Zeitschrift f. Ohrenhlkde. XI. 53.
[8]) Revue mens. de Laryng. 1884, II.

Schliesslich ist noch die sympathische Erkrankung des Acusticus zu erwähnen, welche gleichfalls anatomisch noch nicht bestätigt,
aber klinisch unzweifelhaft festgestellt ist und welche sich bei ursprünglich einseitiger Erkrankung des schallpercipirenden Apparates in der
Weise zeigt, dass nach längerer oder kürzerer Zeit auf dem vorher
gesunden Ohre ohne irgend welche objectiv nachweisbaren Veränderungen meist ziemlich rapid eine hochgradige Schwerhörigkeit eintritt.
Häufig kündigt sich diese sympathische Affection durch subjective Geräusche an, welche, zuerst intermittirend, sehr bald chronisch werden.
Doch können dieselben auch vollständig fehlen.

Behandlung der Anästhesie. Für die Behandlung der Acu-
sticuslähmungen wird ganz besonders die Elektrotherapie empfohlen,
obwohl sie die grossen Hoffnungen, welche man sich nach den ersten
sanguinischen Veröffentlichungen von Brenner [1] gemacht hatte, keineswegs erfüllt hat. Nachdem in Folge zahlreicher Misserfolge der meisten
Ohrenärzte eine sehr entschiedene und berechtigte Reaction gegen diese
Heilmethode eingetreten war, hat sich in der neuesten Zeit wieder eine
gewisse Strömung zu Gunsten der „Elektrootiatrik" geltend gemacht,
seit, anknüpfend an die ersten Mittheilungen von Brenner und an die
seine Behauptungen vertheidigenden Arbeiten von Hedinger [2], Erb [3]
u. A., namentlich Benedict [4], Urbantschitsch [5], Pollak und Gärtner [6], Gradenigo [7] den elektrischen Strom sowohl zu diagnostischen
als auch zu therapeutischen Zwecken mit Erfolg angewandt haben.

Brenner fand bei seinen sehr sorgfältigen und sachverständigen
Experimenten, bei welchen er die eine Elektrode an den Tragus, die
andere an einen indifferenten Punkt des Körpers, anlegte, folgende
Norm der Reaction des Acusticus [8]. Ist die Kathode (Ka) am
Ohre angebracht, so beantwortet der Hörnerv die Schliessung des Stromes
(S) mit einer starken Klangempfindung (K'''), welche während einer
kurzen Dauer (D) des Stromschlusses anhält, um allmählich abzunehmen
(K''' K'' K' K), während die Oeffnung des Stromes (O) ohne Einfluss
bleibt. Bei Anlegung der Anode (a) an das Ohr reagirt hingegen
der Nerv nicht auf die Schliessung und die Dauer des Stromes, sondern
nur auf die Oeffnung desselben. Die sogenannte Normalformel, welche
nach Brenner bei Einschaltung einer bestimmten Elementenzahl und
bei Beobachtung gewisser, hier nicht näher zu erörternder Cautelen in
normalen Fällen gewonnen wird, entspricht demnach folgendem Schema:

$$\text{KaS K''' \qquad\qquad AS —}$$
$$\text{KaD K''' K'' K' K \qquad AD —}$$
$$\text{KaO — \qquad\qquad AO K}$$

[1] Untersuchungen und Beobachtungen auf dem Gebiete der Elektrotherapie.
Leipzig 1868 und 69.
[2] Correspondenz-Blatt des Württemb. Aerztl. Vereins, Bd. 39, Heft 1.
[3] Archiv f. Augen- und Ohrenhlkde. II. 1.
[4] Nervenpathol. und Elektrother., II. 1876. (Citirt nach Urbantschitsch.)
[5] Lehrbuch der Ohrenhlkde. III. Aufl., S. 475.
[6] Wiener Klin. Wochenschrift 1888.
[7] Archiv f. Ohrenhlkde. XXVII. 1 und 105, XXVIII. 191 und 241.
[8] l. c., Bd. I. S. 140.

Der Nachweis der Normalreaction bei einem erkrankten Ohre soll nach Brenner mit Sicherheit darauf schliessen lassen, dass die Affection nicht im Hörnerven ihren Sitz hat. Tritt hingegen die KaSK''' oder die AOK sehr leicht, d. h. bei sehr schwachen Strömen und sehr lebhaft ein, hält die KaSK''' und AOK ungewöhnlich lange an, etwa während der ganzen Dauer des Stromschlusses (KaDK∞), oder tritt am anderen nicht armirten Ohre eine entgegengesetzte, dem Sinne der indifferenten Elektrode entsprechende („paradoxe") Reaction ein. so liegt eine elektrische Hyperästhesie des Acusticus vor. Als Beweis der Hyperästhesie bezeichnet Brenner auch die vollständige Umkehrung der Formel, so dass also z. B. bei AS und AD Klangempfindung erfolgt.

Im Allgemeinen dürfte der galvanische Strom, da seine Wirkung eine sehr unzuverlässige ist, zunächst keine grosse praktische Bedeutung als diagnostisches Hülfsmittel in der Otologie haben. Dass er indessen in geeigneten Fällen einen gewissen Anhalt geben kann, lehrt eine Beobachtung von Unverricht [1]: dieser Autor konnte in einem Falle von multipler Gehirnnervenparalyse mit rapider Verminderung der Hörfähigkeit eine galvanische Hyperästhesie des Acusticus nachweisen, als deren Ursache sich bei der Section die Compression des Hörnerven durch einen Hirntumor bei intactem Labyrinthe erwies. Einen ähnlichen Fall beobachtete auch Gradenigo [2]: auch hier bestätigte die Section die durch die galvanische Untersuchung diagnosticirte Erkrankung des Acusticus. und Gradenigo führt diesen Fall zugleich als wichtige Stütze für seine Behauptung an, dass die galvanische Reizung nicht dem acustischen Endapparate, sondern vielmehr dem Stamme und seinen Verästelungen zuzuschreiben ist.

Was die therapeutische Bedeutung der Elektrotherapie für die Krankheiten des inneren Ohres betrifft, so kann ich dieselbe nach meinen Erfahrungen nur als eine untergeordnete bezeichnen. Ich habe niemals erlebt, dass eine ausgesprochen nervöse Schwerhörigkeit durch den galvanischen Strom, auch bei noch so langer Anwendung wirklich unzweideutig und dauernd geheilt worden wäre, wohingegen ich wiederholt Verschlimmerungen beobachtet habe, und kann von einigermaassen günstigen Erfolgen nur bezüglich der subjectiven Geräusche berichten. welche zuweilen überraschend schnell, aber selten anhaltend vermindert wurden. Wirklich gute Resultate erzielte ich nur, wenn es sich um Ohrschwindel handelte; dieses ungemein lästige Symptom habe ich unter der Behandlung mit schwachen constanten Strömen mehrmals vollständig weichen sehen.

b. Hyperaesthesia acustica.

Bei Normalhörenden tritt bekanntlich leicht unter der Einwirkung sehr hoher Töne und Geräusche (Locomotivpfiff) eine Unlust- oder Schmerzempfindung im Ohre ein, welche auf eine übermässige Erregung des schallempfindenden Apparates zurückgeführt werden muss; steigert

---

[1] Citirt bei Rohrer. Lehrbuch der Ohrenhlkde. S. 212.
[2] Archiv f. Ohrenhlkde. XXVIII. 254.

sich diese Reizung des Acusticus in der Weise, dass schon bei für das
normale Ohr indifferenten Tönen und Geräuschen eine unangenehme
oder schmerzhafte Empfindung zu Stande kommt, so bezeichnet man
dies als Hyperaesthesia acustica.

Dieses Symptom wird häufig beobachtet bei Trigeminusneur-
algien, bei Migräne, Hirnaffectionen, Hysterie, namentlich
aber bei der Sklerose und anderen Mittelohraffectionen, zumal wenn
sich eine secundäre Labyrintherkrankung zu entwickeln beginnt, und
gerade bei den mit hochgradiger Schwerhörigkeit verbundenen Adhäsivprocessen kann die Hyperästhesie ganz besonders störend sein, weil
sie zuweilen den Gebrauch eines Hörrohres unmöglich macht. Auch
nach der Beseitigung von Schallleitungshindernissen, insbesondere von Ceruminalpfröpfen, stellt sich zuweilen in Folge der
plötzlich wiederkehrenden intensiveren Erregung eine nicht unbedeutende
Ueberempfindlichkeit des Ohres ein, welcher man, wie oben (S. 93)
erwähnt, durch die Verstopfung des Gehörganges mit Watte vorzubeugen suchen soll. Andrerseits kann aber auch bei vollständiger Taubheit
Hyperästhesie des Hörnerven bestehen, wie Politzer [1] beobachtet hat.

Eine besondere Form der acustischen Hyperästhesie ist die Oxyecoia, eine stets nur vorübergehende auffallende Steigerung der Hörschärfe, welche zuweilen so bedeutend ist, dass die damit Behafteten
Geräusche auf unverhältnissmässig grosse Entfernungen und sogar durch
Wände hindurch zu vernehmen vermögen. Dieses Symptom ist von
Moos [2] als Vorläufer von Schwerhörigkeit, von Urbantschitsch [3]
im Beginne einer fieberhaften Krankheit und beim Erwachen
aus der Chloroformnarkose beobachtet worden und kommt nach
meinen Erfahrungen auch bei Schwerhörigen (gewissermaassen als rela-
tive Oxyecoia) vor, namentlich bei solchen, welche an Anämie des Labyrinthes leiden, wohl unter dem Einflusse einer lebhafteren Circulation.
So hatten z. B. die Angehörigen eines an Anaemia labyrinthi leidenden
Mädchens im Laufe mehrerer Jahre wiederholt die Bemerkung gemacht,
dass jedesmal vor dem Eintritte der Menstruation eine beträchtliche
Besserung der Hörfähigkeit eintrat; und ein viele Jahre lang in
meiner Behandlung befindlicher Knabe hörte regelmässig merklich besser,
bevor er an Angina oder Schnupfen erkrankte.

Die Erscheinung der Hyperacusis Willisii, das Besserhören
bei Geräuschen, ist nur in denjenigen Fällen als eine eigentliche Hyperästhesie des Hörnerven aufzufassen, in welchen eine mechanische Erklärung fehlt. Wie nämlich schon früher (S. 168) angeführt worden
ist, beruht dieses Symptom sehr häufig auf dem Umstande, dass unter
der Einwirkung starker Geräusche und namentlich in Folge von heftigen Erschütterungen des Körpers, wie beim Fahren im Eisenbahnwagen, Spannungsanomalien, Secretansammlungen und ähnliche Be-
lastungen des schallleitenden Apparates theilweise aufgehoben werden.
Uebrigens haben Urbantschitsch [4] und Löwenberg [5] durch Ver-

---

[1] Lehrbuch der Ohrenhlkde. II. Aufl., S. 513.
[2] Archiv f. Augen- und Ohrenhlkde. I. 2, 64.
[3] Lehrbuch der Ohrenhlkde. III. Aufl., S. 374, 445.
[4] Lehrbuch der Ohrenhlkde. III. Aufl., S. 417.
[5] Otolog. Congress. Mailand 1880.

suche an Normalhörigen nachgewiesen, dass die Hyperacusis Willisiana auch als eine physiologische Erscheinung vorkommen kann [1].

Am häufigsten macht die Hyperästhesie des Acusticus sich geltend in Gestalt der subjectiven Gehörsempfindungen.

Unter den subjectiven Beschwerden ist fast bei allen Krankheiten sowohl des schallempfindenden als auch des schallleitenden Apparates der subjectiven Geräusche gedacht worden. In der That gehören dieselben neben der Schwerhörigkeit zu den gewöhnlichsten Symptomen, welche bei Ohraffectionen vorkommen.

Die Ursache der subjectiven Gehörsempfindungen haben wir in einem Reizzustande des Acusticus zu suchen, welcher direct durch Veränderungen im Gehörorgane, wie Steigerung des intralabyrinthären Druckes, Störungen in der Ernährung, Gewebsveränderungen, Hyperämie und Anämie im Mittelohre und Labyrinthe, oder auf reflectorischem Wege durch Anomalien im Centralnervensysteme geschaffen wird. Der von Urbantschitsch [2]) gegen die allgemeine Gültigkeit der Annahme einer abnormen acustischen Erregung erhobene Einwand, dass beim Lauschen, durch reflectorische Einwirkung auf den Acusticus von Seiten der sensitiven Nerven, besonders vom Trigeminus aus eine Verminderung der subjectiven Gehörsempfindungen erfolgen könne, scheint mir nicht stichhaltig zu sein, da man sich sehr wohl vorstellen kann, dass ein Reiz die Wirkung des anderen vorübergehend aufheben kann. Ebenso liesse sich wohl die von Urbantschitsch [3]) hervorgehobene Thatsache erklären, dass zuweilen Ohrensausen durch die Zuleitung tiefer Stimmgabeltöne beruhigt oder vollständig ausgelöscht wird. Von dieser vorübergehenden Besserung, welche auch nach dem Verklingen der Stimmgabel noch einige Zeit anhalten kann, ist natürlich die bekannte Erscheinung wohl zu unterscheiden, dass subjective Gehörsempfindungen durch laute äussere Geräusche, z. B. durch den Strassenlärm, nicht selten übertönt werden, freilich nicht, um zum Schweigen zu kommen, sondern vielmehr, um nach dem Aufhören des objectiven Geräusches um so heftiger wieder hervorzutreten. Ueberhaupt lehrt die Erfahrung, dass im Allgemeinen äussere Reize auf die subjectiven Gehörsempfindungen verstärkend einwirken.

Was den anderen Einwand betrifft, welchen Urbantschitsch (l. c.) gegen die Erklärung aller subjectiven Geräusche durch eine Hyperästhesie des Acusticus erhoben hat, dass nämlich die ununterbrochene Fortdauer ohne Reizerschöpfung so vieler entotischen Geräusche unerklärlich sei, so dürfte derselbe durch den von Wedenski [1]), Bowditch [5]) und Szana [6]) erbrachten Nachweis von der Unermüdlichkeit der motorischen und Hemmungsnerven, welche wir nach Langendorff [7]) auch für die sensiblen Nerven annehmen können, beseitigt sein.

---

[1]) Siehe Bürkner, Berliner Klin. Wochenschrift 1885. Nr. 27.
[2]) Lehrbuch der Ohrenhlkde. III. Aufl., S. 451.
[3]) Pflüger's Archiv f. die ges. Physiol., XXXI. 290.
[4]) Centralbl. f. die med. Wissenschaft. 1884, S. 65.
[5]) Archiv f. Anatomie und Physiologie 1890, physiol. Theil, S. 505.
[6]) Archiv f. Anatomie und Physiologie 1891, physiol. Theil, S. 316.
[7]) Centralbl. f. die med. Wissenschaft. 1891. S. 146. (Referat über Bowditch.)

Der Charakter der subjectiven Geräusche ist ein ungemein mannichfaltiger. Am häufigsten wird die Empfindung als Rauschen, Sausen, Singen, Klingen, Sieden, nicht selten als Töuen, Pfeifen, Zirpen. Zischen, Zwitschern bezeichnet. Andere, mehr abweichende, Benennungen entsprechen meist Vergleichen, welche der Kranke aus dem Kreise seiner Beschäftigung und Umgebung entnimmt. So hört der Maschinenwärter das Ausströmen des Dampfes aus einem Ventil, der Kutscher das Reiben des Rades im Hemmschuh, das Klirren der Wagenfenster, der Bäcker das Schnalzen („Knetern") des Teiges; Personen, welche mit musikalischem Gehör begabt sind, geben zuweilen mit Bestimmtheit die Töne der Scala an, welche sie subjectiv wahrnehmen. Nicht selten bestehen mehrere, vom Patienten wohl zu unterscheidende Geräusche neben einander in einem Ohre, und hierin liegt oft ein besonders erschwerender Umstand, insofern die Kranken zu einer fortwährenden Beobachtung, zumal wenn die Geräusche nach Qualität und Quantität wechseln, geradezu gezwungen werden.

Während ein Theil der subjectiven Geräusche vollkommen gleichförmig erscheint, macht sich bei anderen, welche sich dadurch als Gefässgeräusche kennzeichnen. ein deutlicher Rhythmus, ein Pulsiren. bemerkbar; derselbe stimmt fast stets mit den Bewegungen des Herzens überein. wird also schnell bei beschleunigtem Pulse und verlangsamt sich bei träger Herzaction, so dass die Kranken nicht selten unaufgefordert die Angabe machen, dass sie ihren Herzschlag hören und die Pulsfrequenz mit Hülfe des Hörsinnes genau zählen können. Gewöhnlich ist die Erscheinung, dass ein gleichförmiges und ein pulsirendes Geräusch neben einander bestehen.

Was die Intensität der subjectiven Geräusche betrifft. so ist dieselbe in der Mehrzahl der Fälle Schwankungen unterworfen, welche auf innere und äussere Einwirkungen zurückgeführt werden können. Zu den inneren Einwirkungen gehören die durch die Ohrenkrankheit selbst bedingten Verhältnisse und der jeweilige Zustand des Allgemeinbefindens, wobei hauptsächlich Ermüdung, Erregung, Depression und Excitation in Betracht kommen; von den äusseren Einflüssen sind die wichtigsten die Witterungsverhältnisse. insbesondere die Temperatur und der Feuchtigkeitsgrad der Luft.

Ferner lassen sich die Geräusche unterscheiden in continuirliche und intermittirende. Im Anfange der Erkrankung überwiegen meist die letzteren, um jedoch häufig im weiteren Verlaufe continuirlich zu werden, und es ist wiederholt darauf aufmerksam gemacht worden. dass andauernde Geräusche prognostisch ungünstiger sind als nur vorübergehend vorhandene.

Was die Localisation der subjectiven Gehörsempfindungen anbelangt, so werden dieselben fast regelmässig in den Kopf oder in die Ohren verlegt. Die Unterscheidung indessen. ob ein Geräusch im Ohre oder im Kopfe entsteht, ist in vielen Fällen. zumal von bilateraler Erkrankung, schwierig und. wie es scheint, in erster Linie von der Intensität der Empfindung abhängig. Nach aussen wird das Geräusch in der Regel nur im Beginne des Leidens verlegt. so lange der Kranke ein thatsächlich subjectives Geräusch für ein objectives hält. ein Irrthum, welcher meist sehr bald durch irgend einen Zufall aufgeklärt wird.

Hierher gehören auch die Gehörshallucinationen. namentlich

das Hören von Menschenstimmen und von Melodien, deren Zusammenhang mit peripheren Ohraffectionen zuweilen mit Bestimmtheit angenommen werden kann. Schon Koeppe[1]) und Schwartze[2]) haben an Geisteskranken Beobachtungen angestellt, welche die Entstehung von Gehörshallucinationen aus Erkrankungen des Schallleitungsapparates bewiesen, und besonders lehrreich ist ein von v. Tröltsch[3]) erwähnter Fall aus der psychiatrischen Praxis von Ludwig Meyer, in welchem ein melancholischer Patient durch die Beseitigung eines Cerumenpfropfes von Gehörstäuschungen befreit wurde. Eine ähnliche Beobachtung wurde neuerdings auch von Kessel[4]) beschrieben.

Die Prognose der subjectiven Geräusche richtet sich vorwiegend nach der Ursache. Sind sie durch eine periphere Ohrerkrankung bedingt, welche heilbar ist, so sind sie in der Mehrzahl der Fälle zu beseitigen, beruhen sie hingegen auf der Therapie unzugänglichen Störungen im Mittelohre, wie sklerotischen und Adhäsivprocessen, oder auf schweren Labyrinthaffectionen, oder entstehen sie auf reflectorischem Wege vom Hirne aus, so ist ihre Heilung unwahrscheinlich. Dass die continuirlichen Geräusche prognostisch ungünstiger sind als die intermittirenden, ist schon oben hervorgehoben worden. Im Allgemeinen ist auch die Dauer und Intensität des Symptomes von Bedeutung für die Beurtheilung, insofern sehr lange Zeit bestehende und sehr laute Geräusche besonders hartnäckig zu sein pflegen.

Behandlung. Bei der Behandlung der subjectiven Gehörsempfindungen ist die Hauptsache die Bekämpfung der dem Symptome zu Grunde liegenden Affection des Ohres oder des Gesammtorganismus. Es kommen also einerseits die für die Therapie der einzelnen Erkrankungen des Ohres bereits angegebenen Methoden und Medicamente und andererseits die allgemein gültigen therapeutischen Grundsätze und Regeln in Betracht, auf welche nicht näher eingegangen zu werden braucht. Vielmehr handelt es sich an dieser Stelle nur um die Arten der Bekämpfung des einen Symptomes, also um eine rein symptomatische Behandlung, welche gerade in denjenigen ungünstigeren Fällen herangezogen werden muss, in welchen eine Handhabe für die rationelle Behandlung des Grundleidens fehlt.

Was zunächst die locale Behandlung betrifft, so wirkt zuweilen auch in Fällen, in welchen Affectionen des Schallleitungsapparates entweder gar nicht vorliegen oder der Therapie widerstehen, die Luftdouche vorübergehend günstig ein, wofern es mit ihrer Hülfe gelingt, den intralabyrinthären Druck herabzusetzen. Doch sollte man sich in derartigen Fällen auf die Dauer niemals des Politzer'schen Verfahrens mit seinen Abarten, sondern ausschliesslich des schonender wirkenden Katheterismus bedienen (S. 44). Zuweilen erzielt man bessere Resultate mit der Luftverdünnung im äusseren Gehörgange nach einer der oben (S. 178. 193) angegebenen Methoden. Die Einleitung von Dämpfen oder Flüssigkeiten durch den Katheter bedingt leicht eine zu intensive

---

[1]) Archiv f. Ohrenhlkde. III. 332; Zeitschrift f. Psychiatr. 1867, Nr. 26.
[2]) Berliner Klin. Wochenschrift 1866, Nr. 12 und 13.
[3]) Lehrbuch der Ohrenhlkde., VII. Aufl., S. 614.
[4]) Correspondenzbl. des Aerztlichen Vereines von Thüringen 1888.

Reizung und führt namentlich bei der Sklerose und bei Labyrinthaffectionen eher eine Verschlimmerung als eine Besserung herbei. Empfohlen werden Chloroform- oder Aetherdämpfe, Jod- und Bromäthyl. Morphinlösungen und andere narkotische Medicamente. Entschiedenen Nutzen sah Kiesselbach[1]) zuweilen bei Einblasungen von Cocainum muriaticum in Zwischenräumen von vier bis fünf Tagen (je 5—10 Tropfen einer 4—10%igen Lösung). Ich kann mich keiner Erfolge mit dieser Therapie rühmen.

Eine andere Combination mit dem Katheterismus erprobte Urbantschitsch[2]), indem er mit Hülfe von Bougies eine Massage der Tuba einleitete (S. 142) und zwar, wie er angiebt, nicht selten mit sehr günstigem Erfolge. Diese ziemlich eingreifende Manipulation kann jedesfalls nur in solchen Fällen indicirt sein, in welchen die subjectiven Geräusche auf Schwellungen der Eustachischen Röhre zurückzuführen sind, und werden auch unter dieser Voraussetzung nur dann in Frage kommen, wenn die Luftdouche allein den Tubenabschluss nicht zu heben vermag.

Einreibungen in der Umgebung des Ohres und Einträufelungen in den äusseren Gehörgang werden nicht selten ut aliquid fiat verordnet, sind aber fast niemals von wirklichem Nutzen. Es werden hierfür hauptsächlich Morphin, Jodkalium, Cocain, Glycerin mit beliebigen Zusätzen verwendet: Politzer[3]) bewirkte namentlich bei trockenen, secretlosen Gehörgängen öfters Linderung des Sausens durch Bepinselungen des Meatus externus mit T. Ambrae 2.0, Aeth. sulf. 1,0. Glycerin 12.0. Nach meinen Erfahrungen ist das harmloseste Medicament Aether (sulfuricus), den ich häufig mit Oleum olivarum (5 : 15—25) verordne; er verursacht eine angenehme Empfindung im Ohre und in manchen Fällen auf kurze Zeit eine Verminderung der Geräusche. Die Application kann mit Hülfe von Wattetampons oder mit Tropfgläsern erfolgen.

Der localen Therapie zuzuzählen ist auch die von Lucae[4]) mehrfach mit Erfolg ausgeübte „Tonbehandlung". Lucae behandelt solche subjective Gehörsempfindungen, welche durch die abschwächende Einwirkung äusserer Schallreize charakterisirt sind, indem er den Griff einer Stimmgabel, und zwar bei hohen subjectiven Geräuschen einer tiefen und umgekehrt, auf längere Zeit (1—10 Minuten) in die Oeffnung des kranken Ohres einsetzt. Er beobachtete dabei in manchen Fällen ein sofortiges Verschwinden oder eine wesentliche Abnahme der subjectiven Geräusche, eine Besserung, welche zuweilen mehrere Tage anhielt. Ich muss gestehen, dass ich einigermaassen befriedigende Resultate mit dieser Tonbehandlung, obwohl ich sie in geeigneten Fällen häufig erprobt habe, niemals habe erzielen können.

Günstiger als die locale Therapie wirkt in manchen Fällen die interne Behandlung, und hier kommt nach meinem Dafürhalten in erster Linie unzweifelhaft das Bromkalium in Betracht, welches bei

---

[1]) Monatsschrift f. Ohrenhlkde. 1889, Nr. 9.
[2]) Lehrbuch der Ohrenhlkde. III. Aufl., S. 458.
[3]) Lehrbuch der Ohrenhlkde. II. Aufl., S. 517.
[4]) Zur Entstehung und Behandlung der subjectiven Gehörsempfindungen. Berlin 1884.

längerem Gebrauche in möglichst niedrigen Dosen zuweilen auch dauernd, meist freilich nur vorübergehend Linderung schafft. Da auch Jod-kalium sich mitunter als wirksam erweist, so kann man beide Medica-mente zusammen verordnen (etwa Kal. jodat., Kal. bromat. aā 5,0 bis 10,0, Aq. dest. 120,0, Syrup. 30,0); in Fällen, in welchen die subjec-tiven Geräusche mit Schwindel complicirt sind, ist diese Mixtur oft von ausgezeichnetem Erfolge. Die früher vielfach gebräuchliche Arnica-tinctur, das Atropin. Aconit. Arsen. Chinin habe ich selten wirk-sam gefunden; auch von dem Amylnitrit sah ich im besten Falle ganz vorübergehende Linderung. Politzer (l. c.) hat bei pulsirenden Geräuschen, gegen welche das letztere Medicament besonders empfohlen wurde, zu wiederholten Malen von der Tinct. Digitalis (6—10 gtt.) und von Tinct. semin. Strophanthi (3mal tgl. 5 gtt.) eine merkliche Abschwächung der subjectiven Geräusche beobachtet.

Beruhen die Gehörsempfindungen, wie es nicht selten vorkommt, auf Anämie, so sind Stahlbäder und Brunnenkuren, Eisenpillen mit Chinin, auch Kefir zu verordnen; andererseits wird man bei pastösen Individuen und wenn man sonst Ursache hat, das lästige Symptom auf Blutstockungen im Kopfe zurückzuführen, Ableitungskuren, mässige Bewegung zu empfehlen, übermässiges Bücken zu verbieten haben. Ich sah mehrmals eine Abschwächung subjectiver Geräusche eintreten, wenn die Patienten statt am Schreibtische zu arbeiten sich eines Steh-pultes bedienten.

Was schliesslich die elektrische Behandlung der subjectiven Geräusche betrifft, welche in neuester Zeit einen begeisterten Lobredner in Althaus[1]) gefunden hat, so ist schon oben (S. 321) erwähnt worden, dass dieselbe zwar in der That mitunter vorübergehende, selten auch dauernde Erfolge aufzuweisen hat, aber in ihrer Wirkung unberechenbar ist und zuweilen direct schadet. Jedesfalls darf man sich nur ganz schwacher constanter Ströme, etwa dreimal wöchentlich je 10—20 Mi-nuten lang, bedienen.

X. Die Taubstummheit.

Aetiologie und Statistik. Die Taubstummheit kann an-geboren oder erworben sein. Im ersteren Falle können intra-uterine Erkrankungen des Ohres oder des Gehirnes vorge-legen haben, welche anatomisch nachweisbare oder nur muthmaassliche Störungen des schallleitenden und des schallempfindenden Apparates zur Folge hatten; häufiger müssen wir das Gebrechen, wenn es conge-nital ist, auf hereditäre Verhältnisse zurückführen; und zwar kommt seltener eine directe Vererbung von Eltern auf die Kinder in Betracht, als eine indirecte Vererbung von Verwandten in auf-steigender Linie, einschliesslich der Geschwister der Eltern und Gross-eltern. Durch die Ererbung erklärt es sich auch, dass sich die Taub-stummheit unter Geschwistern mehrfach vorfindet. Nach einer stati-stischen Zusammenstellung von Hartmann[2]) befanden sich unter

[1]) Deutsches Archiv f. klin. Medicin, XLII. Heft 5.
[2]) Taubstummheit und Taubstummenbildung. Stuttgart 1880.

100 Familien 85,4 %, in welchen nur ein taubstummes Kind vorhanden war, 9,3 % mit zwei, 3,8 % mit drei, 1,1 % mit vier und 0,4 % mit mehr als vier (einmal sogar acht) taubstummen Kindern.

Besonderes Gewicht wird in ätiologischer Beziehung auch auf die Blutsverwandtschaft zwischen den Eltern gelegt; doch sind die Angaben über diesen Punkt noch ziemlich unbestimmt und widersprechend. Nach Hartmann stammten unter 4790 Taubgeborenen 336 aus Verwandtschaftsehen = 7 %; andere Autoren fanden jedoch grössere Zahlen, während andererseits Schmaltz[1]) es gänzlich in Abrede zu stellen geneigt ist, dass die aus consanguinen Ehen hervorgehenden Kinder in erhöhtem Maasse durch Taubstummheit bedroht würden. Derselbe Autor bezweifelt auch, dass den terrestrischen Einflüssen, namentlich der Höhenlage, ein erheblicher Einfluss auf die Häufigkeit des Gebrechens zugesprochen werden dürfe, wohingegen Lent[2]), Mayr[3]) und besonders Bircher[4]) unter der Gebirgsbevölkerung auffallend viele Taubstumme nachweisen konnten. Bircher (l. c. S. 56) konnte durch sorgfältige statistische Zusammenstellungen constatiren, dass die Taubstummheit ebenso wie der endemische Kropf und der Cretinismus vorwiegend auf marinen Ablagerungen des paläozoischen Zeitalters, der Triasperiode und der Tertiärzeit, selten auf Eruptivboden, der archäischen Formation, dem Jura, der Kreide, den quaternären Meeres- und den Süsswasserablagerungen vorkommt.

Schliesslich kommen als ätiologisches Moment noch ungünstige sociale Verhältnisse, namentlich die Bevölkerungsdichtigkeit, in Betracht.

Inwieweit Constitutionsanomalien, Infectionskrankheiten, Trunksucht, üble Zufälle während der Gravidität und der Geburt eine Rolle bei der Entstehung der angeborenen Taubheit spielen, ist statistisch noch nicht genügend festgestellt worden.

Die erworbene Taubstummheit ist weit häufiger als die angeborene; doch liegen zuverlässige Angaben über das Verhältniss zwischen beiden noch nicht vor.

Die gewöhnlichsten Ursachen sind nach den übereinstimmenden Angaben von Hartmann (l. c.), Hedinger[5]), Schmaltz (l. c.), Lemcke[6]) Krankheiten des Gehirnes, namentlich Cerebrospinalmeningitis und Affectionen des Labyrinthes und des Mittelohres, besonders die nach Scharlach, Diphtherie, Typhus und Mumps auftretenden. Nach einer statistischen Uebersicht von Hartmann war unter 832 Fällen von Taubstummheit das Gebrechen erworben in 38 % durch Gehirnleiden, in 17 % durch Typhus, in 11 % durch Scharlach, in 3 % durch Masern, in 5 % durch selb-

---

[1]) Die Taubstummen des Königreichs Sachsen. Leipzig 1884, S. 137.
[2]) Statistik der Taubstummen des Regierungsbezirks Köln. 1870.
[3]) Ueber die Verbreitung der Blindheit, der Taubstummheit, des Blödsinnes und des Irrsinnes in Bayern. München 1877.
[4]) Der endemische Kropf und seine Beziehungen zur Taubstummheit und zum Cretinismus. Basel 1883.
[5]) Die Taubstummen und Taubstummenanstalten in Württemberg und Baden. Stuttgart 1882.
[6]) Zeitschrift f. Ohrenhlkde. XVI. 28.

ständige Ohrleiden, in 3 %, durch Kopfverletzungen und in 23 °,o durch
andere Krankheiten: und Uchermann[1]) fand als Ursachen Cerebrospinalmeningitis in 12 °,o, Meningitis in 20 °/o, also Hirnkrankheiten
überhaupt in 32 °,o, Scharlach in 27,5 °/o, Mittelohreiterungen in 7,7 %/o,
Typhus in 4,4 %/o, Masern in 2,5 °,o, Pertussis in 2 °,o.

Ungemein wichtig ist es in ätiologischer Beziehung,
dass bei allen Kindern, welche unter dem fünften, ja bei
den meisten, welche unter dem siebenten Lebensjahre taub
werden, auch die Sprache sich entweder nicht entwickelt
oder, wenn sie bereits erlernt war, wieder verloren geht.
Daher die Häufigkeit der Stummheit, welche so oft, in ihrer wahren
Bedeutung vom Arzte verkannt und kritiklos mit einer Durchschneidung
des Frenulum linguae behandelt wird!

Was die Verbreitung der Taubstummheit überhaupt anbetrifft, so kommen unter 10000 Menschen nach Mayr 7,4, nach Hartmann 7,7 °/o Taubstumme vor; doch schwanken die Zahlen für verschiedene Länder sehr erheblich, so dass z. B. nach Mayr in Belgien
und Holland nur 3,35, in der Schweiz hingegen 24,5 °,o Taubstumme
auf 10000 Einwohner kommen. Im Deutschen Reiche befinden sich bei-
nahe 39000 = 9,5 : 10,000. Das Verhältniss der männlichen zu den
weiblichen Taubstummen beträgt nach den übereinstimmenden Angaben von Hartmann und Schmaltz 100 : 85, nach der Zusammenstellung von Mygind[2]) 68 : 32.

Pathologische Anatomie. Aus der soeben erwähnten sehr
verdienstvollen Arbeit von Mygind geht hervor, dass sich in 67 °/o der
obducirten Fälle von Taubstummen pathologische Veränderungen
im Mittelohre fanden, dass allerdings nur bei 16 °/o keine gleichzeitigen Anomalien des Labyrinthes und des Centralnervensystemes ver-
zeichnet waren. Das Labyrinth war in 68 °o erkrankt und zwar besonders häufig das Vestibulum und die Cochlea sowie die Bogengänge, welche in 17 °/o der einzige Abschnitt des Labyrinthes waren,
in welchem Abnormitäten ihren Sitz hatten. Auffallend oft war, wahrscheinlich in Folge fötaler oder postfötaler Entzündungen, das Lumen
der Semicircularcanäle mit Kalk- und Knochenmassen ausgefüllt oder
die Organe fehlten vollständig. Unzweifelhaft als Missbildungen
aufzufassende Abnormitäten waren nur in der Cochlea bisweilen nachweisbar, namentlich in Gestalt einer mangelhaften Entwickelung der
Schneckenwindungen. Was das häutige Labyrinth betrifft, so sind
in diesem Verdickung, Ablagerung von colloiden Körpern,
Cholestearin, Pigment beobachtet worden, auch fand es sich zuweilen atrophirt oder es fehlte gänzlich. Als Veränderungen am
Acusticus zählt Mygind auf: Vollständiges Fehlen, abnorme
Verzweigungen, am häufigsten Degeneration oder Atrophie, doch
auch diese nur in höchstens 19 °o. Am Centralnervensysteme
wurden vorzugsweise Verdickung und Degeneration des Epen-
dymes am Boden des vierten Ventrikels, Mangel oder schwa-

---

[1]) Deutsche Med. Wochenschrift 1891, Nr. 20.
[2]) Archiv f. Ohrenhlkde. XXX. 76.

che Entwickelung der Striae acusticae, geringe Ausbil-
dung der linken dritten Stirnwindung und der linken
Insula vorgefunden.

Diagnose. Die Feststellung der Taubstummheit ist bei Kindern
in den ersten Lebensjahren meist sehr schwierig, oft unmöglich. Man
versucht, vom Patienten unbeobachtet, mit verschiedenen Schallquellen, zunächst durch lautes Rufen, dann durch Händeklatschen,
Pfeifen, Klopfen, Glockenläuten, Trompetenblasen, ob eine Reaction
erfolgt, welche man am Gesichte des Kindes abzulesen vermag. Ob
Perception vom Knochen besteht, erkennt man mit Hülfe einer auf den
Scheitel oder den Warzenfortsatz aufgesetzten Stimmgabel, wobei allerdings in den meisten Fällen eine gewisse Veränderung der Gesichtszüge
bemerkbar wird, auch ohne dass der Ton thatsächlich gehört wird,
da die Vibrationen des Instrumentes natürlich gefühlt werden. Doch
ist das erscheinende Lächeln zuweilen ein so freudiges, dass man daraus mit einiger Bestimmtheit auf eine wirkliche Hörwahrnehmung
schliessen darf. Ganz zweckmässig ist es, sowohl die Stimmgabel als
auch andere zur Prüfung benutzte Instrumente, z. B. die Galton'sche
Pfeife, nach den ersten Versuchen dem Kinde selbst in die Hand zu
geben, da man, namentlich soweit nur die Luftleitung in Betracht
kommt, aus der Bewegung derselben nach dem Ohre und aus dem
Ausdrucke des Lauschens entnehmen kann, dass etwas Gehör vorhanden
sein muss.

Einige Anhaltspunkte kann auch der ganze Habitus des zu untersuchenden Kindes geben. Ich habe wenigstens schon mehrfach beim
ersten Anblicke eines taubstummen Kindes ohne jede Untersuchung
eine richtige Diagnose gestellt und meine Zuhörer darauf aufmerksam
gemacht, dass das Wesen trotzig und eigensinnig, scheu und doch in
auffallender Weise neugierig war, so dass das Kind Gegenstände, welche
in seinem Bereiche lagen, betastete. Ganz gewöhnlich ist auch die
Erscheinung, dass ein taubstummes Kind, sobald es in das Ordinations-
zimmer geführt wird, sich zu Boden wirft und mit Händen und Füssen
um sich schlägt. Auf Befragen erfährt man wohl auch meist von den
Angehörigen, dass der Patient ungezogen, widerspenstig, unsauber ist,
mit anderen Kindern nicht verkehrt, hingegen ein ausgesprochenes
Nachahmungstalent besitzt.

Die Untersuchungen an älteren Taubstummen, bei welchen man
in der im allgemeinen Theile angegebenen Weise genauere Prüfungen
auf Töne und Sprache vornehmen kann, haben ergeben, dass complete
Taubheit viel seltener vorkommt, als unvollständige. So fand Hartmann in 60.2 % absolute Taubheit, in 24,3 % Schallgehör, in 11,2 %
Vocalgehör, in 4,3 % Hörvermögen für einzelne Worte; und Schmaltz
constatirte sogar nur bei 21.4 % complete Taubheit, bei 69,8 % einen
mehr oder weniger ansehnlichen Rest von Hörfähigkeit.

Prognose. Die Prognose der Taubstummheit ist fast stets schlecht;
doch kommen, wie Beobachtungen von Hartmann, Politzer[1]). Ur-

---

[1]) Lehrbuch der Ohrenhlkde. II. Aufl., S. 550.

bantschitsch [1]) lehren, Fälle vor, in welchen spontan eine Besserung eintritt. Ich kann mich der Angabe von Politzer anschliessen, dass dies eher bei der angeborenen als bei der erworbenen Taubstummheit zu erwarten ist.

Behandlung. Während eine eigentliche Behandlung der Taubstummheit nur ausnahmsweise in Betracht kommen kann, ist von höchster Wichtigkeit die Prophylaxe: Wenn bei allen Ohraffectionen im Kindesalter und besonders bei den im Gefolge des Scharlach, der Masern und der übrigen zu schweren Hörstörungen disponirenden Infectionskrankheiten auftretenden rechtzeitig eine rationelle Therapie eingeleitet würde, so würde man in einer ansehnlichen Zahl von Fällen die Entwickelung dieses doppelten Gebrechens verhüten können.

Immerhin kann mitunter durch die Behandlung einer etwa zu Grunde liegenden Mittelohraffection eine entschiedene Besserung herbeigeführt werden. Dies gilt namentlich von den Erkrankungsformen, welche Boucheron [2]) mit der Bezeichnung „Otopiösis" belegt hat, d. h. Hörstörungen, welche durch den bei Tubenverschluss und Luftleere in der Paukenhöhle eintretenden „Labyrinthüberdruck" bedingt sind. So liegen ausser von Boucheron selbst von Burckhardt-Merian [3]), Politzer [4]), Jacquemart [5]), Rohrer [6]) und mir [7]) Beobachtungen vor, welche ergeben, dass in der That in besonders günstigen Fällen unter der Einwirkung der Luftdouche eine nachweisbare Besserung des Hörvermögens und mittelbar der Sprache erzielt werden kann.

Nach Urbantschitsch [8]) kann auch zuweilen nach der galvanischen Behandlung des Hörnerven ein merkliches, früher nicht vorhandenes Vocalverständniss sich einstellen.

Leider bleibt für die überwiegende Mehrzahl der Taubstummen jede Therapie erfolglos, und es muss schon als ein grosser Gewinn bezeichnet werden, wenn es bei einem Reste von Hörvermögen mit Hülfe eines Hörrohres gelingt, das vollständige Vergessen der Sprache zu verhüten; denn schon ein geringes Hör- und Sprachvermögen erleichtert den Unterricht in der Taubstummenschule beträchtlich, nachdem für denselben jetzt glücklicher Weise in den meisten Ländern die Lautirmethode, d. h. das Erlernen der Lautsprache und des Ablesens vom Munde, eingeführt worden ist. Dieselbe hat, da sie den Taubstummen in den Stand setzt, jeden Menschen zu verstehen und sich einem Jeden verständlich zu machen, ganz erhebliche Vorzüge vor der älteren Geberdensprache, welche nicht nur dem Taubstummen, sondern jedem, welcher mit einem solchen umgehen will, bekannt sein müsste.

[1]) Lehrbuch der Ohrenhlkde. III. Aufl., S. 481.
[2]) Baseler Otol. Congress 1884. Revue mens. de Laryngol. 1885, I, und II.
[3]) Archiv f. Ohrenhlkde. XXII. 276.
[4]) Lehrbuch der Ohrenhlkde. II. Aufl., S. 550.
[5]) Annales des maladies de l'oreille. Novbr. 1883.
[6]) Lehrbuch der Ohrenhlkde. S. 219.
[7]) Archiv f. Ohrenhlkde. XIV. 232.
[8]) Lehrbuch der Ohrenhlkde. III. Aufl., S. 481.

XI. Hörinstrumente für Schwerhörige.

Bei den unheilbaren Formen von hochgradiger Schwerhörigkeit, wie sie namentlich in Folge von Stapesankylose und von Erkrankungen des schallempfindenden Apparates häufig sind, handelt es sich darum, den Defect der Hörfunction durch eine geeignete Prothese soweit als möglich zu decken. Leider hatten die Bestrebungen in dieser Richtung, an welchen es von Alters her niemals gemangelt hat, auch bis in die Gegenwart nur unbefriedigende Erfolge aufzuweisen, insofern als wir noch immer nur ganz empirisch unter der Unzahl von disponibelen Apparaten für jeden einzelnen Fall eine Auswahl treffen können, und sich gleichwohl für einen grossen Theil der Schwerhörigen kein geeignetes Instrument findet. Es sind dies nicht allein die eigentlich Tauben, sondern gerade auch nicht selten Personen von mittlerer Schwerhörigkeit, welche wohl im Einzelgespräche noch leidlich hören, deren Hörfähigkeit aber für eine Unterhaltung im geselligen Kreise, für die Kirche, das Theater und andere grössere Räume nicht mehr ausreicht. Sehr häufig zeigt es sich auch, dass für einen Kranken nur eben ein bestimmtes Instrument passt, während ein anderes, welches vielleicht im Allgemeinen für wirksamer gilt, die Hörschärfe nicht zu steigern vermag. Es ist deshalb bei der Wahl eines Hörapparates unbedingt nothwendig, bei jedem Kranken mehrere Formen zu versuchen und ihm diejenigen Instrumente, welche ihm am besten zu passen scheinen, womöglich auf einige Zeit zur Verfügung zu stellen, damit er ihren Nutzen vor der definitiven Anschaffung bei allen in Betracht kommenden Gelegenheiten erproben kann. Hierbei stellt es sich denn auch nicht selten heraus, dass ein Schwerhöriger für verschiedene Fälle verschiedener Apparate benöthigt.

Merkwürdiger Weise ist bekanntlich unter den Ohrenleidenden ein sehr entschiedenes Vorurtheil gegen die Hörmaschinen verbreitet, welches sich zum Theil auf das Bestreben nicht taub zu erscheinen zurückführen lässt, zum Theil aber auch in der irrigen Vorstellung begründet ist, dass die Benützung eines Hörinstrumentes für das Ohr schädlich sei. Es ist Sache des Arztes, den Kranken darauf aufmerksam zu machen, dass die Hörfähigkeit bei einem vernünftigen, nicht übermässigen Gebrauch eines individuell geeigneten Apparates nicht nur nicht leidet, sondern sogar insofern gehoben werden kann, als ein sonst mehr oder weniger unthätiges Ohr bei der häufigeren Zuführung mässiger Erregungen in Uebung gehalten wird. Ausserdem dürfte in vielen Fällen auch die Rücksicht auf die Umgebung des Schwerhörigen für die Entscheidung, ob ein Apparat indicirt ist, maassgebend sein.

Die durchschnittlich brauchbarsten Hörinstrumente sind die Schallfänger. Dieselben bestehen aus einem trichter- oder becherförmigen, behufs Abschwächung von Nebengeräuschen meist mit einem Drahtgeflecht oder Metallsieb gedeckten Sammelgefässe und einem in den Gehörgang einzuführenden, in sehr verschiedener Weise gekrümmten Ansatzrohre (Fig. 127, Fig. 128). Sie müssen in der Regel in der Hand gehalten werden, lassen sich aber auch auf den Tisch stellen

oder an Spazierstöcken anbringen. Als Material wird meist Metall
oder Hartgummi, Papiermasse u. dergl. verwendet; und zwar kann man
im Allgemeinen feststellen, dass das Metall zwar den Ton am meisten
verstärkt, aber auch die meisten Nebengeräusche liefert, während Hartgummi den Klang weniger fremd erscheinen lässt.

Von der früher vorwiegend gebräuchlichen Trompetenform ist

Fig. 127.
Zweitheiliges Hörrohr von Böhme.

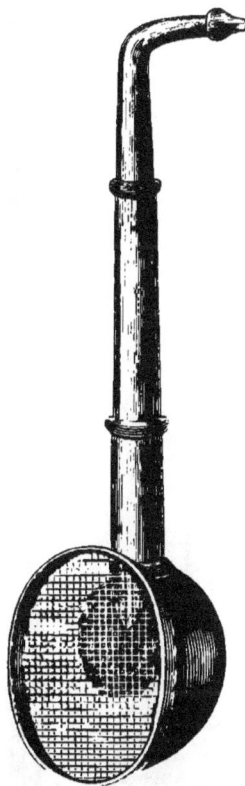

Fig. 128.
Zusammenschiebbarer Schallfänger von Weigelt.

man in neuerer Zeit mehr oder weniger abgekommen und hat versucht,
eine bessere Schallzuleitung durch parabolisch gekrümmte Schallfänger zu erreichen. Einen wesentlichen Fortschritt kann ich darin
nicht erblicken, wenngleich einige dieser neueren Instrumente, z. B.
das zusammenschiebbare Hörrohr von Burckhardt-Merian [1]), dessen
Oeffnung eine dem Tragus nachgebildete nach innen gerichtete Klappe
enthält, und das aus zwei gegeneinander gewendeten parabolischen

---

[1]) Otologischer Congress. Basel 1884.

Schalen bestehende „Hörglöckchen" von Weigelt in Vegesack.
(Fig. 129) zuweilen sehr gute Dienste leisten.

Unzweifelhaft am meisten Nutzen erzielt man, namentlich bei
hochgradig Schwerhörigen, mit dem Duncker'schen Hörschlauche,
(Fig. 130), welcher aus einem Trichter oder Becher aus Hartgummi.
dem „Mundstücke", und einem etwa ¾ Meter langen Schlauche mit

Fig. 129.
Weigelt's „Hörglöckchen".

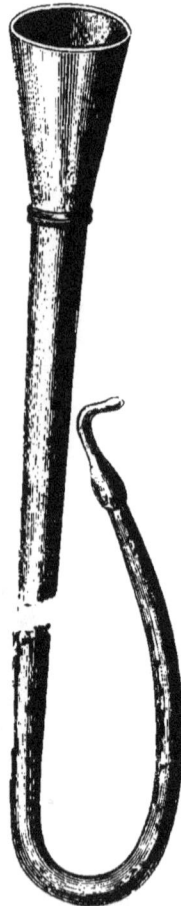

Fig. 130.
Hörschlauch von Duncker.

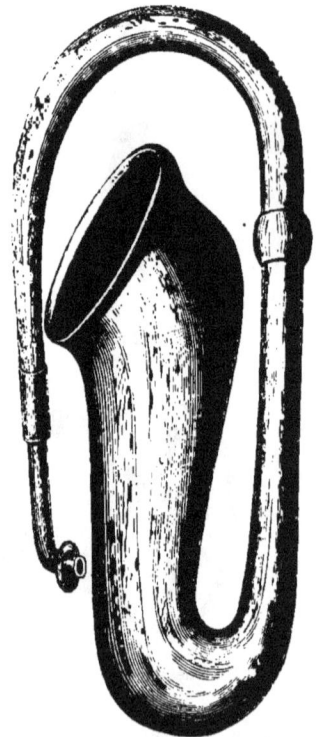

Fig. 131.
Leiter's Taschenhörrohr.

rechtwinkelig gebogenem Ohransatze besteht. Der Schlauch wird am
zweckmässigsten in konischer Form. d. h. nach dem Ohre zu verjüngt.
aus spiralig aufgewundenem Drahte mit Seidenfadenüberzuge hergestellt. Dieser Apparat eignet sich allerdings nur für das Zwiegespräch.
ist aber für ein solches bei Weitem der bequemste für beide Theile.
Nur darf der Sprechende niemals laut in den Schalltrichter hinein-
rufen, da es fast stets genügt. mit gewöhnlicher Tonstärke oder doch

mit wenig erhobener Stimme zu sprechen. vorausgesetzt, dass deutlich articulirt wird — im Verkehre mit Schwerhörigen stets die Hauptsache! Eine Modification des Duncker'schen Schlauches ist das von Leiter angefertigte Taschenhörrohr (Fig. 131), welches aus einem U-förmig gebogenen, in der Brusttasche zu tragenden Schallfänger aus Hartgummi und einem kurzen Schlauche mit drehbarem Ansatze besteht. Es gelingt damit zuweilen, auch einen grösseren Umkreis zu beherrschen.

Die Schüssel- oder muschelförmigen Instrumente, welche hinter oder über dem Ohre befestigt werden und keine Ohransätze besitzen, haben nur selten einigen Werth. sind auch fast gänzlich ausser Gebrauch.

Hingegen hat man in neuerer Zeit mehrfach feste Schallleiter. meist in Gestalt von Fächern (Audiphon, Dentaphon) mit einigem Erfolge angewandt, welche die craniotympanale Leitung zu verwerthen bestimmt sind. Man glaubte, dass in Fällen, in welchen der Zustand des Trommelfelles und der Gehörknöchelchen für eine Uebertragung

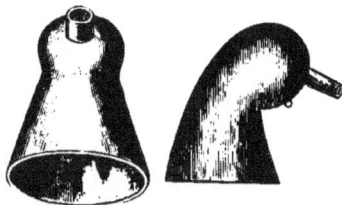

Fig. 132. Selbsthaltender Schallfänger von Dr. Aschendorf.

des Schalles nicht mehr ausreicht. wohl aber die Schwingungen noch durch die Schädelknochen dem Centralorgane zugeführt werden können, durch einen vermehrten Zufluss von Schallwellen zum Schädel eine verstärkte Gehörswahrnehmung zu erreichen sein würde. Doch haben sich auch diese Apparate, zumal der bekannteste, das Audiphon, ein am Griffe in der Hand gehaltener, federnder Fächer von Hartgummi, dessen obere Kante gegen die Schneidezähne gedrückt wird, in der Praxis nur in einzelnen Fällen besser bewährt. als die Schallfänger.

Das Streben der Aerzte und Laien war von jeher darauf gerichtet. ein möglichst kleines, aber wirksames Instrument zu erfinden, welches unauffällig und ohne mit der Hand gehalten werden zu müssen, im Gehörgange angebracht werden kann. So kamen z. B. die sogenannten „Abrahams", kleine Röhren aus Silber von kreisrundem oder ovalem Querschnitte, in Gebrauch. welche an dem einen Ende eine trichterförmige Erweiterung besitzen und so tief in den Ohrcanal eingeschoben werden, dass das weitere Ende in die Concha zu liegen kommt. Dieselben haben aber keine practische Bedeutung. Nicht viel mehr erreicht man mit dem von Politzer[1]) construirten jagdhornförmigen Schallfänger. welcher die Fläche des Tragus vergrössern soll und

---

[1]) Lehrbuch der Ohrenhlkde. II. Aufl., S. 554.

dessen schmälerer Theil in den Gehörgang eingeführt wird, während
der weitere Theil mit der Oeffnung nach hinten einen Platz in der
Ohrmuschel findet.

Das brauchbarste der kleineren Hörrohre ist nach meinem Dafürhalten das von Aschendorf[1] angegebene in seiner neuesten Form
(Fig. 132). Dasselbe besteht aus zwei in einander geschobenen Schall-
fängern aus Metall, welche an ihren unteren Enden mit einander verlöthet, sonst aber überall durch einen Luftraum von einander getrennt
sind; der innere Schallfänger ist an seiner Spitze geschlossen und besitzt
Einschnitte mit lippenförmigen Rändern, der äussere Schallfänger erweitert sich oben kugelförmig und endigt in ein Röhrchen, welches, in
den Gehörgang eingeschoben, bei geeigneter Form das Instrument im
Ohre festhält. Für sehr enge Gehörgänge muss der Apparat an der
Uebergangsstelle zum Röhrchen in eine der Concha mit Hülfe eines
Gypsabgusses nachgebildete Erweiterung auslaufen, weil sonst ein
festes Haften nicht erreicht wird. Die Erfolge, welche ich mit diesem
Instrumente bisher erzielt habe, blieben zwar hinter den von Aschendorf veröffentlichten weit zurück, waren aber doch befriedigender als
bei irgend einem anderen kleinen Apparate.

Zu den compendiösen Hörmaschinen gehören auch die sogenannten
„künstlichen Ohrtrommeln“, welche ein gewisser Nicholson ver-
treibt. Da über dieselben von Seiten Schwerhöriger sehr häufig An-
fragen an die Aerzte gerichtet werden, sei hier hervorgehoben, dass
diese Ohrtrommeln modificirte „Künstliche Trommelfelle“ sind, also
allenfalls bei Perforationen wirksam sein können, und dass die markt-
schreierischen Anpreisungen des „Erfinders“ auf Schwindel beruhen.

---

[1] Berliner Klin. Wochenschrift 1891, Nr. 17.

Anhang.

Die wichtigsten Krankheiten der Nase und des Nasenrachenraumes.

Bei der Aetiologie der einzelnen Mittelohraffectionen ist zu wiederholten Malen auf die grosse Bedeutung hingewiesen worden, welche den Anomalien der Nase und des Rachens beizulegen ist. In der That entsteht allem Anscheine nach der grösste Theil aller auf infectiöser Basis beruhender Entzündungen der Paukenhöhle durch eine Invasion von Mikroorganismen, welche von der Nase her auf die Tuba übergehen. Der einfache acute Schnupfen führt in zahlreichen Fällen zu einer Salpingitis oder Otitis media, und noch vielmehr gefährdet ist das Ohr durch chronische Erkrankungen des Nasopharynx.

Die am meisten für den Ohrenarzt in Betracht kommenden Nasenaffectionen sind die acute und chronische Rhinitis, die Nasenpolypen und die adenoiden Vegetationen.

I. Rhinitis acuta. Acuter Schnupfen.

Der einfache acute Schnupfen. welcher bekanntlich durch eine zuweilen sehr hochgradige Hyperämie und Schwellung, sowie eine anfangs schleimig-seröse. später mehr eiterige Absonderung charakterisirt ist und in der Regel den Gaumen, den Pharynx und die Tubenostien in Mitleidenschaft zieht, wird nur selten eine eigentliche Behandlung erfordern, da er in der Mehrzahl der Fälle nach einer individuell sehr verschieden langen Dauer, etwa nach 3—14 Tagen. im Durchschnitte nach 6 Tagen spontan zurückgeht. Bei manchen Kranken verläuft der Schnupfen bedeutend milder und rascher, wenn sie sich im Hause aufhalten, was allen denen zu empfehlen ist, bei welchen jede acute Rhinitis Symptome einer Mittelohrerkrankung herbeiführt. Jedesfalls hat sich der Patient grosse Schonung aufzuerlegen. sobald ausser einem Gefühl von Druck. Völle. Pelzigsein im Ohre und

einem geringen Grade von Schwerhörigkeit und subjectiven Geräuschen
auch Schmerzen im Ohre auftreten, welche die Befürchtung nahelegen,
dass sich die Entzündung auf die Paukenhöhle auszudehnen beginnt.
    Die locale Behandlung bezweckt hauptsächlich eine Erleich-
terung der Athembeschwerden.   Man kann dieselbe erreichen durch
Einathmung von Salzwasser (Soole)-Dämpfen oder durch Aufschnupfen von lauwarmer Salzlösung, ferner durch die Bepinselung der Schleimhaut mit Cocaïn (5—10 %), wozu man sich eines
Pinsels, einer Hühnerfeder oder besser langer Wattetampons bedient,
welche man zwei bis fünf Minuten liegen lässt.   Auch Glycerin,
etwa mit einem Zusatz von Tannin (3 %) wirkt in Folge seiner wasser-
entziehenden Eigenschaft meist sehr günstig und fast niemals irritirend.
Ein bekanntes und zuweilen ganz wohlthuendes Mittel ist eine Mischung
von Carbolsäure und Liquor Ammonii caustici aa 5,0:Spiritus
u. Aq. dest. aa 10,0; dasselbe wird aus dem unter die Nase gehaltenen
Medicinglase direct eingeathmet.   Gegen das häufig höchst lästige
Kitzeln in der Nase und Niesen kann das von Fränkel[1]) empfohlene
Morphin in Pulvern zu 0,01 pro dosi und die oben angeführte Cocaïn-
lösung mit Erfolg local angewandt werden.   Auch reine pulverisirte
Borsäure leistet oft gute Dienste.

II. Rhinitis chronica.   Stockschnupfen.

    Die chronische Rhinitis entwickelt sich sehr häufig aus der acuten,
namentlich unter der Einwirkung von Constitutionsanomalien, bei Skrophulose, nach acuten Infectionskrankheiten, bei Circulationsstörungen,
entsteht aber wohl ebenso oft selbständig und ohne acutes Vorstadium.
    Es zeigt sich eine mehr oder weniger ausgedehnte, bald polster-
artige, diffuse, bald mehr circumscripte, höckerige Schwellung der Mucosa nebst starker Hyperämie und zelliger Infiltration, in der Regel auch an einzelnen Stellen eine Schwellung
der Follikel und eine Granulationsbildung.   Ulcerationen sind
seltener.   Im weiteren Verlaufe dieser hartnäckigen Krankheit tritt in
vielen Fällen eine theilweise, aber zuweilen sehr ausgedehnte Schrumpfung des Bindegewebes ein, wobei dann gleichzeitig das Secret, auch
wenn es vorher massenhaft vorhanden war, an Menge abnimmt.   Die
Schleimhaut ist dann glatt, blass, glänzend und trocken.
    Wir haben demnach zu unterscheiden eine hypertrophische und
eine atrophische chronische Rhinitis.

a. Rhinitis chronica hypertrophica.

    Subjective Symptome.   Am häufigsten wird von den an
chronischem Nasenkatarrh leidenden Patienten über die Behinderung
der Nasenathmung geklagt, wodurch ein Gefühl von Dumpfheit
und Druck im Kopfe, besonders in der Stirn und über den Augen,
Kopfschmerz, eine durch das für die Respiration nothwendige Oeffnen
des Mundes bedingte Trockenheit im Halse entsteht.   Häufig lässt

---

[1]) v. Ziemssen's Handbuch der spez. Pathologie und Therapie, IV. 117.

sich bei hochgradiger Schwellung, zumal der mittleren Muschel, eine
Herabsetzung des Riechvermögens nachweisen, welche sich, namentlich bei einer ungeeigneten Therapie (concentrirte Adstringentien) zu
vollständiger Anosmie steigern kann. Ist viel Secret vorhanden, so
ist dasselbe störend wegen der Nothwendigkeit des häufigen Ausschnaubens, während bei geringerer Secretmenge sich leicht Borken
bilden, welche das ohnehin verminderte Lumen im vorderen Theile der
Nase ganz auszufüllen im Stande sind. Uebrigens haben häufig auch
Patienten, welche an sog. trockenem Stockschnupfen, einer blossen
Hyperämie und Schwellung, leiden, die Empfindung, als ob sie sich
fortwährend schneuzen müssten. Sehr quälend wird es zuweilen, wenn
die Secretmassen aus den Choanen in den Nasenrachenraum fliessen und
langsam an der hinteren Schlundwand herabsickern. Dies ist besonders
des Morgens der Fall, da der während der Nacht eingedickte Schleim
sich im hinteren Abschnitte der Nasenhöhle und im Nasopharynx ansammelt und nach dem Aufstehen in Bewegung geräth. Würgen,
selbst Erbrechen (Vomitus matutinus), Heiserkeit, Reizgefühl
im Halse, Räuspern sind die Folgen davon.

Was die Beschaffenheit des Secretes betrifft, so waltet das serösschleimige vor, doch kommt auch nicht selten überwiegend eiteriges
vor („Rhinitis suppurativa").

Ausser diesen Symptomen kommen nicht selten, besonders bei
einer Schwellung des cavernösen Gewebes der unteren Nasenmuschel, Reflexerscheinungen, wie Nieskrämpfe, Migräne,
Asthma vor, auf welche hier nicht näher eingegangen werden kann.

Objective Symptome. Die Untersuchung ergiebt das Vorhandensein der erwähnten pathologischen Veränderungen; doch ist der
Befund ein ungemein wechselnder: so besteht an einzelnen Stellen eine
sehr erhebliche Hyperämie der ektatischen, zuweilen varikösen Gefässe,
an anderen Stellen hingegen ist das Aussehen der Schleimhaut blass;
während ferner bestimmte, aber selten in beiden Nasenhöhlen identische
Bezirke eine so stark hypertrophische Auskleidung zeigen, dass das
Lumen vollständig aufgehoben ist, erscheint in anderen Theilen die
Wulstung gering, so dass eine gegenseitige Berührung der Wandungen
nicht zu Stande kommen kann; ja, es kann eine ausgesprochene Hypertrophie neben einer vorgeschrittenen Atrophie in einer Nasenhöhle vorliegen.
Am stärksten geschwollen pflegt die untere Muschel zu sein,
zumal sie an ihren Enden ein stark entwickeltes cavernöses Gewebe
enthält, welches sich zu Zeiten so enorm erigirt, dass es dicke, blaurothe, obturirende Geschwülste bildet. Aber auch die einfache Schwellung der Muschelschleimhaut kann ganz beträchtliche, bei der Rhinoscopia anterior als blaurothe Höcker auffallende, Polster bilden und zu
einer theilweisen Verlegung der Nasengänge führen.
Da die Rachenschleimhaut fast stets in einem gewissen Grade
an der Entzündung theilnimmt, so findet man bei der Inspection derselben ausser dem bereits erwähnten Schleimklumpen an der hinteren
Wand follikuläre Schwellungen, granulirte Plaques und andere
Formen der Pharyngitis chronica. Die Rhinoscopia posterior ergiebt meist eine beträchtliche Verengerung der Choanen, aus

welchen bisweilen die hinteren Enden der unteren Muscheln keulen-
förmig hervorragen, und eine theilweise Verschwellung der von
zähen Schleimmassen umgebenen Tubenostien. Die letzteren
können auch durch polsterartige Schleimhautwülste oder durch eine
Hyperplasie der Rachentonsille verzerrt, eingeengt oder vollständig verdeckt sein. Wie Tornwaldt[1]) beobachtet hat, kommt es im Verlaufe
der chronischen Rhinitis auch manchmal an der von ihm näher beschriebenen Bursa pharyngea, einer Ausbuchtung der oberen Rachenwand, zu einer Hypersecretion, welche bei einer Retention des Exsudates zu Cystenbildung führen kann und oft einen continuirlichen Reiz
auf die umgebenden Theile des Nasenrachenraumes ausübt.

Charakteristisch ist mitunter der Geruch, welcher den Nasen
der an Stockschnupfen Leidenden entströmt und welcher, im Gegensatze zu dem der Ozaena, nicht aufdringlich, wohl aber in der Nähe
des Patienten deutlich zu bemerken ist. Namentlich bei mässiger Secretion oder der Rhinitis sicca habe ich fast regelmässig einen ganz
specifischen, eigenthümlich faden und süsslichen Geruch beobachtet,
welcher mich schon oft auf das in der Anamnese nicht festgestellte
Vorhandensein einer chronischen Rhinitis aufmerksam gemacht hat.
Bei sehr beträchtlicher Hyperplasie der Nasenschleimhaut fällt zuweilen
schon die äussere Form der Nase auf, indem das knöcherne Gerüst
derselben aufgetrieben und der knorpelige Theil gedunsen erscheint.
Auch die Augen besitzen nicht selten einen eigenthümlichen feuchten
Glanz und zeigen eine Hyperämie der Conjunctiva palpebrarum;
bei Verengerung des Thränen-Nasenganges besteht Epiphora.

Behandlung. Da die chronische Rhinitis ungemein hartnäckig
zu sein pflegt, so kommt man bei ihrer Behandlung oft in die Lage,
mit verschiedenen Mitteln abwechseln zu müssen, und zwar hat man
dabei die Therapie mit Rücksicht auf zwei Indicationen einzurichten:
auf die Beseitigung des Secretes und die Bekämpfung der Secretbildung einerseits und auf die Beeinflussung der kranken Schleimhaut
andererseits.

Die Entfernung des Nasensecretes kann man mit Hülfe der
sog. „trockenen Nasendouche" zu bewerkstelligen suchen, indem
man nach dem Vorschlage von Lucae[2]) während der Phonation wie
bei dem modificirten Politzer'schen Verfahren, jedoch unter Ver-
schliessung nur eines, des mit dem Ansatze armirten Nasenloches, eine
Lufteintreibung vornimmt. Doch ist diese Methode, obwohl sie zuweilen cohaerente Secretballen herausbefördert, bei grösseren, unzu-
sammenhängenden Schleimmassen unzureichend, und man ist deshalb
häufig auf das Aufschnupfen. Eingiessen oder Einspritzen von Flüssigkeiten angewiesen.

Das Aufschnupfen geschieht in der Weise, dass der Patient
aus der Hohlhand mehrere Tropfen oder auch grössere Quantitäten
unter Verschluss eines Nasenloches in die freibleibende Oeffnung mit
mässiger Kraft aspirirt, wobei allerdings hauptsächlich nur der vordere

[1]) Ueber die Bursa pharyngea. Wiesbaden 1885.
[2]) Berliner Klin. Wochenschrift 1876, Nr. 11.

und bei starker Vorwärtsneigung des Kopfes der obere Theil der Nasenhöhle von der Flüssigkeit bespült wird.

Das Eingiessen geschieht bei nach rückwärts geneigtem Kopfe
mittelst eines Löffels, einer Schnabeltasse oder eines kahnförmigen Gefässes, wie z. B. des ganz zweckmässigen von Politzer [1] angegebenen.
Bei einiger Uebung gelingt es dem Kranken meist leicht, die einge-
gossene Flüssigkeit durch eine rasche Vorwärtsneigung des Kopfes aus
der entgegengesetzten Nasenseite abfliessen zu lassen.

Das Einspritzen kann auf verschiedene Weise erreicht werden.
Einer besonderen Verbreitung erfreut sich die Weber'sche Nasen-
douche. Dieselbe wird in der Weise ausgeführt, dass das aus einem
über dem Kopfe des Patienten angebrachten Irrigator durch den mit
einer Olive versehenen Gummischlauch ausströmende Wasser in ein
Nasenloch geleitet wird, wobei sich das von der Flüssigkeit bespülte
Gaumensegel an die hintere Rachenwand anlegt und den Strom vom
Schlunde ablenkt, so dass derselbe den Weg durch die entgegengesetzte
Nasenhöhle einschlagen muss.

Leider wird die Weber'sche Nasendouche, so vorzügliche Dienste
sie bei richtiger Ausführung leisten kann, häufig nicht nur vollständig
indicationslos, sogar wenn überhaupt kein Secret vorhanden ist, sondern
auch in so fehlerhafter Weise angewandt, dass, abgesehen von dem
gelegentlichen Eindringen von Wasser in die Stirnhöhle, wodurch heftige Kopfschmerzen erzeugt werden, zuweilen sehr ernste Gefahren
für das Ohr daraus erwachsen. Ist nämlich der Druck der Flüssigkeit ein zu starker oder wird durch eine plötzliche Contraction der
Schlingmuskeln das Tubenostium geöffnet, so dringt die Flüssigkeit
durch die Eustachische Röhre in die Paukenhöhle ein und kann hier
gerade die allerschwersten Formen von eiteriger Entzündung hervorrufen (s. S. 197). Man sollte daher die Nasendouche nicht als ein indifferentes Verfahren auffassen und nur in solchen Fällen anwenden,
in welchen andere, minder gefährliche Methoden der Secretentfernung
im Stiche lassen; auch hat man stets darauf zu achten, dass
der Irrigator nicht höher als unbedingt nothwendig, jedesfalls nicht höher als ³/₄ Meter über dem Kopfe stehe, dass
der Patient bei geöffnetem Munde und mit herausgestreckter
Zunge ruhig athme und dass die Flüssigkeit, welche lauwarm
sein muss, freien Abfluss aus der Nasenhöhle finde, also bei
verschiedener Weite beider Nasenhälften regelmässig in die
engere eingeleitet werde. Wird trotz diesen Vorsichtsmaassregeln,
wie es hier und da vorkommt, der Tubenabschluss während der Nasendouche gesprengt, so ist das Verfahren unbedingt contraindicirt.

Das beste Ersatzmittel für die Weber'sche Douche ist der von
v. Tröltsch [2] angegebene Zerstäuber, dessen Ausflussröhre mehrere
Millimeter bis Centimeter, je nach der gewünschten Localisation des
Medicamentes in den unteren Nasengang, eventuell bis in den Nasenrachenraum eingeführt wird und dessen Inhalt, wie bei den Carbol-
spray-Apparaten mit Hülfe eines Doppelgebläses auf die Schleimhaut

---

[1] Lehrbuch der Ohrenhlkde. II. Aufl., S. 443.
[2] Archiv f. Ohrenhlkde. XI. 36.

vertheilt wird. Bei tiefem Sitze des Entzündungsheerdes ist auch die
gleichfalls von v. Tröltsch[1]) angegebene Röhre zur regenartigen
Schlunddouche brauchbar, ein am weiten Ende rechtwinkelig abge-
bogener Katheter ohne Schnabel mit seitlichen Oeffnungen am blinden
Ende, welcher durch den unteren Nasengang eingeführt und mit einem
Irrigator in Verbindung gesetzt wird.

Die von manchen Aerzten bevorzugte Nasenspritze, eine Stempelspritze mit olivenförmigem Ansatze, ist für das Ohr zwar nicht so gefährlich wie die Weber'sche Nasendouche, führt aber doch zuweilen
eine Sprengung des Tubenschlusses herbei, sobald sie mit einiger Kraft
in Thätigkeit gesetzt wird.

Was die zur Herausbeförderung des Secretes zu verwendende
Flüssigkeit betrifft, so genügt für die meisten Fälle eine schwache
($^3/_4$ %ige) Kochsalzlösung, welche dem reinen Wasser vorzuziehen
ist, weil sie nicht in so hohem Maasse wie dieses die Epithelien alterirt.
Will man mit den Injectionen gleichzeitig gegen die Secretbildung an-
kämpfen, so kann man Liquor Alumin. acetici (2%), Aluminium
acetico-tartaricum (1 Theelöffel einer 30 %igen Lösung auf $^1/_2$ Liter
Wasser), Acidum boricum (3%), Creolin (2—3%), Tannin (5%),
nach Bresgen[2]) mit besonderem Vortheile auch Pyoktanin (1—4:1000)
verordnen.

Für die medicamentöse Behandlung der Schleimhaut können
flüssige und pulverförmige Mittel in Betracht gezogen werden.
Was die ersteren betrifft, so habe ich bei diffuser Entzündung besonders
bewährt gefunden eine 5—10%ige Lösung von Borax oder Tannin
in Glycerin, mit welcher fingerlange, ziemlich festgedrehte Wattetampons durchtränkt und mit Hülfe einer Pincette in den unteren
Nasengang bis in die Choanen oder in den mittleren Nasengang soweit wie möglich eingeführt werden. Diese Tampons, für dereren Herstellung sich am besten die entfettete Bruns'sche Watte eignet, müssen
jedesmal solange liegen bleiben, bis, meist etwa nach fünf Minuten,
die durch das Glycerin der Schleimhaut entzogene Flüssigkeit an dem
äusseren Ende abzutropfen begonnen hat. Diese Applicationsweise,
welche fast niemals reizt und auch vom Patienten leicht erlernt werden kann, ist für alle überhaupt in Betracht kommenden flüssigen
Mittel anwendbar; es sind dies ausser den oben genannten namentlich
Jod-Jodkalium-Glycerin (0,5:1,0:25,0), Argentum nitricum
(2—5%), Cocain (5—10%). Auch Salben, wie die beim Ekzem
des Naseneinganges indicirte Borsalbe lassen sich am besten mit
Hülfe von Wattetampons auf die Schleimhaut auftragen.

Vortreffliche Erfolge erzielte ich auch mit einer 5%igen alkoholischen Tanninlösung, welche ich bei sehr starker Hypertrophie
der Mucosa in mässigen Mengen mit Hülfe des v. Tröltsch'schen
Zerstäubers einzuspritzen pflege. Diese Injectionen wirken indessen oft
so stark irritirend, dass man von einer längeren Fortsetzung Abstand
nehmen muss. Insbesondere klagen viele Patienten, dass bei dem tieferen
Eindringen des Tannin-Alkohol-Sprays der Athem ausgeht, und man

---

[1]) Lehrbuch der Ohrenhlkde. VII. Aufl., S. 388.
[2]) Therapeutische Monatshefte 1890, Nr. 10.

kann sich in der That nicht selten überzeugen, dass eine in wenigen Sekunden vorübergehende, mit Cyanose verbundene Dyspnoe eintritt. Allerdings ist die subjective Erleichterung, welche unmittelbar auf die Injection folgt, fast regelmässig eine so beträchtliche, dass die Kranken, wenn keine weiteren Beschwerden, wie Kopfschmerzen, eintreten, sich gern weiter damit behandeln lassen. Ganz ähnlich ist übrigens auch die Verminderung der Nasenverstopfung, welche durch die oben erwähnte Boraxglycerin-Tamponade erzielt zu werden pflegt.

Die pulverförmigen Medicamente bläst man am besten mittelst eines beliebigen Pulverbläsers, stets in geringen Mengen, in die Nasenlöcher, seltener vom Munde her ein; das Aufschnupfen ist viel weniger wirksam. Die gebräuchlichsten Pulver sind Tannin, rein oder besser mit einer gleichen Menge Borsäure gemischt, Alaun, Aluminium acetico-tartaricum, Argentum nitricum (0,05 : 10,0 Magnes. usta), Pyoctanin oder Hexaäthylviolett [1]). Bei granulirter Schleimhaut und eiteriger Exsudation sah ich gute Erfolge von Aristol, minder gute von Jodol und den Sozojodolsalzen. Will man circumscripte Aetzungen vornehmen, so geschieht dies entweder wie im Ohre mit einer an eine Sonde angeschmolzenen Lapisperle oder mit einem mit Hülfe eines Watteträgers und etwas Watte eingeführten Chromsäurekrystall, wobei man die der zu ätzenden Stelle nahe gelegenen Schleimhautparthien durch einen Zaufal'schen Trichter (S. 47) schützt. Intensiver wirkt auch hier der Galvanokauter, welcher, wenn die Nase vorher cocainisirt wurde, sehr gut anzuwenden ist und meist leicht vertragen wird. Je nach der Form und Ausdehnung der zu brennenden Wucherung wird man Flach- oder Spitzbrenner wählen. Uebrigens wird die galvanokaustische Behandlung der Nase in neuerer Zeit leider vielfach arg übertrieben, namentlich auch bei asthmatischen und ähnlichen Beschwerden ausgeführt, welche wohl zuweilen auf reflectorischem Wege von der Nase ausgehen, aber viel häufiger mit diesem Organe nicht in Zusammenhang stehen.

b. Rhinitis chronica atrophica. Ozaena.

Die atrophische Rhinitis, welche übrigens nicht nothwendig gleichbedeutend mit Ozaena sein muss, da der für letztere charakteristische Fötor und Schwund des Knochengerüstes fehlen kann, entwickelt sich meist in Folge einer nachträglichen Schrumpfung aus der hypertrophischen Form, welche an einzelnen Stellen der Nase häufig gleichzeitig noch fortbesteht, kann aber auch, zumal bei Syphilis, ohne vorhergehenden Schwellungszustand auftreten. Die eigentliche Ozaena befällt vorwiegend schlecht genährte Frauen und Mädchen, ist aber auch im männlichen Geschlechte verbreitet.

Die subjectiven Symptome der einfachen Atrophie sind oft auf ein Gefühl von Trockenheit in der Nase und im Halse beschränkt, doch besteht zuweilen auch, wahrscheinlich wegen des Secretmangels, die Empfindung, als ob die Nase nicht frei durchgängig wäre.

---

[1]) Siehe Bresgen, Die Anilinfarbstoffe bei Nasen-, Hals- und Ohrenleiden. Wiesbaden 1891.

Auch die an Ozaena Leidenden sind häufig in der Athmung behindert,
was zum Theil von den auf den Wänden festhaftenden Borken, zum
Theil auch von einer gleichzeitig bestehenden partiellen Hypertrophie
herrühren kann. Was die Borken betrifft, so entstehen dieselben dadurch, dass das von der atrophischen Schleimhaut nur spärlich gelieferte
Secret stagnirt, sich zersetzt und eintrocknet. Der Fötor, welcher
fast niemals dem Kranken selbst, umsomehr aber der Umgebung zu
einer entsetzlichen Qual wird, scheint auf der Anwesenheit von Kokken
zu beruhen, welche zuerst von Löwenberg[1]) im Secrete der Ozaena
nachgewiesen worden sind.

Die Untersuchung ergiebt, dass die Nasenhöhlen, von einzelnen
hypertrophischen, meist etwas granulirten Stellen abgesehen, mit einer
sehr dünnen, blassen, trockenen Schleimhaut ausgekleidet,
abnorm erweitert und zum grossen Theil mit halbeingetrock-
netem Secret oder festhaftenden Krusten bedeckt sind. Auch
Ulcerationen sind, namentlich am Septum, häufig. In vorgeschrit-
teneren Fällen gestattet der auffallend geringe Umfang der knöchernen
Muscheln bei der vorderen Rhinoskopie einen Einblick bis in den Nasenrachenraum, zuweilen sogar in die Tubenostien.

Die Behandlung der Ozaena ist meist sehr undankbar. Bei
intelligenten Patienten habe ich am besten bewährt gefunden die von
Gottstein[2]) empfohlene Tamponade der Nasenhöhlen. Dieselbe
wird in der Weise ausgeführt, dass je eine etwa fünf bis sechs Centimeter
lange Wiecke von Verbandwatte trocken oder mit Glycerin befeuchtet
in die Nasenhöhle eingeführt wird, in welcher sie die Nacht hindurch
oder auch bei Tage mehrere Stunden lang, selbst 24 Stunden hindurch
liegen bleiben. Indem die Watte das wenige gelieferte Secret vollständig aufsaugt, verhindert sie in wirksamer Weise die Borkenbildung
und die Entstehung des Gestankes; und hierin liegt der Hauptvorzug
dieser Behandlungsmethode, welche nicht sowohl eine Heilung als eine
Verminderung der Beschwerden bezweckt.

Nächst der Tamponade sind am meisten zu empfehlen Insufflationen von pulverisirtem Aluminium acetico-tartaricum oder
Aristol. Mit beiden Medicamenten habe ich sehr gute Erfolge, einige-
male sogar dauernde Beseitigung des Fötors, erzielt. Das essig-wein-
saure Aluminium wirkt intensiver auf den Gestank, aber reizt auch
mehr als das Aristol; während das letztere nur ganz ausnahmsweise
Kopfschmerzen nach sich zieht, ist das bei ersterem sehr häufig der
Fall. Die Einblasungen sind anfangs täglich, bei entschiedenem Nachlassen des Fötors jeden zweiten bis dritten Tag lange Zeit hindurch
zu wiederholen. Sehr zweckmässig ist auch eine Combination der
Gottstein'schen Methode mit der Pulverbehandlung, indem man Nachts
Watte tragen und des Morgens oder Mittags Aristol oder Aluminium
einblasen lässt.

Ausspülungen mit der Nasendouche oder auf andere Weise haben
meist keinen Zweck, da sie nicht ausreichen, um die Borken loszulösen.
Auch von der Application flüssiger Medicamente habe ich nicht viel

Nutzen gesehen; immerhin kann man Versuche mit Borax- oder Tannin-Glycerin, mit Jod-Jodkalium-Glycerin, hypermangansaurem Kalium, Creolin und ähnlichen desodorisirenden Mitteln anstellen. Insofern dieselben eine vermehrte Secretion anzuregen vermögen, können sie alle in gewisser Weise wirksam sein; nachhaltige Erfolge wird man mit ihnen kaum erzielen.

III. Nasenpolypen.

Die Nasenpolypen entspringen meist von der unteren oder mittleren Muschel, füllen einen Theil und besonders die hintere Hälfte der Nasenhöhle mehr oder weniger vollständig aus, sind gestielt oder breitbasig, von gelblich-grauer oder hellrosa Farbe und meist von weicher Consistenz. Ihrer histologischen Beschaffenheit nach sind sie in den meisten Fällen den Schleimpolypen, seltener den Fibromen zuzuzählen. Häufig finden sich mehrere Tumoren gleichzeitig in einer Nasenhöhle, und es scheint dies sogar der gewöhnlichere Befund zu sein.

Von den subjectiven Beschwerden ist gewöhnlich die Erschwerung der Athmung die erheblichste; besonders wenn beide Nasenhöhlen durch Polypen verengt sind, muss die Respiration vorwiegend durch den Mund besorgt werden, was nicht nur für den Rachen, sondern auch für die Lungen nachtheilig ist. Mitunter fühlt der Patient bei der Athmung ein deutliches Flottiren eines Tumors, womit in der Regel in einer gewissen Phase eine vorübergehende Erleichterung verbunden ist. Auch objectiv ist diese Hin- und Herbewegung gestielter Geschwülste nicht selten an einem eigenthümlich schlürfenden, knisternden oder schnarchenden Geräusche wahrnehmbar.

Ausser der mechanischen Behinderung, welche die Neubildungen direct verursachen, ist es besonders der chronische Reizzustand, in welchen die Nasenschleimhaut bei der Anwesenheit von Polypen versetzt wird und welcher sich namentlich in einer sehr abundanten Schleimabsonderung geltend macht. Wer an Nasenpolypen leidet, verbraucht gewöhnlich täglich mehrere Taschentücher und kann selbst bei fast unaufhörlichem Schneuzen die oft blutig tingirten Secretmassen kaum bewältigen. Dabei geht die Entfernung der letzteren durchaus nicht immer leicht von Statten, sondern erfordert, wenn die Tumoren vorgelagert sind, häufig erhebliche Anstrengungen, wobei Congestionen entstehen, welche auf die Dauer dem Kopfe und den Ohren schädlich werden können.

Zu den gewöhnlichen Symptomen gehören auch asthmatische Beschwerden, welche in vielen Fällen als Reflexneurosen aufzufassen sind, noch öfter aber durch die chronische Irritation der Bronchien erklärt werden müssen.

Die Diagnose der Nasenpolypen ist nicht schwierig und gelingt, wenn der Tumor nicht im Nasenrachenraum sitzt, fast stets bei Beleuchtung der Nasenhöhle von vorn. Man erblickt den zuweilen schon bis in die Nasenöffnung ragenden, grauröthlichen, theilweise mit Schleim bedeckten Tumor, manchmal sogar seinen Stiel. Doch kann es bei der blossen Inspection auch zweifelhaft bleiben, ob man es mit einer Neu-

bildung oder einer hypertrophisch gewulsteten Muschel zu thun hat.
In solchen Fällen wird die Sonde nicht nur über die Bedeutung der
Schwellung, sondern auch über ihren Ursprung, ihre Beweglichkeit und
Ausdehnung leicht Aufschluss verschaffen.

Enthält eine Nase viele oder grosse Polypen, so erkennt man das
fast stets schon bei oberflächlicher Betrachtung des Gesichtes. Die
Nasenbeine und Oberkieferfortsätze sind dann stark aufgetrieben, so
dass der Nasenrücken breit und blasig aussieht, die Nasenspitze ist abgerundet, die Nasenlöcher sind aufgebläht und enthalten einen Schleim-
belag; ist überhaupt noch nasale Athmung möglich, so bewegen sich
die Nasenflügel bei der Respiration. Der Mund steht meist etwas offen,
die Lippen sind spröde und werden auffallend häufig von der Zunge
benetzt. Auch die Sprache klingt verändert; nicht allein, dass ihr die
Resonanz fehlt (was man im gewöhnlichen Leben fälschlicher Weise
„durch die Nase sprechen" nennt), es kommen auch zuweilen, besonders
bei den Nasallauten, eigenthümliche gurgelnde und schnalzende Geräusche in der Nase zu Stande, welche man, ebenso wie ein oft ganz
lautes Knistern, auf eine Verschiebung des Tumors und auf Bewegungen
des Secretes zurückzuführen hat. Das Gesicht des mit Nasenpolypen
Behafteten leidet schliesslich auch noch unter fortwährenden gewaltsamen Bewegungen der Nasenflügel und der Oberlippe, welche in der
unbewussten Absicht unternommen werden, die Neubildungen in eine
für die Respiration günstigere Lage zu versetzen und die leicht eintretenden Verklebungen zwischen den Schleimhautflächen durch zähe
Secretmassen aufzuheben. Auch ein eigenthümlicher, knatternder und
krachender Klang beim Husten kann die Vermuthung, dass die Nase
Geschwülste enthält, bestärken.

Behandlung. Die beste Behandlung ist für die meisten Fälle
die galvanokaustische, indem man die Tumoren — und grössere
jedesfalls — mit der Glühschlinge abträgt oder mit dem Platinbrenner
successive zerstört. Das allmähliche Zerbrennen durch Anlegung tiefer
Furchen ist auch bei grösseren Polypen indicirt, wenn diese mit breiter
Basis aufsitzen. Seit der Einführung des Cocains ist das Glühen der
Nasenschleimhaut eine verhältnissmässig gut zu ertragende Operation
geworden; immerhin darf man, wenn mehrere Sitzungen erforderlich
sind, was bei dem Zerbrennen stets der Fall ist, dieselben nicht zu
rasch aufeinander folgen lassen; Zwischenräume von 4—6 Tagen sollte
man stets eintreten lassen.

Die früher beliebte Methode des Ausreissens mit Zangen wird
gegenwärtig nur noch selten geübt, da man sich von den Vortheilen
der Abschnürung überzeugt hat. Wer keinen galvanokaustischen Apparat zur Verfügung hat, kann sich hierzu sehr wohl auch der kalten
Schlinge bedienen und bei Polypen im vorderen Nasenabschnitte ohne
Weiteres die Wilde'sche Ohrpolypenschlinge (S. 259) benutzen. Für
tiefer sitzende Tumoren bedarf man eines besonderen Instrumentes,
welches genau wie die verschiedenen Schlingenschnürer für das Ohr
sein kann, nur einen doppelt so langen Schaft wie jene besitzen
muss. Die Operation geht eben so vor sich wie die entsprechende
im Ohre; die zuweilen sehr profuse Blutung steht auf Tamponade.

Besondere Beachtung hat man nach der Abtragung eines Polypen

stets dem zurückbleibenden Wurzelreste zu schenken, da sich aus diesem
ungemein leicht Recidive entwickeln. Am sichersten wirkt auch hier
der Galvanokauter, weniger sicher Lapis und Chromsäure. Auch kann
man adstringirende oder resorbirende Pulver wie Tannin, Herba Sabinae mit Alum. ust., Aluminium acetico-tartar., Aristol, Jodol
täglich oder mehrmals wöchentlich einblasen oder aufschnupfen lassen.
Bei häufiger Wiederkehr von Polypen kann, wenn hochgradige Beschwerden bestehen, die sonst in der Regel nur bei malignen Tumoren
indicirte Auskratzung der Neoplasmen mit dem scharfen Löffel in
Betracht gezogen werden; doch schützt auch diese radicale Operation,
wie ich mich überzeugt habe, nicht mit Bestimmtheit vor Recidiven.

IV. Hypertrophie der Rachentonsille. Adenoide Vegetationen.

Die sogenannte Rachentonsille wird gebildet durch eine polsterartige Hervorragung von balgförmigen Drüsen und adenoi-
dem Gewebe am Rachendache, deren Oberfläche, meist in vorwiegend
sagittaler Richtung, zerklüftet erscheint und welche sich von ihrer
Umgebung zuweilen kaum merklich, zuweilen deutlich umschrieben,
etwa in der Grösse einer Bohne abgrenzt. Dieses Drüsenconglomerat
besitzt eine grosse Neigung zur Hypertrophie und kann so beträchtlich
an Umfang zunehmen, dass es den Nasenrachenraum fast vollständig
ausfüllt und die Oeffnung der Tubenostien erschwert oder verhindert,
wodurch, wie mehrfach hervorgehoben worden ist, zahlreiche Fälle von
Mittelohraffectionen veranlasst und unterhalten werden.

Die Hypertrophie der Rachentonsille kann entweder gleichmässig
von Statten gehen, so dass eine compacte Geschwulstmasse von der
Grösse einer Kastanie oder Wallnuss entsteht, oder in Form von einzelnen, theils zusammenhängenden, theils versprengten Wülsten und
Zapfen auftreten. Speciell die letztere Form bezeichnet man gewöhnlich nach dem Vorgange von Wilhelm Meyer[1]), welchem wir die
erste gründliche Untersuchung über diese Vorgänge am Rachendache
verdanken, als adenoide Vegetationen. In beiden Fällen kann das
hypertrophische Gewebe die Choanen verlegen, ja in die Nasenhöhle
hineinwuchern uhd dadurch sehr erhebliche Störungen der Respiration
hervorrufen.

Nach den besonders eingehenden Studien, welche Trautmann[2])
bei zahlreichen Sectionen gemacht hat, werden bei dem hyperplastischen Processe zuerst durch eine Wucherung des reticulären (adenoiden),
nicht aber des strafferen Bindegewebes die im vorderen Theile der
Rachentonsille verlaufenden sagittalen Längsleisten umfangreicher, wodurch es zur Bildung von Kämmen und Zapfen kommt; später verdickt sich der hintere Theil. An dem Tubenwulste und den Tubenostien, wie überhaupt an den seitlichen Rachenwänden hat Trautmann, im Gegensatze zu den rhinoskopischen Resultaten verschiedener

---

[1]) Archiv f. Ohrenhlkde. VII. 251; VIII. 129, 249.
[2]) Anatomische, pathologische und klinische Studien über Hyperplasie der
Rachentonsille etc. Berlin 1886.

Autoren, niemals Wucherungen gefunden. Hingegen wird das Ostium
pharyngeum tubae durch die vom Fornix des Rachens herabhängenden,
oft gardinenartigen Wucherungen verdeckt.

Die adenoiden Vegetationen kommen fast ausschliesslich im
Kindesalter vor, häufiger im Norden als im Süden. Meyer constatirte sie bei 7,4 % der von ihm untersuchten Ohrenkranken, und
Trautmann konnte sie bei seinen 190 Sectionen 15mal, also in 7,8 %
nachweisen. Nach dem zwanzigsten Lebensjahre scheint sich die
Hypertrophie fast regelmässig spontan zurückzubilden, wenigstens begegnet man ihr bei Erwachsenen nur ausnahmsweise. Die häufigste
Ursache dürfte in der Skrophulose zu suchen sein, doch kommt
die Anomalie nicht selten auch bei sonst ganz gesunden Individuen vor. Auch die Heredität scheint bei der Verbreitung der
adenoiden Vegetationen eine gewisse Rolle zu spielen, denn, wie schon
Meyer hervorgehoben hat, kommen dieselben auffallend häufig unter
den Kindern einer Familie mehrfach vor.

Subjective Symptome. Die Beschwerden, welche durch die
Hyperplasie der Rachentonsille verursacht werden, beruhen hauptsächlich auf der Obliteration des Nasenrachenraumes. Dementsprechend ist die nasale Athmung erschwert, wobei die Patienten
fortwährend die Empfindung haben, als ob sie Schleim oder einen
Fremdkörper durch eine heftige Exspiration beseitigen müssten. In
der That gelingt es zu Zeiten nach grosser Mühe, dickliche, grau-
grüne Secretmassen aus der Nase, häufiger noch aus dem Munde
zu entleeren. Zuweilen enthält der Speichel, besonders des Morgens, Blut
in Spuren oder in erheblicherer Beimengung, eine Erscheinung, welche
W. Meyer in 15% der Fälle beobachtet hat. Auch Nasenbluten
kommt nicht selten vor.

Ausserdem bestehen in vielen Fällen habituelle Kopfschmerzen
und in der Mehrzahl der Fälle das von Guye [1]) beschriebene Symptom
der Aprosexie, d. h. der Unfähigkeit, die Aufmerksamkeit auf einen
bestimmten Gegenstand zu concentriren, eine Störung der Gehirnthätig-
keit, welche vorzugsweise durch eine Beeinträchtigung der nasalen
Athmung hervorgerufen und von Guye als eine, durch den bei hyper-
trophirter Rachentonsille gehemmten Abfluss von Lymphe aus den sub-
duralen Lymphräumen, bedingte „Retentionserschöpfung“ des Gehirnes
erklärt wird.

Objective Symptome. In den meisten Fällen kann man die
Hypertrophie der Tonsilla pharyngea schon am Gesichtsausdrucke,
am ganzen Habitus des Kranken erkennen. Derselbe ist charakterisirt
durch das Offenstehen des Mundes, wobei oft die Zungenspitze
zwischen den Lippen sichtbar wird, durch ein schlaffes Mienenspiel, einen trüben, blöden Blick. Die Nase erscheint häufig
zusammengekniffen und spitz. Höchst auffallend ist ferner die
fehlerhafte, sogenannte „todte Aussprache“ der Kranken, welche
zum Theil auf einem Mangel an Resonanz der Stimme, zum Theil auf

---

[1]) Deutsche Med. Wochenschrift 1887, Nr. 43.

die Unmöglichkeit, die nasalen Laute m, n, ng auszusprechen, zurückzuführen ist. In der Regel wird man auch erfahren, dass die Kinder
beim Schlafen schnarchen.

Bei der Untersuchung des Nasenrachenraumes zeigt sich zunächst fast regelmässig an der hinteren Rachenwand ein Klumpen
zähen, grün- oder graugelben Secretes, welcher nur schwer zu entfernen ist. Die Gaumenbögen, die Tonsillen, die hintere Wand erscheinen geschwollen, an der letzteren finden sich in etwa der Hälfte
der Fälle versprengte Wulstbildungen, Follicularschwellungen
oder Granulationen, wie bei der Pharyngitis granulosa. Der Raum
zwischen dem ödematösen weichen Gaumen und der hinteren Pharynxwand ist verengt oder ganz aufgehoben.

Die Inspection der adenoiden Vegetationen gelingt nur schwer:
namentlich bekommt man bei der Rhinoskopie von vorn, welche bei
normaler Nase ausführbar ist, nur einen kleinen Theil der Geschwulst-
massen zu Gesichte, und was die Pharyngoskopie anbetrifft, so ist dieselbe gerade hier in vielen Fällen erst nach wiederholten vergeblichen
Versuchen, ja zuweilen überhaupt nicht möglich. Um so sicherer führt
die Digitaluntersuchung (S. 47) zum Ziele, welche bei einiger
Uebung Aufschluss über Zahl, Grösse, Consistenz und Sitz der Tumoren
gewährt, da man mit dem hinter das Velum geführten Zeigefinger
deutlich die einzelnen Erhabenheiten fühlen kann.

Behandlung. Die wirksamste Behandlung der Hypertrophie
der Rachentonsille ist im Allgemeinen die operative. Es kommen
hierfür hauptsächlich folgende Methoden in Betracht.

Die Operation mit dem von W. Meyer[1]) angegebenen Ringmesser, einer eirunden, an der inneren Peripherie schneidenden Klinge
mit festem Hefte (Fig. 133). Dasselbe wird durch den unteren Nasengang unter verticaler Stellung des längeren Durchmessers so weit eingeführt, bis es den durch den Mund hinter den weichen Gaumen
geschobenen Zeigefinger der linken Hand erreicht, welcher den Ring
über die einzelnen Vegetationen stülpt und gegen den Fornix anzudrücken
sucht. Das Abschneiden gelingt bei weichen Tumoren leicht durch
Bewegungen des Messers nach der Nasenspitze zu, bei zäher Consistenz der Tumoren oft nur unter Mithülfe des Fingernagels.

Die Operation mit dem Ringmesser kann selten in einer Sitzung
zu Ende geführt und muss so oft wiederholt werden, bis die Digital-
und Ocularuntersuchung ergiebt, dass der Nasenrachenraum ganz
frei ist.

Das Messer von Meyer ist vielfach, u. A. von Lange[2]). Guye[3]).
Hartmann[4]) modificirt worden, namentlich auch in der Weise, dass
es vom Munde her eingeführt werden kann; das zweckmässigste Instrument dieser Art ist das von Gottstein[5]), ein gefenstertes, birn-
förmiges Messer, dessen schmale Seite am inneren Rande schneidet

[1]) Archiv f. Ohrenhlkde. VIII. 265.
[2]) Monatsschrift f. Ohrenhlkde. 1885, S. 337.
[3]) Zeitschrift f. Ohrenhlkde. XV. 167.
[4]) Deutsche Med. Wochenschrift 1887, Nr. 25. (Killian.)
[5]) Berliner Klin. Wochenschrift 1886, Nr. 2.

und welches an einem ungefähr rechtwinkelig abgebogenen Hefte befestigt ist (Fig. 134).

Eine andere Methode verwendet den scharfen Löffel. Nach-

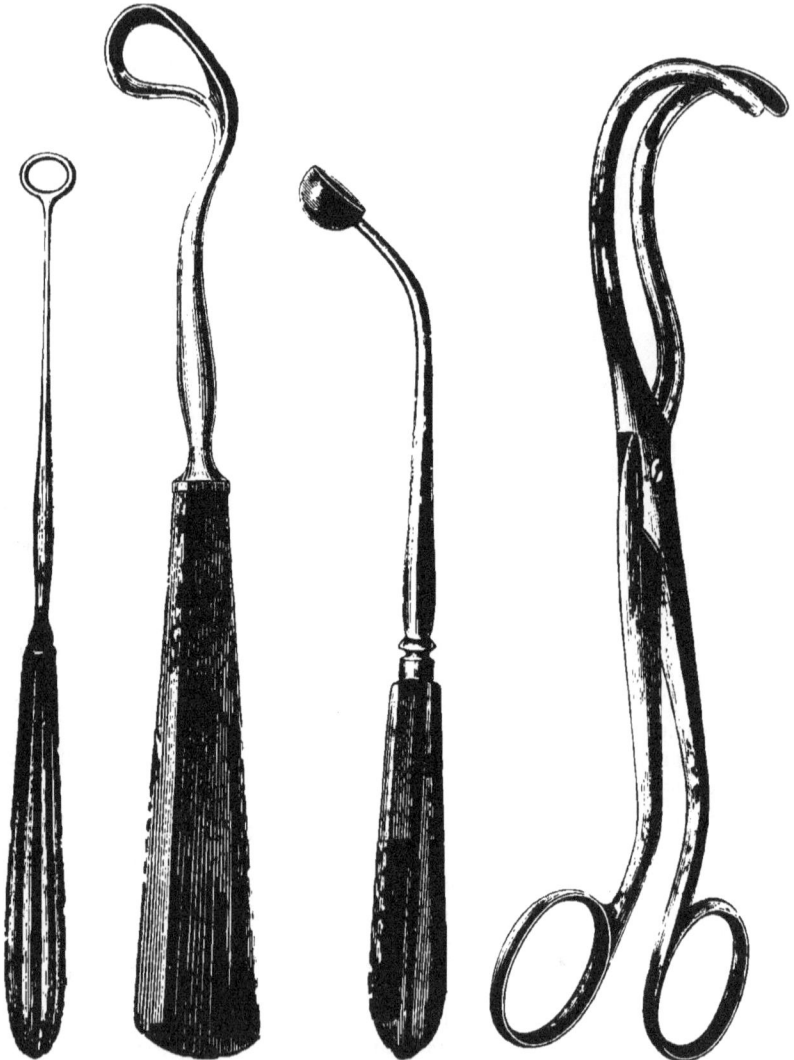

Fig. 133.
Ringmesser
nach
W. Meyer.

Fig. 134.
Ringmesser
nach
Gottstein.

Fig. 135.
Scharfer Löffel
nach
Trautmann

Fig. 136.
Zange nach Catti für
den Nasenrachenraum.

dem zuerst Justi[1] einen solchen an einem kurzen biegsamen Stiele
angegeben hatte, welcher, mit Hülfe eines Ringes auf den Zeigefinger

---

[1] Wiener Med. Wochenschrift 1880, Nr. 30.

aufgesetzt, hinter das Velum geführt wurde, hat Trautmann in seiner oben erwähnten verdienstvollen Monographie ganz besonders einen scharfen Löffel von runder Form und 11—15 mm Durchmesser und 7 mm Tiefe empfohlen, welcher einen sehr festen, in einem Winkel von 150° gekrümmten Stiel und einen derben Handgriff besitzt (Fig. 135). Derselbe wird bei aufrechtstehendem und gut fixirtem Kopfe des Patienten, während die Zunge mit einem Spatel herabgedrückt wird, hinter den weichen Gaumen geführt und zwar mit der convexen Seite diesem zugekehrt; hat der Löffel den Vomer erreicht, so drückt man ihn fest an das Dach und zieht ihn nach unten bis zur Mitte der hinteren Wand, dreht ihn dann nach rechts oder links und schneidet das abgetrennte Stück mit der Seitenwand des Löffels ab. Beim Herausziehen wird die concave Fläche dem weichen Gaumen zugekehrt und das abgeschnittene Gewebsstück, damit es nicht in den Kehlkopf fallen kann, mit dem Mundspatel in die Höhlung gedrückt. Die Sitzung dauert fünf bis zehn Minuten und ist, wenn nöthig, nach drei bis fünf Tagen zu wiederholen.

Auch der von Bezold[1]) angegebene künstliche Fingernagel ist ein scharfer Löffel, welcher, ähnlich dem von Justi, mittels eines Ringes auf das oberste Glied des Zeigefingers aufgesetzt wird. Er wirkt intensiver als der natürliche Fingernagel, welcher zuweilen für circumscripte, weiche Vegetationen ausreicht.

Ferner hat man den adenoiden Tumoren mit zangenförmigen Instrumenten beizukommen versucht. Die zweckmässigsten sind die Zangen von Löwenberg[2]), Catti[3]), Schech[4]), Gottstein[5]) und Urbantschitsch[6]), letztere mit olivenförmigen, scharfkantigen Enden ähnlich den scharfen Löffeln: dieselben sind rechtwinkelig oder S-förmig gekrümmt oder bilden mit ihren Branchen einen Bogen, so dass man damit selbst die obere Wand erreichen kann. Complicirter ist das Adenotom von Delstanche[7]), welches aus einem verticalen Griffe und einer im rechten Winkel damit verbundenen beweglichen Röhre besteht, durch deren mit Hülfe eines Hebels ausgeführte Bewegung man die schneidenden, gefensterten Endarme der Zange je nach Belieben einander nähern oder von einander entfernen kann.

Alle diese Methoden haben ihre Vortheile. Ich bediene mich mit Vorliebe der Ringmesser von Lange und von Gottstein oder in geeigneten Fällen der Zangen von Catti (Fig. 136) oder Urbantschitsch, selten des scharfen Löffels von Trautmann. Weniger gute Erfahrungen habe ich mit den Schlingenschnürern gemacht, deren es verschiedene, sowohl durch die Nase als durch den Mund einzuführende giebt; die ersteren verdienen jedenfalls den Vorzug.

Eignet sich der Fall zur rhinoskopischen Beobachtung, so kann

---

[1]) Aerztl. Intelligenzbl. 1881, Nr. 14.
[2]) Archiv f. Ohrenhlkde. XVI. 263.
[3]) Monatsschrift f. Ohrenhlkde. 1879, Nr. 1 und 2.
[4]) Die Krankheiten der Mundhöhle, des Rachens und der Nase. II. Aufl., Leipzig 1888, S. 124.
[5]) Berliner Klin. Wochenschrift 1883, Nr. 24.
[6]) Lehrbuch der Ohrenhlkde. III. Aufl., S. 66.
[7]) Archiv f. Ohrenhlkde. XV. 35.

man versuchen, die Wucherungen auf galvanokaustischem Wege
vom Munde oder von der Nase aus zu zerstören; hierbei ist aber, da
der Finger den Brenner nicht leiten kann, die Controle des Auges
unerlässlich, weil man sonst Nebenverletzungen erzeugen würde. Die
galvanokaustische Operation setzt also eine grosse Uebung in der
Rhinoskopie und eine sehr sichere Hand voraus.

Was die Nachbehandlung nach der meist — von dem Glüh-
draht abgesehen — recht blutigen Operation betrifft, so hat sich der
Patient, da es leicht zu Nachblutungen kommt, in den ersten Tagen
ruhig, am besten im Bette, zu halten. Die Nase wird täglich mit
lauwarmem Kochsalzwasser oder 3 %iger Borsäurelösung, welche mit
dem v. Tröltsch'schen Apparate eingestäubt wird, ausgespült, wobei
auch die anfangs noch vorhandenen Blutgerinnsel herausgeschwemmt
werden. Nach einigen Tagen ist auch die trockene Nasendouche gestattet. Bis die Gefahr der Nachblutungen vorüber, d. h. bis die
Wunden geheilt sind, darf nur flüssige oder breiige Nahrung ge-
nossen werden.

Eine medicamentöse Behandlung wird in der Regel nur in
denjenigen Fällen in Frage kommen, in welchen die Operation aus
irgend einem Grunde unausführbar ist oder verweigert wird. Einigen
Erfolg kann man sich von Aetzungen mit Lapis versprechen, welcher
an einen vierkantigen gestielten Aetzmittelträger oder an eine Knopfsonde angeschmolzen wird. Von Bepinselungen oder Bestäu-
bungen mit Jodpräparaten, Einspritzungen von Adstringentien oder Resolventien, sowie von den verschiedenen Gurgel-
wässern habe ich kaum je merkliche Erfolge gesehen.

Sach-Register.

—

Bürkner. Lehrbuch der Ohrenheilkunde.   23

Töne, hohe, Perception derselben 190. 297.
317.
Tonbehandlung der subjectiven Geräusche
326.
Tontaubheit. partielle 319.
Torpidität, senile, des Acusticus 319.
Toynbee's Versuch 27.
Traguspresse 194.
Transfert 318.
Transplantation 249.
Traumatische Acusticuslähmung 318.
— Neurose 297.
Trichotecium roseum 103.
Trigeminusneuralgie 322.
Trockene Reinigung 225.
Trockenheit im Halse 338. 341.
Trommelfell, Abguss desselben auf Epi-
thelpfropfen 100. 130.
— Abknickung 137. 170.
-- Abscess 126.
— Adhäsionen 91. 123. 176. 178.
— Anästhesie 297.
— Angiom 131.
— Annulus tendineus 12.
— Arragonitkrystalle 133.
— Atrophie 91.
— Besichtigung 3.
— Bildungsanomalien 117.
— Blasenbildung 127.
— Blutblasen 127.
-- Bluterguss 127.
— Cholesteatom 131.
— Defect, congenitaler 117.
— Durchgängigkeit für Luft 149.
— Einziehung 169.
— — deren Anzeichen 137.
— Entzündung 125. 129.
— Excision eines Stückes 180.
— — des ganzen 194.
— Exsudatblasen 155.
— Exsudatstreifen 154.
— Falte, hintere 12.
— Farbe 11.
— — bei Exsudatansammlung 153.
— Foramen Rivini 118.
— Gefässinjection 153.
— Gestalt desselben 11.
— Geschwür 126.
— Glanz 153.
— Granulationen 130.
— Gumma 132.
— Hämatom 122.
— Hammergriff 12.
— Incision 129; s. auch Paracentese.
— Knochenneubildung 133.
— künstliches 250.
— Lichtkegel 12.
— Luftblasen 155.
— Massage 193. 194.
— Membrana flaccida 12.
— Naevus cutaneus 131.
— Neubildungen 131.
— Perforation 202. 215.
— Perlgeschwulst 132.

Trommelfell, Pigmentflecken 123.
— Quadranten 12.
— Respirationsbewegungen 140.
— Ruptur 120. 298.
— Schrägstellung 11.
— Sehnenring 12.
— siebförmige Durchlöcherung 216.
— Synechie 176. 178.
— Tasche, hintere 13.
— Trichterform 11.
— Trübungen 168.
— Tuberkeln 132. 243.
— Verdickung 168.
— Verdünnung 169.
— Verkalkung 126. 132. 169. 186. 206.
211. 215. 253.
— Verletzungen 118. 298.
— — deren forensische Bedeutung 123.
— Vertiefungen 178.
— Verwachsungen 178.
— Wölbungsanomalien 177.
— Zerreissung bei der Luftdouche 36. 44.
Trommelfellbild 11.
— dessen Vergrösserung 8.
Tropfgläser 23.
Trophoneurose 267.
Trübungen des Trommelfelles 130. 168.
177. 206. 211.
- intermediäre 168.
— milchige 168.
— Rand- 168.
— sehnige 169.
Trunksucht 328.
Tuba Eustachii 26.
Tube, Atresie 139.
— Bougierung 142. 174.
— Condylome 143.
— Congenitaler Defect 134.
— Croup und Diphtherie 136.
— Divertikelbildung 140.
-- Entzündung 135.
— Exostosen 143.
— Fremdkörper 143.
— Geschwürsbildung 140.
— Injectionen in dieselbe 55.
— Lähmung 144.
— Massage 143. 326.
— Neubildungen 143.
— Offenstehen, abnormes 139.
— Ostium pharyngeum 47. 340.
— Sondirung 40.
— Spulwürmer 144.
-- Stenose 138.
— Verletzung 134.
Tubenkatheter 27.
Tubenmuskeln, klonische Krämpfe 144.
— Neurosen 144.
Tubensonden 40.
Tubenwulst 47.
Tuberkel 132. 243.
Tuberkelbacillen 133. 242. 284.
Tuberkulin 284.
Tuberkulose 165. 273. 284. 288.
— des inneren Ohres 307.

Verzeichnis der Abbildungen.